AF332123

# NOTIONS FONDAMENTALES

DE

# CHIMIE ORGANIQUE

PARIS. — IMPRIMERIE GAUTHIER-VILLARS ET C⁰,

Quai des Grands-Augustins, 55.

61516-21

# NOTIONS FONDAMENTALES

## DE

# CHIMIE ORGANIQUE

PAR

## Charles MOUREU,

Membre de l'Institut et de l'Académie de Médecine,
Professeur au Collège de France.

SEPTIÈME ÉDITION.

PARIS

GAUTHIER-VILLARS et C$^{ie}$, ÉDITEURS

LIBRAIRES DU BUREAU DES LONGITUDES, DE L'ÉCOLE POLYTECHNIQUE

55, Quai des Grands-Augustins, 55

1921

# PRÉFACE
## DE LA CINQUIÈME ÉDITION.



Ces *Notions fondamentales de Chimie organique* ont reçu l'accueil le plus favorable. Nous avons eu la satisfaction de voir le Livre se répandre de bonne heure dans les milieux universitaires, à l'Étranger comme dans notre Pays.

Ce succès même nous créait des responsabilités et des devoirs. Par des modifications et des additions appropriées, nous nous sommes attaché, tout en conservant à l'Ouvrage le caractère à la fois simple et élevé qui est sa raison d'être, à y introduire les principales acquisitions de la Science au fur et à mesure qu'elles voyaient le jour.

L'édition actuelle est notablement plus volumineuse que les précédentes. Nous avons ajouté quelques développements nouveaux à la « Théorie atomique » en ce qui concerne la valence, dont la variabilité, pour tous les éléments, ne peut plus être contestée, et en ce qui a trait aux grandeurs moléculaires, domaine captivant entre tous, où les Physico-chimistes ont réalisé dans ces derniers temps de si belles conquêtes.

L'article « Stéréochimie » a été entièrement refondu. Sous sa forme nouvelle, nous pensons qu'il résume fidèlement les divers aspects de ce sujet délicat.

A la suite des Chapitres successifs consacrés à l'étude des Fonctions, et que nous avons tenus soigneusement au courant des nouveautés essentielles, nous avons cru devoir présenter une vue d'ensemble des « Matières colorantes ». Ce groupe de corps, un peu spécial, en ce sens que la couleur est souvent le seul caractère commun à des substances par ailleurs fort différentes, apparaît aussi intéressant pour la Chimie pure qu'il est éminemment utile par les applications de ses innombrables représentants.

De plus en plus, nos connaissances sur les relations entre les propriétés physiques des corps et leur constitution chimique se multiplient et se précisent. Dans cet ordre d'idées, nous avons présenté, au Chapitre des « Préliminaires » et « Théories générales », toute une série nouvelle de données et de considérations diverses, notamment sur la densité, la solubilité, le point d'ébullition, la réfraction, l'aimantation, l'absorption et l'émission des radiations, la conductibilité électrique des substances organiques.

Il nous a semblé aussi que le moment était venu d'aborder dans un Ouvrage élémentaire, du point de vue de la Chimie organique, le problème général du mécanisme des réactions. Cette étude nous a permis de faire ressortir, par la seule considération de la vitesse, de la limite et de l'équilibre chimique, la différence réelle qui éloigne, bien qu'elles obéissent aux mêmes lois, les réactions de la Chimie minérale de celles de la Chimie organique, où la lenteur des transformations, due à la nature spéciale du carbone, contraste singulièrement avec la brutalité de la plupart des actions minérales. Le sujet nous a naturellement conduit à traiter maintes questions qui s'y rattachent, en particulier celles des réactions intermédiaires et de la catalyse.

On nous saura peut-être gré d'avoir émaillé notre texte, dans la mesure du possible, de brefs renseignements historiques. On y trouvera en abondance des noms d'auteurs et des dates et, pour les grandes découvertes, quelques courts aperçus. L'impartialité la plus absolue a été notre guide, et nous accueillerions avec reconnaissance toute observation qui tendrait à rectifier des erreurs.

Cн. M.

Octobre 1917.

# AVANT-PROPOS
#### DE LA PREMIÈRE ÉDITION.



Sous le titre *Notions fondamentales de Chimie organique* nous comprenons l'exposé des principales Théories actuelles, et l'étude sommaire et très générale des Fonctions les plus importantes.

Toutes les questions de détail ou d'intérêt secondaire ayant été volontairement laissées à l'écart, ce Livre doit être, en quelque sorte, la charpente, la trame même de nos connaissances en Chimie organique.

Ouvrir l'esprit de l'élève en l'initiant graduellement au mécanisme des transformations de la matière et en lui présentant les grandes lignes de la Science avec le relief qui leur convient, le préparer ainsi à suivre avec fruit un *Cours complet* et à faire un usage profitable des *Traités* proprement dits : tel a été notre but, notre unique objectif en écrivant ce petit Ouvrage, que nous considérons comme une *Introduction à l'étude de la Chimie organique.*

Puissions-nous avoir réussi, trop heureux de combler une lacune évidente dans l'enseignement d'une Science chaque jour plus importante, trop heureux d'être utile, nous aussi, à la studieuse jeunesse de nos Écoles.

Mai 1902.

# NOTIONS FONDAMENTALES

## DE

# CHIMIE ORGANIQUE



## CHAPITRE I.

### PRÉLIMINAIRES. — THÉORIES GÉNÉRALES.

### A. — OBJET ET DÉFINITION DE LA CHIMIE ORGANIQUE. LES MATIÈRES ORGANIQUES.

#### I. — ANALYSE ET SYNTHÈSE.

La Chimie organique avait autrefois pour unique objet l'étude des matières spéciales qu'on trouve chez les animaux et les végétaux. On extrayait ces matières par des procédés en général simples, tels que la distillation ou le traitement des organes par des solvants appropriés ; en faisant ensuite agir sur ces substances des réactifs divers, on obtenait toute espèce de nouveaux corps. On allait ainsi du composé au simple, ce qui est le propre de l'*Analyse*.

Une idée préconçue, entièrement fausse, régnait alors dans tous les esprits. On était convaincu que les substances qui constituent essentiellement la nature *vivante* ne peuvent prendre naissance que sous l'action nécessaire d'une sorte de *force vitale*, et l'on croyait impossible leur reproduction de toutes pièces par la main de l'homme, autrement dit leur *synthèse*, tandis qu'au contraire on savait détruire et reconstruire un grand nombre de composés minéraux, constitutifs de la nature *morte*. De là la division de la Chimie, en deux parties distinctes, qu'on croyait sans lien aucun : la Chimie *minérale* ou *inorganique*, et la Chimie *organique*.

En 1828, le chimiste allemand Wöhler, en soumettant à l'action de la chaleur le cyanate d'ammonium, obtint un corps identique à l'urée, que Rouelle le Jeune avait découverte dans l'urine cinquante ans auparavant. Plus tard, en 1843, Kolbe prépara aussi d'une manière entièrement artificielle de l'acide acétique. Mais ces deux cas, restés isolés, étaient considérés comme fortuits, et, à l'exception de quelques esprits hardis, qui affirmaient que le chimiste avait le pouvoir de fabriquer tous les corps organiques en partant des éléments et avec les seules forces qui régissent le monde inanimé, on continuait à admettre que la cellule vivante pouvait seule élaborer ces substances.

En 1854, Berthelot réussit à préparer des matières en tout semblables aux corps gras naturels au moyen d'acides gras et de glycérine. Ces synthèses n'étaient, à la vérité, que partielles, attendu que les acides gras et la glycérine provenaient d'organes végétaux ou animaux; elles n'en constituaient pas moins un progrès considérable dans la voie précédemment ouverte. D'autres très importantes synthèses, totales (à partir des éléments) ou partielles (à partir de composés plus simples), dues également au grand chimiste français, suivirent bientôt : celles de l'alcool (1854), de l'essence de moutarde (1855), de l'acide formique (1856), de l'alcool méthylique (1857), de l'acide oxalique (1867), etc. Certaines synthèses partielles devinrent totales le jour où le même savant obtint l'acétylène en combinant directement le carbone à l'hydrogène (1862).

Depuis cette époque mémorable, les chimistes n'ont plus douté de leur pouvoir de faire de toutes pièces les composés particuliers qu'on trouve dans les êtres vivants. En fait, un très grand nombre de corps organiques, extrêmement variés dans leur nature (acides, alcaloïdes, sucres, etc.), ont été reproduits de façon absolument artificielle, et personne ne peut raisonnablement plus penser aujourd'hui qu'il y ait quelque chose de spécial dans les substances élaborées par les êtres vivants : *les matières organiques obéissent aux lois générales de la Chimie* quant à leur production aussi bien que quant à leurs transformations.

Nous allons montrer cependant qu'il y a lieu d'établir, entre la Chimie organique et la Chimie minérale, une distinction qui, pour être moins profonde qu'on ne l'avait d'abord admis, est cependant légitime et nécessaire.

## II. — LE CARBONE ÉLÉMENT FONDAMENTAL DES COMPOSÉS ORGANIQUES. LA CHIMIE DU CARBONE.

Un caractère essentiel est commun à tous les composés organiques naturels : ils renferment tous du carbone comme élément fondamental, l'hydrogène, l'oxygène et l'azote étant les autres éléments constitutifs généraux. Mais, en outre des composés carbonés présents chez les êtres vivants, on en a préparé artificiellement un très grand nombre, qui ne sont identiques ni à des produits naturels connus, ni à des dérivés de ces produits, et qui cependant leur sont de tous points comparables. Aussi a-t-on été amené à élargir le cadre ancien de la Chimie organique : *La Chimie organique est la Chimie de tous les composés du carbone; tout composé carboné est, par définition, une matière organique.*

### Multiplicité des combinaisons.

En bonne logique, il conviendrait donc d'étudier les composés du carbone à la suite du carbone lui-même, et de faire de la Chimie organique un chapitre de la Chimie des métalloïdes. Mais on connaît aujourd'hui quelque deux cent mille corps organiques; et, étant données les méthodes de synthèse merveilleusement fécondes dont nous disposons, on ne saurait assigner aucune limite au nombre de ces substances qui pourra être atteint dans l'avenir. Il est donc préférable, du seul point de vue de l'Enseignement, d'étudier à part les composés carbonés, au lieu d'en faire une annexe de la Chimie des métalloïdes.

On va voir que d'autres raisons, non moins importantes, justifient pleinement la constitution d'un domaine spécial pour l'ensemble des innombrables combinaisons du carbone.

### Aptitudes réactionnelles du carbone. Lenteur des réactions.

Puisqu'il n'y a pas, pour la Chimie organique, de lois essentielles différentes de celles de la Chimie minérale, pourquoi, seul, le carbone donne-t-il naissance à un si grand nombre de composés? C'est que le carbone est un élément d'une nature très particulière.

**1.** Un attribut chimique essentiel est d'abord son extraordinaire *souplesse*. Placé, dans la classification périodique des corps simples, entre des corps positifs et des corps négatifs, c'est-à-dire en quelque sorte au « point d'inversion » des affinités, le carbone possède, à un degré qui n'est atteint par aucun autre élément, la faculté de s'unir à lui-même et aux éléments les plus dissemblables, tels que l'hydrogène, l'azote, l'oxygène, le chlore, le sodium, le calcium, etc.

Avec de telles aptitudes réactionnelles, on comprend sans peine qu'il soit doué d'une si exceptionnelle fécondité, et l'on prévoit, en outre, qu'il se prêtera aussi bien à des phénomènes de réduction qu'à des phénomènes d'oxydation, ce qui est de la plus haute importance pour la vie animale et la vie végétale.

**2.** Une autre cause de la multiplicité des combinaisons du carbone et de la grande variété de ses réactions réside, par une sorte de paradoxe, dans ce que nous appellerons sa *paresse* chimique, qu'il communique plus ou moins, par surcroît, aux éléments auxquels il est uni, tel l'hydrogène, dont la mobilité est remarquable chez les corps minéraux, et qui se montre d'une médiocre activité chimique dans la plupart des substances organiques. En vertu de cette paresse, la tendance aux transformations brutales, qui réalisent d'emblée la forme d'équilibre la plus stable, sera beaucoup moins marquée dans les combinaisons organiques que dans les substances minérales. En fait, les réactions des composés organiques sont presque toutes *lentes*, et cette lenteur empêche le plus souvent, même quand la réaction est fortement exothermique, l'élévation de la température, qui précipiterait la transformation, comme c'est la règle en Chimie minérale ; elle permet, en outre, la formation de termes de passage, plus ou moins éphémères, entre l'état initial et l'état final, ainsi que la coexistence, dans le même système, de plusieurs réactions parallèles à effets thermiques inégaux. De semblables processus sont le propre du fonctionnement de l'être vivant, et le carbone, grâce à ses aptitudes chimiques très spéciales, apparaît comme le véhicule et le transformateur de l'énergie solaire à l'usage de la vie sur notre planète.

Nous nous bornerons ici à ces brèves considérations ; nous y reviendrons plus loin, avec tous les développements nécessaires, dans une étude spéciale sur *le mécanisme et les caractères généraux des réactions en Chimie organique* (p. 118).

### Instabilité des composés organiques à l'action de la chaleur. Combustion.

**1.** A la différence des composés minéraux, qui sont généralement très stables, toutes les substances organiques, sauf de très rares exceptions, ne résistent pas à l'action de la chaleur, et la décomposition s'effectue à des températures relativement basses, qui atteignent rarement celle du rouge sombre. Les liens qui maintenaient unis les divers constituants dans le composé ayant été brisés par la chaleur, chaque élément obéit alors à ses affinités dominantes.

Si la substance renferme de l'oxygène, il se fait de l'eau et du gaz carbonique. Mais, le plus souvent, la proportion d'oxygène présente ne suffit pas à oxyder complètement l'hydrogène et le carbone ; aussi se forme-t-il, en même temps, des produits de décomposition à la fois carbonés et hydrogénés, qui peuvent même renfermer de l'oxygène ou, le cas échéant, de l'azote, tandis qu'une partie de ce dernier passe d'ailleurs à l'état d'ammoniaque ou d'azote libre, et il reste un résidu de charbon. Le *charbonnement* sous l'action de la chaleur est un caractère couramment mis à profit pour reconnaître si une matière donnée est organique ou minérale.

**2.** Tous les composés organiques sont oxydables à une température élevée, et comme la réaction est exothermique, elle s'accélère d'elle-même ; le système tend vers l'état le plus stable, et, si la proportion d'oxygène est suffisante, la totalité du carbone et de l'hydrogène passent à l'état de gaz carbonique et d'eau, sans qu'on puisse saisir les phases d'oxydation intermédiaires : la substance *brûle*.

Si, au lieu d'oxygène libre, on emploie, pour oxyder la substance organique, un corps riche en oxygène et susceptible de céder aisément cet élément, comme les permanganates, l'acide chromique, l'acide azotique, on peut presque toujours réaliser l'oxydation à la température ordinaire, et il est souvent possible, avant que la combustion soit totale, de percevoir et d'isoler des composés intermédiaires. C'est ainsi, par exemple, que l'alcool, par combustion graduelle de l'hydrogène et fixation d'oxygène, fournit successivement, outre l'eau, de l'aldéhyde, de l'acide acétique et de l'acide oxalique, lequel donne ensuite, dans une dernière phase, de l'eau et du gaz carbonique.

## B. — COMPOSITION ET ANALYSE DES MATIÈRES ORGANIQUES.

**1.** Le problème se pose à chaque instant, en Chimie, d'avoir à isoler les uns des autres, dans un *mélange*, naturel ou artificiel, les divers corps à caractères constants bien définis, c'est-à-dire les *principes immédiats* ou *espèces chimiques* qui entrent dans sa composition : c'est là l'objet de l'*analyse immédiate*. Il n'existe pas, en Chimie organique, de méthode générale qui permette d'effectuer cette séparation ; moins favorisés ici qu'on ne l'est d'ordinaire en Chimie minérale, nous ne disposons que de procédés spéciaux à tel ou tel mélange, et, le plus souvent, le chimiste doit trouver lui-même, dans chaque cas particulier, la méthode d'analyse à appliquer.

Quoi qu'il en soit, une espèce chimique carbonée ayant été isolée, il est aisé de déterminer la nature et les proportions en poids des divers *éléments* qui la composent, d'en faire, en un mot, l'*analyse élémentaire*.

Rappelons, tout d'abord, que les principaux éléments avec lesquels le carbone forme des combinaisons sont l'hydrogène, l'oxygène et l'azote. Certaines substances organiques ne renferment que du carbone et de l'hydrogène : ce sont les *carbures d'hydrogène*, qu'on appelle aussi *hydrocarbures*, ou même simplement *carbures* (formène, acétylène, benzène, etc.) ; d'autres contiennent du carbone, de l'hydrogène et de l'oxygène (alcool, acide acétique, glycérine, etc.) ; d'autres du carbone, de l'hydrogène et de l'azote (acide cyanhydrique, pyridine, etc.) ; d'autres enfin renferment à la fois du carbone, de l'hydrogène, de l'oxygène et de l'azote (urée, morphine, quinine, etc.). On pourrait appeler *organogènes* les quatre éléments C, H, O, N, parce que l'immense majorité des composés organiques naturels ne renferme pas d'autre élément.

Le soufre se rencontre dans quelques composés organiques naturels (matières albuminoïdes, etc.) ; il en est de même du phosphore (lécithines, etc.) et de divers autres éléments.

Mais, en outre, on peut introduire artificiellement, dans les composés organiques, le chlore, le brome, l'iode, le soufre, le zinc, le magnésium et, en général, un élément quelconque, métalloïde ou métal.

**2.** Exposons sommairement les principes des méthodes qui permettent de fixer la composition élémentaire des substances organiques :

1° Étant connu que $1^g$ d'anhydride carbonique renferment $3^g$ de carbone et que $9^g,008$ d'eau renferment $1^g,008$ d'hydrogène, on dose le carbone à l'état d'anhydride carbonique et l'hydrogène à l'état d'eau. A cet effet, on brûle la substance en la chauffant au rouge, dans un long tube de verre, en présence d'un grand excès d'oxyde de cuivre ; ce dernier cède son oxygène au carbone et à l'hydrogène, avec mise en liberté du métal. Un mode opératoire spécial permet de recueillir et de peser séparément l'eau et l'anhydride carbonique produits dans la combustion (GAY-LUSSAC, LIEBIG) ;

2° L'azote est mesuré à l'état gazeux et libre de toute combinaison. On brûle la matière avec de l'oxyde de cuivre, comme ci-dessus ; l'azote mis en liberté est recueilli dans une cloche graduée renfermant de la potasse, laquelle retient le gaz carbonique (DUMAS) ;

3° Le chlore, le brome et l'iode des substances organiques ne sont pas, en général, directement décelables par leurs réactifs usuels, tels que le nitrate d'argent. Pour les déterminer, le plus sûr moyen est de chauffer la substance au rouge avec un grand excès de chaux vive ; l'halogène passe ainsi à l'état de chlorure, bromure ou iodure de calcium, qui sont ensuite aisément précipitables par le nitrate d'argent ; .

4° Le soufre et le phosphore sont aussi presque toujours masqués vis-à-vis de leurs réactifs. Pour les mettre en évidence et les doser, on chauffe au rouge le mélange de la substance avec un excès de nitrate et de carbonate de potassium : les deux éléments passent à l'état de sulfate et de phosphate alcalins, qu'on précipite ensuite par leurs réactifs ordinaires ;

5° Pour déterminer les autres éléments, il est le plus souvent nécessaire de détruire au préalable la matière organique, comme dans le cas d'une recherche toxicologique ; chacun d'eux est ensuite reconnu et dosé à la façon habituelle ;

6° On ne connaît encore aucune méthode pratique de détermination directe de l'oxygène ; on le dose par différence, en retranchant du poids total de la matière mise en œuvre la somme des poids des divers éléments directement dosés.

Pour rendre les résultats des analyses de divers corps immédiatement comparables, on a l'habitude de les rapporter à 100 parties. Par exemple, la composition élémentaire du glucose, lequel est formé des trois éléments carbone, hydrogène et oxygène, sera représentée comme il suit, en centièmes (composition centésimale) :

Carbone........................... 40
Hydrogène......................... 6,6
Oxygène (par différence)........... 53,4
                                   ——
                                   100

## C. — MOLÉCULES ET ATOMES. POIDS MOLÉCULAIRES. POIDS ATOMIQUES. FORMULES.

La composition élémentaire d'une substance organique suffit rarement à caractériser cette substance, et, en général, une même analyse peut correspondre à plusieurs corps différents. Le glucose est un corps solide, de saveur douce et sucrée, inodore, fusible à la température de 146°, et non distillable sans décomposition; l'aldéhyde formique est un gaz possédant une saveur et une odeur fortes et très irritantes; l'acide acétique est un liquide à odeur piquante, à saveur très acide, qui se congèle à 17° et bout à 118°; l'acide lactique est un liquide sirupeux, qui se décompose avec perte d'eau quand on cherche à le distiller sous la pression atmosphérique. Or, ces quatre espèces chimiques, si distinctes par leurs propriétés, ont la même composition élémentaire (40 pour 100 de carbone, 6,6 pour 100 d'hydrogène, 53,4 pour 100 d'oxygène).

La cause première de telles différences a pu être conçue grâce à l'hypothèse atomique, que nous allons exposer sommairement.

### HYPOTHÈSE ATOMIQUE (DALTON, 1803).

**1.** Ainsi que l'enseignaient déjà les Philosophes de l'Antiquité grecque, toute substance matérielle, qu'elle soit solide, liquide ou gazeuse, a une structure discontinue; elle est formée par l'assemblage de particules extrêmement petites appelées *molécules* (*moles*, masse), qui représentent ainsi *la plus petite quantité de matière pouvant exister à l'état de liberté.*

Lorsque, dans une masse donnée de matière, toutes les molécules sont identiques, on a affaire à un corps défini, à une *espèce chimique* (azote, cuivre, sucre, etc.). Les *mélanges*, au contraire, sont formés par l'assemblage de molécules différentes (gaz d'éclairage, bois, vin, lait, etc.).

La molécule n'est pas, pour la plupart des corps, le plus petit fragment de matière dont on soit amené à concevoir l'existence. Elle est constituée, presque toujours, par la juxtaposition, avec union intime (*combinaison*), de particules encore plus petites et considérées comme insécables, qu'on nomme *atomes* ($\alpha$ privatif, $\tau\epsilon\mu\nu\omega$, je coupe) ([1]).

Lorsque les molécules d'une espèce chimique sont formées d'atomes identiques, cette espèce chimique est un *corps simple* ou *élément* (hydrogène, fer, cuivre, phosphore, nickel, etc.).

Dans les corps composés, deux ou plusieurs atomes différents concourent, par leur union, à constituer la molécule (eau, alcool, quartz, etc.).

L'atome de chaque élément, libre ou en combinaison, a un poids fixe et invariable ([1]), et les atomes des divers éléments se juxtaposent sans se pénétrer; le poids d'une molécule est égal à la somme des poids de ses atomes (hypothèse de DALTON, 1803).

Tels sont les principes de la théorie dite *moléculaire* ou *atomique*. On interprète aisément, grâce à eux, les lois fondamentales de discontinuité chimique (*loi des proportions définies et loi des proportions multiples*). Il est clair, en effet, d'après la définition même de l'atome, que les éléments ne peuvent se combiner entre eux que par nombres entiers d'atomes; par conséquent : 1° les proportions définies suivant lesquelles ils se combinent représentent les rapports invariables entre les poids des atomes qui se juxtaposent; 2° les proportions multiples indiquent le nombre variable d'atomes de la même espèce qui peuvent s'unir à un ou plusieurs atomes d'une autre espèce, si les deux corps forment ensemble plusieurs combinaisons.

Il est superflu d'ajouter que les corps composés, en s'unissant entre eux, suivent les mêmes lois que les corps simples. Ils s'attirent et se juxtaposent par molécules entières; par suite, de telles combinaisons doivent s'effectuer, comme les autres, en proportions définies ou en proportions multiples.

On remarquera que la dernière partie de l'hypothèse de DALTON

---

([1]) *Voir*, à ce propos, la réserve faite dans la note de la page 27.

(le poids de la molécule est égal à la somme des poids de ses atomes) n'est qu'une expression de la loi sur la conservation de la matière, que LAVOISIER, le fondateur de la Chimie moderne, mit en lumière vers l'année 1775.

2. Nous montrerons ultérieurement (p. 29) que l'hypothèse moléculaire répond à la réalité, et que molécules et atomes ont une existence effective. On ne possède toutefois aucune méthode directe de détermination du poids absolu des molécules, dont les plus grosses sont d'ailleurs très loin d'être perceptibles à nos sens. Par contre, on sait trouver aisément le rapport qui existe entre le poids de la molécule d'un corps et le poids de la molécule d'un autre corps pris comme étalon ; ce rapport, ou poids *relatif* de la molécule, est désigné communément sous le nom de *poids moléculaire ;* et l'on définit de la même manière le *poids atomique* ou poids relatif de l'atome.

L'hydrogène se trouvant, entre tous les corps connus, être le plus léger, c'est l'hydrogène qui avait pendant longtemps été adopté comme terme de comparaison. Pour des raisons d'ordre pratique, on lui préfère aujourd'hui l'oxygène. Ce gaz peut être, en effet, combiné directement avec la plupart des autres éléments, alors que l'hydrogène ne réagit directement que sur un petit nombre de corps simples. Et l'on voit par là que, avec l'oxygène comme étalon, les erreurs expérimentales dans la détermination des poids atomiques sont réduites au minimum, alors qu'avec l'hydrogène, au contraire, à ces erreurs premières inévitables s'ajoutait celle, inévitable également, qui provient de la détermination du rapport de l'oxygène à l'hydrogène. Comme ce rapport est égal à environ 16, on a fixé arbitrairement à 16 le poids atomique de l'oxygène, base du système; celui de l'hydrogène devient alors 1,008, celui du carbone est 12, celui de l'azote 14,01, etc. On verra plus loin que la molécule d'oxygène, à laquelle on rapporte toutes les autres, est le double de l'atome, soit 32.

La détermination des poids atomiques est du domaine de la Chimie générale, et nous n'en parlons ici que pour mémoire. Nous nous étendrons longuement, par contre, sur la détermination des poids moléculaires, qui figure parmi les opérations les plus importantes de la Chimie organique.

## LOI D'AVOGADRO (1811).

Tandis qu'à l'état liquide ou solide la *cohésion* maintient les molécules rapprochées les unes des autres, elles sont, au contraire, très écartées dans les gaz. En outre, d'après la *théorie cinétique des gaz* (BERNOULLI, 1738; MAXWELL, BOLTZMANN, etc.), actuellement admise, les molécules gazeuses ne sont pas en repos : véritables balles parfaitement élastiques et animées de mouvements de translation extrêmement rapides, d'autant plus rapides qu'elles sont plus légères et que la température est plus élevée, elles frappent à tout moment les parois des vases qui les contiennent, rebondissent, heurtent d'autres molécules, vont frapper d'autres parois, rebondissent encore, et ainsi de suite, ces mouvements désordonnés prenant, suivant les lois du hasard, toutes les vitesses et toutes les directions possibles; c'est la résultante de tous les chocs répétés contre les parois qui détermine la pression exercée par le gaz.

On établit, en Physique, que *tous les gaz, quelle que soit leur nature, se dilatent ou se contractent dans les mêmes proportions quand on fait varier dans le même rapport leur pression et leur température* (Lois de BOYLE-MARIOTTE et de GAY-LUSSAC) ([1]). Leur

---

([1]) Ces deux lois sont résumées dans la relation suivante :

$$pv = p_0 v_0 (1 + \alpha t),$$

où $v$ représente le volume d'une masse de gaz quelconque sous la pression $p$ et à la température $t$, $v_0$ son volume sous la pression $p_0$ et à la température de $0°$, et $\alpha$ le coefficient de dilatation des gaz $\left(\dfrac{1}{273}\right.$, soit la fraction dont s'accroît le volume d'une masse de gaz quelconque quand sa température s'élève de $0°$C. à $1°$C.$\Big)$. Si l'on remplace $\alpha$ par sa valeur, il vient

$$pv = p_0 v_0 \left(1 + \frac{t}{273}\right) = p_0 v_0 \frac{273 + t}{273} = \frac{p_0 v_0}{273} T,$$

T étant la température $273 + t$ comptée à partir du zéro absolu ($-273°$). Pour une masse déterminée de gaz, $\dfrac{p_0 v_0}{273}$ est une quantité constante; si nous la représentons par $r$, nous aurons l'équation générale des gaz :

$$pv = rT.$$

La théorie cinétique des gaz permet d'établir que

$$pv = \frac{1}{3} nm U^2 = rT,$$

$n$ étant le nombre des molécules occupant le volume $v$ sous la pression $p$,

constitution mécanique doit donc être identique; et, dans tous les gaz, à la même pression et à la même température, les molécules doivent être situées à la même distance les unes des autres. En d'autres termes : *un même volume de tous les gaz, sous la même pression et à la même température, renferme le même nombre de molécules.*

Telle est la célèbre hypothèse qui fut émise en 1811 par l'Italien Avogadro. Gay-Lussac venait de découvrir la loi expérimentale dite *loi des volumes* (1808), qui peut se formuler ainsi : *Les volumes des gaz qui se combinent, mesurés dans des conditions identiques de température et de pression, sont entre eux dans un rapport* simple $(\frac{1}{1}, \frac{1}{2}, \frac{1}{3}, \frac{2}{3}; \ldots)$; *si le composé est également gazeux, il y a aussi un rapport simple entre son volume et celui de chacun des composants.* C'est surtout pour expliquer la simplicité et la généralité de cette loi qu'Avogadro imagina sa géniale hypothèse. Il est tout d'abord facile de montrer que celle-ci implique forcément celle-là.

Soient 1000 molécules d'hydrogène; supposons qu'elles occupent $1^{cm^3}$. On conçoit qu'elles s'uniront, non pas, par exemple, à 810 molécules, 920 molécules, 1040 molécules ou 1130 molécules de chlore, mais à un nombre de molécules de chlore tel que le rapport de 1000 avec ce nombre soit simple, c'est-à-dire, par exemple, à 1000 molécules, 2000 molécules, 3000 molécules ou 1500 molécules de chlore; il n'y a, en effet, aucune raison de supposer que les molécules s'unissent dans des rapports de nombres aussi bizarres que $\frac{1000}{810}$, $\frac{1000}{920}$, $\frac{1000}{1040}$ ou $\frac{1000}{1130}$; seuls les rapports simples comme $\frac{1}{1}, \frac{1}{2}, \frac{1}{3}, \frac{2}{3}, \ldots$ sont raisonnablement admissibles. Or ce sont ces mêmes rapports simples ($\frac{1}{1}$ entre chlore et hydrogène, $\frac{1}{2}$ entre oxygène et hydrogène, $\frac{1}{3}$ entre azote et hydrogène, ...) que l'on retrouve effectivement dans les volumes de gaz entrant en réaction : d'après l'expérience, $1^{cm^3}$ d'hydrogène, par exemple, s'unit, non pas à $0^{cm^3},81$, ou à $0^{cm^3},92$, ou à $1^{cm^3},04$, ou à $1^{cm^3},13$ de chlore pris à la même température et sous la même pression, mais très exactement à $1^{cm^3}$ de chlore; et rien ne paraît plus simple, d'après ce qui précède, si l'on admet que $1^{cm^3}$ de chacun des

---

$m$ la masse d'une molécule et U la vitesse quadratique moyenne des molécules $\left(\sqrt{\dfrac{\Sigma u^2}{n}}\right)$. Cette formule montre que la force vive moyenne $\left(\dfrac{1}{2}mU^2\right)$ est proportionnelle à la température absolue.

deux gaz contient le même nombre de molécules, soit 1000 molé-cules. Quant à la simplicité des rapports entre les volumes des gaz qui se combinent et le volume du composé gazeux résultant de la combinaison, elle s'impose immédiatement avec la même évidence.

Ainsi, la loi, purement expérimentale, de GAY-LUSSAC, apparaît comme une nécessité si l'on admet l'hypothèse d'AVOGADRO. Celle-ci, à la vérité, n'est pas directement vérifiable; mais elle trouve journellement, dans l'accord complet des conséquences qui en découlent avec l'expérience, la plus éclatante des confirmations. On peut dire qu'elle est la clef de voûte de cette belle et féconde *doctrine atomique* dont les bases, après les travaux de GAY-LUSSAC, BERZÉLIUS, WÖHLER, LIEBIG, DUMAS, furent jetées, vers le milieu du siècle dernier, par les deux chimistes français LAURENT et GERHARDT; qui fut développée et consolidée : en France, par WURTZ, FRIEDEL, GRIMAUX, ARMAND GAUTIER, LE BEL, etc.; en Allemagne, par KOLBE, KÉKULÉ, ERLENMEYER, HOFMANN, BAEYER, FISCHER, etc.; en Angleterre, par FRANKLAND, WILLIAMSON, etc.; en Italie, par CANNIZZARO, etc.; en Russie, par MENDELEEF, BOUTLEROW, etc.; en Belgique, par LOUIS HENRY, etc.; en Hollande, par VAN'T HOFF, etc.; en Suisse, par WERNER, etc., et à laquelle la Chimie organique doit sans con-teste la meilleure part des étonnants progrès qu'elle a accomplis depuis cinquante ans. Universellement admise aujourd'hui, l'hypothèse d'AVOGADRO a acquis, en quelque sorte, force de loi : on l'appelle couramment *loi d'*AVOGADRO.

### Atomicité.

1. Nous établirons d'abord que la molécule d'hydrogène est formée de 2 atomes.

Soit $1^{cm^3}$ d'hydrogène, contenant $n$ molécules; soit également $1^{cm^3}$ de chlore, à la même température et sous la même pression, et renfermant, par conséquent, le même nombre $n$ de molécules. Combinons les deux gaz; nous obtenons exactement $2^{cm^3}$ de gaz chlorhydrique, qui contiennent évidemment $2n$ molécules. Or, chaque molécule de gaz chlorhydrique produite doit renfermer à la fois du chlore et de l'hydrogène; comme nous avons $2n$ molé-cules de gaz chlorhydrique, alors que nous sommes partis de $n$ molécules d'hydrogène seulement, il faut que chaque molécule d'hydrogène se soit partagée en 2; elle était donc divisible en a parties; nous dirons qu'elle est formée de 2 atomes (GAUDIN, 1833), qu'elle est *diatomique*, et nous l'écrirons $H^2$ (soit $2 \times 1,008 = 2,016$).

Il est évident que le raisonnement que nous avons tenu vis-à-vis de l'hydrogène s'applique identiquement au chlore, et que la molécule de chlore aussi est nécessairement diatomique ($Cl^2$, soit $2 \times 35,46 = 70,92$). La réaction du chlore sur l'hydrogène devra donc se traduire comme il suit :

$$H^2 + Cl^2 = 2HCl, \qquad \text{et non} \qquad H + Cl = HCl.$$

**2.** On prouve de même que la molécule d'oxygène et celle d'azote sont également diatomiques :

$1^{cm^3}$ d'oxygène contenant $n$ molécules s'unit à $2^{cm^3}$ d'hydrogène, contenant $2n$ molécules, pour donner $2^{cm^3}$ de vapeur d'eau (mesurée à la même pression et à la même température) contenant $2n$ molécules. Chaque molécule d'oxygène s'est donc coupée en 2 moitiés : elle est diatomique ($O^2$, soit $16 \times 2 = 32$), et l'équation de la réaction sera :

$$2H^2 + O^2 = 2H^2O.$$

Pareillement, $1^{cm^3}$ d'azote contenant $n$ molécules s'unit à $3^{cm^3}$ d'hydrogène contenant $3n$ molécules, pour donner $2^{cm^3}$ de gaz ammoniac contenant $2n$ molécules; chaque molécule d'azote s'est donc partagée en 2; la molécule d'azote est diatomique ($N^2$, soit $14,01 \times 2 = 28,02$), et la réaction devra s'écrire :

$$3H^2 + N^2 = 2NH^3.$$

Quelques autres molécules de corps simples sont également diatomiques (vapeur de brome, vapeur d'iode, etc.); d'autres sont monoatomiques (argon, hélium, vapeur de mercure, etc.), d'autres tétratomiques (vapeur de phosphore, vapeur d'arsenic, etc.).

### Relation entre les poids moléculaires des corps et leurs densités gazeuses.

Puisqu'un même volume de tous les gaz, dans des conditions identiques de température et de pression, renferme, d'après la loi d'AVOGADRO, le même nombre de molécules, les poids des molécules des différents gaz doivent être entre eux comme les poids de volumes égaux, autrement dit comme leurs densités. Étant donné, par exemple, $1^{cm^3}$ d'un gaz contenant $n$ molécules de poids M (poids total $n$ M) et de densité $d$, et $1^{cm^3}$ d'un autre gaz contenant $n$ molécules de poids M' (poids total $n$ M') et de densité $d'$, on aura évidemment :

$$\frac{M}{M'} = \frac{nM}{nM'} = \frac{d}{d'}.$$

Si M' représente la molécule d'oxygène (32), base de notre système, nous avons :

$$\frac{M}{32} = \frac{d}{d'}; \qquad \text{d'où} \qquad M = 32\,\frac{d}{d'}.$$

L'usage s'est établi de déterminer les densités gazeuses par rapport à l'air. La densité de l'oxygène, qu'on a mesurée avec une grande exactitude, est 1,1053. On a donc :

$$M = \frac{32}{1,1053} \times d = 28,95\,d.$$

Dans la pratique, on substitue au facteur de proportionnalité 28,95 le nombre rond et très voisin 29; la relation devient donc :

$$M = 29\,d;$$

d'où l'on tire :

$$d = \frac{M}{29}.$$

Cette relation a une très grande importance, car elle fait connaître soit le poids moléculaire en fonction de la densité gazeuse prise par rapport à l'air, soit la densité gazeuse par rapport à l'air en fonction du poids moléculaire :

1° *Le poids moléculaire d'un corps est égal au produit de sa densité gazeuse, prise par rapport à l'air par le facteur constant 29;*

2° *La densité gazeuse d'un corps par rapport à l'air est égale au quotient de son poids moléculaire par le facteur constant 29.*

On trouve ainsi, par exemple, pour le poids moléculaire du cyanogène :

$$M = 29 \times d = 29 \times 1,793 = 52,02$$

et, pour la densité du gaz des marais :

$$d = \frac{M}{29} = \frac{16,032}{29} = 0,553.$$

## Molécules-grammes. Volumes moléculaires.

Soit un volume V d'oxygène renfermant un nombre N de molécules tel qu'il pèse 32ᵍ; le même volume V d'hydrogène, de gaz des marais, de cyanogène, renfermera le même nombre N de molécules, et pèsera, respectivement, 2ᵍ,016, 16ᵍ,032, 52ᵍ,02, attendu que les trois densités valent, respectivement, 0,063 fois, 0,501 fois, 1,626 fois celle de l'oxygène. Donc, quand nous prenons 32ᵍ d'oxygène, 2ᵍ,016 d'hydrogène, 16ᵍ,032 de gaz des marais, 52ᵍ,02 de cyanogène, nous pouvons affirmer que nous prenons le même nombre de molécules dans les quatre cas. On voit donc que mettre en conflit 32ᵍ d'oxygène avec 16ᵍ,032 de gaz des marais, par exemple, c'est faire réagir ces deux gaz *molécule à molécule*.

On appelle communément *molécule-gramme* d'un corps le poids en grammes de ce corps exprimé par le nombre indiquant le poids moléculaire (ou poids relatif de sa molécule); 32ᵍ, 2ᵍ,016, 16ᵍ,032, 52ᵍ,02 sont les molécules-grammes de l'oxygène, de l'hydrogène, du gaz des marais, du cyanogène, puisque 32, 2,016, 16,032, 52,02 représentent leurs poids moléculaires respectifs. Le plus souvent même, on remplace purement et simplement le mot *molécule-gramme* par le mot *molécule;* étant donnés deux corps, opérer molécule à molécule, c'est prendre de chacun une molécule-gramme ou un poids proportionnel à la molécule-gramme.

On appelle *volume moléculaire* le volume qu'occupe la molécule-gramme; il est égal au quotient de la molécule-gramme par la densité. D'après ce qui précède, il doit être, *à l'état gazeux*, le même pour tous les corps, dans des conditions identiques de température et de pression; à 0°, sous la pression de 760ᵐᵐ et à la latitude de 45°, il est égal à 22ˡ,4. Si nous prenons le volume de 16ᵍ d'oxygène (1 atome-gramme) pour unité, soit 11ˡ,2, comme le volume moléculaire d'un corps quelconque, *à l'état gazeux*, est le même que celui de 32ᵍ d'oxygène (2 atomes-grammes = 1 molécule-gramme), soit 22ˡ,4, nous dirons, en langage abrégé et tout de convention, comme on le fait souvent, que *la molécule de tous les corps occupe 2 volumes de vapeur* ([1]).

---

([1]) Il est intéressant de connaître la valeur de la constante $r$ de l'équation générale des gaz $pv = \dfrac{p_0 v_0}{273} T = rT$ (*voir* la note de la page 11) dans le cas

## DÉTERMINATION DES POIDS MOLÉCULAIRES.

Le volume de $22^l,4$ est une véritable jauge chimique. Supposons-la remplie de gaz des marais à $0°$ et sous $760^{mm}$, elle en contiendra $16^g,032$; de même, pleine de cyanogène, toutes corrections faites, elle en renfermera $52^g,02$. On pourrait donc déterminer par cette méthode les poids moléculaires des corps gazeux ou vaporisables : si le corps est un gaz, on en pèse $22^l,4$ à $0°$ et $760^{mm}$; s'il n'est pas gazeux à $0°$, on l'amène à l'état de vapeur à une température convenable, on pèse $22^l,4$ de cette vapeur sous une pression exactement mesurée, et l'on calcule ce que serait ce poids si la vapeur remplissait le même volume à $0°$ et sous la pression de $760^{mm}$.

Mais on conviendra qu'il serait bien difficile de mesurer exactement $22^l,4$ d'un gaz ou d'une vapeur. Aussi s'adresse-t-on toujours à des méthodes plus pratiques. Nous allons exposer sommairement les principales.

*a.* — **État gazeux. Méthode des densités gazeuses** (DUMAS, 1826).

On détermine la densité gazeuse du corps par rapport à l'air, et l'on multiplie le chiffre obtenu par le facteur constant 29 (*voir* page 15).

Ex. : La densité de vapeur du chloroforme par rapport à l'air, mesurée directement, est $4,15$; le poids moléculaire du chloroforme sera $4,15 \times 29 = 119,4$.

Le mode opératoire, pour déterminer la densité de vapeur, varie suivant que le corps est gazeux à la température ordinaire, ou qu'il est liquide ou solide, tout en étant volatilisable par la chaleur sans décomposition. Nous renvoyons, pour les détails manipulatoires, aux Traités de Chimie proprement dits.

*Anomalies.* — Les densités gazeuses de certains corps se mon-

---

d'une *molécule-gramme*. Nous devons calculer $r = \dfrac{p_0 v_0}{273}$.

Remarquons que $v_0$ est ici le volume moléculaire à $0°$. Sous la pression de $760^{mm}$, il est de $22^l,4$, soit $22400^{cm^3}$. D'autre part, la pression produite par une colonne de mercure de $76^{cm}$ à $0°$ sur $1^{cm^2}$ de surface est de $1033^g$. On a donc, en désignant par R la constante :

$$R = \frac{pv}{T} = \frac{1033 \times 22400}{273} = 84738.$$

tront trop faibles, en ce sens que la vapeur de la molécule-gramme occupe plus de 2 volumes (plus de $22^l,4$); telles sont, notamment, celles du chlorure d'ammonium, de l'hydrate de chloral, du brom-hydrate d'amylène. On a reconnu qu'il y avait, dans ces divers cas, *dissociation* plus ou moins avancée de la substance suivant la température à laquelle est faite la mesure : le chlorure d'ammonium se dédoublant en gaz chlorhydrique et gaz ammoniac, l'hydrate de chloral en eau et chloral anhydre, le bromhydrate d'amylène en gaz bromhydrique et amylène. Le nombre réel de molécules augmentant de ce fait, le volume, en vertu de la loi d'Avogadro, doit donc augmenter proportionnellement, et la densité, par suite, diminuer.

D'autres densités de vapeur, au contraire, ont été trouvées trop fortes. C'est le cas, entre autres, pour l'eau et pour l'acide acétique, quand on fait la mesure au voisinage du point d'ébullition. Si l'on élève progressivement la température, on constate que la densité de vapeur diminue, pour devenir finalement constante et normale. Cela prouve qu'il y a, en réalité, aux basses températures, des *associations* de molécules (d'où une densité de vapeur supérieure à la valeur normale et un volume inférieur à $22^l,4$ pour la vapeur de la molécule-gramme), et que ces agrégats se sont tous résolus, finalement, en molécules simples, lorsque la température est devenue suffisamment élevée.

On voit que les exceptions ne sont qu'apparentes et que, loin d'infirmer la loi d'Avogadro, elles viennent, au contraire, la confirmer.

La détermination des densités gazeuses, étant connu le poids moléculaire normal, nous donne une mesure du degré de dissociation dans le premier cas et d'association dans le second, mais cette donnée, considérée seule, ne nous fait pas connaître le véritable poids moléculaire.

### *b*. — État dissous. Pression osmotique. Cryoscopie. Ébullioscopie.

1. Un cristal qu'on plonge dans un solvant *moins dense* tombe au fond du vase, et seules les parties du liquide qui le touchent peuvent exercer sur lui une action dissolvante. Néanmoins, au bout d'un certain temps, la substance solide se trouve répartie d'une façon parfaitement homogène dans tout le liquide. Il doit donc y avoir là une force qui, surmontant le poids de cette sub-

stance, la pousse dans toutes les directions et à travers toute la masse liquide. Cette force, qu'on peut désigner, par unité de surface, sous le nom de *pression de diffusion*, est analogue à la pression des gaz ([1]); car, de même que la pression d'un gaz tend constamment à le répandre dans un espace plus grand, et, par conséquent, à diminuer sa concentration, de même la pression de diffusion, répartissant la substance dissoute dans toute la masse du dissolvant, diminue le plus possible la concentration de cette substance.

Pfeffer a indiqué, en 1877, un mode opératoire qui permet de mesurer cette pression de diffusion. Dans un vase rempli d'eau on plonge un cylindre creux contenant de l'eau sucrée, et dont la paroi possède une porosité telle qu'elle laisse passer l'eau seule au travers de ses pores, à l'exclusion des molécules de sucre ([2]); le cylindre se termine à sa partie supérieure par un tube vertical étroit où, au début, la solution de sucre atteint le même niveau que l'eau dans le vase extérieur. La pression de diffusion tendra à diminuer le plus possible la concentration de la solution, et cette tendance se satisfera de la seule façon possible : une certaine quantité d'eau passera du vase extérieur dans le vase intérieur, et la solution s'élèvera dans le tube vertical au-dessus du niveau initial; elle s'arrêtera au moment où la pression exercée par la colonne liquide fera équilibre à la pression de diffusion (*pression osmotique*).

Deux solutions de même pression osmotique sont dites *isotoniques*.

Voici, concernant les solutions *étendues*, trois lois essentielles, qui ont été établies, les deux premières par les travaux de Pfeffer, de Vries, Donders et Hamburger, Morse et Frazer, etc., et la troisième par ceux de Van't Hoff :

---

([1]) Les gaz peuvent d'ailleurs être considérés comme des solutions de molécules dans l'*éther* (Gay-Lussac; Rosenstiehl, 1870), le mot *éther* désignant ici le milieu impondérable et éminemment subtil dont les physiciens ont été conduits à admettre l'universelle existence, et qui remplit aussi bien les vides interatomiques et intermoléculaires que les immenses espaces qui séparent les astres.

([2]) Une telle paroi, dite *semi-perméable*, peut être préparée, notamment, en imprégnant d'une solution de sulfate de cuivre un cylindre de faïence poreuse, et le mettant ensuite en contact avec une solution de ferrocyanure de potassium. Le ferrocyanure de cuivre, auquel on donne ainsi naissance, forme dans les pores du cylindre une couche qui n'est pratiquement perméable qu'à l'eau (Traube, 1867).

1° *La pression osmotique est proportionnelle à la concentration (ou poids de substance dissoute dans l'unité de volume de la solution).* C'est la loi de BOYLE-MARIOTTE appliquée aux solutions;

2° *La concentration restant constante, la pression osmotique croît avec la température dans le même rapport pour toutes les substances dissoutes.* C'est l'extension aux solutions de la loi de GAY-LUSSAC sur l'augmentation de la force élastique des gaz avec la température;

3° *La pression osmotique d'un corps en solution étendue a la même valeur que la force élastique qu'il aurait s'il occupait, à l'état gazeux, un volume égal à celui de la solution.* Ce que l'on peut traduire ainsi : des *volumes égaux de solutions isotoniques renferment le même nombre de molécules (solutions équimoléculaires).* C'est la loi d'AVOGADRO appliquée aux solutions (VAN'T HOFF, 1886).

L'analogie entre les solutions étendues et les gaz est donc complète, et l'on conçoit que les propriétés des solutions diluées dépendent étroitement du poids moléculaire des corps dissous, et puissent permettre de le déterminer en de nombreux cas où il est impossible d'effectuer une mesure de densité gazeuse.

D'après la troisième loi, en effet, il est clair que les pressions osmotiques sont proportionnelles au nombre de molécules et, par conséquent, inversement proportionnelles aux poids moléculaires. La mesure de la pression osmotique d'une solution doit donc permettre, en principe, de fixer le poids moléculaire du corps dissous. Malheureusement, la préparation des vases semi-perméables est très difficile, et l'eau est le seul solvant qu'on ait jusqu'ici pu utiliser; aussi la méthode n'est-elle pas encore entrée dans la pratique.

2. Quelques propriétés physiques des solutions présentent avec la pression osmotique une étroite corrélation.

Lorsqu'on refroidit une dissolution étendue à solvant solidifiable, le solvant commence à se solidifier dès que le refroidissement est suffisant, et toujours à une température plus basse que ne le ferait le solvant s'il était pur. La différence, appelée *abaissement du point de congélation*, est en raison directe de la concentration, par conséquent de la pression osmotique. Cela se conçoit : pour séparer le solvant du corps dissous, il faut vaincre les attractions mutuelles des deux sortes de molécules, dont la résultante est évidemment proportionnelle au nombre de molécules dissoutes dans l'unité de volume, mais est indépendante de la nature des molécules du corps dissous.

Pour la même raison, la tension de vapeur de la dissolution d'une substance fixe dans un solvant volatil sera moindre que celle du solvant pur à la même température; ou, ce qui revient au même, la température d'ébullition, sous la même pression, sera plus élevée. *Abaissement de la tension de vapeur* et *élévation du point d'ébullition* seront proportionnels au nombre de molécules, c'est-à-dire, pour un corps donné, à sa concentration, et, pour divers corps, à leur *concentration moléculaire* (quotient de la concentration par le poids moléculaire, ou nombre de molécules-grammes par unité de volume de la solution).

On voit ainsi que des solutions de substances diverses dans le même solvant, si elles ont même concentration moléculaire, ont également même pression osmotique (solutions isotoniques), et qu'elles ont aussi même point de congélation, même tension de vapeur à la même température et même point d'ébullition sous la même pression, quelle que soit la nature du corps dissous.

Tandis que la mesure de la pression osmotique est entourée de grandes difficultés expérimentales, et que la mesure des tensions de vapeur est elle-même assez délicate, on prend aisément, au contraire, un point de congélation ou un point d'ébullition. De là, pour la détermination des poids moléculaires, deux méthodes simples et faciles à appliquer : la méthode *cryoscopique* et la méthode *ébullioscopique*.

### 1. — MÉTHODE CRYOSCOPIQUE (RAOULT, 1882).

L'expérience montre que *l'abaissement du point de congélation d'une dissolution étendue, par rapport au point de congélation du solvant pur, est proportionnel à la concentration moléculaire, c'est-à-dire proportionnel à la quantité de substance dissoute dans l'unité de volume et en raison inverse du poids moléculaire de cette substance.*

Soient M le poids moléculaire d'un corps, P le poids de ce corps dissous dans 100$^g$ de solvant, C l'abaissement du point de congélation, K une constante spéciale au solvant considéré. On a la relation :

$$C = K \frac{P}{M}; \qquad \text{d'où l'on tire} \qquad M = K \frac{P}{C}.$$

P est donné par la balance et C par le thermomètre (différence des deux températures). K se détermine, pour chaque solvant, en faisant une expérience préalable, où l'on emploie comme corps dissous une substance de poids moléculaire connu; on a alors :

$$K = M \frac{C}{P}.$$

On trouve : pour l'eau, $K = 18,5$; pour l'acide acétique, $K = 39$; pour le benzène, $K = 49$, etc. ([1]).

Soit, par exemple, à déterminer le poids moléculaire du glucose. L'expérience montre qu'une solution de $10^g$ de ce corps dans $100^g$ d'eau pure se congèle à $-1°,03$; comme l'eau pure se solidifie à $0°$, le nombre $1,03$ représente évidemment l'abaissement du point de congélation (différence entre le point de congélation de l'eau $0°$ et celui de la solution, qui est $-1°,03$). Le poids moléculaire du glucose sera $\dfrac{18.5 \times 10}{1,03} = 180$ (chiffre rond).

La méthode cryoscopique est très générale, que le corps soit solide, liquide ou gazeux; la condition indispensable est que la substance à étudier soit suffisamment soluble dans un liquide aisément solidifiable.

*Anomalies.* — 1° *Ions.* — Les *électrolytes* (acides, bases, sels) donnent, quand on les étudie en solution dans l'eau, des chiffres inférieurs, et souvent très inférieurs, à la valeur réelle du poids moléculaire. En 1887, le suédois Arrhénius fit rentrer ces anomalies dans la règle en supposant que l'eau dissocie plus ou moins complètement le corps dissous en ses *ions* ([2]) (atomes ou groupes d'atomes chargés d'électricité) positifs ($\overset{+}{H}$, $\overset{+}{K}$, $\overset{+}{Na}$, $\overset{..}{NH^4}$, $\overset{++}{Ca}$, ...) et négatifs ($\overset{-}{Cl}$, $\overset{-}{Br}$, $\overset{-}{I}$, $\overset{-}{OH}$, $\overset{-}{NO^3}$, $\overset{..}{SO^4}$, ...), et que chaque ion ainsi libéré se comporte, au point de vue cryoscopique, comme une molécule complète. Cette conception hardie a reçu de nombreuses vérifica-

---

([1]) K est, pour chaque solvant, ce que RAOULT a appelé *l'abaissement moléculaire*. La formule suivante, déduite par VAN'T HOFF de considérations thermodynamiques, permet de calculer cette constante en fonction de la température absolue ($T = t + 273°$) de fusion du solvant et de sa chaleur latente de fusion L (pour $1^g$) :

$$K = 0,02 \frac{T^2}{L}.$$

([2]) Ne pas confondre la dissociation en ions (dissociation électrolytique) avec la dissociation moléculaire dont il a été question à la page 18.

tions expérimentales. La même remarque s'appliquera naturellement aux méthodes osmotique (p. 20) et ébullioscopique (*voir* ci-dessous).

2° Au contraire, les poids moléculaires de la plupart des corps hydroxylés se montrent, en solution dans le benzène et quelques autres solvants, notablement supérieurs à la valeur normale. On admet, dans ce cas et divers autres analogues, qu'il y a, dans la solution, des associations moléculaires (*voir* p. 24), et que les agrégats formés se comportent comme des molécules simples ([1]).

### 2. — Méthode ébullioscopique (Raoult, 1887).

Soit une dissolution étendue d'un corps fixe dans un liquide volatil. On a reconnu que *l'élévation du point d'ébullition de la dissolution, par rapport au point d'ébullition du solvant pur sous la même pression, est proportionnelle à la concentration moléculaire, c'est-à-dire proportionnelle à la quantité de substance fixe dissoute dans l'unité de volume et en raison inverse du poids moléculaire de cette substance.*

On a donc, en désignant par E l'élévation du point d'ébullition, par P le poids de la substance fixe dissoute dans $100^g$ de dissolvant, par K la constante spéciale à chaque dissolvant (qu'on détermine au préalable en employant comme matière dissoute un corps de poids moléculaire connu) :

$$E = K \frac{P}{M}; \qquad \text{d'où} \qquad M = K \frac{P}{E}.$$

K est égal à 5,2 pour l'eau; à 11,5 pour l'alcool; à 21,2 pour l'éther; à 16,7 pour l'acétone, etc. ([2]).

---

([1]) Il résulte de travaux récents que le pouvoir associant (Turner) ou dissociant (Nernst, Thomson) des solvants liquides est en relation étroite avec leur *constante diélectrique* : les liquides à constante diélectrique élevée (formiamide, eau, acide formique, etc.) dissocient les électrolytes en leurs ions, tandis que les solvants à constante diélectrique faible (alcools éthylique et isoamylique, chloroforme, etc.) provoquent une association moléculaire plus ou moins marquée des corps dissous (iodure de lithium, sels des bases organiques, etc.).

([2]) K représente, pour chaque solvant, l'*élévation moléculaire*. On peut la calculer au moyen d'une formule analogue à celle qui fournit l'abaissement moléculaire du point de congélation. Si l'on désigne par $T = t + 273°$ la température absolue d'ébullition du solvant, et par L sa chaleur latente de vaporisation (pour $1^g$), on a :

$$K = \frac{0,02\, T^2}{L}.$$

La fixité absolue du corps dissous n'est pas indispensable; il suffit, en pratique, que son point d'ébullition soit supérieur de 150° à celui du dissolvant volatil. Néanmoins, la méthode est beaucoup moins générale que la méthode cryoscopique.

*Anomalies.* — On retrouve ici les mêmes anomalies que nous avons signalées pour l'emploi de la méthode cryoscopique (*voir* p. 22).

### c. — États liquide et solide. Association moléculaire.

1. Nous avons vu (*voir* p. 18) qu'au voisinage de leur point d'ébullition quelques corps, notamment l'eau et l'acide acétique, et qu'en solution dans certains solvants divers composés (*voir* p. 23) présentaient un poids moléculaire supérieur à la valeur normale. Ces faits ont été interprétés en admettant que les molécules étaient plus ou moins associées. D'après cela, on peut prévoir que la tendance des molécules d'un même corps à s'agréger doit augmenter quand il passera de l'état gazeux à l'état liquide, puis à l'état solide.

2. Reprenant les travaux d'Eötwös (1886) sur l'énergie superficielle moléculaire, Ramsay et Schields (1893) sont arrivés à établir, entre le poids moléculaire et la tension superficielle des liquides, la relation suivante :

$$M = \left[ \frac{K(t_2 - t_1)\, d_1^{\frac{2}{3}} . d_2^{\frac{2}{3}}}{\gamma_1 d_2^{\frac{2}{3}} - \gamma_2 d_1^{\frac{2}{3}}} \right]^{-\frac{3}{2}},$$

où M représente le poids moléculaire, K une constante (égale à 2,121), $\gamma_1$ la tension superficielle et $d_1$ la densité à la température $t_1$, $\gamma_2$ la tension superficielle et $d_2$ la densité à la température $t_2$.

La tension superficielle est aisément obtenue en fonction de la hauteur d'ascension du liquide dans un tube capillaire, ou bien en fonction du poids de la goutte qui s'écoule d'un compte-gouttes calibré.

On a déterminé au moyen de la formule ci-dessus le poids moléculaire de liquides très divers. De nombreux liquides organiques ont une molécule simple (éther ordinaire, formiate de méthyle, tétrachlorure de carbone, benzène, chloro et nitrobenzène, aldéhyde benzoïque, etc.). D'autres, au contraire, sont plus ou moins associés (acétone, cyanure d'éthyle, éthane nitré, et,

d'une manière générale, les corps hydroxylés : eau, alcools, phénols, acides).

Voici, par exemple, pour l'eau (ébull. : 100°), l'alcool éthylique (ébull. : 78°), l'acide acétique (ébull. : 118°), la valeur du
poids moléculaire trouvé à diverses températures (M désigne le
poids moléculaire normal) :

| Température. | Eau. | Alcool éthylique. | Acide acétique. |
|---|---|---|---|
| 20° | $1,64 \times M$ | $1,64 \times M$ | $2,13 \times M$ |
| 60° | $1,52 \times M$ | $1,52 \times M$ | $1,99 \times M$ |
| 100° | $1,40 \times M$ | $1,39 \times M$ | $1,86 \times M$ |

3. Aucune méthode n'a pu être établie jusqu'ici qui permette
d'évaluer avec quelque certitude le poids moléculaire des corps
à l'état solide, et nos connaissances sur leur degré d'association
sont encore très vagues.

### d. — Méthodes chimiques.

Ce sont celles que l'on employait exclusivement avant de connaître les méthodes physiques. Il est bon, d'ailleurs, de contrôler
celles-ci par celles-là, et réciproquement.

Les méthodes chimiques reposent sur la *loi des proportions
définies* (Proust, 1801), d'après laquelle, *pour former la même
combinaison, deux corps s'unissent toujours dans les mêmes rapports de poids.*

Le poids moléculaire d'un corps sera le poids de ce corps qui
réagit sur une molécule d'un autre corps de poids moléculaire
connu. Par exemple, une molécule de potasse ($56^g$) est saturée
exactement par $60^g$ d'acide acétique : le poids moléculaire de l'acide
acétique est 60 (tous chiffres ronds).

Si le corps étranger peut contracter deux ou plusieurs combinaisons distinctes avec le corps étudié, on en tient compte. Par
exemple, $56^g$ de potasse ($1^{mol}$) sont neutralisés par $75^g$ d'acide tartrique ; mais il existe deux tartrates de potassium : un tartrate
neutre et un tartrate acide; en d'autres termes, l'acide tartrique
est bibasique : le poids moléculaire de l'acide tartrique sera donc
non pas 75, mais $75 \times 2 = 150$ (tous chiffres ronds).

## POIDS ATOMIQUES.

Examinons les différentes proportions d'hydrogène, d'oxygène, d'azote ou de carbone (les quatre éléments *organogènes*) contenues dans les molécules de divers corps.

| | Poids moléculaires. | Oxygène. | Azote. | Carbone. | Hydrogène. |
|---|---|---|---|---|---|
| Eau.................. | 18,016 | 16 | | | 2,016 |
| Acide cyanhydrique... | 27,018 | | 14,01 | 12 | 1,008 |
| Protoxyde d'azote.... | 44,02 | 16 | 28,02 | | |
| Bioxyde d'azote...... | 30,01 | 16 | 14,01 | | |
| Ammoniaque......... | 17,034 | | 14,01 | | 3,024 |
| Anhydride azotique... | 108,02 | 80 | 28,02 | | |
| Oxyde de carbone.... | 28 | 16 | | 12 | |
| Formène.. .......... | 16,032 | | | 12 | 4,032 |
| Éthylène............. | 28,032 | | | 24 | 4,032 |
| Alcool............... | 46,048 | 16 | | 24 | 6,048 |
| Acétamide........... | 59,05 | 16 | 14,01 | 24 | 5,04 |

On voit que, de tous les poids d'hydrogène contenus dans les diverses molécules examinées, 1,008 est le plus faible. En examinant un composé hydrogéné quelconque, nous ne trouverions jamais qu'une molécule de ce corps renferme moins de 1,008 d'hydrogène ; 1,008 est la plus petite masse d'hydrogène qui entre dans les molécules : 1,008 est le poids de l'atome d'hydrogène (rapporté à l'atome d'oxygène $= 16$).

De même 14,01 et 12 sont les plus petites quantités d'azote et de carbone qui entrent dans les molécules : 14,01 et 12 représentent respectivement les poids atomiques de l'azote et du carbone ([1]).

Nous pouvons maintenant donner de l'atome une définition expérimentale : *l'atome d'un élément est la plus petite masse de*

---

([1]) Ces poids atomiques représentent les résultats moyens d'un grand nombre de déterminations précises et variées.

Pour plus de simplicité et de clarté, les nombres de notre Tableau ont été calculés théoriquement, en supposant connus d'avance les poids atomiques. Mais il convient d'ajouter qu'ils se confondent, aux erreurs expérimentales près, avec ceux que donnent les mesures directes.

*cet élément qui puisse entrer dans une molécule quelconque et se transporter d'une molécule à une autre* ([1]).

## FORMULES.

*Formules brutes.* — Reprenons l'exemple du glucose. D'après l'analyse élémentaire (*voir* p. 8), pour 100 parties en poids il renferme 40 parties de carbone, 6,6 parties d'hydrogène et 53,4 parties d'oxygène. En divisant respectivement ces nombres par les poids atomiques du carbone (12), de l'hydrogène (1, en chiffres ronds), et de l'oxygène (16), on obtient les quotients suivants :

$$\frac{40}{12} = 3,3 ; \qquad \frac{6,6}{1} = 6,6 ; \qquad \frac{53,4}{16} = 3,3.$$

Les nombres d'atomes de carbone, d'hydrogène et d'oxygène présents dans la molécule sont donc entre eux comme les 3 nombres 3,3, 6,6 et 3,3, soit comme les 3 nombres 1, 2 et 1. Ceci établit que la formule la plus simple que l'on puisse donner au glucose est $CH^2O$ ($12 + 2 + 16 = 30$); mais le nombre de fois que $CH^2O$ existe dans la molécule reste indéterminé : $CH^2O$ est la *formule brute* du glucose.

Bien d'autres substances que le glucose répondent à la même formule brute $CH^2O$. Citons l'aldéhyde formique, l'acide acétique, l'acide lactique, etc. Mais les mesures directes montrent que les poids moléculaires de ces corps sont différents.

*Formules moléculaires.* — Le poids moléculaire du glucose,

---

([1]) Nous avons supposé, dans tout ce qui précède, que l'atome, comme l'indique l'étymologie du mot, est insécable. En réalité, depuis la découverte des phénomènes de *radioactivité* (HENRI BECQUEREL, 1896; P. CURIE et S. CURIE), et étant donnés les résultats fournis dans ces derniers temps par les recherches spectroscopiques et l'étude des rayons cathodiques, on sait que les atomes sont des systèmes très complexes, dont *l'électron* (véritable atome d'électricité négative, dont la masse est environ 1800 fois plus petite que celle de l'atome d'hydrogène) est un des constituants universels. On sait également que les atomes de certains éléments, dits *radioactifs* (uranium, radium, thorium, etc.), subissent au cours du temps une fragmentation spontanée, d'où résultent des atomes d'éléments différents (transmutations). Mais, pratiquement, les atomes se comportent, dans les phénomènes chimiques, comme réellement *immuables* (nous laissons de côté, ici, les actions chimiques provoquées par les rayonnements des corps radioactifs).

déterminé par la méthode cryoscopique est 180. Ce nombre contient 6 fois le nombre 30, lequel représente sa formule brute $CH^2O$. Donc $(CH^2O)^6 = C^6H^{12}O^6$ sera la formule moléculaire du glucose.

Le poids moléculaire de l'aldéhyde formique est 30. La formule moléculair est donc $CH^2O$, identique à la formule brute.

On trouverait de même que les formules moléculaires de l'acide acétique et de l'acide lactique sont respectivement $C^2H^4O^2$ et $C^3H^6O^3$ ([1]).

Voilà donc la raison de la grande différence de propriétés qui existe entre le glucose, l'aldéhyde formique, l'acide acétique et l'acide lactique (*voir* p. 8) : ces quatre corps sont bien formés des mêmes éléments unis dans les mêmes proportions, mais leurs molécules n'ont pas le même poids, la même grandeur ; la plus légère, la plus petite, celle de l'aldéhyde formique, renferme 1 atome de carbone, 2 d'hydrogène et 1 d'oxygène, tandis que celle de l'acide acétique renferme le double, celle de l'acide lactique le triple et celle du glucose six fois plus d'atomes de chaque élément : différences primordiales qui doivent immanquablement retentir sur toutes les propriétés comparées de ces quatre corps.

### POLYMÉRIE.

Certaines substances peuvent être transformées en d'autres de même formule brute, mais de formule moléculaire multiple de cette formule brute. Ainsi l'acétylène $C^2H^2$, sous l'action de la chaleur, fournit le benzène $C^6H^6$. C'est le phénomène de la *polymérisation*, dont la notion fut introduite dans la Science par BERZÉLIUS en 1831.

Suivant les cas, le *polymère* pourra ou non retourner au type

---

([1]) Pour la simplicité de la démonstration, c'est intentionnellement que nous avons, le plus possible, arrondi les chiffres et négligé les erreurs expérimentales, inévitables dans toutes les mesures (poids ou volumes). Ainsi, par exemple, dans les déterminations des poids moléculaires par voie cryoscopique, deux opérations faites sur le même corps et avec le même solvant différeront, en général, d'au moins $\frac{1}{30}$, et souvent beaucoup plus. Mais les résultats trouvés permettront de choisir la bonne formule moléculaire parmi celles qui sont compatibles avec la formule brute imposée par l'analyse élémentaire, et c'est là tout ce que l'on demande à la cryoscopie, comme à l'ébullioscopie.

primitif. Ainsi, quand on chauffe le paraldéhyde $C^6H^{12}O^3$, polymère triple (*trimère*) de l'aldéhyde $C^2H^4O$, avec une trace d'acide sulfurique, on retombe sur le corps générateur ; il est impossible, par contre, de régénérer ce même aldéhyde $C^2H^4O$ de son *dimère* l'aldol $C^4H^8O^2$.

## LA RÉALITÉ MOLÉCULAIRE.

**1.** L'Hypothèse moléculaire est une conception extrêmement heureuse, qui permet, en donnant une image objective des phénomènes physiques et chimiques, de les interpréter aisément et de les prévoir.

Les mouvements désordonnés des molécules dans les gaz, base de la théorie cinétique (*voir* p. 11), expliquent, notamment, leur faculté de diffusion indéfinie, ainsi que la loi de BOYLE-MARIOTTE, qui régit leur compressibilité.

Nous verrons, dans la suite, qu'il est possible de représenter les propriétés des corps composés par des formules de constitution schématisant la disposition des atomes à l'intérieur de la molécule, et la Chimie organique, à elle seule, est parvenue à établir l'architecture d'au moins cent mille substances. Aussi peut-on affirmer hardiment que l'Hypothèse moléculaire est, dans toutes les Sciences de la Nature et particulièrement en Chimie, un tel instrument de travail, que jamais la spéculation théorique n'en a produit d'aussi universellement fécond ni d'aussi puissant.

**2.** Une semblable Théorie ne pouvait pas ne pas renfermer pour le moins une grande part de vérité. La subtilité des molécules a tenté l'audace des Physiciens, et ils ont eu l'ambition de vouloir, en quelque sorte, les saisir sur le vif, les dénombrer, en connaître le poids absolu, ainsi que les dimensions et la vitesse.

Une détermination capitale était celle du nombre de molécules contenues dans la molécule-gramme. Ce nombre N, désigné sous le nom de *Constante d'*AVOGADRO, a suscité une multitude de travaux dont nous ne ferons ici qu'une brève mention. La théorie cinétique peut être appliquée à une foule de phénomènes très divers, où intervient le nombre N ; leur étude doit donc, en principe, pouvoir conduire à la connaissance de ce nombre. Parmi les sujets qui ont été à cet effet l'objet d'investigations, mentionnons les suivants : viscosité des gaz, mouvement brownien dans les liquides (PERRIN), diffraction de la lumière solaire dans l'atmosphère cause de la couleur azurée du ciel (RAYLEIGH), corpuscules électrisés dans les gaz (Townsend, J.-J. Thomson, Millikan, etc.), phénomènes de radioactivité (Rutherford). On imaginerait difficilement plus de variété dans les méthodes. Or il est extrêmement remarquable qu'elles convergent toutes vers la même valeur $N = 6 \times 10^{13}$.

Peut-on, devant la concordance de résultats obtenus par l'étude de phénomènes aussi profondément différents, peut-on nier que les molécules existent réellement ? Nous ne le pensons pas, et l'hypothèse moléculaire doit être considérée désormais comme une *réalité*.

3. Le nombre d'Avogadro $N = 6 \times 10^{23}$ confond l'imagination par son énormité. On en aura peut-être une idée un peu concrète par l'exemple suivant : $1^{cm^3}$ d'un gaz quelconque, à $0°$ et sous la pression normale, contient environ 26 milliards de milliards de molécules ($26 \times 10^{18}$). On conçoit maintenant sans peine le fait que des quantités extrêmement faibles de substances fortement odorantes (musc, iodoforme) puissent répandre leur odeur dans de vastes espaces, où se diffusent de proche en proche leurs molécules, et cet autre fait que de minimes quantités de matières fortement colorantes puissent donner une teinte sensible à d'énormes masses de liquide (une solution aqueuse de fluorescéine au cent-millionième est encore fluorescente).

Du nombre d'Avogadro $N = 6 \times 10^{23}$ on déduit immédiatement le poids *absolu* d'une molécule quelconque en divisant le poids moléculaire par le facteur $6 \times 10^{23}$. Nous donnerons une idée de l'extrême petitesse de ces poids en indiquant que dans $1^{mg}$ de sel marin, dont la molécule-gramme est $58^g,46$, il n'y a pas moins de 10 milliards de milliards de molécules ($10^{19}$).

Les autres grandeurs moléculaires sont du même ordre. Le diamètre d'une molécule d'hydrogène, supposée sphérique, est voisin de 14 centièmes de millionième de millimètre ($0^{mm},0000014$). Mises bout à bout, les molécules contenues dans $1^{cm^3}$ d'hydrogène formeraient un chapelet dont la longueur égalerait cent fois le tour de la Terre. A $0°$, la vitesse moyenne des molécules d'hydrogène est de $1848^m$ par seconde, celle des molécules d'oxygène de $462^m$ par seconde, etc.

# D. — ISOMÉRIE. VALENCE. FORMULES DE CONSTITUTION. QUADRIVALENCE DU CARBONE. STRUCTURE GÉNÉRALE DES COMPOSÉS ORGANIQUES.

La formule, même moléculaire, est rarement suffisante pour caractériser une substance organique, et, le plus souvent, une même formule moléculaire est commune à plusieurs corps différents. C'est ainsi qu'il existe 2 gaz nettement distincts répondant à la formule $C^4H^{10}$ : l'un est liquéfiable à la température de $+ 0°,6$ (butane), et l'autre à $— 10°,5$ (isobutane). On connaît de même 3 corps différents ayant pour formule $C^3H^8O$ ; on en connaît 3 de formule $C^5H^{12}$, 5 de formule $C^6H^{14}$, etc.

*On dit que deux corps sont isomères lorsque, tout en ayant la même formule moléculaire, ils ont des propriétés plus ou moins différentes.*

L'isomérie est un fait d'expérience (LIEBIG, 1823; BERZÉLIUS, 1830). Comment peut-on la concevoir ?

Pour que deux molécules représentées par la même formule moléculaire (c'est-à-dire formées des mêmes atomes, chaque espèce d'atomes se trouvant en même nombre dans l'une et l'autre des deux molécules) soient différentes, deux conditions sont nécessaires :

Tout d'abord, les atomes, dans les molécules, doivent occuper des positions fixes, ou, tout au moins, s'ils sont en mouvement, ils sont astreints à osciller autour d'une position moyenne; ce qui permet, pratiquement, de les considérer comme au repos. Sans cela, en effet, il n'y aurait pas d'isomérie possible; car, si tous les atomes pouvaient librement se déplacer à l'intérieur des molécules, comme le peuvent les molécules d'un mélange liquide homogène, ce serait un pur chaos, et tous les corps dont les molécules posséderaient les mêmes atomes chacun en même nombre, bref, tous les corps de même formule moléculaire seraient forcément identiques; ce serait la négation même de l'isomérie. Donc, une première condition indispensable est que les atomes occupent dans les molécules des positions bien déterminées. Et il est superflu d'ajouter que la fixité des positions tient à ce qu'il y a équilibre entre les forces intramoléculaires qui maintiennent intimement unis les divers atomes.

En second lieu, il va de soi que, étant donnés deux corps isomériques, les mêmes atomes n'occupent pas des positions identiques dans les deux molécules, où leur répartition est forcément différente ; et c'est là précisément la cause de leur isomérie.

L'isomérie, *notion d'origine expérimentale*, nous amène ainsi à essayer de représenter le mode de distribution de leurs atomes constituants, c'est-à-dire leur *structure chimique*. On a imaginé, pour les besoins de cette étude, une théorie aussi simple qu'ingénieuse, que nous allons exposer.

## CAPACITÉ DE COMBINAISON. VALENCE.

La notion de valence était en germe dans les idées de GERHARDT sur la constitution des composés chimiques. C'est en 1858 que COUPER et KÉKULÉ, reprenant simultanément l'hypothèse de DALTON, l'en dégagèrent nettement et lui donnèrent sa forme précise actuelle.

La valence est définie par les considérations suivantes. Examinons les combinaisons les plus simples du chlore, de l'oxygène, de l'azote et du carbone ; nous voyons que :

| Dans l'acide chlorhydrique | $HCl$ | $1^{at}$ de chlore | est uni à $1^{at}$ de H |
| » l'eau | $H^2O$, | 1 d'oxygène | »   2   » |
| » l'ammoniaque | $NH^3$, | 1 d'azote | »   3   » |
| » le gaz des marais | $CH^4$, | 1 de carbone | »   4   » |

Appelons *valence* la faculté de s'unir à 1 atome d'hydrogène ; on voit que :

| Le chlore possède 1 fois cette faculté : il est | monovalent |
| L'oxygène » 2 » » | bivalent |
| L'azote » 3 » » | trivalent |
| Le carbone » 4 » » | quadrivalent |

On peut dire aussi que le chlore, l'oxygène, l'azote, le carbone ont une *capacité de combinaison* respectivement égale à 1, 2, 3, 4.

Si cette notion est juste, dans un composé quelconque :

| $1^{at}$ de chlore | doit pouvoir remplacer | $1^{at}$ d'hydrogène |
| 1 d'oxygène | » | 2 » |
| 1 d'azote | » | 3 » |
| 1 de carbone | » | » |

Effectivement, on connaît les composés suivants :

$$H^2O \begin{cases} ClHO \\ Cl^2O \end{cases} \qquad NH^3 \begin{cases} NH^2Cl \\ NHCl^2 \\ NCl^3 \end{cases} \qquad CH^4 \begin{cases} CH^3Cl & CH^2O & NCH \\ CH^2Cl^2 & CO^2 \\ CHCl^3 \\ CCl^4 \end{cases}$$

En examinant d'autres combinaisons, nous ne trouverions jamais qu'un atome d'hydrogène a été remplacé par un nombre d'atomes d'un autre élément supérieur à 1. Aucun élément n'a donc une capacité de combinaison plus faible que celle de l'hydrogène, et c'est pourquoi on a choisi la capacité de combinaison de l'hydrogène comme unité.

En général, pour déterminer la capacité de combinaison d'un élément, on considère un certain nombre de ses composés, et l'on cherche à combien d'atomes d'hydrogène (ou d'un élément monovalent) il peut s'unir, ou de combien d'atomes d'hydrogène (ou d'un élément monovalent) il peut tenir la place dans les composés.

On trouve ainsi que les éléments suivants :

F, Cl, Br, I, K, Na, Ag.............. sont monovalents
O, S, Se, Te, Ba, Sr, Ca, Mg, Zn, Cu, Hg. sont bivalents
N, P, As, Sb, Bi, Bo................,.... sont trivalents
C, Si, Ti......................... sont tétravalents [1]

On connaît des corps penta, hexa, hepta... valents.

Pour expliquer ces différences de la capacité de combinaison des divers éléments, on peut imaginer, notamment, que la *force chimique* ou *affinité* de l'atome n'agit pas uniformément suivant toutes les directions de l'espace, comme on l'admet, par exemple, pour l'attraction newtonienne d'un point matériel ou pour les actions réciproques des molécules d'un liquide, mais

---

[1] Il va de soi que les éléments gardent leur valence quand ils sont à l'état d'ions : les ions $\overset{-}{H}$, $\overset{-}{Cl}$, $\overset{-}{Br}$, $\overset{-}{I}$, $\overset{+}{Na}$, $\overset{+}{Ag}$, ... sont monovalents; les ions $\overset{++}{Ba}$, $\overset{++}{Ca}$, $\overset{++}{Mg}$, $\overset{++}{Hg}$, ... sont bivalents, etc. La valence indique, d'ailleurs, le nombre de charges électriques unités portées par l'ion-gramme, l'unité de charge étant celle d'un ion-gramme d'hydrogène, soit 96600 coulombs. On voit ainsi quelle étroite relation doit exister entre la notion de valence et les grandeurs électriques liées à l'atome.

que *cette affinité s'exerce exclusivement ou principalement suivant certaines directions, le nombre de ces directions privilé-
giées correspond à la capacité de l'atome considéré.* La force
chimique de l'hydrogène n'agit donc que suivant une seule
direction, celle de l'oxygène suivant deux, celle du carbone suivant quatre, etc. L'union des atomes dans la molécule est faite,
dans cette hypothèse, suivant la direction des valences, de telle
sorte que les divers atomes se saturent mutuellement.

La saturation réciproque d'une valence entre deux éléments se
représente par un tiret, qui figure la *liaison;* exemples :

$$H-Cl, \qquad H-O-H, \qquad H-N{\Large\langle}^{H}_{H}, \qquad H-\overset{\displaystyle H}{\underset{\displaystyle H}{C}}-H.$$

Souvent même, on se contente d'un simple point; exemples :

$$H.Cl, \qquad H.O.H.$$

Deux ou plusieurs valences peuvent être échangées entre deux
atomes, identiques ou différents; le fait se représente par un
nombre égal de tirets ou de points, qu'on rapproche le plus possible. On a ainsi des *doubles liaisons,* des *triples liaisons,* etc.;
exemples :

$$O=O, \qquad C=C, \qquad C=N, \qquad C\equiv N, \qquad N=N, \qquad N\equiv N, \qquad \text{etc.}$$

Les *gaz rares* (hélium, néon, argon, krypton, xénon) ne
peuvent ni se substituer ni se combiner à l'hydrogène ou autres
éléments : leur valence est nulle (*gaz inertes*).


**Radicaux (syn. : restes, résidus, groupes, groupements).**

C'est à GAY-LUSSAC, DUMAS, LIEBIG et WÖHLER (1832), que nous
devons l'importante conception des radicaux.

On désigne sous ce nom ce qui reste d'une molécule quand on
lui soustrait un ou plusieurs atomes. Beaucoup de radicaux
portent des noms spéciaux; exemples :

Si à l'eau $H-O-H$ on enlève $H$, il reste $-O-H$ (*oxhydryle*).

Si à l'ammoniaque $H-N{\Large\langle}^{H}_{H}$ on enlève $H$, il reste $-N{\Large\langle}^{H}_{H}$ (*amidogène*).

$$\overset{\displaystyle H}{\underset{\displaystyle H}{|}}\qquad\qquad\overset{\displaystyle H}{\underset{\displaystyle H}{|}}$$

Si au gaz des marais $H - C - H$ on enlève H, il reste $- C - H$ (*méthyle*).

L'*oxhydryle*, l'*amidogène*, le *méthyle* sont des radicaux mono-valents, puisqu'ils ont une valence disponible; et, sous ce rap-port, ils sont comparables à des éléments monovalents, dont ils peuvent tenir la place dans les molécules.

Il y a des radicaux bi, tri, polyvalents; l'*imidogène* $>N - H$,
le *méthylène* $>C<^H_H$ et le *carbonyle* $>C = O$ sont bivalents (¹).

Dans l'étude théorique des corps, les *radicaux* jouent un rôle fort important. Nous verrons ces *agrégats atomiques complexes* passer *d'un bloc*, sans se modifier, d'une combinaison à une autre, à la façon de véritables corps simples.

Ce sont en général des êtres chimiques purement imaginaires. On en connaît cependant qui sont susceptibles d'une existence indépendante. Citons, comme étant particulièrement simples, le *nitrosyle* NO (à l'état de molécule libre, c'est le bioxyde d'azote) et le *carbonyle* CO (à l'état de molécule libre, c'est l'oxyde de carbone); et nous aurons l'occasion de parler tout spécialement d'une série de radicaux monovalents existant à l'état libre, dont le triphénylméthyle est le type (*voir* p. 200).

### Formules de constitution.

1. En utilisant la notion de valence et mettant en relief les radicaux, on construit des schémas (formules de constitution) qui explicitent la constitution, la structure des molécules, et tra-duisent certaines propriétés des corps. Ainsi l'eau $H^2O$ peut être écrite sous la forme $H.OH$, parce que l'*oxhydryle* OH peut passer en bloc dans d'autres molécules, à la façon d'un élément mono-valent. Exemples :

Le sodium attaque l'eau avec dégagement d'hydrogène et forma-

---

(¹) Il est superflu d'ajouter que les radicaux, s'ils viennent à passer à l'état d'ions, gardent, comme les éléments, leur valence; ainsi les ions $\overline{OH}$, $\overline{NO^3}$ (nitrique), $\overline{CHO^2}$ (formique), $\overline{C^2H^3O^2}$ (acétique), etc., sont monovalents; les ions $\overline{\overline{SO^4}}$ (sulfurique), $\overline{\overline{C^2O^4}}$ (oxalique), etc., sont bivalents.

tion de soude, où se retrouve l'oxhydryle :

$$H.OH + Na = Na.OH + H.$$

A son tour, la soude est attaquée par le composé $CH^3.Cl$ (chlorure de *méthyle*), avec formation de chlorure de sodium et du composé $CH^3.OH$ (alcool méthylique), où se retrouvent et l'oxhydryle et le méthyle combinés l'un à l'autre :

$$CH^3.Cl + Na.OH = NaCl + CH^3.OH.$$

En mettant en évidence l'oxhydryle dans le corps $CH^3.OH$, on traduit par là même une foule de propriétés de la substance : action sur les acides avec formation d'éthers, etc. (nous reviendrons sur ce point; *voir* p. 61 et 62).

Si, en Chimie minérale, les formules de constitution offrent un intérêt assez restreint, parce que les molécules y sont généralement simples, il en est tout autrement en Chimie organique, où les molécules peuvent être très compliquées, et où ces formules sont le plus souvent indispensables pour interpréter et prévoir les réactions.

2. A un autre point de vue, une réflexion générale s'impose ici. Il est hors de doute que, dans toute molécule, chaque atome agit sur tous les autres. Parmi ces actions, il en est d'énergiques et de faibles ; les premières seules entrent en jeu dans la plupart des phénomènes chimiques, et elles correspondent à ce que WERNER a appelé les *valences principales*, tandis que les secondes seraient des valences résiduelles dites *valences secondaires*. Si l'on représentait une molécule par un schéma où toutes les forces de liaisons seraient figurées par des lignes droites, on aurait, surtout pour les molécules à atomes nombreux, un dessin fort compliqué, un véritable réseau; mais, si la largeur des traits était proportionnelle à l'intensité des forces, la figure vue de loin prendrait l'aspect simple de nos formules de constitution ordinaires, parce qu'on n'apercevrait que les valences principales.

Les valences principales, telles que nous les avons définies, sont les seules dont nous nous occuperons au cours de cet Ouvrage. Nous avons tenu cependant à signaler les valences secondaires, parce que maintes réactions ne s'expliquent que si l'on tient compte de leur intervention (¹).

---

(¹) Les combinaisons d'addition dites *moléculaires*, comme les hydrates et

### Variabilité de la capacité de combinaison d'un même élément.

Le propre des forces chimiques est de varier non seulement avec la nature des corps réagissants, mais aussi avec leurs concentrations relatives et avec certaines circonstances extérieures : température, pression, présence d'autres substances, etc. Il en résulte que la capacité de combinaison des atomes présente elle-même une certaine variabilité.

Ainsi l'iode, monovalent dans l'acide iodhydrique III, est trivalent dans le chlorure d'iode $ICl^3$; trivalent dans l'ammoniaque $NH^3$, l'azote est bivalent dans le bioxyde $NO$, tétravalent dans le peroxyde $NO^2$, pentavalent dans le chlorure d'ammonium $NH^4Cl$ et l'acide azotique $O = N\diagup\diagdown\begin{smallmatrix} O \\ O-H \end{smallmatrix}$; trivalent dans le protochlorure $PCl^3$, le phosphore est pentavalent dans le perchlorure $PCl^5$; bivalent dans l'acide sulfhydrique $H^2S$, le soufre est hexavalent dans l'acide sulfurique $\begin{smallmatrix} O \\ O \end{smallmatrix}\diagdown\diagup S\diagup\diagdown\begin{smallmatrix} O-H \\ O-H \end{smallmatrix}$; bivalent dans les sels ferreux (comme $FeCl^2$), le fer est trivalent dans les sels ferriques (comme $FeCl^3$).

Nous rencontrerons dans la suite divers cas de tétravalence de l'oxygène (p. 180, 245, 464).

Malgré ses variations, dont on connaît du reste les conditions pour la plupart des éléments, la capacité de combinaison n'en reste pas moins une notion de première approximation infiniment précieuse pour concevoir la structure des composés.

### Quadrivalence ([1]) du carbone.

Contrairement à la plupart des autres éléments, le carbone, élément caractéristique des substances organiques, présente, dans

---

un grand nombre de *combinaisons complexes* de la Chimie minérale, généralement peu stables, ne rentrent pas dans le cadre de la théorie de la valence telle qu'elle est d'ordinaire exposée. A. WERNER est parvenu, dans ces derniers temps, à jeter une vive lumière sur leur constitution chimique, en admettant que les atomes, par leurs valences secondaires, peuvent maintenir dans leurs sphères d'influence des molécules entières, comme l'eau, l'ammoniaque, l'alcool, ces dernières étant restées elles-mêmes, et pour la même raison, capables d'une certaine action, alors qu'on les considère, dans l'ancienne théorie, comme complètement saturées. Nous sommes forcés de nous borner ici à ces brèves indications.

([1]) On dit souvent aussi *tétravalence*, de même qu'on emploie indifféremment les termes *tétraval nt* et *quadrivalent*.

l'immense majorité de ses composés, une capacité de combinaison constante et égale à 4 (COUPER, KÉKULÉ). Les exceptions sont fort rares. La plus remarquable (et aussi la plus simple) est celle de l'oxyde de carbone CO, où le carbone est bivalent, à moins que l'oxygène n'y soit tétravalent. Nous en signalerons d'autres dans la suite (p. 200 et 421). Et c'est précisément l'immuabilité presque absolue de la capacité de combinaison du carbone qui a été pour les chercheurs le guide le plus sûr dans l'édification de la Chimie organique.

### Égalité des quatre valences du carbone.

*Les quatre valences du carbone sont égales.* — L'expérience montre en effet que si, dans le gaz des marais $CH^4$, on substitue à 1 atome d'hydrogène 1 atome d'un élément monovalent quelconque : Cl, Br, etc., on n'obtient jamais qu'un seul dérivé de substitution, et cela dans quelques conditions qu'on opère : que ce soit directement ou par voie détournée, dans des réactions simples ou compliquées, quel que soit celui des quatre atomes qu'on remplace, le composé obtenu est toujours le même; on ne connaît, par exemple, qu'un seul corps ayant pour formule $CH^3Cl$. Ceci serait incompréhensible si les quatre atomes d'hydrogène n'étaient pas dans une situation de tous points identique vis-à-vis de l'atome de carbone auquel ils sont unis : par conséquent, les quatre valences du carbone sont égales (LOUIS HENRY, 1886).

### SOUDURE DU CARBONE A LUI-MEME. — HYDROCARBURES.

### I. — Hydrocarbures forméniques.

Les atomes de carbone possèdent, à un degré qui n'est atteint par ceux d'aucun autre élément, la propriété de s'unir entre eux, de se souder les uns aux autres (COUPER, KÉKULÉ, 1858).

Soit le gaz des marais $CH^4$, qu'on appelle encore *formène* ou *méthane*. C'est le corps le plus simple de la Chimie organique. Il peut être formé synthétiquement en chauffant directement le charbon en présence d'hydrogène vers 1200° (BONE et JERDAN, 1897; BONE et COWARD, 1908) :

$$C + 2H^2 = CH^4 \nearrow$$

ou en faisant agir au rouge sombre, sur un mélange d'hydrogène sulfuré et de vapeur de sulfure de carbone, le cuivre, qui fixe le soufre de ces deux composés (BERTHELOT, 1855) :

$$CS^2 + 2H^2S + 8Cu \;=\; CH^4 \nearrow + 4Cu^2S;$$

ou encore en décomposant par l'eau le carbure d'aluminium, obtenu lui-même par combinaison directe du carbone et de l'aluminium chauffés au four électrique (MOISSAN, 1894) :

$$Al^4C^3 + 12H^2O \;=\; 3CH^4 \nearrow + 4Al(OH)^3.$$

En attaquant avec précaution par le chlore le gaz produit dans l'une ou l'autre de ces réactions, on peut y remplacer 1 atome d'hydrogène par 1 atome d'halogène ; le formène monochloré $CH^3Cl$ ainsi formé, chauffé avec de l'iodure de potassium (ou, mieux, d'aluminium), échange son chlore contre de l'iode, et l'on obtient le formène monoiodé $CH^3I$. Considérons ce dernier corps, qui est connu sous le nom d'*iodure de méthyle* (combinaison de l'iode avec le radical *méthyle* $CH^3$).

Chauffons $CH^3I$ à une température convenable avec du zinc, ou, mieux, avec du sodium, dans des tubes en verre épais scellés à la lampe ; bientôt il apparaît des croûtes blanches d'iodure de sodium recouvrant le métal, et un gaz sous pression existe dans le tube. Ce gaz, d'après sa composition élémentaire et son poids moléculaire, a pour formule $C^2H^6$ ; c'est l'*éthane* (FRANKLAND et KOLBE, 1848). On voit que sa molécule renferme, pour 2 atomes de carbone, 6 atomes d'hydrogène, et non pas 8 atomes : et il semble que 2 valences du carbone restent non satisfaites. Il n'en est rien : le sodium ayant arraché l'iode uni au carbone dans $CH^3I$, il reste le groupement $CH^3$ (*méthyle*), dont l'atome de carbone a une valence non satisfaite, et qui n'existe pas à l'état de liberté ; comme, cependant, il y a un gaz, l'éthane, produit de la réaction, sa formation ne peut se comprendre qu'en admettant que deux groupes $CH^3$ se sont saturés réciproquement par la valence libre que chacun d'eux possède au carbone et ont formé une molécule complète $CH^3 — CH^3$, d'après l'équation :

$$\left. \begin{array}{l} CH^3I \quad Na \\ \quad + \\ CH^3I \quad Na \end{array} \right\} \;=\; 2NaI + CH^3 — CH^3 \nearrow, \qquad \text{soit} \qquad H - \overset{\displaystyle H}{\underset{\displaystyle H}{C}} - \overset{\displaystyle H}{\underset{\displaystyle H}{C}} - H.$$

Éthane.

Éthane.

On voit que, dans $CH^4$, d'où nous sommes partis, on a remplacé H par $CH^3$; ou, ce qui revient au même, on peut dire qu'à $CH^4$ on a, en formule globale, ajouté $CH^2$.

Prenons maintenant l'éthane monoiodé $C^2H^5I$ ou iodure d'éthyle ($C^2H^5$ est le radical monovalent *éthyle*), soit $CH^3 — CH^2I$, facile à produire à partir de l'éthane, comme l'iodure de méthyle à partir du méthane; mélangeons-le avec de l'iodure de méthyle, et chauffons le mélange avec du sodium en tubes scellés. Le sodium fixera l'atome d'iode de chacune des deux molécules, et un nouveau gaz, le *propane* $C^3H^8$, prendra naissance, d'après l'équation :

$$CH^3 — CH^2I \quad Na$$
$$+$$
$$CH^3I \quad Na \quad = \quad 2\,NaI + CH^3 — CH^2 — CH^3 \nearrow,$$
$$\text{Propane.}$$

soit

$$H — C — C — C — H.$$
$$\text{Propane.}$$

Dans $C^2H^6$ on a ainsi remplacé H par $CH^3$; ou encore, on a ajouté, en formule globale, $CH^2$ à $C^2H^6$ (1).

De même l'iodure de propyle $C^3H^7I$ ($C^3H^7$ est le radical monovalent *propyle*) ou propane monoiodé, soit pour ce corps le schéma $CH^3 — CH^2 — CH^2I$, chauffé avec de l'iodure de méthyle et du sodium, donne le *butane* $C^4H^{10}$ :

$$CH^3 — CH^2 — CH^2I \quad Na$$
$$+$$
$$CH^3I \quad Na \quad = \quad 2\,NaI + CH^3 — CH^2 — CH^2 — CH^3 \nearrow,$$
$$\text{Butane.}$$

---

(1) En réalité, outre le propane, il se forme également, dans cette réaction, de l'éthane, d'après l'équation :

$$2\,(CH^3I) + 2\,Na = CH^3 — CH^3 \nearrow + 2\,NaI$$

et du butane :

$$2\,(CH^3 — CH^2I) + 2\,Na = 2\,NaI + CH^3 — CH^2 — CH^2 — CH^3, \rightarrow$$

chacun des deux iodures réagissant, pour son propre compte et indépendamment de l'autre, sur le sodium.

soit

$$H - C - C - C - C - H.$$

Butane.

Dans $C^3H^8$ nous avons remplacé H par $CH^3$; ou encore, nous avons ajouté, en formule globale, $CH^2$ à $C^3H^8$ ([1]).

En définitive, au méthane, point de départ, nous avons ajouté successivement un, deux, trois groupes $CH^2$; et les trois carbures nouveaux obtenus possèdent une chaîne de 2, 3, 4 atomes de carbone.

On obtiendrait, par le même procédé, des carbures à chaînes de 5, 6, 7, 8, ..., $n$ atomes de carbone; leur formule générale est $C^n H^{2n+2}$.

On forme ainsi toute une série d'hydrocarbures dits *saturés* ou *limites*, parce que chacun d'eux, pour sa teneur en carbone, renferme la plus forte proportion possible d'hydrogène : on les appelle d'ordinaire *hydrocarbures forméniques*, en raison du plus simple de tous, le formène. Leur propriété caractéristique est de réagir directement sur le chlore ou le brome, de telle sorte que l'halogène ne s'ajoute pas au carbure, mais s'y substitue atome pour atome à l'hydrogène, avec mise en liberté d'autant de molécules d'hydracide qu'il se fait de substitutions :

$$C^n H^{2n+2} + Cl^2 = HCl + C^n H^{2n+1} Cl,$$
$$C^n H^{2n+2} + 2 Cl^2 = 2 HCl + C^n H^{2n} Cl^2,$$
$$C^n H^{2n+2} + 3 Cl^2 = 3 HCl + C^n H^{2n-1} Cl^3,$$

. . . . . . . . . . . . . . . . . . . . . . . . . . . . . . . . . .

Chacun de ces hydrocarbures halogénés est lui-même un corps saturé, en ce sens qu'il est incapable de fixer par addition l'hydrogène ou les halogènes. Il est bâti sur le même type que le corps d'où il est issu. Selon la comparaison de LAURENT, l'halogène s'étant substitué à l'hydrogène atome pour atome, c'est

---

([1]) Ici aussi il se fait deux autres corps : d'une part, l'éthane $CH^3 - CH^3$ et, de l'autre, l'hexane $CH^3 - CH^2 - CH^2 - CH^2 - CH^2 - CH^3$. Quand on chauffe deux dérivés monohalogénés différents en présence du sodium, les trois carbures possibles se forment toujours simultanément.

une pierre de l'édifice moléculaire qui a été remplacée par une autre pierre de nature différente; mais l'édifice lui-même n'a pas été renversé.

Ce sont là des phénomènes particulièrement simples et nets de *substitution*, qui jouent un rôle essentiel en Chimie organique, et dont la loi fondamentale fut mise en lumière par DUMAS en 1835.

### 1. — HYDROCARBURES FORMÉNIQUES A CHAINE DROITE.

La chaîne des composés précédents renferme deux sortes de chaînons : 1° deux chaînons $CH^3$, qui sont à chaque bout; l'atome de carbone de chacun de ces deux chaînons est dit *primaire*, parce qu'il n'est lié qu'à un seul autre atome de carbone; 2° des chaînons $CH^2$ intermédiaires; chaque atome de carbone de ces chaînons est dit *secondaire*, parce qu'il est lié à 2 atomes de carbone.

Une telle chaîne, qui ne comprend que des chaînons $CH^2$ et $CH^3$, par conséquent que des atomes de carbone primaires et secondaires, est une chaîne *droite* ou *linéaire;* les hydrocarbures qui la possèdent sont dits *linéaires* ou *normaux*.

### 2. — HYDROCARBURES FORMÉNIQUES A CHAINE RAMIFIÉE. — ISOMÈRES.

Il existe des hydrocarbures saturés où l'on est forcé d'admettre que la chaîne n'est pas droite, et où des atomes de carbone (carbones *tertiaires* et *quaternaires*) sont reliés à 3 et même 4 autres atomes de carbone; ces carbures à chaînes ramifiées sont dits *arborescents*.

On connaît 2 dérivés monoiodés du propane, c'est-à-dire 2 corps de formule brute $C^3H^7I$; l'un bout à 102° et l'autre à 89°: ce sont deux isomères. Nous pouvons montrer *a priori* qu'ils doivent nécessairement exister. Dans le propane $CH^3 — CH^2 — CH^3$, en effet, substituons par la pensée 1 atome d'iode à 1 atome d'hydrogène de l'un des deux groupes $CH^3$; quel que soit le groupe $CH^3$ mis en jeu, le dérivé $C^3H^7I$ formé sera évidemment le même, le corps $CH^2I — CH^2 — CH^3$ ne pouvant être différent du corps $CH^3 — CH^2 — CH^2I$, dont la formule se superposerait à la précédente par simple retournement. Au contraire, faisons la substitution sur le chaînon central $CH^2$; la nouvelle formule $CH^3 — CHI — CH^3$ n'est plus superposable à la précédente, et elle doit correspondre à un corps différent : il doit donc exister 2 monoiodopropanes.

L'un des deux isomères $CH^3 - CH^2 - CH^2I$ s'appelle *iodure de propyle*, et l'autre $CH^3 - CHI - CH^3$ *iodure d'isopropyle.*

Chauffons tour à tour chacun de ces iodures avec de l'iodure de méthyle et du sodium; nous obtenons un carbure à chaîne droite, le butane, gaz liquéfiable à $+0°,6$, dans le premier cas, et, dans le second, un carbure isomérique, à chaîne ramifiée, l'isobutane, gaz liquéfiable à $-10°,5$ :

$$\begin{array}{l} CH^3 - CH^2 - CH^2\boxed{I \quad Na} \\ \qquad\qquad\qquad + \\ \qquad\qquad CH^3\boxed{I \quad Na} \end{array} = 2NaI + \underset{\text{Butane.}}{CH^3 - CH^2 - CH^2 - CH^3};$$

$$\begin{array}{l} CH^3 - CH\boxed{I - CH^3 \quad Na} \\ \qquad\qquad\qquad + \\ \qquad\qquad CH^3\boxed{I \qquad\quad Na} \end{array} = 2NaI + \underset{\text{Isobutane.}}{CH^3 - \underset{\displaystyle CH^3}{\underset{|}{CH}} - CH^3}.$$

Le carbone du chaînon CH de l'isobutane est relié à 3 autres atomes de carbone : c'est un carbone *tertiaire.*

De même, la théorie prévoit 3 pentanes et 5 hexanes isomériques. Tous ces corps sont connus; voici leurs formules de constitution et leurs points d'ébullition :

*Pentanes.*

| | | |
|---|---|---|
| Pentane normal | $CH^3 - CH^2 - CH^2 - CH^2 - CH^3$ | bout à 38° |
| Isopentane | $CH^3 - \underset{\displaystyle CH^3}{\underset{\vert}{CH}} - CH^2 - CH^3$ | » 31 |
| Tétraméthylméthane | $CH^3 - \overset{\displaystyle CH^3}{\overset{\vert}{\underset{\displaystyle CH^3}{\underset{\vert}{C}}}} - CH^3$ | » 9,5 |

*Hexanes.*

| | | |
|---|---|---|
| Hexane normal | $CH^3 - CH^2 - CH^2 - CH^2 - CH^2 - CH^3$ | » 69 |
| Isohexane | $CH^3 - CH^2 - CH^2 - \underset{\displaystyle CH^3}{\underset{\vert}{CH}} - CH^3$ | » 64 |
| Méthyldiéthylméthane | $CH^3 - CH^2 - \underset{\displaystyle CH^3}{\underset{\vert}{CH}} - CH^2 - CH^3$ | » 64 |
| Tétraméthyléthane | $CH^3 - \underset{\displaystyle CH^3}{\underset{\vert}{CH}} - \underset{\displaystyle CH^3}{\underset{\vert}{CH}} - CH^3$ | » 58 |
| Triméthyléthylméthane | $CH^3 - \overset{\displaystyle CH^3}{\overset{\vert}{\underset{\displaystyle CH^3}{\underset{\vert}{C}}}} - CH^2 - CH^3$ | » 45 |

Le nombre des isomères croît rapidement avec celui des atomes de carbone : il y a 9 heptanes $C^7H^{16}$, 18 octanes $C^8H^{18}$, et l'on a calculé qu'il peut exister 802 isomères répondant à la formule $C^{13}H^{28}$ ! On n'a jamais trouvé plus d'isomères que n'en prévoit la théorie ; mais, comme bien l'on pense, les 802 isomères $C^{13}H^{28}$ sont loin d'avoir tous été préparés.

## II. — Hydrocarbures non-saturés.

Il y a des hydrocarbures qui, pour un même poids de carbone, renferment moins d'hydrogène que les précédents, lesquels en sont saturés : on les appelle *hydrocarbures non-saturés*.

### I. — HYDROCARBURES ÉTHYLÉNIQUES.

Soit l'éthane $C^2H^6$. Prenons le composé $C^2H^4Br^2$ (éthane bibromé), qui en diffère par l'existence de 2 atomes de brome à la place de 2 atomes d'hydrogène, et qui peut être formé par l'action directe du brome sur l'éthane. Chauffons-le avec du sodium ; le métal fixe le brome, et il se produit un gaz, qui a pour formule $C^2H^4$ ; c'est l'éthylène :

$$C^2H^4Br^2 + Na^2 \;=\; 2\,NaBr + \quad C^2H^4 \nearrow .$$

Éthane
bibromé.          Éthylène.

Son existence s'explique aisément, dans la théorie de la valence, si l'on admet que ses 2 atomes de carbone échangent mutuellement 2 valences et sont unis ainsi par une *double liaison* : $H^2C = CH^2$, soit

$$\begin{matrix} H \\ H \end{matrix} \Big\rangle C = C \Big\langle \begin{matrix} H \\ H \end{matrix}.$$

L'éthylène n'est pas saturé d'hydrogène. Chauffons-le à une température suffisante avec de l'hydrogène : il en fixe 2 atomes, en donnant le carbure saturé correspondant ou éthane $C^2H^6$ (BERTHELOT) ; la double liaison entre les deux atomes de carbone s'est ouverte, chaque valence libre s'est saturée par un atome d'hydrogène, et la liaison double est devenue liaison simple :

$$\begin{matrix} CH^2 \\ \| \\ CH^2 \end{matrix} \; + \; \begin{matrix} H \\ | \\ H \end{matrix} \; = \; \begin{matrix} CH^3 \\ | \\ CH^3 \end{matrix}.$$

Éthylène.          Éthane.

De même, l'éthylène peut fixer 2 atomes de brome, élément monovalent comme l'hydrogène, et donner ainsi un produit d'addition, l'éthane bibromé $C^2H^4Br^2$, qu'on appelle pour cette raison *bromure d'éthylène* :

$$CH^2 = CH^2 + Br^2 = BrH^2C - CH^2Br.$$
$$\text{Éthylène.} \qquad\qquad \text{Bromure d'éthylène.}$$

D'une manière générale, à chaque carbure saturé $C^nH^{2n+2}$ correspond un carbure non-saturé $C^nH^{2n}$, qui peut fixer soit $H^2$ en régénérant le carbure saturé, soit $Cl^2$, $Br^2$, $I^2$, en donnant un produit d'addition, qui est le carbure saturé dihalogéné correspondant $C^nH^{2n}X^2$ (X désignant un atome halogène : Cl, Br ou I). Ces carbures sont désignés sous le nom générique de carbures *éthyléniques*, qui rappelle celui de leur chef de file, l'éthylène ; leur formule à tous comporte une double liaison, entre deux atomes de carbone, qu'on appelle généralement *liaison éthylénique*.

Il est clair que, dans les carbures éthyléniques, on retrouve les mêmes cas d'isomérie que dans les carbures saturés, d'où ils dérivent par soustraction de $H^2$ ; mais il en existe, en outre, qui tiennent à la place de la double liaison ; exemples :

$$CH^3 - CH^2 - CH^2 - CH = CH^2 \ldots\ldots\ldots\ldots \text{ bout à } 39°$$
$$CH^3 - CH - CH = CH^2 \ldots\ldots\ldots\ldots\ldots \quad » \quad 21$$
$$\qquad\quad | $$
$$\qquad\ CH^3$$
$$CH^3 - CH^2 - CH = CH - CH^3 \ldots\ldots\ldots\ldots \quad » \quad 36$$

Aussi, pour un même nombre d'atomes de carbone, les isomères, chez les carbures éthyléniques, sont-ils toujours plus nombreux que chez les carbures forméniques : on connaît 3 carbures éthyléniques en $C^4$, on en connaît 5 en $C^5$, etc.

## 2. — HYDROCARBURES ACÉTYLÉNIQUES.

En 1862, dans une expérience mémorable, BERTHELOT réussit le premier à combiner le carbone à l'hydrogène, en faisant jaillir l'arc électrique entre deux crayons de charbon dans une atmosphère d'hydrogène. Il forma ainsi l'acétylène, gaz qui a pour formule $C^2H^2$ [1].

---

[1] À côté de l'acétylène on trouve aussi du méthane $CH^4$ et même de l'éthane $C^2H^6$. Il est possible que ce soit tout d'abord le méthane qui prenne

Le même gaz s'obtient quand on chauffe le bromure d'éthylène $C^2H^4Br^2$ avec de la potasse alcoolique (potasse en solution dans l'alcool); il y a production de bromure de potassium et d'eau, et il se dégage de l'acétylène (SAWITSCH).

Pour mettre l'existence de l'acétylène d'accord avec la quadri-valence du carbone, il suffit d'admettre que ses deux atomes de carbone échangent 3 valences (*triple liaison*), comme il suit : $HC \equiv CH$ (FRIEDEL). Dès lors, sa formation à partir du bromure d'éthylène s'explique simplement :

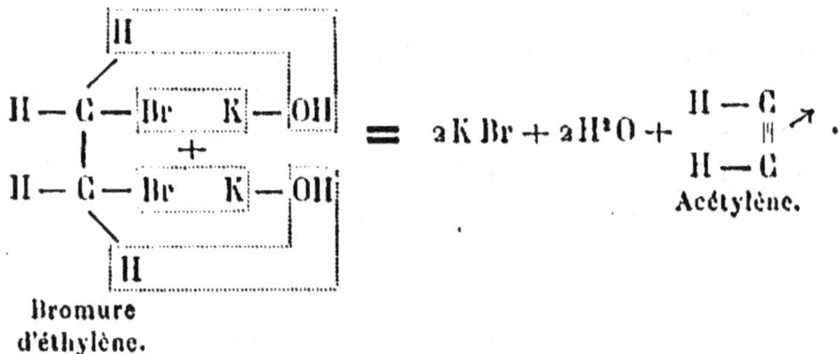


L'acétylène est doublement non-saturé : à haute température il peut fixer successivement, comme l'a montré BERTHELOT, $H^2$ pour donner l'éthylène, et $2H^2$ pour donner l'éthane, par trans-formation, successivement, de la liaison triple en double liaison, puis liaison simple :

$$HC \equiv CH + H^2 = CH^2 = CH^2; \qquad HC \equiv CH + 2H^2 = H^3C - CH^3.$$

Acétylène. Éthylène. Acétylène. Éthane.

De même, en fixant le brome, l'acétylène donnera, successive-ment, le bibromure d'acétylène ou éthylène bibromé

$$H Br C = C Br H$$

et le tétrabromure d'acétylène ou éthane tétrabromé

$$H Br^2 C - C Br^2 H.$$

---

naissance (*voir* p. 38); ce gaz réagirait ensuite sur lui-même, sous l'influence de la température très élevée de l'arc électrique, en donnant l'acétylène et de l'hydrogène :

$$2 CH^4 = C^2H^2 + 3 H^2.$$

Quant à l'éthane, il résulterait de la fixation de l'hydrogène sur l'acétylène.

D'une façon générale, à chaque carbure forménique $C^n H^{2n+2}$ et éthylénique $C^n H^{2n}$ correspond un carbure doublement non-saturé $C^n H^{2n-2}$, qui peut fixer soit $H^2$ et $2H^2$ en régénérant le carbure éthylénique $C^n H^{2n}$ et le carbure forménique $C^n H^{2n+2}$, soit $Cl^2$ et $2Cl^2$, $Br^2$ et $2Br^2$, $I^2$ et $2I^2$ en donnant le carbure éthylénique bihalogéné $C^n H^{2n-2} X^2$ et le carbure forménique tétrahalogéné $C^n H^{2n-2} X^4$ correspondant. Ces carbures sont désignés sous le nom générique d'hydrocarbures *acétyléniques*, rappelant celui du terme le plus simple, l'acétylène ; tous ont, dans leur formule de structure, une triple liaison entre deux atomes de carbone, qu'on appelle *liaison acétylénique*.

Les trois corps suivants sont isomériques :

$$CH^3 - CH^2 - CH^2 - C \equiv CH \dots \dots \dots \text{bout à } 49°$$

$$CH^3 - CH - C \equiv CH \dots \dots \dots \quad » \quad 29"$$
$$| $$
$$CH^3$$

$$CH^3 - CH^2 - C \equiv C - CH^3 \dots \dots \dots \quad » \quad 56°$$

*Observation importante.* — L'expérience montre que, contrairement à ce que l'on pourrait supposer, les doubles et triples liaisons ne correspondent nullement à une soudure plus intime et plus résistante des atomes de carbone. C'est même le contraire qui est généralement la vérité ; car les hydrocarbures saturés, où seules des liaisons simples existent, sont en général beaucoup plus stables vis-à-vis des agents chimiques que les hydrocarbures non saturés (*voir* p. 169 et 176). Les doubles et les triples liaisons sont commodes, à la vérité, pour représenter graphiquement la *non-saturation* de la molécule, mais *rien de plus*.

### III. — Hydrocarbures à chaine fermée (cycliques).

Tous les hydrocarbures dont il a été parlé jusqu'ici ont une chaine ouverte : à deux bouts si elle est droite, à plusieurs bouts si elle est ramifiée. Or, il existe un très grand nombre d'hydrocarbures dans la formule de constitution desquels on est conduit à admettre une chaine d'atomes de carbone fermée sur elle-même : ce sont les hydrocarbures *cycliques* (κυκλος, cercle), par opposition aux hydrocarbures à chaine ouverte, qui sont dits *acycliques*.

Le terme le plus simple de la série est le triméthylène $(CH^2)^3$, gaz isomérique avec le propylène $CH^3 — CH = CH^2$. Il prend naissance quand on traite par le sodium le bibromure correspondant :

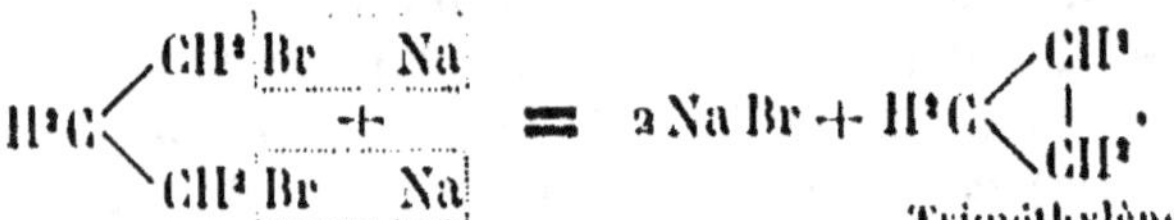

$$H^2C\begin{cases} CH^2\,Br\quad Na \\ \qquad\quad + \\ CH^2\,Br\quad Na \end{cases} = 2\,Na\,Br + H^2C\begin{cases} CH^2 \\ \ | \\ CH^2 \end{cases}$$

Bromure
de triméthylène.

Triméthylène.

Il existe des carbures ayant des chaînes fermées à 4, 5, 6, 7, 8 (et plus) atomes de carbone. Toutefois le nombre de chaînons possibles ne semble pas très élevé, tandis que les chaînes ouvertes peuvent, au contraire, s'allonger indéfiniment.

### BENZÈNE ET SES DÉRIVÉS.

Le plus important de tous les hydrocarbures cycliques, le benzène, est un liquide léger, bouillant à 80°, qui répond à la formule $C^6H^6$.

Quand on chauffe l'acétylène $C^2H^2$ vers le rouge sombre, 3 molécules de ce gaz se combinent intégralement, et le polymère obtenu n'est autre que le benzène $C^6H^6$, soit $(C^2H^2)^3$, dont la synthèse a été ainsi réalisée (BERTHELOT, 1866).

On s'accorde partout à représenter le benzène par le schéma hexagonal suivant (KÉKULÉ, 1865) :

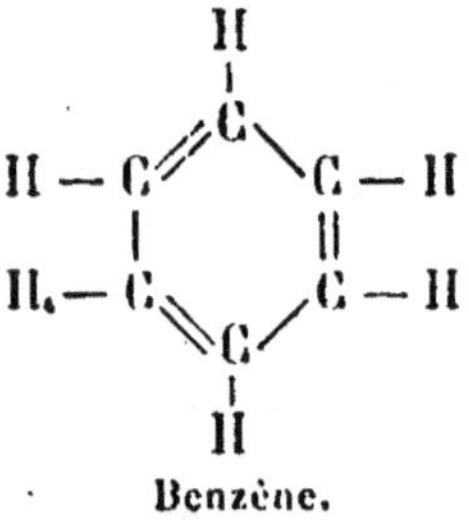

$$\begin{array}{c} H \\ | \\ C \\ H-C \quad\diagup\diagdown\quad C-H \\ H-C \quad\diagdown\diagup\quad C-H \\ C \\ | \\ H \end{array} \qquad \text{qu'on écrit plus commodément :} \qquad \begin{array}{c} CH \\ CH \quad CH \\ CH \quad CH \\ CH \end{array}$$

Benzène.

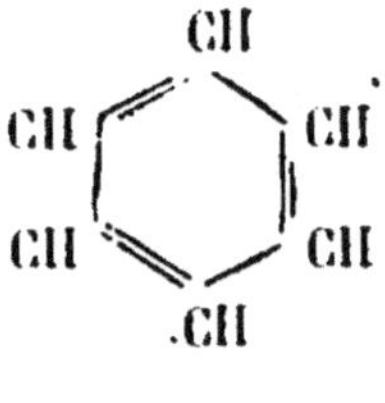

Benzène.

A chaque sommet d'un hexagone régulier est placé 1 atome de carbone; celui-ci porte 1 atome d'hydrogène et est lié, d'un côté à un atome de carbone par une double liaison et, de l'autre, à un autre atome de carbone par une liaison simple.

La vérification de l'exactitude de ce schéma a été le sujet d'innombrables recherches. Les faits suivants, choisis parmi les plus simples, sont particulièrement démonstratifs :

**1.** Le benzène, soumis à l'action simultanée du chlore (ou du brome) et de la lumière solaire, fixe 6 atomes d'halogène, comme il convient à un composé possédant 3 liaisons éthyléniques; il est également capable de fixer, dans des conditions particulières, 6 atomes d'hydrogène (*voir* p. 191). Dans l'hexachlorure ou

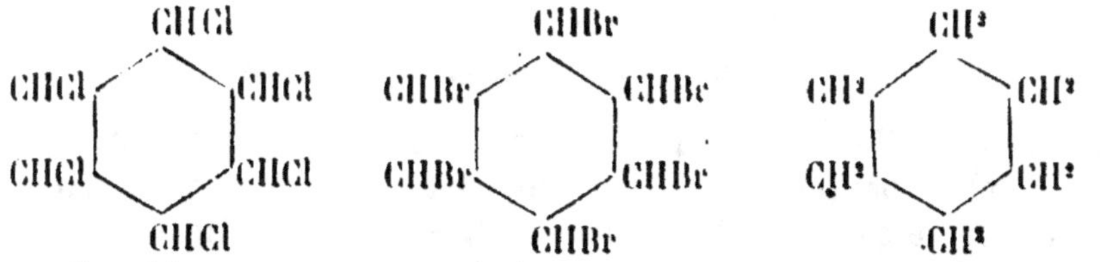

Hexachlorure
de benzène.

Hexabromure
de benzène.

Hexahydrure de benzène
ou hexaméthylène.

l'hexabromure de benzène et l'hexaméthylène obtenus, toutes les liaisons sont simples : aussi ces corps, étant saturés, se comportent-ils comme des carbures forméniques, et les halogènes agissent sur eux non par addition, mais par substitution.

**2.** Lorsqu'on fait réagir sur le benzène le chlore ou le brome dans d'autres conditions expérimentales, notamment en présence d'un peu d'iode (ce qui revient, en définitive, à mettre en œuvre le chlorure ou le bromure d'iode), le benzène se comporte comme un composé saturé, en ce sens que le chlore ou le brome, au lieu d'agir par addition, se substituent aux atomes d'hydrogène, avec mise en liberté d'hydracide, et l'on obtient toute la série des dérivés halogénés jusqu'au dérivé hexahalogéné $C^6Cl^6$ ou $C^6Br^6$ ([1]).

Considérons un dérivé monohalogéné obtenu ainsi, soit le benzène monobromé ou bromure de phényle $C^6H^5Br$ (le radical monovalent *phényle* est $C^6H^5$). Ce composé a pu être préparé par beaucoup d'autres méthodes, les unes directes, les autres indirectes, en partant de dérivés du benzène simples ou complexes; le corps auquel on arrive est toujours un liquide bouillant à 155° et de densité 1,518 à 0°; il n'existe donc qu'un seul benzène monobromé; autrement dit, quel que soit celui des 6 atomes d'hydrogène qu'on remplace par l'halogène, le produit obtenu est invariablement le même.

---

([1]) En réalité, il y a bien tout d'abord formation de produits d'addition, par fixation d'halogène sur les doubles liaisons, et l'hydracide s'élimine ensuite.

Ce fait se conçoit sans difficulté avec la formule de KÉKULÉ :

Benzène monobromé.

On voit immédiatement, en effet, à la seule inspection du schéma hexagonal du benzène, que les 6 atomes d'hydrogène, étant fixés à 6 atomes de carbone identiquement liés, s'y trouvent dans des positions équivalentes, en sorte que rien ne distingue l'un quelconque d'entre eux des 5 autres; il ne doit donc y avoir qu'un seul benzène monobromé. Au contraire, si la chaîne du benzène était ouverte, et non fermée, il ne serait pas indifférent que le brome fût à une extrémité ou dans une des positions intermédiaires, et l'on aurait des isomères.

La règle est générale : un dérivé monosubstitué du benzène quelconque existe sous une forme unique, il n'a pas d'isomère; ce qui confirme le schéma hexagonal de KÉKULÉ.

3. Examinons le cas de 2 substitutions. L'expérience montre qu'il existe 3 benzènes bibromés $C^6H^4Br^2$, bien distincts par leurs propriétés. Sur la formule hexagonale, numérotons les sommets, à partir de l'un d'eux arbitrairement choisi, et faisons toutes les doubles substitutions bromées possibles; nous aurons ainsi :

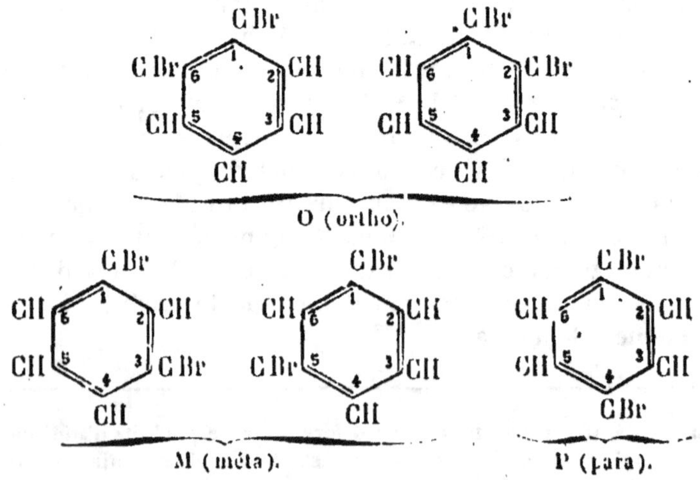

3 types bien distincts : O, M, P, suivant que les deux sommets intéressés sont voisins, ou qu'ils sont séparés par 1 ou par 2 sommets demeurés intacts.

On voit que les deux doubles positions M (1.3 et 1.5) sont équivalentes, attendu que les deux schémas peuvent être superposés par rotation dans le plan, et il en serait de même pour toutes doubles positions similaires (les deux sommets intéressés séparés par 1 sommet resté intact). Il ne doit donc y avoir qu'un seul corps M.

Il est évident, en second lieu, que la position P (les deux sommets intéressés séparés par 2 sommets restés intacts) est unique. Il n'y aura donc qu'un seul corps P.

Quant aux schémas O, on voit qu'ils ne sont pas superposables, puisque les 2 atomes de brome sont aux extrémités d'une liaison simple dans le schéma 1.2 et d'une liaison double dans le schéma 1.6. Ils devraient donc représenter 2 corps différents, et, comme nous venons de voir que les schémas M et P en exigent 2 autres, il y en aurait au total 4. Or, il n'existe que 3 bibromobenzènes. La théorie semble donc en défaut.

Kékulé admet que les doubles liaisons, dans son schéma hexagonal, sont essentiellement mobiles, et qu'il n'y a par conséquent aucune raison de les supposer, par exemple, en 1.6 plutôt qu'en 1.2. On peut ainsi concevoir que les deux doubles positions 1.6 et 1.2 sont équivalentes et répondent à un seul et même corps. En fait, cette manière de voir a été très amplement confirmée par l'expérimentation directe. Aussi, dans les calculs des nombres d'isomères, nous pourrons, généralisant ce qui précède, ne pas tenir compte des doubles liaisons du schéma hexagonal et considérer le benzène comme ayant une formule symétrique, en ce sens que les doubles liaisons n'entraînent pas de différences dans les propriétés des divers atomes d'hydrogène attachés au carbone (¹).

---

(¹) Diverses modifications au schéma de Kékulé ont été proposées. Mentionnons ici l'hexagone à diagonales de Claus. Il permet de bien concevoir les

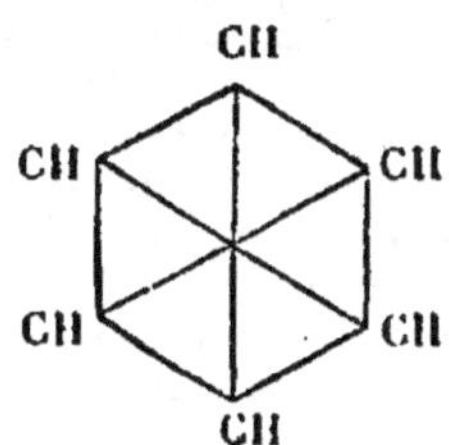

On dit que les 2 atomes de brome sont : en position 1.2 (équiv. à 1.6), en *ortho;* en position 1.3 (équiv. à 1.5), en *méta;* en position 1.4, en *para.*

Nous aurions également 3 dichlorobenzènes $C^6H^4Cl^2$, 3 chloro-bromobenzènes $C^6H^4ClBr$, etc. Ici encore, théorie et expérience sont entièrement d'accord, et nous pouvons énoncer la règle générale suivante : *Tout dérivé bisubstitué du benzène existe sous 3 formes isomériques : ortho, méta et para.*

Nous verrions de même que, conformément aux prévisions, il existe toujours, si les diverses substitutions sont identiques, 3 composés distincts dans les cas de 3 et de 4 substitutions, et un seul composé dans le cas de 5 et de 6 substitutions. Si toutes les substitutions ne sont pas identiques (¹), les isomères sont généralement plus nombreux, comme il serait facile de s'en rendre compte.

On peut donc considérer la formule du benzène proposée par Kékulé comme établie expérimentalement. Elle est pour les chimistes un guide très sûr, et elle a rendu depuis 60 ans des services dont l'importance ne saurait être exagérée.

Reprenons le benzène monobromé $C^6H^5Br$. Chauffons ce corps avec du sodium; nous obtenons le diphényle ou phénylbenzène $C^6H^5 - C^6H^5$, qui résulte de la soudure directe de deux chaînes benzéniques, par l'échange d'une valence entre un atome de carbone de l'une et de l'autre :

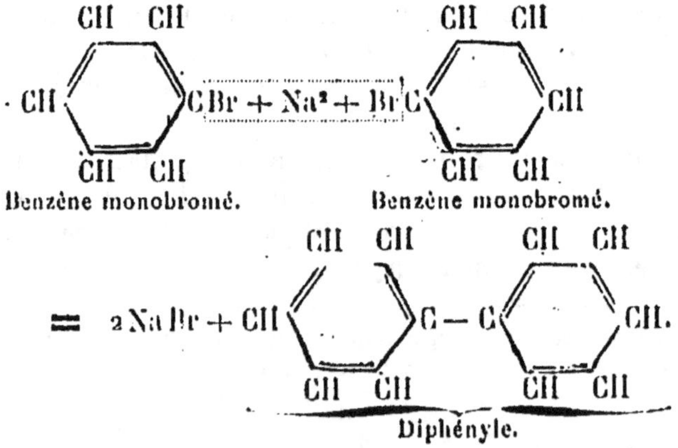

Benzène monobromé.    Benzène monobromé.

Diphényle.

---

isomères, mais la difficulté se présente lorsqu'on veut expliquer les réactions d'addition : il faut alors admettre la rupture de certaines liaisons, et l'on retombe sur l'hexagone à 3 doubles liaisons de Kékulé.

Nous parlerons ultérieurement d'une autre modification (p. 173).

(¹) C'est-à-dire, par exemple, si certains atomes d'hydrogène du benzène sont

On pourrait souder de même deux chaînes fermées quelconques, identiques ou différentes, et répéter plusieurs fois la même réaction.

Il existe même des carbures à 2 ou plusieurs chaînes fermées (celles-ci pouvant être d'ailleurs identiques ou formées d'atomes de carbone en nombre différent) qui sont soudées l'une à l'autre par 2 atomes de carbone communs. Citons le naphtalène $C^{10}H^8$, dont la formule ci-dessous, comme nous l'établirons

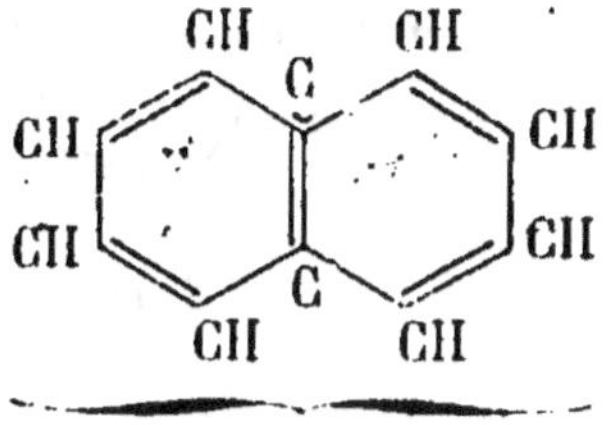

$$\text{Naphtalène.}$$

ultérieurement (p. 202 et 354), concorde avec tous les faits se rapportant à ce carbure.

Ce n'est pas tout. Ces divers carbures sont autant de corps qui servent de squelette, de *noyau* central à une multitude d'autres. On peut y remplacer tout ou partie des atomes d'hydrogène par autant de résidus monovalents à chaîne droite ou ramifiée, et obtenir ainsi de nouvelles séries de carbures, qui seront à la fois cycliques et acycliques. Ces carbures mixtes, dérivés de substitution des précédents, prennent tous naissance dans une réaction générale, qui consiste à faire réagir le sodium sur le mélange d'un carbure cyclique halogéné et d'un carbure cyclique également halogéné, tel que $CH^3I$, $C^2H^5I$, etc. Quand on traite, par exemple, le mélange de benzène monobromé et d'iodure de méthyle par le sodium, il y a formation de méthylbenzène ou toluène $C^6H^5—CH^3$, avec mise en liberté d'iodure et

---

remplacés par du chlore, d'autres par du brome, d'autres encore par un radical monovalent tel que $CH^3$, $OH$, etc.

de bromure de sodium (FITTIG et TOLLENS, 1864)

$$C^6H^5Br + Na^2 + ICH^3$$

Benzène monobromé.  —  Iodure de méthyle.

$$= NaI + NaBr + C^6H^5 — C — CH^3$$

Toluène.

On peut ainsi greffer sur le benzène, ou sur un hydrocarbure cyclique quelconque, toutes sortes de *chaînes latérales* ([1]), identiques ou différentes, droites ou ramifiées. Chaque carbure nouveau obtenu se prêtera aux mêmes réactions tant qu'il restera des atomes d'hydrogène à remplacer dans les chaînes fermées.

Les chaînes latérales ont d'ailleurs toutes les propriétés des chaînes librement ouvertes. En particulier, leurs atomes d'hydrogène sont directement remplaçables par le chlore ou le brome : c'est ainsi que le toluène $C^6H^5 — CH^3$, traité à sa température d'ébullition par le chlore, fournit, avec dégagement de HCl, 2 HCl, 3 HCl, successivement les trois composés

$$C^6H^5 — CH^2Cl, \quad C^6H^5 — CHCl^2, \quad C^6H^5 — CCl^3.$$

Chaque atome halogène ainsi introduit est remplaçable par de nouveaux résidus carbonés monovalents absolument quelconques; exemple :

$$C^6H^5 — CH^2Cl + Na^2 + ClCH^2 — C^6H^5$$
Toluène monochloré.  —  Toluène monochloré.

$$= 2NaCl + C^6H^5 — CH^2 — CH^2 — C^6H^5.$$
Diphényléthane.

---

([1]) Il est clair qu'on aura 3 diméthylbenzènes (les 3 isomères ortho, méta et para $C^6H^4(CH^3)^2$; 3 triméthylbenzènes $C^6H^4(CH^3)^3$, etc., de même qu'il existe 3 dibromobenzènes $C^6H^4Br^2$, 3 tribromobenzènes $C^6H^3Br^3$, etc.

Ajoutons enfin que, dans tous ces carbures, les doubles liaisons sont susceptibles de s'ouvrir sous l'action d'agents d'hydrogénation plus ou moins puissants. On peut obtenir ainsi une infinité d'*hydrures*, qui diffèrent des carbures d'où ils dérivent par autant de fois $H^2$ en plus qu'il y a eu de liaisons doubles transformées en liaisons simples.

Le nombre d'hydrocarbures possibles apparaît donc comme illimité.

## SUBSTITUTION D'ÉLÉMENTS DIVERS A L'HYDROGÉNE DES HYDROCARBURES.

Les carbures d'hydrogène sont les substances mères de tous les composés organiques, et l'on pourrait définir la Chimie organique *la Chimie des hydrocarbures et de leurs dérivés*.

Non seulement les halogènes, mais aussi d'autres éléments monovalents peuvent parfois être substitués directement atome pour atome à un ou plusieurs atomes d'hydrogène; l'acétylène $C^2H^2$, par exemple, chauffé en présence du sodium, donne successivement les deux dérivés $C^2HNa$ et $C^2Na^2$, avec mise en liberté d'hydrogène.

Un atome polyvalent peut remplacer, par voie en général indirecte, autant d'atomes d'hydrogène qu'il a lui-même de valences, et cela, soit dans la même molécule d'hydrocarbure, soit, simultanément, dans deux ou plusieurs molécules. qui se trouvent ainsi reliées entre elles par l'intermédiaire de l'atome polyvalent. Donnons quelques exemples :

1. Si l'on chauffe avec de l'eau à 140° le composé $C^6H^5$—$CHCl^2$, qui est l'un des produits de l'action du chlore sur le toluène $C^6H^5$—$CH^3$, on obtient le composé $C^6H^5$—$CHO$ (aldéhyde benzoïque), liquide qui constitue la majeure partie de l'essence d'amandes amères, et qui dérive ainsi du toluène par substitution de 1 atome d'oxygène à 2 atomes d'hydrogène du groupe $CH^3$ (GERHARDT, CAHOURS) :

$$C^6H^5—CHCl^2 + H^2O \ = \ C^6H^5—CHO \ + 2\,HCl.$$
Toluène bichloré.      Aldéhyde benzoïque

2. En chauffant l'iodure d'éthyle $C^2H^5I$ avec le couplé zinc-cuivre sec, on obtient, avec formation d'iodure de zinc $ZnI^2$, le composé $CH^3$—$CH^2$—$Zn$—$CH^2$—$CH^3$, connu sous le nom de zinc-

éthyle (FRANKLAND, 1849), et qui est un exemple de *composé organo-minéral*.

**3.** Enfin un atome polyvalent peut entrer comme chaînon dans une chaîne fermée. Lorsqu'on dirige un courant d'acétylène et de vapeur de soufre dans un tube chauffé vers la température de 500°, il y a production d'un composé bouillant à 84°, qui répond à la formule brute $C^4H^4S$; c'est le thiophène, auquel on est naturellement conduit à attribuer une formule pentagonale :

$$\begin{array}{ccccc} CH & & CH & & CH - CH \\ \||| & + & \||| & = & \|| \quad \|| \\ CH & & CH & & CH \quad CH \\ \text{Acétylène.} & & \text{Acétylène.} & & \diagdown \diagup \\ & +S & & & S \\ & & & & \text{Thiophène.} \end{array}$$

On connaît, pareillement, un grand nombre de composés à chaîne fermée de trois, quatre, cinq, six, sept (et plus) sommets, où le soufre, l'oxygène, l'azote, etc. ferment une chaîne d'atomes de carbone, ou même occupent plusieurs sommets. Nous donnerons à ces corps le nom générique de *composés hétérocycliques* (ἕτερος, différent).

## SUBSTITUTIONS DE RADICAUX DIVERS A L'HYDROGÈNE DES HYDROCARBURES.

Les atomes polyvalents peuvent même, en apparence et eu égard seulement à la formule globale, entrer dans les carbures d'hydrogène en pure addition; dans les trois composés

$$CH^4O, \quad CH^5N, \quad C^2H^7P,$$

l'oxygène, l'azote et le phosphore ne tiennent nullement la place d'atomes d'hydrogène, attendu que les corps qui auraient pour formule $CH^6$, $CH^8$, $C^2H^{10}$ ne sauraient exister. Comment l'existence de semblables composés est-elle compatible avec la tétravalence du carbone? C'est ce que les deux exemples suivants vont nous permettre de montrer.

1° Chauffons l'iodure de méthyle $CH^3I$ avec de la potasse; au bout d'un certain temps, le corps est détruit; il s'est formé de l'iodure de potassium, et un liquide mobile et inflammable a pris naissance, lequel est identique à l'*esprit de bois* ou *esprit pyro-*

*ligneux*, dont nous avons fait ainsi la synthèse (BERTHELOT, 1857), et qu'on appelle *alcool méthylique;* le nouveau composé répond à la formule $CH^4O$ :

$$CH^3I + KHO = KI + CH^4O.$$
Iodure                      Alcool
de méthyle.               méthylique.

Soit maintenant le schéma structural

$$\begin{array}{c} H \\ | \\ H - C - O - H \\ | \\ H \end{array}$$
Alcool méthylique.

On voit que 3 valences de l'atome de carbone sont satisfaites par 3 atomes d'hydrogène, tandis que la quatrième l'est par une valence de l'oxygène, dont la seconde est saturée par le quatrième atome d'hydrogène : la quadrivalence du carbone est respectée.

Si cette formule de constitution est exacte, l'un des 4 atomes d'hydrogène, ayant une position toute spéciale dans la molécule, doit se comporter autrement que les 3 autres. En fait, lorsqu'on traite l'alcool méthylique par le sodium, le métal disparaît, et il se dégage de l'hydrogène ; et, même dans le cas où l'on emploie un très grand excès de métal, 1 molécule-gramme d'alcool méthylique, soit 32$^{gr}$, fournit toujours exactement 1 atome-gramme, soit 1 gramme, d'hydrogène, conformément à l'équation

$$2\,CH^3.OH + 2\,Na = 2\,CH^3.ONa + H^2.$$
Alcool                      Alcool
méthylique.             méthylique sodé.

La formation d'alcool méthylique peut donc se représenter ainsi :

$$CH^3I + KOH = CH^3.OH + KI,$$
Iodure                    Alcool
de méthyle.              méthylique.

par où l'on voit que l'atome d'iode monovalent a été, en définitive, remplacé par l'oxhydryle OH, qui est aussi monovalent.

2° Lorsqu'on chauffe l'iodure de méthyle avec l'ammoniaque, on obtient le composé $CH^5N$, gaz connu sous le nom de *méthyl-*

*amine*, avec élimination d'acide iodhydrique HI (HOFMANN, 1849):

$$CH^3I \quad + \quad NH^3 \quad = \quad CH^5N \quad + HI \quad (^1).$$

Iodure     Ammo-     Méthylamine.
de méthyle.    niaque.

Si nous écrivons le nouveau corps sous la forme $CH^3.NH^2$, le carbone garde son rôle d'élément tétravalent; le schéma de la réaction devient alors :

$$CH^3I \quad + \quad HNH^2 \quad = \quad CH^3.NH^2 \quad + HI.$$

Iodure     Ammo-     Méthylamine.
de méthyle.    niaque.

L'atome d'iode monovalent a été remplacé par le résidu amidogène $NH^2$, également monovalent.

Ici encore on pourrait montrer que les 5 atomes d'hydrogène de la méthylamine ne jouissent pas tous des mêmes propriétés, et que les deux qui sont fixés sur l'azote possèdent une mobilité toute particulière.

Tout ce qui précède met en lumière la merveilleuse plasticité du carbone, et l'on peut dire que cet élément est un véritable *protée* chimique.

## E. — SÉRIES HOMOLOGUES. FONCTIONS CHIMIQUES. CLASSIFICATION DES MATIÈRES ORGANIQUES. NOMENCLATURE.

Le nombre des composés organiques actuellement connus est tellement grand (environ 200000) que leur étude serait véritablement inabordable s'il n'existait entre eux une relation importante, grâce à laquelle on peut n'étudier que quelques types seulement, et dont nous devons maintenant parler : l'*homologie*.

L'idée en fut émise par DUMAS en 1843. GERHARDT la développa peu d'années après, et il en fit la base de la classification des corps organiques par familles naturelles.

---

(¹) En réalité HI reste uni, sous forme de sel, à la méthylamine, qui est une base analogue à l'ammoniaque.

## Homologie

Considérons la série des hydrocarbures forméniques $C^n H^{2n+2}$.

Hydrocarbures forméniques $C^n H^{2n+2}$.

Méthane $CH^4$ gaz liquéfiable, sous la pression $760^{mm}$, à — $160°$
Éthane $C^2 H^6$.............................. » » — 93
Propane $C^3 H^8$.............................. » » — 44,5
Butane $C^4 H^{10}$.............................. » » + 0,6
Pentane $C^5 H^{12}$ liquide bouillant » » + 39
Hexane $C^6 H^{14}$.............................. » » 69
Heptane $C^7 H^{16}$.............................. » » 98
Octane $C^8 H^{18}$.............................. » » 124
Nonane $C^9 H^{20}$.............................. » » 150
Décane $C^{10} H^{22}$.............................. » » 173

. . . . . . . . . . . . . . . . . . . . . . . . . . . . . . . . . . . . . . .

Octadécane $C^{18} H^{38}$, solide, fusible à + 28°, et bouillant à + 317
Nonadécane $C^{19} H^{40}$ » » 32° » 330

. . . . . . . . . . . . . . . . . . . . . . . . . . . . . . . . . . . . . . .

Heptacosane $C^{27} H^{56}$ » » 60° » 270

(sous $15^{mm}$ de pression) ([1])

1° Les formules ne diffèrent les unes des autres que par $CH^2$ ou un multiple de $CH^2$.

2° L'expérience montre que leurs propriétés chimiques sont analogues; tous, par exemple, fournissent directement, avec le chlore ou le brome, des produits de substitution, avec mise en liberté d'hydracide.

3° L'examen du Tableau ci-dessus montre que leur point d'ébullition s'élève d'une façon régulière.

On observerait la même régularité dans la plupart des autres constantes physiques (densité, solubilité dans divers dissolvants, indice de réfraction, etc.).

Les hydrocarbures saturés forment une série de corps *homologues*.

Il en est de même des *carbures éthyléniques* $C^n H^{2n}$; des *carbures acétyléniques* $C^n H^{2n-2}$; de la série formée par le benzène $C^6 H^6$, le

---

([1]) Les chaînes peuvent être, comme on sait, droites ou ramifiées. Les constantes physiques indiquées dans ce Tableau sont celles des corps à chaîne droite.

toluène $C^6H^5 — CH^3$, l'éthylbenzène $C^6H^5 — C^2H^5$, le propylbenzène $C^6H^5 — C^3H^7$, le butylbenzène $C^6H^5 — C^4H^9$, etc., et d'une multitude d'autres séries de *carbures cycliques*.

On trouve des relations analogues quand on compare les *dérivés halogénés*. Par exemple, les dérivés monoiodés $CH^3I$, $C^2H^5I$, $C^3H^7I$, $C^4H^9I$, etc., qui diffèrent les uns des autres par $CH^2$ ou un multiple de $CH^2$, ont des températures d'ébullition régulièrement croissantes, et fournissent tous, quand on les chauffe avec de la potasse en solution aqueuse, des composés qui dérivent des précédents par la substitution de l'oxhydryle à l'atome d'halogène· exemple :

$$C^4H^9I + KOH = KI + C^4H^9 — OH.$$

Iodure<br>de butyle.      Alcool<br>butylique.

Ces nouveaux corps, tous hydroxylés, constituent eux-mêmes une série homologue, celle des *alcools*, que caractérise, entre autres propriétés, celle de réagir sur les acides en donnant, avec élimination d'eau, des *éthers-sels* (*voir* p. 216 et 249), lesquels forment également d'autres séries homologues.

Série homologue encore celle des *amines*, composés azotés à propriétés alcalines rappelant celles de l'ammoniaque, et que l'on obtient en chauffant les mêmes dérivés iodés avec de l'ammoniaque ; exemple :

$$C^4H^9I + H — NH^2 = C^4H^9.NH^2.HI.$$

Iodure<br>de butyle.      Butylamine<br>(iodhydrate de).

Toute série de corps dont les termes diffèrent entre eux par $CH^2$ ou un multiple de $CH^2$, et qui ont des propriétés chimiques analogues et des propriétés physiques variant régulièrement de terme en terme, est une *série homologue*.

L'ensemble de la Chimie organique peut être ainsi divisé en séries homologues. Dans chaque série, les propriétés chimiques de tous les termes sont semblables ; et, étant données les propriétés physiques de l'un quelconque d'entre eux, on peut en déduire approximativement, en général, celles d'un terme quelconque. On a observé, par exemple, que les écarts des points d'ébullition correspondant à une différence de $CH^2$ dans les formules des alcools oscillaient autour de 19°. D'après cela, soit l'alcool ordinaire $C^2H^6O$, qui bout à 78° ; quel sera le point d'ébullition de l'alcool amylique $C^5H^{12}O$ ? Nous avons $C^2H^6O + 3CH^2 = C^5H^{12}O$ ; ajoutons à 78° le nombre $19 \times 3 = 57$ ; cela donne 135°, et le point d'ébullition indiqué par l'expérience est 137° (¹).

### Fonctions chimiques. Groupements fonctionnels.

La notion de *fonction chimique* fut introduite dans la Science par Dumas et Péligot, en 1835, dans leur célèbre *Mémoire sur l'esprit de bois et sur les divers composés éthérés qui en proviennent*, lequel contient en germe, pour ainsi dire, toute la Chimie organique moderne.

Si nous appelons *fonction chimique d'un corps sa tendance à réagir dans un sens déterminé quand on le met en conflit avec un autre corps*, nous dirons que tous les corps d'une même série homologue ont la même fonction chimique ; et il y aura, en principe, autant de fonctions chimiques que de séries homologues : fonction *éthylénique*, fonction *alcool*, fonction *acide*, fonction *amine*, etc., etc.

La fonction propre à chaque série homologue peut être mise en relief, dans la formule de constitution de l'un quelconque des termes de la série, sous la forme d'un même groupe bien déterminé d'atomes liés entre eux d'une manière spéciale, et qui s'appelle *groupement fonctionnel*. Donnons quelques exemples :

1. Dans la formule de structure d'un carbure éthylénique quelconque, nous avons vu qu'on retrouve invariablement le groupement

$$>C = C<$$

constitué par 2 atomes de carbone doublement liés ; ce qui change avec chaque carbure, c'est le reste de la molécule ; exemples : $H^2C = CH^2$, $CH^3 - CH = CH^2$, $CH^3 - CH^2 - CH = CH^2$, $CH^3 - CH = CH - CH^2 - CH^3$. Le groupement fonctionnel des carbures éthyléniques est

$$>C = C<.$$

---

(¹) Il s'agit du composé $C^5H^{12}O$ à chaîne droite. La comparaison doit toujours être faite entre les corps ayant une chaîne semblable.

De même le groupement fonctionnel des carbures acétyléniques $C^nH^{2n-2}$ est $-C \equiv C-$, lequel comprend 2 atomes de carbone triplement liés.

2. Nous avons vu plus haut qu'il existait une série de corps homologues formés par l'union de l'oxhydryle avec des résidus carbonés monovalents $CH^3$, $C^2H^5$, etc. ; ces composés, connus sous le nom générique d'*alcools*, ont pour type l'alcool ordinaire ou alcool éthylique $C^2H^5 - OH$. Si l'on désigne par R un résidu de carbure monovalent quelconque, la formule générale des alcools sera R.OH (¹) ; — OH, qui est monovalent, est le groupement fonctionnel des alcools. Comme dans l'alcool méthylique (p. 57), l'hydrogène de l'oxhydryle est, dans tous les alcools, remplaçable par le sodium ; nous verrons d'ailleurs qu'il peut aussi être remplacé par certains résidus monovalents : c'est l'*hydrogène actif* des alcools.

3. Lorsqu'on chauffe en vase clos l'oxyde de carbone CO avec de la potasse en solution aqueuse, ce gaz fixe les éléments de l'eau, et l'on obtient le sel alcalin d'un acide identique à celui qui existe dans les fourmis, l'acide formique $CH^2O^2$ (BERTHELOT, 1856).

On réalise une autre synthèse, très simple, du même acide, en combinant, par simple contact à froid, l'anhydride carbonique $CO^2$ avec l'hydrure de potassium KH, ce qui fournit le formiate $CHKO^2$ (MOISSAN, 1902).

Dans l'acide formique, un seul des deux atomes d'hydrogène est remplaçable par des métaux ; d'après ce que nous savons déjà, sa structure ne peut être que $H - C{\overset{\displaystyle /\!/O}{\underset{\displaystyle \backslash OH}{}}}$, soit, en abrégé, $H - CO^2H$ ; dans cette formule, l'un des deux atomes d'hydrogène fait partie d'un oxhydryle, et il doit être par conséquent d'une mobilité spéciale : c'est l'hydrogène actif ou *hydrogène acide* de l'acide formique.

Tous les acides dérivent de l'acide formique par substitution de résidus monovalents à l'autre atome d'hydrogène ; exemples : $CH^3 - CO^2H$, $CH^3 - CH^2 - CO^2H$, $CH^3 - CH^2 - CH - CO^2H$, etc.
$$CH^3$$

Le groupe d'atomes monovalent $-C{\overset{\displaystyle /\!/O}{\underset{\displaystyle \backslash OH}{}}}$ est ainsi le grou-

---

(¹) Pour cette raison, on appelle souvent *radicaux alcooliques* les résidus de carbures monovalents $CH^3$, $C^2H^5$, $C^3H^7$, etc.

pement fonctionnel des acides; on l'appelle communément *car-boxyle*.

4. Par des raisonnements semblables, nous arriverions de même à mettre en évidence, dans toute série homologue, un groupement fonctionnel. Mentionnons, pour terminer, quelques groupements particulièrement simples et importants:

$$-\mathrm{C}\!\!<\!\!\begin{array}{c}\mathrm{H}\\\mathrm{O}\end{array} \text{ (monovalent) particulier aux } aldéhydes;$$

$$>\!\mathrm{C}=\mathrm{O} \text{ (bivalent) particulier aux } cétones \text{ (syn. } acétones);$$

$$-\mathrm{C}\equiv\mathrm{N} \text{ (monovalent) particulier aux } nitriles;$$

$$-\mathrm{C}\!\!<\!\!\begin{array}{c}\mathrm{O}\\\mathrm{NH^2}\end{array} \text{ (monovalent) particulier aux } amides.$$

### UNE MÊME FONCTION PEUT EXISTER PLUSIEURS FOIS DANS UN MÊME COMPOSÉ.

Une molécule d'acide oxalique $C^2H^2O^4$ peut réagir sur une première molécule de potasse en donnant le sel $C^2HKO^4$. Ce sel est encore acide, et, pour le neutraliser, il faut le traiter par une deuxième molécule de potasse; le nouveau sel a pour formule $C^2K^2O^4$. L'acide oxalique fait donc deux fois la réaction que ferait une seule fois l'acide formique; il a deux fonctions acide; c'est un *diacide*, un acide divalent, ou, comme on dit le plus souvent, un *acide bibasique;* sa formule de constitution est $CO^2H — CO^2H$ (deux groupements fonctionnels acide).

On connaît de même des corps 3, 4, 5, ... fois acide; chaque fonction acide est représentée dans leur formule par un carboxyle $— CO^2H$.

Il existe également des corps 2, 3, 4, 5, ... fois alcool, etc. Toute fonction peut être répétée plusieurs fois dans un même corps.

### PLUSIEURS FONCTIONS DISTINCTES PEUVENT COEXISTER DANS UN MÊME COMPOSÉ.
### CORPS A FONCTION MIXTE.

Soit l'acide acrylique $C^3H^4O^2$; une molécule neutralise une molécule de potasse pour donner le sel $C^3H^3KO^2$ : ce corps a donc une fonction acide. Mais une molécule d'acide acrylique peut, en outre, fixer 2 atomes de brome, en donnant le composé $C^3H^4Br^2O^2$; l'acide acrylique possède donc en même temps une fonction éthylénique : c'est un corps à *fonction mixte*. Pour mettre en évidence, dans l'acide acrylique, la double fonction acide et éthylénique, on l'écrit $CH^2 = CH — CO^2H$.

D'ailleurs, les fonctions les plus opposées peuvent se trouver ensemble dans une même molécule. 1 molécule de glycocolle $C^2H^5O^2N$ réagit sur 1 molécule de potasse en donnant le sel $C^2H^4KO^2N$ (fonction acide), et aussi sur 1 molécule d'acide chlorhydrique pour former le sel $C^2H^5O^2N.HCl$ (fonction basique). Le glycocolle est à la fois acide et base; la formule $NH^2.CH^2—CO^2H$ traduit sa fonction mixte.

On connaît des corps à la fois acides, alcools, aldéhydes, etc. En principe, plusieurs fonctions distinctes peuvent coexister, et cela plusieurs fois chacune, dans la même molécule.

## CLASSIFICATION ET ORDRE ADOPTÉ DANS L'ÉTUDE DES MATIÈRES ORGANIQUES.

D'après tout ce qui précède, l'étude rationnelle de la Chimie organique se ramène à celle des fonctions. Nous classerons donc les composés organiques par fonctions, et l'ordre suivi pour leur étude sera le suivant :

Commençant par les *carbures d'hydrogène*, nous étudierons ensuite, et successivement, les *fonctions oxygénées* (¹) (fonctions renfermant du carbone, de l'hydrogène et de l'oxygène), les *fonctions azotées* (fonctions renfermant du carbone, de l'hydrogène et de l'azote, sans oxygène ou avec oxygène), les *composés organo-minéraux* (substances où un élément tel que P, As, Si, Mg, Zn, etc. est directement uni au carbone), et les *composés hétérocycliques* (*voir* p. 56). Les diverses fonctions mixtes seront étudiées à mesure que les fonctions simples correspondantes l'auront été elles-mêmes.

Un dernier Chapitre sera consacré aux matières colorantes, substances très variées dans leur structure, et aussi intéressantes au point de vue de la Chimie théorique qu'importantes par leurs applications pratiques.

## NOMENCLATURE.

Beaucoup de corps portent des noms très spéciaux, qui tiennent,

---

(¹) Le soufre peut, dans la plupart des cas, remplacer l'oxygène atome pour atome; les fonctions sulfurées seront étudiées à la suite des fonctions oxygénées correspondantes.

en général, à leur provenance naturelle, ou à quelqu'une de leurs propriétés plus ou moins caractéristiques. Citons le lactose (existe dans le lait), la glycérine (saveur sucrée; γλυχος, doux), l'acroléine (huile âcre), etc.

Autant que possible, en nomenclature rationnelle, on cherche à donner aux divers corps des noms en rapport avec leur constitution comparée à celle d'un terme simple de la même série.

Ainsi on appelle souvent *diméthyléthylène symétrique* le composé $(CH^3)CH = CH(CH^3)$, qu'on considère ainsi comme un dérivé de substitution diméthylé de l'éthylène, et, pour une raison analogue, *diméthyléthylène non-symétrique* le carbure $(CH^3)^2C = CH^2$. De même, en appelant *carbinol*, comme le proposa Kolbe, le plus simple des alcools ou alcool méthylique $CH^3(OH)$, l'alcool éthylique $CH^3 — CH^2(OH)$ sera le *méthylcarbinol;* l'alcool $CH^3 — CH(OH) — CH^2 — CH^3$ sera le *méthyléthylcarbinol:* l'alcool

$$CH^3 — CH(OH) — CH^2 — CH^2 — CH^3$$

sera le *méthylpropylcarbinol;* l'alcool

$$CH^3 — C(OH) — C^6H^5$$
$$|$$
$$CH^3$$

sera le *diméthylphénylcarbinol,* etc.

En 1892, un Congrès international, réuni à Genève sous la présidence du chimiste français Friedel, posa les bases d'une nomenclature nouvelle; elle repose tout entière sur la nomenclature des carbures. Ces derniers étant nommés, on forme les noms des divers corps possédant des fonctions déterminées en ajoutant, aux noms des carbures correspondants, des suffixes caractéristiques de ces fonctions. Voici les principes essentiels :

1. Tous les carbures saturés prennent la désinence *ane.*

Les quatre premiers termes ont conservé leurs noms usuels : *méthane, éthane, propane, butane.*

Les noms des carbures à chaîne droite qui viennent ensuite indiquent les nombres d'atomes de carbone qu'ils contiennent; exemple :

$$CH^3 — CH^2 — CH^2 — CH^2 — CH^3 \ (pentane).$$

Pour nommer les carbures saturés à chaîne ramifiée, on cherche la chaîne la plus longue possible des atomes de carbone, et on la prend pour base du nom : on y joint les résidus monovalents, qui sont considérés comme chaînes latérales, et qui gardent leurs noms usuels (méthyle, butyle, etc.); exemples :

$$CH^3 - CH - CH^2 - CH^3 ; \qquad CH^3 - CH^2 - CH^2 - C - CH^2 - CH^2 - CH^3$$
$$\qquad\quad |$$
$$\qquad CH^3 \qquad\qquad\qquad\qquad\qquad\qquad H^3C \quad C^2H^5$$

Méthylbutane.                    Méthyléthylheptane.

Pour indiquer les places des chaînes latérales, on prend pour base de numérotage la chaîne fondamentale, et l'on attribue le chiffre 1 au carbone terminal le plus voisin d'une chaîne latérale; exemple :

$$\overset{1}{CH^3} - \overset{2}{CH} - \overset{3}{CH^2} - \overset{4}{CH^2} - \overset{5}{CH^3} \ (\textit{méthyl-2-pentane}).$$
$$\qquad\quad |$$
$$\qquad CH^3$$

**2.** Les noms des carbures éthyléniques et acétyléniques s'obtiennent en changeant respectivement en *ène* et *ine* la désinence *ane* des carbures saturés; exemples :

$$CH^3 - CH = CH - CH^3 ; \qquad CH^3 - C \equiv C - CH^3.$$

Butène.                    Butine.

La position des doubles et des triples liaisons est indiquée par le rang de l'atome de carbone d'où elles partent. Dans les chaînes droites, le numérotage commence à l'atome de carbone extrême le plus proche de la double ou de la triple liaison; exemples :

$$\overset{1}{CH^3} - \overset{2}{CH} = \overset{3}{CH} - \overset{4}{CH^2} - \overset{5}{CH^3} ; \qquad \overset{1}{CH} \equiv \overset{2}{C} - \overset{3}{CH^2} - \overset{4}{CH^3}.$$

Pentène-2.                    Butine-1.

**3.** Les fonctions alcool, aldéhyde, cétone, acide, se désignent par les suffixes respectifs *ol, al, one, oïque;* exemples :

$$\overset{1}{CH^3} - \overset{2}{CHOH} - \overset{3}{CH^2} - \overset{4}{CH^2} - \overset{5}{CH^3} \ (\textit{pentanol-2}) ;$$

$$\overset{1}{CH^3} - \overset{2}{CH} - \overset{3}{CH^2} - \overset{4}{CH^2} - \overset{5}{CHO} \ (\textit{méthyl-2 pentanal-5}) ;$$
$$\qquad\quad |$$
$$\qquad CH^3$$

$$\overset{1}{CH^3} - \overset{2}{CO} - \overset{3}{CH^2} - \overset{4}{CH^2} - \overset{5}{CH^3} \ (\textit{pentanone-2}) ;$$

$$\overset{1}{CH^3} - \overset{2}{CH^2} - \overset{3}{CH} - \overset{4}{CH^2} - \overset{5}{CH^2} - \overset{6}{CH^2} - \overset{7}{CO^2H} \ (\textit{éthyl-3 heptanoïque-7}).$$
$$\qquad\quad |$$
$$\qquad C^2H^5$$

Si le carbure correspondant n'est pas saturé, le nom du corps se rapporte naturellement à celui de ce carbure; exemple :

$$CH^2 = CH - CO^2H \quad (propènoïque).$$

Pour les autres fonctions, on emploie le nom de la fonction; exemples :

$$CH^3 - CONH^2 \; (éthane\text{-}amide); \quad CH^2 = CH - CN \; (propène\text{-}nitrile).$$

4. Si un corps possède plusieurs fois la même fonction, on fait précéder le nom de cette fonction des préfixes *di* (ou *bi*), *tri*, etc.; exemples :

$$\overset{1}{CH^2} = \overset{2}{CH} - \overset{3}{CH} = \overset{4}{CH} - \overset{5}{CH^3} \; (pentadiène\text{-}1.3);$$

$$\overset{1}{CH^2}OH - \overset{2}{CH^2} - \overset{3}{CH^2}OH \; (propane\text{-}diol\text{-}1.3);$$

$$\overset{1}{CO^2H} - \overset{2}{CH^2} - \overset{3}{CH} - \overset{4}{CH^2} - \overset{5}{CO^2H} \; (méthyl\text{-}3 \; pentane\text{-}dioïque\text{-}1.5).$$
$$\phantom{CO^2H - CH^2 - }CH^3$$

5. Les dérivés sulfurés se nomment comme les dérivés oxygénés; on introduit seulement dans le nom la syllabe *thi*, pour indiquer que le corps est sulfuré; exemples :

$$CH^3SH \; (méthane\text{-}thiol); \quad CH^3 - CSNH^2 \; (éthane\text{-}thiamide).$$

Ces principes ne prévoient pas tous les cas, notamment ceux des chaînes fermées, dont la nomenclature parlée est fort difficile; en revanche, ils permettent de désigner avec précision la plupart des composés à chaîne ouverte. Nous en ferons souvent usage.

## F. — STÉRÉOCHIMIE.

Dans l'immense majorité des cas, les formules de structure que nous connaissons déjà permettent de concevoir l'existence des différents isomères connus correspondant à une formule moléculaire donnée. Parfois, au contraire, elles sont insuffisantes : en d'autres termes, il peut arriver que la même formule de constitution appartienne à deux ou plusieurs corps doués de propriétés distinctes. On connaît, par exemple, deux acides bibasiques à fonction éthylénique répondant l'un et l'autre à la formule $CO^2H - CH = CH - CO^2H$ : l'acide fumarique et l'acide maléique;

de même, il éxiste quatre composés à la fois acides bibasiques et dialcooliques, qui sont représentés par une formule identique $CO^2H — CHOH — CHOH — CO^2H$ : ce sont les quatre acides tartriques.

Remarquons que ces schémas ne figurent que la saturation réciproque des valences des divers atomes; ils né présument rien de la situation relative des atomes dans l'espace, c'est-à-dire de l'édifice moléculaire, de l'architecture de la molécule.

*La Stéréochimie est la Science qui s'occupe de la répartition dans l'espace des atomes constituant les molécules (configuration stérique; στερεος, solide).* Les isomères dont l'existence est inexplicable en dehors de cette conception portent le nom d'*isomères stéréochimiques.*

La Stéréochimie est une Science toute moderne. Prévue et annoncée par le génie de Pasteur dès l'année 1856, elle commença à prendre corps vers l'année 1874, époque à laquelle parurent les premiers travaux de Le Bel et de Van't Hoff et ceux de Wislicenus. Elle est basée sur une double théorie : la *théorie du tétraèdre* et celle du *carbone asymétrique.*

## THÉORIE DU TÉTRAÈDRE.

**1.** Il a été démontré antérieurement (p. 38) que les quatre valences du carbone sont égales. On peut considérer qu'elles représentent quatre forces attractives séparées, ayant pour rôle de maintenir fixés au carbone les atomes ou radicaux divers dont l'union avec le carbone forme les molécules organiques.

Nous établirons d'abord que ces forces n'agissent pas dans un même plan. Supposons, en effet, qu'elles agissent dans un même plan, et admettons en outre, par raison de symétrie, que l'action s'exerce dans deux directions perpendiculaires : on devrait avoir deux composés distincts pour chacune des formules brutes $CH^2Cl^2$, $CH^2Br^2$, $CH^2I^2$, et, en général, pour tous les corps de la forme $CH^2R^2$, R désignant un atome ou radical monovalent; car on voit immédiatement que le schéma I ci-dessous n'est pas superposable au

$$\begin{array}{ccc} & Cl & \\ & | & \\ H - & C & - H \\ & | & \\ & Cl & \end{array} \qquad \begin{array}{ccc} & Cl & \\ & | & \\ H - & C & - Cl \\ & | & \\ & H & \end{array}$$

I.                    II.

schéma II. D'ailleurs, tout autre arrangement sur un plan exigerait encore plus d'isomères. Or, à chacune des formules $CH^2Cl^2$, $CH^2Br^2$, ..., $CH^2R^2$ correspond un composé, et un seul : tout schéma plan est donc inadmissible; en d'autres termes, les quatre valences du carbone n'agissent pas dans le même plan.

On a émis d'autres hypothèses. Si on les soumet à ce critérium que la formule d'un dérivé disubstitué du méthane $CH^2R^2$ ne doit comporter qu'un composé unique, toutes se trouvent écartées, sauf une, qui est la suivante : *les quatre valences du carbone sont dirigées dans l'espace de telle sorte qu'elles font entre elles des angles égaux; par suite, les quatre extrémités des quatre lignes égales qui les représentent occupent les quatre sommets d'un tétraèdre régulier, dont l'atome de carbone occupe lui-même le centre.*

En sorte que, l'atome de carbone occupant le centre d'un tétraèdre régulier *imaginaire*, aux quatre sommets sont fixés les divers atomes ou résidus monovalents (¹).

Le méthane, $CH^4$, le corps le plus simple de la Chimie organique, sera ainsi figuré par le schéma ci-dessous, qui représente un

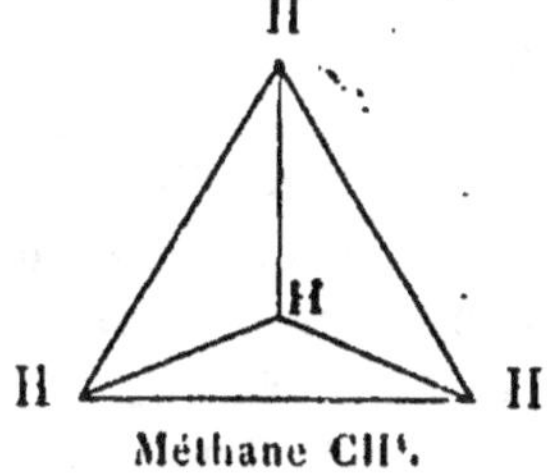



Méthane $CH^4$.

tétraèdre posé sur un plan et vu par le haut. On voit immédiatement que, pour chaque formule brute $CH^2Cl^2$, ..., $CH^2R^2$, un corps

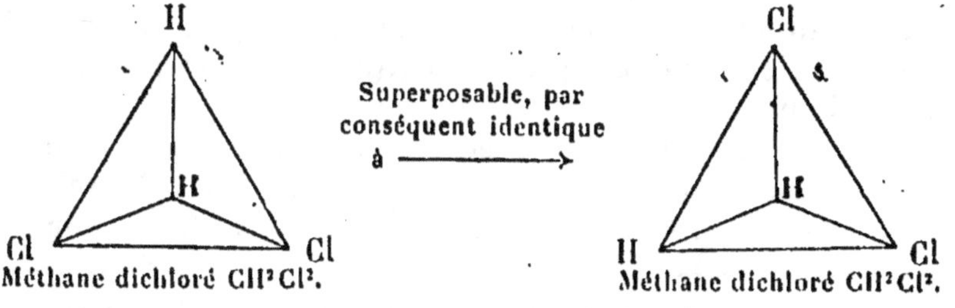



Méthane dichloré $CH^2Cl^2$.　　　　Méthane dichloré $CH^2Cl^2$.

---

(¹) Cette hypothèse ne présume rien de la forme même de l'atome de carbone, qui reste absolument quelconque et, en fait, ne saurait être déterminée.

unique doit exister. En effet, les deux atomes de chlore du corps $CH^2Cl^2$, par exemple, se trouvent inévitablement aux deux extrémités d'une arête, et les diverses figures qu'on peut construire sont superposables entre elles. L'hypothèse du tétraèdre est donc en harmonie avec l'expérience.

2. *a.* Pour figurer, dans cette théorie, une liaison simple entre deux atomes de carbone, on soude par un sommet les deux tétraèdres représentatifs :

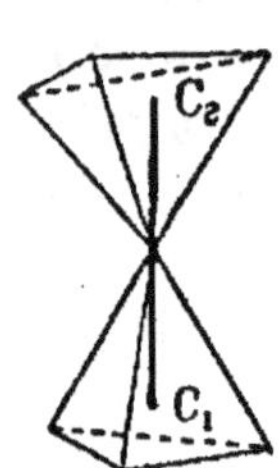
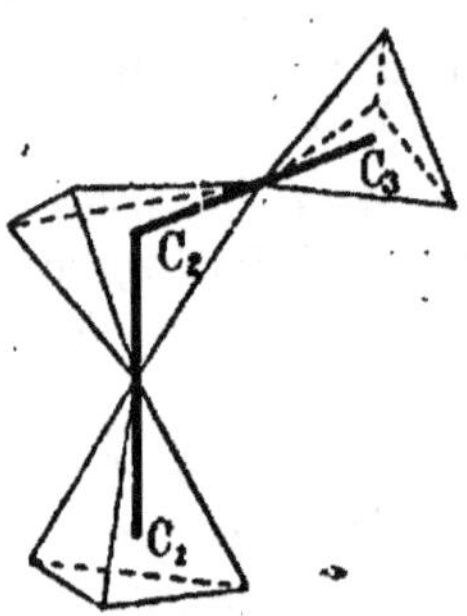


Il est naturel de penser que les deux valences qui se rencontrent sur le sommet commun ne forment pas une ligne brisée, mais se disposent suivant la même ligne droite, de telle sorte que les deux tétraèdres ont un axe commun passant par le centre de chacun des deux atomes de carbone. En appliquant cette règle aux atomes successifs d'une chaîne carbonée quelconque, on voit que le troisième atome de carbone ne viendra pas se ranger dans la direction $C_1C_2$, mais que la ligne $C_2C_3$ fera un angle déterminé avec $C_1C_2$; en un mot, les atomes d'une chaîne carbonée occupent les sommets d'une ligne polygonale. On conçoit ainsi que, les segments de cette ligne se succédant avec un angle constant, l'ensemble de la chaîne puisse affecter dans l'espace soit une forme irrégulière, soit une forme hélicoïdale (¹). Au-dessous de 6 atomes de carbone, on peut admettre que la chaîne affecte la forme d'un arc de cercle.

Ces considérations sont en accord avec un certain nombre d'observations. On peut voir, par exemple, sur le schéma ci-contre, que les radicaux placés en 1.5 auront plus de facilité

---

pour réagir l'un sur l'autre que dans toute autre position. On voit également que la fermeture de la chaîne sera très facile entre

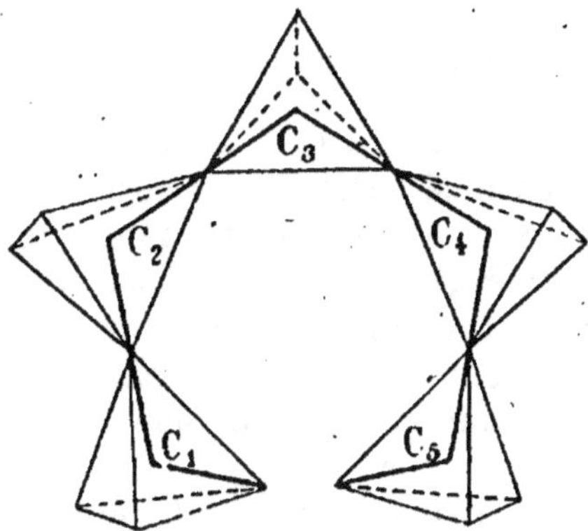

les carbones 1 et 5 et que le noyau saturé ainsi obtenu sera particulièrement stable (¹). L'expérience confirme ces prévisions.

*b.* Pour figurer une liaison double ou une liaison triple entre deux atomes de carbone, nous souderons les tétraèdres représentatifs de telle sorte qu'ils aient une arête commune dans le cas de la liaison double, et une base commune dans celui de la triple liaison :

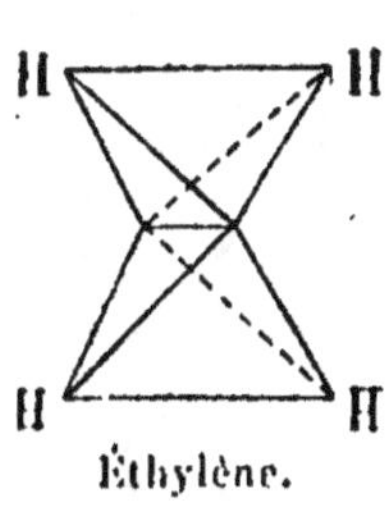

Éthylène.

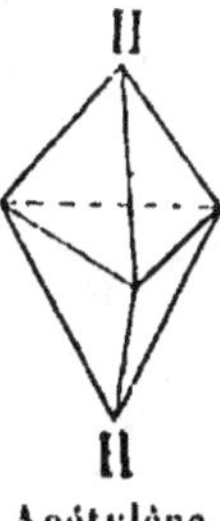

Acétylène.

*c.* La théorie du tétraèdre, appliquée à la représentation des formules dans l'espace, a rendu de grands services pour l'étude des réactions. Le seul aspect stérique d'une formule peut faire prévoir, pour deux groupements, la facilité avec laquelle ils réagiront l'un sur l'autre, ou, au contraire, l'influence défavorable que l'un exercera sur l'aptitude réactionnelle de l'autre (empêchements stériques, etc.).

---

(¹) BÆYER l'a montré le premier dans sa *Théorie des tensions.*

Mais l'importance de cette théorie tient surtout à la simplicité avec laquelle elle rend compte d'un grand nombre de cas d'isomérie. Nous allons en étudier les types principaux.

### ISOMÉRIE GÉOMÉTRIQUE.

Nous rangeons sous cette rubrique certains cas d'isomérie tenant à la différence de situation, dans l'espace, de groupements qui ne sont pas reliés directement au même atome de carbone. Les isomères dont il s'agit ici ont la même chaîne carbonée, et les groupements y sont identiquement répartis sur les atomes de carbone; ils ne diffèrent entre eux que par la disposition, dans l'espace, de quelques-uns de ces groupements fixés sur deux ou plusieurs points de la chaîne.

Les composés saturés acycliques (composés forméniques) n'offrent pas d'exemple net d'isomérie géométrique, et cependant l'hypothèse du tétraèdre pourrait permettre de concevoir de semblables cas d'isomérie. Les deux schémas ci-dessous, par exemple, peuvent représenter le chlorure d'éthylène $CH^2Cl — CH^2Cl$. On passe de l'un à l'autre en faisant tourner l'un des tétraèdres d'un angle de 120° autour de la ligne qui, reliant les centres des deux tétraèdres, passe par le sommet commun. Ces deux figures ne sont pas superposables; deux composés distincts devraient donc leur correspondre. Or, on n'a jamais pu mettre en évidence

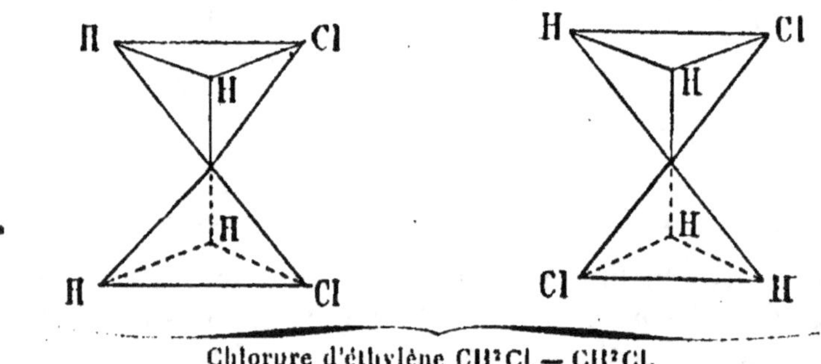


Chlorure d'éthylène $CH^2Cl — CH^2Cl$.

l'existence de deux chlorures d'éthylène, et aucune isomérie de ce genre n'a pu être établie avec certitude.

On en a conclu que les deux tétraèdres n'occupaient pas de position fixe l'un par rapport à l'autre, mais qu'au contraire ils avaient une mobilité suffisante autour de l'axe passant par les deux centres et le sommet commun pour pouvoir occuper indifféremment toutes les positions possibles, ou pour pouvoir passer facilement de l'une à l'autre d'un petit nombre de positions favorisées. Cette proposition est connue sous le nom de *principe de la liaison mobile*.

Il en va tout autrement lorsque deux atomes de carbone sont reliés l'un à l'autre par deux valences, soit directement

$$\left(\text{liaison éthylénique} \;\; {>}C{<}{>}C{<}, \text{ ou, simplement, } {>}C=C{<}\right),$$

soit, indirectement, par l'intermédiaire de chaînes atomiques

$$\left(\text{composés cycliques} \;\; {>}C{<} \cdots {>}C{<}\right);$$

ils se trouvent alors fixés l'un par rapport à l'autre dans une position déterminée, et l'on prévoit, dans ce cas, des phénomènes d'isomérie géométrique. Ces phénomènes, comme nous allons le voir, ont effectivement été observés dans la pratique.

### Stéréoisomérie des composés éthyléniques.

Il est tout d'abord facile d'établir que, dans l'hypothèse tétraédrique, tout dérivé bisubstitué de l'éthylène de formule générale $CHR = CHR$ doit exister sous deux formes isomériques.

Si, en effet, dans l'éthylène, nous remplaçons par le résidu monovalent R d'abord l'un quelconque des 4 atomes d'hydrogène, puis un second atome d'hydrogène non fixé au même atome de carbone, nous aurons, suivant la place du second atome d'hydrogène dans l'espace par rapport à celle du premier, deux schémas (*cis* et *trans*) bien distincts, non superposables :

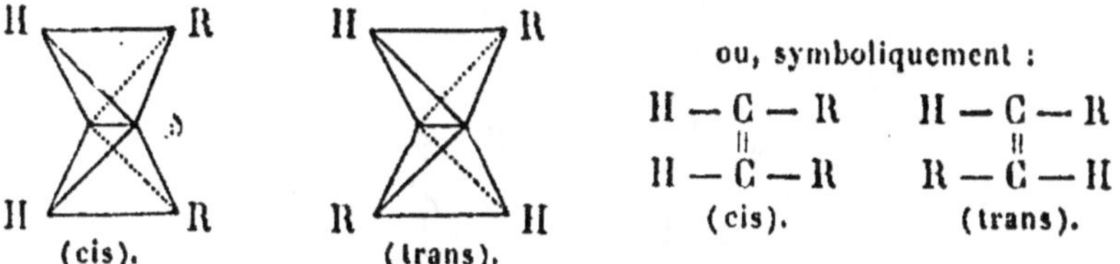



Donc, à toute formule $CHR = CHR$ doivent correspondre deux corps isomériques; il doit exister, par exemple, deux éthylènes chlorés symétriques $CHCl = CHCl$, deux acides bibasiques de la formule $CH(CO^2H) = CH(CO^2H)$ (soit $CO^2H — CH = CH — CO^2H$), etc.

Ces prévisions sont entièrement vérifiées par l'expérience. L'exemple le plus connu est celui des acides fumarique et maléique, qui répondent à la même formule plane

$$CO^2H — CH = CH — CO^2H.$$

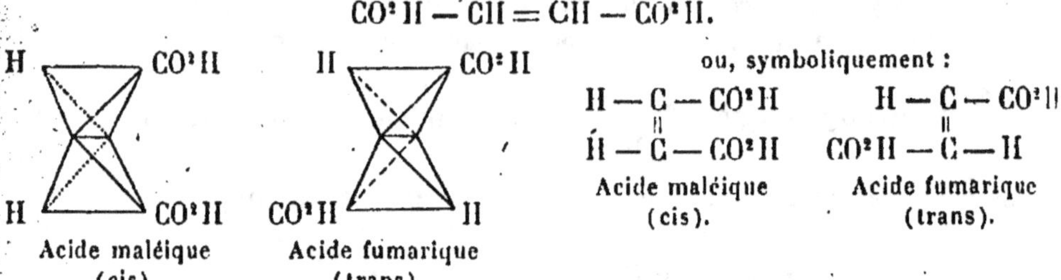



ou, symboliquement :

Nous reviendrons plus tard sur la structure propre à chacun des deux acides (voir p. 352).

Observons d'ailleurs que, si à toute formule $CHR = CHR$ correspondent deux isomères, à plus forte raison en sera-t-il de même dans les cas de formule $CHR_1 = CHR_2$, où $R_1$ et $R_2$ sont différents.

### Stéréoisomérie des composés cycliques.

Certains cas d'isomérie découverts dans les composés cycliques saturés sont à rapprocher de l'isomérie éthylénique. Dans cette série de corps, les atomes constituant le noyau sont dans un plan, et les atomes ou radicaux qui leur sont unis se trouvent répartis dans deux plans situés de part et d'autre du premier. Cette disposition, pour le cyclohexane, est représentée schématiquement (en perspective) de la manière suivante :

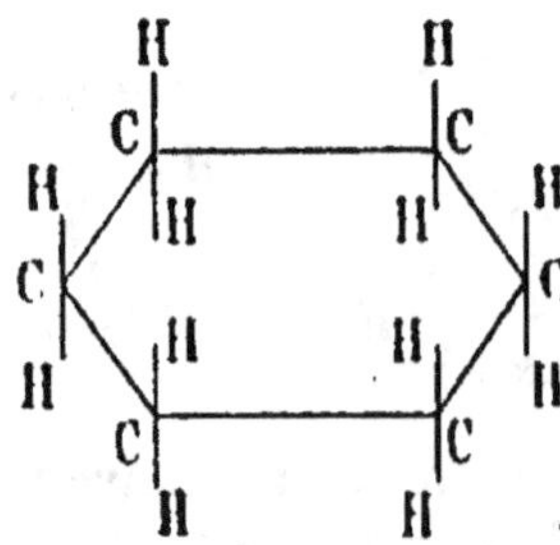

On voit ainsi qu'une double substitution, portant sur deux atomes différents, donnera deux corps distincts suivant que les deux substituants seront dans le même plan (dérivés *cis*) ou dans deux plans différents (dérivés *trans*). En remplaçant, par exemple, dans le cyclohexane, deux atomes d'hydrogène situés sur deux carbones voisins par deux atomes de chlore, nous obtenons les deux isomères suivants :

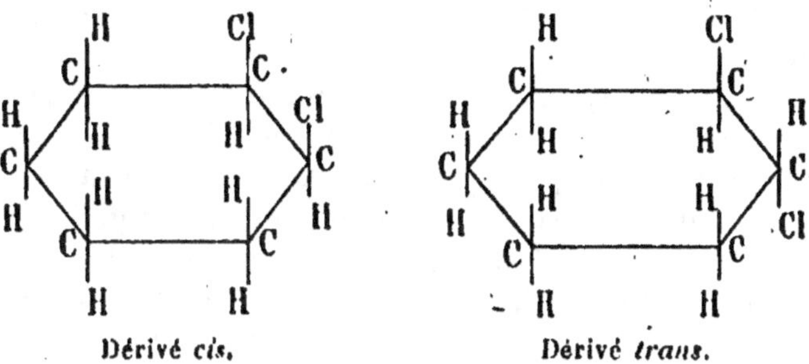

Dérivé cis.       Dérivé trans.

Un nombre plus élevé de substitutions comporterait de nombreux isomères.

Observons que ce genre d'isomérie peut se rencontrer également chez les composés hétérocycliques.

### ISOMÉRIE OPTIQUE.

Il est un autre genre d'isomérie stéréochimique, l'isomérie optique, entièrement différent du précédent. Avant de nous en occuper, nous devons parler d'une propriété particulière que possèdent la plupart des corps rentrant dans cette nouvelle catégorie : l'*activité optique* ou *pouvoir rotatoire*. Nous donnerons d'abord quelques généralités concernant les isomères optiques, et nous appliquerons ensuite à leur étude la théorie du tétraèdre.

#### Pouvoir rotatoire et dissymétrie.

1. On admet que la lumière est produite par les vibrations du milieu hypothétique appelé *éther*. Ces vibrations s'effectuent dans un plan perpendiculaire à la direction de propagation du rayon lumineux (vibrations transversales), mais dans toutes les orientations possibles autour de ce rayon (lumière naturelle). Quand toutes les vibrations sont parallèles à une direction unique, la

lumière est dite *polarisée;* par suite, sur le trajet d'un rayon polarisé, toutes les particules d'éther oscillent dans un même plan passant par le rayon, qu'on appelle *plan de vibration.* Sous le nom de *plan de polarisation*, on désigne le plan qui contient le rayon et qui est perpendiculaire au plan de vibration (hypothèse de FRESNEL). Ce plan est d'une grande importance, car on peut, au moyen d'appareils spéciaux, repérer avec exactitude sa situation dans l'espace et, par conséquent, reconnaître les modifications que produisent certains milieux sur l'orientation d'un rayon polarisé qui les traverse ([1]).

On constate, en effet, qu'après son passage au travers de différentes substances la lumière polarisée ne vibre plus dans la direction primitive : le plan de polarisation semble avoir subi une rotation autour du rayon. Ce phénomène remarquable a reçu le nom de *polarisation rotatoire*, et les corps possédant la propriété que nous venons d'indiquer sont dits doués de *pouvoir rotatoire* ou *activité optique* ([2]). Si un corps dévie à droite le plan de polarisation, il est dit *dextrogyre (droit)*; si c'est à gauche, il est dit *lévogyre (gauche)*; s'il n'agit pas sur le plan de polarisation, on dit qu'il est *inactif.*

2. Certains corps actifs, tels que le quartz, le cinabre, le chlorate de sodium, ne le sont qu'à l'état cristallisé; fondus ou en solution, ils sont inactifs : ils possèdent le *pouvoir rotatoire cristallin.*

Cette propriété tient évidemment à un arrangement spécial des particules cristallines, puisque la destruction de cet arrangement, par fusion ou dissolution, entraîne la disparition de l'effet optique. On admet que les éléments des cristaux actifs sont disposés suivant une *figure dissymétrique, c'est-à-dire telle qu'elle ne soit pas superposable à son image dans un miroir.* Dans cet ordre d'idées, on a réalisé expérimentalement la disposition dissymétrique suivante : des lames de mica, ayant une épaisseur convenable, sont empilées les unes sur les autres, de manière que la section principale de l'une fasse un angle constant et de même sens avec

---

([1]) La polarisation de la lumière fut découverte en 1690 par le physicien hollandais HUYGENS, mais ce phénomène resta dans l'ombre jusqu'aux travaux des physiciens français MALUS et FRESNEL (début du xix⁰ siècle).

Les notions données ici ne concernent que la polarisation rectiligne.

([2]) Le pouvoir rotatoire ou activité optique a été découvert en 1811 par le physicien français ARAGO.

celle de la lame précédente; l'ensemble décrit ainsi une hélice, figure essentiellement dissymétrique. Or, un tel assemblage peut être doué de pouvoir rotatoire, bien que chaque lame prise séparément ne possède pas la propriété de faire tourner le plan de polarisation; de plus, si l'on change le sens de l'empilage, on renverse le signe du pouvoir rotatoire ([1]). Il est ainsi hors de doute que des relations étroites existent entre le pouvoir rotatoire et la dissymétrie.

D'autres corps, au contraire, comme la plupart des matières organiques actives, ne sont point actifs à l'état cristallin, mais à l'état amorphe [état vitreux, liquide, dissous ou gazeux ([2])]. C'est ici la molécule elle-même qui est active, d'où le nom de *pouvoir rotatoire moléculaire* qui a été donné à cette propriété ([3]). PASTEUR, dans ses célèbres leçons sur *la dissymétrie moléculaire des produits organiques naturels* (1860), émit l'hypothèse que le pouvoir rotatoire de ces composés devait être attribué à la disposition dissymétrique des atomes dans la molécule. Cette hypothèse, qui nous introduit dans l'intimité de la structure moléculaire, s'est montrée merveilleusement féconde; elle est encore aujourd'hui le principal fondement de la Stéréochimie.

3. *Mesure du pouvoir rotatoire. Pouvoir rotatoire spécifique.* — Dans la pratique, on obtient de la lumière polarisée en faisant passer un rayon monochromatique [la lumière jaune du sodium (raie D) est employée couramment] à travers un cristal de spath d'Islande (carbonate de calcium rhomboédrique) taillé d'une manière spéciale et que l'on appelle un *nicol*, du nom de l'inventeur. La rotation est mesurée au moyen d'appareils appelés *polarimètres*.

L'expérience démontre que, dans les solides, l'angle $\alpha$, qui mesure la rotation du plan de polarisation, est proportionnel à

---

([1]) Cette belle expérience fut imaginée en 1869 par le physicien allemand REUSCH.

([2]) Il convient toutefois de faire remarquer que certains corps, tels que le sulfate de strychnine, sont actifs à la fois à l'état cristallin, à l'état liquide et en solution. Dans les autres cas, il faut admettre que l'effet rotatoire dû à la molécule dissymétrique ne peut pas être observé, à cause des propriétés nouvelles conférées par l'arrangement cristallin à la lumière polarisée qui traverse le cristal.

([3]) Le pouvoir rotatoire moléculaire fut découvert en 1815 par le physicien français BIOT, qui en fit une étude très approfondie.

l'épaisseur traversée. Pour les fluides (liquides, solutions ou gaz), cet angle est proportionnel non seulement à l'épaisseur traversée, mais aussi à la concentration de la matière active dans le milieu.

On a cherché à traduire le pouvoir rotatoire par une expression qui fût indépendante des conditions de dilution et, par suite, caractéristique de l'activité optique du composé considéré. Biot a proposé la formule suivante, qui définit le *pouvoir rotatoire spécifique* $[\alpha]_D$ pour la raie D :

$$[\alpha]_D = \frac{\alpha \times V}{l \times P};$$

$\alpha$ représente l'angle de rotation observé (exprimé en degrés), P le poids en grammes de substance active contenu dans le volume V (exprimé en cm³), $l$ la longueur (en décimètres) du trajet du rayon polarisé dans le fluide actif.

Le pouvoir rotatoire ainsi défini n'est pas toujours une grandeur constante; il varie souvent d'une manière non négligeable avec la nature du solvant, avec la concentration $\frac{P}{V}$, et aussi avec la température. Il faudra donc toujours, quand on donnera une valeur de $[\alpha]_D$, spécifier chacune de ces trois conditions.

Nous ajouterons néanmoins que, pour un même solvant et à la même température, la formule est généralement applicable dans des limites de concentration assez étendues, au point de permettre, dans la pratique, le dosage de la substance active dans une liqueur par le mesure de la rotation [1].

### Inverses optiques. Racémiques.

PASTEUR a établi, pour les corps doués de pouvoir rotatoire moléculaire, les trois règles suivantes :

1. *Si un corps dévie le plan de polarisation de la lumière polarisée, il existe toujours un isomère de ce corps dont les propriétés*

---

[1] On a remarqué que l'addition aux solutions de corps actifs de certaines substances étrangères inactives entraînait souvent des variations notables du pouvoir rotatoire, grâce sans doute à la formation de combinaisons complexes. Ainsi le pouvoir rotatoire de composés actifs renfermant des groupes oxhydryles, comme l'acide tartrique et la mannite, est considérablement accru par la présence de borates ou de molybdates.

*générales sont identiques aux siennes; il s'en distingue par le pouvoir rotatoire, lequel est l même en valeur absolue, mais de signe contraire.* Les deux corps sont appelés, pour cette raison, énanthiomorphes (εναντισ, contraire), antipodes ou inverses optiques.

Cette règle appelle quelques précisions.

*a.* Les deux inverses optiques ne se distinguent pas l'un de l'autre tant qu'on ne les soumet qu'à des actions symétriques, tandis qu'ils montrent, au contraire, une individualité bien marquée dès qu'on les soumet à des actions dissymétriques ou seulement moins symétriques. C'est ainsi que les deux isomères optiques se comportent d'une manière identique vis-à-vis de la lumière ordinaire, qui présente une infinité de plans de symétrie, alors que chacun d'eux imprime à la lumière polarisée, qui possède seulement deux plans de symétrie (plan de vibration et plan de polarisation), une rotation de sens opposé à celle qu'imprime l'autre isomère. De même, le passage de ces isomères à l'état cristallin, moins symétrique que l'état amorphe, pourra faire apparaître entre eux certaines différences; nous verrons, effectivement, qu'on peut parfois les distinguer l'un de l'autre grâce à la présence de facettes hémiédriques différemment disposées.

De même, si l'on fait agir un réactif ordinaire, à molécules symétriques, sur les deux isomères, on n'observera aucune différence dans la marche ou dans les produits de la réaction. Si, au contraire, le réactif est un composé doué lui-même de pouvoir rotatoire, par conséquent dissymétrique, la réaction n'aura pas toujours la même allure dans les deux cas : par exemple, s'il s'agit de l'éthérification d'un alcool, un acide actif pourra éthérifier plus vite l'un des alcools isomériques que l'autre; d'autre part, les produits de la réaction pourront être plus ou moins distincts l'un de l'autre, et nous en verrons plus loin une intéressante application.

*b.* On peut rapprocher de ces phénomènes l'observation que les deux isomères optiques se comportent souvent de manières différentes vis-à-vis des êtres organisés; c'est ainsi que leurs valeurs nutritives pour divers ferments peuvent n'être pas identiques; cette observation trouvera également son utilisation (*voir* ci-après).

Signalons, en outre, que leurs propriétés physiologiques sont quelquefois tout à fait dissemblables : ainsi, l'asparagine droite

(p. 429) possède une saveur sucrée, alors que l'isomère gauche a une saveur fade et fraîche plutôt désagréable; l'adrénaline gauche (p. 394) possède un pouvoir vasoconstricteur qui est environ 15 fois plus élevé que celui de l'isomère droit.

Sous ces réserves, les propriétés générales des deux antipodes sont identiques.

2. *Les deux inverses optiques ont la propriété de s'unir à molécules égales, pour donner un produit inactif par compensation,* qu'on appelle un racémique, *les deux pouvoirs rotatoires égaux et de signes contraires s'annulant :*

$$+ [\alpha]_D - [\alpha]_D = 0.$$

On observe que les racémiques sont tantôt de simples mélanges des deux inverses optiques à proportions égales, tantôt des combinaisons équimoléculaires, en général très instables du reste, du corps droit et du corps gauche. Dans le premier cas, toutes leurs propriétés (hormis le pouvoir rotatoire, qui est nul) sont, en général, sensiblement les mêmes que celles des deux composés actifs; dans le second cas, tel celui de l'acide tartrique racémique, certaines propriétés peuvent être très différentes (solubilité, point de fusion, etc.).

On a reconnu que la combinaison racémique peut se détruire à une température déterminée, au-dessous de laquelle le racémique devient un simple mélange des deux énanthiomorphes : ainsi le tartrate racémique ammoniaco-sodique n'est stable qu'à des températures supérieures à 28°, et il cristallise alors avec 2 molécules d'eau, tandis qu'au-dessous de cette température on obtient les tartrates droit et gauche, qui cristallisent séparément avec chacun 4 molécules d'eau.

3. *Les corps inactifs par compensation (racémiques) sont dédoublables en leurs constituants actifs.* — Étant donnée l'identité des propriétés ordinaires de deux énanthiomorphes, on doit recourir à des méthodes très spéciales pour séparer les constituants actifs d'un racémique. Ces méthodes se ramènent à trois, toutes trois découvertes par PASTEUR.

*a.* La première méthode s'applique exclusivement au cas de certains racémiques, dont les solutions peuvent laisser déposer chaque isomère en cristaux séparés de ceux de l'autre. La cristallisation est conduite avec des précautions particulières, de façon à obtenir des cristaux bien formés et suffisamment isolés les uns des autres. On trie ensuite les cristaux en se basant sur la disposition des facettes hémiédriques, laquelle est dans l'un des isomères inverse de ce qu'elle est dans l'autre.

Une variante de ce procédé, valable seulement dans les mêmes limites que lui, consiste à amorcer séparément la cristallisation de chacun des isomères avec un cristal de l'isomère correspondant. On constate alors que chaque isomère se dépose autour de son amorce, et l'on réalise ainsi très facilement la séparation. Il va sans dire que l'obtention des deux amorces utilisées suppose une opération préalable.

*b.* Dans la deuxième méthode, on met en œuvre certaines moisissures ou organismes divers, tels que le *penicillium glaucum*, l'*aspergillus niger*, les *levûres*, ou *certaines bactéries*, etc. Ces petits êtres, mis en présence de racémiques, dans un milieu favorable à leur développement (bouillon de culture), consomment pour les besoins de leur subsistance l'un des deux inverses optiques, et laissent l'autre intact ou ne le consomment qu'en dernier lieu. C'est ainsi que la levûre de bière, en présence de fructose racémique, détruit le composant gauche (sucre de fruits ou lévulose naturel) (¹) et respecte le droit.

On voit que la méthode entraîne la perte de l'un des deux isomères.

*c.* La troisième méthode utilise les différences d'action chimique d'un réactif doué de pouvoir rotatoire sur les deux énanthiomorphes qui constituent le racémique. Montrons d'abord que l'activité optique du réactif est une condition indispensable (nous indiquerons le pouvoir rotatoire droit par le signe + et le gauche par le signe —).

Cherchons, par exemple, à isoler l'un de l'autre par voie chimique les isomères $\overset{+}{B}$ et $\overset{-}{B}$ d'une base racémique $\overline{BB}$. En général, pour séparer deux corps ayant des propriétés physiques voisines, on soumet le mélange à une action chimique de telle nature qu'on obtienne deux dérivés facilement séparables et permettant le retour aisé aux deux corps primitifs. Ici il faudra, évidemment,

---

(¹) L'inverse optique consommé est précisément celui qui se rencontre dans la nature. C'est là une règle assez générale : les microorganismes attaquent de préférence l'isomère qu'ils ont l'habitude de rencontrer dans les êtres vivants; on connaît cependant des exceptions.

s'efforcer d'obtenir deux dérivés qui ne seront pas inverses optiques l'un de l'autre, c'est-à-dire dont le mélange ne sera pas racémique.

La combinaison de $\overset{+\,-}{BB}$, avec un acide inactif par nature A, ne conduira pas au but poursuivi, car la juxtaposition des deux sels énanthiomorphes $\left\{ \begin{matrix} \overset{+}{A\overline{B}} \\ \underset{\phantom{.}}{A\overline{B}} \end{matrix} \right.$ ne modifie en rien l'état racémique de la solution et ne fait que déplacer le problème.

On arrive au même résultat par l'emploi d'un acide racémique $\overset{+\,-}{A\overline{A}}$ : il fournira 4 combinaisons, se groupant en deux couples d'énanthiomorphes

$$\mathrm{I} \left\{ \begin{matrix} \overset{+}{A}\overset{+}{\overline{B}} \\ \overset{-}{\overline{A}}\overset{-}{\overline{B}} \end{matrix} \right. \qquad \mathrm{II} \left\{ \begin{matrix} \overset{+}{A}\overset{-}{\overline{B}} \\ \overset{-}{\overline{A}}\overset{+}{B} \end{matrix} \right. .$$

On a donc remplacé les deux racémiques primitifs par un mélange de deux autres racémiques, dont la séparation ne résoudrait pas le problème que nous nous sommes posé, puisque chaque racémique renferme l'acide et la base chacun sous les deux formes inverses.

Au contraire, si l'on a recours à un acide actif, le droit $\overset{+}{A}$, par exemple, on obtient les deux sels

$$\overset{+}{A}\ \overset{+}{\overline{B}}$$
$$\overset{+}{A}\ \overline{B}$$

qui ne sont pas énanthiomorphes ; on a donc remplacé le racémique primitif par un mélange de deux isomères, qui, n'étant pas inverses optiques, peuvent se distinguer l'un de l'autre par leurs propriétés générales et, en particulier, par leurs solubilités. La séparation de ces deux sels est effectuée par la méthode habituelle : on recueille d'abord le sel le moins soluble, et le plus soluble est obtenu en second lieu. Après purification, on décompose chaque sel par une base appropriée, et l'on obtient ainsi, à l'état de pureté, chacun des constituants de la base racémique $\overset{+\,-}{BB}$.

Il est superflu d'ajouter que, réciproquement, pour dédoubler le racémique d'un acide, on mettrait en œuvre une base active (¹).

---

(¹) Les bases actives les plus employées pour le dédoublement des acides

, On conçoit d'ailleurs qu'un raisonnement analogue au précédent puisse permettre d'envisager le dédoublement de racémiques autres que ceux des acides et des bases, par l'utilisation de réactifs appropriés doués du pouvoir rotatoire.

*Remarque.* — Aucune des méthodes que nous venons de décrire ne présente un caractère de généralité sur lequel on puisse compter à l'avance, et toutes les trois pourront se montrer impuissantes dans certains cas. Le fait qu'une substance supposée racémique n'aura pas pu être résolue en deux constituants actifs ne signifiera donc pas nécessairement qu'elle est inactive par nature, et il faudra se garder d'en tirer des conclusions trop hâtives sur la véritable constitution de la molécule.

## THÉORIE DU CARBONE ASYMÉTRIQUE.

On appelle *carbone asymétrique* (LE BEL, VAN'T HOFF) tout atome de carbone dont les 4 valences sont saturées par 4 atomes ou radicaux monovalents différents, soit $CR_1R_2R_3R_4$. Voyons les déductions que nous pouvons tirer de la considération du tétraèdre :

1° Le carbone asymétrique est dissymétrique : il peut donc entraîner la dissymétrie de la molécule et, par suite, d'après l'hypothèse de PASTEUR, le pouvoir rotatoire

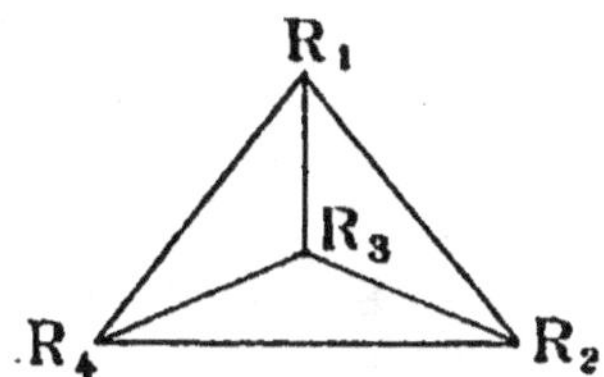


On voit, en effet, que cette figure ne possède pas de plan de symétrie, c'est-à-dire de plan susceptible de la diviser en deux parties semblables.

---

racémiques sont les bases naturelles suivantes : quinine, cinchonine, cinchonidine, morphine, brucine, strychnine.

Pour dédoubler les bases racémiques, on emploie surtout les acides tartrique et malique. Récemment, on a utilisé avec succès certains acides forts, comme les acides camphosulfonique et bromocamphosulfonique, qui déterminent le dédoublement des bases racémiques dans certains cas où des acides moins forts ne donnent aucun résultat.

2° Un carbone asymétrique peut être représenté dans l'espace par deux schémas distincts non superposables et seulement par deux; le carbone asymétrique existera donc sous deux formes isomériques :

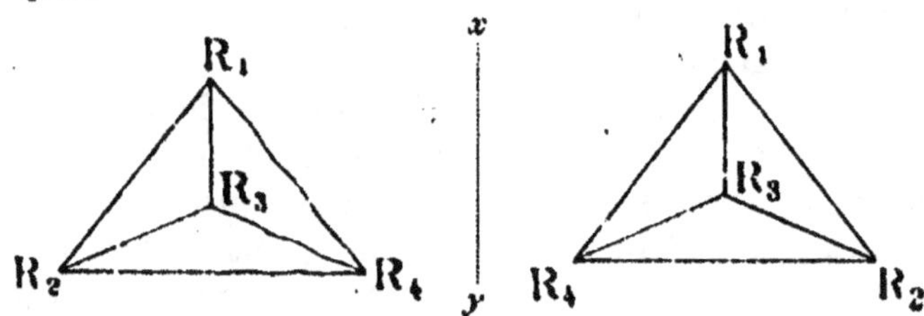



Les figures ci-dessus, qui représentent deux tétraèdres posés sur un plan et vus par le haut, ne sont pas superposables : si, en effet, l'on fait coïncider, par exemple, les deux sommets R₁ et R₃, on voit que R₂ et R₄ du premier viennent se placer respectivement sur R₄ et R₂ du second; les deux schémas sont donc bien distincts.

Nous pourrions montrer que tout autre arrangement des restes R₁R₂R₃R₄ autour du tétraèdre serait superposable à l'une ou l'autre de ces deux figures.

3° Les deux schémas qui correspondent à un carbone asymétrique sont l'image l'un de l'autre dans un miroir, comme on le voit sur la figure, où la ligne $xy$ représente la trace, sur le plan où reposent les tétraèdres, d'un miroir perpendiculaire à ce plan. La disposition des groupements dans l'un des tétraèdres est donc inverse de celle que présente l'autre, ce qui laisse prévoir l'énanthiomorphisme des deux isomères correspondants.

4° Les deux isomères sont identiques au point de vue des distances respectives des divers groupements, et l'on prévoit ainsi qu'ils auront de très grandes analogies dans leurs propriétés.

Examinons comment ces déductions se trouvent en accord avec les faits. Nous distinguerons deux cas : celui des composés à un seul carbone asymétrique et celui des composés à plusieurs carbones asymétriques.

### Composés à un seul carbone asymétrique.

$a$. Le grand nombre d'expériences qui ont été faites sur les composés contenant un seul atome de carbone asymétrique permet de considérer comme ayant force de loi la règle suivante :

*Tout composé contenant un seul carbone asymétrique est ou bien actif sur la lumière polarisée ou bien racémique, c'est-à-dire dédoublable en constituants actifs.*

Ainsi donc, la dissymétrie du carbone asymétrique entraîne toujours ici la dissymétrie de la molécule, avec toutes les conséquences prévues par Pasteur et que nous avons retrouvées par la seule considération du tétraèdre, à savoir : 1° le pouvoir rotatoire moléculaire ; 2° l'existence de deux isomères ; 3° leur énanthiomorphisme ; 4° la similitude de leurs propriétés générales.

Nous citerons les exemples suivants :

$$\textit{Alcool amylique } (^1) \qquad {C^2H^5 \atop CH^3}\!>\!\mathbf{C}\!<\!{H \atop CH^2OH} \qquad \left\{ \begin{array}{l} \text{Les 4 valences du carbone asy-} \\ \text{métrique sont saturées par} \\ C^2H^5,\ CH^3,\ CH^2OH\ \text{et}\ H. \end{array} \right.$$

$$\textit{Acide lactique} \qquad {CH^3 \atop OH}\!>\!\mathbf{C}\!<\!{H \atop CO^2H} \qquad \left\{ \begin{array}{l} \text{Les 4 valences du carbone asy-} \\ \text{métrique sont saturées par} \\ CH^3,\ OH,\ CO^2H\ \text{et}\ H. \end{array} \right.$$

Ces deux corps, dont les formules de constitution sont établies de façon absolument certaine, possèdent chacun un carbone asymétrique ; or, on connaît pour chacun deux isomères actifs, énanthiomorphes et de propriétés générales identiques.

Signalons encore l'acide chloroiodométhanesulfonique, qui ne contient qu'un seul atome de carbone uni à 4 restes minéraux, et dont on a isolé les formes actives (Pope et Read, 1914) :

$$ {H \atop I}\!>\!\mathbf{C}\!<\!{Cl \atop SO^3H} $$

Acide chloroiodométhanesulfonique.

Ce composé remarquable montre bien qu'il suffit de saturer un atome de carbone par 4 restes différents quelconques pour déterminer la dissymétrie de la molécule et le pouvoir rotatoire.

Il y a donc accord complet entre la théorie du tétraèdre et l'expérience : les deux isomères optiques observés dans la pratique correspondent aux deux schémas qui représentent dans l'espace l'atome de carbone asymétrique. Cependant, il faut

---

($^1$) Dans nos formules de constitution, quand nous voudrons appeler l'attention sur des atomes de carbone asymétriques, nous les représenterons, comme dans les exemples choisis, par la lettre **C** en caractères gras.

ajouter que l'on est encore incapable de savoir à laquelle de ces deux figures répond chacun des deux isomères.

*b.* Inversement, de multiples expériences, faites en vue de découvrir le pouvoir rotatoire moléculaire dans des composés dont la constitution ne comporte pas de carbone asymétrique, ont conduit à admettre l'axiome suivant :

*Tout composé ne contenant pas de carbone asymétrique est inactif par nature, c'est-à-dire indédoublable en constituants actifs*, exception faite pour un petit nombre de composés dépourvus de carbone asymétrique, mais dont la molécule est dissymétrique dans son ensemble (nous montrerons du reste plus loin que *ce dernier cas est lui-même prévu* par la théorie du tétraèdre).

Toutes les objections qui avaient été faites à cet axiome ont été, par la suite, reconnues dénuées de fondement : elles étaient dues à des erreurs provenant de la présence d'impuretés dans les corps étudiés, ou de l'adoption de formules de constitution inexactes.

*Remarque.* — *a.* Il peut arriver que deux ou plusieurs des groupements liés à l'atome de carbone intéressé soient formés des mêmes atomes chacun en même nombre. Il va de soi que si les atomes, dans ces groupements, sont disposés différemment, comme, par exemple, dans les deux groupes *propyle* $CH^3 — CH^2 — CH^2 —$ et *isopropyle* $\dfrac{CH^3}{CH^3}{>}CH —$, le carbone est asymétrique.

*b.* Dans le même ordre d'idées, on peut concevoir qu'un atome de carbone situé dans une chaîne fermée puisse être asymétrique tout en ayant 2 de ses valences saturées par un radical commun, si les groupements constituants du radical ne se retrouvent pas dans le même ordre quand on parcourt la chaîne dans un sens ou en sens inverse, comme dans l'exemple suivant :

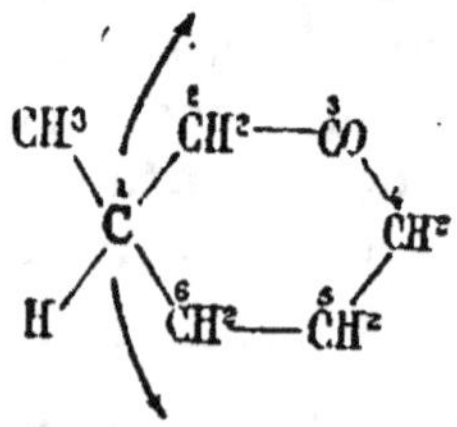

$$\mathrm{CH^3} \quad \overset{2}{\mathrm{CH^2}} — \overset{3}{\mathrm{CO}}$$
$$\overset{1}{\mathrm{C}} \qquad \overset{4}{\mathrm{CH^2}}$$
$$\mathrm{H} \quad \overset{6}{\mathrm{CH^2}} — \overset{5}{\mathrm{CH^2}}$$

Méthyl-1-cyclohexanone-3.

Le carbone c est asymétrique. On voit, en effet, en examinant la figure de près, que les 4 restes qui le saturent sont $H$, $CH^3$, $CH^2 — CO — CH^2 — CH^2 — CH^2$ et $CH^2 — CH^2 — CH^2 — CO — CH^2$. La méthylcyclohexanone a été effectivement obtenue sous une forme active.

## Composés à plusieurs carbones asymétriques.

On conçoit qu'il puisse exister 2 ou plusieurs carbones asymétriques dans la même molécule. Les développements que nous avons donnés sur la représentation dans l'espace de l'atome de carbone asymétrique s'appliquent encore ici, et ils vont nous permettre de représenter tous les faits connus. Chaque atome asymétrique pourra donc exister sous 2 formes inverses.

Pour faciliter les raisonnements, nous emploierons un mode de représentation *tout à fait conventionnel*, qui permet de voir aisément, sur le plan, les particularités de la disposition stérique des groupements liés aux carbones asymétriques. On dispose sur une même droite tous les sommets communs des tétraèdres consécutifs de la même chaîne, de telle sorte que, les tétraèdres étant tous du même côté du plan du tableau, le plan contenant la ligne des sommets communs et perpendiculaire au plan du tableau coupe chaque tétraèdre en deux parties égales. La projection de la figure ainsi obtenue donnera un schéma de la forme générale suivante :

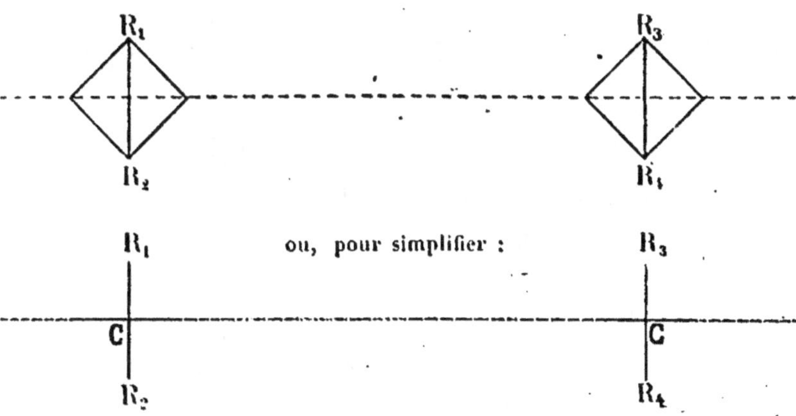

dont voici un exemple concret :

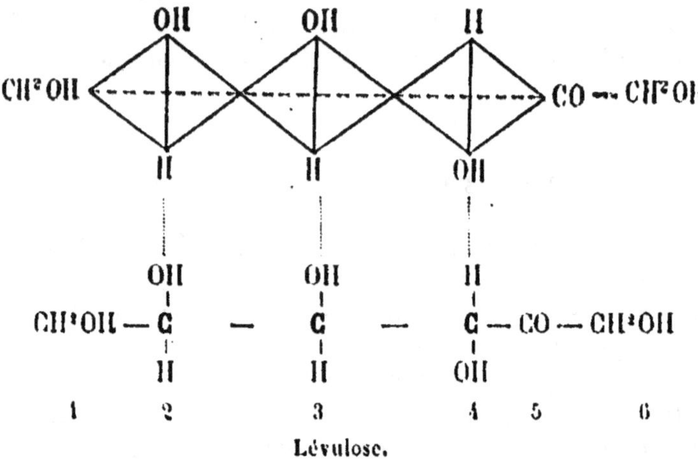

Lévulose.

Nous nous servirons également, par convention, des signes +
pour désigner les carbones droits et du signe — pour désigner les
carbones gauches.

1. Soit d'abord le cas de 2 carbones asymétriques. Nous aurons
4 isomères possibles :

$$
(I) \quad \overset{+}{C}\ldots\ldots\overset{-}{C} \qquad\qquad (III) \quad \overset{+}{C}\ldots\ldots\overset{+}{C}
$$

$$
(II) \quad \overset{-}{C}\ldots\ldots\overset{+}{C} \qquad\qquad (IV) \quad \overset{-}{C}\ldots\ldots\overset{-}{C}
$$

*a.* Pour fixer les idées, supposons 2 groupes $>\!C\!<^{H}_{OH}$ appartenant à une chaîne ouverte quelconque :

<pre>
          OH      OH                      OH      H
           |       |                       |      |
(I)  R₁ — C ...... C — R₂      (III)  R₁ — C ...... C — R₂
           |       |                       |      |
           H       H                       H      OH

x ........................................................ y

           H       H                       H      OH
           |       |                       |      |
(II) R₁ — C ...... C — R₂      (IV)  R₁ — C ...... C — R₂
           |       |                       |      |
          OH      OH                      OH      H
</pre>

On voit que (I) est l'image de (II) dans un miroir (représenté par sa trace $xy$), et que (III) est l'image de (IV) dans le même miroir. Le passage de la configuration (I) à la configuration (II), qui change le signe des deux carbones à la fois, ne modifie pas les distances respectives des divers résidus qui leur sont liés; par suite, les propriétés générales des deux corps (I) et (II) seront identiques, à ceci près que le pouvoir rotatoire sera inversé : ils seront donc énanthiomorphes. Le même raisonnement peut être fait pour la paire d'isomères (III) et (IV) : ils sont également énanthiomorphes.

Si maintenant on veut passer de l'un des isomères de la paire (I) et (II) à l'un des isomères de la paire (III) et (IV), ou réciproment, il faut inverser la disposition *d'un seul* carbone asymétrique : cette opération aura pour effet non seulement de changer la valeur absolue du pouvoir rotatoire de la molécule, mais encore de modifier les distances relatives qui séparent les groupements liés à l'un des carbones asymétriques de ceux qui appartiennent au second carbone. Il suit de là que les isomères de la paire (I) et (II) différeront de ceux de la paire (III) et (IV) non seulement par la valeur absolue du pouvoir rotatoire, mais encore par leurs propriétés générales.

*b.* Examinons le cas particulier où les deux carbones asymétriques ont une constitution identique $\left(\text{on a } R_1 = R_2, \text{ et, en outre,}\right.$ lorsque les deux groupes $>C<^H_{OH}$ ne sont pas contigus, le reste qui les relie comporte un plan de symétrie$\left.\right)$ :

$$
\begin{array}{lll}
 & \overset{\displaystyle OH}{\underset{\displaystyle H}{|}} \qquad \overset{\displaystyle OH}{\underset{\displaystyle H}{|}} & \\
(\text{I } bis) & R - C\ldots\ldots C - R & 
\end{array}
$$

(I *bis*)    R — C(OH)(H)......C(OH)(H) — R          (III *bis*)    R — C(OH)(H)......C(H)(OH) — R

$x\ldots\ldots\ldots\ldots\ldots\ldots\ldots\ldots\ldots\ldots\ldots\ldots\ldots\ldots\, y$

(II *bis*)    R — C(H)(OH)......C(H)(OH) — R          (IV *bis*)    R — C(H)(OH)......C(OH)(H) — R

Ici les deux figures de la paire (I) et (II) correspondront à une substance unique, car les deux nouvelles configurations stériques (I *bis*) et (II *bis*) seront superposables par simple retournement; de plus, la molécule de ce même composé possédera un plan de symétrie, le plan vertical qui coupe la molécule en son milieu, et, par conséquent, elle ne sera pas susceptible de présenter le pouvoir rotatoire : ici la molécule sera inactive par compensation intramoléculaire; on dit qu'un tel isomère est *inactif par nature ou indédoublable*.

Par contre, on voit que les deux configurations (III *bis*) et (IV *bis*) correspondent à deux énanthiomorphes, comme dans le cas général.

Nous avons donc maintenant non plus 4 isomères, mais 3 seulement.

2. Des considérations semblables nous permettraient de calculer le nombre total d'isomères pour un nombre quelconque de carbones asymétriques, et de faire des prévisions analogues à celles qui précèdent. Le nombre total d'isomères possibles, pour un composé possédant $n$ carbones asymétriques, sera au plus égal à $2^n$, qui se groupent en $2^{n-1}$ paires d'énanthiomorphes ou $2^{n-1}$ racémiques. Il y aura donc, au plus, $2^{n-1}$ configurations différentes, qui ne seront pas inverses l'une de l'autre ; si, parmi elles, quelques-unes présentent un plan de symétrie, le nombre total d'isomères prévus s'en trouvera réduit.

3. Ajoutons, en terminant, que les carbones asymétriques appartenant à une chaîne fermée donnent lieu aux mêmes remarques théoriques que ceux des chaînes ouvertes, mais l'étude pratique en est beaucoup moins avancée.

4. Un grand nombre de faits sont venus corroborer toutes ces prévisions. Nous aurons l'occasion de le montrer particulièrement à propos des *Sucres*. Citons cependant ici, comme exemple simple de composé à 2 atomes de carbone asymétrique dans la même molécule, le cas de l'acide tartrique :

La ligne pointillée $xy$ (*voir* ci-après, page 91) représente la trace d'un miroir perpendiculaire au plan de la figure; on voit, par l'aspect des schémas, qu'il existe 3 acides tartriques : 2 actifs sur la lumière polarisée et énanthiomorphes, et 1 possédant un plan de symétrie, donc inactif.

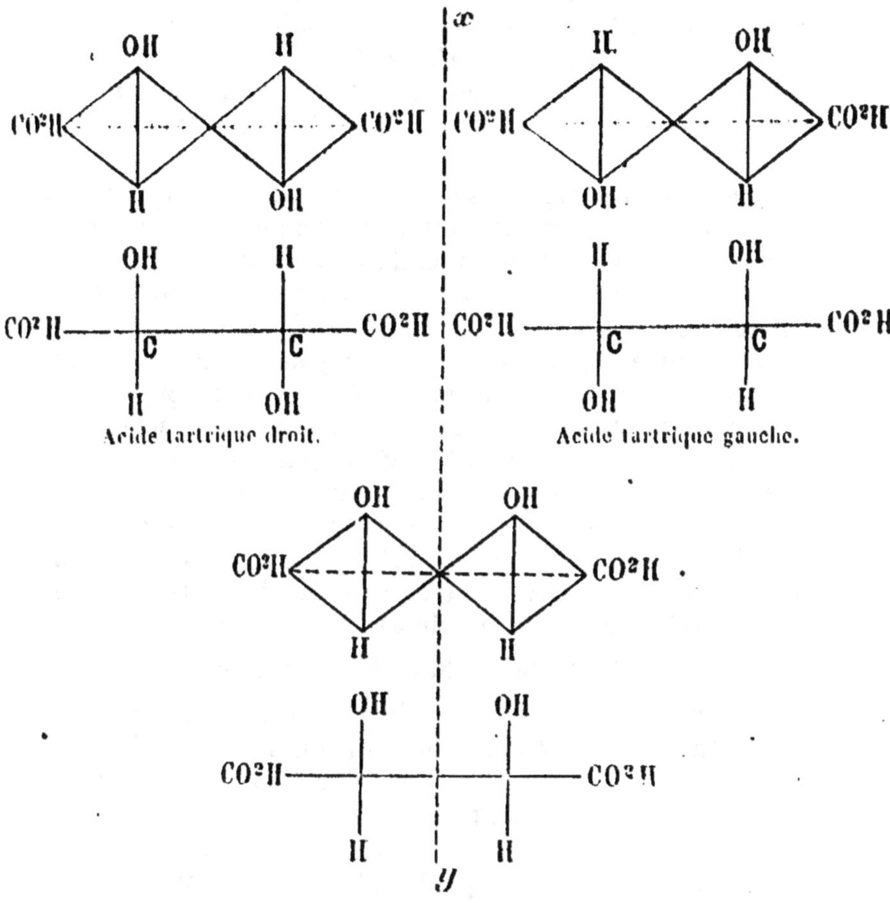

Acide tartrique droit.

Acide tartrique gauche.

Acide tartrique inactif par nature.

## Transformation d'un corps actif en son antipode optique.

*Racémisation.* — 1. Certains agents : la chaleur (JUNGFLEISCH, 1873), les acides, les alcalis, sont susceptibles, dans des conditions déterminées, très variables suivant les cas, d'abaisser la valeur du pouvoir rotatoire des composés actifs, et même de l'annuler. Ce phénomène est dû, hormis les cas de passage à une forme inactive par nature (*voir* p. 358), à la conversion d'une certaine proportion du corps actif en son antipode optique. Si la moitié du corps a été ainsi transformée, le pouvoir rotatoire a disparu, et l'on a le racémique pur. La racémisation, quand elle a lieu, n'est le plus souvent que très partielle. Certains composés se racémisent spontanément à la température ordinaire d'une façon plus ou moins rapide (*autoracémisation*).

Quoi qu'il en soit, en dédoublant le racémique par une méthode appropriée (*voir* p. 80), on pourra obtenir l'antipode optique du corps initial.

**2.** Sous cette forme simple, ces observations sont toujours applicables aux corps à un seul carbone asymétrique ou à ceux qui ont 2 carbones asymétriques identiques, comme l'acide tartrique, par exemple; pour les autres, les phénomènes peuvent être plus complexes.

On conçoit, en effet, que 2 carbones asymétriques différents puissent ne pas se racémiser avec une égale vitesse. Supposons que les activités optiques de ces 2 carbones soient de sens contraire dans la substance primitive et, de plus, que le carbone le plus actif se racémise le premier; l'activité optique du second carbone peut alors devenir prépondérante, et, dans ce cas, le signe du pouvoir rotatoire du mélange se trouvera inversé. Comme on le voit, cette inversion n'est pas due à la formation de l'énanthiomorphe du composé primitif, mais à celle d'un autre isomère stéréochimique : le produit $\overset{+}{A}\overset{-}{B}$, par racémisation de $\overset{+}{A}$, donne le produit $\overline{A}\overline{B}$, qui n'est pas inverse optique du premier. Ce phénomène a été constaté pour quelques corps : ainsi la menthone gauche, sous l'action de la chaleur, peut donner naissance à un produit dextrogyre.

*Inversion de* WALDEN. — On désigne sous ce nom une anomalie observée pour la première fois par le chimiste russe WALDEN, en 1896, dans certaines réactions de substitution intéressant les carbones asymétriques.

Prenons l'acide chlorosuccinique $CO^2H-CHCl-CH^2-CO^2H$, par exemple, qui est susceptible de donner l'acide malique $CO^2H-CHOH-CH^2-CO^2H$ par substitution de l'oxhydryle au chlore. L'examen des schémas stéréochimiques nous montre que si nous remplaçons, dans la figure (I) ci-contre, l'atome de chlore par un oxhydryle, nous obtenons *nécessairement* l'isomère optique de l'acide malique répondant à la configuration (III); car, pour obtenir, à partir de la figure (I), l'autre isomère, correspondant à la configuration (IV), il faudrait non seulement une substitution, mais encore une permutation de 2 des radicaux fixés au carbone asymétrique. Une remarque analogue peut être faite au sujet de la configuration (II), ainsi qu'à propos du retour inverse des acides maliques aux acides chlorosucciniques.

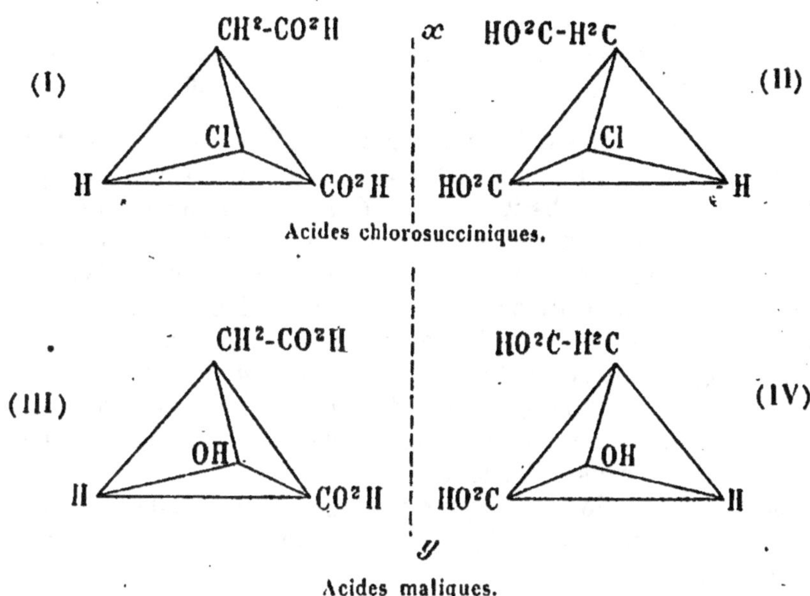


Acides chlorosucciniques.

Acides maliques.

Ainsi donc, si nous partons d'un composé actif et que, par substitution, nous en dérivions un nouveau composé à molécule dissymétrique, nous devrions théoriquement obtenir toujours le même isomère optique, quels que soient les réactifs employés; tout au plus pourrait-on observer avec chaque réactif, comme nous l'avons vu ci-dessus, une racémisation plus ou moins prononcée, mais, dans tous les cas, le *signe* du pouvoir rotatoire devrait être indépendant de la nature des agents chimiques intervenus au cours des réactions.

Ces considérations n'ont pas été confirmées par l'expérience : en traitant l'acide chlorosuccinique gauche par divers réactifs, on a obtenu, comme on le voit dans le tableau suivant, soit l'acide malique droit, soit le gauche, soit encore un mélange contenant en proportions variables un excès de l'un ou un excès de l'autre :

| Réactifs employés. | Pouvoir rotatoire spécifique $[\alpha]_D$ de l'acide malique résultant (¹). |
|---|---|
| Hydrate d'argent................ | — 460 |
| Lithine....................... | + 100 |
| Baryte ...................... | + 170 |
| Potasse..................... | + 425 |
| Ammoniaque................ | + 460 |

Si l'on compare, en particulier, l'action de l'hydrate d'argent et celle de l'ammoniaque, on voit que l'un de ces réactifs a non seulement opéré la substitution de OH à Cl, mais encore déterminé l'inversion du carbone asymétrique. Aucune donnée ne permet, du reste, de savoir lequel des deux réactifs a opéré la substitution normale sans inversion, car on ignore si le remplacement pur et simple de l'oxhydryle par un atome de chlore change ou ne change pas le signe du pouvoir rotatoire de la molécule.

Des observations analogues ont été faites pour la conversion de divers autres acides halogénés en acides-alcools, et aussi pour quelques autres transformations.

Il est intéressant de remarquer que, dans l'inversion de WALDEN, on obtient un isomère optique à partir de son antipode sans passer par le racémique.

Citons, comme exemple, le cycle de substitutions que l'on obtient en traitant alternativement les acides chlorosucciniques ou maliques par l'hydrate d'argent ou le perchlorure de phosphore :

$$
\begin{array}{ccc}
 & \text{AgOH} & \\
\text{ac. } l.\text{ chlorosuccinique} & \longrightarrow & \text{ac. } l.\text{ malique} \\
\uparrow \text{PCl}^5 & & \downarrow \text{PCl}^5 \\
 & \text{AgOH} & \\
\text{ac. } d.\text{ malique} & \longleftarrow & \text{ac. } d.\text{ chlorosuccinique}
\end{array}
$$

Ces phénomènes n'ont pas encore reçu d'explication théorique définitive.

## COMPOSÉS ACTIFS SANS CARBONE ASYMÉTRIQUE.

Nous avons montré plus haut que, si un corps a le pouvoir rotatoire à l'état liquide, dissous ou gazeux, sa molécule doit être

---

(¹) Les chiffres donnés correspondent à des liqueurs dont l'activité optique a été exaltée par la présence de sels d'uranium.

dissymétrique. Les conséquences des considérations sur le carbone asymétrique, que nous venons de développer, sont en parfait accord avec cette règle générale.

Mais pour qu'une molécule soit dissymétrique, par suite active, la présence d'atomes asymétriques n'y est pas indispensable. En l'absence d'atomes asymétriques, la dissymétrie de la molécule peut être réalisée par certaines dispositions d'ensemble des atomes ou radicaux. C'est ce que Van'tHoff avait prévu pour certains dérivés de l'allène (*voir* p. 171) répondant à la formule générale

$$R_1 \!\!\!>\!\! C = C = C \!\!<\!\!\! R_3 \atop R_2 \qquad\qquad R_4.$$

Une telle molécule sera dissymétrique si les deux restes situés à chaque extrémité de la chaîne sont différents l'un de l'autre, même si la paire de radicaux $R_1 R_2$ se retrouve aux deux extrémités, comme dans la formule ci-dessous. On voit, en effet, que la configuration stérique du résidu tétravalent $>\!C = C = C\!<$ ne possède que deux plans de symétrie, l'un parallèle et l'autre perpendiculaire au plan de la figure; chacun de ces plans contient une des deux arêtes terminales de la chaîne et coupe l'autre perpendiculairement en son milieu. En conséquence, si le radical $>\!C = C = C\!<$ est saturé par 4 restes, de telle manière qu'à chaque extrémité se trouve une paire de radicaux différents, aucun des deux plans envisagés ne pourra être plan de symétrie,

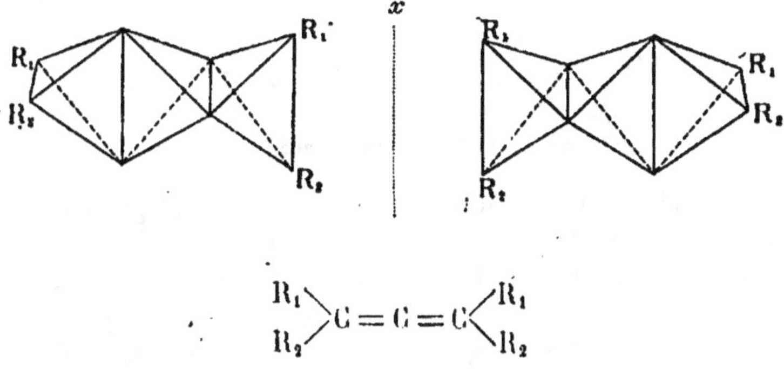

$$R_1 \!\!\!>\!\! C = C = C \!\!<\!\!\! R_1 \atop R_2 \qquad\qquad R_2$$

puisqu'on trouvera toujours de part et d'autre deux restes différents. De plus, on peut voir sur la figure qu'un schéma représen-

tant dans l'espace un corps de formule $\dfrac{R_1}{R_2}{>}C = C = C{<}\dfrac{R_1}{R_2}$ n'est
pas superposable à son image dans un miroir. On est donc en droit de penser que la même formule correspond à 2 isomères énanthiomorphes et, par conséquent, doués de pouvoir rotatoire.

On n'a pas encore réussi à obtenir des molécules répondant à la formule donnée ci-dessus; mais on a préparé quelques corps présentant le même genre de dissymétrie moléculaire. Imaginons que deux des carbones alléniques, au lieu d'unir directement deux de leurs valences, les unissent par l'intermédiaire de deux

$$>C = C< \;\rightarrow\; >C<$$

chaînes atomiques identiques; le raisonnement qui précède s'appliquera de la même manière et conduira aux mêmes conclusions : tout se passera comme si l'un des tétraèdres était déplacé parallèlement à sa position primitive suivant l'axe de la figure, et était invariablement maintenu dans sa nouvelle position par la chaîne fermée ainsi obtenue

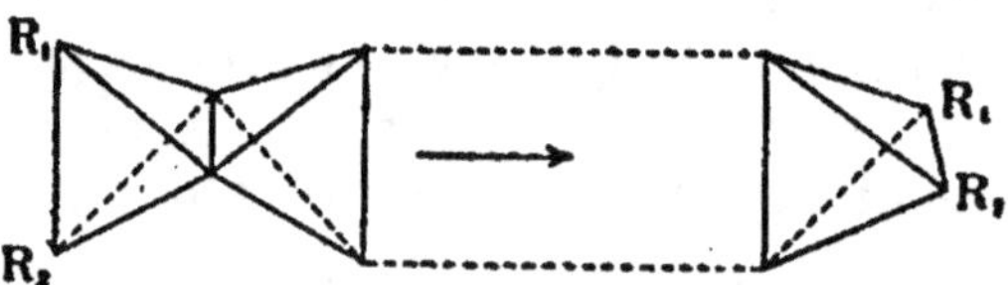

On constate, effectivement, que la molécule de l'acide méthyl-cyclohexylidène-acétique est dissymétrique, bien qu'elle ne possède pas de carbone asymétrique, au sens ordinaire de ce terme :

$$\dfrac{CO_2H}{H}{>}C = C{<}\dfrac{CH_2 - CH_2}{CH_2 - CH_2}{>}C{<}\dfrac{CH_3}{H}$$

Acide méthylcyclohexylidène-acétique.

La dissymétrie de cette molécule a été démontrée par l'obtention des deux formes actives (PERKIN JUN. et POPE, 1906).

On peut donc énoncer la loi suivante qui ne souffre aucune exception : *Pour qu'une molécule soit dissymétrique et, par suite, possède le pouvoir rotatoire, il faut et il suffit que la configuration de cette molécule dans l'espace ne soit pas superposable à son image dans un miroir.*

### STÉRÉOCHIMIE DE L'AZOTE, DU SOUFRE, ETC.

#### *a.* — Composés azotés.

On connaît des cas d'isomérie de composés azotés qu'on ne peut expliquer que par la Stéréochimie. Certains rappellent l'isomérie géométrique, d'autres l'isomérie optique.

1. Au premier groupe se rattache l'isomérie rencontrée parfois dans les composés où un atome d'azote échange 2 valences avec un atome de carbone ou un autre atome d'azote (oximes, hydrazones, diazoïques, etc.). Les exemples les plus nets ont été observés dans la série des oximes, composés provenant de la combinaison, avec perte d'eau, d'une molécule d'hydroxylamine avec une molécule d'aldéhyde ou de cétone :

$$\begin{array}{l} R \\ H \end{array}\!\!\Big\rangle C = O + H^2NOH \;=\; \begin{array}{l} R \\ H \end{array}\!\!\Big\rangle C = NOH + H^2O,$$

$$\begin{array}{l} R_1 \\ R_2 \end{array}\!\!\Big\rangle C = O + H^2NOH \;=\; \begin{array}{l} R_1 \\ R_2 \end{array}\!\!\Big\rangle C = NOH + H^2O.$$

Nous allons résumer sur ce sujet les conceptions de Hantzsch et Werner, qui sont généralement adoptées.

Ces auteurs admettent que, *dans certains composés*, les 3 valences de l'azote trivalent ne sont pas situées dans un même plan, mais qu'elles sont dirigées suivant les arêtes d'un trièdre dont l'atome d'azote occupe le sommet :

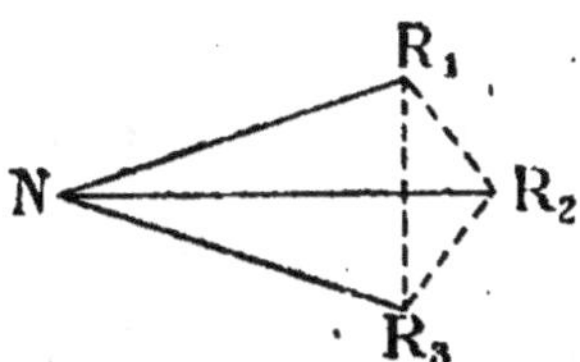


Cette hypothèse s'applique, en particulier, au cas des nitriles

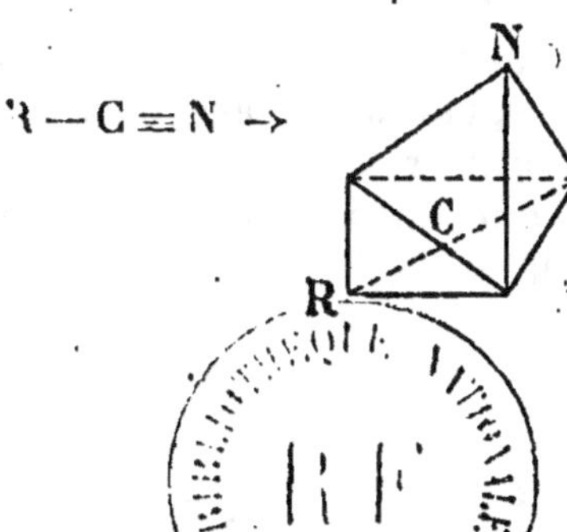

Si l'on accepte cette manière de voir dans le cas des oximes,
on obtient dans l'espace le schéma suivant :

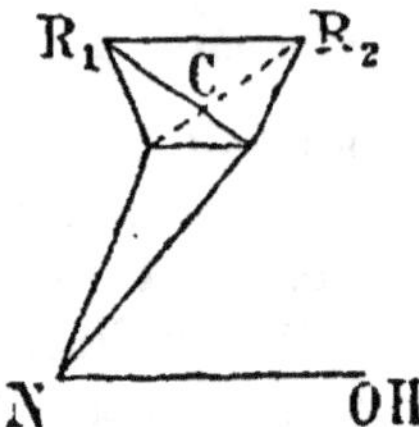

qui est très analogue au schéma des composés éthyléniques

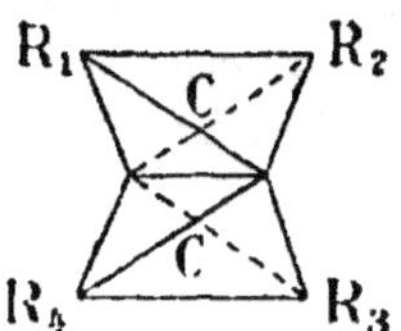

Nous aurons donc, comme dans le cas des acides maléique et
fumarique, 2 composés répondant à la formule $\dfrac{R_1}{R_2}\!\!>\!\!C = N - OH$
et se distinguant l'un de l'autre par la disposition des groupements dans l'espace :

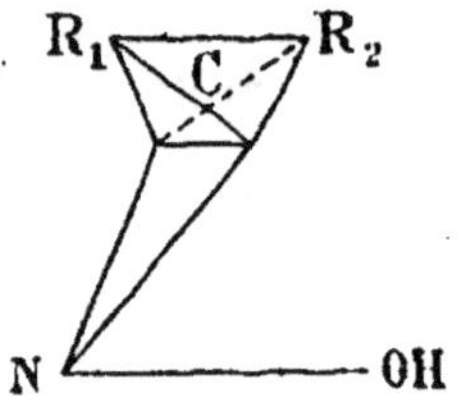 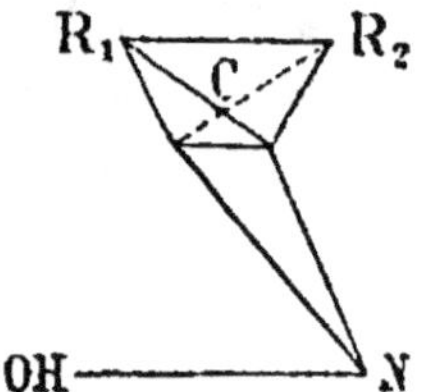

soit, plus simplement :

$$R_1 - C - R_2 \qquad R_1 - C - R_2$$
$$\|\qquad\qquad\quad\ \|$$
$$N - OH \qquad\quad HO - N$$

Pratiquement, les deux isomères prévus ont été découverts
pour de nombreuses oximes de la série cyclique. Au contraire, le
fait n'a été observé que très exceptionnellement dans la série
acyclique; on admet que, dans ce cas, l'un des isomères est particulièrement instable.

Conformément aux prévisions théoriques, si les restes $R_1$ et $R_2$ deviennent identiques, les deux schémas deviennent superposables et ne correspondent plus qu'à un seul composé; ainsi la benzophénone-oxime n'existe que sous une forme unique :

$$\left.\begin{array}{l} C^6H^5 \\ C^6H^5 \end{array}\right\rangle C = NOH.$$

Benzophénone-oxime.

2. Le second genre d'isomérie, observé dans les dérivés de l'ammonium (azote pentavalent), est dû à la disposition dans l'espace des radicaux liés à l'atome d'azote (LE BEL, 1891). Cette isomérie donne lieu à des considérations analogues à celles que nous avons développées à propos de la théorie du carbone asymétrique. Mais ici, l'atome d'azote ayant 5 valences, au lieu de 4 seulement que possédait l'atome de carbone, le problème se présente sous un aspect plus complexe. En fait, l'azote asymétrique (5 atomes ou radicaux différents liés à un même atome d'azote) peut exister sous deux formes optiquement actives et énanthiomorphes, comme le carbone asymétrique : ainsi l'iodure de benzylphénylallylméthylammonium

$$N \begin{cases} I \\ CH^2 - C^6H^3 \\ C^6H^5 \\ CH^2 - CH = CH^2 \\ CH^3 \end{cases}$$

a été isolé sous deux formes optiquement inverses (POPE et PEACHY, 1899). Mais on a observé, en outre, dans les dérivés de l'ammonium, des cas d'isomérie sans dissymétrie; ils tiennent vraisemblablement aux positions diverses que peuvent occuper les 5 radicaux dans l'espace (LE BEL).

### *b.* — Composés sulfurés, séléniés, stanniques, etc.

On a signalé des cas d'isomérie optique pour des composés où la dissymétrie moléculaire doit être rapportée à la présence d'atomes variés : soufre, sélénium, étain, phosphore, silicium, etc.

Citons les composés suivants, dont on a isolé les formes actives :

$$\text{S} \begin{cases} C^2H^5 \\ CH^3 \\ CH^2-CO^2H \\ Cl \end{cases} \qquad \text{Se} \begin{cases} C^6H^5 \\ CH^3 \\ CO-C^6H^5 \\ Cl \end{cases} \qquad \text{Sn} \begin{cases} C^2H^5 \\ CH^3 \\ C^3H^7 \\ I \end{cases}$$

$$O=P \begin{cases} C^6H^5 \\ C^2H^5 \\ CH^3 \end{cases} \qquad SO^3H.C^6H^4-CH^2-\underset{\underset{C^3H^7}{|}}{\overset{\overset{C^2H^5}{|}}{Si}}-O-\underset{\underset{C^3H^7}{|}}{\overset{\overset{C^2H^5}{|}}{Si}}-CH^2-C^6H^4.SO^3H$$

Nous rappelons, pour mémoire, la belle série de travaux entrepris par WERNER vers 1900. Cet auteur a obtenu de nombreux composés métalliques complexes qui possèdent le pouvoir rotatoire : dérivés cobaltiques, chromiques, etc., tel le dérivé chromique $Cr(C^2O^4)$ $K^3$ (anciennement oxalate double de chrome et de potassium).

### DISSYMÉTRIE ET SYNTHÈSE CHIMIQUE.

La dissymétrie moléculaire est la notion capitale, découverte par PASTEUR, qui domine toute la Stéréochimie. Ses applications à l'étude de la configuration des molécules ont fait l'objet des développements qui précèdent. Il nous reste à envisager ses rapports avec la Synthèse chimique.

1. La faculté de produire des substances douées de dissymétrie moléculaire a été regardée, pendant un certain temps, comme l'apanage exclusif de la matière vivante. Avec PASTEUR on admettait que la dissymétrie moléculaire était une empreinte inimitable laissée par la vie sur certains composés d'origine animale ou végétale, et que les molécules des mêmes composés ne pourraient être obtenues par synthèse que sous une forme symétrique, c'est-à-dire inactive par nature. Une semblable conception ne s'accorde ni avec les théories admises à l'heure actuelle ni avec les faits observés.

*a.* La dissymétrie moléculaire, nous l'avons vu précédemment, se révèle aujourd'hui comme une particularité inéluctable de la constitution de certains corps : on ne peut pas la faire disparaître sans détruire en même temps la structure caractéristique du composé et, par suite, le composé lui-même. Ainsi, cherchons à déplacer l'oxhydryle alcoolique de l'acide lactique

$$CH^3 - CHOH - CO^2H,$$

de manière à obtenir une forme de la molécule ne présentant pas
de carbone asymétrique, par exemple la suivante :

$$CH^2OH — CH^2 — CO^2H ;$$

nous n'avons plus la structure de l'acide lactique, mais celle d'un
produit totalement différent : l'acide hydracrylique. Quels que
soient les autres modes de groupements envisagés, nous ne pourrons éviter l'une de ces deux alternatives : ou bien la formule
contiendra un carbone asymétrique et sera dissymétrique, ou
bien elle représentera un autre corps que l'acide lactique.

De même, si d'un acide tartrique actif, c'est-à-dire dissymétrique, nous passons à l'acide inactif par nature, c'est-à-dire
symétrique :

| OH H | | OH OH |
|---|---|---|
| $CO^2H — C — C — CO^2H$ | → | $CO^2H — C — C — CO^2H,$ |
| H OH | | H H |

Acide tartrique actif.    Acide tartrique inactif.

nous obtenons un corps très différent ([1]) : la disparition de la
dissymétrie fait donc de la nouvelle molécule une espèce chimique nettement différente.

La dissymétrie moléculaire n'est donc pas, comme le croyait
PASTEUR, une qualité accidentelle due à l'origine du composé :
elle est une conséquence nécessaire de la constitution, et elle se
trouvera fatalement réalisée en même temps que l'édifice moléculaire, quel qu'en soit le mode d'obtention. En un mot, si nous
réalisons la synthèse d'un composé rencontré dans la nature
sous une forme active, la théorie nous enseigne que nous
l'obtiendrons nécessairement doué de dissymétrie moléculaire.

---

([1]) Il serait même rationnel de désigner par deux noms différents ces deux
acides, qui sont aussi distincts l'un de l'autre que l'acide mucique, inactif par
nature, diffère de ses isomères actifs, tel l'acide saccharique :

| H OH OH H | | OH OH H OH |
|---|---|---|
| $CO^2H — C — C — C — C — CO^2H$ | | $CO^2H — C — C — C — C — CO^2H$ |
| OH H H OH | | H H OH H |

Acide mucique.    Acide saccharique.

Aussi l'appellation d'acide *mésotartrique*, utilisée parfois pour l'acide tartrique
inactif par nature, devrait-elle devenir d'un usage général.

*b.* **Ces considérations ont été confirmées d'une manière décisive par de multiples expériences.** On a réussi à préparer, à partir des éléments, en dehors de toute action vitale et au moyen de réactifs d'origine exclusivement minérale, une multitude de substances dont les molécules étaient incontestablement dissymétriques. La première de ces importantes synthèses (acide tartrique) a été faite en 1873, par le chimiste français JUNGFLEISCH.

Nous sommes donc en droit d'affirmer que la formation de molécules dissymétriques n'est nullement le propre de la matière vivante, et que les composés naturels ne se distinguent pas par leur structure intime des composés de synthèse.

**2.** Observons toutefois que les réactions de synthèse ne conduisent généralement pas à un produit directement doué de pouvoir rotatoire, mais à un *racémique*, qu'il faut ensuite dédoubler.

*a.* Voyons, au point de vue théorique, ce qui se produira si nous essayons de créer artificiellement, par un procédé synthétique, un milieu doué de pouvoir rotatoire moléculaire. Préparons, à cet effet, un composé susceptible de présenter l'activité optique : l'acide 2-bromopropionique $CH^3 — CH\,Br — CO^2H$, par exemple.

Nous substituerons, par un procédé approprié, un atome de brome à l'un des deux atomes d'hydrogène situés en position 2 dans l'acide propionique ($CH^3 — CH^2 — CO^2H$) :

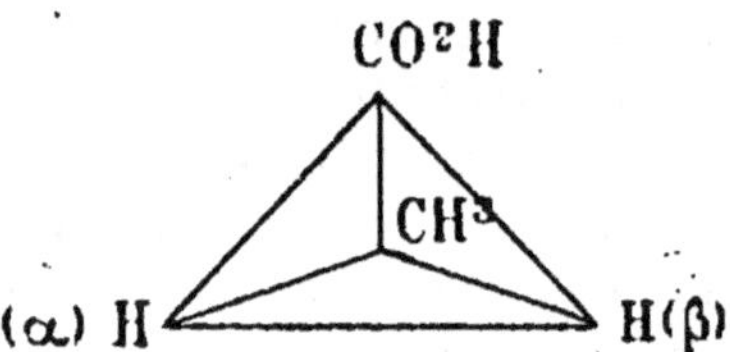


En observant la réaction dans l'espace, si nous supposons que la substitution en (α) fournit l'isomère droit, la substitution en (β) donnera fatalement l'isomère gauche. Or, le corps dont nous partons étant symétrique, si nous agissons symétriquement sur lui, il n'y aura pas de raison pour que l'hydrogène (α) soit attaqué de préférence à l'hydrogène (β) ou inversement. En pareil cas, le calcul des probabilités démontre que, si la réaction est répétée sur un très grand nombre de molécules, l'atome de brome prendra aussi souvent la place (α) que la place (β). Et nous devrons obtenir ainsi, en définitive, autant de molécules droites que de molécules gauches, et aboutir, pratiquement, à un produit inactif sur la lumière polarisée, à un racémique.

Un raisonnement analogue peut être reproduit pour toutes les
réactions de substitution, comme aussi d'addition, *donnant nais-sance à des molécules dissymétriques* : on obtiendra toujours un
racémique, et le *milieu* restera symétrique.

*b.* Recherchons, du point de vue pratique, ce que donne l'expérience. Deux cas sont à distinguer, suivant que le processus synthétique se produit dans un milieu primitivement inactif sur la
lumière polarisée ou, au contraire, dans un milieu déjà doué
lui-même de pouvoir rotatoire, par conséquent dissymétrique.

Dans le premier cas, la synthèse d'une molécule dissymétrique
à partir de substances symétriques et au moyen de réactifs symétriques aboutit toujours à la formation de racémiques. Ainsi, pour
citer un exemple entre mille, si nous reprenons le cas de l'acide
2-bromopropionique envisagé ci-dessus, nous constatons, comme
nous l'avons prévu, que le produit de synthèse obtenu par bro-
muration directe de l'acide propionique est complètement inactif
sur la lumière polarisée : c'est un racémique.

Dans le deuxième cas, on a observé que la présence, dans les
réactions, de corps déjà actifs sur la lumière polarisée, pouvait
favoriser la formation prédominante de l'un des isomères. C'est
ce que l'on appelle la *synthèse asymétrique*, dont nous allons
donner deux exemples ([1]).

Considérons l'un des isomères, le droit par exemple, d'un composé contenant un atome de carbone asymétrique, et, par une
substitution convenable, rendons asymétrique un nouvel atome
de carbone de cette substance : nous devrions obtenir, théoriquement, deux corps, comme le montrent les schémas suivants (la
forme droite des carbones est désignée par le signe + et la forme
gauche par le signe —) :

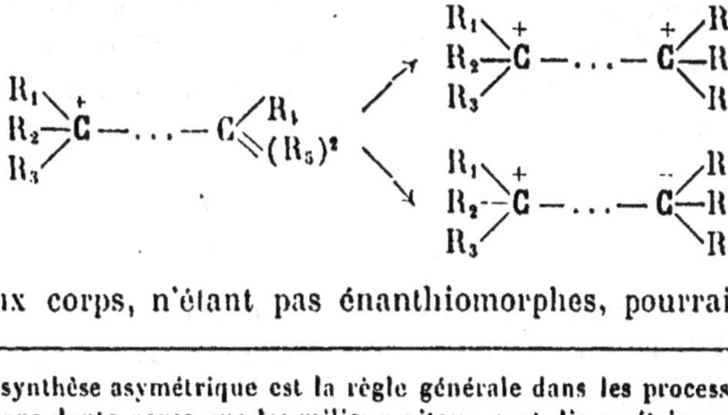

$$
\begin{matrix}
R_1 \\ R_2 \\ R_3
\end{matrix}\!\!>\!\overset{+}{C}-\ldots-C\!\!\underset{(R_5)^2}{\overset{R_4}{<}}
\quad
\begin{cases}
\ \nearrow\quad
\begin{matrix} R_1 \\ R_2 \\ R_3 \end{matrix}\!\!>\!\overset{+}{C}-\ldots-\overset{+}{C}\!\!<\!\!\begin{matrix} R_4 \\ R_5 \\ R_6 \end{matrix} \\[2em]
\ \searrow\quad
\begin{matrix} R_1 \\ R_2 \\ R_3 \end{matrix}\!\!>\!\overset{+}{C}-\ldots-\overset{-}{C}\!\!<\!\!\begin{matrix} R_4 \\ R_5 \\ R_6 \end{matrix}
\end{cases}
$$

Les deux corps, n'étant pas énanthiomorphes, pourraient être

---

([1]) La synthèse asymétrique est la règle générale dans les processus biochimiques, sans doute parce que les milieux vitaux sont dissymétriques.

séparés facilement. Or, l'observation montre que l'un d'eux se forme souvent en proportion plus grande que l'autre, si ce n'est d'une manière exclusive. Citons, en particulier, la combinaison de certains *sucres* avec l'acide cyanhydrique (*voir* p. 364) : en appliquant la méthode classique, on n'est parvenu à isoler, dans le cas du mannose, qu'un seul acide, au lieu de deux qu'*a priori* l'on aurait pu attendre. Il faut donc admettre que l'activité optique du milieu est intervenue pour orienter la réaction.

De récentes expériences sont plus démonstratives encore : elles ont établi qu'il peut être suffisant, pour obtenir directement un corps doué de pouvoir rotatoire, d'introduire dans le mélange réagissant certains corps actifs sur la lumière polarisée, même s'ils n'entrent pas dans la constitution du produit final de la réaction. Ainsi, en combinant le benzaldéhyde $C^6H^5$ — $CHO$ avec l'acide cyanhydrique $HCN$ en présence d'alcaloïdes actifs (quinine, quinidine), on obtient directement sous une forme active le composé $C^6H^5$ — $CHOH$ — $CN$ (nitrile phénylglycolique).

## G. — PROPRIÉTÉS PHYSIQUES DES COMPOSÉS ORGANIQUES. RELATIONS AVEC LA STRUCTURE.

Il est hors de doute que toutes les propriétés sont sous la dépendance de la composition élémentaire et de la structure de la molécule. Outre l'odeur, la saveur et la couleur, qui peuvent donner d'utiles indications, la forme cristalline, la densité, les points de fusion et d'ébullition, les solubilités, sont couramment utilisés pour caractériser les espèces chimiques et contrôler leur pureté.

L'étude de certaines propriétés optiques, magnétiques et électriques, ainsi que la détermination des chaleurs de combustion, fournissent généralement de précieux renseignements sur la structure, et il est remarquable que les relations entre la couleur et la structure constituent déjà tout un corps de doctrine.

### PROPRIÉTÉS ÉLASTIQUES ET THERMIQUES.

#### a. — Forme cristalline.

On doit ranger, parmi les procédés d'investigation les plus sûrs, la séparation d'une substance sous forme de cristaux mesurables et la détermination de la forme cristalline.

La symétrie de la structure cristalline décroît manifestement à mesure que la constitution de la molécule se complique. Les moindres différences dans la constitution se répercutent sur l'état cristallin. Nous avons vu précédemment (p. 79) que les deux modifications optiques de quelques combinaisons organiques ont des formes cristallines droite et gauche non superposables (énantiomorphie); or, chez les deux modifications, le mode de liaison des atomes de carbone est identique, et l'isomérie consiste uniquement dans la disposition différente de ces atomes dans l'espace. Quant aux isomères de position ordinaires, ils paraissent cristalliser toujours dans des systèmes différents.

## *b*. — Densité.

Nous ne parlerons ici que pour mémoire des densités gazeuses, dont on connaît la proportionnalité avec les poids moléculaires (*voir* p. 14).

Pour les substances à l'état liquide, on a pu formuler quelques règles empiriques en considérant le *volume moléculaire* au point d'ébullition (quotient de la molécule-gramme par la densité à la même température).

Kopp (1855) a établi des *coefficients atomiques* en vue de calculer, par *additivité*, le volume moléculaire d'un composé quelconque au point d'ébullition. En réalité, le volume moléculaire n'est pas constant chez les isomères, et il dépend, dans une large mesure, du mode de liaison des atomes et de la structure même de la molécule (LOSSEN, SCHIFF, HORTSMANN, etc.). La création d'une double liaison par élimination de 2 atomes d'hydrogène est bien accompagnée d'une diminution du volume moléculaire, mais cette diminution est moindre que 2 fois le volume atomique de l'hydrogène : la double liaison correspond donc à un accroissement sensible du volume moléculaire; elle est une liaison plus lâche que la liaison simple, ce qui concorde avec le fait que les composés non saturés sont moins résistants à l'action des réactifs chimiques. Le passage d'un carbure benzénique à l'hexahydrure correspondant s'accompagne d'une variation du volume moléculaire égal au triple de celui que détermine la saturation d'une liaison éthylénique en chaîne ouverte; on peut en conclure que le noyau benzénique renferme trois doubles liaisons. Les hexahydrures de carbures benzéniques ont un volume moléculaire beaucoup plus faible que les carbures éthyléniques correspondants ; il se produit donc une forte contraction de volume dans la cyclisation.

L'introduction des halogènes dans les molécules augmente toujours la densité, et celle-ci croît avec la teneur en halogène. Un dérivé iodé est toujours plus dense que le dérivé bromé correspondant, qui l'est à son tour plus que le dérivé chloré (*voir* p. 183).

On remarque aussi que l'introduction d'oxygène augmente notablement la densité.

### *c.* — **Point de fusion.**

Toute substance bien pure fond à une température fixe sous la même pression. De faibles proportions d'impuretés suffisent souvent à abaisser cette température de façon notable. Si deux corps différents fondent au même point, leur mélange fond toujours beaucoup plus bas, et ce fait est couramment mis à profit pour identifier deux substances organiques : le mélange, si elles sont identiques, doit fondre au même point que chacune d'elles séparément. La construction des courbes de fusion des mélanges binaires offre un très grand intérêt pour l'étude du mécanisme des réactions chimiques, car elle permet souvent de déceler des composés intermédiaires instables (analyse thermique) (*voir* p. 143, 2ᵉ note).

On observe, dans les séries homologues, une tendance vers l'état solide à mesure que croît le nombre des atomes de carbone. Étant donnés deux isomères, celui dont la molécule a une structure symétrique fond en général le plus haut ; c'est ainsi que, dans la série cyclique, les composés para fondent d'ordinaire plus haut que les isomères ortho ou méta. Pour diverses séries homologues (avec même mode d'enchaînement des atomes de carbone), on a constaté que le point de fusion s'élève ou s'abaisse alternativement, les termes à nombre impair d'atomes de carbone ayant le point de fusion le plus bas.

Divers autres rapprochements ont été faits. Toutes ces règles souffrent d'ailleurs des exceptions nombreuses.

### *d.* — **Point d'ébullition.**

La température à laquelle bout toute substance pure est constante sous une pression fixe, et elle subit toujours, du fait des moindres variations de la pression, des variations correspondantes relativement notables ([1]).

Nous savons déjà que, dans les séries homologues, le point d'ébullition s'élève avec le nombre des atomes de carbone; il convient d'ajouter que la différence entre les points d'ébullition de deux termes consécutifs diminue à mesure qu'on monte dans la série. Entre deux isomères, le composé dont la chaîne est la plus longue bout le plus haut, la ramification de la chaîne (sorte de pelotonnement de la molécule sur elle-même) entraînant toujours un abaissement du point d'ébullition. On a remarqué que les isomères qui bouillent le plus bas présentent généralement le volume moléculaire le plus élevé.

Les combinaisons non saturées bouillent d'ordinaire un peu plus haut que les combinaisons saturées correspondantes.

L'introduction d'halogènes élève toujours le point d'ébullition. Un dérivé iodé bout constamment plus haut que le dérivé bromé correspondant, lequel à son tour bout plus haut que le dérivé chloré (*voir* p. 183).

La substitution d'un oxhydryle à un atome d'hydrogène élève toujours considérablement le point d'ébullition (de l'ordre de 100°).

Le rapport des températures absolues d'ébullition sous deux pressions différentes est généralement constant pour des corps chimiquement analogues (RAMSAY et YOUNG).

Une relation remarquable, s'appliquant à des substances très variées (sauf dans les cas d'associations moléculaires) est la *règle de* DESPREZ-TROUTON, qui exprime la constance du rapport de la chaleur de vaporisation moléculaire à la température absolue d'ébullition sous la pression normale

$$\frac{ML}{T} = 20,7.$$

Nous aurons l'occasion de faire dans la suite d'autres rapprochements.

### e. — Solubilité.

On peut poser en règle générale que les différences de nature

---

[1] Lorsqu'on ne spécifie pas la pression, il est toujours sous-entendu qu'il s'agit de la pression normale (760<sup>mm</sup> de mercure).

contrarient les solubilités réciproques et que les similitudes les favorisent. Ainsi, les hydrocarbures sont insolubles dans l'eau; par contre, ils se dissolvent mutuellement, ainsi que dans l'alcool et dans l'éther. La présence d'oxygène dans les molécules, surtout sous forme d'oxhydryle, favorise la solubilité dans l'eau.

Dans les séries homologues des alcools, des aldéhydes, des cétones, des acides, des amides, des nitriles, les premiers termes sont solubles dans l'eau; mais à mesure que la teneur en carbone augmente, la nature de la molécule se rapproche de plus en plus de celle d'un hydrocarbure, et la solubilité diminue progressivement.

L'eau, l'alcool et l'éther sont les solvants le plus couramment utilisés en Chimie organique. On emploie aussi le sulfure de carbone, le chloroforme, le benzène, l'éther de pétrole, l'acétone, l'éther acétique, etc.

### ƒ. — Chaleur de combustion.

Pour mesurer les quantités de chaleur que dégagent les substances organiques par leur combustion totale (l'hydrogène passant à l'état d'eau et le carbone à l'état de gaz carbonique), on les brûle couramment, suivant la méthode de Berthelot, au sein d'oxygène comprimé à la pression de 25 atmosphères dans une bombe placée dans un calorimètre. Les chaleurs de combustion sont utilisées pour la détermination des quantités relatives d'énergie incluses dans les substances.

Quelques règles ont pu être formulées. Lorsqu'on passe d'un corps organique à son homologue supérieur, la chaleur de combustion s'accroît régulièrement d'une quantité voisine de 158 calories, qui représente par conséquent la chaleur de combustion du groupe $CH^2$. L'isomérie, lorsque les liaisons carbonées sont du même ordre, est sans influence sur les chaleurs de combustion. Dans la transformation d'une double liaison en deux liaisons simples ou d'une triple liaison en trois liaisons simples, il y a toujours une perte notable d'énergie.

### PROPRIÉTÉS OPTIQUES, MAGNÉTIQUES, ÉLECTRIQUES.

### α. — Absorption de Radiations. Couleur.

Tout corps (gazeux, liquide ou solide), interposé sur le trajet d'un faisceau de radiations (ultraviolettes, visibles, infra-rouges), les absorbe plus ou moins. Certaines substances absorbent sur une étendue du spectre qui, variable avec l'épaisseur de la couche traversée, peut être assez grande : on dit qu'elles exercent une *absorption générale*. D'autres arrêtent d'une façon prédominante certaines radiations. Le spectre du faisceau émergent présente alors des bandes ou des lignes sombres correspondant aux radiations absorbées, et l'on dit que l'*absorption est sélective*. Beaucoup de corps solides, dits *opaques*, ne se laissent pas traverser par le faisceau lumineux; celui-ci est en partie réfléchi, en partie absorbé par les premières couches ([1]).

Le premier travail important sur les relations entre l'absorption des radiations et la structure chimique fut publié par l'anglais HARTLEY en 1879. Depuis cette date, de nombreuses recherches ont été consacrées au même sujet par différents auteurs.

*Absorption générale.* — Les composés à chaîne fermée présentent une forte absorption générale dans l'ultraviolet [furfurane, thiophène, pyrrol (HARTLEY); terpènes, etc.], alors que les composés à chaîne ouverte (carbures, alcools, acides, amines, etc., HARTLEY et HUNTINGTON) ont une absorption générale faible.

Dans une série homologue, l'absorption générale tend à croître et à se déplacer vers les grandes longueurs d'onde quand on passe des termes inférieurs aux termes supérieurs. La présence de liaisons multiples l'augmente notablement.

*Absorption sélective.* — 1. Presque tous les corps exercent une absorption sélective dans l infra-rouge; quelques raies ou bandes déterminées semblent y être caractéristiques de la présence de certains radicaux dans la molécule. Le sulfure et le tétrachlorure de carbone sont transparents pour les radiations infra-rouges.

L'absorption sélective dans le violet et l'ultraviolet se rencontre chez le benzène, la pyridine, la pyrazine, etc., et leurs dérivés (HARTLEY et DOBBIE); les *Matières colorantes*, qui se rattachent à ces différents noyaux, ont des bandes d'absorption importantes dans la partie visible ([2]).

---

([1]) L'énergie radiante absorbée par le milieu est le plus souvent transformée en chaleur. Quelquefois, elle est restituée sous forme de radiations de longueurs d'onde différentes (*photoluminescence*). Elle peut enfin provoquer des réactions chimiques ou modifier leur évolution (*photochimie*).

([2]) On sait que la totalité des radiations du spectre solaire produit sur l'œil la sensation du *blanc*; si nous en retranchons une partie, la lumière paraît

**2.** L'absorption sélective est liée, dans la molécule organique, à la présence de certains groupements atomiques (chromophores, auxochromes). Nous reviendrons longuement sur cette question dans le chapitre consacré aux *Matières colorantes* (*voir* p. 473 et 475). Nous indiquons seulement ici que, d'une manière très générale, les corps colorés ont une structure moléculaire complexe; exceptionnellement un petit nombre de molécules organiques de constitution simple sont colorées (iodoforme $CHI^3$, tétraiodure de carbone $CI^4$, tous deux très riches en iode).

### *b.* — Émission de Radiations. Luminescence.

Nous distinguerons deux cas : suivant que l'émission est liée à une absorption préalable de radiations (photoluminescence), ou qu'elle en est indépendante (luminescences d'origines diverses).

#### PHOTOLUMINESCENCE.

L'énergie radiante absorbée par un corps peut être restituée sous forme d'autres radiations. Si l'émission des radiations ne persiste pas après l'action de la lumière excitatrice, nous avons le phénomène de la *fluorescence;* si, au contraire, elle se poursuit plus ou moins longtemps après, c'est la *phosphorescence*.

*Fluorescence.* — **1.** On observe la fluorescence chez un très grand nombre de corps : solides (platinocyanure de baryum, etc.), liquides (pétroles, etc.), gazeux (vapeurs d'iode, de sodium, de naphtalène, d'anthracène, d'anthraquinone, d'indigo, etc.), et aussi dans les solutions de nombreuses substances organiques (esculine, sulfate acide de quinine, éosine, fluorescéine, etc.).

Il est facile de montrer que seules les radiations absorbées sont susceptibles d'exciter la fluorescence. On fait passer un rayon lumineux successivement à travers deux vases contenant la même solution : le premier seul est fluorescent (STOKES).

---

colorée, et la couleur que nous percevons est complémentaire de celle de l'ensemble des radiations manquantes. C'est ainsi qu'une bande d'absorption dans le rouge ou l'orangé donnera une couleur bleue, une bande dans le violet une couleur jaune, etc.

Étant donnée la faible étendue de la gamme de radiations que notre œil peut percevoir ($0^\mu,39$ à $0^\mu,79$), on voit que la notion de *couleur* est toute relative. Si nous pouvions, par exemple, saisir des radiations ultraviolettes, tous les composés benzéniques, qui présentent une bande d'absorption dans cette région, seraient colorés.

La lumière de fluorescence produite par une radiation de longueur d'onde donnée est toujours complexe; son spectre est composé de raies dans le cas des vapeurs fluorescentes, et de bandes dans le cas des solides et des liquides. Les radiations émises par fluorescence sont généralement moins réfrangibles que la radiation excitatrice (Loi de STOKES, qui comporte de fréquentes exceptions).

Presque toujours les radiations émises par fluorescence se trouvent dans la région visible du spectre. STARK et MEYER ont montré que de nombreux dérivés du benzène donnaient un spectre de fluorescence dans l'ultraviolet.

2. C'est presque uniquement en solution que la fluorescence des matières organiques a été étudiée. Le solvant joue un rôle très important dans l'apparition du phénomène. Tel corps, nettement fluorescent quand il est dissous dans un solvant donné, pourra l'être à peine ou pas du tout en solution dans un autre.

Il peut y avoir combinaison avec le solvant; c'est alors le composé ainsi formé qui est fluorescent; la diphénylpyrone, très fortement fluorescente dans l'acide sulfurique concentré, ne l'est pas en solution dans l'alcool. Dans d'autres cas, la fluorescence est en rapport avec l'ionisation du composé, l'ion étant beaucoup plus fluorescent que la molécule entière; la solution de sulfate acide de quinine en est un exemple.

Enfin, si le solvant absorbe soit les radiations excitant la fluorescence, soit celles qui en résultent, la fluorescence peut être très atténuée, et même complètement masquée.

3. Nous étudierons, après les matières colorantes (*voir* p. 509), les relations entre la fluorescence et la constitution chimique (groupements *fluorophores*).

*Phosphorescence*. — La phosphorescence ne se rencontre que chez les solides. Seuls certains composés minéraux présentent une phosphorescence de longue durée [sulfures de calcium, de baryum, de strontium, de zinc, etc. (BECQUEREL, VERNEUIL, MOURELO)]; elle cesse totalement si l'on refroidit ces corps à — 180°. A cette même température, au contraire, de nombreux corps organiques, non phosphorescents à la température ordinaire, deviennent phosphorescents [hydrocarbures, alcools, acides, urée, acétophénone, etc. (DEWAR)].

La longueur d'onde des radiations émises par phosphorescence est généralement plus grande que celle de la radiation excitatrice (STOKES).

LUMINESCENCES D'ORIGINES DIVERSES.

Nous ne ferons que mentionner la luminescence des gaz et des vapeurs soumis, à très basse pression, à l'action de la décharge électrique, ou des solides exposés au bombardement cathodique, aux rayons ultraviolets, aux rayons X et aux rayons des corps radioactifs.

*Chimie-Luminescence.* — On désigne sous ce nom l'émission de lumière par un système chimique au cours d'une réaction. C'est un phénomène assez fréquent (TRAUTZ), surtout dans les processus d'oxydations [oxydation à l'air du phosphore (JOUBERT), de l'essence de térébenthine, des vapeurs de certains composés sulfurés du carbone et du phosphore (DELÉPINE), etc.].

L'émission de lumière par les êtres vivants (insectes, champignons) doit également être rattachée à des phénomènes de chimie-luminescence.

*Triboluminescence.* — C'est l'émission de lumière par pulvérisation de certains corps cristallisés. On la rencontre chez de nombreux composés organiques (véronal, saccharose, valérianate de quinine, etc.).

L'émission de lumière par un corps, tel l'acide arsénieux, au cours de sa cristallisation (*cristalloluminescence*), ainsi que la *luminescence par précipitation*, semblent être des cas de triboluminescence.

Nous signalerons enfin qu'on a pu constater, pour de nombreux corps, une émission de lumière quand on les échauffe progressivement (*thermoluminescence*) ou quand on les refroidit brusquement en les plongeant, dans l'air liquide (*cryoluminescence*).

Les causes de ces phénomènes sont encore très obscures.

### c. — Pouvoir réfringent. Réfraction moléculaire.

1. On sait que, quand la lumière passe d'un milieu A dans un autre B, où sa vitesse de propagation est différente, le rayon éprouve un changement de direction; on dit qu'il est *réfracté*[1].

---

[1] Il ne sera question ici, bien entendu, que de milieux monoréfringents, c'est-à-dire dont les propriétés optiques sont les mêmes dans toutes les directions (milieux *isotropes*), ce qui n'est pas, comme on sait, le cas de la plupart des cristaux.

Les angles que forme, dans chacun de ces milieux, la direction du rayon avec la normale au point d'incidence, sont les *angles d'incidence* et de *réfraction*. Le rapport *n* de la vitesse de propagation de la lumière dans le milieu A à celle dans le milieu B est égal au rapport du sinus de l'angle d'incidence au sinus de l'angle de réfraction (DESCARTES).

Pour une lumière déterminée, ce rapport, appelé *indice de réfraction*, est indépendant de la direction du rayon incident, et est, par conséquent, un nombre constant. Mais il varie avec les diverses lumières élémentaires, et croît, très généralement, du rouge au violet. Aussi les mesures doivent-elles toujours être faites avec des lumières bien homogènes.

Pour pouvoir faire des études comparatives, on considère généralement, pour les divers corps, les indices déterminés avec la lumière jaune du sodium (raie D) et par rapport à l'air (c'est-à-dire la lumière passant de l'air dans le corps étudié).

2. L'expérience a montré que la valeur de l'indice de réfraction d'un corps dépend essentiellement de sa densité et de la température. Si l'on mesure la densité $d$ et l'indice $n$ à la même température, qui peut d'ailleurs être quelconque, on trouve que l'expression $\dfrac{n^2 - 1}{(n^2 + 2)d}$ est sensiblement invariable pour une substance donnée (LORENTZ et LORENZ, 1880). Cette constante est ainsi caractéristique de la nature spéciale du corps considéré; c'est son *pouvoir réfringent spécifique* ou *réfraction spécifique*.

Si l'on multiplie la réfraction spécifique du corps par son poids moléculaire M, le produit

$$\mathfrak{R} = \frac{n^2 - 1}{(n^2 + 2)d} \times M$$

est ce qu'on a appelé sa *réfraction moléculaire*.

3. En comparant de nombreuses réfractions moléculaires, déterminées expérimentalement d'après cette formule, on a pu évaluer les réfractions *atomiques* propres aux principaux éléments.

Les recherches de LANDOLT, de GLADSTONE et de BRÜHL ont abouti à cette règle que, dans un composé organique liquide, *la réfraction moléculaire peut se calculer par additivité : elle est égale à la somme des réfractions atomiques propres aux divers atomes ou groupements d'atomes existant dans la molécule.*

On a reconnu que, seuls, les éléments monovalents ont une réfraction atomique constante, tandis que la réfraction atomique des éléments bivalents ou polyvalents dépend de leur mode de liaison. C'est ainsi, par exemple, que la présence de doubles ou de triples liaisons entre carbone et carbone élève toujours la réfraction moléculaire, les accroissements étant sensiblement constants pour chaque double ou triple liaison.

Voici un Tableau des principales réfractions atomiques intéressant les composés organiques :

|  | Réfractions atomiques (raie D, à 20°). |
|---|---|
| H — | 1,051 |
| Cl — | 5,998 |
| Br — | 8,927 |
| I — | 14,12 |
| Oxygène d'oxhydryle (— O — H) | 1,521 |
| » de carbonyle (C = O) | 2,287 |
| » d'éther-oxyde (C — O — C ; *voir* p. 217 et 24) | 1,683 |
| Azote dans $NH^3$, $NH^2OH$, et leurs dérivés $\left(-N<\right)$ | 3,153 |
| Azote des nitriles (N ≡) | 3,056 |
| Carbone n'échangeant avec d'autres atomes de carbone que des liaisons simples | 2,501 |
| Liaison éthylénique (C = C) | 1,707 |
| Liaison acétylénique (C ≡ C) | 2,319 |

*Exemple d'application.* — La réfraction moléculaire du benzène $C^6H^6$ se calcule de la façon suivante :

| | |
|---|---|
| 6$^{at}$ de carbone, soit $6 \times 2{,}501$ | 15,006 |
| 6$^{at}$ d'hydrogène, soit $6 \times 1{,}051$ | 6,306 |
| 3 liaisons éthyléniques, soit $3 \times 1{,}707$ | 5,121 |
| Total | 26,433 |

D'un autre côté, à la température de 20°, le benzène, dont le poids moléculaire est 78, a pour indice de réfraction, par rapport à la raie D, $n = 1{,}5038$, et pour densité $d = 0{,}8785$. D'où, en appliquant la formule de LORENTZ et LORENZ, la valeur $M = 26{,}32$ pour la réfraction moléculaire.

On voit que la concordance est très satisfaisante entre les valeurs 26,43 et 26,32 de la réfraction moléculaire (calculée avec trois liaisons éthyléniques) et de la réfraction moléculaire expérimentale. Ce qui confirme la formule constitutive du benzène proposée par KÉKULÉ.

On a cependant observé, dans l'étude des réfractions moléculaires, des exagérations de la réfraction expérimentale par rapport à la réfraction théoriq.e; ces écarts sont d'autant plus considérables que les radicaux entrant dans les molécules sont plus *électronégatifs* (Brühl, Moureu, etc.).

### d. — Pouvoir rotatoire.

Nous avons défini précédemment le pouvoir rotatoire, et nous connaissons ses relations avec la dissymétrie moléculaire (*voir* p. 75).

En multipliant le pouvoir rotatoire spécifique $[\alpha]_D$ par le poids moléculaire M, on a une expression du pouvoir rotatoire propre de .a molécule ou *pouvoir rotatoire moléculaire :*

$$[M]_D = [\alpha]_D \times M = \frac{\alpha V}{lP} \times M.$$

Les nombres qui représentent le pouvoir rotatoire moléculaire étant généralement très élevés, on utilise d'ordinaire la centième partie de cette expression.

Guye, puis Walden, ont montré que, si l'on introduit dans la molécule d'une substance organique des groupements différents contenant des atomes de carbone asymétrique, les propriétés optiques se superposent, et la rotation totale est égale à la somme algébrique des rotations partielles.

On peut dire, d'une manière générale, que le pouvoir rotatoire moléculaire dépend du poids, de la nature et de la structure des groupements fixés au carbone asymétrique. Dans un composé actif $CR_1 R_2 R_3 R_4$, remplaçons l'un des quatre groupements, soit $R_4$, par les termes successifs d'une série homologue; nous constatons que le pouvoir rotatoire moléculaire augmente d'abord avec le nombre d'atomes de carbone et tend ensuite vers une limite, qui est pratiquement atteinte avec le terme en $C^5$. Si, d'autre part, au même groupement $R_4$ nous substituons successivement deux groupements similaires, l'un saturé, l'autre non saturé, nous trouvons que ce dernier exalte le pouvoir rotatoire moléculaire la liaison éthylénique l'exaltant plus que la liaison acétylénique.

Ajoutons enfin que l'influence de la double liaison conjuguée (— CH = CH — CH = CH —, *voir* p. 171) est particulièrement grande.

Nous nous bornerons à mentionner le pouvoir rotatoire momentané que prennent toutes les substances soumises à l'influence d'un champ magnétique, et que l'on appelle *pouvoir rotatoire magnétique* (FARADAY, 1846). W.-H. PERKIN, à qui nous devons presque toutes nos connaissances sur ce sujet, a pu établir des relations numériques entre l'accroissement de la rotation et les différences de constitution.

### e. — Aimantation.

On sait qu'un corps quelconque, placé dans un champ magnétique, s'aimante toujours par influence. Deux cas peuvent se présenter : 1° l'aimantation induite est positive aux points où pénètrent les lignes de forces du champ, négative aux points de sortie; le corps est repoussé par un aimant et qualifié *diamagnétique;* 2° l'aimantation induite est négative aux points d'entrée, positive aux points de sortie des lignes de force; le corps est attiré par un aimant, il est dit *magnétique* (¹).

Presque tous les corps minéraux et organiques sont *diamagnétiques,* mais l'aimantation induite sur eux est en pratique trop faible pour pouvoir être constatée sans appareils spéciaux. Par contre, les sels de fer, de manganèse, de nickel, de cobalt, de cuivre, ainsi que le fer, le nickel, le cobalt, comptent parmi les corps magnétiques; pour les métaux cette propriété est facilement observable.

L'expérience a montré que la masse magnétique induite I sur l'unité de surface perpendiculaire aux lignes de force d'un champ d'intensité H permettait de définir des aimantations spécifique, atomique ou moléculaire, indépendantes de la température pour les corps diamagnétiques, et qui, si l'on appelle $d$, A, M les masses spécifique (densité), atomique ou moléculaire, peuvent s'écrire :

$$\chi = \frac{I}{Hd}, \qquad \chi_A = \frac{I}{Hd} A, \qquad \chi_M = \frac{I}{Hd} M.$$

PASCAL (1909) a montré que l'aimantation atomique des éléments

---

(¹) Par convention, les aimantations sont positives pour les corps magnétiques, négatives pour les diamagnétiques.

diamagnétiques se conservait en combinaison dans les composés organiques, et que chaque particularité de structure possédait une individualité magnétique constante. L'aimantation moléculaire se calcule donc par additivité, comme la réfraction moléculaire. Voici un Tableau des principales aimantations élémentaires, en unités C. G. S. :

| | | | | |
|---|---|---|---|---|
| H | $-2,93.10^{-6}$ | liaison éthylénique | | $+5,55.10^{-6}$ |
| C | $-6,00.10^{-6}$ | » | acétylénique | $+0,80.10^{-6}$ |
| Cl | $-19,90.10^{-6}$ | » | C $=$ O (aldéhydes, cétones). | $+6,35.10^{-6}$ |
| Br | $-30,40.10^{-6}$ | » | C $=$ O (acides, éthers-sels). | $+1,25.10^{-6}$ |
| | $-44,60.10^{-6}$ | » | $-$ N $=$ N $-$ | $+1,85.10^{-6}$ |
| | $-5,57.10^{-6}$ | » | $-$ C $=$ N $-$ | $+8,15.10^{-6}$ |
| | $-4,61.10^{-6}$ | » | $-$ C $\equiv$ N | $+0,80.10^{-6}$ |
| noyau benzénique | $-1,45.10^{-6}$ | chaîne cyclohexanique | | $+3,0 .10^{-6}$ |
| noyau naphtalénique | $-8,10.10^{-6}$ | | | |

On voit que les noyaux aromatiques exaltent le diamagnétisme, tandis que toutes les autres causes de non-saturation de la molécule le dépriment notablement. L'analyse magnétique sera donc particulièrement apte à déceler les structures quinoniques (*voir* p. 309) et les phénomènes de tautomérie (*voir* p. 343).

*Exemple d'application.* — L'aimantation moléculaire du composé $CH^2Br-C\overset{\displaystyle /\!/O}{\underset{\displaystyle \backslash OC^2H^5}{}}$ (bromacétate d'éthyle) se calcule de la façon suivante :

$$
\begin{array}{lll}
1° \text{ Apports} & \left\{ \begin{array}{ll} 4\ (C) & 4 \times (-\ 6,00.10^{-6}) \\ 7\ (H) & 7 \times (-\ 2,93.10^{-6}) \\ 2\ (O) & 2 \times (-\ 4,61.10^{-6}) \\ 1\ (Br) & 1 \times (-30,40.10^{-6}) \end{array} \right. \\
\quad \text{atomiques} & \qquad\qquad \text{Total} \quad\quad -84,13.10^{-6}
\end{array}
$$

$$
2° \text{ Influences constitutives.} \left\{ \text{ liaison C } = \text{ O des éthers-sels : } +1,25.10^{-6} \right.
$$

L'aimantation moléculaire théorique est donc égale à

$$
(-84,13 + 1,25).10^{-6} = -82,88.10^{-6},
$$

chiffre très voisin de $-82,94.10^{-6}$, qui est la valeur expérimentale.

### *f*. — Conductibilité électrique.

**1.** Nous avons montré précédemment (*voir* p. 22) comment Arrhénius avait expliqué les anomalies osmotiques, cryoscopiques et ébullioscopiques des *électrolytes* (acides, bases, sels) : ces substances, en solution dans l'eau, sont plus ou moins complètement dissociées en leurs ions positifs et négatifs, et chaque ion s'y comporte comme une molécule complète. Le courant électrique, dans cette hypothèse, traverse simplement les solutions aqueuses des électrolytes en transportant les ions aux électrodes, où ils déposent leur charge électrique et donnent souvent lieu à des réactions secondaires. La dissociation en ions (dissociation électrolytique ou ionisation) croît avec la dilution ; on conçoit ainsi que plus nombreux seront les ions dans un volume déterminé de solution, plus grande sera la conductibilité.

Ostwald a démontré que la conductibilité constitue une mesure directe de la force des acides et des bases. Quelques cas seront envisagés dans la suite (p. 129, 3ᵉ note).

En dehors de l'eau, d'autres solvants, très divers, ont aussi des propriétés ionisantes ; citons le gaz sulfureux liquéfié, le gaz ammoniac liquéfié, l'alcool, la pyridine, etc. Mais ce sont surtout les solutions aqueuses qu'on a jusqu'ici étudiées.

**2.** Les liquides *purs* (eau, gaz chlorhydrique liquéfié, gaz ammoniac liquéfié, acide acétique, alcool, éther, benzène, acétone, etc.) sont de très mauvais conducteurs de l'électricité ; et il en est de même des solutions de la plupart des corps organiques ne possédant ni fonction acide ni fonction basique.

## H. — MÉCANISME ET CARACTÈRES GÉNÉRAUX
## DES RÉACTIONS EN CHIMIE ORGANIQUE.

Les opérations ordinaires de la Chimie reposent sur la loi fondamentale de la *Conservation de la Matière*, établie par les immortels travaux de Lavoisier. C'est elle qui permet de traduire et de résumer, dans les équations de réactions, toutes les transformations chimiques.

Si la fécondité de ces équations est aussi incontestable que leur utilité pratique, elles ne nous renseignent pourtant que d'une manière incomplète sur les phénomènes chimiques. Ce sont des symboles morts, qui traduisent l'état initial et l'état final du système, mais restent muets sur la vie, intense ou ralentie, qui a animé les molécules au cours de leur évolution. La réaction est-elle instantanée ou progressive? totale ou limitée? Y a-t-il eu formation transitoire de composés intermédiaires? Quelles sont les forces qui entrent en jeu dans la réaction ?

C'est pour répondre à ces questions que de nombreux chercheurs se sont appliqués à l'étude du mécanisme des réactions et des conditions énergétiques de leur développement. Le premier travail de cette nature, relatif au dédoublement du sucre, remonte à l'année 1850 (WILHELMY). Mais ce sont les magistrales recherches de H. SAINTE-CLAIRE DEVILLE (1857), BERTHELOT et PÉAN DE SAINT-GILLES (1862), GULDBERG et WAAGE (1864), LEMOINE (1871), VAN'T'HOFF (1877), GIBBS (1878), LE CHATELIER (1884), THOMSEN, BERTHELOT, DUHEM, NERNST, OSTWALD, ARRHÉNIUS, BAKKHUIS-ROOZEBOOM, etc., qui ont permis de pénétrer dans l'intimité de la réaction chimique et d'en dégager les lois générales.

Dans les pages suivantes, nous exposerons sommairemen , du point de vue de la Chimie organique, la mécanique générale des réactions, dont les données fondamentales sont pour la plupart issues de ces travaux.

## I. — LA VITESSE. LA LIMITE. L'ÉQUILIBRE CHIMIQUE.

### *a*. — Chimie organique et Chimie minérale.
### Comparaison des réactions.

Depuis longtemps, le chimiste était familiarisé avec les principales réactions de la Chimie minérale (combinaisons entre corps simples, neutralisation des acides et des bases, réactions des sels en dissolution dans l'eau, etc.). Alors que la plupart de ces réactions sont *instantanées* et *totales*, on a observé, au contraire, que celles de la Chimie organique, apparues plus récemment, sont généralement *progressives* (rôle du *temps*, BERTHELOT) et très souvent *limitées*.

1. Pour bien faire saisir cette différence, nous allons comparer deux réactions courantes, qui s'effectuent d'elles-mêmes à la température ordinaire : l'une minérale, la neutralisation d'une base par un acide, et l'autre organique, l'éthérification d'un alcool par

un acide, soit, par exemple :

$$Cl\underline{H} \quad + \quad \underline{HO}K \; = \; KCl \; + H^2O.$$

Acide       Potasse.       Chlorure
chlorhydrique.            de potassium.

$$CH^3 - CO.O\underline{H} \quad + \quad \underline{HO}C^2H^5 \; = \; CH^3 - CO.OC^2H^5 + H^2O$$

Acide acétique.         Alcool        Éther acétique.
éthylique.

*a.* En général, quand une base minérale et un acide minéral s'unissent pour former un sel, la réaction a lieu *instantanément;* sa *vitesse*, c'est-à-dire le quotient de la masse de matière transformée par la durée de la transformation (¹), est pour ainsi dire infinie, et *l'équilibre chimique* du système des corps en présence est presque *immédiatement* atteint.

*L'éthérification*, combinaison d'un alcool et d'un acide pour former un éther, est, par contre, toujours *progressive* et plus ou moins *lente* (²). La vitesse de réaction, toujours finie, diminue graduellement, et l'équilibre chimique n'est réalisé qu'au bout d'un temps très long. Si, par exemple, on mélange, à la température de 6°-9°, une molécule-gramme d'alcool éthylique et une molécule-gramme d'acide acétique, on trouvera, après une semaine, qu'il ne s'est pas éthérifié plus de $\frac{1}{100}$ d'alcool; et la réaction se poursuit pendant des mois et des années avant que le système ait atteint son état d'équilibre chimique.

*b.* De plus, la combinaison des bases et des acides minéraux est pratiquement *totale*. Si les masses des deux composants sont dans le rapport de combinaison, ceux-ci se transforment intégralement; en mettant en contact une molécule de potasse et une molécule d'acide chlorhydrique, on obtient, et instantanément,

---

(¹) La vitesse ainsi définie est la vitesse moyenne pendant la durée de la transformation. Pour être plus rigoureux, on peut dire que la vitesse d'une réaction à un instant donné est, en considérant à partir de cet instant *un temps très court*, le quotient de la masse transformée par la durée de la transformation.

(²) On suit aisément la marche de la réaction en déterminant, à un instant quelconque, par un titrage alcalimétrique, la quantité d'acide qui reste non combiné. Il est clair que, pour chaque molécule d'acide disparue, une molécule d'alcool a également disparu, et qu'il s'est formé une molécule d'éther-sel et une molécule d'eau.

une molécule de chlorure de potassium et une molécule d'eau.

En *milieu homogène*, c'est-à-dire dans des conditions de parfaite solubilité réciproque des substances réagissantes et des produits de la réaction, la combinaison des alcools et des acides est, au contraire, toujours *limitée*. Si les composants sont dans le rapport de combinaison, la réaction ne sera jamais complète, quelle que soit la durée de contact ou quelle que soit la température : en sorte que le système comprendra toujours quatre corps en présence : alcool, acide, éther et eau, dont les proportions tendront vers des *limites fixes*. Quand on mélange, par exemple, une molécule d'alcool ordinaire et une molécule d'acide acétique, il ne se combine que les proportions limites de 66,5 pour 100 d'alcool et 66,5 pour 100 d'acide. On obtient donc, finalement, un système constitué par :

$$\text{Alcool} \quad + \quad \text{acide} \quad + \quad \text{éther} \quad + \quad \text{eau}$$
$$\tfrac{1}{3} \text{ mol.} \qquad \tfrac{1}{3} \text{ mol.} \qquad \tfrac{2}{3} \text{ mol.} \qquad \tfrac{2}{3} \text{ mol.}$$

*c*. Quelques exceptions mises à part, les sels ne sont pas sensiblement décomposables par l'eau ([1]); c'est-à-dire que la combinaison des bases et des acides minéraux est, en général, *irréversible*. Au contraire, l'eau décompose tous les éthers-sels, en régénérant l'acide et l'alcool générateurs; cette réaction, inverse de l'éthérification, a reçu le nom de *saponification;* exemples :

$$C^2H^5 . O . \boxed{NO^2 + HO}H \;=\; C^2H^5 . OH + NO^3H$$
Azotate d'éthyle.       Alcool    Acide<br>éthylique.   azotique.

$$C^2H^5 . O . \boxed{CO - CH^3 + HO}H \;=\; C^2H^5 . OH + CH^3 - CO^2H$$
Acétate d'éthyle.       Alcool    Acide<br>éthylique.   acétique.

De même que l'éthérification, la saponification est une réaction *progressive* et *limitée*. Toutes choses égales d'ailleurs, la vitesse de formation de l'éther (*vitesse d'éthérification*) est généralement plus grande (c'est le cas de l'acétate d'éthyle) que sa vitesse de décomposition par l'eau (*vitesse de saponification*). Mais, si les vitesses de

---

([1]) Nous voulons parler ici de la décomposition du sel avec régénération de l'acide libre et de la base libre; nous laissons de côté la dissociation électrolytique (en ions positifs et négatifs) (*voir* p. 22, 118, 123).

ces deux réactions inverses sont notablement différentes, leurs limites sont *identiques*. On constate, par exemple, que, quelle que soit la température, la saponification d'une molécule d'acétate d'éthyle par une molécule d'eau s'arrête quand 33,5 pour 100 de l'éther sont transformés; de sorte qu'arrivé à son état d'équilibre le système est identique à celui obtenu à partir d'une molécule d'alcool et d'une molécule d'acide acétique, c'est-à-dire qu'il est constitué par $\frac{1}{3}$ mol. alcool $+\frac{1}{3}$ mol. acide $+\frac{2}{3}$ mol. éther $+\frac{2}{3}$ mol. eau.

Ces faits, établis par BERTHELOT et PÉAN DE SAINT-GILLES (1862-1863), conduisent à considérer le système initial alcool + acide ou éther + eau comme étant le siège de deux transformations chimiques opposées (*réactions réversibles*) qui se limitent réciproquement. La combinaison de l'acide et de l'alcool est, à tout instant, contrariée par l'action décomposante de l'eau qui en résulte sur l'éther-sel formé. Et c'est lorsque ces actions antagonistes se compensent exactement que la limite de réaction est atteinte, c'est-à-dire que le système est en *équilibre chimique* [1].

Ainsi, dans le système homogène alcool + acide, l'équilibre chimique résulte de deux réactions inverses qui se font avec des *vitesses égales*. La réaction *réversible* et, par suite, *limitée*, se représente d'ordinaire par le symbole $\rightleftarrows$; exemple :

$$CH^3 - CO.OH + C^2H^5.OH \quad \rightleftarrows \quad CH^3 - CO.OC^2H^5 + H^2O \text{ [2]}$$

$$\text{Acide acétique. + Alcool.} \quad \xrightarrow{\text{Éthérification}} \atop \xleftarrow{\text{Saponification.}} \quad \text{Acétate d'éthyle. + Eau.}$$

**2.** Nous venons de voir, par l'étude de deux exemples typiques, la différence qui existe, en général, entre les réactions de la Chimie minérale et celles de la Chimie organique. Quelle est la

---

[1] L'expérience a d'ailleurs prouvé l'exactitude de cette interprétation, car si l'on élimine du champ de réaction, au fur et à mesure de leur formation, soit l'éther (par distillation), soit l'eau (à l'aide d'une substance qui en soit avide), la réaction se poursuit jusqu'à ce qu'elle soit complète, et le mélange équimoléculaire d'alcool et d'acide acétique s'éthérifie intégralement.

[2] Il va de soi que ces considérations s'appliquent à tout système de substances susceptibles de réagir mutuellement, pourvu que ce système soit homogène (mélange gazeux, solution ou mélange liquide ne donnant pas lieu à des dégagements gazeux ou à des précipités solides ou liquides insolubles, phénomènes par lesquels certains constituants s'élimineraient du champ de la réaction).

raison profonde de cette différence? Pourquoi certaines réactions sont-elles instantanées et totales, tandis que d'autres sont progressives et limitées? C'est ce que nous allons maintenant rechercher.

Dès le début de cet Ouvrage, nous avons appelé l'attention sur la nature très spéciale de l'élément fondamental des composés organiques : le carbone. Les pages suivantes illustreront cette vérité essentielle.

*En Chimie minérale :*

*a.* Les réactions sont généralement *instantanées*, pour les raisons suivantes :

1º Elles ont lieu entre molécules douées d'une très haute *activité chimique*, c'est-à-dire toujours prêtes à réagir, même aux températures les plus basses accessibles ([1]). Ce sont, par exemple, des éléments très avides d'entrer en combinaison, des acides dits *énergiques*, etc.;

2º L'état initial des systèmes chimiques minéraux est généralement très éloigné de l'état d'équilibre; l'*affinité chimique* y est très élevée, et les réactions sont accompagnées d'un grand dégagement de chaleur. La température du système s'élève donc très rapidement, et la réaction, considérablement accélérée, apparaît comme instantanée;

3º De nombreux composés minéraux étant solubles dans l'eau, les réactions ont très fréquemment lieu en milieu aqueux. Et nous savons que, dans les solutions aqueuses d'un très grand nombre de corps minéraux (électrolytes), ce ne sont plus les molécules qui réagissent, mais les ions, composants électrisés issus de la dissociation électrolytique des molécules électriquement neutres; or, les ions sont des formes chimiques éminemment actives ([2]).

*b.* En outre, à la température ordinaire, les réactions les plus simples et les plus fréquentes de la Chimie minérale sont presque

---

([1]) On sait, par exemple, que le fluor solide se combine encore avec violence à l'hydrogène liquide (— 253°) (MOISSAN et DEWAR).

Au sujet de l'*activité chimique* (qu'il ne faut pas confondre avec l'*affinité chimique*), *voir* plus loin, p. 147 et suivantes.

([2]) Au contraire, quand, en solution, ce ne sont pas les ions qui réagissent, mais des molécules non dissociées, les réactions peuvent être lentes; par exemple, l'action de l'eau oxygénée, laquelle n'est pas ionisée, sur les solutions aqueuses de bromure et d'iodure de potassium.

toujours *totales*, parce qu'irréversibles, caractère qui est dû prin-cipalement aux causes suivantes :

1° Ces réactions sont souvent accompagnées de la formation de précipités ou de dégagements gazeux, circonstances qui éliminent du champ de la réaction un ou plusieurs des corps résultants [lois de Berthollet (1803), dans les cas des acides, des bases et des sels] ;

2° Alors qu'à température très élevée les systèmes minéraux sont nettement réversibles (dissociation de $H^2O$, $HCl$, $CO^2$, $CO^3Ca$, $CuO$, etc.), à la température ordinaire ils sont généralement très éloignés de leur zone de réversibilité ; la réaction directe se trouve infiniment plus favorisée que la réaction inverse, et, pratique-ment, elle se produit seule ; c'est précisément ce qui permet de les considérer comme irréversibles à la température ordinaire ;

3° Dans les réactions entre ions (solutions d'électrolytes), il y a très souvent formation irréversible de molécules d'eau (¹) ; on écrira ainsi, par exemple, la neutralisation d'une solution d'acide chlorhydrique par une solution de potasse :

$$\overset{+}{H} + \overset{-}{Cl} + \overset{+}{K} + \overset{-}{OH} \;=\; \overset{+}{K} + \overset{-}{Cl} + H^2O$$

et l'on voit que la réaction inverse ne peut avoir lieu, puisque, seul, le chlorure de potassium se trouve dissocié.

*En Chimie organique*, au contraire :

*a.* Les réactions sont le plus souvent *progressives* et *lentes*, parce que :

1° L'activité chimique des molécules est beaucoup moindre qu'en Chimie minérale ;

2° L'état initial des systèmes chimiques diffère peu, au point de vue énergétique, de l'état final, et les affinités chimiques sont faibles ;

3° Les réactions entre ions sont l'exception, parce qu'un très grand nombre de corps organiques sont insolubles dans l'eau, et que l'eau n'ionise sensiblement pas ceux qui s'y dissolvent (sucre, alcool, acétone, etc.) (²).

---

(¹) L'eau est extrêmement peu ionisée ; dans l'eau pure, à la température ordinaire, il y a environ 1ᵉ d'ions $\overset{+}{H}$ et 17ᵉ d'ions $\overset{-}{OH}$ dans 10 millions de litres.

(²) Rappelons que maints solvants organiques présentent un pouvoir ionisant

*b.* La zone de réversibilité des réactions organiques est généralement voisine de la température ordinaire ; aussi beaucoup de réactions ne sont pas totales, parce que *limitées* par la réaction inverse.

On voit, par ce qui précède, que, d'une part, la *vitesse*, et, de l'autre, la *limite* ou *état d'équilibre* sont deux notions dont l'importance ne saurait être exagérée en Chimie organique. Nous allons en faire une étude détaillée par l'application des deux lois fondamentales de la Mécanique chimique :. *la loi d'action de masse* et *la loi du déplacement de l'équilibre*.

### *b.* — Étude de la marche des réactions. Loi d'action de masse.

Rappelons d'abord quelques définitions importantes, qui nous seront nécessaires dans ce qui va suivre.

La *concentration moléculaire* d'un corps dans un mélange est le nombre de molécules-grammes de ce corps par unité de volume du mélange (on prend généralement le litre pour unité). On dira, par exemple, que la concentration moléculaire d'une solution décinormale est de $\frac{1}{10}$.

Une réaction est dite du *premier ordre* ou *monomoléculaire*, du *second ordre* ou *bimoléculaire*, du *troisième ordre* ou *trimoléculaire*, etc., suivant qu'elle met en œuvre 1, 2, 3, etc. molécules, identiques ou différentes, quel que soit d'ailleurs le nombre des molécules résultantes. Toutes les réactions d'isomérisation (telles la transformation du cyanate d'ammonium en urée, celle de l'acide maléique en acide fumarique, etc.) et un très grand nombre de réactions de décomposition sont des réactions monomoléculaires. Parmi les réactions bimoléculaires, nous citerons la fixation des halogènes sur les composés éthyléniques, l'éthérification, la saponification, etc. Comme réactions d'un ordre supérieur à 2 (ces réactions sont rares), citons la polymérisation de

---

plus ou moins marqué (acide formique, acide cyanhydrique, acétone, alcool méthylique, etc.).

D'autre part, on n'observe, pratiquement, des réactions d'ions en solution que lorsque le système comporte des acides ou des bases organiques, qui sont des électrolytes (généralement faibles), et il va de soi que, dans ces conditions, les réactions sont toujours très rapides et comparables aux réactions entre les électrolytes minéraux.

l'acide cyanique en acide cyanurique, qui est une réaction trimoléculaire.

Les notions de *réversibilité* et d'*irréversibilité* des réactions, ainsi que celle de *milieu homogène*, nous sont déjà connues par les exemples que nous avons envisagés précédemment. (p. 121 et 122).

Nous avons défini la *vitesse moyenne de réaction* comme le quotient de la quantité de matière transformée (soit $\Delta x$) par la durée de la transformation (soit $\Delta t$); elle a donc pour expression $\dfrac{\Delta x}{\Delta t}$.

Si maintenant nous faisons tendre $\Delta t$ vers zéro, nous obtenons la vitesse à l'instant $t$, dont l'expression algébrique est $\dfrac{dx}{dt}$ [1].

*Loi d'action de masse.* — La loi dite « d'action de masse », d'abord aperçue par Berthelot au cours de ses recherches sur l'éthérification (1862), fut exprimée peu après sous sa forme définitive par les suédois Guldberg et Waage (1864).

1. Nous en donnerons tout d'abord l'énoncé restreint suivant : *A température constante ( réaction isotherme ) et en milieu homogène, la vitesse, à l'instant t, d'une réaction où n'intervient qu'une molécule de chacune des espèces réagissantes, est proportionnelle au produit des concentrations moléculaires individuelles à cet instant.*

a. Soit le cas de deux corps A et B susceptibles de réagir molécule à molécule; appelons, à l'instant $t$, $C_1$ la concentration moléculaire de A et $C_2$ la concentration moléculaire de B. La loi d'action de masse nous permet d'écrire que la vitesse $v$ de la réaction est égale au produit des concentrations multiplié par un facteur de proportionnalité $k$, lequel est indépendant des concentrations, mais varie avec la température :

$$v = k \cdot C_1 C_2.$$

Le facteur $k$ s'appelle la *constante de vitesse* de la réaction à la température à laquelle s'effectue cette réaction [2].

---

[1] Nous serons obligés, dans les pages qui suivent, de faire quelques opérations, d'ailleurs très simples, de calcul infinitésimal. Nous tenons toutefois à prévenir le lecteur que, pour suivre nos raisonnements et en utiliser les conclusions, il n'est pas indispensable d'être au courant de cette méthode de calcul.

[2] La loi d'action de masse peut s'établir théoriquement par application des

*b*. Quand l'un des corps réagissants se trouve en proportion telle que la variation de sa concentration au cours de la réaction soit négligeable, l'ordre de la réaction est abaissé d'une unité. En effet, si, dans l'équation ci-dessus, $C_1$ reste constant, on peut écrire : $kC_1 = k'$, et l'équation devient alors

$$v = k' C_2.$$

2. Il peut arriver que les deux molécules réagissantes soient identiques. Tel est le cas, notamment, de la formation du dianthracène $(C^{14}H^{10})^2$ par la combinaison de 2 molécules d'anthracène sous l'action de la lumière. Il est évident que l'on a alors $C_1 = C_2 = C$, concentration moléculaire du corps réagissant. La vitesse de réaction doit donc s'écrire

$$v = k.C.C = k.C^2.$$

De même, si un corps intervenait dans la réaction pour 3, 4, …, $n$ molécules, sa concentration devrait être élevée, dans l'équation de vitesse, à une puissance égale à 3, 4, …, $n$.

De la sorte, si 2 molécules d'un corps A, par exemple, réagissent sur 3 molécules d'un corps B, la vitesse de la réaction sera donnée

---

lois de la Thermodynamique. Mais on peut aussi y arriver par un raisonnement très simple, basé sur des considérations de cinétique moléculaire.

Prenons un mélange, à concentrations moléculaires égales, de deux corps A et B, susceptibles de réagir molécule à molécule pour donner un composé AB. Pendant chaque seconde il se produira, dans l'unité de volume, un certain nombre de rencontres entre les molécules de A et celles de B; quelques-unes de ces rencontres seront *efficaces* et amèneront la combinaison. Doublons la concentration moléculaire de A, nous aurons 2 fois plus de molécules de A qui viendront au contact de celles de B, et il se produira par conséquent 2 fois plus du composé AB. Nous arriverions au même résultat si, laissant constante la concentration de A, nous doublions celle de B. Si maintenant nous doublons simultanément les deux concentrations, le nombre des rencontres sera multiplié par 4, et la vitesse de réaction, c'est-à-dire la quantité de chaque substance combinée par seconde, sera également quadruplée. La vitesse avec laquelle la réaction s'effectue est donc proportionnelle au produit des concentrations moléculaires.

Remarquons que la constante de vitesse $k$ est susceptible d'une interprétation physique simple. Nous venons de dire que, sur l'ensemble des rencontres entre les molécules de A et de B, un certain nombre étaient suivies de la combinaison. Le facteur $k$ peut être considéré comme proportionnel au nombre de ces rencontres efficaces.

par l'équation

$$v = k . C_1^2 C_2^3.$$

Ceci nous permet de donner maintenant un nouvel énoncé, tout à fait général, de la loi d'action de masse :

*A température constante et en milieu homogène, la vitesse d'une réaction, à l'instant t, est proportionnelle au produit des concentrations moléculaires individuelles à cet instant, affectées chacune d'un exposant égal au nombre des molécules correspondantes qui prennent part à la réaction.*

3. Les applications que nous allons faire de cette loi nous en feront saisir la véritable signification et toute la portée.

Nous étudierons d'abord les réactions *irréversibles*, monomoléculaires et bimoléculaires, puis les réactions *réversibles*, mono-moléculaires et bimoléculaires. Quant aux réactions plurimoléculaires, qui sont rares et qui ont été peu étudiées, il n'en sera question qu'incidemment dans notre exposé.

### 1. — RÉACTIONS IRRÉVERSIBLES.

*Réactions monomoléculaires irréversibles.* — Nous parlerons ici, à cause de son importance, d'une réaction très simple, qui fut étudiée pour la première fois par WILHELMY en 1850 : le dédoublement du sucre en glucose et lévulose par fixation d'eau en solution aqueuse étendue et acidulée :

$$C^{12}H^{22}O^{11} + H^2O = C^6H^{12}O^6 + C^6H^{12}O^6.$$
$$\text{Saccharose.} \qquad \text{Glucose.} \quad \text{Lévulose.}$$

La loi d'action de masse nous indique que la vitesse de la réaction est proportionnelle au produit des concentrations moléculaires du sucre et de l'eau. Mais, comme l'eau est ici en grand excès, sa concentration peut être considérée comme constante pendant toute la durée de la réaction, et nous avons vu ci-dessus que, dans les cas de ce genre, l'expression de la vitesse de réaction se simplifie et prend la forme $v = kC$; c'est-à-dire que, pratiquement, la vitesse sera celle d'une réaction monomoléculaire.

Soient $a$ la concentration moléculaire initiale du sucre (nombre de molécules-grammes par litre) et $x$ le nombre de molécules-grammes par litre décomposé au temps $t$. La vitesse de la réaction, au temps $t$, sera proportionnelle à la concentration $C = a - x$ du sucre présent dans la solution, et nous pourrons écrire

$$v = \frac{dx}{dt} = k(a - x);$$

en intégrant, et en tenant compte qu'au temps $t = 0$ on a $x = 0$, il vient, tous calculs faits ([1]),

$$k = \frac{1}{t} \log_e \frac{a}{a - x},$$

formule générale des réactions monomoléculaires irréversibles, qui donnera la constante de vitesse $k$ en fonction de $t$ et de $x$, et $x$ en fonction de $k$ et de $t$.

Pour vérifier la formule ci-dessus, on pourra faire un certain nombre de mesures de $x$ ([2]) à des intervalles variés, et calculer, pour chaque expérience, la constante de vitesse $k$. Si notre formule est valable, les valeurs trouvées pour $k$ devront être très voisines les unes des autres. Le Tableau suivant (qui se rapporte à une solution de sucre pour laquelle on a : $a = 0,3054$, soit 10,023 pour 100 en poids) montre qu'il en est bien ainsi dans la pratique :

| $t$ (en minutes). | $x$ (observé). | $k$ (calculé). |
| --- | --- | --- |
| 0 | 0 | |
| 30 | 0,0305 | 0,00152 |
| 60 | 0,0593 | 0,00156 |
| 90 | 0,0844 | 0,00156 |
| 130 | 0,1135 | 0,00155 |
| 180 | 0,1424 | 0,00151 ([3]) |

([1]) L'indice $e$ signifie qu'il s'agit des logarithmes népériens; pour les logarithmes vulgaires nous emploierons l'indice 10.

([2]) Le dédoublement du sucre est très facile à suivre par des déterminations du pouvoir rotatoire; dextrogyre au début, celui-ci décroît graduellement s'annule et change de signe (inversion). On pourra donc connaître à tout moment la quantité décomposée $x$.

([3]) Le dédoublement du sucre ne se fait avec une vitesse appréciable qu'en présence d'un acide; celui-ci ne figure pas dans l'équation de la réaction, et on le retrouve intégralement à la fin; on dit que l'acide est un « catalyseur » de la réaction. D'autre part, la vitesse de la réaction croît avec la température, et elle dépend, en outre, de la nature et de la concentration de l'acide; on a montré qu'elle était sensiblement proportionnelle à la concentration des ions H présents dans la solution.

Le Tableau suivant (OSTWALD) donne les rapports entre les vitesses obtenues avec divers acides en solution demi-normale, à la température de 25°, et la vitesse

*b. Réactions bimoléculaires irréversibles.* — Nous prendrons comme exemple la saponification des éthers-sels par les alcalis, dont l'importance pratique est considérable.

On a vu précédemment (*voir* p. 121) que la saponification des éthers-sels par l'eau (celle de l'éther acétique, par exemple) était limitée par la réaction inverse (éthérification).

Si nous saponifions non plus par l'eau seule, mais par une base minérale en solution aqueuse, la réaction inverse n'est plus possible, la saponification est totale, et la transformation du système se ramène à une réaction bimoléculaire irréversible :

$$CH^3 - COOC^2H^5 + NaOH \;\rightarrow\; CH^3 - COONa + C^2H^5OH.$$

Désignons par $a$ et $b$ les concentrations moléculaires initiales de l'éther et de la base, et par $x$ la concentration moléculaire de l'alcool formé au temps $t$.

Nous avons :

| Temps. | Éther. | Base. | Alcool formé. |
|---|---|---|---|
| 0 | $a$ | $b$ | 0 |
| $t$ | $a - x$ | $b - x$ | $x$ |

La vitesse $v$ au temps $t$ est égale au produit des concentrations de l'éther-sel et de la base multiplié par la constante de vitesse $k$

$$v = \frac{dx}{dt} = k(a - x)(b - x).$$

En intégrant, et en tenant compte qu'au temps $t = 0$ on a $x = 0$, on trouve, tous calculs faits :

$$kt = \frac{1}{a - b} \log_e \frac{b(a - x)}{a(b - x)},$$

observée avec l'acide chlorhydrique :

| | | | | | |
|---|---|---|---|---|---|
| Acide chlorhydrique......... | 1,000 | | Acide trichloracétique....... | 0,754 |
| » azotique................ | 1,000 | | » dichloracétique......... | 0,271 |
| » chlorique.............. | 1,035 | | » monochloracétique.... | 0,048 |
| » sulfurique............. | 0,536 | | » formique.............. | 0,0153 |
| » benzènesulfonique .... | 1,044 | | » acétique.............. | 0,0040 |

On peut considérer que ces chiffres donnent une évaluation de la concentration des ions $\overset{+}{H}$, c'est-à-dire de la « force » relative des différents acides.

On a observé des faits analogues dans la saponification des éthers-sels par l'eau. De petites quantités d'acides minéraux accélèrent la réaction.

formule générale des réactions bimoléculaires irréversibles, qui représente très bien la marche de la saponification des éthers-sels par les bases ([1]).

## 2. — RÉACTIONS RÉVERSIBLES.

*a. Réactions monomoléculaires réversibles.* — Ces réactions sont nombreuses en Chimie organique. On rencontre notamment certaines transformations réciproques d'isomères stéréochimiques, les transformations tautomériques, comme le passage et le retour inverse de la forme énolique à la forme cétonique :

$$- C(OH) = CH - \; \rightleftarrows \; - CO - CH^2 -$$

Ici, deux réactions inverses s'effectuent à tout instant dans le système, et la vitesse de la transformation est égale à la différence des deux vitesses de réaction. Soient $a$ la concentration moléculaire initiale du corps étudié, et $x$ la concentration moléculaire, au temps $t$, du corps issu de la transformation :

|  | Concentrations moléculaires. | |
|---|---|---|
| Temps. | Corps étudié. | Corps issu de la transformation. |
| 0 | $a$ | 0 |
| $t$ | $a - x$ | $x$ |

Nous pourrons écrire, pour les vitesses des deux réactions inverses au temps $t$ :

$$v_1 = k_1(a - x), \qquad v_2 = k_2 x.$$

La vitesse résultante, égale à la différence des vitesses des deux réactions inverses, sera :

$$V = v_1 - v_2 = \frac{dx}{dt} = k_1(a - x) - k_2 x.$$

En intégrant, et en tenant compte qu'au temps $t = 0$ on a $x = 0$,

---

([1]) On a constaté que la vitesse de saponification dépendait de la concentration des ions $OH$. La potasse et la soude, qui sont fortement ionisées, donnent des vitesses de saponification identiques, tandis qu'avec les bases faiblement ionisées (ammoniaque, bases organiques) la saponification marche beaucoup plus lentement.

nous aurons, tous calculs faits :

$$k_1 + k_2 = \frac{1}{t} \log_e \frac{k_1 a}{k_1 a - x(k_1 + k_2)},$$

formule générale des réactions monomoléculaires réversibles, qui nous permet de calculer $x$ en fonction des deux constantes de vitesse $k_1$ et $k_2$ et du temps $t$.

*b. Réactions bimoléculaires réversibles.* — Ces réactions ont fait l'objet de recherches nombreuses et approfondies, et leur importance est considérable. Nous les étudierons en détail.

Reprenons l'exemple très simple et très net de l'éthérification (*voir* p. 120).

1. Considérons un mélange d'alcool ordinaire et d'acide acétique. Nous savons qu'un tel système n'est pas en équilibre chimique et qu'il est le siège de deux réactions bimoléculaires inverses. A une époque quelconque, le système comprend 4 corps : alcool, acide, éther et eau, qui réagissent 2 à 2 et molécule à molécule, suivant les deux réactions opposées :

$$CH^3 - COOH + C^2H^5OH \rightleftharpoons CH^3 - COOC^2H^5 + H^2O.$$

Désignons, à l'instant $t$, les concentrations moléculaires par $C_1$ (alcool), $C_2$ (acide), $C_3$ (éther), $C_4$ (eau), et les vitesses des deux réactions inverses par $v_1$ (éthérification) et $v_2$ (saponification); la loi d'action de masse nous permet d'écrire les équations :

$$v_1 = k_1 . C_1 . C_2 ; \qquad v_2 = k_2 . C_3 . C_4 ;$$

où $k_1$ et $k_2$ sont les constantes de vitesse des deux réactions inverses.

Dès lors, la réaction apparente, qui résulte de la superposition des deux réactions inverses, évolue suivant une vitesse résultante V donnée par la différence

$$V = v_1 - v_2 = k_1 . C_1 . C_2 - k_2 . C_3 . C_4 .$$

Le système atteindra son état d'équilibre chimique quand la vitesse de réaction résultante $V_l$ sera nulle :

$$V_l = v_{1l} - v_{2l} = 0,$$

c'est-à-dire quand les deux réactions inverses auront la même vitesse. A ce moment, les concentrations moléculaires des 4 corps en présence prendront les valeurs limites $C_{1l}$, $C_{2l}$, $C_{3l}$, $C_{4l}$; de sorte que l'état d'équilibre est caractérisé par la condition

$$k_1 . C_{1l} . C_{2l} = k_2 . C_{3l} . C_{4l},$$

soit

$$\frac{C_{3l} . C_{4l}}{C_{1l} . C_{2l}} = \frac{k_1}{k_2} = K.$$

Le nombre constant $K$ est appelé la *constante d'équilibre*; il est numériquement égal au rapport des deux *constantes de vitesse* [1].

2. Nous allons maintenant étudier le cas particulièrement simple où l'on a, au début : $C_1 = C_2 = 1$ et $C_3 = C_4 = 0$, et rechercher, en partant de données expérimentales, les valeurs de $k_1$ et de $k_2$; nous en tirerons une expression donnant la proportion d'acide ou d'alcool éthérifiée en fonction du temps.

Supposons notre système maintenu à température constante, et comprenant initialement une molécule-gramme d'alcool et une molécule-gramme d'acide acétique par unité de volume (concentration moléculaire égale à 1), et désignons par $x$ la fraction de molécule-gramme d'alcool (ou d'acide) éthérifiée au temps $t$ (on sait que $x$ représente aussi la fraction de molécule-gramme d'éther ou d'eau formée); on a :

Concentrations moléculaires.

| Temps. | Alcool $C_1$. | Acide $C_2$. | Éther $C_3$. | Eau $C_4$. |
|---|---|---|---|---|
| 0 ............. | 1 | 1 | 0 | 0 |
| $t$ ............. | $1 - x$ | $1 - x$ | $x$ | $x$ |

A l'instant $t$, les vitesses de réaction seront :

$$v_1 = k_1(1 - x)^2; \qquad v_2 = k_2 . x^2,$$

et la vitesse résultante

$$(1) \qquad V = \frac{dx}{dt} = k_1(1 - x)^2 - k_2 . x^2;$$

en intégrant, et tenant compte qu'au temps $t = 0$ on a $x = 0$, il

---

[1] L'élévation de la température accélère considérablement les vitesses d'éthérification et de saponification (la réaction est 22 000 fois plus rapide à 200° qu'à 7° pour les mélanges équimoléculaires d'alcool et d'acide acétique), mais la limite de réaction est sensiblement indépendante de la température (nous en verrons la raison plus loin, page 139).

vient, tous calculs faits :

$$(2) \qquad \log_e \frac{1 - x\left(1 - \sqrt{\dfrac{k_2}{k_1}}\right)}{1 - x\left(1 + \sqrt{\dfrac{k_2}{k_1}}\right)} = 2\,k_1 \sqrt{\frac{k_2}{k_1}}\, t \qquad (^1),$$

formule particulière de réactions bimoléculaires réversibles, valable pour les conditions initiales que nous nous sommes fixées.

On voit qu'il suffit de 2 déterminations de $x$ à des temps différents pour obtenir un système de 2 équations, d'où l'on tirera les valeurs de $k_1$ et de $k_2$ (²). Ainsi donc, grâce à la *loi d'action de masse, loi fondamentale de la cinétique chimique*, 2 expériences suffisent, quand les conditions initiales sont connues, pour déterminer complètement l'histoire d'un système chimique soumis à 2 réactions opposées en milieu homogène et isotherme.

Dans le cas de l'éthérification de l'alcool ordinaire par l'acide acétique, l'expérience montre que, pour une température comprise entre 6° et 9°, et pour $t$ exprimé en jours, on a :

$$k_1 = 0,00575 \qquad \text{et} \qquad k_2 = 0,00144.$$

---

(¹) Nous rappelons que $e$, base des logarithmes népériens, est égal à 2,718....

(²) Il est particulièrement avantageux, pour ce calcul, de considérer l'état d'équilibre; nous aurons alors, pour $x$, la valeur particulière $x_i$. Il vient

$$V_i = k_1 (1 - x_i)^2 - k_2 x_i^2 = 0;$$

d'où

$$\frac{(1 - x_i)^2}{x_i^2} = \frac{k_2}{k_1}.$$

L'expérience nous apprend que l'on a, à l'équilibre :

$$C_{1_i} = C_{2_i} = 1 - x_i = \frac{1}{3}, \qquad \text{et} \qquad C_{3_i} = C_{4_i} = x_i = \frac{2}{3};$$

d'où l'on tire :

$$\frac{k_2}{k_1} = \frac{1}{4};$$

L'équation (2) devient alors :

$$(2\ bis) \qquad \log_e \frac{2 - x}{2 - 3x} = k_1 t;$$

et l'on voit qu'une autre détermination de $x$ à un temps quelconque $t$ permettra de calculer immédiatement la valeur de $k_1$ et, par suite, celle de $k_2$.

Comme on le voit, la constante d'équilibre $K = \dfrac{k_1}{k_2}$ est égale à 4.

Voici quelques nombres obtenus par le calcul ([1]), d'une part, et, d'autre part, par l'expérience :

| Temps $t$. | $x$ (calculé). | $x$ (trouvé). |
|---|---|---|
| jours | | |
| 0 | 0,000 | 0,000 |
| 10 | 0,054 | 0,087 |
| 19 | 0,098 | 0,121 |
| 41 | 0,190 | 0,200 |
| 64 | 0,267 | 0,250 |
| 103 | 0,365 | 0,345 |
| 167 | 0,472 | 0,474 |
| 190 | 0,499 | 0,496 |
| 338 | 0,600 | » |
| $\infty$ | 0,667 | 0,677 |

Ces résultats sont traduits graphiquement par la courbe suivante, dont les abscisses représentent le temps, compté en jours, et les ordonnées les fractions de molécule-gramme d'éther formées :

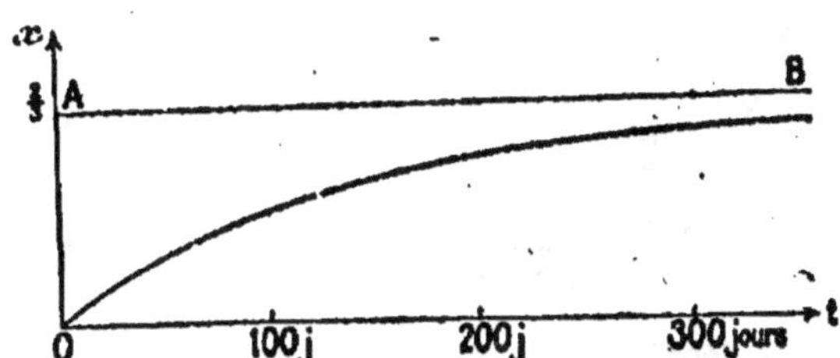


Graphique 1. — Marche de l'éthérification d'une molécule d'alcool ordinaire par une molécule d'acide acétique, à la température de 6°-9°.

---

([1]) *Exemple de calcul de $x$ :*

Soit :
$$t = 190 \text{ jours.}$$

On tire de l'équation (2 bis) de la note 2 de la page précédente :
$$x = \frac{2(e^{k_1 t} - 1)}{3 e^{k_1 t} - 1};$$

il vient successivement :
$$k_1 t = 0,00575 \times 190 = 1,09250;$$
$$e^{k_1 t} = e^{1,0925}; \qquad \log_{10} e^{k_1 t} = 1,0925 \times \log_{10} e = 1,0925 \times 0,43429 = 0,47446;$$
$$e^{k_1 t} = 2,9817;$$
$$x = \frac{2(e^{k_1 t} - 1)}{3 e^{k_1 t} - 1} = \frac{2 \times 1,9817}{7,9451} = \frac{3,9634}{7,9451} = 0,4988.$$

On voit que cette courbe admet pour asymptote la droite AD $\left(x = \frac{a}{3}\right)$, ce qui signifie que, théoriquement, l'état d'équilibre n'est atteint qu'après un temps infini, et qu'alors, conformément au résultat expérimental, la proportion limite d'éther formé (ou d'alcool et d'acide disparus) n'est que $\frac{1}{3}$ de molécule-gramme.

3. La vitesse de réaction $V = v_1 - v_2$ peut également être calculée à un instant quelconque. Il suffit pour cela de remplacer dans (1) $x$ par sa valeur tirée de (2). Le résultat des calculs est traduit dans le graphique ci-dessous.

Les vitesses des deux réactions inverses $v_1$ et $v_2$, sont données par les courbes en pointillé; elles tendent vers une limite commune égale à $\frac{k_1}{9} = 0{,}00064$ [1].

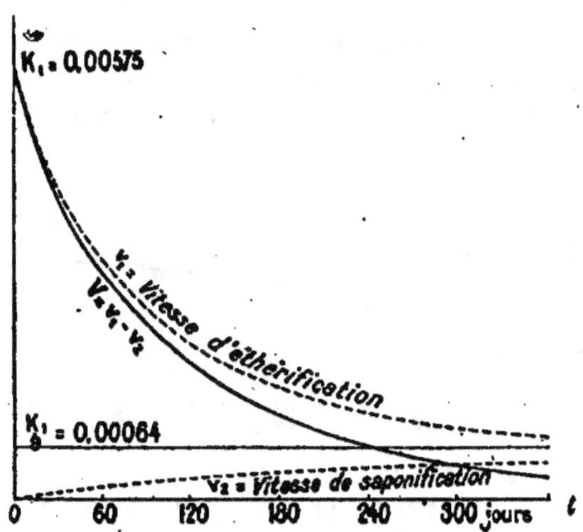


Graphique 2. — Variation de la vitesse de réaction en fonction du temps (éthérification d'une molécule d'alcool ordinaire par une molécule d'acide acétique, à la température de 6°-9°).

La vitesse résultante $V$ est donnée par la courbe en trait plein,

---

[1] On peut immédiatement vérifier ce résultat par le calcul suivant, où la loi d'action de masse est appliquée aux conditions d'équilibre $\left(\text{on se rappelle que } k_2 = \frac{k_1}{4}\right)$.

On a
$$v_{1i} = v_{2i} = k_1 . C_{1i} . C_{2i} = k_2 . C_{3i} . C_{4i},$$

dont les ordonnées sont égales à la différence des ordonnées de $v_1$ et de $v_2$. On remarquera qu'au début $V = k_1 = 0,00575$ (ce qu'on peut vérifier directement en appliquant la loi d'action de masse aux conditions initiales) et qu'elle tend vers zéro avec le temps, comme le veut l'expérience.

On voit donc que notre système chimique, siège de deux réactions réversibles, tend vers son état d'équilibre suivant une vitesse résultante continuellement décroissante, c'est-à-dire à la manière d'un pendule fortement amorti par une résistance visqueuse et qui revient apériodiquement à sa position d'équilibre (fléau d'une balance à amortisseur). Pratiquement, l'expérience montre que le système considéré se trouve en équilibre après une année.

4. Nous n'avons envisagé, dans ce qui précède, que le cas de concentrations moléculaires initialement égales pour l'un des deux systèmes alcool + acide ou éther + eau et nulles pour l'autre. Pour des concentrations initiales quelconques ($a$ et $b$, $p$ et $q$) des 4 corps, on trouverait de même, sans difficulté, les formules générales donnant la vitesse de réaction et la condition d'équilibre.

Les exemples que nous avons donnés montrent tout l'intérêt que présente l'application de la loi d'action de masse à l'étude de la marche des réactions. Il est superflu de faire observer que ces considérations peuvent avoir une grande utilité pratique; grâce aux relations que nous avons établies, un très petit nombre d'expériences suffiront, en général, à nous renseigner sur l'évolution des réactions.

On rencontre souvent des cas plus complexes que ceux que nous avons étudiés, et où, par exemple, plusieurs réactions

---

soit

$$0,00575 \times \frac{1}{3} \times \frac{1}{3} = 0,00144 \times \frac{2}{3} \times \frac{2}{3} = 0,00064.$$

Ainsi, lorsque le mélange, à la température 6°-9°, de 1 molécule-gramme d'alcool éthylique ($46^g$) et 1 molécule-gramme d'acide acétique ($60^g$) a atteint son état d'équilibre (équilibre dynamique), si on le maintient alors à la même température, il ne s'y forme et, simultanément, ne s'y détruit, chaque jour, que 0,00064 molécule-gramme, soit $0,00064 \times 88 = 0,056^g$ d'acétate d'éthyle. Et l'on peut dire que, chaque jour, et indéfiniment, cette petite masse d'éther s'engage dans la combinaison chimique et s'en dégage, oscillant sans cesse et sans fin entre la forme alcool + acide libres et la forme alcool + acide combinés, pour maintenir le système entier en équilibre chimique.

différentes se succèdent dans le passage du système chimique de son état initial à son état final. La loi d'action de masse permet également d'en aborder l'étude avec succès. Nous nous bornerons pour l'instant à signaler le fait; nous aurons l'occasion d'y revenir.

### c. — Étude des états d'équilibre. Loi du déplacement de l'équilibre.

Nous venons d'étudier l'évolution d'une réaction chimique aboutissant soit à une transformation totale (réactions irréversibles), soit à un état d'équilibre (réactions réversibles). Nous allons rechercher maintenant quelle transformation subit un système en équilibre quand on modifie les facteurs qui déterminent cet état d'équilibre.

Nous appliquerons, à cet effet, la loi dite *loi du déplacement de l'équilibre*, dont l'énoncé complet fut donné pour la première fois par H. LE CHATELIER en 1884. On peut la formuler ainsi :

*La modification de l'un quelconque des facteurs de l'équilibre chimique d'un système de corps provoque une réaction dans un sens tel qu'elle tend à s'opposer à la modification du facteur considéré* (¹).

Nous n'envisagerons, comme facteurs de l'équilibre, que les principaux : la température, la pression et la concentration de chacun des corps en présence (²).

### 1. — Influence de la température et de la pression.

*Température* (³). — Si nous élevons la température d'un système actuellement en équilibre, et que nous maintenions constants les autres facteurs, il se produira, en vertu de la loi du déplacement de l'équilibre, une réaction absorbant de la chaleur, ce qui tendra

---

(¹) Cette loi, très générale, est analogue à la loi purement mécanique dite *d'action et de réaction*, ainsi qu'à la loi de LENZ en Électricité. Elle signifie que l'équilibre chimique est stable, et que le système réagit contre toute action qui tend à l'écarter de son état actuel d'équilibre.

(²) En ce qui concerne la règle énoncée en 1878 par l'américain GIBBS sous le nom de *Règle des Phases*, nous n'en parlerons pas ici, parce que, si elle est d'un usage courant en Chimie minérale, on n'a que rarement l'occasion de l'appliquer en Chimie organique.

(³) L'influence de la température sur le déplacement de l'équilibre avait été indiquée par VAN'T'HOFF en 1877.

à abaisser la température. Ainsi, par exemple, la dissociation de l'eau et celle du gaz carbonique, qui s'effectuent avec absorption de chaleur, progressent avec la température, tandis qu'au contraire la dissociation de l'acétylène, qui dégage de la chaleur, rétrograde.

Beaucoup de réactions ne sont accompagnées que d'effets thermiques très faibles; l'état d'équilibre ne varie alors que très peu avec la température. Tel est le cas de l'éthérification des alcools par les acides organiques. On peu. en induire que la limite d'éthérification, exprimée par la constante d'équilibre K, sera sensiblement indépendante de la température (¹). C'est ce que l'expérience vérifie.

*Pression*. — Si nous comprimons un système en équilibre chimique en maintenant les autres facteurs constants, il se produira une réaction correspondant à une diminution de volume, ce qui tendra à abaisser la pression. Ainsi, par exemple, la dissociation du gaz carbonique rétrograde si l'on augmente la pression, parce que la rétrogradation amène une diminution du volume.

La pression intervient rarement en Chimie organique pour modifier l'état d'équilibre des systèmes, parce que les réactions s'effectuent généralement entre liquides ou en solution, c'est-à-dire sans changement notable de volume.

## 2. — Influence de la concentration.

L'augmentation de la concentration d'un des corps du système en équilibre provoquera une réaction tendant à diminuer la concentration de ce même corps.

Reprenons l'exemple de l'éthérification, et considérons, pour fixer les idées, le mélange de $a$ molécules-grammes d'alcool et 1 molécule-gramme d'acide acétique par unité de volume, à température et sous pression constantes. A l'équilibre, les concentrations moléculaires sont :

| Alcool. | Acide. | Éther. | Eau. |
|---|---|---|---|
| $a - x_l$ | $1 - x_l$ | $x_l$ | $x_l$ |

---

(¹) Comme la chaleur accélère considérablement les vitesses d'éthérification et de saponification sans modifier la constante d'équilibre K, et que $K = \dfrac{k_1}{k_2}$, on voit que les constantes de vitesse $k_1$ et $k_2$ varient avec la température dans le même rapport.

Exprimons la condition d'équilibre en appliquant la loi d'action de masse; puis nous rechercherons comment elle varie quand on modifie, par exemple, la concentration de l'alcool. Nous avons (*voir* p. 133) :

$$\frac{x_l^2}{(a - x_l)(1 - x_l)} = K;$$

d'où

$$(K - 1)x_l^2 - K(a + 1)x_l + Ka = 0.$$

Pour le système étudié, on sait que $K = 4$; donc, on a

$$3x_l^2 - 4(a + 1)x_l + 4a = 0,$$

d'où l'on tire

$$x_l = \frac{2}{3}\left(a + 1 - \sqrt{a^2 - a + 1}\right);$$

(le signe — placé devant le radical convient seul, car, avec le signe +, on aurait $x_l > 1$, ce qui est évidemment impossible).

Cette expression nous donne la valeur de $x_l$ en fonction de la concentration de l'alcool ([1]). Le Tableau suivant établit que l'accord est très satisfaisant entre le calcul et l'expérience :

| Concentration moléculaire initiale. | | Limite d'éthérification $x_l$. | |
| --- | --- | --- | --- |
| Alcool. $a.$ | Acide acétique. | Calculée. | Observée. |
| 0,05 | 1 | 0,049 | 0,05 |
| 0,18 | 1 | 0,171 | 0,171 |
| 0,33 | 1 | 0,311 | 0,293 |
| 0,50 | 1 | 0,423 | 0,414 |
| 1,00 | 1 | 0,667 | 0,665 |
| 2,00 | 1 | 0,845 | 0,858 |
| 8,00 | 1 | 0,945 | 0,966 |

Ces chiffres permettent de construire la courbe suivante, qui figure la variation de $x_l$ (ordonnées) en fonction de $a$ (abscisses).

On voit que la limite d'éthérification recule au fur et à mesure qu'on augmente la proportion d'alcool. Théoriquement, il faudrait une concentration infinie de l'alcool pour éthérifier tout l'acide présent; cependant, l'expérience montre que si la concentration

---

([1]) Cet exemple montre que la loi d'action de masse constitue une démonstration *quantitative* de la *loi du déplacement de l'équilibre* en ce qui concerne les concentrations.

de l'alcool égale 8 ou 10 fois celle de l'acide, l'éthérification de
ce dernier est pratiquement totale (¹).

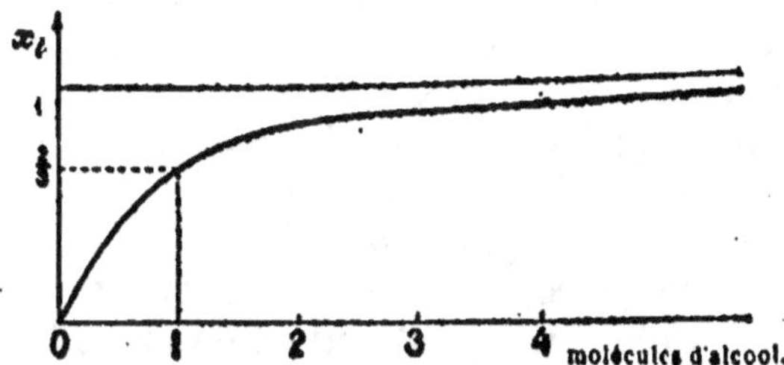


Graphique 3. — Variation de la limite d'éthérification de 1 molécule d'acide
acétique par des quantités croissantes d'alcool.

Ces résultats sont bien tels que les faisait prévoir la loi du
déplacement de l'équilibre. En augmentant la concentration de
l'alcool, nous avons provoqué l'éthérification, c'est-à-dire la disparition, en tant qu'alcool libre, d'une partie de ce corps.

## II. — RÉACTIONS INTERMÉDIAIRES.

En Chimie minérale, où les réactions spontanées sont presque
toujours instantanées, on ne peut, en général, rechercher expérimentalement si un système chimique passe directement de l'état
initial à l'état final, ou si, pour y parvenir, il traverse un ou plusieurs états intermédiaires. Mais, en Chimie organique, la question se pose, et son intérêt est primordial dans l'étude de la plupart des réactions progressives. Une réaction lente est-elle toujours unique et isolée, ou bien son apparence simple peut-elle
résulter d'une superposition de réactions successives mettant
en jeu des produits intermédiaires trop éphémères pour être
décelés ?

L'existence de réactions intermédiaires est mise en évidence
par l'étude de la vitesse de certaines réactions. On se rend compte
que, dans une série de réactions successives, c'est *la plus lente*
qui impose son allure à l'évolution de l'ensemble. Or, nous avons

---

(¹) On peut traduire ce résultat d'une façon différente en disant que la réaction, de bimoléculaire et réversible qu'elle était, se trouve être devenue, pratiquement, monomoléculaire et irréversible. La même remarque s'applique à la
saponification par l'eau : si l'on saponifie un éther-sel par un grand excès d'eau,
la saponification sera totale et irréversible.

vu (p. 128 et suivantes) que la marche d'une réaction est très différente selon qu'elle met en jeu 1 molécule (réaction monomoléculaire ou du premier ordre), 2 molécules (réaction bimoléculaire ou du second ordre), etc. Dès lors, si la vitesse de réaction mesurée correspond à un ordre différent de celui exprimé par l'équation chimique globale (où ne figurent que l'état initial et l'état final du système), il faut conclure à l'existence d'au moins une réaction intermédiaire plus lente [1].

Dans les cas de ce genre, on observe souvent qu'une réaction plurimoléculaire évolue suivant l'allure d'une réaction monomoléculaire [2]. Ce fait s'interprète en admettant qu'il s'est formé un *complexe* intermédiaire instable, dont la production est très rapide, mais dont la dissociation est relativement lente.

Versons, par exemple, une solution d'azotite de potassium dans une solution chlorhydrique d'aniline chaude; nous observons un dégagement d'azote, et nous trouvons dans la liqueur du phénol et du chlorure de potassium, conformément à l'équation :

$$C^6H^5.NH^2.HCl + O = NOK \;\;=\;\; KCl \downarrow + C^6H^5.OH + H^2O + N^2 \nearrow$$

Chlorhydrate d'aniline.   Azotite de potassium.   Phénol.

Cette réaction devrait donc être bimoléculaire; mais sa vitesse, mesurée par le dégagement d'azote, accuse une réaction monomoléculaire. On en conclut qu'il s'est formé d'abord un produit azoté intermédiaire (chlorure de diazobenzène), dont la vitesse de décomposition est mesurée par la vitesse du dégagement gazeux.

La réaction doit donc être décomposée suivant les stades suivants :

1° Réaction *ionique* instantanée, entre l'acide chlorhydrique en excès dans la liqueur et l'azotite de potassium, donnant nais-

---

[1] On tiendra compte du cas où la présence d'un très grand excès d'un ou plusieurs des corps réagissants abaisse l'ordre de la réaction, ainsi que nous l'avons vu précédemment (p. 128).

[2] Parmi toutes les réactions connues, le plus grand nombre évoluent suivant la loi d'une réaction du premier ou du second ordre, quel que soit l'ordre indiqué par l'équation chimique globale. L'existence des réactions et des produits intermédiaires est donc très générale. Il arrive souvent qu'on peut isoler ces produits; faute de quoi les réactions intermédiaires ne peuvent être mises en évidence que si l'ordre de la réaction *la plus lente* est différent de l'ordre de l'équation chimique globale.

sance à de l'acide azoteux et du chlorure de potassium :

$$HCl + O = N - OK \quad = \quad KCl + O = NOH$$
Azotite de            Acide
potassium.           azoteux.

2° L'acide azoteux réagit sur le chlorhydrate d'aniline pour donner du chlorure de diazobenzène et de l'eau (réaction rapide à chaud) :

$$C^6H^5NH^2.HCl + O = N - OH \quad = \quad C^6H^5N = N - Cl + 2H^2O$$
Chlorhydrate       Acide           Chlorure
d'aniline.        azoteux.        de diazobenzène.

3° Le chlorure de diazobenzène se décompose, sous l'action de l'eau à chaud, en phénol, azote et acide chlorhydrique (la vitesse, mesurée par le dégagement d'azote, sera celle d'une réaction monomoléculaire, en raison du grand excès d'eau en présence duquel on opère) :

$$C^6H^5N = NCl + H^2O \quad = \quad C^6H^5.OH + HCl + N^2 \nearrow$$
Chlorure de           Phénol.
diazobenzène.

L'existence d'un produit intermédiaire, ainsi décelée par l'étude cinétique de la réaction, n'est d'ailleurs nullement hypothétique, car il suffit de *refroidir* le système réagissant vers o° pour que le chlorure de diazobenzène acquière une stabilité suffisante pour pouvoir être isolé ([1]).

Dans la plupart des cas, cependant, la formation et la destruction des produits intermédiaires sont extrêmement rapides, et l'ordre de la réaction n'en est pas modifié. On a été ainsi conduit à penser que toute réaction dite de substitution est précédée d'une réaction d'addition. L'exactitude de cette manière de voir a déjà reçu de nombreuses vérifications expérimentales ([2]).

---

([1]) Si l'on mesure, dans ce cas, la vitesse de réaction, en dosant le chlorure de diazobenzène formé, on trouve bien qu'il s'agit d'une réaction bimoléculaire (réaction 2°); la vitesse du dégagement d'azote se réfère seulement à la réaction 3°.

([2]) Des produits intermédiaires d'addition ont été mis en évidence dans de très nombreux cas, depuis quelques années, grâce à l'étude si simple et si féconde des courbes de fusibilité des systèmes organiques (HOLLEMAN, GUYE, BAUME, etc.). Nous en donnerons quelques exemples par la suite (*voir* p. 180).

L'étude, faite du point de vue cinétique, des réactions lentes, nous introduit donc dans l'intimité du processus de la réaction chimique. Elle nous révèle, en même temps que la complexité des métamorphoses de la matière, toute sa plasticité et la quasi-continuité de ses changements ; elle nous permet de suivre l'évolution des formes successives et transitoires des édifices moléculaires, et elle nous conduit à la notion de ce caractère de la matière que Job a appelé la *mobilité chimique*, dont les corps de la Chimie organique offrent de si nombreux exemples (produits d'addition, formes tautomères, etc.) au cours de leurs réactions (¹).

### III. — LES FORMES CHIMIQUES ACTIVES.

En associant les données chimiques que nous venons d'acquérir à celles, d'ordre physique, fournies par les théories moléculaires cinétiques, que l'expérience a confirmées au cours de ces dernières années avec tant d'éclat, nous allons pénétrer d'une manière plus déliée encore dans la transformation chimique, en descendant jusqu'à l'échelle des molécules elles-mêmes.

1. En étudiant la loi d'action de masse, nous avons fait observer que, pour qu'il y ait réaction, non seulement le choc entre les molécules réagissantes était nécessaire, mais encore qu'il devait être *efficace* (p. 127, note). Dans une réaction bi- ou plurimoléculaire, la nécessité de la rencontre des molécules est évidente : on ne conçoit pas, en effet, la possibilité d'une combinaison entre molécules si celles-ci n'arrivent pas en contact. Cependant le choc ne suffit pas : car, s'il suffisait, toutes les réactions chimiques de même *ordre* et où se produirait le même nombre de chocs molé-

---

(¹) Observons ici qu'à l'encontre des espèces minérales et surtout minéralogiques, les substances organiques constituent fréquemment des systèmes en équilibre instable (*équilibre métastable*, Ostwald, Urbain) et évoluent lentement au cours du temps (polymérisations, isomérisations, décompositions, etc.). Vis-à-vis des diverses formes de l'énergie (chaleur, électricité, radiations), la zone d'indifférence des espèces minérales est beaucoup plus étendue que celle des substances organiques.

Aux températures les plus basses que nous sachions produire, on rencontre des systèmes minéraux capables de réagir, de même que nous en trouvons qui sont stables aux températures les plus élevées. Les systèmes organiques, au contraire, sont absolument inertes aux températures moyennement basses, et totalement détruits, sauf quelques rares composés endothermiques (acétylène), aux températures très élevées.

culaires par seconde devraient s'effectuer avec des vitesses identiques, ce qui est contraire à l'expérience. Il faut donc que le choc soit efficace.

A quelle condition le choc est-il efficace ? Pour que deux molécules se combinent, doivent-elles posséder, par exemple, une force vive supérieure à une valeur donnée? La violence du choc intervient-elle seule pour amener la combinaison ? Une étude approfondie des données expérimentales a montré que ni la violence, ni les autres qualités mécaniques du choc, pas plus d'ailleurs que la fréquence des collisions, ne suffisent à rendre compte du phénomène.

Nous sommes donc amenés à rechercher, dans les molécules elles-mêmes, la raison profonde de la transformation chimique. Pour qu'il y ait réaction, il faut que la molécule soit prête à réagir, ou, suivant l'expression d'ARRHÉNIUS, qu'elle soit dans l'état de *molécule active* (¹).

L'examen des faits conduit à caractériser les molécules actives comme étant celles dont certaines valences sont rompues ou prêtes à se rompre ; ce seront donc des édifices moléculaires plus ou moins instables, et leur nombre sera évidemment proportionnel au nombre des molécules présentes (²).

---

(¹) Ainsi, parmi toutes les molécules composant la masse d'une substance donnée, les unes sont prêtes à réagir ( molécules *actives* ) et les autres ne le sont pas. Toutes les molécules d'un même corps ne se trouvent donc pas dans le même état. Et, par là, se poursuit, jusqu'au sein des molécules elles-mêmes, cette *mobilité chimique* de la matière que nous avons déjà rencontrée ; elle nous oblige à concevoir l'édifice moléculaire non pas comme un bloc rigide et mort, mais comme un assemblage vivant et plastique, dont la stabilité est sujette à des variations.

Un rapprochement, hautement suggestif, s'impose ici. On sait que, chez les substances radioactives, une proportion déterminée d'atomes, variable avec chaque espèce, se désintègrent pendant l'unité de temps. Ainsi, pour l'émanation du radium (gaz radioactif issu du radium), la transformation affecte pendant chaque heure les $\frac{1}{7000}$ des atomes présents. Tous les atomes ne sont donc pas dans un état identique. Et l'on peut dire que ceux qui se transforment sont dans un état comparable à celui des molécules actives que nous avons considérées dans les réactions chimiques. Si toutefois ces deux phénomènes obéissent à la même loi de hasard, ils présentent une différence fondamentale : nous savons créer des molécules actives, alors que l'évolution des atomes radioactifs échappe totalement à nos actuels moyens d'action.

(²) Dans le cas des réactions monomoléculaires, on constate que la vitesse de

Vis-à-vis d'une réaction donnée, une forme *chimique* est d'autant plus *active* que le nombre des molécules actives auquel elle donne spontanément naissance par unité de temps est plus élevé, c'est-à-dire que la vitesse de réaction est plus grande. On conçoit d'ailleurs qu'une forme chimique très active dans une réaction donnée pourra l'être beaucoup moins dans une autre réaction.

2. En Chimie minérale, où les réactions sont le plus souvent instantanées, on rencontre des formes chimiques extrêmement actives. Nous citerons, en particulier, les ions et les atomes libérés par ruptures de valences (état naissant), ainsi que tous les composés endothermiques (ozone, eau oxygénée, composés oxygénés du chlore, etc.).

Les réactions plus douces et plus variées de la Chimie organique nous révèlent des formes actives beaucoup moins brutales et plus nuancées. En premier lieu, nous trouvons également des ions, fournis par les électrolytes organiques (acides, bases, sels, etc.) en solution dans les solvants ionisants (eau, anhydride sulfureux liquide, acide formique, acétone, etc.). Les composés contenant des atomes métalloïdiques (dérivés halogénés), et surtout métalliques (dérivés sodés d'hydrocarbures, composés organo-zinciques et organo-magnésiens, etc.), non seulement seront aptes à réagir sur une multitude de corps possédant les fonctions les plus variées, mais ils donneront parfois lieu à des réactions rapides, qu'il faudra souvent modérer; ce sont des formes chimiques particulièrement actives, en raison de la haute activité de leurs constituants minéraux et des liens plus ou moins lâches qui unissent les atomes minéraux aux résidus organiques. Les molécules *non-saturées*, c'est-à-dire présentant des doubles ou des triples liaisons, toujours prêtes à s'ouvrir, entre atomes de carbone, d'oxygène, d'azote, etc., seront également douées d'une grande activité chimique (¹); et cette cause d'activité est la plus

---

réaction est proportionnelle au nombre des molécules présentes à l'instant considéré; elle l'est donc aussi au nombre des molécules actives. D'un autre côté, on observe que, quand on augmente le nombre de chocs (par exemple, par addition d'un gaz inerte dans une réaction gazeuse, en maintenant constant le volume), la vitesse de réaction ne varie pas : elle est donc indépendante du nombre de chocs.

(¹) Un exemple très frappant est celui du sous-azoture de carbone

$$N \equiv C - C \equiv C - C \equiv N,$$

fréquente en Chimie organique. La présence de certains groupements $\left(\text{radicaux électronégatifs} : N\!\!\ll^O_O, C = O, C \equiv N, \ldots\right)$, la coexistence de certaines fonctions, ainsi que leurs positions relatives, dans un même édifice moléculaire, entraîneront pour l'ensemble un état de tension qui se traduira par une fragilité chimique plus ou moins grande et, par suite, une aptitude à réagir plus ou moins vive.

Les substances dites *tautomères* (*voir* p. 343), par exemple les composés cétoniques $\rightleftharpoons$ énoliques ($-CO-CH^2-\rightleftharpoons-C(OH)=CH-$) dont les molécules sont partagées entre les deux formes tautomériques suivant un certain rapport d'équilibre, constituent un cas bien particulier de forme chimique active. Vis-à-vis d'un réactif donné, l'une des deux formes, l'énolique, par exemple, agira seule; l'équilibre entre les deux formes tautomériques étant ainsi rompu, la forme cétonique se transformera progressivement dans la forme énolique jusqu'à réaction totale. Avec d'autres réactifs, au contraire, c'est la forme cétonique qui seule pourra réagir, et la forme énolique passera alors tout entière, au cours de la réaction, à l'état de forme cétonique. Cet exemple nous permet de saisir sur le vif un cas particulièrement frappant de mobilité chimique.

Enfin, après les molécules à liaisons multiples, les formes actives de choix, en Chimie organique, sont les *complexes* intermédiaires instables, qui, en se disloquant plus ou moins rapidement, sont, dans la plupart des réactions, les agents très actifs des transformations moléculaires.

### IV. — L'AFFINITÉ CHIMIQUE. LES RÉACTIONS SPONTANÉES ET NON SPONTANÉES.

1. *a.* Tous les phénomènes qui se produisent d'eux-mêmes (phénomènes spontanés : chute d'eau, détente d'un gaz comprimé, étincelle entre deux corps électrisés, etc.) s'accompagnent nécessairement d'une diminution de l'énergie du système qui en est le

---

qui semble devoir aux trois triples liaisons de sa molécule la haute activité chimique qui le caractérise. Ainsi, en solution éthérée à 1 pour 100, ce corps réagit encore vivement, à la température de — 70°, sur l'ammoniaque et sur les amines.

siège. Pour nous servir d'une expression classique, nous dirons que, dans ses transformations spontanées, l'énergie descend d'un niveau ou potentiel plus élevé vers un niveau ou potentiel plus bas; en d'autres termes, les phénomènes spontanés s'effectuent suivant le sens des potentiels énergétiques décroissants. En outre, au cours de toute transformation énergétique spontanée, si nous intercalons sur le cycle de transformation un dispositif convenable (turbine à eau ou à vapeur, machine à vapeur, moteur électrique, etc.), nous pouvons recueillir du travail mécanique (¹), et ce travail mesurera la chute de potentiel énergétique correspondant à la transformation.

En interprétant, à la lumière de ces notions, les données expérimentales que l'étude des réactions nous apporte sur l'énergie chimique, on est amené à conclure que : 1° les réactions *spontanées* (²) s'effectuent avec chute de *potentiel chimique;* 2° l'*affinité chimique*, ou *force chimique*, qui n'est autre que la différence de potentiel chimique entre l'état initial et l'état final du système, est mesurée par le travail mécanique total que pourrait accomplir la réaction à température constante (³). Généralement, l'énergie correspondant au travail mécanique que pourrait effectuer la réaction est transformée en chaleur dans le système lui-même, de sorte que les réactions spontanées sont presque toujours accompagnées d'un dégagement de chaleur.

*b.* On sait, en outre, qu'en évoluant spontanément, un système mécanique tend toujours à descendre au potentiel énergétique le plus bas compatible avec ses conditions d'existence, c'est-à-dire à produire le travail mécanique maximum. De même, entre plusieurs réactions spontanées possibles, celle qui se produira fina-

---

(¹) Transmis finalement aux molécules de la matière, dont il accroît l'énergie cinétique, ce travail mécanique apparaît, en tout ou en partie, sous forme de chaleur. Et c'est pourquoi l'on dit que l'énergie tend spontanément à se dégrader en chaleur.

(²) Une réaction est dite *spontanée* lorsqu'on peut démontrer qu'en l'absence de toute réaction simultanée elle s'accomplit sans apport d'énergie extérieure.

(³) Cette définition de l'affinité chimique n'est rigoureuse que si la réaction a lieu dans des conditions où elle est réversible, parce qu'alors le travail mécanique fourni est maximum. Pour les réactions non réversibles, en effet, il y a toujours une fraction de l'énergie chimique libérée qui se dissipe sous forme de chaleur.

lement correspondra à la plus grande affinité, et l'expérience montre que, *le plus souvent*, ce sera celle qui est accompagnée du plus grand dégagement de chaleur (principe du travail maximum de Berthelot).(¹), celle qui, par conséquent, assurera au système son maximum de stabilité (²).

2. Il arrive souvent que le mélange d'un certain nombre de corps, dans les conditions ordinaires de température et de pression, ne détermine aucune transformation chimique apparente. Cette absence de tout phénomène chimique sensible ne peut tenir qu'à l'une des trois causes suivantes :

1° *L'affinité chimique est négative*, en ce sens que la réaction exige, pour avoir lieu, l'apport au système d'une quantité déterminée d'énergie. Il s'agit alors d'une réaction dite *endothermique*, qui ne peut s'effectuer qu'en absorbant de l'énergie, celle-ci pouvant être fournie soit directement, soit par l'intermédiaire d'une réaction secondaire spontanée produite simultanément. Les réactions endothermiques élèvent le potentiel, en d'autres termes accroissent l'affinité des systèmes chimiques.

2° *L'affinité chimique est nulle* : *a*, soit parce que les corps en présence sont chimiquement indifférents les uns vis-à-vis des autres et ne peuvent mutuellement réagir dans aucune condition; *b*, soit parce que le système est en équilibre chimique; nous savons que, dans ce cas, l'absence de toute manifestation extérieure des forces chimiques provient de la compensation exacte, matérielle et énergétique, de deux réactions inverses.

3° *L'affinité chimique est positive* (réactions dites *exothermiques*), *mais l'activité chimique est pratiquement nulle*, en raison du trop petit nombre de molécules actives présentes dans le système (³). Il suffit, dans ce cas, de créer des molécules

---

(¹) Le principe du travail maximum ne serait rigoureusement exact qu'au zéro absolu. Il correspond d'autant mieux à la réalité des faits que la température est plus basse et que la réaction dégage plus de chaleur. Mais n'oublions pas que la *chaleur de réaction* ne mesure généralement pas l'affinité chimique du système; lorsqu'il n'y a pas de changements d'état, ni de modification du volume (pas de travail mécanique extérieur), elle mesure simplement la variation de son énergie totale (loi de la conservation de l'énergie).

(²) On voit qu'un système chimique est d'autant plus stable, c'est-à-dire d'autant moins apte à réagir, que son potentiel chimique est plus bas. Suivant une expression de Job, le potentiel chimique d'un corps ou plutôt d'un système de corps mesure donc ses « promesses de réaction ».

(³) Citons, par exemple, les réactions d'oxydation par l'oxygène libre, qui

actives, pour *provoquer* et souvent même *orienter* la réaction. Ce que l'on fait, soit, directement, par l'action des agents énergétiques, soit, indirectement, en favorisant, par l'emploi des *catalyseurs*, la production de formes chimiques actives intermédiaires.

### *a*. — Action des agents énergétiques.

Nous comprenons, sous le nom d'*agents énergétiques*, l'énergie calorifique, l'énergie rayonnante et l'énergie électrique.

Leur rôle, dans les réactions chimiques, peut être très différent suivant qu'il s'agit de réactions exothermiques ou de réactions endothermiques.

1. *Réactions exothermiques*. — L'intervention des agents énergétiques peut se borner à amorcer la réaction; celle-ci, une fois commencée, se poursuit d'elle-même (action de l'étincelle électrique sur un mélange d'oxygène et de gaz combustibles).

Dans d'autres cas, il faut continuer à les faire agir pendant toute la durée de la transformation, qui s'arrêterait si l'on ne maintenait pas dans le milieu des conditions favorables (température, fréquence vibratoire, etc.). Par exemple, un mélange à volumes égaux de chlore et de méthane ne donne aucune réaction ni dans l'obscurité, ni à la lumière diffuse, tandis que, à la lumière solaire atténuée (comme celle que renvoie la surface d'un mur blanc), les deux gaz se combinent régulièrement ($CH^4 + Cl^2 = CH^3Cl + HCl$), et que le mélange détone avec dépôt de charbon sous l'influence de la lumière solaire directe.

2. *Réactions endothermiques*. — Les agents énergétiques rendent possible la combinaison ou la décomposition des corps présents en apportant au système la quantité d'énergie nécessaire à sa transformation. Par exemple, quand l'anthracène $C^{14}H^{10}$ en solution se transforme, sous l'action de la lumière, en dianthracène $(C^{14}H^{10})^2$, il absorbe, sous forme d'énergie vibratoire, l'énergie nécessaire à sa polymérisation.

---

sont parmi les plus exothermiques de la Chimie organique, et qui, généralement, ne s'effectuent pas d'elles-mêmes ou sont très lentes à la température ordinaire. Si les systèmes chimiques organiques susceptibles d'oxydation spontanée étaient dépourvus de cette inertie ou « résistance passive », qui s'oppose à la réaction, et s'ils obéissaient librement aux affinités qui les sollicitent, on peut affirmer que la vie serait impossible sur la Terre et que les composés organiques n'y existeraient même pas.

Ajoutons que, pour chaque réaction endothermique, c'est-à-dire absorbant de l'énergie (sous une forme quelconque), il semble que le potentiel de cette énergie ne doive pas être inférieur à une valeur donnée (température dans le cas de l'énergie calorifique, fréquence vibratoire dans le cas de l'énergie rayonnante, potentiel électrique s'il s'agit d'électricité).

### 1. — ÉNERGIE CALORIFIQUE.

**1.** Par une élévation de température on peut provoquer un très grand nombre de réactions chimiques et les accélérer presque toutes. Pour toute réaction chimique, il existe une température, essentiellement variable avec les différentes réactions, au-dessous de laquelle la réaction ne se produit plus (zone d'indifférence); à partir de cette température minima, la vitesse de réaction, d'après Van't'Hoff, croît en progression géométrique quand la température croît en progression arithmétique (loi exponentielle, $V = C \times A^T$) ([1]). Ce que nous traduirons en disant que la proportion des molécules actives augmente très vite avec la température.

**2.** A un autre point de vue, si l'on observe l'effet, sur les réactions bi- ou plurimoléculaires, d'une élévation graduelle de la température, on constate généralement que la zone d'indifférence chimique est suivie d'une zone favorable à la formation de produits d'addition *stables*. Puis, en élevant davantage la température, on entre dans la zone de *dissociation* de ces produits d'addition : le dédoublement pouvant se faire, soit par rupture des liaisons nouvellement formées, soit par une rupture plus profonde, qui bouleverse totalement l'équilibre de la molécule primitive et qui donne naissance aux corps nouveaux des réactions dites de *substitution* (Guye, Baume) (*voir* p. 180).

L'intervention ménagée de la chaleur nous permet donc d'orienter une réaction, soit en l'arrêtant à un stade intéressant (préparation des diazoïques, de l'acide sulfovinique), soit en permettant au produit intermédiaire de s'engager dans une nouvelle réaction (action de l'acide sulfovinique sur l'alcool aboutissant à l'oxyde d'éthyle), soit enfin en provoquant la décomposition, suivant l'un des modes possibles, du terme intermédiaire (décomposition de l'acide sulfovinique en éthylène et acide sulfurique).

---

([1]) On observe fréquemment qu'une élévation de température de 10° double ou triple la vitesse de réaction.

Il est superflu de rappeler que, si l'on élève assez haut la température, on arrive finalement, sauf dans des cas très rares (acétylène), à la destruction de tous les composés organiques (*voir* p. 5).

## 2. — ÉNERGIE RAYONNANTE.

Une des formes de l'énergie, très active au point de vue chimique, est la *lumière* (radiations du spectre visible, et, surtout, rayons ultraviolets). Son action sur les sels d'argent est la base de la Photographie.

Pour qu'une radiation agisse sur un corps, il faut évidemment que ce corps l'absorbe; seules, donc, les radiations absorbées par le système chimique (spectre d'absorption) pourront exercer une action *photochimique*.

1. Il arrive souvent que les radiations augmentent considérablement la vitesse de réactions qui se produiraient spontanément, mais très lentement, à l'obscurité. Nous connaissons des réactions qui sont accélérées soit par certaines radiations infra-rouges, soit par des radiations visibles, soit par des rayons ultraviolets (¹).

Il semble que les radiations agissent sur la vitesse des réactions soit en provoquant la formation de composés intermédiaires instables, soit en mettant en vibration, par un phénomène de résonnance, certains constituants des molécules, ce qui aurait pour effet de relâcher les liaisons et de multiplier le nombre des molécules actives.

Les radiations provoquent également des réactions exothermiques qui ne se produisent pas spontanément en leur absence. C'est le cas de certaines réductions et oxydations.

2. On sait le rôle capital joué par la lumière solaire dans la synthèse des hydrates de carbone par les végétaux (fonction chlorophyllienne). Il fait prévoir que les radiations seront susceptibles de produire des réactions endothermiques, en apportant au système, sous forme d'énergie rayonnante, l'énergie qu'il doit absorber pour réagir. Effectivement, elles permettent de

---

(¹) Rappelons que, suivant les théories actuelles, les radiations suivantes : ondes hertziennes, chaleur rayonnante, lumière visible, rayons ultra-violets, rayons X, sont toutes des vibrations électromagnétiques transversales de l'éther, qui se propagent avec la vitesse de la lumière; leur différence ne tient qu'à la différence de fréquence, c'est-à-dire du nombre de vibrations par seconde.

réaliser, malgré leur caractère endothermique, certaines isomérisations, polymérisations, décompositions (*photolyses* souvent très avancées des alcools, aldéhydes, cétones, etc.), et surtout certaines synthèses (*photosynthèses*) de composés organiques (aldéhyde et amide formiques), à partir de molécules très simples ($H_2$, $H_2O$, $CO$, $CO_2$, $NH_3$).

D'une manière générale, on constate que les radiations, et surtout les radiations ultra-violettes, provoquent des réactions que la chaleur seule ne déterminerait qu'à haute température. Aussi peut-on souvent, en les mettant en œuvre, produire, à des températures où elles sont stables, maintes substances qui se détruiraient aux températures où elles pourraient se former sous la seule action de la chaleur.

Les réactions photochimiques sont le plus souvent réversibles. Il semble, en outre, que la fréquence vibratoire joue ici le même rôle que la température dans les réactions accélérées par l'énergie calorifique (Daniel Berthelot).

Les recherches relatives aux réactions photochimiques ont déjà donné de très intéressants résultats (Ciamician et Silber, Paterno, Daniel Berthelot et Gaudechon, etc.). On peut affirmer que, poursuivies avec méthode, elles éclaireront de lumières nouvelles le mécanisme intime de la réaction chimique et les relations de la matière avec l'énergie.

### 3. — ÉNERGIE ÉLECTRIQUE.

1. L'énergie électrique ne joue pas, en Chimie organique, le rôle si important qu'on lui connaît en Chimie minérale. Cela tient à ce que fort peu de substances organiques sont conductrices de l'électricité (électrolytes). Nous mentionnerons cependant que l'électrolyse des solutions aqueuses des sels alcalins des acides peut être utilisée pour la préparation de divers hydrocarbures; exemple :

$$2\,CH_3\!-\!CO_2Na + 2\,H_2O \;=\; CH_3\!-\!CH_3 + 2\,CO_2 + H_2 + 2\,NaOH \; (1).$$
Acétate de sodium.          Éthane.

------

(1) En réalité, le passage du courant a pour effet de séparer les ions $CH_3\!-\!\overline{CO}_2$ et $\overset{+}{Na}$ de l'acétate de sodium dissocié. Les ions $\overset{+}{Na}$ se dirigent vers la cathode où, après décharge, le sodium décompose l'eau avec dégagement d'hydrogène et formation de soude $NaOH$, tandis que les cathions $CH_3\!-\!\overline{CO}_2$, qui sont très

En utilisant certains phénomènes d'électrolyse, on peut fixer l'hydrogène (hydrogène naissant), à froid, sur maintes substances; on emploiera, à cet effet, par exemple, le couple zinc-cuivre, ou bien une cuve d'électrolyse, dont le compartiment cathodique recevra la substance à réduire ([1]).

2. L'électricité intervient encore, sous forme de décharges électriques, pour provoquer ou accélérer des réactions en milieu gazeux (synthèse de l'acétylène et de l'acide cyanhydrique, BERTHELOT).

3. On emploie également la décharge silencieuse (effluve), qui, notamment, a permis à BERTHELOT de fixer directement l'azote libre sur certaines substances organiques.

### *b.* — La catalyse.

En dehors des agents énergétiques, nous disposons, pour provoquer, pour accélérer (et quelquefois orienter) les réactions, des *catalyseurs* (BERZÉLIUS, 1836). Nous désignerons sous le nom de catalyseur *tout corps qui, introduit en faible proportion dans un système chimique, en provoque ou en accélère considérablement l'évolution, sans paraître prendre part à la réaction* ([2]). Selon l'expression imagée de BERZÉLIUS, il éveille, en quelque sorte, les « affinités assoupies ».

En principe, le catalyseur se retrouve finalement inaltéré, et une faible masse peut transformer une quantité indéfinie des corps réagissants.

L'identité de l'état initial et de l'état final du catalyseur excluant tout apport direct d'énergie au système, le catalyseur ne peut modifier l'affinité des corps en présence. Il s'ensuit que, dans les réactions réversibles, la limite ne peut être déplacée; le catalyseur

---

instables, se décomposent à l'anode suivant :

$$2\,CH^3 - CO^2 \;=\; CH^3 - CH^3 + 2\,CO^2.$$

([1]) Les réductions ainsi provoquées sont d'autant plus énergiques et rapides que l'on emploie une plus forte densité de courant (grand nombre d'ions H libérés) et une plus grande différence de potentiel.

([2]) Nous avons vu ci-dessus que l'élévation de la température, et souvent aussi les radiations, accéléraient les vitesses de réaction. On pourrait donc dire que ces agents énergétiques sont des catalyseurs (catalyseurs thermiques, catalyseurs photochimiques). Toutefois le terme de catalyseur est réservé aux catalyseurs matériels.

doit donc accélérer dans le même rapport les vitesses des deux réactions inverses, ce que l'expérience vérifie.

La catalyse peut avoir lieu soit en milieu homogène, soit en milieu hétérogène.

Les substances les plus variées peuvent jouer le rôle de catalyseurs. Nous les grouperons dans les trois catégories suivantes : catalyseurs physiques, catalyseurs chimiques, catalyseurs biochimiques.

### 1. — CATALYSEURS PHYSIQUES.

Les catalyseurs physiques, ainsi appelés parce que leur mode d'action semble plutôt d'ordre physique, sont des corps très divisés ou très poreux (noir animal, charbon de bois). Leur activité dépend surtout de leur surface de contact, et elle paraît due à l'influence des forces capillaires sur les vitesses de réaction. On peut admettre, en effet, qu'à leur contact les couches de molécules adhérentes sont fortement comprimées, d'où résultent des accroissements locaux de concentration, de pression et de température favorables à la formation des molécules actives et à leur rencontre. Leur action est souvent très brutale, et souvent aussi irrégulière, comme toutes les catalyses en milieu hétérogène, par suite de l'altération, inévitable dans la pratique, de la surface du catalyseur (condensation des produits de la réaction, etc.).

### 2. — CATALYSEURS CHIMIQUES.

Les catalyseurs chimiques sont, en général, des formes chimiques très actives. On admet qu'ils donnent lieu à des réactions intermédiaires très rapides : formation et destruction presque instantanées de produits d'addition instables, qui accélèrent notablement la vitesse de la réaction globale. La grande rapidité des réactions successives où les catalyseurs chimiques paraissent être engagés s'oppose presque toujours à ce qu'on puisse isoler des corps intermédiaires.

Très souvent, on associe l'action de la température à celle des catalyseurs, soit parce que telle réaction catalytique ne s'effectue qu'à certaine température, soit parce qu'on désire l'orienter dans un sens plutôt que dans un autre.

1. Parmi les principaux catalyseurs employés en Chimie organique nous citerons les suivants :

*a.* Tout d'abord les ions. Les acides minéraux agissent par leurs ions positifs $\overset{+}{H}$ ; on les utilise comme catalyseurs des éthérifications, et aussi des hydrolyses (dédoublement de molécules par fixation d'eau : saponification des éthers-sels, dédoublement du sucre et autres polyoses, des nitriles, des amides, des glucosides, etc.). Les bases fortes sont des agents catalytiques très actifs de saponification; elles interviennent par leurs ions négatifs $\overline{OH}$.

*b.* Signalons les oxydations par l'oxygène libre que provoquent les sels manganeux, qui passent temporairement à l'état de sels manganiques (BERTRAND, 1897), et par les sels céreux, qui deviennent momentanément sels cériques (JOB, 1900). A l'état suroxydé, ces sels cèdent leur oxygène aux substances organiques (pyrogallol, hydroquinone, glucose en solution alcaline, etc.).

*c.* 1° Une méthode catalytique extrêmement féconde est la méthode d'hydrogénation en milieu gazeux (gaz et vapeurs) de SABATIER et SENDERENS (1897), qui met en œuvre, comme catalyseurs, quelques métaux très divisés obtenus par réduction de leurs oxydes (nickel, cobalt, fer, cuivre), et surtout le nickel, à des températures variant de 30° à 300°. La théorie la plus vraisemblable du processus d'hydrogénation consiste à admettre la formation d'un hydrure instable du métal, dont la décomposition libérerait l'hydrogène à l'état atomique (H et non $H^2$), c'est-à-dire sous une forme éminemment active. L'hydrogénation d'un corps organique A par le nickel donnerait lieu aux réactions suivantes :

Si le nickel a été réduit de son oxyde au-dessus de 350°, on a :

$$H^2 + Ni^2 = Ni^2H^2, \qquad \text{puis} \qquad Ni^2H^2 + A = Ni^2 + AH^2.$$

Si le nickel a été réduit au-dessous de 300°, on a :

$$H^2 + Ni = NiH^2, \qquad \text{puis} \qquad NiH^2 + A = Ni + AH^2.$$

Les réactions d'hydrogénation qu'on a réalisées par cette méthode sont très nombreuses, et elles portent sur les fonctions les plus diverses (saturations des liaisons multiples, passage des aldéhydes et cétones aux alcools, etc.).

En l'absence d'hydrogène, les métaux réduits (tout spécialement le cuivre) peuvent agir comme catalyseurs de déshydrogénation, et permettre, par exemple, le retour des alcools aux aldéhydes, etc.

2° Le platine et le palladium très divisés sont également des catalyseurs d'hydrogénation très actifs. Leur action est d'autant plus énergique que la surface de contact est plus grande, c'est-à-dire que le métal est plus divisé (mousse, noir); en milieu liquide on augmente énormément la finesse des particules, et par conséquent la surface de contact, en amenant le métal à l'état colloïdal (¹) (FOKINE, 1906; WILLSTÄTTER, PAAL). Le platine est, en outre, un catalyseur d'oxydation (formation d'aldéhyde par oxydation des vapeurs d'alcool en présence de l'air, etc.).

3° Les oxydes anhydres (alumine, thorine, zircone, oxyde tungstique, oxyde titanique, etc.) sont des catalyseurs de déshydratation (alcools), d'éthérification, de production des cétones à partir des acides, etc. Ces catalyses s'effectuent également en milieu gazeux (200° à 500°); on explique toujours leur mécanisme par la formation de composés organo-minéraux intermédiaires (IPATIEW, SABATIER et MAILHE, SENDERENS).

2. Comme on peut le prévoir d'après ce que nous avons dit au sujet des réactions intermédiaires, de nombreux catalyseurs chimiques ont une action *spécifique* qui permet, dans certains cas, d'orienter la réaction. Ainsi, à la même température (300°), on peut, à volonté, dédoubler l'alcool soit en aldéhyde et hydrogène, en faisant passer les vapeurs sur du cuivre réduit, soit en éthylène et eau, en les dirigeant sur une colonne d'alumine.

Observons que certains catalyseurs chimiques, en particulier les métaux colloïdaux et les métaux réduits, perdent plus ou moins complètement leur activité sous l'influence de traces de certains corps, qui sont pour eux de véritables *poisons* : acide

---

(¹) *Note sur les colloïdes*. — Les *colloïdes* donnent avec l'eau de fausses solutions (*solutions colloïdales*), où ils existent sous forme de particules très ténues (de l'ordre du cent-millième de millimètre de diamètre) appelées *micelles*, invisibles au microscope, mais que l'*ultra-microscope* montre animées de mouvements incessants (*mouvement brownien*), image alourdie de l'agitation moléculaire des fluides.

La pression osmotique de ces solutions, ainsi que l'abaissement du point de congélation, sont extrêmement faibles, ce qui conduit à attribuer aux micelles un poids moléculaire très élevé (environ 5000 pour la gélatine, 15000 pour l'albumine). Les micelles portent des charges électriques, positives pour certains colloïdes et négatives pour d'autres. Les colloïdes sont précipitables par les électrolytes ou par la chaleur (*coagulation*).

La plupart des substances paraissent susceptibles de prendre, dans des conditions déterminées, l'état colloïdal. On a préparé des solutions colloïdales de métaux (par pulvérisation électrique au sein de l'eau), d'hydrate ferrique, de silice, etc. L'amidon, les gommes, la gélatine, l'albumine, les diastases, etc. sont des colloïdes organiques naturels.

cyanhydrique, chlore, brome, iode, hydrogène sulfuré, etc. Ces poisons agissent sans doute en formant à la surface des métaux une pellicule très ténue d'un composé stable et inerte qui les isole et arrête leur action.

Il est intéressant de remarquer, en terminant, que la plupart des catalyseurs chimiques utilisés en Chimie organique sont des substances *minérales*.

### 3. — CATALYSEURS BIOCHIMIQUES.

Les catalyseurs biochimiques sont les *ferments solubles*, substances sécrétées par les organismes vivants, qu'on désigne sous les termes génériques de *diastases* ou d'*enzymes*. Ce sont toujours des colloïdes de nature albuminoïdique.

Les réactions provoquées et accélérées par les diastases sont des oxydations (HIKOROKURO YOSHIDA, 1883; BERTRAND), des hydrolyses (dédoublement du saccharose par l'invertine, des glucosides par l'émulsine, des graisses par la lipase, etc.) ([1]).

Les diastases hydrolytiques sont également capables d'effectuer la réaction inverse. Comme tous les catalyseurs dans le cas des réactions réversibles, elles accélèrent chacune des deux réactions opposées de telle sorte que l'équilibre ne soit pas modifié. Entrevu par CROFT HILL en 1898, ce fait a été définitivement établi par BOURQUELOT en 1913.

Les catalyseurs biochimiques sont spécifiques. Chaque catalyseur n'est capable d'agir que sur un corps ou groupe de corps présentant entre eux une étroite analogie de configuration chimique. Il semble, en outre, que certains rapports de structure soient nécessaires entre la diastase et la substance à transformer, de même que, suivant l'heureuse comparaison de FISCHER, une clef donnée ne peut ouvrir que la serrure qui lui correspond.

Les diastases retiennent toujours énergiquement des traces de

---

([1]) Les fermentations courantes (alcoolique, acétique, butyrique, ammoniacale, etc.) sont produites par des êtres microscopiques (saccharomyces, mycoderma, micrococcus, bacillus, etc.), qu'on désigne sous le terme générique de *ferments organisés* ou encore de *ferments figurés*. On admet que ces organismes agissent par les diastases qu'ils sécrètent. La diastase a pu être isolée dans quelques cas, notamment dans celui de la fermentation alcoolique (*zymase* de BUCHNER, qui fait fermenter le glucose en dehors des cellules de levûre de bière qui l'ont produite).

substances minérales, dont la présence paraît indispensable à leur activité : le rôle des sels de manganèse dans l'action des *oxydases* a pu être nettement démontré (BERTRAND, 1897).

De même que les catalyseurs métalliques, les diastases ont ussi leurs *poisons*, et ce sont souvent les mêmes. On sait, d'a urs, qu'elles sont toutes détruites par la chaleur (50° à 80°).

# CHAPITRE II.

## CARBURES D'HYDROGÈNE.

Nous avons montré (p. 47) que certains hydrocarbures, dits *acycliques*, étaient à chaîne ouverte, tandis que d'autres, dits *cycliques*, étaient à chaîne fermée.

## I. — HYDROCARBURES ACYCLIQUES.

Parmi les composés auxquels les carbures acycliques peuvent conduire, par substitution ou par addition, se trouve le groupe très important des corps gras naturels, tels que la stéarine, l'oléine et la palmitine; c'est de là que vient le nom de *série grasse* ou de *série aliphatique* ($\alpha\lambda\epsilon\iota\varphi\alpha\rho$, graisse), par lequel on désigne souvent l'ensemble des carbures acycliques et de leurs dérivés.

Les carbures acycliques comprennent des carbures forméniques, des carbures éthyléniques, des carbures acétyléniques et des carbures à la fois éthyléniques et acétyléniques.

### A. — HYDROCARBURES FORMÉNIQUES $C^n H^{2n+2}$.

On les appelle aussi *hydrocarbures limites* ou *saturés* (p. 41), ou encore *paraffines*, à cause de leur grande stabilité (*parum*, peu; *affinis*). Le premier terme est le gaz des marais (formène ou méthane), qui fut découvert par VOLTA en 1778; on a vu (p. 38 et 39) sa synthèse par BERTHELOT (1855) et, plus tard, par MOISSAN (1894) et par BONE et JERDAN (1897); il prend naissance, en même temps que l'anhydride carbonique, dans la décomposition des matières cellulosiques, sous l'action de certains ferments, et c'est pourquoi on le trouve dans la vase des marais ainsi que dans les mines de houille, où il est connu sous le nom de *grisou*.

Ils sont abondamment répandus dans la nature : le pétrole d'Amérique, notamment, renferme, depuis le premier terme inclus, une longue série d'homologues (PELOUZE et CAHOURS). Ils prennent naissance toutes les fois qu'on soumet à l'action de la chaleur rouge (pyrogénation) des matières organiques riches en hydrogène.

*Modes d'obtention.* — 1° La méthode de synthèse déjà exposée (p. 39 et suiv.), qui consiste à souder ensemble deux résidus de carbures saturés monovalents, identiques (par exemple, $CH^3$ avec $CH^3$, $C^2H^5$ avec $C^2H^5$) ou différents (par exemple, $CH^3$ avec $C^2H^5$, $CH^3$ avec $C^3H^7$, $C^2H^5$ avec $C^4H^9$), en chauffant les iodures alcooliques $CH^3I$, $C^2H^5I$, etc., avec du zinc ou du sodium, est générale (FRANKLAND, WURTZ).

On peut rapprocher de cette méthode celle qui consiste à électrolyser les sels alcalins des acides organiques (*voir* p. 153) : ici également, la molécule du carbure formé résulte, en définitive, de la soudure de deux résidus de carbure.

2° En traitant par un agent d'hydrogénation assez puissant une substance organique quelconque, on forme généralement le carbure saturé possédant même nombre d'atomes de carbone que cette substance; les liaisons doubles ou triples, quand il y en a, deviennent ainsi des liaisons simples, les halogènes passant à l'état d'hydracides, l'oxygène à l'état d'eau $H^2O$ et le soufre à l'état d'hydrogène sulfuré $H^2S$, l'azote à l'état d'ammoniaque $NH^3$, etc. Une solution aqueuse d'acide iodhydrique $HI$ sursaturée, et agissant en tubes scellés à + 280°, réalise une source d'hydrogène suffisante dans tous les cas; l'hydracide se dédouble en iode libre et hydrogène naissant; exemples :

$$CCl^4 \;+\; 8HI \;=\; CH^4 \;+\; 4HCl \;+\; 4I^2,$$

Tétrachlorure<br>de carbone.      Méthane.

$$C^2H^6O \;+\; 2HI \;=\; C^2H^6 \;+\; H^2O \;+\; I^2,$$

Alcool<br>ordinaire.      Éthane.

$$C^6H^{14}O^6 \;+\; 12HI \;=\; C^6H^{14} \;+\; 6H^2O \;+\; 6I^2,$$

Mannite.      Hexane.

$$C^2H^3N \;+\; 6HI \;=\; C^2H^6 \;+\; NH^3 \;+\; 3I^2.$$

Acétonitrile.      Éthane.

Cette réaction, très générale et une des plus belles de la Chimie organique, est due à BERTHELOT [1].

3° En présence du nickel très divisé, tel qu'on l'obtient en réduisant son oxyde par l'hydrogène, les carbures éthyléniques et acétyléniques fixent très aisément l'hydrogène, à chaud, en se transformant en carbures saturés correspondants (SABATIER et SENDERENS, 1897); exemples :

$$CH^3 - CH = CH^2 \;+\; H^2 = CH^3 - CH^2 - CH^3,$$
Propylène.                   Propane.

$$CH \equiv CH \;+\; 2H^2 = CH^3 - CH^3.$$
Acétylène.                   Éthane.

Le nickel se retrouve toujours intact à la fin de l'expérience, et son curieux pouvoir *catalytique*, qui en fait une sorte de *ferment minéral*, dure pour ainsi dire indéfiniment. Il est vraisemblable que le métal forme tout d'abord avec l'hydrogène un hydrure instable, lequel se détruit aussitôt en régénérant le métal et en fournissant de l'hydrogène naissant très actif; le métal s'unit de nouveau à l'hydrogène, l'hydrure recommence son action, et ainsi de suite (*voir* p. 156).

Au lieu de nickel, on peut employer, également sous la forme très divisée, le cobalt, le fer ou le cuivre; mais le nickel est de beaucoup le plus actif; l'ordre suivant lequel nous avons nommé les autres métaux est celui de leur activité décroissante.

Cette méthode d'hydrogénation par *catalyse* est aussi remarquable par son caractère général que par sa simplicité. Outre les liaisons doubles ou triples entre carbone et carbone (liaisons éthyléniques et acétyléniques), elle permet aussi d'attaquer et de saturer des liaisons doubles ou triples entre le carbone et d'autres éléments; nous en verrons par la suite de fréquents

---

[1] La règle s'applique à toutes les substances organiques dont tous les atomes sont directement unis en chaîne continue. Dans le cas où 1, 2 ou plusieurs atomes de carbone sont séparés par un élément polyvalent étranger, chaque portion carbonée se comporte comme si elle était seule. Ainsi le composé

$$CH^3 - CH^2 - O - CH^3$$

fournit non pas le carbure saturé en $C^3$ ou propane $C^3H^4$, mais à la fois de l'éthane $C^2H^6$ et du méthane $CH^4$.

exemples. Bornons-nous à mentionner, pour le moment, l'hydrogénation complète, au moyen du nickel, de l'oxyde de carbone $CO$ et de l'anhydride carbonique $CO^2$, qui sont très aisément transformés en méthane $CH^4$ (lequel est l'hydrocarbure saturé correspondant), avec élimination d'eau (Sabatier et Senderens, 1902) :

$$CO + 3H^2 = CH^4 + H^2O,$$

Oxyde de carbone.    Méthane.

$$C\!\!\begin{array}{l}{\nearrow O}\\{\searrow O}\end{array} + 4H^2 = CH^4 + 2H^2O.$$

Anhydride carbonique.    Méthane.

Ajoutons que le platine et le palladium très divisés (à l'état de *noir*, de *mousse*, ou à l'état *colloïdal*) possèdent également la faculté de fixer l'hydrogène libre sur les molécules non saturées (Fokine, 1906; Willstätter, Paal). La réaction s'accomplit le plus souvent à froid. Ce pouvoir catalytique des deux métaux a été utilisé avec avantage dans divers cas ([1]).

4° a. Les composés organo-métalliques du zinc, qu'on prépare en faisant réagir les iodures alcooliques sur le couple zinc-cuivre sec, et qui répondent à la formule générale $Zn\!\!<^R_R$ ([2]), fournissent les hydrocarbures correspondants quand on les traite par l'eau (Frankland, 1849) :

$$Zn\!\!<\!\!\begin{array}{l}{C^2H^5 + H - OH}\\{C^2H^5 + H - OH}\end{array} = Zn\!\!<\!\!\begin{array}{l}{OH}\\{OH}\end{array} + 2C^2H^6.\nearrow$$

Zinc-éthyle.      Éthane.

b. En faisant agir les chlorures, bromures ou iodures alcooliques sur le magnésium en présence d'éther absolu ([3]), on obtient une série de composés tels que $Mg\!\!<^I_{CH^3}$, $Mg\!\!<^{Br}_{C^2H^5}$,

---

([1]) Si l'on agite continuellement le mélange des corps réagissants, de manière à renouveler les surfaces de contact, le nickel divisé est susceptible, lui aussi, de réaliser des hydrogénations à froid (Brochet).

([2]) R désigne un résidu de carbure saturé monovalent.

([3]) Nous désignons sous ce terme l'oxyde d'éthyle $C^2H^5 - O - C^2H^5$, improprement appelé *éther sulfurique* (*voir* p. 244), qui a été entièrement privé de l'eau et de l'alcool que le produit commercial renferme toujours.

$Mg\begin{cases}Cl\\C^6H^{13}\end{cases}$, qui restent, en général, en solution dans l'éther. Ces *composés organo-halogéno-magnésiens* réagissent avec une grande netteté, comme nous le verrons dans la suite, sur une multitude de corps possédant les fonctions les plus variées (GRIGNARD, 1901)(¹). Le contact de l'eau les décompose immédiatement, avec mise en liberté de l'hydrocarbure correspondant au résidu alcoolique (TISSIER et GRIGNARD). Si donc on traite par l'eau un composé organohalogéno-magnésien dont le résidu organique est un résidu de carbure forménique, on donnera naissance au carbure forménique; exemple :

$$Mg\begin{cases}Br\\\overline{C^2H^5}\end{cases} + \begin{vmatrix}OH\\\overline{H}\end{vmatrix} = Mg\begin{cases}Br\\OH\end{cases} + C^2H^6 \nearrow$$

Bromure<br>d'éthyl-magnésium.            Éthane.

*Propriétés.* — On trouve, parmi les carbures forméniques, des gaz, des liquides légers ou des solides, suivant la grandeur de leur poids moléculaire (*voir* les Tableaux p. 43 et 59). Ils sont insolubles dans l'eau, miscibles entre eux, et, d'une manière générale, solubles dans l'alcool, l'éther, le benzène et la plupart des liquides combustibles.

Ils sont généralement très inflammables, et ils brûlent avec une flamme d'autant plus éclairante que leur teneur en carbone est plus élevée; les produits de leur combustion complète sont la vapeur d'eau et l'anhydride carbonique; exemple :

$$C^2H^6 + 7O = 2CO^2 + 3H^2O.$$

Éthane    Oxygène    Anhydride    Vapeur<br>(2 vol.).    (7 vol.).    carbonique    d'eau<br>(4 vol.).    (6 vol.).

Leur caractère dominant, au point de vue chimique, est une grande stabilité; leur nom même de *carbures saturés* rappelle qu'ils ne fournissent pas de produits d'addition; le terme de *paraffines*, qui leur est aussi réservé, signifie qu'ils sont très

---

(¹) BARBIER, dès l'année 1899, avait indiqué l'emploi du magnésium et sa substitution au zinc. Les composés organo-halogéno-magnésiens furent isolés postérieurement par GRIGNARD, qui montra leur extrême fécondité dans la synthèse organique.

peu aptes à réagir. L'acide sulfurique concentré les laisse intacts; l'acide sulfurique fumant en attaque quelques-uns, mais très difficilement. Le fluor, dont l'action est extrêmement violente (MOISSAN), le chlore, le brome, et aussi, quoique beaucoup plus difficilement, l'acide azotique, sont pour ainsi dire seuls à agir sur les carbures saturés.

Il est à remarquer que les carbones secondaires sont, en général, attaqués par l'halogène de préférence aux carbones primaires, et les tertiaires de préférence aux secondaires. Ainsi, sous l'action du chlore, le propane $CH_3—CH_2—CH_3$ donne surtout le composé $CH_3—CHCl—CH_3$, de même que le méthyl-2-butane fournit aisément le dérivé chloré $CH_3—CCl—CH_3$.
$$\mid$$
$$CH_3$$

L'acide azotique, concentré ou étendu, à chaud ou à froid, suivant les cas, est susceptible de substituer le résidu monovalent $NO_2$ à 1 atome d'hydrogène, lequel forme de l'eau avec l'oxhydryle de l'acide; le nouveau composé obtenu est un dérivé *nitré* (KONOVALOFF, MARKOWNIKOFF); exemple :

$$CH_3—CH_2—CH_2—CH_2—CH_2—CH_3 \;+\; HO—N{\overset{\displaystyle O}{\underset{\displaystyle O}{}}}$$

Hexane.    Acide azotique.

$$=\; H_2O \;+\; CH_3—CH_2—CH_2—CH_2—CH—CH_3$$
$$N{\overset{\displaystyle O}{\underset{\displaystyle O}{}}}$$

Nitrohéxane.

Ici encore ce sont les carbones tertiaires et secondaires qui se *nitrent* de préférence.

Observons que, d'une manière générale, la nitration des carbures forméniques est difficile à réaliser. Nous verrons, au contraire, qu'on effectue très aisément la même opération dans la série benzénique (*voir* p. 195).


## B. — HYDROCARBURES ÉTHYLÉNIQUES $C_nH_{2n}$.

Les carbures éthyléniques ont pour groupement fonctionnel $>C=C<$ (p. 61). Le plus simple est l'éthylène $CH_2=CH_2$, qui fut découvert en 1795 par les quatre chimistes hollandais DEIMANN, VAN TROOSTWICK, BONDT et LAUWERENBURGH.

Ils sont très rares dans la nature; on en trouve de petites quantités dans le pétrole du Caucase. En général, on les rencontre dans les produits des réactions pyrogénées.

*Modes d'obtention.* — 1° Tout carbure saturé bihalogéné $C^nH^{2n}X^2$ dont les 2 atomes halogènes sont fixés à 2 atomes de carbone voisins peut les perdre quand on fait réagir sur lui, dans des conditions déterminées, le sodium, le zinc ou un autre métal approprié, en donnant un carbure éthylénique ([1]); exemple :

$$CH^3 — CHBr — CHBr — C^2H^5 + Zn$$
2.3-Dibromopentane.

$$= CH^3 — CH = CH — C^2H^5 + ZnBr^2.$$
2-Pentène.      Bromure de zinc.

2° Une méthode également générale consiste à soustraire les éléments de l'hydracide (HI, HBr, HCl) aux carbures halogénés saturés en les chauffant avec de la potasse alcoolique (potasse dissoute dans l'alcool); exemple :

$$\begin{array}{ccc} CH^2H & OH \\ | \quad + \quad | & = KI + H^2O + CH^2 = CH^2. \\ CH^2I & K \end{array}$$
Éthylène
(éthène) ([2]).

On observe le plus souvent, dans ces réactions, que l'iode s'élimine plus facilement que le brome, et le brome que le chlore.

3° Un mode de préparation plus pratique, en général, des carbures éthyléniques, consiste à chauffer l'alcool correspondant avec de l'acide sulfurique ou du chlorure de zinc, qui lui enlèvent les éléments de l'eau. L'alcool éthylique donne ainsi l'éthylène (DEIMANN, VAN TROOSTWICK, BONDT et LAUWERENBURGH) :

$$CH^3 — CH^2OH = H^2O + CH^2 = CH^2.$$
Alcool éthylique (éthanol).      Éthylène.

De même l'alcool propylique $CH^3 — CH^2 — CH^2OH$ et son isomère

---

([1]) Exceptionnellement, le composé $CH^3 — CHBr^2$, ou bromure d'éthylidène, conduit, comme son isomère le bromure d'éthylène $CH^2Br — CH^2Br$, à l'éthylène $CH^2 = CH^2$ (p. 44).

([2]) Il se fait en même temps, d'ailleurs, par substitution de l'oxhydryle de la potasse KOH à l'atome halogène, une petite quantité de l'alcool correspondant ($CH^2 — CH^2OH$ dans l'exemple choisi), lequel se forme presque seul, au contraire, quand on emploie la potasse en solution aqueuse.

l'alcool isopropylique $CH^3 — CHOH — CH^3$ conduisent l'un et l'autre au propylène $CH^3 — CH = CH^2$.

(*Voir* p. 243 la théorie de la réaction.)

4° Un grand nombre de substances *anhydres* (alumine, thorine, oxyde bleu de tungstène, silice, argile, kaolin, pierre ponce, phosphates, etc.) exercent sur les alcools une action *catalytique* déshydratante (IPATIEW, GRIGORIEFF, SENDERENS, SABATIER et MAILHE). Si l'on fait arriver sur ces catalyseurs, chauffés à 300°-400°, des vapeurs d'un alcool, elles sont décomposées en eau et hydrocarbure éthylénique; exemple :

$$CH^3 — CH^2 — CH^2OH \quad = \quad H^2O \; + \; CH^3 — CH = CH^2 \quad (^1).$$

Alcool propylique (propanol-1).        Propylène (propène).

*Propriétés.* — Les propriétés physiques des carbures éthyléniques sont analogues à celles des carbures forméniques (*voir* quelques exemples d'isomères, p. 45).

Ils sont également, comme ces derniers, très inflammables.

Leurs caractères chimiques généraux sont essentiellement différents de ceux des carbures forméniques : les carbures éthyléniques sont des corps très sensibles aux agents de réaction.

1. Ils sont capables de fixer directement 2 atomes d'hydrogène ou d'élément halogène pour donner soit le carbure saturé correspondant, soit le dérivé dihalogéné de ce même carbure (p. 44

---

(¹) D'une manière générale, la réaction s'explique par la formation temporaire, entre l'alcool et le catalyseur, d'une combinaison instable, qui se détruirait au fur et à mesure, en donnant le carbure éthylénique et en régénérant le catalyseur, dont les mêmes effets se répéteraient indéfiniment.

A titre d'exemple, voici, d'après SABATIER et MAILHE, quel serait le mécanisme intime dans le cas de la thorine et de l'alcool éthylique : l'action des vapeurs d'éthanol donnerait un thorinate instable, qui se décomposerait aussitôt en dégageant de l'éthylène :

$$ThO^2 + 2\,C^2H^5OH \;=\; ThO\!\!<\!\!{OC^2H^5 \atop OC^2H^5} + H^2O$$

$$ThO\!\!<\!\!{OC^2H^5 \atop OC^2H^5} \;=\; 2\,C^2H^4 + ThO\!\!<\!\!{OH \atop OH}$$

$$ThO\!\!<\!\!{OH \atop OH} \;=\; ThO^2 + H^2O.$$

Une interprétation analogue pourra être donnée de diverses autres réactions catalytiques déshydratantes, provoquées par des oxydes métalliques, dont nous aurons l'occasion de parler dans la suite (SABATIER et MAILHE).

et 45); exemples :

$$CH^3 - CH = CH^2 \; + \; H^2 \quad = \quad CH^3 - CH^2 - CH^3,$$

Propylène (ou propène).                Propane.

$$CH^3 - CH = CH^2 \; + \; Br^2 \quad = \quad CH^3 - CH\,Br - CH^2\,Br$$

Propylène.                Bromure de propylène.
                         (ou propane bibromé-1.2).

**2.** Les hydracides peuvent également s'unir, plus ou moins facilement, par addition pure et simple, aux carbures éthyléniques, et fournir ainsi des dérivés monohalogénés de carbures saturés (BERTHELOT); exemple :

$$CH^2 = CH^2 + HI \quad = \quad CH^2I - CH^3.$$

Éthylène.             Iodure d'éthyle (iodoéthane).

L'élément halogène tend, en général, à se fixer sur le carbone le moins hydrogéné; exemple :

$$CH^3 - CH = C - CH^3 + HI \quad = \quad CH^3 - CH^2 - CI - CH^3$$
$$\quad\quad\quad\quad\; | \quad\quad\quad\quad\quad\quad\quad\quad\quad\quad\quad\quad\quad\quad\quad\quad | $$
$$\quad\quad\quad\quad CH^3 \quad\quad\quad\quad\quad\quad\quad\quad\quad\quad\quad\quad\quad CH^3$$

Méthyl-2-butène-2.             Iodo-2-méthyl-2-butane.

On remarque que, tandis que le chlore libre se fixe plus aisément que le brome, et le brome que l'iode, au contraire la fixation de HCl est moins facile que celle de HBr, et celle-ci moins facile que la fixation de HI.

**3.** L'ozone peut, avec autant de netteté que le chlore ou le brome, saturer les liaisons éthyléniques, sur lesquelles il se fixe à raison d'une molécule $O^3$ par double liaison (HARRIES, 1904); exemple :

$$CH^2 = CH^2 + O^3 \quad = \quad CH^2 - CH^2$$

Éthylène.

Les composés d'addition obtenus, appelés *ozonides*, sont instables et, en général, explosifs. L'eau les décompose en coupant la molécule à l'endroit de la double liaison initiale; à chacun des 2 atomes de carbone intéressés reste fixé 1 atome d'oxygène, de telle sorte qu'il y a production d'aldéhydes (—CHO) ou de cétones (— CO —), et le troisième atome d'oxygène s'élimine à l'état d'eau oxygénée $H^2O^2$. C'est ainsi que l'ozonide de l'éthylène fournit 2 molécules d'aldéhyde formique $CH^2O$ (soit $H—CHO$) :

$$CH^2—CH^2 \atop O \qquad O \diagdown \diagup O + H^2O = 2\,CH^2O + H^2O^2.$$

Ozonide de l'éthylène.        Aldéhyde    Eau
                        formique.   oxygénée.

4. L'acide sulfurique, agité avec l'éthylène, absorbe lentement ce gaz, en donnant l'acide éthylsulfurique (*acide sulfovinique*), et ce dernier, chauffé avec de l'eau, fournit l'alcool éthylique, en régénérant l'acide sulfurique (BERTHELOT, 1854) :

*a.*
$$CH^2=CH^2 + {O \atop O}\!\!\diagup\!\!\diagdown S\!\!\diagdown\!\!{OH \atop OH} = CH^3—CH^2—O—SO^2—OH,$$

Éthylène.     Acide sulfurique.     Acide éthylsulfurique (acide sulfovinique).

*b.*
$$CH^3—CH^2—O—SO^2—OH + H^2O = SO^2\!\!\diagdown\!\!{OH \atop OH} + CH^3—CH^2OH.$$

Acide éthylsulfurique.     Acide sulfurique.     Alcool éthylique (éthanol).

Cette réaction, qui revient, en définitive, à la fixation d'une molécule d'eau sur l'éthylène, présente, au point de vue théorique, une grande importance : elle réalise en effet la synthèse de l'alcool à partir des éléments, attendu que l'éthylène $C^2H^4$ peut être obtenu par hydrogénation de l'acétylène $C^2H^2$ (p. 46) et celui-ci par combinaison directe des éléments (p. 45).

La réaction est d'ailleurs générale, et l'on peut de même passer des divers carbures éthyléniques aux alcools par voie d'hydratation.

5. L'acide hypochloreux $ClOH$, le chlorure de nitrosyle $Cl—N=O$, le peroxyde d'azote $N^2O^4$, et une foule d'autres composés, sont susceptibles dé se fixer intégralement sur les carbures éthyléniques. Dans toutes ces réactions d'addition, la liaison éthylénique $C=C$ s'ouvre et devient, par saturation, liaison simple $C—C$.

6. Outre l'ozone (*voir* ci-dessus), d'autres agents d'oxydation sont susceptibles de couper la chaîne à l'endroit de la double liaison, point plus particulièrement vulnérable désigné à l'avance pour la première brèche à faire dans la molécule : il suffit pour cela, par exemple, de traiter le carbure, brutalement et sans pré-

caution spéciale, par une solution concentrée de permanganate de potassium; on obtient alors deux acides, qui possèdent à eux deux autant d'atomes de carbone que le carbure éthylénique détruit; exemple :

$$CH^3 — CH^2 — CH \neq CH — CH^2 — CH^2 — CH^3 + 2O^2$$
Heptène-3.

$$= CH^3 — CH^2 — CO^2H + CO^2H — CH^2 — CH^2 — CH^3.$$
Acide propionique          Acide butyrique<br>(propanoïque).          (butanoïque).

(*voir* aussi p. 235).

7. Beaucoup de carbures éthyléniques sont susceptibles, soit spontanément, soit sous l'action de la chaleur ou de la lumière, soit sous l'influence de petites quàntités d'acide sulfurique, de chlorure de zinc ou de certains autres réactifs, de se polymériser, par condensation de deux ou plusieurs molécules en une seule; en général, les polymères ainsi formés sont eux-mêmes des carbures éthyléniques. Parfois, ils peuvent se dépolymériser sous l'action de la chaleur, et retourner ainsi au type simple initial.

### Carbures à plusieurs fonctions éthyléniques.

Lorsqu'on fait réagir le sodium sur le composé $CH^2=CH—CH^2I$ connu sous le nom d'*iodure d'allyle*, il se forme de l'iodure de sodium, et deux résidus monovalents $CH^2=CH—CH^2—$ se soudent en donnant le *diallyle* $CH^2=CH—CH^2—CH^2—CH=CH^2$ ou hexadiène-1.5 (BERTHELOT et DE LUCA, 1856). Ce composé donne deux fois les réactions des carbures éthyléniques : il peut, notamment, fixer par addition 4 atomes de brome; le tétrabromure ainsi obtenu $CH^2Br—CHBr—CH^2—CH^2—CHBr—CH^2Br$ est un composé solide, à odeur camphrée, fondant à 63°. Le diallyle peut de même donner un diozonide, etc.

Le méthyl-2-butadiène-1.3 ou isoprène $CH^2=C—CH=CH^2$,
|<br>CH<sup>3</sup>

qu'on peut former, notamment, en soustrayant par la potasse alcoolique 2HBr au composé $CH^3—CBr—CH^2—CH^2Br$, est un
|<br>CH<sup>3</sup>

liquide mobile, qui bout à 33°,5. Il prend naissance dans la distillation sèche du caoutchouc et de la gutta-percha (WILLIAMS, 1860), ainsi que dans la décomposition pyrogénée de divers terpènes (*voir* p. 212); caoutchouc, gutta-percha et terpènes sont des polymères plus ou moins condensés de l'isoprène $C^5H^8$. Réciproquement, l'isoprène est susceptible de se polymériser en donnant des terpènes et aussi du caoutchouc (Bouchardat, 1879) [1].

Le plus simple des carbures diéthyléniques est le propadiène ou allène $CH^2 = C = CH^2$. C'est un gaz qui se convertit en son isomère l'allylène $CH^3 - C \equiv CH$ (carbure acétylénique, *voir* p. 173) quand on le chauffe avec du sodium.

On connaît d'autres carbures diéthyléniques; ils répondent tous à la formule brute $C^n H^{2n-2}$, qui en fait des isomères des carbures acétyléniques. Il existe même des composés possédant 3, 4, ..., *n* fois la fonction éthylénique.

Doubles liaisons conjuguées. Valences partielles.

1. Les carbures contenant le groupement $>C = \overset{|}{C} - \overset{|}{C} = C<$, où les deux doubles liaisons, séparées par une liaison simple, sont dites *conjuguées*, fixent l'hydrogène ou les halogènes d'une façon anormale. Ainsi, au lieu de fournir, comme on était en droit de s'y attendre, un bibromure de formule

$$>C = \overset{|}{C} - \overset{|}{\underset{Br}{C}} - \overset{|}{\underset{Br}{C}}<,$$

par saturation normale d'une double liaison, ils donnent, par fixation des 2 atomes de brome sur les 2 atomes de carbone extrêmes et création d'une double liaison entre les 2 atomes de carbone médians, le bibromure

$$>\overset{|}{\underset{Br}{C}} - \overset{|}{C} = \overset{|}{C} - \overset{|}{\underset{Br}{C}}<.$$

Par exemple, avec le butadiène (ou érythrène) on a :

$$\overset{1}{C}H^2 = \overset{2}{C}H - \overset{3}{C}H = \overset{4}{C}H^2 + Br^2 = CH^2Br - CH = CH - CH^2Br.$$

Butadiène.        Bibromure.

---

[1] La polymérisation en caoutchouc est réalisable sous des influences diverses (chaleur seule, acides, sodium). Un des problèmes industriels les plus intéressants de l'heure présente est l'obtention, dans des conditions avantageuses, de l'isoprène, à partir duquel la fabrication synthétique du caoutchouc est relativement aisée.

Pour expliquer l'anomalie, THIELE (1899) suppose que la liaison éthylénique n'a pas la constitution simple $\mathopen{>}C = C\mathclose{<}$ qu'on lui attribue. Il imagine que, dans la double liaison, l'une des deux valences qu'échange chaque atome de carbone avec son voisin n'est pas entièrement saturée, mais reste en partie libre, ce que traduit le schéma

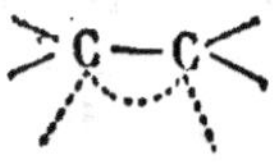

$$\mathopen{>}\overset{\cdot}{\underset{\cdot}{C}} - \overset{\cdot}{\underset{\cdot}{C}}\mathclose{<}$$

Le butadiène sera, dans cette hypothèse, représenté par le schéma

$$CH^2 - CH - CH - CH^2$$
Butadiène.,

où les valences partielles se saturent naturellement 2 à 2, sauf celles des 2 atomes de carbone extrêmes 1 et 4, qui seules restent libres et par conséquent immédiatement susceptibles de réactions d'addition. La fixation de 2 atomes de brome se fera donc sur les atomes de carbone 1 et 4, et la formation du bibromure se traduira de la manière suivante :

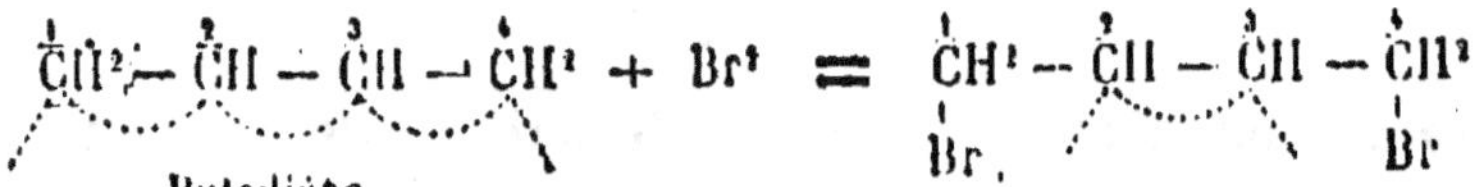

$$\overset{1}{CH^2} - \overset{2}{CH} - \overset{3}{CH} - \overset{4}{CH^2} + Br^2 = \overset{1}{CH^1} - \overset{2}{CH} - \overset{3}{CH} - \overset{4}{CH^2}$$

Butadiène.          Br.      Br
Bibromure.

On voit que, dans le bibromure formé, les 2 atomes de carbone médians 2 et 3 ont seuls maintenant des valences partielles libres, et c'est sur eux par conséquent que se trouve désormais la liaison éthylénique restante.

2. La théorie des valences partielles a permis d'interpréter un certain nombre d'autres réactions d'addition anormales qu'on observe dans l'étude de composés fort divers.

Par ailleurs, on remarquera qu'elle explique d'une manière satisfaisante le fait que les composés éthyléniques sont plus actifs, plus aisément attaqués par les différents agents chimiques que les corps saturés.

3. La même conception trouve une intéressante application dans le problème du benzène. Le schéma de KEKULÉ, modifié selon

les idées de THIELE, s'écrira :

$$H$$
$$|$$

Formule du benzène (Thiele).

On voit que cette formule est parfaitement symétrique, et que la difficulté qui était inhérente à la présence des doubles liaisons (p. 51) a disparu. La formule permet de concevoir, en outre, que le benzène se comporte très souvent comme un composé saturé, grâce *aux actions* réciproques des valences partielles.

## C. — HYDROCARBURES ACÉTYLÉNIQUES $C^n H^{2n-2}$.

Les carbures acétyléniques (*voir* p. 45 et 62) ont pour groupement fonctionnel $-C \equiv C-$. Le premier terme est l'acétylène $HC \equiv CH$; il fut entrevu par DAVY en 1836; on a vu (p. 45) sa formation synthétique par BERTHELOT en 1862.

Comme les carbures forméniques et éthyléniques, les carbures acétyléniques se forment dans la plupart des réactions pyrogénées, et l'on observe qu'il y a toujours prédominance de l'acétylène. Ils sont très rares dans la nature; on les a signalés en faible proportion dans les pétroles du Caucase.

*Modes d'obtention.* — 1. Les carbures saturés dihalogénés $C^n H^{2n} X^2$ dont les 2 atomes halogènes sont fixés soit sur le même carbone, soit sur 2 atomes de carbone voisins, peuvent perdre, sous l'action de la potasse alcoolique, les éléments de 2 molécules d'hydracide, en fournissant des carbures acétyléniques. A l'exemple de l'acétylène déjà connu (p. 46), ajoutons les suivants :

$$CH^3-CH^2-CHCl^2 + 2KOH = 2KCl + 2H^2O + CH^3-C \equiv CH,$$

Dichloropropane-1.1.          Allylène (propine).

$$H^3-CHBr-CHBr-CH^3 + 2KOH = 2KBr + 2H^2O + CH^3-C \equiv C-CH^3,$$

Dibromobutane-2.3.          Butine-2.

*a.* On voit que, dans le second exemple choisi, l'élimination d'hydracide peut se faire de deux autres façons différentes; en fait, outre le butine-2, deux carbures diéthyléniques isomériques prennent naissance : le butadiène-1.3 $CH^2=CH—CH=CH^2$, et le butadiène-1.2 $CH^3—CH=C=CH^2$. Ce dernier carbure, où les deux fonctions éthyléniques sont côte à côte, est un *carbure allénique*, du nom du plus simple, l'allène ou propadiène $CH^2=C=CH^2$ (*voir* p. 171).

*b.* Lorsque, dans le carbure saturé dihalogéné dont on part, les 2 atomes halogènes sont fixés sur l'avant-dernier carbone de la chaîne, l'élimination des 2 molécules d'hydracide peut également se faire de 3 façons différentes, et l'on obtient effectivement un mélange de 3 carbures isomériques. Ainsi le dichloro-2. 2-butane $CH^3—CH^2—CCl^2—CH^3$ fournit à la fois le butine-1, le butine-2 et le butadiène-1.2 :

$$CH^3—CH^2—C\equiv CH \qquad CH^3—C\equiv C—CH^3 \qquad CH^3—CH=C=CH^2.$$
Butine-1.        Butine-2.        Butadiène-1.2.

Ces diverses réactions, d'ailleurs, présentent toutes deux phases, qui correspondent à l'élimination d'une première puis d'une seconde molécule d'hydracide, chaque molécule d'hydracide éliminée provenant de la soustraction de 1 atome d'hydrogène à l'un des deux atomes de carbone intéressés et de 1 atome d'halogène à l'autre atome de carbone; exemple :

$$CH^3—CH^2—CHCl^2 \ \rightarrow \ CH^3—CH=CHCl \ \rightarrow \ CH^3—C\equiv CH.$$
Dichloropropane-1.1.        Chloro-1-propène-1.        Propine.

La méthode est tout à fait générale.

2. On prépare couramment l'acétylène, pour l'éclairage, en décomposant par l'eau le carbure de calcium, obtenu lui-même en chauffant la chaux avec le charbon au four électrique (MOISSAN, 1898) :

$$C^2Ca \ + \ H^2O \ = \ C^2H^2 \ + \ CaO,$$
Carbure             Acétylène.    Chaux.<br>de calcium.

3. Quand on dirige un courant d'acétylène dans une solution de sodammonium ($NH^3Na$) dans de l'ammoniac liquéfié, il se fait de l'acétylène monosodé, et si l'on ajoute au mélange un iodure alcoolique, on obtient un carbure acétylénique (LEBEAU et PICON,

1913); exemple :

$$CH \equiv CNa \quad + \quad ICH^2 - CH^3 \quad = \quad NaI + CH \equiv C - CH^2 - CH^3.$$

Acétylène        Iodure                Butine-1.
monosodé.       d'éthyle.

*Propriétés.* — Les propriétés physiques dés carbures acétyléniques sont analogues à celles des carbures saturés et éthyléniques (*voir* quelques exemples d'isomères, p. 47). Leur odeur est toutefois spéciale : en général, elle est plus ou moins alliacée.

Ils sont très inflammables.

Leurs propriétés chimiques générales les éloignent des carbures saturés, pour les rapprocher des carbures éthyléniques, et ils possèdent, vis-à-vis des réactifs, une sensibilité souvent plus grande que ces derniers.

1. Ils peuvent fixer directement 2 et 4 atomes d'hydrogène, en donnant naissance, successivement, aux carbures éthyléniques $C^n H^{2n}$ et aux carbures saturés $C^n H^{2n+2}$; exemples :

$$CH^3 - C \equiv CH \quad + \quad H^2 \quad = \quad CH^3 - CH = CH^2,$$

Allylène (ou propine).         Propylène (ou propène).

$$CH^3 - CH = CH^2 \quad + \quad H^2 \quad = \quad CH^3 - CH^2 - CH^3.$$

Propylène.              Propane.

De même, en s'unissant directement à 2 et à 4 atomes d'halogène, ils fournissent successivement des carbures éthyléniques dihalogénés $C^n H^{2n-2} X^2$ et des carbures saturés tétrahalogénés $C^n H^{2n-2} X^4$; exemple :

$$CH^3 - C \equiv CH \quad \rightarrow \quad CH^3 - CBr = CHBr \quad \rightarrow \quad CH^3 - CBr^2 - CHBr^2.$$

Allylène.       Dibromo-1.2-propène-1.       Tétrabromo-1.1.2.2-propane.

2. Pareillement encore, les carbures acétyléniques peuvent fixer 2HCl, 2HBr, 2HI.

3. Ils possèdent même la curieuse propriété, quand on les chauffe avec de l'eau vers 300°, d'en fixer directement 1 molécule; l'acétylène fournit ainsi l'acétaldéhyde, et les autres carbures donnent des cétones (DESGREZ; *voir* aussi p. 286) :

$$CH \equiv CH \quad + \quad H^2O \quad = \quad CH^3 - CHO,$$

Acétylène.           Acétaldéhyde.

$$CH^3 - C \equiv CH \quad + \quad H^2O \quad = \quad CH^3 - CO - CH^3.$$

Allylène           Acétone ordinaire
(propine).        (ou propanone) ([1]).

---

[1] Bien plus, ils sont susceptibles de fixer, dans des conditions spéciales,

**4. En général,** les carbures acétyléniques résistent peu aux agents d'oxydation : la chaîne se scinde à l'endroit de la triple liaison, qui est le point vulnérable de la molécule, et l'on obtient, comme avec les carbures éthyléniques, deux acides; exemple :

$$CH^3 - CH^2 - C \not\equiv C - CH^3 \ + \ O^3 \ + \ H^2O$$
Pentine-2.

$$= \ CH^3 - CH^2 - CO^2H \ + \ CO^2H - CH^3.$$
Acide propionique.        Acide acétique.

Leur tendance à la polymérisation est très grande; comme dans le cas de l'acétylène (p. 48), les polymères obtenus sont le plus souvent des carbures benzéniques.

**Carbures acétyléniques vrais et carbures acétyléniques bisubstitués.**

**1.** L'acétylène $CH \equiv CH$ donne, avec le chlorure cuivreux ammoniacal, un précipité rouge caractéristique, et, avec le nitrate d'argent ammoniacal, un précipité blanc. Dans ces précipités, l'hydrogène de l'acétylène a été remplacé par des valences métalliques; sous l'action des acides étendus, qui s'emparent du métal, ils régénèrent l'acétylène (BERTHELOT, 1866); exemple :

$$CAg \equiv CAg \ + \ 2HCl \ = \ 2AgCl \ + \ CH \equiv CH.$$
Acétylure d'argent.        Chlorure d'argent.        Acétylène.

Certains carbures acétyléniques fournissent, quand on les traite par les mêmes réactifs, des précipités analogues (les cuivreux sont jaunes, les argentiques sont blancs) : ils ont donc un atome d'hydrogène remplaçable par des valences métalliques. Leur formule générale est $R - C \equiv CH$, R désignant un résidu de carbure saturé monovalent; ce sont des *carbures acétyléniques vrais*. Leurs dérivés argentiques ont pour formule générale

$$R - C \equiv C\,Ag$$

et leurs dérivés cuivreux

$$R - C \equiv C - Cu$$
$$R - C \equiv C - Cu.$$

---

certaines molécules organiques, avec formation d'un composé éthylénique substitué :

$$(- C \equiv C -) + CH^3OH \ \rightarrow \ [- C(OCH^3) \equiv CH -].$$

D'autres demeurent intacts sous l'action des mêmes réactifs : ils n'ont donc pas d'hydrogène remplaçable; ce sont les *carbures acétyléniques bisubstitués* $R_1—C≡C—R_2$; le méthyléthylacétylène $CH^3—C≡C—C^2H^5$, par exemple, est un de ces carbures.

On peut ainsi distinguer aisément, et même séparer les uns des autres, les carbures des deux sortes; les précipités métalliques, isolés par filtration et traités par l'acide chlorhydrique étendu, régénéreront les carbures acétyléniques vrais.

Un autre réactif très sensible des carbures acétyléniques vrais est le nitrate d'argent en solution alcoolique (BÉHAL); les précipités qu'il forme sont blancs et répondent à la formule générale

$$R — C≡CAg.NO^3Ag.$$

Il est possible de transformer les carbures acétyléniques *vrais* en carbures acétyléniques *bisubstitués*, et réciproquement; d'une part, les premiers, chauffés vers 150° avec de la potasse alcoolique, donnent les carbures bisubstitués; et ceux-ci, d'autre part, chauffés avec du sodium, régénèrent les carbures acétyléniques vrais (FAVORSKY); exemple :

$$CH^3—(CH^2)^3—CH^2—C≡CH \quad \rightleftharpoons \quad CH^3—(CH^2)^4—C≡C—CH^3.$$

Heptine-1 ou œnanthylidène        Heptine-2 ou méthylbutylacétylène
(carb. acétylén. vrai).              (carb. acétylén. bisubst.).

Ce sont là deux exemples très nets d'*isomérisation* (on dit souvent aussi *transposition moléculaire*, ou *migration moléculaire*, ou encore *migration atomique*), comme on en rencontre souvent en Chimie organique.

### DÉRIVÉS ALCALINS.

Les métaux alcalins attaquent les carbures acétyléniques vrais en déplaçant l'hydrogène remplaçable.

Ainsi l'acétylène, chauffé avec du sodium (à 180° et au-dessus), fournit successivement, avec dégagement d'hydrogène, le dérivé monosodé $CH≡CNa$ puis le dérivé disodé $CNa≡CNa$ (MATIGNON).

Le même métal réagit, généralement à froid, sur les carbures acétyléniques monosubstitués; exemple :

$$2CH^3—(CH^2)^5—C≡CH + 2Na = 2CH^3—(CH^2)^5—C≡CNa + H^2.$$

Octine-1 (caprylidène).                Octine sodé.

Les dérivés alcalins obtenus sont des corps extrêmement actifs : c'est ainsi, notamment, qu'ils réagissent instantanément sur l'eau, en régénérant le carbure, avec mise en liberté d'alcali; exemple :

$$CH^3 - (CH^2)^4 - C \equiv CNa + H^2O \; = \; CH^3 - (CH^2)^4 - C \equiv CH + NaOH.$$

Heptine sodé.         Heptine-1.     Soude.

### Dérivés halogéno-magnésiens.

Les carbures acétyléniques *vrais* réagissent sur les composés organo-halogéno-magnésiens, avec mise en liberté du carbure correspondant au résidu organique du composé magnésien, et substitution du résidu monovalent halogéné MgX à l'hydrogène du groupe C ≡ CH (JOTSITCH).

Si l'on chauffe, par exemple, la solution éthérée d'iodure de méthylmagnésium avec de l'heptine-1, on observe un dégagement régulier de méthane, d'après l'équation suivante :

$$CH^3 - (CH^2)^4 - C \equiv CH + CH^3MgI$$

Heptine-1.

$$= CH^4 + CH^3 - (CH^2)^4 - C \equiv CMgI.$$

Heptine-1-iodomagnésien.

L'acétylène peut fournir des dérivés monohalogéno-magnésiens et des dérivés dihalogéno-magnésiens, tels les composés

$$IMgC \equiv CH \qquad et \qquad BrMgC \equiv CMgBr.$$

Les carbures acétyléniques halogéno-magnésiens sont des corps très actifs, au même titre que les dérivés alcalins, qu'ils peuvent remplacer dans la plupart des réactions; l'eau, notamment, les décompose instantanément, avec régénération du carbure acétylénique initial; exemple :

$$CH^3 - (CH^2)^5 - C \equiv CMgBr + H^2O$$

Octine-1-bromomagnésien.

$$= CH^3 - (CH^2)^5 - C \equiv CH + Mg\Big\langle {Br \atop OH} \cdot$$

Octine-1.

### Hydrocarbures à plusieurs fonctions acétyléniques.

En enlevant par la potasse alcoolique $4HBr$ au tétrabromure de diallyle

$$CH^2Br - CHBr - CH^2 - CH^2 - CHBr - CH^2Br,$$

on obtient le dipropargyle $CH \equiv C - CH^2 - CH^2 - C \equiv CH$ ( Louis Henry, 1872), carbure deux fois acétylénique vrai, capable de fixer 8 atomes de brome, et qui se trouve être un isomère du benzène $C^6H^6$.

On forme des carbures à deux fonctions acétyléniques voisines en oxydant les dérivés cuivreux des carbures acétyléniques par le ferricyanure de potassium (Glaser); exemple :

$$\begin{array}{l} CH^3 - C\equiv C - Cu \\ \qquad\qquad\qquad | \\ CH^3 - C\equiv C - Cu \end{array} + O^2 = \underset{\text{Hexadiine-2.4.}}{CH^3 - C\equiv C - C\equiv C - CH^3} + \underset{\substack{\text{Oxyde} \\ \text{de cuivre.}}}{2CuO.}$$

Allylénure cuivreux.

Divers corps analogues ont été préparés.

## D. — DÉRIVÉS HALOGÉNÉS
## DES HYDROCARBURES ACYCLIQUES

### I. — HYDROCARBURES FORMÉNIQUES HALOGÉNÉS.

MODES D'OBTENTION. — 1° *Par substitution directe.* — En général, le chlore et le brome se substituent directement à l'hydrogène des carbures forméniques (*voir* p. 39, 41, 165). Très énergique avec les premiers termes, la réaction l'est de moins en moins à mesure qu'on monte dans la série; elle est facilitée par la chaleur, la lumière solaire ou la présence de certains corps, tels que l'iode, lequel se convertit transitoirement en trichlorure d'iode $ICl^3$, ultérieurement dédoublable en protochlorure $ICl$ et chlore naissant. L'iode n'attaque pas les carbures saturés, et c'est par voie indirecte que l'on prépare les dérivés iodés (*voir* p. 182).

2° *En partant des carbures non saturés.* — On fixe directement, et plus ou moins facilement, sur les carbures éthyléniques, $Cl^2$,

Br², BrCl, I², ou HCl, HBr, HI, et, sur les carbures acétyléniques, 2Cl², 2Br², 2I², ou 2HCl, 2HBr, 2HI (*voir* p. 45, 46, 165, 166, 173).

3° *En partant des alcools.* — *a*. En faisant réagir les hydracides sur les alcools R — OH, on remplace l'oxhydryle par un atome d'élément halogène, avec élimination d'eau (éthérification, *voir* p. 215); exemple :

$$CH^3OH \quad + \quad HBr \quad = \quad H^2O \quad + \quad CH^3Br.$$

Alcool méthylique               Bromométhane<br>(méthanol)               (bromure de méthyle).

Cette réaction de substitution n'est qu'une apparence : elle est, en réalité, précédée de la formation d'un produit d'addition, résultant de la fixation de l'hydracide sur l'oxygène fonctionnant comme tétravalent. On a ainsi les combinaisons suivantes :

$$
\begin{array}{ccc}
CH^3 \quad Cl & CH^3 \quad Br & CH^3 \quad I \\
\diagdown \diagup O \diagdown \diagup & \diagdown \diagup O \diagdown \diagup & \diagdown \diagup O \diagdown \diagup \\
H \quad\quad H & H \quad\quad H & H \quad\quad H
\end{array}
$$

qui sont susceptibles d'être isolées, et qui, très instables, perdent aisément les éléments de l'eau en donnant le composé halogéné [1].

*b*. La substitution de l'halogène à l'oxhydryle se réalise plus aisément en traitant les alcools par les composés halogénés du phosphore, dont l'action sur les alcools rappelle de tous points celle qu'ils exercent sur l'eau; exemples :

$$PBr^3 \quad + \quad 3C^2H^5OH \quad = \quad P(OH)^3 \quad + \quad 3C^2H^5Br,$$

Bromure      Éthanol.       Acide      Bromoéthane<br>de phosphore.            phosphoreux.    (bromure d'éthyle).

$$PI^3 \quad + \quad 3CH^3OH \quad = \quad P(OH)^3 \quad + \quad 3CH^3I,$$

Iodure      Méthanol.       Acide      Iodométhane<br>de phosphore.            phosphoreux.    (iodure de méthyle)

---

[1] Il n'est pas douteux que le fait ne soit très général pour toutes les réactions de substitution possibles, lesquelles résultent de deux réactions successives : addition puis décomposition. Quant au mécanisme, il repose toujours soit sur le jeu des liaisons multiples (ouverture puis fermeture), soit sur les variations de la capacité de combinaison de certains éléments (*voir* p. 37).

$$PCl^5 \quad + \quad CH^3 - CHOH - CH^2 - CH^3$$
Perchlorure        Butanol-2.
de phosphore.

$$= \quad POCl^3 \quad + \quad HCl \quad + \quad CH^3 - CHCl - CH^2 - CH^3.$$
Oxychlorure            2-chlorobutane.
de phosphore.

*c.* Le chlorure de thionyle $SOCl^2$, en présence d'une base tertiaire ([1]), réagit sur les alcools en donnant les dérivés chlorés
correspondants, avec mise en liberté d'anhydride sulfureux et
formation de chlorhydrate de la base ; exemple :

$$C^5H^{11}OH \quad + \quad SOCl^2 \quad + \quad \text{Base tertiaire.}$$
Alc. amylique.     Chlorure
         de thionyle.

$$= \quad C^5H^{11}Cl \quad + \quad SO^2 \quad + \quad \text{Base. } HCl$$
Pentane chloré            Chlorhydrate.
(chlorure d'amyle).

La réaction est générale et très avantageuse. Le bromure de
thionyle $SOBr^2$ conduit de même aux dérivés bromés (DARZÈNS,
1911).

Les réactions peuvent être répétées autant de fois qu'il y a de
fonctions alcool dans la molécule : ainsi, quand on fait réagir un
excès de perchlorure de phosphore sur le composé 3 fois alcoolique qu'est la glycérine $CH^2OH - CHOH - CH^2OH$, on obtient le
trichloropropane-1.2.3 $CH^2Cl - CHCl - CH^2Cl$.

(*Voir*, page 244, un autre mode d'obtention des carbures halogénés.)

4° *En partant des aldéhydes ou des cétones.* — Lorsqu'on traite
les aldéhydes ou les cétones par le perchlorure ou le perbromure
de phosphore, on substitue à l'atome d'oxygène 2 atomes d'halogène ; exemples :

$$CH^3 - CHO \quad + \quad PBr^5 \quad = \quad CH^3 - CHBr^2 \quad + \quad PBr^3O,$$
Éthanal             1.1-dibromoéthane     Oxybromure.
(acétaldéhyde).      (bromure d'éthylidène).    de phosphore.

$$CH^3 - CO - CH^3 \quad + \quad PCl^5 \quad = \quad CH^3 - CCl^2 - CH^3 \quad + \quad PCl^3O.$$
Propanone           2.2-dichloropropane.     Oxychlorure
(acétone ordinaire).                 de phosphore.

---

([1]) On choisit une base *tertiaire*, telles la diméthylaniline $C^6H^5N(CH^3)^2$ et
la pyridine $C^5H^5N$, parce que, n'ayant pas, comme nous le verrons plus tard,
d'hydrogène fixé sur l'azote, elle ne donne aucune réaction gênante avec le
chlorure de thionyle.

C'est là un procédé général, et très régulier, de préparation des dérivés dihalogénés où les 2 atomes halogènes sont fixés sur le même atome de carbone.

5° *En substituant un halogène à un autre dans un carbure halogéné.* — On peut obtenir des dérivés chlorés en traitant par le chlore les composés bromés ou iodés, et des dérivés bromés en faisant réagir le brome sur les dérivés iodés : l'halogène le plus fort déplace ainsi le plus faible; le bromure de méthylène $CH^2Br^2$, par exemple, prend naissance dans l'action directe du brome sur l'iodure $CH^2I^2$. On peut, d'autre part, remplacer le brome ou l'iode par le chlore au moyen du sublimé corrosif $HgCl^2$, lequel fait la double décomposition; le bromure d'éthylène (1.2-dibromoéthane) $CH^2Br — CH^2Br$ fournit ainsi le chlorobromure $CH^2Br — CH^2Cl$.

Réciproquement, on peut remplacer le chlore ou le brome par l'iode au moyen de l'iodure de sodium, ou mieux de l'iodure d'aluminium $Al^2I^6$ (GUSTAVSON), lequel fait facilement, et souvent avec une très grande énergie, la double décomposition; le tétrachlorure $CCl^4$ conduit ainsi au tétraiodure $CI^4$.

Quant aux dérivés fluorés, ils s'obtiennent, régulièrement, par double décomposition entre le fluorure d'argent et les dérivés chlorés, bromés ou iodés (MOISSAN, CHABRIÉ). Le tétrafluorure $CF^4$ est un gaz qui se forme, en outre, dans l'attaque directe du carbone très divisé par le fluor (MOISSAN).

6° *Par des procédés spéciaux.* — Certains dérivés ne peuvent être préparés d'une façon pratique que par des procédés très particuliers. Ainsi le chloroforme $CHCl^3$, qui fut découvert simultanément par LIEBIG et SOUBEYRAN en 1831, prend bien naissance, ainsi que les trois autres dérivés de substitution, dans l'action du chlore sur le formène $CH^4$ (DUMAS); mais, dans l'industrie, où cette réaction ne saurait être appliquée, on décompose le chloral ou aldéhyde acétique trichloré par un alcali (LIEBIG) :

$$CCl^3—CHO + KOH = HCCl^3 + HCO^2K.$$

Chloral         Chloroforme.     Formiate<br>(trichloroéthanal).             de potassium.

La préparation du bromoforme $CHBr^3$ et celle de l'iodoforme $CHI^3$ (découvert par SÉRULLAS en 1832) sont basées sur des réactions du même ordre.

**PROPRIÉTÉS GÉNÉRALES.** — 1. Les caractères physiques des carbures halogénés sont en rapport intime avec la nature et la proportion de l'élément halogène qu'ils renferment. Quelques dérivés, tels le chlorure de méthyle $CH^3Cl$, sont gazeux à la température ordinaire; ceux dont le poids moléculaire est élevé, comme $C^2Cl^6$ et $Cl^4$, sont solides; les dérivés intermédiaires sont liquides.

Un dérivé iodé bout toujours plus haut que le dérivé bromé correspondant, lequel à son tour bout plus haut que le dérivé chloré; ainsi le chlorure d'éthyle $C^2H^5Cl$ bout à 12°, le bromure $C^2H^5Br$ à 39°, et l'iodure $C^2H^5I$ à 72°.

De même, à l'état liquide, un composé iodé est toujours plus dense que le dérivé bromé correspondant, qui l'est à son tour plus que le dérivé chloré. Presque toujours supérieure à celle de l'eau, la densité croît d'ailleurs avec la teneur en halogène; à mesure qu'on s'élève dans les séries homologues, à mesure, par conséquent, que la proportion de carbone croît, l'influence de l'élément halogène diminue, celle du carbone tend à prédominer, les composés se rapprochent de plus en plus des carbures non halogénés, et la densité peut devenir, comme chez ces derniers, inférieure à celle de l'eau.

Les carbures saturés halogénés sont peu solubles ou insolubles dans l'eau, et solubles, au contraire, dans les solvants organiques. Leur odeur est, en général, suave et éthérée. Quelques-uns, comme le chloroforme et le bromure d'éthyle, jouissent de propriétés pharmacodynamiques intéressantes : le chloroforme est un anesthésique général (FLOURENS et SIMPSON, 1847).

2. Ce ne sont pas des électrolytes. Aussi ne réagissent-ils pas immédiatement à froid sur les solutions aqueuses d'argent, comme le fait, par exemple, le chlorure de sodium $NaCl$, dont l'ion $\overset{-}{Cl}$ donne aussitôt avec l'ion $\overset{+}{Ag}$ un précipité de $AgCl$. Pour obtenir un précipité argentique *en liqueur aqueuse*, il faut, en général, opérer à chaud, et encore la réaction est-elle lente. Par l'action de l'eau, il y a peu à peu formation d'hydracide, lequel, étant un électrolyte, précipite aussitôt par le nitrate d'argent.

Les carbures halogénés peuvent également réagir sur d'autres corps contenant des atomes métalliques dans leurs molécules (sels divers, dérivés métalliques de composés organiques). Mais le mécanisme de ces réactions est tout autre que celui suivant lequel agissent les électrolytes en solution aqueuse : les molécules réagissantes forment d'abord un produit d'addition, qui se décompose ensuite dans un autre sens, suivant le schéma :

$$\begin{matrix} a\bullet \\ b\bullet \end{matrix} + \begin{matrix} \circ c \\ \circ d \end{matrix} \rightarrow \begin{matrix} a\bullet\circ c \\ b\bullet\circ d \end{matrix} \rightarrow \begin{matrix} a\,\bullet\,\circ c \\ b\bullet\circ d \end{matrix}$$ (*voir* p. 180 et aussi la 2ᵉ note de la page 143).

D'une manière générale, on peut dire que l'halogène peut toujours être, plus ou moins facilement, détaché d'un composé halogéné. Les plus stables sont les dérivés chlorés, puis viennent les dérivés bromés et iodés. Le chloroforme $CHCl^3$ résiste à l'action du nitrate d'argent même en solution alcoolique, tandis que le bromure d'éthyle $C^2H^5Br$ et l'iodure de méthyle $CH^3I$ sont attaqués à froid.

Nous savons déjà que les carbures halogénés se prêtent à des réactions variées, donnant naissance à de nouveaux corps : alcools, amines (*voir* p. 55, 57, 58, 60), carbures non saturés (*voir* p. 44 à 46, et 166 à 179), etc. Mais ce n'est pas tout : ils peuvent donner naissance, par des traitements appropriés, à une multitude d'autres substances (aldéhydes, cétones, nitriles, etc.) et leur importance est capitale en Chimie organique.

Montrons comment on peut passer des carbures halogénés aux principales fonctions oxygénées : alcools, aldéhydes, cétones, acides.

Tout carbure halogéné saturé peut perdre l'élément halogène, plus ou moins facilement, quand on le chauffe avec de l'eau, ou avec des lessives alcalines, ou avec certains hydrates métalliques, tels que l'hydrate de plomb $Pb(OH)^2$ et l'hydrate d'argent $AgOH$. L'halogène s'élimine à l'état d'hydracide quand l'eau agit seule, et à l'état de sel alcalin ou métallique quand les hydrates alcalins ou métalliques sont mis en œuvre. On peut considérer trois cas principaux :

1° Lorsque le même atome de carbone ne porte qu'un seul atome halogène, celui-ci est simplement remplacé par l'oxhydryle, et l'on obtient l'alcool correspondant; exemple :

$$AgOH + CH^3{-}CHBr{-}CH^3 = AgBr + CH^3{-}CHOH{-}CH^3.$$

2-bromopropane       Propanol-2<br>(bromure d'isopropyle).     (alcool isopropylique).

2° Si le même atome de carbone porte 2 atomes d'halogène, 1 atome d'oxygène prend leur place, et l'on obtient un aldéhyde ou une cétone; exemples :

$$CH^3 - CHCl^2 + H^2O = CH^3 - CHO + 2 HCl,$$
1.1-dichloroéthane.  —  Éthanal.

$$CH^3 - CCl^2 - CH^3 + H^2O = CH^3 - CO - CH^3 + 2 HCl,$$
2.2-dichloropropane.  —  Propanone (acétone ordinaire).

En réalité, la réaction se passe en deux phases : tout d'abord, les 2 atomes halogènes sont remplacés chacun par 1 oxhydryle, avec production d'un composé dihydroxylé instable, et celui-ci perd ensuite 1 molécule d'eau; exemple :

$$CH^3 - CH\begin{matrix}Cl\\Cl\end{matrix} \rightarrow CH^3 - CH\begin{matrix}OH\\OH\end{matrix} \rightarrow CH^3 - CHO.$$
1.1-dichloroéthane.  —  Éthanal.

3° Quand 3 atomes d'halogène sont fixés sur le même atome de carbone, l'un d'eux est remplacé par l'oxhydryle et les deux autres par 1 atome d'oxygène, en sorte que le nouveau groupement est un groupement fonctionnel acide $-C\begin{matrix}O\\OH\end{matrix}$ (*carboxyle*); c'est ainsi que le chloroforme, traité par une solution alcoolique de potasse, est vivement attaqué, avec production du sel alcalin de l'acide formique :

$$H - CCl^3 + 4 KOH = HCO^2K + 3 KCl + 2 H^2O.$$
Chloroforme.  —  Formiate de K.

Ici encore deux phases distinctes caractérisent la réaction : en premier lieu, les 3 atomes halogènes sont remplacés par 3 oxhydryles; puis, le composé trihydroxylé instable ainsi formé perd aussitôt 1 molécule d'eau :

$$H - C\begin{matrix}Cl\\Cl\\Cl\end{matrix} \rightarrow H - C\begin{matrix}OH\\OH\\OH\end{matrix} \rightarrow H - C\begin{matrix}O\\OH\end{matrix}.$$
Chloroforme.  —  Acide formique.

Il va de soi, d'ailleurs, que chacun des trois genres de réaction que nous venons de décrire peut être répété autant de fois que le comporte la répartition des atomes halogènes dans la molécule. Quand on chauffe, par exemple, le trichloropropane-1.2.3-

$CH^2Cl - CHCl - CH^2Cl$ avec de l'eau à 160°, il y a élimination de $3HCl$, et formation synthétique de glycérine, corps qui est 3 fois alcool $CH^2OH - CHOH - CH^2OH$. De même, l'éthane perchloré $CCl^3 - CCl^3$, traité par la potasse alcoolique, fournit le sel dipotassique d'un acide bibasique, l'acide oxalique $CO^2H - CO^2H$.

Pour être complet, nous ajouterons que, lorsque 4 atomes halogènes sont fixés à un seul atome de carbone (cas des dérivés tétrahalogénés du formène), l'action de la potasse alcoolique leur substitue 2 atomes d'oxygène, avec formation d'anhydride carbonique $CO^2$ ou plutôt du sel dipotassique de l'acide carbonique $CO^3K^2$. Le mécanisme est analogue à celui des cas précédents : les 4 atomes halogènes sont d'abord remplacés par 4 oxhydryles, le composé tétrahydroxylé formé perd aussitôt $H^2O$, et l'on obtient du carbonate de potassium :

$$
\underset{\substack{\text{Tétrachlorométhane}\\ \text{(tétrachlorure de carbone).}}}{C\begin{cases}Cl\\Cl\\Cl\\Cl\end{cases}} \rightarrow C\begin{cases}OH\\OH\\OH\\OH\end{cases} \rightarrow C\begin{cases}O\\OH\\OH\end{cases} \rightarrow \underset{\substack{\text{Carbonate}\\ \text{de potassium.}}}{C\begin{cases}O\\OK\\OK\end{cases}}
$$

Rappelons, entre autres propriétés intéressantes déjà mentionnées des carbures halogénés, leur action sur le magnésium, qui donne naissance aux composés organo-halogéno-magnésiens, substances précieuses pour la synthèse organique (*voir* p. 163).

Enfin, avant de quitter ce sujet, nous devons signaler une autre réaction importante des carbures halogénés : ils réagissent sur le cyanure de potassium $KCN$ en donnant des nitriles; exemples :

$$\underset{\text{Iodure d'éthyle.}}{CH^3 - CH^2I} + \underset{\substack{\text{Cyanure}\\ \text{de potassium.}}}{KCN} = KI + \underset{\substack{\text{Propane-nitrile}\\ \text{(nitrile propionique).}}}{CH^3 - CH^2 - CN,}$$

$$\underset{\substack{\text{Bromure}\\ \text{d'éthylène.}}}{CH^2Br - CH^2Br} + \underset{\substack{\text{Cyanure}\\ \text{de potassium.}}}{2KCN} = 2KBr + \underset{\substack{\text{Butane-dinitrile}\\ \text{(nitrile succinique).}}}{CN - CH^2 - CH^2 - CN.}$$

## II. — HYDROCARBURES NON SATURÉS HALOGÉNÉS.

Les dérivés halogénés des carbures non saturés sont assez peu connus. Ceux où l'halogène intéresse la double ou la triple liaison peuvent être formés par soustraction partielle d'hydracide aux dérivés di ou polyhalogénés saturés; par exemple, lorsqu'on traite par la potasse alcoolique le tribromoéthane-1.2.2 $CH^2Br — CHBr^2$, on obtient successivement le bibromoéthylène-2.2 $CH^2 = CBr^2$ et le bromoacétylène $CH = CBr$. On peut encore fixer 1 molécule d'hydracide sur des carbures acétyléniques : l'acétylène $CH = CH$, par exemple, traité par l'acide iodhydrique, fournit ainsi l'éthylène monoiodé $CH^2 = CHI$.

Lorsque l'halogène n'intéresse pas la double ou la triple liaison, on emploie l'un des procédés détournés applicables à l'obtention des carbures saturés halogénés; c'est ainsi qu'au moyen de l'acide bromhydrique on remplace, dans l'alcool allylique $CH^2 = CH — CH^2OH$, l'oxhydryle par un atome de brome (formation de l'éther bromhydrique $CH^2 = CH — CH^2Br$ ou bromure d'allyle, avec mise en liberté d'eau).

Certaines méthodes spéciales sont souvent avantageuses. Ainsi, en traitant la glycérine $CH^2OH — CHOH — CH^2OH$ par l'iodure de phosphore, on obtient, grâce à une déshydratation et une réduction simultanées, l'iodure d'allyle $CH^2 = CH — CH^2I$, avec de très bons rendements. On prépare aussi, très aisément, les dérivés triiodés $R — CI = CI^2$, en faisant agir l'iode sur les dérivés cuivreux acétyléniques $(R — C = C)^2Cu^2$ (LESPIEAU).

Tous ces corps ont des propriétés physiques analogues à celles des composés halogénés saturés correspondants. Ils ont d'ailleurs les caractères chimiques essentiels des carbures non saturés : c'est ainsi qu'ils peuvent fixer directement de l'hydrogène, des halogènes ou des hydracides.


## E. — DÉRIVÉS NITRÉS DES HYDROCARBURES ACYCLIQUES.

Dans les carbures saturés, il est possible, au moyen de l'acide azotique, de remplacer directement un atome d'hydrogène par le résidu $NO^2$ (p. 165).

Un autre procédé de *nitration* consiste à faire réagir le nitrite d'argent sur un iodure alcoolique (V. MEYER); exemple :

$$C^2H^5I + Ag.NO^2 = AgI + C^2H^5 — NO^2.$$

<table>
<tr><td>Iodure d'éthyle.</td><td>Nitrite<br>d'argent.</td><td>Iodure<br>d'argent.</td><td>Nitroéthane.</td></tr>
</table>

Ces corps ont une odeur éthérée; ils sont insolubles dans l'eau.

Leur distillation offre quelques dangers : la surchauffe de leur vapeur, en effet, peut déterminer la combustion instantanée de leur carbone et de leur hydrogène aux dépens de l'oxygène du groupe $NO^2$, et provoquer ainsi une explosion.

1. Le voisinage du groupe fortement *électronégatif* $NO^2$ rend *acide*, c'est-à-dire remplaçable par des valences métalliques, l'hydrogène voisin; en traitant, par exemple, le nitroéthane $CH^3 — CH^2.NO^2$ par la potasse, on forme *lentement* le dérivé potassique correspondant, lequel est soluble dans l'eau :

$$CH^3 — CH^2NO^2 + KOH = CH^3 — CHK NO^2 + H^2O.$$

Nitroéthane.                         Nitroéthane potassé.

Les solutions alcalines sont jaunes. Les dérivés sodé et potassé du nitrométhane $CH^2NaNO^2$ et $CH^2KNO^2$ détonent violemment quand on les chauffe ou qu'on verse un peu d'eau sur le produit préalablement desséché dans le vide.

La constitution des dérivés nitrés et de leurs sels a fait l'objet d'études fort délicates. On a été amené à représenter le sel potassique du nitroéthane, par exemple, par la formule

$$CH^3 — CH = N {\overset{\displaystyle /\!\!/ O}{\diagdown OK}} ,$$

où le métal est attaché à l'oxygène, comme dans les sels à oxacides ordinaires $\left(\text{tel le nitrate de potassium } O = N{\overset{\displaystyle /\!\!/ O}{\diagdown OK}}\right) \cdot$ De même les sels de potassium des deux nitropropanes s'écrivent

$$\overset{\displaystyle N{\overset{/\!\!/ O}{\diagdown OK}}}{\underset{}{CH — CH^2 — CH^3}} \quad \text{et} \quad CH^3 — \overset{\displaystyle N{\overset{/\!\!/ O}{\diagdown OK}}}{C} — CH^3.$$

Ces sels sont tous des électrolytes et conduisent le courant.

Les dérivés nitrés peuvent, en fait, exister sous deux formes isomériques :

$$\overset{\displaystyle N{\overset{/\!\!/ O}{\diagdown O}}}{—CH—} \quad \rightleftharpoons \quad \overset{\displaystyle N{\overset{/\!\!/ O}{\diagdown OH}}}{— C —}$$

Nitré *vrai*.                    Nitré *acide* (isonitré).

qui sont transformables l'une dans l'autre, comme le montrent les faits suivants. Si l'on déplace à très basse température le dérivé nitré de sa solution alcaline par l'acide chlorhydrique, on constate que la conductibilité de la liqueur diminue avec le temps, le nitré acide (immédiatement issu du sel), qui est un électrolyte, se convertissant lentement en nitré vrai, qui n'est pas un électrolyte. La forme stable est le nitré vrai, et la forme instable, dite *labile*, le nitré acide. L'effet des alcalis sur le nitré vrai est de le transformer peu à peu en sel alcalin du nitré acide (HOLLEMANN, HANTSCH).

Ces phénomènes ont, comme on voit, un caractère très particulier. D'autres analogues seront étudiés ultérieurement (voir *Tautomérie*, p. 343).

2. Contrairement aux précédents, les dérivés nitrés tels que $(CH^3)^3C.NO^2$, où le carbone porteur du groupe $NO^2$ n'est pas hydrogéné, ne réagissent pas sur les alcalis : ils sont *neutres*.

3. On connaît des dérivés di ou polynitrés, comme $CH^3—CH(NO^2)^2$ et $C(NO^2)^4$ (tétranitrométhane); des dérivés halogénés nitrés : telle la chloropicrine $CCl^3NO^2$, qui prend naissance dans l'action de l'eau régale sur un grand nombre de matières organiques.

On a, en outre, introduit dans la molécule un résidu nitrosyle NO,

et obtenu ainsi des *nitrols :* tel le corps $CH^3—C\begin{smallmatrix}H\\NO^2\end{smallmatrix}$ , qui se dissout

dans les alcalis en donnant, par isomérisation, les sels rouge foncé

de l'*acide nitrolique* $CH^3—C\begin{smallmatrix}NOH\\NO^2\end{smallmatrix}$ , et des *pseudonitrols :* tel le

corps *neutre* $CH^3—C\begin{smallmatrix}CH^3\\NO^2\end{smallmatrix}$ , dont la solution chloroformique est

bleue (MEYER et LOCHER).


# II. — HYDROCARBURES CYCLIQUES.

On sait qu'il existe des carbures cycliques à 3, 4, 5, 6, 7 (et plus) atomes de carbone dans le noyau. Nous nous occuperons surtout des deux classes principales : les *cyclanes* et les *carbures* dits *aromatiques.*

## A -- CYCLANES.

Les carbures cycliques les plus simples sont ceux qui n'ont, dans la formule de structure du noyau, que des liaisons simples comme le triméthylène $(CH^2)^3$ et l'hexaméthylène $(CH^2)^6$; ces carbures répondent à la formule brute générale $C^n H^{2n}$ et sont, par conséquent, isomériques avec les carbures éthyléniques à même nombre d'atomes de carbone. Ils n'ont cependant pas les caractères chimiques des carbures non saturés : c'est ainsi qu'avec le chlore et le brome ils fournissent des dérivés de substitution et nullement d'addition; ils sont, au sens réel du mot, saturés, et, par leurs propriétés générales, ils sont tout à fait comparables aux carbures forméniques $C^n H^{2n+2}$. On les désigne habituellement sous le terme générique de *paraffènes*, ou mieux de *cyclanes*, pour rappeler à la fois leur structure cyclique et leur analogie chimique avec les carbures forméniques. Exemples :

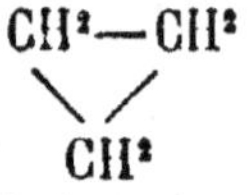

$$CH^2\!-\!CH^2\ \diagdown\diagup\ CH^2$$

Cyclopropane
ou triméthylène.

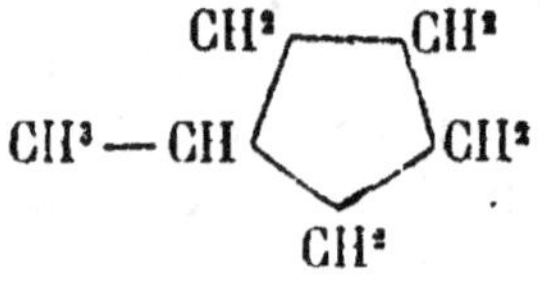

Méthylcyclopentane
ou méthylpentaméthylène.

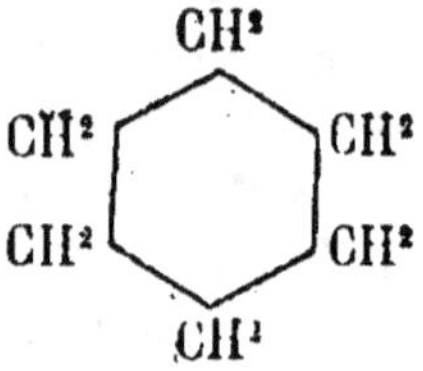

Cyclohexane
ou hexaméthylène.

Tous les cyclanes, d'ailleurs, peuvent être préparés soit par une méthode analogue à celle qui nous a fourni le triméthylène (p. 48), soit par hydrogénation de carbures possédant le même cycle, mais avec doubles liaisons (BERTHELOT), soit enfin par hydrogénation, directe ou indirecte, de composés à fonctions diverses (cétones, etc.) ayant le même noyau; exemples :

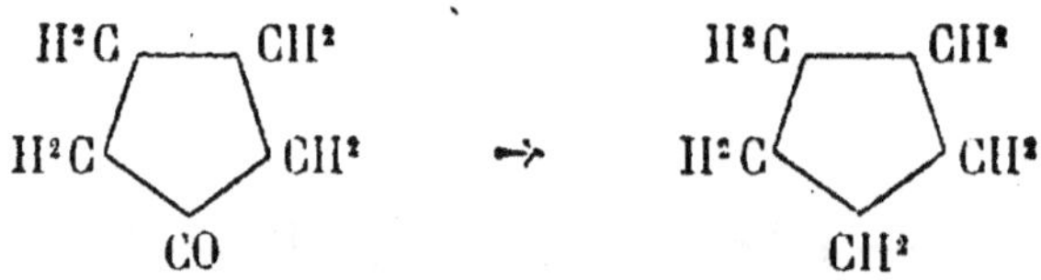

Cyclopentanone.    →    Cyclopentane
ou pentaméthylène.

Les cyclanes existent dans la nature. On trouve en abondance, dans le pétrole du Caucase (BEILSTEIN et KURBATOFF), ceux dont la chaîne fermée est à 6 atomes de carbone, comme le cyclohexane, et qui sont connus spécialement sous le nom de *naphtènes :* ce sont des *hydrures* de carbures benzéniques, des *carbures cyclo-hexaniques*.

Un procédé général et très simple de synthèse des naphtènes

consiste à diriger, à la température de 180°, un courant d'hydrogène et de vapeurs de carbures benzéniques sur du nickel réduit : les doubles liaisons du noyau hexagonal (et aussi toutes les liaisons non saturées qui peuvent exister dans les chaînes latérales) sont ainsi saturées et transformées en liaisons simples. Le benzène $C^6H^6$ fixe 6 atomes d'hydrogène et fournit le cyclohexane ou hexaméthylène $C^6H^{12}$; le toluène ou méthylbenzène $C^6H^5.CH^3$ fournit de même le méthylcyclohexane $C^6H^{11}—CH^3$ (SABATIER et SENDERENS). Cette hydrogénation catalytique du noyau hexagonal peut être effectuée à froid si l'on substitue au nickel le platine divisé (WILLSTÄTTER).

Réciproquement, les carbures cyclohexaniques, en passant sur du nickel réduit chauffé vers 280°, se dédoublent en carbures benzéniques et hydrogène; le cyclohexane $C^6H^{12}$ régénère ainsi le benzène $C^6H^6$, et l'éthylcyclohexane $C^6H^{11}.C^2H^5$ régénère l'éthylbenzène $C^6H^5.C^2H^5$, etc. (SABATIER et SENDERENS) (¹).

## B. — HYDROCARBURES AROMATIQUES.

Entre tous les carbures cycliques, le benzène et les carbures qui en dérivent par substitution offrent un intérêt prédominant. Beaucoup de leurs dérivés oxygénés possèdent une odeur franchement aromatique (essences d'amandes amères, de vanille, de cannelle, de mélilot, etc.); c'est en raison de cette circonstance qu'on désigne souvent l'ensemble des corps cycliques formés par le benzène et ses nombreux dérivés sous le nom de *série aromatique* (ou, par abréviation, *série arylique*).

Le benzène et les carbures qui en dérivent par substitution deviennent ainsi des *carbures aromatiques* (ou, par abréviation, *aryliques*), dénomination purement conventionnelle et sans aucun rapport avec leur odeur propre. Ils prennent abondamment

---

(¹) On voit quel rôle décisif joue la température dans ces réactions catalytiques. Ajoutons, à titre d'exemple typique, le fait suivant : si l'hydrogénation du benzène par le nickel est faite au-dessus de 300°, la molécule se disloque totalement, et tout le carbone passe à l'état de méthane :

$$C^6H^6 + 9H^2 = 6CH^4.$$

On pourrait faire des remarques semblables pour la plupart des séries de corps organiques.

naissance dans l'action de la chaleur rouge sur les matières organiques; c'est pour cette raison que la plupart d'entre eux se rencontrent en forte proportion dans le goudron de houille, d'où l'industrie les extrait presque tous en grand par distillation méthodique. Nous allons les étudier sommairement, en suivant l'ordre de complexité de leur constitution.

## I. — HYDROCARBURES AROMATIQUES A UN SEUL NOYAU BENZÉNIQUE.

### a. — Benzène et ses homologues $C^n H^{2n-6}$.

Le benzène fut découvert par FARADAY en 1825. Nous avons déjà indiqué (p. 48) sa synthèse par BERTHELOT, en 1866, à partir de l'acétylène, et établi sa structure hexagonale, proposée par KÉKULÉ en 1865. Ses homologues en dérivent par substitution de résidus alcooliques ($CH^3$, $C^2H^5$, etc.) aux atomes d'hydrogène. Ils présentent, naturellement, ainsi que leurs dérivés, de nombreux cas d'isomérie, suivant le nombre et la place des sommets de l'hexagone où l'hydrogène a été remplacé.

*Modes d'obtention.* — 1° Le procédé de synthèse du toluène déjà exposé (p. 54) n'est que l'application à un cas particulier d'une méthode générale : le parabromoisopropylbenzène, par exemple, en réagissant sur l'iodure de méthyle en présence du sodium, fournit le paraméthylisopropylbenzène, lequel est identique au cymène contenu dans certaines essences végétales :

$$C^6H^4 \diagup_{Br_{(4)}}^{CH_{(1)} \diagup_{CH^3}^{CH^3}} + 2\,Na + ICH^3$$

Parabromoisopropylbenzène.　　　　Iodure de méthyle.

$$= NaI + NaBr + C^6H^4 \diagup_{CH^3_{(4)}}^{CH_{(1)} \diagup_{CH^3}^{CH^3}}$$

Cymène.

On pourrait remplacer de même, successivement, les 6 atomes d'hydrogène du noyau par des résidus alcooliques (FITTIG et TOLLENS, 1864).

2° Le benzène et ses homologues ont la remarquable propriété de réagir sur les chlorures et bromures alcooliques, en présence du chlorure d'aluminium $AlCl^3$, pour donner, avec élimination d'hydracide, des homologues supérieurs; exemple :

$$C^6H^5H + ClCH^3 = HCl + C^6H^5—CH^3.$$

Benzène.  Chlorure de méthyle.  Méthylbenzène ou toluène.

Le mécanisme de la réaction paraît être le suivant : sous l'influence du chlorure d'aluminium, le chlorure ou bromure alcoolique.se fixe d'abord sur une double liaison du noyau benzénique, avec formation d'un *complexe*, qui se décompose ensuite en hydracide, $AlCl^3$ et carbure alcoylé; exemple :

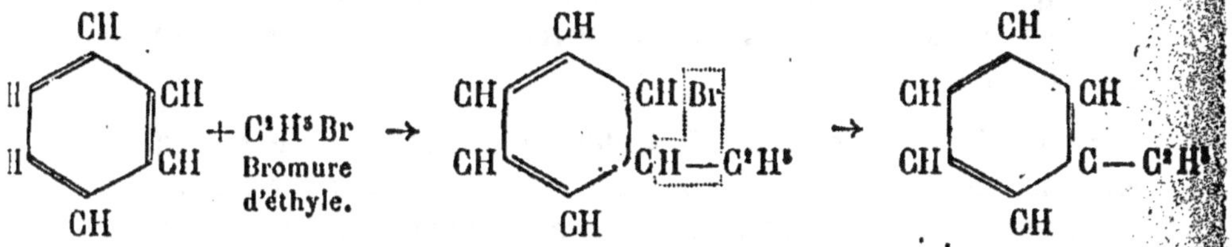

Benzène.  $+ C^2H^5Br$ Bromure d'éthyle.  →  →  Éthylbenzène.

En fait, tout le chlorure d'aluminium se retrouve intact à la fin de l'opération.

La réaction peut être répétée autant de fois qu'il reste d'atomes d'hydrogène à remplacer dans le noyau, et l'on peut préparer tous les composés possibles jusqu'aux dérivés hexasubstitués, tels les carbures méthylés

$$C^6H^5—CH^3, \quad C^6H^4(CH^3)^2, \quad C^6H^3(CH^3)^3, \quad C^6H^2(CH^3)^4,$$
$$C^6H(CH^3)^5, \quad C^6(CH^3)^6.$$

D'ailleurs, les résidus alcooliques introduits peuvent être quelconques, et tous identiques ou tous différents; et, en principe, en mettant en œuvre, successivement et avec précaution, 6 chlorures alcooliques distincts, on pourrait obtenir un carbure hexasubstitué, tel un composé de la forme

$$C^6(CH^3)(C^2H^5)(C^3H^7)(C^4H^9)(C^5H^{11})(C^6H^{13}).$$

Cette réaction, une des plus importantes de la Chimie organique, est due à Friedel et Crafts (1877).

3° De même que l'acétylène $C^2H^2$ donne par polymérisation le benzène $C^6H^6$, de même 3 molécules d'un carbure acétylénique quelconque, sous des influences diverses, peuvent se condenser avec production d'un homologue du benzène. Exemple :

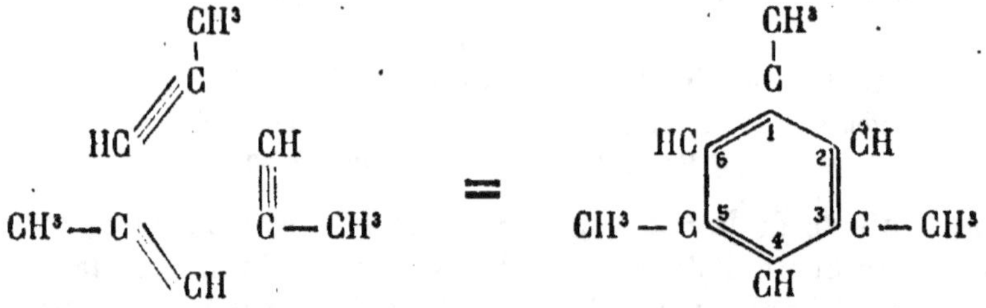

$$
\underset{\text{3 molécules d'allylène.}}{
\begin{array}{c}
CH^3 \\ | \\ C \\
HC \diagup \quad CH \\
CH^3 - C \diagdown \quad \| \quad C - CH^3 \\
CH
\end{array}}
\quad = \quad
\underset{\substack{\text{Triméthylbenzène symétrique-1.3.5} \\ \text{ou mésitylène.}}}{
\begin{array}{c}
CH^3 \\ | \\ C \\
HC \diagup \overset{1}{\diagdown} \quad \overset{2}{CH} \\
CH^3 - C \diagdown \underset{4}{\diagup} C - CH^3 \\
CH
\end{array}}
$$

4° Rappelons, pour mémoire, le dédoublement catalytique des carbures cyclohexaniques en carbures benzéniques et hydrogène (p. 191).

*Propriétés.* — Ce sont des liquides en général plus légers que l'eau, insolubles dans l'eau, miscibles entre eux et avec les principaux solvants organiques, presque tous inflammables. Le benzène bout à 80°, le toluène à 110 ; des trois diméthylbenzènes ou xylènes $C^6H^4 \diagup^{CH^3}_{CH^3}$, le dérivé ortho (1.2) bout à 142°, le dérivé méta (1.3) à 140°, et le composé para (1.4) à 136°.

1. Nous avons montré (p. 191) comment la méthode catalytique au nickel réduit permettait d'hydrogéner facilement les doubles liaisons du noyau, transformant ainsi ces carbures en naphtènes (cyclohexane et homologues).

Toutefois, au point de vue chimique, le caractère général du benzène et de ses homologues est de se comporter, le plus souvent, comme des carbures saturés. S'ils peuvent, à la vérité, donner des produits d'addition avec les halogènes, par ouverture des doubles liaisons du noyau, c'est seulement, comme le fait le benzène à la lumière solaire (p. 49), dans des conditions très spéciales. Au contraire, ils fournissent avec une grande facilité des dérivés de substitution, et l'on peut, en insistant, remplacer directement par le chlore ou le brome tout l'hydrogène du noyau. Chez les homologues du benzène, d'ailleurs, on peut opérer des substitutions tant dans les chaînes latérales que dans le noyau, et la place choisie par l'halogène pour se substituer ne dépend que des conditions expérimentales où on le fait agir (BEILSTEIN) (p. 55, 205, 207).

2. Le benzène et ses homologues sont aisément attaquables par

l'acide nitrique, avec formation de dérivés *nitrés*. Le benzène fournit ainsi à Mitscherlich, en 1834, le nitrobenzène :

$$C^6H^6 \; + \; NO^2.OH \; = \; C^6H^5.NO^2 \; + \; H^2O.$$
Benzène.    Acide azotique.    Nitrobenzène.

La *nitration* peut d'ailleurs aller plus loin, et conduire à des carbures plusieurs fois nitrés, comme

$$C^6H^4(NO^2)^2, \quad C^6H^3(NO^2)^3, \quad ....$$

Elle est d'autant plus aisée que l'acide azotique mis en œuvre est plus concentré, et elle est grandement facilitée par la présence d'acide sulfurique et mieux encore d'anhydride sulfurique, qui fixent l'eau formée dans la réaction.

Les chaînes latérales, étant des tronçons de chaînes a cycliques, sont fort difficiles à nitrer, et, à moins d'opérer dans des conditions très particulières, c'est toujours le noyau qui est attaqué par l'acide azotique (¹).

3. L'acide sulfurique réagit sur le noyau benzénique d'une façon tout aussi caractéristique : il substitue le résidu monovalent $SO^3H$ à un atome d'hydrogène, lequel forme de l'eau avec l'un des deux oxhydryles de l'acide sulfurique, et l'on obtient un *acide sulfonique*, composé où le soufre est directement lié au carbone. Le benzène fournit ainsi l'acide benzène-sulfonique (Mitscherlich, 1834) (²) :

Benzène.     Acide sulfurique.        Acide benzène-sulfonique.

---

(¹) La nitration permet de séparer les carbures aromatiques des carbures forméniques ou cycléniques dans les mélanges, notamment dans les pétroles. On emploie pour cet objet l'acide nitrique additionné d'acide sulfurique plus ou moins fumant (mélange sulfonitrique).

Signalons ici qu'on utilise également, pour effectuer cette même séparation, la propriété que possèdent les carbures aromatiques d'être miscibles avec l'anhydride sulfureux liquéfié.

(²) Nous devons à la vérité de dire que, dans ces derniers temps, on a réussi, non sans difficulté d'ailleurs, à sulfoner certains carbures forméniques : l'hexane normal $C^6H^{14}$, traité par l'acide sulfurique fumant, dans certaines conditions, a fourni ainsi l'acide hexane-sulfonique $C^6H^{13}.SO^3H$.

La *sulfonation* peut être répétée, et l'on a préparé des carbures qui sont plusieurs fois acides sulfoniques. Elle est d'autant plus aisée à effectuer que l'acide mis en œuvre est plus complètement exempt d'eau; l'addition d'anhydride $SO^3$, en absorbant l'eau de la réaction (¹), la favorise beaucoup.

4. Indépendamment des halogènes, des résidus $NO^2$ et $SO^3H$, et aussi des résidus alcooliques, les atomes d'hydrogène du noyau peuvent encore être remplacés, comme nous le verrons plus tard, par divers résidus monovalents, tels que $-OH$, $-CHO$, $-CO-CH^3$, $-CO^1H$, $-NH^2$, $-CN$, etc., avec formation de composés à fonction phénol, aldéhyde, cétone, acide, amine, nitrile, etc.

5. Pour le moment, bornons-nous à ajouter le fait suivant : toute chaîne latérale, si longue et si compliquée qu'elle soit, est destructible par les agents d'oxydation. Si l'oxydation est poussée assez loin, la chaîne est remplacée par le groupement fonctionnel acide $CO^2H$, le reste du carbone de la chaîne, quand il y en a, passant à l'état d'acide carbonique, et le reste de l'hydrogène à l'état d'eau; exemple :

$$C^6H^5-CH^3 + O^3 = C^6H^5-CO^2H + H^2O.$$
$$\text{Toluène.} \qquad\qquad \text{Acide benzoïque.}$$

C'est également de l'acide benzoïque que donneraient l'éthylbenzène $C^6H^5-CH^2-CH^3$, l'isopropylbenzène $C^6H^5-CH\big\langle{}^{CH^3}_{CH^3}$, etc.

Un carbure benzénique à deux, trois, quatre, cinq, six chaînes latérales conduirait à un acide bi, tri, tétra, penta, hexabasique, par substitution de deux, trois, quatre, cinq, six groupements $CO^2H$ aux chaînes latérales (KÉKULÉ).

*Règles de substitution*. — Lorsqu'on part d'un dérivé monosubstitué du benzène pour préparer des dérivés polysubstitués, on peut prévoir, avec une grande probabilité, la position des nouveaux atomes ou groupes substituants.

Après la première substitution, on observe que les nouveaux substituants se mettent soit en *méta*, soit en *ortho* ou *para;* l'orientation est due uniquement à la nature du premier substituant. Les atomes ou groupes Fl, Cl, Br, I, OH, $CH^3$, $C^2H^5$, $NH^2$,

---

(¹) On peut séparer les carbures aromatiques des carbures forméniques et des carbures cyclaniques par sulfonation, les carbures aromatiques étant seuls attaqués dans les conditions ordinaires.

NHCH$^3$ (et autres analogues) prédisposent à la substitution les positions *ortho* et *para*, tandis que les groupes électronégatifs NO$^2$, SO$^3$H, CO$^2$H, CN, CHO, CO — CH$^3$ (et autres analogues) favorisent au contraire la position *méta*.

Voici quelques exemples de ces règles empiriques, dues à KŒRNER (1875) et HOLLEMANN :

*a.* Toluène. $\xrightarrow[\text{mélange de}]{\text{par nitration}}$ Ortho (1.2). et Para (1.4).

Par une nitration plus avancée, on aura un seul dérivé dinitré, où les deux groupes NO$^2$ seront en *méta* l'un par rapport à l'autre, et, finalement, un seul dérivé trinitré, où les 3 groupes NO$^2$ seront de même réciproquement en *méta* :

1.2.4. puis 1.2.4.6.

*b.* La sulfonation et la chloruration du nitrobenzène donneront les isomères suivants :

Nitrobenzène. $\rightarrow$ Méta (1.3). $\rightarrow$ 1.3.5.

Nitrobenzène. $\rightarrow$ Méta (1.3). 1.3.5.

Il est curieux d'observer que, *dans le cas particulier de la réaction Friedel et Crafts*, les radicaux alcooliques ont une tendance marquée à se placer en *méta* (et non pas en *ortho* ou *para*) par rapport à un radical alcoylé déjà présent dans la molécule. Ainsi l'éthylbenzène, avec le bromure d'éthyle en présence du chlorure d'aluminium, fournit surtout le métadiéthylbenzène :

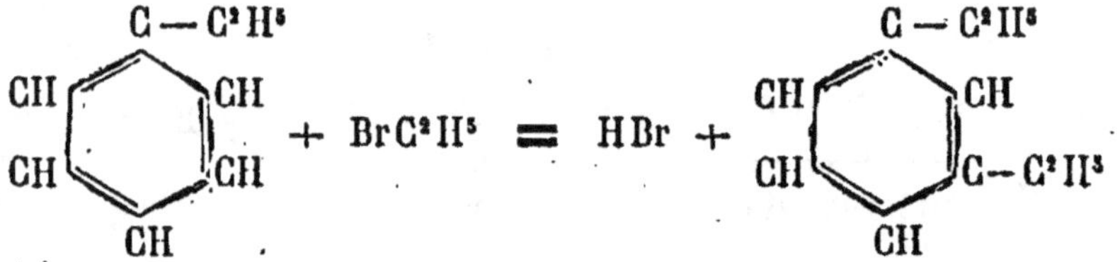

$$\text{Éthylbenzène} + BrC^2H^5 = HBr + \text{Métadiéthylbenzène}$$

Éthylbenzène.            Métadiéthylbenzène.

### b. — Phényléthylène, phénylacétylène et carbures analogues.

**1.** En dirigeant un courant de vapeur de brome dans de l'éthylbenzène $C^6H^5 — CH^2 — CH^3$ bouillant, on donne naissance, avec élimination de HBr, au bromoéthylbenzène $C^6H^5 — CHBr — CH^3$; ce dernier, traité par la potasse alcoolique, perd HBr et fournit le vinylbenzène [1] ou phényléthylène, plus connu sous le nom de styrolène $C^6H^5 — CH = CH^2$, qui est un liquide bouillant à 141°.

Le styrolène peut fixer directement 2 atomes de brome, et le bibromoéthylbenzène obtenu $C^6H^5 — CHBr — CH^2Br$, soumis à l'action de la potasse alcoolique en excès, perd 2HBr en donnant le phénylacétylène $C^6H^5 — C \equiv CH$, liquide à odeur forte et très pénétrante, qui bout à 142° (GLASER). — En fixant HBr sur le phénylacétylène, on obtient le styrolène $\alpha$-bromé $C^6H^5 — CBr = CH^2$, corps très oxydable à l'air; l'isomère $C^6H^5 — CH = CHBr$ est connu sous les deux formes prévues par la stéréochimie (DUFRAISSE).

Le styrolène $C^6H^5 — CH = CH^2$ et le phénylacétylène $C^6H^5 — C \equiv CH$, hydrogénés par la méthode catalytique au nickel réduit de SABATIER et SENDERENS, fournissent, par saturation de toutes les liaisons non saturées, l'éthylcyclohexane $C^6H^{11} — C^2H^5$. Si l'on remplace le nickel par le cuivre, ce dernier étant inapte à fixer de l'hydrogène sur le noyau aromatique, la chaîne latérale seule est hydrogénée, et l'on obtient l'éthylbenzène $C^6H^5 — CH^2 — CH^3$.

**2.** On peut préparer toute une série de carbures benzéniques analogues, possédant en même temps la fonction éthylénique ou acétylénique. Outre les réactions propres au noyau, ils donneront aussi celles qui appartiennent à la fonction éthylénique

---

[1] Le résidu — CH = CH² a reçu le nom de *vinyle*.

(fixation de $H^2$, $Br^2$, HI, etc.) ou acétylénique (fixation de $2H^2$, $2Br^2$, 2HI, $H^2O$, etc.).

Le nombre d'isomères possibles croît rapidement avec celui des atomes de carbone de la chaîne latérale non saturée; ainsi, tandis qu'il n'existe qu'un seul vinylbenzène $C^6H^5 — CH = CH^2$, on connaît trois propénylbenzènes $C^6H^5 — C^3H^5$ : l'allylbenzène $C^6H^5 — CH^2 — CH = CH^2$, l'isoallybenzène $C^6H^5 — CH = CH — CH^3$ et le pseudoallylbenzène $C^6H^5 — C = CH^2$ ([1]).

$$C^6H^5 — \overset{|}{C} = CH^2$$
$$CH^3$$

## II. — HYDROCARBURES A PLUSIEURS NOYAUX BENZÉNIQUES DISTINCTS (CARBURES POLYARYLIQUES).

**1.** Le diphényle $C^6H^5 — C^6H^5$, qui prend naissance dans l'action du sodium sur le bromobenzène $C^6H^5Br$ (p. 52), est un exemple de carbure où deux noyaux benzéniques sont directement soudés. C'est un corps solide, qui fond à $70°,5$ et distille à $254°$.

On a préparé, par une méthode analogue, des carbures où trois, quatre (et plus) noyaux benzéniques sont unis directement.

Dans le diphényléthane $C^6H^5 — CH^2 — CH^2 — C^6H^5$, que nous avons obtenu (p. 54) en traitant par le sodium le dérivé chloré $C^6H^5 — CH^2Cl$, les deux noyaux benzéniques sont reliés par une chaîne latérale commune. La même méthode permet d'obtenir d'autres carbures analogues.

Mais le procédé le plus simple pour les préparer consiste à faire réagir les carbures saturés mono- ou polyhalogénés sur les carbures benzéniques en présence du chlorure d'aluminium; on remplace ainsi chaque atome halogène par un résidu de carbure benzénique, le lien se faisant toujours par le noyau, jamais par une chaîne latérale; exemples :

$$CH^2Br — CH^2Br + 2C^6H^6 = C^6H^5 — CH^2 — CH^2 — C^6H^5 + 2HBr,$$

Bromure d'éthylène.     Benzène.     Diphényléthane symétrique ([2]).

$$CHCl^3 + 3C^6H^6 = |CH(C^6H^5)^3 + 3HCl.$$

Chloroforme.     Benzène.     Triphénylméthane ([3]).

---

([1]) Ces trois carbures renferment les trois formes isomériques du résidu *propényle* $C^3H^5$ : *allyle, isoallyle* et *pseudoallyle*.

([2]) Le dibromo-1.1-éthane $CH^3 — CHBr^2$ fournirait le diphényléthane non symétrique $CH^3 — CH(C^6H^5)^2$.

([3]) Le triphénylméthane, carbure fusible à $92°$ et distillant à $358°$, compte parmi ses dérivés un grand nombre de matières colorantes (fuchsine, etc., *voir* p. 484).

Les carbures benzéniques halogénés dans les chaînes latérales se prêtent aussi à la réaction; c'est ainsi que le dérivé $C^6H^5$—$CH^2Cl$, en réagissant sur le benzène en présence du chlorure d'aluminium, conduit au diphénylméthane

$$C^6H^5 — CH^2 — C^6H^5.$$

Il est d'ailleurs évident que la chaîne latérale commune à deux ou plusieurs noyaux peut être quelconque et présenter, par exemple, des doubles ou des triples liaisons, comme il arrive dans le stilbène $C^6H^5 — CH = CH — C^6H^5$, qui possède la fonction éthylénique, et le tolane, $C^6H^5 — C \equiv C — C^6H^5$, qui est un carbure acétylénique bisubstitué.

Dans tous ces carbures, chaque noyau benzénique se comporte comme s'il était seul, et peut être plusieurs fois nitré, sulfoné, etc.

### Cas de trivalence du carbone. Triphénylméthyle.

1. Si l'on traite le triphénylméthane chloré $(C^6H^5)^3CCl$ ou bromé $(C^6H^5)^3CBr$, en solution benzénique et en l'absence d'oxygène (au mieux dans une atmosphère de gaz carbonique), par certains métaux finement divisés (zinc, argent, cuivre, mercure, sodium), le métal fixe l'halogène, et l'on obtient le triphénylméthyle $(C^6H^5)^3C$, composé qui dérive du radical méthyle $CH^3$ par la substitution de 3 résidus $C^6H^5$ aux 3 atomes d'hydrogène, et où l'atome de carbone porteur des 3 résidus phényle est trivalent (GOMBERG, 1900). Le même corps se forme par électrolyse du triphénylméthane chloré dissous dans l'anhydride sulfureux liquéfié : l'ion $\overset{-}{C}l$ va à l'anode, et l'ion $(C^6H^5)^3\overset{+}{C}$ à la cathode.

Le triphénylméthyle se présente sous la forme de cristaux blancs, fusibles à 147°; il se décompose par la distillation, même sous pression réduite. Il se dissout dans le benzène, le chloroforme, l'éther; dans ces solutions, douées d'une forte coloration amarante, le triphénylméthyle existe sous deux formes tautomères, l'une incolore, l'autre colorée, cette dernière étant la forme chimique active.

Ce curieux composé, essentiellement non saturé, possède des aptitudes réactionnelles très remarquables. Il fixe très aisément 1 atome d'hydrogène en donnant le triphénylméthane $(C^6H^5)^3CH$. Il s'unit instantanément aux halogènes ; avec l'iode il forme quantitativement le triphénylméthane iodé $(C^6H^5)^3CI$, et cette réaction, très nette, peut servir au dosage du triphénylméthyle. Il fixe l'oxygène en donnant le peroxyde hexaphénylé $(C^6H^5)^3C — O — O — C(C^6H^5)^3$, etc. Le triphénylméthyle possède, en outre, la propriété de pouvoir former des combinaisons moléculaires cristallisées avec presque tous les solvants organiques, même les plus inertes, comme l'éther de pétrole.

2. Toute une série de triarylméthyles, différant du triphénylméthyle par la substitution, partielle ou totale, de divers résidus aromatiques $(CH^3 — C^6H^4, C^6H^5 — C^6H^4$, etc.) au résidu $C^6H^5$, ont été préparés; leurs propriétés sont analogues à celles du triphénylméthyle, qui est ainsi le représentant le plus simple de la famille.

Ces composés sont de véritables radicaux monovalents libres; l'atome de carbone porteur des 3 résidus aryliques s'y comporte comme trivalent, ou, si l'on veut, la quatrième valence disponible a une grande tendance à se saturer, ce qui explique l'extrême activité chimique de toutes ces substances.

3. Les triarylméthyles sont les premiers résidus de carbure monovalents qui aient été isolés à l'état de liberté. Il n'est pas douteux que leur stabilité *relative* ne tienne au poids élevé et à la nature même du noyau arylique. On peut penser toutefois que d'autres résidus, également monovalents, mais plus simples, comme l'*amyle*, l'*éthyle*, et même le *méthyle*, seront peut-être isolés dans l'avenir, si les progrès de la technique opératoire permettent aux chercheurs de réaliser des conditions expérimentales appropriées.

En dehors du chimiste américain Gomberg, qui découvrit le triphénylméthyle en 1900 et qui n'a cessé d'en poursuivre l'étude avec succès, citons, parmi les auteurs qui se sont occupés aussi de cette importante question : Walden, Schmidlin, Schlenk, Abrecht, Jacobson, Tschitschibabin, Bæyer, Kermann, Werner, Wieland, Garcia Banus, etc.

III. — GROUPE DU NAPHTALÈNE.

Le naphtalène $C^{10}H^8$ fut découvert en 1820 par Garden. C'est un carbure solide, fusible à 80° et bouillant à 218°. Il prend naissance, après le benzène, dans l'action de la chaleur du rouge sombre sur l'acétylène (Berthelot) :

$$5\,C^2H^2 \;=\; C^{10}H^8 \;+\; H^2.$$
Acétylène.   Naphtalène.

Les faits connus intéressant le naphtalène concordent avec

une formule de constitution formée de deux anneaux benzéniques accolés par deux atomes de carbone communs (Erlenmeyer, 1866; Grœbe) :

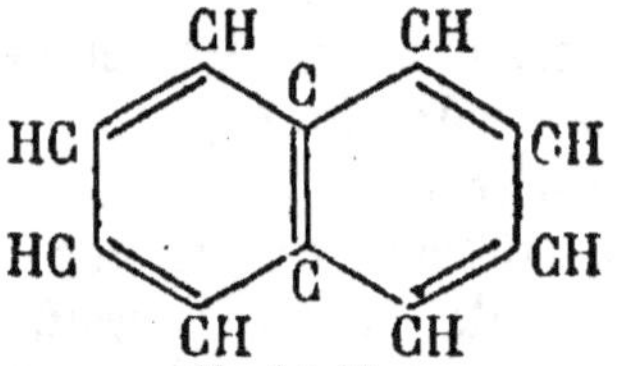

$$CH \quad CH$$
$$HC \quad C \quad CH$$
$$HC \quad C \quad CH$$
$$CH \quad CH$$

Naphtalène.

soit, en abrégé,

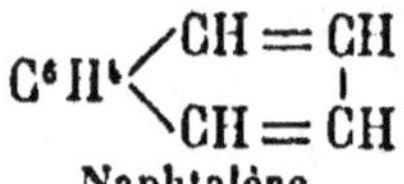

$$C^6H^4 \begin{cases} CH = CH \\ CH = CH \end{cases}$$

Naphtalène.

**1.** Par exemple, on obtient du naphtalène quand on fait passer du 1.2-dibromo-4-phénylbutane $C^6H^5 — CH^2 — CH^2 — CHBr — CH^2Br$ sur de la chaux vive chauffée au rouge (Aronheim) : 2 molécules d'acide bromhydrique et 1 molécule d'hydrogène s'éliminent, et la chaîne se ferme :

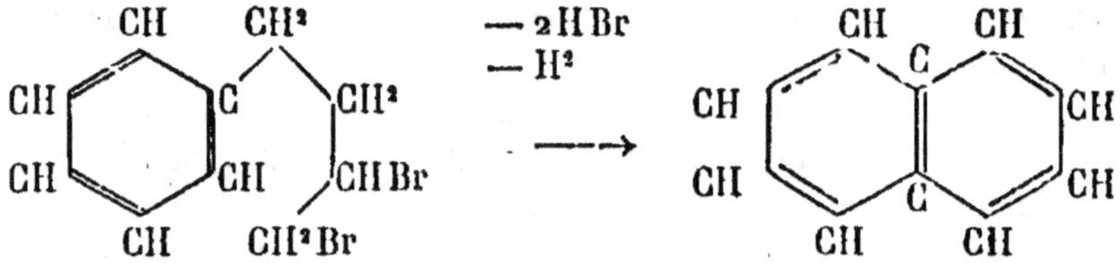

$$— 2HBr$$
$$— H^2$$

1.2-dibromo-4-phénylbutane.

Naphtalène.

**2.** Sous le rapport du nombre d'isomères correspondant à une ou plusieurs substitutions données, la théorie et l'expérience sont complètement d'accord, et ce critérium a une grande valeur.

Numérotons les sommets de gauche à droite; on voit que les

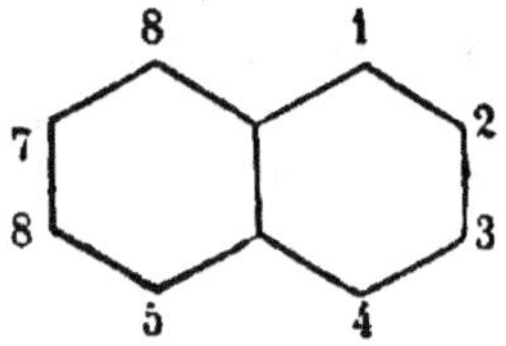

sommets 1, 4, 5, 8, identiquement placés par rapport à l'arête commune aux deux hexagones, sont équivalents; de même, les positions 2, 3, 6, 7 sont équivalentes entre elles, mais bien distinctes des quatre précédentes. Donc, tout dérivé monosubstitué du naphtalène devra exister sous deux formes isomériques, et deux seulement. Effectivement, on connaît 2 bromonaphtalènes $C^{10}H^7Br$, 2 nitronaphtalènes $C^{10}H^7(NO^2)$, 2 naphtols, etc. Les mono-dérivés en position 1 (identique à 4, 5, 8) sont désignés sous le nom de dérivés $\alpha$, et les monodérivés en position 2 (identique à 3, 6, 7) sous le nom de dérivés $\beta$.

Si l'on remplace 2 atomes d'hydrogène par le même atome ou résidu monovalent, la théorie prévoit dix composés distincts. Dans quelques cas simples, et malgré les difficultés expérimentales, les dix isomères ont pu être isolés.

Tous ces faits militent en faveur du schéma bihexagonal, qui est universellement admis aujourd'hui.

3. Les propriétés essentielles du noyau benzénique se retrouvent dans le naphtalène. Ainsi les halogènes (Laurent), l'acide nitrique, l'acide sulfurique, de même que les chlorures, bromures et iodures alcooliques en présence du chlorure d'aluminium, réagissent sur ce carbure comme sur le benzène et ses homologues : il y a formation de dérivés halogénés [exemples : $C^{10}H^7Cl$, $C^{10}H^6Cl^2$]; de dérivés nitrés [exemples : $C^{10}H^7NO^2$, $C^{10}H^6(NO^2)^2$]; de dérivés sulfonés [exemples : $C^{10}H^7(SO^3H)$, $C^{10}H^6(SO^3H)^2$], et d'homologues du naphtalène [exemples : $(C^{10}H^7.CH^3$, $C^{10}H^7.C^2H^5)$].

Les homologues du naphtalène se prêtent d'ailleurs aux mêmes réactions que les carbures benzéniques (nitration, sulfonation, transformation des chaînes latérales en carboxyles par oxydation, etc.).

On a préparé de même des composés qui, comme le dinaphtyl $C^{10}H^7 — C^{10}H^7$, sont analogues au diphényle, des carbures à fonction acétylénique ($C^{10}H^7 — C \equiv CH$), etc.

Étant donnée la grande analogie qui existe entre les carbures à noyau benzénique simple et ceux à noyau naphtalénique, on applique indistinctement à tous ces carbures la dénomination générale de carbures *aromatiques* (ou *aryliques*).


## V. — GROUPE DE L'ANTHRACÈNE.

Les portions du goudron de houille qui passent à la distillation au-dessus de 300° renferment une notable proportion d'un carbure solide, fusible à 201° et bouillant à 351°, l'anthracène, dont la formule brute est $C^{14}H^{10}$. Il fut découvert en 1832 par Dumas et Laurent. Il prend naissance, après le benzène et le naphtalène et avec élimination d'hydrogène libre, dans l'action de la chaleur sur l'acétylène (Berthelot) :

$$7 C^2H^2 = C^{14}H^{10} + 2 H^2.$$

Acétylène.          Anthracène.

Tout ce que l'on sait sur l'anthracène concorde avec une formule de constitution formée de deux noyaux benzéniques symétriquement unis à un groupe central $>CH - CH<$ tétravalent.

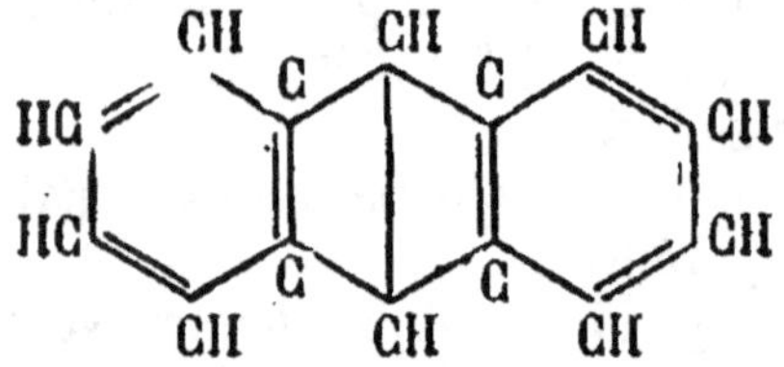

soit, en abrégé, $C^6H^4<^{CH}_{CH}>C^6H^4$.

Anthracène

Citons, entre autres preuves à l'appui de ce schéma, la synthèse suivante :

On obtient directement l'anthracène en faisant réagir le tétrabromure d'acétylène $CHBr^2 - CHBr^2$ (1 molécule) sur le benzène (2 molécules) en présence du chlorure d'aluminium (FRIEDEL et CRAFTS) :

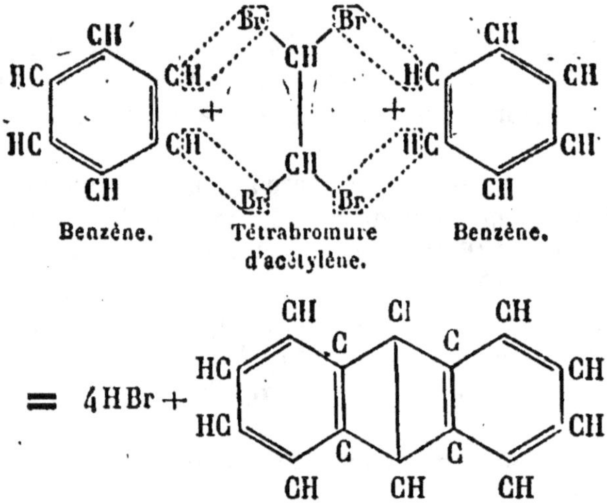

Benzène.        Tétrabromure        Benzène.
                d'acétylène.

$= 4HBr +$

Anthracène.

De même que le benzène et le naphtalène, l'anthracène se comporte, en général, comme un hydrocarbure saturé, en ce sens qu'il donne facilement des dérivés de substitution avec les halogènes; on connaît également des méthyl- et des éthylanthracènes. L'acide sulfurique peut fournir, difficilement toutefois, des acides sulfonés.

L'acide nitrique agit d'abord comme oxydant, en donnant

l'anthraquinone $C^6H^4<^{CO}_{CO}>C^6H^4$; ce dernier composé (nous y reviendrons p. 307) se nitre aussitôt, et l'on obtient la dinitro-anthraquinone $C^{14}H^6O^2(NO^2)^2$.

L'hydrogène naissant, produit par le sodium agissant sur l'alcool absolu bouillant, rompt la liaison entre les deux atomes de carbone du groupe central, avec formation du dihydrure $C^6H^4<^{CH^2}_{CH^2}>C^6H^4$. Cette réaction et la précédente prouvent que l'hexagone du centre a un caractère différent des deux latéraux, lesquels sont franchement benzéniques.

Signalons, comme curieuse particularité de l'anthracène, la propriété qu'il possède de se polymériser au soleil en *dianthra-cène* $(C^{14}H^{10})^2$, lequel se dépolymérise ensuite dans l'obscurité.

## V. — DÉRIVÉS HALOGÉNÉS DES HYDROCARBURES AROMATIQUES.

Les carbures aromatiques peuvent donner avec une grande facilité des dérivés de substitution halogénés (*voir* p. 194). Suivant les conditions expérimentales de la réaction, l'halogène se fixe soit dans le noyau, soit dans les chaînes latérales (BEILSTEIN); les propriétés chimiques des deux sortes de dérivés halogénés sont très différentes.

### a. — Dérivés halogénés dans le noyau.

En présence d'iode ou de chlorure ferrique, ou aussi de chlorure d'aluminium, le chlore et le brome se substituent surtout dans le noyau; exemple :

$$C^6H^5 - CH^3 + Cl^2 = C^6H^4Cl - CH^3 + HCl.$$
$$\text{Toluène.} \qquad\qquad \text{Chlorotoluène.}$$

Si l'on insiste, la substitution peut s'étendre successivement à tous les atomes d'hydrogène du noyau; il y a le plus souvent plusieurs isomères. Nous ferons connaître plus tard, en outre, une méthode très régulière de préparation de ces dérivés chlorés, bromés et même iodés (*voir* à l'article *Diazoïques*, p. 403).

Les propriétes physiques de ces dérivés sont analogues à celles des dérivés de la série acyclique: distillation sans décomposition, et odeur faible, plutôt agréable. Il n'en est pas de même, en général, des caractères chimiques, qui, le plus souvent, les en éloignent notablement.

Leur stabilité est plus grande. L'halogène y est plus solidement attaché au carbone qu'il ne l'est, par exemple, dans le chlorure d'éthyle $C^2H^5Cl$; ni l'hydrate d'argent, ni l'ammoniaque, ni la potasse aqueuse ou alcoolique, ne peuvent arracher le chlore du chlorobenzène $C^6H^5Cl$, à moins d'opérer à température très élevée; toutefois les métaux alcalins, ainsi que nous l'avons déjà vu, sont capables de le fixer (*voir* p. 52, 54, 192) [1].

Quant au noyau, il garde toutes ses propriétés; il se nitre et se sulfone même plus facilement qu'avant l'introduction des halogènes. Il est à remarquer que la présence dans le noyau, à côté des halogènes, de groupes substituants non carbonés, tels que $NO^2$ et $SO^3H$, affaiblit la résistance de la liaison entre le carbone et l'halogène; ainsi, tandis que le chlorure de phényle $C^6H^5Cl$ est inattaquable par l'ammoniaque, le même réactif, agissant à 150°, substitue $NH^2$ à Cl dans les différents dérivés chlorodinitrés isomériques qui sont représentés par la formule

------

[1] L'iodobenzène $C^6H^5I$ peut fixer directement $Cl^2$ en donnant l'iodochlorure $C^6H^5I.Cl^2$, où l'iode est trivalent comme dans le *trichlorure* $ICl^3$ (WILLGERODT, 1886).

Si l'on traite l'iodochlorure par l'eau et un alcali, le chlore est éliminé à l'état de chlorure alcalin, et l'on obtient le dérivé *iodosé* $C^6H^5I = O$. Ce dernier est un corps oxydant, qui déplace en milieu acide l'iode de l'iodure de potassium, en régénérant le dérivé iodé primitif. Il possède, en outre, un caractère basique, quoique étant sans action sur le tournesol : il fournit, par exemple, le diacétate $C^6H^5I(O - COCH^3)^2$, dérivé de l'hydrate hypothétique $C^6H^5I(OH)^2$, dont l'iodochlorure $C^6H^5I.Cl^2$ est ainsi le dichlorhydrate.

En oxydant l'iodosobenzène par l'acide hypochloreux, on fixe un second atome d'oxygène sur l'iode, qui devient ainsi pentavalent. L'*iodylobenzène* obtenu $C^6H^5I.O^2$ est un corps explosif et à propriétés encore plus oxydantes que le dérivé iodosé, qui le rapprochent des peroxydes minéraux ($PbO^2$, etc.).

Si l'on fait agir l'hydrate d'argent $AgOH$ sur un mélange à molécules égales d'iodoso- et d'iodylobenzène, on obtient, avec formation d'iodate d'argent, l'hydrate de diphényliodonium $(C^6H^5)^2I.OH$. C'est une base à réaction fortement alcaline, donnant des sels bien cristallisés avec les acides.

On connaît un grand nombre d'iodochlorures, de dérivés iodosés et iodylés et d'hydrates d'iodoniums analogues. Quelques représentants ont même été obtenus dans la série acyclique.

Ces faits, qui nous apportent des notions nouvelles et inattendues sur la nature et les propriétés de l'iode, sont d'un haut intérêt au point de vue de la Philosophie chimique.

$C^6H^3 <\genfrac{}{}{0pt}{}{Cl}{NO^2}$. L'observation peut être étendue aux dérivés polyhalogénés, dont la résistance aux divers agents décroît également
à mesure qu'augmente le nombre d'atomes halogènes portés par
le noyau.

La propriété suivante rapproche, par contre, les hydrocarbures
aromatiques halogénés dans le noyau des hydrocarbures acy
cliques halogénés. Comme ces derniers et dans les mêmes conditions (*voir* p. 164), ils réagissent sur le magnésium, avec formation de carbures halogéno-magnésiens, lesquels possèdent
toutes les propriétés des dérivés acycliques analogues. Ainsi le
bromobenzène $C^6H^5Br$ fournit le bromure de phénylmagnésium
$C^6H^5MgBr$, qui est décomposable par l'eau avec mise en liberté
de benzène $C^6H^6$ (GRIGNARD).

### b. — Dérivés halogénés dans les chaînes latérales.

Lorsque le chlore et le brome agissent sur les homologues du
benzène portés à l'ébullition (ou encore exposés à la lumière
solaire, ou à la lumière ultraviolette, ou à la lumière d'une
lampe à arc), ils se substituent surtout dans les chaînes latérales,
(BEILSTEIN). Le toluène bouillant, par exemple, sous l'action du
chlore, fournit ainsi, successivement, les trois dérivés $C^6H^5—CH^2Cl$,
$C^6H^5—CHCl^2$, $C^6H^5—CCl^3$, avec mise en liberté de HCl, 2HCl
3HCl.

Le chlore ou le brome peuvent être remplacés par l'iode au
moyen de l'iodure de sodium, qui agit par double décomposition.

Tandis que les dérivés halogénés dans le noyau ont, comme
nous l'avons indiqué ci-dessus, une odeur faible et plutôt agréable,
généralement les dérivés halogénés dans les chaînes latérales
possèdent, au contraire, une odeur piquante, et ils sont fortement
lacrymogènes, propriété qui est minima dans les dérivés chlorés
et maxima dans les dérivés iodés.

Chimiquement parlant, les chaînes latérales ne sont que des
tronçons de chaînes acycliques, et elles en possèdent toutes les
propriétés. Aussi, à la différence du noyau, ces chaînes halogénées
donnent-elles, sous l'action des mêmes réactifs, les mêmes réactions que les carbures acycliques halogénés (*voir* p. 179 à 187).
Le toluène monochloré dans la chaîne latérale $C^6H^5—CH^2Cl$, par
exemple, chauffé avec de la potasse, donne l'alcool correspondant

ou alcool benzylique $C^6H^5 — CH^2OH$ (CANNIZZARO) (d'où le nom de *chlorure de benzyle* par lequel on désigne souvent ce dérivé chloré), alors que ses trois isomères, les trois toluènes chlorés dans le noyau $C^6H^4Cl — CH^3$, résistent à l'action de ce réactif dans les mêmes conditions. De même le dérivé dichloré $C^6H^5 — CHCl^2$ (*chlorure de benzylidène*) conduit à l'aldéhyde benzoïque $C^6H^5 — CHO$, et le dérivé trichloré $C^6H^5 — CCl^3$ (phénylchloroforme) à l'acide benzoïque $C^6H^5 — C\!\!\underset{OH}{\overset{O}{\diagup}}$. Réciproquement, d'ailleurs, l'alcool benzylique $C^6H^5 — CH^2OH$ reproduit le chlorure de benzyle $C^6H^5 — CH^2Cl$ sous l'influence de l'acide chlorhydrique ou du perchlorure de phosphore, et l'aldéhyde benzoïque $C^6H^5 — CHO$ régénère le dérivé dichloré $C^6H^5 — CHCl^2$ sous l'action du perchlorure de phosphore ; ces deux réactions ne sont que des cas particuliers de deux méthodes générales, déjà connues, d'obtention des dérivés halogénés en partant des alcools et des aldéhydes (ou des cétones) (*voir* p. 180 et 181).


## VI. — DÉRIVÉS NITRÉS DES HYDROCARBURES AROMATIQUES.

1. On a vu (p. 195) que le noyau aromatique était facile à nitrer.

La position réciproque que prennent les groupes $NO^2$ est la position *méta*. Aussi ne peut-on obtenir des dérivés trinitrés que s'il y a 3 positions en *méta* libres dans le noyau. Le toluène, ainsi que nous l'avons indiqué, donnera ainsi un dérivé trinitré, et il en sera de même du métaxylène :

Toluène.   →   Trinitrotoluène.

Métaxylène.    Trinitrométaxylène

Par contre on n'obtiendra, avec l'ortho- et le paraxylène, que des dérivés dinitrés.

Les dérivés nitrés sont des huiles ou des corps solides, incolores ou jaunâtres, à point d'ébullition toujours élevé. Le plus simple, le nitrobenzène $C^6H^5.NO^2$, est une huile incolore, qui fond à + 3° et bout à 209°; l'orthonitrotoluène fond à + 10° et bout à 218°, l'isomère *méta* fond à + 16° et bout à 230°, l'isomère *para* fond à 54° et bout à 237°. Le métadinitrobenzène fond à 90° et bout à 303°; le trinitrotoluène fond à 82°.

Ces substances sont souvent odorantes. Le nitrobenzène, qui possède une forte odeur d'amandes amères, n'est autre que l'*essence de mirbane* du commerce. Les dérivés trinitrés du pseudobutyltoluène $C^6H(CH^3)_{(1)}[C(CH^3)^3]_{(3)}(NO^2)^3_{(2.4.6)}$ et du pseudobutylmétaxylène $C^6(CH^3)^2_{(1.3)}[C(CH^3)^3]_{(3)}(NO^2)^3_{(2.4.6)}$ sont utilisés en grand sous le nom de *muscs artificiels*.

Les dérivés nitrés sont plus ou moins explosifs. Cette propriété s'accentue avec le nombre de groupes $NO^2$ présents dans la molécule. Le trinitrotoluène est un explosif puissant connu sous le nom de *tolite*.

Nous avons signalé (p. 206) que les groupes $NO^2$ exercent une influence manifeste sur les atomes ou autres groupements fixés sur le noyau, qu'ils rendent plus mobiles et plus aptes à entrer en réaction.

(*Voir* p. 385 la transformation du groupe $NO^2$ en groupe $NH^2$.)

Les dérivés nitrés sont le point de départ de la préparation d'innombrables composés.

2. En outre des carbures aromatiques nitrés sur le noyau, on en connaît aussi où la nitration a porté sur la chaîne latérale, tel le phénylnitrométhane $C^6H^5—CH^2.NO^2$. Leurs propriétés sont analogues à celle des dérivés nitrés acycliques (p. 187), et on les prépare par les mêmes procédés que ces derniers.

### VII. — DÉRIVÉS SULFONÉS DES HYDROCARBURES AROMATIQUES.

Le mode général d'obtention des acides sulfoniques $R.SO^3H$ a été décrit plus haut (p. 195).

Comme les groupes nitrés, les groupes sulfoniques tendent toujours à se placer réciproquement dans la position *méta* (*voir* aussi p. 197).

Ce sont des corps liquides ou solides, solubles dans l'eau. La plupart de leurs sels, tels le benzène-sulfonate de sodium $C^6H^5.SO^3Na$ et le benzène-sulfonate de calcium $(C^6H^5.SO^3)^2Ca$, sont également solubles dans l'eau.

Au point de vue chimique, les acides sulfoniques sont des sortes d'acides sulfureux substitués.

On obtient de l'acide benzène-sulfonique $C^6H^5.SO^3H$ en oxydant par l'acide azotique le composé sulfuré $C^6H^5.SH$ (thiophénol; *voir* p. 257). Les homologues $R.SO^3H$ prennent de même naissance par oxydation des composés sulfurés correspondants $R.SH$. Cette réaction établit clairement que le soufre est bien lié directement au carbone dans les acides sulfoniques.

Les acides sulfoniques sont très stables, et, pour en détacher le résidu $SO^3H$, il est nécessaire d'employer des réactions énergiques. Soumis à l'action de la vapeur d'eau surchauffée en présence d'acide chlorhydrique, ils régénèrent l'acide sulfurique et les carbures d'où ils dérivent; exemple :

$$C^6H^3(CH^3)^2_{(1)(2)}(SO^3H)_{(4)} + H^2O = C^6H^4(CH^3)^2_{(1)(2)} + SO^4H^2.$$

Acide orthoxylène-sulfonique.                    Orthoxylène.

L'emploi des alcalis en fusion conduit, par substitution du groupe OH au groupe $SO^3H$, aux phénols (*voir* p. 254 et 259).

*Sulfones.* — Quand on chauffe les carbures aromatiques avec de l'acide sulfurique fumant (plus ou moins riche en anhydride $SO^3$), il y a formation, en même temps que d'acides sulfoniques, de composés neutres appelés *sulfones*, où le soufre est hexavalent, par réaction d'une molécule d'acide sulfurique sur deux molécules de benzène; exemple :

$$SO^2\!\!<^{OH}_{OH} + {}^{HC^6H^5}_{HC^6H^5} = 2H^2O + SO^2\!\!<^{C^6H^5}_{C^6H^5}.$$

Acide sulfurique.    2 mol. benzène.                    Diphénylsulfone.

## VIII. — HYDRURES BENZÉNIQUES, TERPÈNES.

1. On peut fixer de l'hydrogène sur l'hexagone benzénique des carbures aromatiques, par ouverture des doubles liaisons; on obtient ainsi des *dihydrures*, des *tétrahydrures* ou des *hexahydrures*, suivant que 1, 2 ou 3 doubles liaisons ont été converties en liaisons simples, par fixation de $H^2$, $2H^2$ ou $3H^2$ (BERTHELOT, WREDEN).

Les hexahydrures aromatiques ne sont autres que les naphténes ou cyclanes hexagonaux (p. 190); ils sont par conséquent très stables. Au contraire, les dihydrures et les tétrahydrures présentent une grande instabilité, et ils tendent toujours à passer soit au type hexahydrure (toutes liaisons simples dans l'anneau hexagonal) par fixation d'hydrogène, d'halogènes, d'hydracides, soit au type aromatique (3 doubles liaisons) par perte des mêmes corps. La forme stable de l'anneau hexagonal est ou bien l'anneau avec toutes liaisons simples, ou bien l'anneau avec 3 doubles liaisons.

Les différents hydrures (di, tétra, hexa) ont des allures qui les éloignent notablement des carbures aromatiques et les rapprochent, au contraire, des carbures acycliques. De même que ceux-ci et à l'opposé de ceux-là, ils ne se nitrent et ne se sulfonent que difficilement et dans des conditions très particulières.

2. On rencontre, abondamment répandus dans les essences végétales, de nombreux carbures répondant tous à la même formule $C^{10}H^{16}$, qui est celle d'un dihydrure de cymène, le cymène étant $C^{10}H^{14}$ (p. 192); nombre de ces carbures ont pu être reproduits synthétiquement, et l'on en a, en outre, préparé artificiellement un certain nombre d'autres qui n'ont pas été rencontrés dans la nature; leur ensemble constitue l'important groupe des *terpènes*, qui est en étroites relations avec le camphre et les substances voisines.

Ils sont tous plus ou moins analogues à l'essence de térébenthine; leur densité est inférieure à celle de l'eau, et leur point d'ébullition est situé entre 150° et 180°; ils sont combustibles avec flamme fuligineuse; en général, ils possèdent le pouvoir rotatoire.

La constitution de beaucoup d'entre eux, ainsi que celle de nombreux dérivés (alcools, etc.), est aujourd'hui élucidée, grâce aux travaux de BERTHELOT, WALLACH, BÆYER, WAGNER, TIEMANN, SEMMLER, BOUCHARDAT, TILDEN, HALLER, BARBIER, BOUVEAULT, BÉHAL, HARRIES, BLANC, GUERBET, etc.; leur isomérie tient souvent à la place des liaisons éthyléniques. On s'accorde à représenter le *limonène* par une formule portant une double liaison dans une chaîne hexagonale et une autre dans une chaîne latérale; ce carbure peut fixer directement 4 Br ou 2 HCl. Dans le *pinène* ou térébenthène, au contraire, qui ne fixe directement que 2 Br

ou HCl, une chaîne hexagonale, portant l'unique double liaison de
la formule, serait combinée avec une chaîne fermée tétragonale :

$$\text{Limonène.} \qquad\qquad \text{Pinène.}$$

association à équilibre fort instable, qui se rompt sous des
influences très faibles, avec formation de divers carbures isomériques de la formule générale $C^{10}H^{16}$.

On voit que les schémas du limonène et du pinène concordent
avec l'activité optique des deux carbures : dans la formule du
limonène, par exemple, on aperçoit immédiatement que le carbone 4 est asymétrique.

Un fait, entre autres, qui montre l'extrême plasticité de certains
terpènes, est le suivant : le produit de la fixation du gaz chlorhydrique sur le pinène, qu'on appelle *chlorhydrate de pinène*
$C^{10}H^{16}.HCl$, perd les éléments de l'acide chlorhydrique sous l'action de la potasse alcoolique, et le carbure régénéré n'est point
le pinène, mais un carbure isomérique, le *camphène* (BERTHELOT,
RIBAN).

La plupart des terpènes sont liquides à la température ordinaire; le camphène est solide et fond à 53°, le bornylène à 98°.

D'après leur formule moléculaire $C^{10}H^{16}$, les terpènes sont des
*dimères* des carbures $C^{5}H^{8}$. En fait, l'isoprène $C^{5}H^{8}$ (*voir* p. 170)
peut fournir, sous l'action de la chaleur, le limonène inactif
$C^{10}H^{16}$; et, d'autre part, quand on dirige des vapeurs d'essence
de térébenthine sur une spirale de platine chauffée au rouge, on
obtient de l'isoprène.

La plupart des terpènes ont tendance à se polymériser. Le
caoutchouc et la gutta-percha paraissent être des polyterpènes
$(C^{10}H^{16})^{n}$ (*voir* p. 170 et la note de la page 299). Chauffé fortement,
le caoutchouc fournit, entre autres corps, de l'isoprène, lequel,
comme nous l'avons déjà vu (*voir* p. 171), peut régénérer le caoutchouc par polymérisation (BOUCHARDAT, 1879).

Les *résines* sont généralement des produits complexes d'oxydation des terpènes, qu'elles accompagnent le plus souvent dans les plantes.

Ajoutons, enfin, que l'on connaît des carbures répondant à la formule moléculaire $C^{15}H^{24}$ ou à un multiple entier de cette formule; on les désigne sous le nom de *sesquiterpènes* $[(C^{10}H^{16})^{1,5}]^n$. Certaines essences végétales en renferment une forte proportion.

# CHAPITRE III.



## FONCTIONS OXYGÉNÉES,

Les matières oxygénées sont abondamment répandues chez les êtres vivants. C'est principalement dans le fonctionnement normal de la vie des plantes qu'elles prennent naissance.

Nous nous occuperons successivement des fonctions *alcool*, *aldéhyde*, *cétone* (à laquelle nous rattacherons les *cétènes*) et *acide*. Nous terminerons le Chapitre par l'exposé succinct de la question des *Sucres*, substances oxygénées en général complexes, dont l'étude nécessite la connaissance préalable des fonctions précédentes.

## I. — FONCTION ALCOOL.

**1.** *L'esprit-de-vin* ou *alcool*, qui se forme dans la fermentation des jus sucrés, fut signalé par les Arabes au moyen âge et décrit par Arnauld de Villeneuve à la fin du XIIᵉ siècle. Sa composition a été fixée par de Saussure; rapprochée de sa densité de vapeur, elle lui assigne la formule $C^2H^6O$. Sa fonction spéciale fut déterminée surtout par les travaux de Dumas et Boullay (1827). Berthelot réalisa sa synthèse totale en 1854 (p. 169). Il est dit *alcool éthylique* à cause de ses relations étroites avec l'éthylène (p. 166 et 169).

C'est un liquide léger, incolore, très fluide, bouillant à 78°, très inflammable. Il est de beaucoup le plus abondant parmi les produits de la *fermentation* alcoolique des matières sucrées (p. 374, 375, 376).

On a fait de son nom un terme générique pour désigner la classe très importante des *alcools*.

La notion d'*alcool* fut établie en 1835 par Dumas et Péligot.

Ayant observé des analogies étroites entre les propriétés et les réactions de l'*esprit-de-vin* des Arabes (*alcool éthylique*) et celles de l'*esprit pyroligneux*, qui avait été découvert par TAYLOR en 1812 dans les produits de la distillation sèche du bois (d'où son nom d'*esprit pyroligneux* ou *esprit de bois*), ils envisagèrent ce dernier comme un second alcool, l'*alcool méthylique* (*carbinol*). Peu après, l'*éthal*, que CHEVREUL avait retiré du blanc de baleine en 1823, et l'*huile de pomme de terre* de CAHOURS (1837) étaient de même caractérisés respectivement comme *alcool éthalique* et comme *alcool amylique*.

2. Le groupement fonctionnel des alcools est OH. Cette fonction, la plus simple des fonctions oxygénées, offre un intérêt prédominant, en ce sens que toutes les autres peuvent en être régulièrement dérivées. Les alcools jouent en Chimie organique un rôle aussi important que les bases en Chimie minérale.

La fonction alcool a dans le règne végétal de nombreux représentants. Les alcools prennent souvent naissance au cours de réactions provoquées par des microorganismes (*fermentations*).

Nous savons déjà (p. 57, 60, 184) qu'en remplaçant les halogènes par l'oxhydryle dans les carbures halogénés, on obtient des alcools. Ces derniers apparaissent ainsi comme des produits d'oxydation indirecte des carbures.

### Caractères essentiels de la fonction alcool. Éthers.

1. Les alcools sont des composés neutres, qui réagissent sur les acides pour donner, avec élimination d'eau, des corps également neutres, appelés *éthers;* la réaction a reçu le nom d'*éthérification;* exemples :

$$C^2H^5OH \; + \; HCl \; = \; H^2O \; + \; C^2H^5Cl$$

Alcool éthylique.   Acide      Éther chlorhydrique
(éthanol).   chlorhydrique.     de l'alcool éthylique.

$$C^2H^5OH \; + \; HO - NO^2 \; = \; H^2O \; + \; C^2H^5 - O - NO^2$$

Éthanol.   Acide azotique.     Éther azotique
            de l'alcool éthylique.

$$C^2H^5OH \; + \; HO - CO - CH^3 \; = \; H^2O \; + \; C^2H^5 - O - CO - CH^3$$

Éthanol   Acide acétique.      Éther acétique
           de l'alcool éthylique.

La réaction est comparable à l'action d'une base sur un acide,
avec formation d'un sel; exemples :

$$KOH \quad + \quad HCl \quad = \quad H^2O \quad + \quad KCl.$$

Potasse.        Acide chlorhydrique.                    Chlorure de potassium.

$$KOH \quad + \quad HO - NO^2 \quad = \quad H^2O \quad + \quad KO - NO^2$$

Potasse.        Acide azotique.                    Azotate de potassium.

$$KOH \quad + \quad HO - CO - CH^3 \quad = \quad H^2O \quad + \quad KO - CO - CH^3$$

Potasse.        Acide acétique.                    Acétate de potassium.

L'analogie de constitution des éthers et des sels apparaît clairement : suivant qu'à l'hydrogène fonctionnel d'un acide (hydrogène *actif*, hydrogène *acide*) on substitue un métal ou un résidu
alcoolique, on obtient un sel ou un éther. Aussi appelle-t-on
*éther-sel* le produit de l'action d'un acide sur un alcool; on dit
couramment *chlorure d'éthyle*, *azotate d'éthyle* et *acétate d'éthyle*,
pour désigner les trois éthers pris ci-dessus comme exemples.

Les éthers chlorhydriques, bromhydriques et iodhydriques,
qu'on désigne sous le terme générique d'*éthers halogénés*, diffèrent des autres par l'absence d'oxygène. Ils sont identiques,
d'ailleurs, aux carbures halogénés correspondants; ainsi, on
obtient un seul et même corps $CH^3Cl$, par exemple, quand
on substitue un atome de chlore à un atome d'hydrogène du méthane $CH^4$ par l'action directe de l'halogène sur le carbure,
ou qu'on substitue Cl à OH dans l'alcool méthylique $CH^3OH$ par
éthérification. En sorte que les quatre expressions *chlorure de
méthyle*, *méthane monochloré*, *éther chlorhydrique de l'alcool
méthylique* et *éther méthylchlorhydrique* désignent un seul
et même corps, qui a pour formule $CH^3Cl$ (BERTHELOT).

Remarquons que les éthers des acides oxygénés peuvent être
tout aussi bien considérés comme résultant de la substitution
de résidus d'acides à l'hydrogène de l'oxhydryle de l'alcool. Ainsi,
que nous remplacions, dans l'alcool éthylique $C^2H^5OH$, l'hydrogène actif par le radical acétyle $- CO - CH^3$, ou que, à l'hydrogène acide de l'acide acétique $CH^3 - COOH$ nous substituions
le radical alcoolique $C^2H^5$, nous avons évidemment le même
éther-sel : l'acétate d'éthyle $CH^3 - COOC^2H^5$. Il est tout aussi
rationnel de dire qu'on éthérifie les alcools par les acides que de
dire qu'on éthérifie les acides par les alcools.

**2.** Le sodium chasse directement l'hydrogène actif des alcools en prenant sa place; exemple :

$$2C^2H^5OH \quad + \quad 2Na \quad = \quad 2C^2H^5ONa \quad + \quad H^2.\nearrow$$

Éthanol.             Éthanol sodé
(éthylate de sodium).

On peut également, au moyen des composés organo-halogéno-magnésiens, remplacer l'hydrogène de l'oxhydryle par le résidu monovalent $MgX$ (GRIGNARD); exemple :

$$C^2H^5O\boxed{H \quad + \quad CH^3}MgI \quad = \quad C^2H^5OMgI \quad + \quad CH^4.\nearrow$$

Éthanol.      Iodure de           Éthanol      Méthane.
méthylmagnésium.     iodomagnésien.

**3.** Les dérivés sodés des alcools sont immédiatement décomposés par le simple contact de l'eau, avec mise en liberté d'alcool et de soude caustique; exemple :

$$C^2H^5ONa \quad + \quad H^2O \quad = \quad C^2H^5 - OH \quad + \quad NaOH.$$

Éthylate de sodium.           Éthanol.

Pareillement, l'eau décompose immédiatement les dérivés halogéno-magnésiens des alcools, avec mise en liberté de l'alcool; exemple :

$$C^2H^5O\boxed{MgBr \quad + \quad HO}H \quad = \quad C^2H^5OH \quad + \quad Mg\begin{cases} Br \\ OH \end{cases}.$$

Éthanol                 Éthanol.
bromomagnésien.

**4.** Les chlorures, bromures et iodures alcooliques réagissent sur les dérivés sodés des alcools, en substituant le résidu alcoolique au métal, lequel s'élimine sous forme de chlorure, bromure ou iodure alcalin; exemple :

$$C^2H^5O\boxed{Na \quad + \quad I}C^2H^5 = C^2H^5 - O - C^2H^5 \quad + \quad NaI.$$

Éthylate     Iodure      Oxyde d'éthyle.      Iodure
de sodium.   d'éthyle.                   de sodium.

Les nouveaux composés obtenus, par leur constitution spéciale, sont des sortes d'*oxydes* organiques, comparables par leur structure aux oxydes des métaux monovalents $K - O - K$, $Na - O - Na$, $Ag - O - Ag$, etc.; on leur a donné le nom d'*éthers-oxydes*.

On voit, en définitive, que l'hydrogène fonctionnel (hydrogène *alcoolique*, hydrogène *actif*) des alcools peut être remplacé, à volonté, par un résidu d'acide oxygéné, une valence métallique, ou un résidu alcoolique.

### Différence entre les éthers-sels et les sels, les alcools et les bases minérales. Vitesse et limite d'éthérification.

. Les différences sont nombreuses et bien tr_  _bées. Voici les principales :

1. Contrairement aux bases, les alcools ne dégagent que de faibles quantités de chaleur au contact des acides, et leur activité chimique est beaucoup moindre.

2. Les bases minérales les plus simples, comme la potasse et la soude, sont solides à la température ordinaire, caustiques, et bleuissent fortement le tournesol; les alcools les plus simples sont liquides et absolument neutres aux réactifs colorés.

Les bases minérales sont fixes; les alcools sont volatils.

Les sels minéraux les plus simples, comme le chlorure de potassium, sont solides, très difficilement volatilisables, inodores et très solubles dans l'eau; les éthers-sels les plus simples, comme les formiates et acétates de méthyle et d'éthyle, sont liquides, à odeur agréable et pénétrante, très volatils et peu solubles dans l'eau.

Les bases minérales et les sels sont des électrolytes et conduisent le courant électrique; les alcools et les éthers-sels ne sont pas des électrolytes.

3. Les différences que nous venons d'énumérer ne sont pas les seules. Si nous traitons une molécule d'acide soit par une molécule d'une base minérale, soit par une molécule d'alcool, les deux réactions auront une allure très différente. La neutralisation d'un acide par une base minérale est *instantanée* et *totale*, et l'eau n'est généralement pas susceptible de réagir sur le sel ainsi formé pour régénérer l'acide et la base. Au contraire, l'éthérification d'un alcool par un acide est *lente* et *progressive*; à la température ordinaire la réaction se poursuit pendant des jours et des mois, et nous sommes ainsi amenés à la notion de *vitesse d'éthérification*. De plus la réaction n'est *jamais complète* : l'éthersel formé est décomposable par l'eau; la réaction régénère l'acide et l'alcool; réciproque de l'éthérification, elle a reçu le nom de

*saponification;* exemples :

$$C^2H^5 - O - \boxed{NO^3} + \boxed{HO}H = C^2H^5OH + NO^3H,$$

Azotate d'éthyle.        Alcool éthylique.   Acide azotique.

$$C^2H^5 - O - \boxed{CO - CH^3} + \boxed{O}HH = C^2H^5OH + CH^3 - CO^2H.$$

Acétate d'éthyle.        Alcool éthylique.   Acide acétique.

Cette action décomposante de l'eau sur l'éther-sel formé rend impossible la combinaison intégrale d'une molécule d'alcool avec une molécule d'acide. L'éthérification est toujours contrariée par la réaction inverse ou saponification; il arrive nécessairement un moment où il se défait autant d'éther qu'il s'en fait, et, la saponification équilibrant alors exactement l'éthérification, on a atteint la *limite d'éthérification:*

Nous avons longuement étudié précédemment (*voir* p. 119, 132) les lois qui régissent ces phénomènes et permettent de déterminer les vitesses et les limites d'éthérification en fonction des proportions initiales d'alcool et d'acide. Nous verrons ci-dessous (*voir* p. 221 et 222) comment ces grandeurs varient avec la nature de l'alcool et celle de l'acide.

### ALCOOLS PRIMAIRES, ALCOOLS SECONDAIRES, ALCOOLS TERTIAIRES.

Suivant que l'oxhydryle remplace, dans l'hydrocarbure d'où il dérive, un atome d'hydrogène du groupe $CH^3$ (carbone primaire), du groupe $CH^2$ (carbone secondaire), ou du groupe $CH$ (carbone tertiaire) (*voir* p. 42), l'alcool est dit lui-même *primaire, secondaire* ou *tertiaire*, et le groupement fonctionnel correspondant est $-CH^2(OH)$ (monovalent), $>CH(OH)$ (bivalent), ou $\geq C(OH)$ (trivalent). Les formules

$$H - CH^2OH, \quad CH^3 - CH^2OH, \quad CH^3 - CH^2 - CH^2OH$$

représentent des *alcools primaires;* les formules

$$CH^3 - CHOH - CH^3, \quad CH^3 - CHOH - CH^2 - CH^3$$

des *alcools secondaires;* et les formules

$$CH^3 - COH - CH^3, \quad CH^3 - COH - C^2H^5$$
$$\quad\quad | \quad\quad\quad\quad\quad\quad\quad\quad\quad | $$
$$\quad\quad CH^3 \quad\quad\quad\quad\quad\quad\quad\quad CH^3$$

des *alcools tertiaires*. Les alcools secondaires sont dits *symétriques* si les deux résidus unis au groupement CHOH sont identiques, comme dans le propanol-2 ou diméthylcarbinol $CH^3 — CHOH — CH^3$ (alcool isopropylique), et *non symétriques* si ces deux résidus sont différents, comme dans le butanol-2 ou méthyléthylcarbinol $CH^3 — CHOH — CH^2 — CH^2$ (alcool butylique secondaire).

C'est principalement aux travaux de WURTZ, KOLBE, BOUTLEROW, FRIEDEL, que nous devons cette différenciation des alcools en trois classes.

1. Elles se distinguent nettement les unes des autres par les produits d'oxydation. Comme agent d'oxydation, on peut employer, par exemple, l'anhydride chromique $CrO^3$, qui passe à l'état de sesquioxyde $Cr^2O^3$ en cédant de l'oxygène; l'oxygène libre, en présence de certains ferments, minéraux (mousse de platine, platine colloïdal, etc.), organiques, ou organisés, suffit quelquefois à produire l'oxydation.

*a.* Quand on oxyde avec précaution un *alcool primaire*, 2 atomes d'hydrogène s'éliminent d'abord à l'état d'eau, et l'on obtient un aldéhyde (DŒBEREINER, 1821); exemple :

$$CH^3 — CH^2OH \ + \ O \ = \ CH^3 — C{\big\langle}^H_O \ + \ H^2O.$$

Alcool éthylique.        Acétaldéhyde.

L'aldéhyde produit fixe ensuite 1 atome d'oxygène en donnant un acide; exemple :

$$CH^3 — CHO \ + \ O \ = \ CH^3 — COOH.$$

Acétaldéhyde.        Acide acétique.

Remarquons que les deux produits successifs de l'oxydation renferment le même nombre d'atomes de carbone que l'alcool générateur.

*b.* L'oxydation fait perdre également aux *alcools secondaires* 2 atomes d'hydrogène, en donnant naissance à une cétone (aldéhyde secondaire), qui possède le même nombre d'atomes de carbone (FRIEDEL, 1862); exemple :

$$CH^3 — CHOH — CH^3 \ + \ O \ = \ H^2O \ + \ CH^3 — CO — CH^3.$$

Propanol-2                     Propanone
(alcool isopropylique).          (acétone ordinaire).

La fonction cétone, très voisine de la fonction aldéhyde, en est toutefois nettement distincte : l'oxydation des cétones coupe la molécule et fournit deux acides, qui renferment à eux deux le même nombre d'atomes de carbone que la cétone oxydée, et, par suite, que l'alcool secondaire générateur; exemple :

$$CH^3 - CO - CH^3 \; + \; 3\,O \; = \; CH^3 - CO^2H \; + \; H - CO^2H.$$

  Propanone.       Acide acétique.  Acide formique.

*c.* Dans les *alcools tertiaires* (BOUTLEROW, 1864), le carbone du groupement fonctionnel C(OH) a ses 3 autres valences saturées par 3 résidus de carbures monovalents; un alcool tertiaire ne saurait donc fournir, par oxydation, ni aldéhyde, ni cétone à même nombre d'atomes de carbone. Il y a cependant attaque de l'alcool tertiaire par l'agent oxydant : la molécule se brise en divers tronçons, qui sont à fonction aldéhyde, cétone ou acide (tous à fonction acide si l'oxydation a été poussée assez loin), et dont chacun renferme, par suite, moins d'atomes de carbone que l'alcool tertiaire d'où l'on est parti.

L'oxydation nous fournit ainsi un moyen de reconnaître si un alcool donné est primaire, secondaire ou tertiaire : il est primaire s'il se produit un acide unique à même nombre d'atomes de carbone, secondaire s'il se fait 2 acides ayant à eux deux autant d'atomes de carbone que l'alcool considéré, tertiaire dans les autres cas.

2. On peut aussi, pour distinguer les trois sortes d'alcool, étudier les vitesses et les limites d'éthérification (*voir* p. 119, 132, 218).

Pour mesurer ces deux grandeurs, on convient d'opérer sur des mélanges équimoléculaires d'acide acétique et de l'alcool considéré. On peut apprécier les progrès de l'éthérification, à un moment quelconque, par un simple titrage de l'acide libre.

Pour la vitesse, on prend comme terme de comparaison la vitesse moyenne d'éthérification (pourcentage d'acide combiné) pendant la première heure à la température de 155°.

Quant à la limite, il résulte de l'expérience qu'à cette même température elle est pratiquement atteinte en 200 heures environ.

Le tableau suivant donne les résultats extrêmes de nombreuses déterminations effectuées sur une série d'alcools à fonction simple (MENSCHUTKINE, 1882) :

|                          | Vitesses.        | Limites.         |
| ------------------------ | ---------------- | ---------------- |
| Alcools primaires......  | 41,6  à 55,6     | 66,85 à 72,34    |
| »       secondaires..... | 18,95 à 26,53    | 58,6  à 60,5     |
| »       tertiaires...... | 0,8   à  2,15    | 0,85 à  6,6      |

On voit que la vitesse et la limite décroissent nettement quand
on passe des alcools primaires aux alcools secondaires, et surtout
des alcools secondaires aux alcools tertiaires (¹).

### Alcools plurivalents. Ordre adopté dans l'étude des alcools.

La fonction alcool peut se rencontrer 1, 2...., $n$ fois dans une
même molécule (BERTHELOT, 1854; WURTZ, 1856); le composé correspondant est un monoalcool (ou, comme on dit souvent, un
alcool monoatomique, ou, mieux, monovalent), un dialcool ou diol
(alcool diatomique ou, mieux, divalent), un trialcool ou triol
(alcool triatomique ou trivalent), un tétraalcool ou tétrol (alcool
tétratomique ou tétravalent) (²), etc. Chacune des fonctions peut
d'ailleurs être quelconque : ou primaire, ou secondaire, ou tertiaire, indépendamment des autres fonctions alcool de la molécule.
En outre, les fonctions coexistantes peuvent être situées côte à
côte, ou séparées par 1, 2, 3,..., $n$ atomes de carbone, et l'on
connaît des exemples de tous les cas.

Nous étudierons succinctement les monoalcools, les dialcools,
les trialcools, etc. Nous exposerons ensuite quelques généralités
sur les éthers-oxydes et les éthers-sels. Nous terminerons par
l'étude des phénols, qui, comme nous le verrons, peuvent être
considérés comme des alcools tertiaires d'une espèce particulière.

---

(¹) Avec des acides organiques autres que l'acide acétique, les vitesses d'éthérification sont généralement plus faibles. Les limites, par contre, gardent sensiblement les mêmes valeurs.

Dans le cas des acides minéraux, les réactions sont moins simples. Des expériences effectuées à des températures variant de 15° à 100° ont mis en évidence,
pour la vitesse comme pour la limite, des irrégularités dues à des réactions
secondaires (formation d'hydrates, d'éthers-oxydes, etc.) (VILLIERS, 1880).

(²) Les expressions alcool *mono-, di-, tri-, tétra-...* *atomique* rappellent
que les alcools correspondants ont 1, 2, 3, 4, ... atomes d'hydrogène remplaçables par du sodium ou un résidu monovalent. On tend à les abandonner,
parce que beaucoup d'autres substances que les alcools ont de l'hydrogène
pareillement remplaçable par des métaux ou des résidus monovalents, et on
leur préfère généralement les expressions alcool *mono-, di-, t...- ...* *valents*.

## A. — MONOALCOOLS (ALCOOLS MONOVALENTS).

1. Tous, sans exception, qu'ils soient primaires, secondaires ou tertiaires, peuvent se préparer en partant des carbures halogénés correspondants (*voir* p. 57, 60, 184), qui sont, comme on sait, identiques aux éthers formés par l'action des hydracides sur les alcools.

Dans la formation des alcools par l'action de l'acide sulfurique sur les carbures éthyléniques et traitement ultérieur par l'eau (*voir* p. 169), formation qui est réciproque de celle des carbures éthyléniques par déshydratation des alcools, on observe que les alcools secondaires se forment de préférence aux alcools primaires (¹), et les alcools tertiaires de préférence aux alcools secondaires. Ainsi le propylène $CH^2=CH-CH^3$ n'engendre pas, dans cette fixation d'eau, le propanol-1 $CH^2OH-CH^2-CH^3$, mais le propanol-2 $CH^3-CHOH-CH^3$; de même le méthyl-2-butène-2 $CH^3-C=CH-CH^3$ ne donne pas le méthyl-2-butanol-3
$$CH^3$$

$$CH^3-CH-CHOH-CH^3,$$
$$CH^3$$

mais le méthyl-2-butanol-2 : $CH^3-COH-CH^2-CH^3$.
$$CH^3$$

2. Ce sont des corps liquides ou solides. L'état physique dépend surtout du degré d'élévation de leur poids moléculaire : ainsi, les premiers termes sont liquides; l'éthal $C^{16}H^{33}OH$ (dont l'éther palmitique forme en grande partie le *blanc de baleine*) est solide et fond à 40°; l'alcool cérotique $C^{26}H^{51}OH$ (dont l'éther cérotique $C^{26}H^{49}CO^2.C^{26}H^{51}$ constitue la *cire de Chine*) fond à 79°; l'alcool mélissique $C^{30}H^{61}OH$ (qui existe, libre ou éthérifié, dans la cire d'abeilles et la *cire de Carnauba*) fond à 88°; la cholestérine $C^{27}H^{46}OH$ (qu'on trouve dans les calculs biliaires) est solide, et fond à 145°. Il est à remarquer que tous les alcools tertiaires, même les plus simples, sont solides.

---

(¹) Dans le cas de l'éthylène $CH^2=CH^2$, il ne peut évidemment se former que l'alcool éthylique $CH^3-CH^2OH$, lequel est primaire.

Une observation analogue s'applique aux points d'ébullition qui sont toujours très supérieurs (de 50° au moins, et souvent de plus de 100°) à ceux des carbures correspondants, et à la solubilité dans l'eau : l'alcool méthylique $CH^3OH$ bout à 65° (le méthane $CH^4$ est gazeux), l'alcool éthylique $C^2H^5OH$ à 78° (l'éthane $C^2H^6$ est gazeux), et ces deux alcools sont solubles dans l'eau en toutes proportions ; l'éthal $C^{16}H^{33}OH$ bout à 344° (le carbure correspondant bout à 287°), et il est insoluble dans l'eau.

A partir du terme en $C^3$, la même formule est commune à plusieurs alcools isomériques. Ainsi il existe 2 alcools propyliques $C^3H^7.OH$ : le propanol-1 $CH^3 — CH^2 — CH^2OH$, alcool primaire, et le propanol-2 $CH^3 — CHOH — CH^3$, alcool secondaire. On connaît de même 4 alcools butyliques $C^4H^9.OH$ : 2 primaires

$$CH^3 — CH^2 — CH^2 — CH^2OH \quad \text{et} \quad (CH^3)^2CH — CH^2OH \left(\substack{\text{alcool} \\ \text{isobutylique}}\right),$$

1 secondaire $CH^3 — CHOH — CH^2 — CH^3$, et 1 tertiaire $(CH^3)^3C(OH)$. La théorie prévoit, et l'on a isolé effectivement, 8 alcools amyliques $C^5H^{11}OH$ : 4 primaires, 3 secondaires et 1 tertiaire ; des 17 alcools hexyliques $C^6H^{13}.OH$ prévus, 14 ont déjà été préparés, etc. ([1]).

On remarque que, entre divers alcools isomériques, les primaires bouillent plus haut que les secondaires, qui bouillent à leur tour plus haut que les tertiaires : ainsi, tandis que l'alcool butylique primaire $CH^3 — CH^2 — CH^2 — CH^2OH$ bout à 117°, l'alcool secondaire $CH^3 — CHOH — CH^2 — CH^3$ bout à 99°, et l'alcool tertiaire $(CH^3)^3COH$ à 83°. D'autre part, entre deux alcools isomériques de la même espèce, celui qui a la chaîne la plus ramifiée bout le plus bas ; ainsi le second alcool butylique primaire
$$CH^3 — \underset{\underset{\displaystyle CH^3}{|}}{CH} — CH^2OH$$
bout à 108°, tandis que le point d'ébullition de l'isomère à chaîne droite est 117°.

3. Certains alcools possèdent le pouvoir rotatoire : dans leur formule de constitution, on remarque alors la présence d'au moins un carbone asymétrique. Ainsi, l'un des quatre alcools amyliques primaires est actif ; sa formule de structure,

---

([1]) L'alcool $CH^3 — CH^2 — CH^2 — \underset{\underset{\displaystyle CH^3}{|}}{CH} — CH^2OH$, indépendamment des modes

telle qu'elle découle de ses synthèses et de ses réactions, est
$CH^3 — CH^2 — CH — CH^2OH$.

$$\underset{CH^3}{|}$$

4. D'ailleurs, si, dans la formule de constitution d'un alcool,
on met de côté le groupement fonctionnel, il est évident que la
structure du reste de la molécule peut être quelconque et comprendre des liaisons éthyléniques et acétyléniques, des chaînes
fermées diverses, etc.

*a.* Ainsi, en saponifiant l'iodure d'allyle $CH^2 = CH — CH^2I$, on
obtient l'alcool correspondant ou alcool allylique

$$CH^2 = CH — CH^2OH \quad (^1),$$

composé à odeur piquante, qui bout à 97°.

Le géraniol (de l'essence de géranium) et le linalol (de l'essence
de linaloë) sont deux alcools isomériques $C^{10}H^{14}OH$ possédant
deux fonctions éthyléniques, etc.

*b.* Par sa fonction éthylénique, l'alcool allylique peut fixer
2 atomes de brome, et fournir ainsi le dibromure

$$CH^2Br — CHBr — CH^2OH.$$

Ce dibromure, traité par la potasse alcoolique, perd 2HBr en
donnant l'alcool propiolique (syn. propargylique)

$$CH \equiv C — CH^2OH,$$

---

de formation déjà connus, prend naissance quand on chauffe en vase clos,
vers 250°, l'alcool propylique avec son dérivé sodé ; il y a élimination de soude
caustique :

$$CH^3 — CH^2 — CH^2ONa + HCH — CH^2OH$$
$$\underset{CH^3}{|}$$
$$= NaOH + CH^3 — CH^2 — CH^2 — CH — CH^2OH.$$
$$\underset{CH^3}{|}$$

On voit que cet alcool dérive de 2 molécules d'alcool propylique ; il est désigné
généralement sous le nom d'alcool *dipropylique*. En suivant la même méthode
(action d'un alcool sur un alcool sodé), on peut préparer des alcools *dibuty-
liques, diamyliques*, etc. (GUERBET, 1898).

($^1$) En pratique, cet alcool se prépare en chauffant la glycérine en présence
d'acide oxalique, réaction complexe que nous nous bornerons à mentionner.

composé bouillant à 115°, et qui donne, par sa fonction acétylénique *vraie*, un précipité jaune avec le chlorure cuivreux ammoniacal (Louis Henry, 1872).

*c.* De même, en saponifiant le chlorure de benzyle

$$C^6H^5 — CH^2Cl,$$

on obtient l'alcool benzylique $C^6H^5 — CH^2OH$, alcool primaire

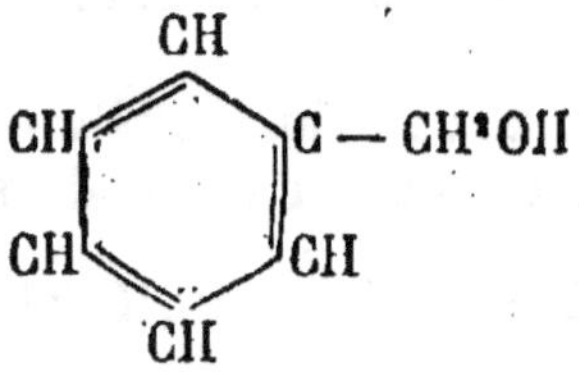

Alcool benzylique.

bouillant à 206°, dont le groupement fonctionnel est greffé sur un noyau benzénique, et qui est le plus simple des alcools de la série aromatique (Cannizzaro, 1853).

*d.* Le groupement fonctionnel peut même constituer un chaînon d'une chaîne fermée; dans ce cas, l'alcool est toujours nécessairement secondaire. Citons, comme exemple simple, celui du cyclopentanol $C^5H^9.OH$. Le bornéol $C^{10}H^{17}.OH$ (camphre de Bornéo),

Cyclopentanol.

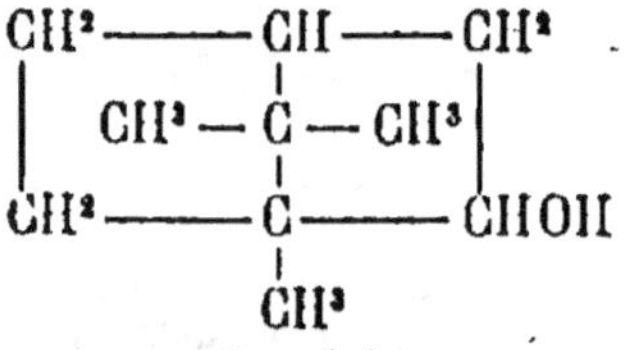

Bornéol.

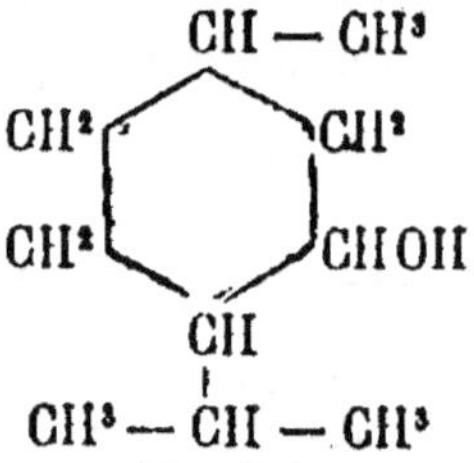

Menthol.

le menthol (de l'essence de menthe) $C^{10}H^{19}OH$, et divers autres *cyclanols* en relation avec les terpènes et les camphres, sont des alcools secondaires qui possèdent également leur groupement fonctionnel dans une chaîne fermée (¹).

---

(¹) Il est utile de fixer ici quelques conventions relativement à la nomenclature :

Les alcools possédant dans leur molécule une chaîne fermée seront dits : *nucléaires*, si le carbone qui porte l'oxhydryle fait partie d'une chaîne latérale et

Après ces généralités, nous devons envisager en particulier les alcools primaires, secondaires et tertiaires, en considérant ce qui est spécial à chacune de ces trois espèces d'alcools.

*Alcools primaires.* — 1. De même que les alcools primaires conduisent par oxydation aux aldéhydes (*voir* p. 220), de même les aldéhydes régénèrent les alcools primaires par hydrogénation, grâce à l'ouverture de la double-liaison entre le carbone et l'oxygène (WURTZ, 1862); exemple :

$$CH^3 — CH^2 — C {<}^H_O + H^2 = CH^3 — CH^2 — CH^2OH.$$

<table>
<tr><td>Aldéhyde propylique<br>(propanal).</td><td>Alcool propylique normal<br>(propanol-1).</td></tr>
</table>

Les agents d'hydrogénation employés sont très variés : amalgame de sodium en présence d'alcool aqueux, poudre de zinc et acide acétique, etc.; la méthode catalytique au nickel réduit de SABATIER et SENDERENS, ainsi que celle au noir de platine de FOKINE (comme l'a montré VAVON), donnent, en général, de bons résultats.

2. Un procédé, également général et très simple, de préparation des alcools primaires, consiste à réduire les éthers-sels de l'acide à même nombre d'atomes de carbone par le sodium et l'alcool absolu (BOUVEAULT et BLANC, 1904); exemple :

$$C^5H^{11}.CO^2C^2H^5 + 2C^2H^5OH + 4Na = C^5H^{11}.CH^2ONa + 3C^2H^5ONa.$$

Hexanoate d'éthyle.     Hexanol-1 sodé.    Éthanol-sodé.

*Alcools secondaires.* — 1. Par une réaction réciproque de leur formation en partant des alcools secondaires, les cétones, traitées par l'hydrogène naissant, fixent $H^2$ en donnant les mêmes alcools secondaires, grâce à l'ouverture de la double liaison entre le carbone et l'oxygène (FRIEDEL, 1862); ici encore la méthode catalytique au nickel réduit ou au noir de platine est

---

est directement soudé au noyau, comme dans l'alcool benzylique $C^6H^5 — CH^2OH$ : *intranucléaires*, si le carbone qui porte l'oxhydryle fait partie intégrante du noyau, comme dans le cyclopentanol $CHOH(CH^2)^4$; *extranucléaires*, si le carbone qui porte l'oxhydryle fait partie d'une chaîne latérale et est séparé du noyau par au moins un chaînon carboné, comme dans l'alcool phényléthylique $C^6H^5 — CH^2 — CH^2OH$.

Ces règles, très simples, ont été proposées par GRIGNARD. Il est évident qu'elles s'appliqueront aux autres fonctions (aldéhydes, cétones, acides, amines, etc.).

d'une application fort avantageuse; exemple :

$$CH^3 — CO — CH^3 \;+\; H^2 \;=\; CH^3 — CHOH — CH^3.$$
$$\text{Propanone.} \qquad\qquad\qquad \text{Propanol-2.}$$

2. Les aldéhydes ont la propriété de s'unir aux composés organo-zinciques (WAGNER, 1876) et organo-halogéno-magnésiens
(GRIGNARD, 1901), et les substances ainsi obtenues sont décomposées par le simple contact de l'eau, avec formation d'alcools
secondaires. La réaction est particulièrement simple, en théorie
et dans la pratique, avec les composés organo-halogéno-magnésiens : tout d'abord, grâce à l'ouverture de la double liaison
entre le carbone et l'oxygène du groupe CO, il y a formation du
dérivé halogéno-magnésien de l'alcool secondaire attendu;
l'action de l'eau met ensuite ce dernier immédiatement en liberté;
exemple :

$$a. \quad CH^3 — C\!\!<^{\,H}_{\,O} \;+\; Mg\!\!<^{\,I}_{\,CH^2 — CH^3} \;=\; CH^3 — C\!\!<^{\,H}_{\,O\,MgI}_{\,CH^2 — CH^3},$$
$$\qquad \text{Acétaldéhyde.} \qquad \text{Iodure de magné-} $$
$$\qquad\qquad\qquad\qquad \text{sium-éthyle.}$$

$$b. \quad CH^3 — C\!\!<^{\,H}_{\,O\,MgI}_{\,CH^2 — CH^3} \;+\; H^2O \;=\; CH^3 — CHOH — CH^2 — CH^3 + Mg\!\!<^{\,I}_{\,OH}.$$
$$\qquad\qquad\qquad\qquad\qquad\qquad \text{Butanol-2}$$
$$\qquad\qquad\qquad\qquad \text{(alcool butylique secondaire)} [1].$$

On voit que l'alcool secondaire formé possède un nombre
d'atomes de carbone égal à celui des deux molécules réunies, et
que sa synthèse consiste, en définitive, dans la fixation, sur une
molécule d'aldéhyde, d'une molécule du carbure dont le résidu
entre dans le composé organo-métallique mis en œuvre;
exemple :

$$CH^3 — CHO + CH^3 — CH^3 \;=\; CH^3 — CHOH — CH^2 — CH^3.$$
$$\text{Acétaldéhyde.} \qquad \text{Éthane.} \qquad\qquad\qquad \text{Butanol-2.}$$

---

[1] Le zinc-éthyle Zn($CH^2 — CH^3$)$^2$, agissant sur l'acétaldéhyde, se fixerait de
même sur la double liaison du carbonyle C = O, et le corps ainsi formé se
détruirait par l'eau selon l'équation :

$$CH^3 — CH\!\!<^{\,O — Zn — CH^2 — CH^3}_{\,CH^2 — CH^3} \;+\; H^2O$$

$$=\; CH^3 — CHOH — CH^2 — CH^3 + ZnO + CH^3 — CH^3.$$
$$\qquad\qquad \text{Butanol-2.} \qquad\qquad\qquad\qquad \text{Éthane.}$$

**3.** Par un processus analogue, quoique un peu moins simple, les éthers formiques fournissent également, avec les composés organo-zinciques (WAGNER et SAYTZEFF, 1875) ou organo-halogéno-magnésiens (GRIGNARD, 1901), des alcools secondaires. Soient le formiate d'éthyle $HCO^2C^2H^5$ et l'iodure de méthyl-magnésium $CH^3MgI$. Tout d'abord, une molécule de ce dernier se fixe sur l'éther formique, grâce à l'ouverture de la double liaison du carbonyle $C = O$ dans le groupe $CO — OC^2H^5$; une deuxième molécule échange ensuite le résidu $CH^3$ contre le groupe $OC^2H^5$; enfin un traitement par l'eau met en liberté l'alcool secondaire :

$$a. \quad H—C{\Large\langle}^{O}_{OC^2H^5} + MgICH^3 = H—C{\Large\langle}^{OMgI}_{CH^3}{}_{OC^2H^5},$$

Formiate d'éthyle.

$$b. \quad H—C{\Large\langle}^{OMgI}_{CH^3}{}_{OC^2H^5} + MgICH^3 = H—C{\Large\langle}^{OMgI}_{CH^3}{}_{CH^3} + C^2H^5OMgI,$$

Propanol-2 iodomagnésien. — Éthanol iodomagnésien.

$$c. \quad H—C{\Large\langle}^{OMgI}_{CH^3}{}_{CH^3} + H^2O = Mg{\Large\langle}^{I}_{OH} + H—C{\Large\langle}^{OH}_{CH^3}{}_{CH^3} \ (\text{soit } CH^3—CHOH—CH^3)$$

Propanol-2 (alcool isopropylique) [1]

De ces modes d'obtention spéciaux aux alcools secondaires [2], le plus général est celui de FRIEDEL : un alcool secondaire quelconque, aussi bien quand le groupement fonctionnel CHOH fait

---

[1] Si l'on emploie une seule molécule de composé organo-métallique, et qu'on opère à — 50°, la réaction, toute différente, donne naissance à un aldéhyde (GATTERMANN et MAFEZOLI); exemple :

$$H.CO \boxed{OC^2H^5} + Br Mg \boxed{CH^2.CH^3} = MgBr(OC^2H^5) + HCO — CH^2 — CH^3.$$

Propanal.

[2] Il convient de remarquer, toutefois, que la méthode par les composés organo-métalliques, que GRIGNARD a appliquée avec les magnésiens, conduit à des alcools primaires si l'on emploie l'aldéhyde formique $H — CHO$ [pratiquement, c'est son polymère $(CH^2O)^x$, improprement désigné sous le nom de *trioxyméthylène*, qu'on met toujours en œuvre]; les alcools primaires ainsi obtenus $R — CH^2OH$ renfermeront nécessairement 1 atome de carbone de plus que le résidu organique R du composé organo-métallique mis en œuvre.

partie d'une chaîne fermée, comme dans le cyclopentanol, que quand il est en chaîne ouverte, peut toujours être obtenu par hydrogénation de la cétone correspondante.

*Alcools tertiaires.* — 1. Les éthers-sels des alcools tertiaires sont très aisément saponifiables, parce que la limite d'éthérification de ces alcools est beaucoup plus basse que celle des alcools primaires et secondaires; l'action de l'eau à froid suffit généralement à saponifier les éthers iodhydriques ou carbures iodés correspondants. Et si le plus souvent, à la vérité, les éthers des autres hydracides résistent un peu plus à l'action de l'eau, dans beaucoup de cas la saponification est encore très facile : ainsi, le simple contact de l'eau saponifie rapidement le composé $CBr(C^6H^5)^3$ ou éther bromhydrique du triphénylcarbinol $COH(C^6H^5)^3$. Il y a donc là une méthode simple d'obtention des alcools tertiaires.

2. Le triphénylcarbinol et, plus généralement, les alcools tertiaires dont le groupement fonctionnel COH est uni par ses 3 valences libres à 3 atomes de carbone faisant partie de 3 noyaux aromatiques, peuvent être obtenus par oxydation directe des carbures correspondants; le triphénylméthane $CH(C^6H^5)^3$, par exemple, traité par l'acide chromique, fournit immédiatement le triphénylcarbinol $COH(C^6H^5)^3$, par substitution de l'oxhydryle à l'atome d'hydrogène du groupe CH, c'est-à-dire, en fait, par simple addition d'oxygène. De même, en oxydant le dérivé trinitré du triphénylméthane $CH(C^6H^4.NO^2)^3$, on obtient le trinitro-triphénylcarbinol $COH(C^6H^4.NO^2)^3$.

Réciproquement, les mêmes alcools peuvent, sous l'influence des réducteurs, régénérer les carbures. L'acide formique, à l'ébullition, les réduit très régulièrement et intégralement, avec dégagement d'anhydride carbonique (GUYOT et KOVACHE); exemple:

$$COH(C^6H^5)^3 + H.CO^2H = CH(C^6H^5)^3 + CO^2 + H^2O.$$

3. Une méthode très régulière de synthèse des alcools tertiaires, calquée sur celle des alcools secondaires à partir des aldéhydes (*voir* p. 228), consiste à condenser les cétones avec les composés organo-métalliques du zinc (SAYTZEFF) ou du magnésium (GRIGNARD), et à décomposer par l'eau le produit complexe

qui a ainsi pris naissance; exemple :

$$a. \quad CH^3 - CO - CH^3 + Mg\begin{smallmatrix}I\\CH^3\end{smallmatrix} = CH^3 - C\begin{smallmatrix}OMgI\\CH^3\\CH^3\end{smallmatrix}$$

Propanone. Iodure de magnésium-méthyle.

$$b. \quad CH^3 - C\begin{smallmatrix}OMgI\\CH^3\\CH^3\end{smallmatrix} + H^2O = CH^3 - COH - CH^3 + Mg\begin{smallmatrix}I\\OH\end{smallmatrix} \; (^1).$$

Méthyl-2-propanol-2.

On voit que la synthèse de l'alcool tertiaire résulte, en définitive, de l'addition, à la cétone, du carbure dont le résidu entre dans le composé organo-métallique mis en œuvre :

$$CH^3 - CO - CH^3 + CH^4 = CH^3 - COH - CH^3.$$

Propanone. Méthane.

Méthyl-2-propanol.

4. Enfin, de même que les éthers formiques nous ont donné des alcools secondaires (*voir* p. 229), de même les éthers de tous les autres acides organiques conduiront à des alcools tertiaires; exemple :

$$a. \quad C^6H^5 - C\begin{smallmatrix}=O\\OC^2H^5\end{smallmatrix} + CH^3MgI = C^6H^5 - C\begin{smallmatrix}OMgI\\CH^3\\OC^2H^5\end{smallmatrix}$$

Benzoate d'éthyle.

$$b. \quad C^6H^5 - C\begin{smallmatrix}OMgI\\CH^3\\OC^2H^5\end{smallmatrix} + CH^3MgI = C^6H^5 - C\begin{smallmatrix}OMgI\\CH^3\\CH^3\end{smallmatrix} + C^2H^5OMgI$$

Phényldiméthylcarbinol iodomagnésien. Éthanol iodomagnésien.

$$c. \quad C^6H^5 - C\begin{smallmatrix}OMgI\\CH^3\\CH^3\end{smallmatrix} + H^2O = C^6H^5 - C\begin{smallmatrix}OH\\CH^3\\CH^3\end{smallmatrix} + Mg\begin{smallmatrix}I\\OH\end{smallmatrix}.$$

Phényldiméthylcarbinol.

---

($^1$) Par l'action du zinc-méthyle $Zn(CH^3)^2$, suivie de celle de l'eau, sur la propanone, on aurait :

$$CH^3 - CO - CH^3 \rightarrow CH^3 - C\begin{smallmatrix}OZnCH^3\\CH^3\end{smallmatrix} \rightarrow CH^3 - C\begin{smallmatrix}OH\\CH^3\end{smallmatrix}.$$

Quand on traite le chlorure d'acétyle $CH^3 - C\begin{smallmatrix}O\\Cl\end{smallmatrix}$ par le zinc-méthyle, il y a

**5.** Les alcools tertiaires ne se distinguent pas seulement des alcools secondaires et primaires par leur réaction d'oxydation et par la saponification très facile de leurs éthers-sels; ils s'en éloignent encore par leur tendance incomparablement supérieure à perdre une molécule d'eau, lorsque cette élimination est possible, pour donner les carbures éthyléniques. Leurs éthers-sels eux-mêmes possèdent cette instabilité, et il suffit souvent de chauffer modérément un alcool tertiaire avec de l'acide acétique pour obtenir les carbures éthyléniques correspondants, grâce à la décomposition, avec élimination d'acide acétique, de l'éther acétique momentanément formé [1].

On voit par là que les alcools tertiaires ont une physionomie bien spéciale parmi les autres alcools.

<h3 align="center">ALCOOLS ACÉTYLÉNIQUES.</h3>

**1.** Le plus simple est l'alcool propiolique $CH \equiv C - CH^2 OH$ (*voir* p. 225) (Louis HENRY).

L'alcool éthylénique bromé $CH^2 = CBr - CHOH - CH^3$, qu'on prépare aisément en faisant agir le composé $MgICH^3$ sur l'aldéhyde éthylénique bromé $CH^2 = CBr - CHO$ et traitant ensuite par l'eau le produit ainsi formé, peut perdre, sous l'action de la potasse, les éléments de l'acide bromhydrique $HBr$, en donnant l'alcool secondaire acétylénique *vrai* $CH \equiv C - CHOH - CH^3$, liquide incolore, qui bout à 108°; l'alcool homologue supérieur $CH \equiv C - CHOH - C^2H^5$, obtenu de même au moyen du composé $MgIC^2H^5$, bout à 125° (LESPIEAU). Ces alcools, possédant, comme le terme le plus simple $CH \equiv C - CH^2OH$, la fonction acétylénique *vraie* $(CH \equiv C -)$, donnent des dérivés argentiques et cuivreux.

**2.** Les aldéhydes $R - CHO$ réagissent sur les carbures acétylé-

---

production de propanone (*voir* p. 283). Si donc on fait réagir le zinc-méthyle *en excès* sur le chlorure d'acétyle, et si l'on décompose le produit *final* par l'eau, on obtiendra également l'alcool tertiaire $COH(CH^3)^3$. C'est dans cette réaction que BOUTLEROW découvrit les alcools tertiaires en 1864.

[1] Les éthers-sels que forment les alcools primaires et secondaires avec les acides organiques sont également susceptibles de se dédoubler par la chaleur en acide et carbure éthylénique: tel le benzoate d'éthyle $C^6H^5.COOC^2H^5$, qui donne ainsi de l'acide benzoïque $C^6H^5.CO^2H$ et de l'éthylène $CH^2 = CH^2$; mais ici cette réaction s'effectue toujours à des températures beaucoup plus élevées que dans le cas des alcools tertiaires.

niques sodés R′ — C ≡ CNa, par ouverture de la double liaison entre le carbone et l'oxygène, avec formation du dérivé sodé d'un alcool à fonction acétylénique R — CHONa — C ≡ C — R′, qu'un simple traitement par l'eau mettra ensuite en liberté (ONa devenant OH) ; l'alcool acétylénique sera primaire si l'aldéhyde mis en œuvre est l'aldéhyde formique, et secondaire avec tous les autres aldéhydes R — CHO ( MOUREU et DESMOTS ) ; exemples :

$$C^6H^5 — C \equiv CNa + H — C\!\!\diagup^{\!\!H}_{\!\!=O} \;=\; C^6H^5 — C \equiv C — C\!\!\diagup^{\!\!H}_{\!\!\diagdown ONa}^{\!\!-H}$$

Phénylacétylène sodé.  Aldéhyde formique.  Alcool phénylpropiolique sodé.

et

$$CH^3 — (CH^2)^4 — C \equiv CNa \;+\; C^6H^5 — C\!\!\diagup^{\!\!H}_{\!\!=O}$$

Œnanthylidène sodé.  Ald. benzoïque.

$$=\; CH^3 — (CH^2)^4 — C \equiv C — CH(ONa) — C^6H^5.$$

Les cétones R — CO — R′ sont, pareillement, susceptibles de se condenser avec les carbures acétyléniques sodés, et de donner naissance, par le même mécanisme, à des alcools tertiaires acétyléniques (NEF).

On peut remplacer, et parfois avec avantage, dans ces réactions, les carbures acétyléniques sodés par les carbures acétyléniques halogéno-magnésiens R — C ≡ CMgX (JOTSITCH).

L'absence du groupement CH ≡ C — fait que ces alcools acétyéniques, à la différence des précédents, ne donnent pas de dérivés argentiques ou cuivreux.

3. Ces méthodes conduisent, comme on voit, à des alcools acétyléniques où la fonction alcool et la fonction acétylénique sont côte à côte. Ceux où les deux fonctions ne sont pas contiguës sont encore peu connus.

## ALCOOLS SULFURÉS (THIOLS).

En faisant réagir l'iodure d'éthyle $C^2H^5I$ sur le sulfhydrate de potassium KSH, on donne naissance, avec mise en liberté d'iodure de potassium, à l'éthanethiol $C^2H^5SH$. C'est un liquide léger, facilement inflammable, à odeur alliacée très désagréable, bouillant à 37°, et qui n'est autre que l'alcool éthylique $C^2H^5OH$ dont l'oxygène a été remplacé par du soufre (ZEISE) :

$$C^2H^5I \;+\; KSH \;=\; KI \;+\; C^2H^5SH.$$

Iodure d'éthyle.  Éthanethiol.

La méthode est générale, et l'on peut obtenir de même les divers thiols en partant des carbures halogénés correspondants.

On les prépare beaucoup plus aisément, par catalyse, en faisant agir le gaz sulfhydrique sur les vapeurs des alcools, à 300°-350°, en présence de thorine anhydre $ThO^2$ (Sabatier et Mailhe); exemple :

$$C^2H^5.OH + H^2S = C^2H^5.SH + H^2O.$$

Les thiols sont analogues aux alcools. Comme ces derniers, ils peuvent donner des éthers-sels (exemple : $C^2H^5 — S — CO — CH^3$) et des dérivés sodés (exemple : $C^2H^5SNa$); ils forment de même des éthers-sulfures (exemple : $C^2H^5 — S — C^2H^5$) (*voir* p. 249) analogues aux éthers-oxydes.

Ils ont quelques tendances acides : insolubles dans l'eau, ils se dissolvent dans les solutions alcalines, dont le simple contact suffit à remplacer l'hydrogène du groupe SH par le métal; ils réagissent même sur certains oxydes métalliques, et très facilement sur l'oxyde mercurique (d'où le nom de *mercaptans*, par lequel on désigne souvent les thiols) en formant des sortes de sels (*mercaptides*); exemple :

$$C^2H^5SH \atop C^2H^5SH \quad + OHg = H^2O + {C^2H^5S \atop C^2H^5S} \rangle Hg.$$

2 molécules    Oxyde       Éthylmercaptide.
d'éthanethiol.   mercurique.

Oxydés par l'acide azotique, les thiols fournissent des *acides sulfoniques*, corps analogues à ceux que nous connaissons déjà (*voir* p. 195 et 209); exemple :

$$C^2H^5.SH + 30 = C^2H^5.SO^3H.$$

Éthanethiol.          Acide éthylsulfonique.

## B. — DIALCOOLS OU DIOLS (ALCOOLS DIVALENTS).

On les appelle souvent aussi *glycols*, du nom du plus simple d'entre eux, le glycol ordinaire $CH^2OH — CH^2OH$, qui fut découvert par Wurtz en 1856.

*Modes d'obtention.* — 1. On saponifie le dérivé dihalogéné correspondant; le dibromoéthane-1.2 ou bromure d'éthylène

CH²Br — CH²Br fournit ainsi l'éthanediol CH²OH — CH²OH ou glycol, dont les deux fonctions alcooliques sont primaires; le dibromopropane-1.3 CH²Br — CH² — CH²Br donne le propanediol-1.3 CH²OH — CH² — CH²OH, dont les deux fonctions sont également primaires; le dibromopropane-1.2 ou bromure de propylène CH²Br — CHBr — CH³ donne le propanediol-1.2 CH²OH — CHOH — CH³, dont une des fonctions est primaire et l'autre secondaire. Cette méthode est la plus générale : elle permet d'obtenir un diol dont les deux fonctions, indifféremment primaires, secondaires ou tertiaires, sont situées dans la molécule à une distance quelconque l'une de l'autre, leur place étant exactement celle des atomes halogènes (WURTZ). Suivant que les deux atomes de carbone portant les oxhydryles alcooliques sont voisins ou séparés par 1, 2, 3, 4, ... atomes de carbone, on a des glycols $\alpha$ ou $\beta$, $\gamma$, $\delta$, etc.

2. Tout carbure éthylénique, traité avec précaution, à froid, par le permanganate de potassium en solution aqueuse étendue, subit à la fois une oxydation et une hydratation, fournissant ainsi un dialcool dont les deux fonctions sont voisines (WAGNER); exemple :

$$CH^2 = CH^2 + O + H^2O = CH^2OH — CH^2OH.$$

Éthylène.          Éthanediol.

Le propylène CH² = CH — CH³ fournit de même le propanediol-1.2 CH²OH — CHOH — CH³, etc. La réaction de WAGNER revient, en définitive, à fixer deux groupes OH (c'est-à-dire les éléments de l'eau oxygénée : OH — OH = O + H²O) sur le carbure éthylénique par ouverture de la double liaison.

Rappelons que, si l'oxydation est brutale, la molécule est scindée à l'endroit de la liaison éthylénique (*voir* p. 170); dans ce cas, d'ailleurs, la réaction se fait évidemment en deux phases, dont la première est marquée par la formation d'un diol, lequel se détruit dans la seconde phase.

*Propriétés.* — Les diols sont des liquides sirupeux ou des corps solides, à point d'ébullition élevé. Le glycol ordinaire CH²OH — CH²OH est un sirop épais, de saveur sucrée, plus dense que l'eau, soluble dans l'eau et l'alcool, très peu soluble dans l'éther; il bout à 197°,5.

1. Chacun des deux atomes d'hydrogène alcoolique des diols est remplaçable par un radical acide (formation d'éther-sel), par

du sodium, ou par un radical alcoolique (formation d'éther-oxyde). Ainsi, en faisant agir l'acide acétique sur le glycol, on obtient d'abord un corps à la fois éther-sel et alcool (*monoacétine*), puis un corps deux fois éther-sel (*diacétine*) (¹) :

a.
$$CH^2OH - CH^2OH + CH^3 - COOH$$
$$\text{Glycol.} \qquad \text{Acide acétique.}$$
$$= CH^2OH - CH^2O(CO - CH^3) + H^2O,$$
$$\text{Éther monoacétique du glycol.}$$

b.
$$CH^2OH - CH^2O(CO - CH^3) + CH^3 - COOH$$
$$\text{Éther monoacétique du glycol.} \qquad \text{Acide acétique.}$$
$$= CH^2O(CO - CH^3) - CH^2O(CO - CH^3) + H^2O,$$
$$\text{Éther diacétique du glycol.}$$

Les diéthers halogénés, tel $CH^3 - CHBr - CH^2Br$, sont toujours identiques aux carbures dihalogénés ayant même constitution, et dont la saponification engendre les diols.

L'éthanediol $CH^2OH - CH^2OH$, sous l'action de l'acide chlorhydrique à chaud, peut fournir facilement le mono-éther halogéné $CH^2OH - CH^2Cl$, connu sous le nom de *mono-chlorhydrine* du glycol. Mais, le plus souvent, ce n'est pas à partir des diols qu'on prépare les mono-éthers halogénés (*mono-halo-hydrines*) (²).

2. Quand on fait agir le sodium sur le glycol, on obtient successivement le glycol monosodé $CH^2OH - CH^2ONa$ et le glycol disodé $CH^2ONa - CH^2ONa$; le premier de ces deux dérivés, en réagissant sur l'iodure d'éthyle, donne l'alcool-éther-oxyde ayant

---

(¹) La désinence *ine* est donnée, en général, aux éthers-sels des corps plusieurs fois alcool.

(²) Les mono-halo-hydrines des α-glycols se préparent en général par addition des acides hypochloreux (CARIUS), hypobromeux ou hypoiodeux (LIPPMANN) aux carbures éthyléniques; l'oxhydryle paraît se fixer de préférence sur le carbone qui échange le plus de valences avec d'autres carbones; exemple :

$$\frac{CH^3}{CH^3}\!\!>\!\!C = CH^2 + ClOH = \frac{CH^3}{CH^3}\!\!>\!\!COH - CH^2Cl.$$

L'action des dérivés organo-magnésiens sur les cétones halogénées et les aldéhydes halogénés convient, en général, pour l'obtention des mono-halo-hydrines des divers glycols α, β, γ, etc. (TIFFENEAU et FOURNEAU); exemple :

$$CH^3 - CO - CH^2Cl + C^2H^5MgBr \rightarrow CH^3 - COH - CH^2Cl.$$
$$\qquad\qquad\qquad\qquad\qquad\qquad\qquad\qquad |$$
$$\qquad\qquad\qquad\qquad\qquad\qquad\qquad\qquad C^2H^5$$

pour formule CH²OH — CH²OC²H⁴, et le second le corps deux fois éther-oxyde CH²OC²H⁴ — CH²OC²H⁵.

3. Sous l'action des agents d'oxydation, chaque fonction s'oxyde pour son propre compte : la fonction alcool primaire (— CH²OH) se transforme en fonction aldéhyde (— CHO), puis acide (— CO²H); la fonction alcool secondaire (— CHOH —) en fonction cétone (— CO —), etc. Le glycol CH²OH — CH²OH, par exemple, peut fournir les composés CH²OH — CHO, CHO — CHO, CH²OH — CO²H, CHO — CO²H, CO²H — CO²H; de même le propanediol-1.2 CH³ — CHOH — CH²OH peut donner les corps

$$CH^3 — CHOH — CHO, \quad CH^3 — CO — CHO, \quad CH^3 — CO — CH^2OH,$$
$$CH^3 — CHOH — CO^2H, \quad CH^3 — CO — CO^2H;$$

ce dernier composé, en tant que corps à fonction cétone, donne finalement, à l'oxydation, les deux acides CH³ — CO²H et HCO²H.

On connaît des diols de structures très diverses, avec des liaisons éthyléniques, des noyaux aromatiques, etc. Ainsi, en saponifiant le bibromure ·C⁶H⁵— CHBr — CH²Br, on obtient le phénylglycol C⁶H⁵ — CHOH -- CH²OH, corps solide, fusible à 68°; la terpine C¹⁰H¹⁸(OH)² est un dialcool dont l'éther dichlorhydrique C¹⁰H¹⁸Cl² est identique au dichlorhydrate de limonène C¹⁰H¹⁶.2HCl (*voir* p. 211), etc.

## C. — TRIALCOOLS OU TRIOLS (ALCOOLS TRIVALENTS).

1. On connaît fort peu de composés à trois fonctions alcool. Le plus simple et le plus important est un liquide sirupeux et de saveur sucrée, la glycérine CH²OH — CHOH — CH²OH, qui est deux fois alcool primaire et une fois alcool secondaire. Il fut découvert par Scheele en 1779 dans la préparation de l'emplâtre simple. En 1872, Friedel et Silva réalisèrent sa synthèse en saponifiant, par l'action directe de l'eau à 160°, le trichloropropane-1.2.3 CH²Cl — CHCl — CH²Cl, obtenu lui-même en faisant agir à chaud le protochlorure d'iode ICl sur le chlorure de propylène CH²Cl — CHCl — CH³. La glycérine prend aussi naissance quand on traite par une solution aqueuse et froide de perman, ganate de potassium l'alcool allylique CH² = CH — CH²OH, qui comme tout composé éthylénique, fixe ainsi deux groupes OH (Wagner) :

La glycérine est très répandue dans le règne végétal et dans
le règne animal sous forme d'éthers d'acides organiques acycliques (*acides gras*), et ces éthers ne sont autres que les *corps
gras* ordinaires. La stéarine, par exemple, particulièrement abondante dans les graisses, est identique à l'éther formé par l'union
de 3 molécules d'acide stéarique $C^{18}H^{36}O^2$ et de 1 molécule de
glycérine, avec élimination de 3 molécules d'eau :

$$CH^2OH - CHOH - CH^2OH + \quad 3C^{18}H^{36}O^2$$

Glycérine.                3 mol. d'acide stéarique.

$$= 3H^2O + CH^2O(C^{18}H^{35}O) - CHO(C^{18}H^{35}O) - CH^2O(C^{18}H^{35}O).$$

Stéarine ou éther tristéarique de la glycérine.

Parmi les autres éthers de la glycérine, les plus communs
sont l'éther tripalmitique ou palmitine (l'acide palmitique étant
$C^{16}H^{32}O^2$), et l'éther trioléique ou oléine (l'acide oléique étant
$C^{18}H^{34}O^2$). La majeure partie des graisses et des huiles naturelles est constituée par un mélange de stéarine, de palmitine
et d'oléine.

En chauffant la glycérine $C^3H^5(OH)^3$ avec de l'acide stéarique, on
obtient successivement l'éther monostéarique $C^3H^5(OH)^2(OC^{18}H^{35}O)$,
l'éther distéarique $C^3H^5(OH)(OC^{18}H^{35}O)^2$, et l'éther tristéarique
$C^3H^5(OC^{18}H^{35}O)^3$, identique à la stéarine naturelle, avec élimination de 1, 2 et 3 molécules d'eau (BERTHELOT, 1854). On réaliserait, par le même processus, la synthèse de la palmitine, de
l'oléine, ou de tout autre corps gras.

Les corps gras sont l'unique source de production de la glycérine, qu'ils fournissent sans difficulté par saponification, en même
temps que les acides gras (CHEVREUL, 1815).

2. La glycérine se décompose quand on la distille sous la pression atmosphérique. Il se fait des corps, appelés *polyglycérides*,
produits complexes encore mal connus, qui résultent de l'union de
plusieurs molécules de glycérine avec élimination d'eau ; en
même temps, il y a toujours production d'acroléine (propénal)
$CH^2 = CH - CHO$, aldéhyde à fonction éthylénique, qui résulte de
la soustraction de 2 molécules d'eau à 1 molécule de glycérine
(BRANDES) :

$$CH^2OH - CHOH - CH^2OH = 2H^2O + CH^2 = CH - CHO.$$

Glycérine.                        Acroléine.

L'oxydation de la glycérine peut donner divers composés.

Citons l'aldéhyde glycérique, corps qui est en même temps alcool primaire et alcool secondaire,

$$CH^2OH — CHOH — CHO ;$$

la dioxyacétone, cétone deux fois alcool primaire,

$$CH^2OH — CO — CH^2OH ;$$

l'acide mésoxalique, cétone deux fois acide,

$$CO^2H — CO — CO^2H, \text{ etc.}$$

## D. — TÉTRALCOOLS OU TÉTROLS
## (ALCOOLS TÉTRAVALENTS).

En saponifiant le tétrabromobutane-1.2.3.4

$$CH^2Br — CHBr — CHBr — CH^2Br,$$

GRINER a reproduit par synthèse (1893) un corps solide et de saveur sucrée, l'érythrite

$$CH^2OH — CHOH — CHOH — CH^2OH,$$

qui possède deux fonctions alcool primaire et deux fonctions alcool secondaire, et qui est identique à un composé particulier découvert par STENHOUSE en 1849 et existant, à l'état d'éther-sel, dans certains lichens (DE LUYNES).

Par oxydation, l'érythrite fournit des produits divers, parmi lesquels se trouve l'acide tartrique $CO^2H — CHOH — CHOH — CO^2H$, acide bibasique qui est en même temps deux fois alcool secondaire.

Comme l'acide tartrique, dont elle ne diffère que par la substitution de deux groupements $CH^2OH$ aux deux carboxyles, l'érythrite possède deux carbones asymétriques : le deuxième et le troisième. Parallèlement à ce que l'on observe pour cet acide, la théorie prévoit, et il existe effectivement, quatre érythrites : l'érythrite droite, l'érythrite gauche, l'érythrite inactive par compensation ou racémique (formée par l'union des deux premières molécule à molécule), et l'érythrite inactive par nature ou indédoublable, laquelle est identique au produit naturel. La synthèse de ces quatre produits a pu être réalisée (GRINER; MAQUENNE et G. BERTRAND; LESPIEAU).

Les autres corps possédant quatre fonctions alcool ont été peu étudiés.

## E. — PENTOLS, HEXOLS, ETC.
## (ALCOOLS PENTAVALENTS, HEXAVALENTS, ETC.).

1. On connaît des corps possédant cinq, six, sept, huit fois (et plus) la fonction alcool; citons l'arabite ou pentane-pentol

$$CH^2OH - CHOH - CHOH - CHOH - CH^2OH$$

et la mannite ou hexane-hexol

$$CH^2OH - CHOH - CHOH - CHOH - CHOH - CH^2OH.$$

Ces formules présentent plusieurs carbones asymétriques, et à chacune d'elles correspondent divers isomères stéréochimiques, qui sont tantôt actifs, tantôt inactifs. Tous sont solides et solubles dans l'eau et ont en outre une saveur plus ou moins sucrée, propriété organoleptique que nous avons déjà rencontrée chez le glycol, la glycérine et l'érythrite, et qui est ainsi un caractère des polyols.

La question des polyols simples est étroitement liée à celle des polyols qui sont en même temps aldéhydes ou cétones. L'ensemble de tous ces composés forme le groupe des *Sucres*, qui sera étudié ultérieurement, après les acides.

2. Toutefois, dès maintenant et pour n'y plus revenir, disons un mot de deux polyols dont les groupements fonctionnels font partie intégrante d'une chaîne fermée, la quercite et l'inosite :

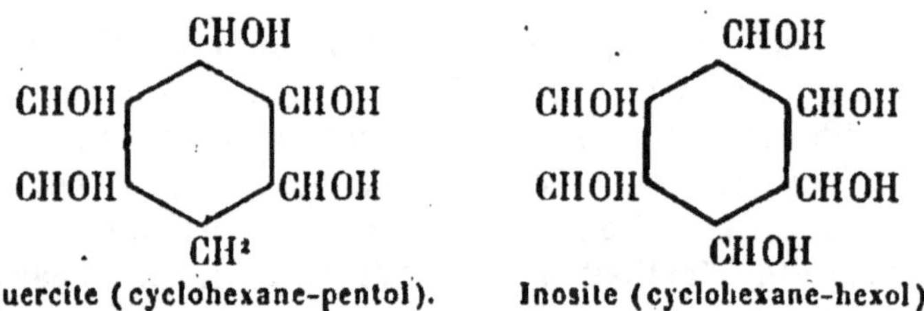

Quercite (cyclohexane-pentol).      Inosite (cyclohexane-hexol).

La quercite est la matière sucrée du gland du chêne (BRACONNOT), elle possède 5 fonctions alcool. Chauffée à une température conve-

nable avec de l'acide iodhydrique, elle donne différents dérivés
benzéniques, et finalement le benzène lui-même $C^6H^6$, ce qui
établit sa structure hexagonale (PRUNIER). La quercite possède le
pouvoir rotatoire, fait en harmonie avec les théories stéréochimiques : elle possède, en effet, plusieurs carbones asymétriques.

L'inosite possède 6 fonctions alcool. Sous l'action de l'acide
iodhydrique elle fournit, pareillement, une série de dérivés benzéniques et, finalement, le benzène lui-même : sa structure est
donc bien hexagonale (MAQUENNE). On a rencontré dans la nature,
libres ou sous forme de dérivés simples, 3 inosites différentes :
d'une part, l'inosite droite (AIMÉ GIRARD) et l'inosite gauche
(TANRET), dont l'union molécule à molécule a fourni l'inosite
racémique; et, de l'autre, l'inosite commune (SCHERER) des hari-
cots verts, du foie et de la rate, etc., qui est inactive et indédoublable, c'est-à-dire inactive par nature. Ces faits sont prévus
par les notions stéréochimiques que nous avons développées
précédemment (*voir* pages 75 et 87).

## F. — ÉTHERS-OXYDES.

Tout alcool, par substitution d'un résidu alcoolique à l'hydrogène de l'oxhydryle, peut fournir un éther-oxyde.

*Modes d'obtention*. — 1. Le procédé qui consiste à faire réagir
les chlorures, bromures et iodures alcooliques sur les alcools
sodés (p. 217) est très général : un alcool sodé quelconque peut
réagir sur un iodure alcoolique quelconque (WILLIAMSON, 1850);
exemple :

$$CH^3I + NaOC^2H^5 = CH^3 - O - C^2H^5 + NaI.$$

| Iodure<br>de méthyle. | Éthylate<br>de sodium. | Oxyde de méthyle et d'éthyle<br>(méthane-oxy-éthane). | Iodure<br>de sodium. |

L'oxyde de méthyle et d'éthyle, où les deux radicaux unis à
l'oxygène sont différents, est un *éther-oxyde mixte;* la dénomination de *méthane-oxy-éthane* traduit très simplement cette constitution. Les éthers-oxydes où les deux radicaux sont identiques,
comme $C^2H^5 - O - C^2H^5$ et $CH^3 - O - CH^3$, sont dits *éthers-oxydes
symétriques.*

**2.** Si l'on traite le mélange d'un alcool et de formaldéhyde par un hydracide, on obtient un éther-oxyde halogéno-méthylé (Louis HENRY); exemple :

$$C^2H^5 . OH + CH^2O + HCl = H^2O + C^2H^5 - O - CH^2Cl.$$

Éthanol.     Formaldéhyde.        Éthane-oxy-chlorométhane.

En faisant agir ensuite l'éther-oxyde halogéno-méthylé sur un composé organo-halogéno-magnésien quelconque XMgR, on peut préparer, d'une manière générale, les éthers-oxydes, symétriques ou non symétriques (HAMONET); exemple :

$$C^2H^5 - O - CH^2Cl + BrMgC^2H^5 = MgBrCl + C^2H^5 - O - CH^2 - C^2H^5.$$

Éthane-oxy-chloro-méthane.           Éthane-oxy-propane.

**3.** On prépare les premiers termes des éthers-oxydes symétriques par l'action de l'acide sulfurique sur les alcools (¹); l'acide sulfurique élimine 1 molécule d'eau entre 2 molécules d'alcool; exemple :

$$C^2H^5OH + HOC^2H^5 = H^2O + C^2H^5 - O - C^2H^5.$$

Éthanol.     Éthanol.        Oxyde d'éthyle.

On sait (*voir* p. 166) que l'action de l'acide sulfurique sur les alcools peut donner aussi des carbures éthyléniques; selon la température de l'expérience et les proportions des substances mises en œuvre, c'est l'une ou l'autre des deux réactions qui s'accomplit de préférence. Dans tous les cas, l'acide sulfurique ayant deux fonctions acides, l'une d'elles est d'abord éthérifiée, et il se forme, dès la température ordinaire, un éther sulfurique acide; exemple :

$$C^2H^5OH + SO^2\Big\langle{OH \atop OH} = SO^2\Big\langle{OC^2H^5 \atop OH} + H^2O.$$

Alcool.     Acide       Sulfate acide d'éthyle (acide
éthylique.    sulfurique.     sulfovinique ou éthylsulfurique).

Si l'on a employé un grand excès d'acide sulfurique, et si l'on

---

(¹) Toutefois la méthode n'est pas applicable aux alcools tertiaires, qui, comme on sait, se convertissent trop facilement en carbures éthyléniques par déshydratation (*voir* p. 232).

chauffe le mélange à une certaine température (165° dans le cas
de l'alcool éthylique), l'éther-acide produit se dédouble simplement en acide sulfurique, qui est ainsi régénéré, et carbure
éthylénique; exemple :

$$SO^2{<}^{OC^2H^5}_{OH} \;=\; SO^2{<}^{OH}_{OH} + CH^2 = CH^2.$$

Sulfate acide     Acide     Éthylène.<br>
d'éthyle.     sulfurique.

Si, au contraire, la proportion d'acide sulfurique mise en œuvre
est restreinte, et si, sur le mélange réagissant chauffé à une
température plus basse que la précédente (vers 120° dans le cas de
l'alcool éthylique), on fait couler lentement de nouvelles quantités d'alcool, l'éther-acide réagit sur l'alcool en régénérant l'acide
sulfurique, capable d'entrer de nouveau en réaction, et en donnant
de l'éther-oxyde, qui distille; exemple :

$$SO^2{<}^{OC^2H^5}_{OH} + C^2H^5OH \;=\; SO^2{<}^{OH}_{OH} + C^2H^5 - O - C^2H^5.$$

Sulfate acide    Alcool    Acide    Oxyde d'éthyle.<br>
d'éthyle.    éthylique.    sulfurique.    (Éthane-oxy-éthane).

C'est le procédé par lequel on fabrique depuis longtemps l'oxyde
d'éthyle dans l'industrie.

La méthode peut servir à préparer les éthers-oxydes mixtes,
à la condition de faire réagir, sur l'éther sulfurique acide primitivement formé, un alcool différent de celui qui a éthérifié tout
d'abord l'acide sulfurique.

4. Les acides sulfoniques de la série aromatique (p. 195 et 209),
chauffés avec les alcools, engendrent également les éthers-oxydes.
On observe deux phases : l'acide sulfonique se transforme d'abord,
avec élimination d'eau, en éther-sel, lequel réagit ensuite sur une
deuxième molécule d'alcool, en donnant naissance à un éther-
oxyde et en régénérant l'acide sulfonique (KRAFFT); exemples :

$$a. \quad C^6H^5.SO^3H + C^2H^5OH \;=\; H^2O + C^6H^5.SO^3C^2H^5$$

Acide     Éthanol.     Benzène-sulfonate d'éthyle.<br>
benzène-sulfonique.

$$b. \quad C^6H^5.SO^3C^2H^5 + C^2H^5OH \;=\; C^2H^5.O.C^2H^5 + C^6H^5.SO^3H.$$

Benzène-sulfonate     Éthane-     Acide<br>
d'éthyle.     oxy-éthane.     benzène-sulfonique.

L'acide sulfonique peut éthérifier plus de 100 fois son poids d'alcool sans être altéré. L'industrie utilise cette réaction pour fabriquer de l'oxyde d'éthyle ([1]).

*Propriétés.* — Le premier terme $CH^3 — O — CH^3$ est un gaz facilement inflammable, très soluble dans l'acide sulfurique; l'oxyde d'éthyle (éther ordinaire ou *éther* dit *sulfurique* des pharmacies) $C^2H^5 — O — C^2H^5$ est un liquide léger et mobile, également très combustible, bouillant à 35°, soluble dans l'acide sulfurique. Les autres sont liquides ou solides, suivant leur poids moléculaire. Pour les premiers termes, les points d'ébullition des éthers-oxydes se montrent notablement inférieurs à ceux des alcools correspondants. Ils sont insolubles ou peu solubles dans l'eau.

Contrairement aux éthers-sels, les éthers-oxydes résistent à l'action de l'eau ou des alcalis.

Le perchlorure de phosphore les convertit régulièrement en chlorures alcooliques; exemple :

$$C^2H^5 — O — CH^3 + PCl^5 = PCl^3O + C^2H^5Cl + CH^3Cl$$

Éthane-oxyméthane.     Oxychlorure de phosphore.     Chlorure d'éthyle.     Chlorure de méthyle.

Les hydracides HI et HBr scindent l'éther-oxyde : si l'on emploie molécules égales d'éther-oxyde et d'hydracide, il y a formation d'une molécule de carbure halogéné et d'une molécule d'alcool; dans le cas des éthers-oxydes mixtes, l'halogène reste sur le résidu le moins carboné (SILVA); exemple :

$$C^2H^5 — O — CH^3 + HI = C^2H^5OH + ICH^3$$

Éthane-oxy-méthane,     Alcool éthylique.     Iodure de méthyle.

---

([1]) Dans les deux derniers procédés, l'acide sulfurique et les acides sulfoniques se comportent, en définitive, comme de véritables *catalyseurs* déshydratants. D'autres catalyseurs, purement minéraux, agissent, dans quelques cas, avec une particulière netteté. C'est ainsi que l'alumine, chauffée vers 250°, transforme intégralement les vapeurs d'alcool méthylique en oxyde de méthyle et celles d'alcool éthylique en oxyde d'éthyle (SENDERENS); exemple :

$$CH^3 — OH + HO — CH^3 = H^2O + CH^3 — O — CH^3.$$

Alcool méthylique (2 mol.).     Oxyde de méthyle.

De petites quantités de sels de métaux lourds produisent parfois aussi la formation d'éthers-oxydes (G. ODDO, MAMELI).

Il va sans dire que, si l'on met en œuvre un excès d'hydracide, l'alcool formé s'éthérifie.

Le chlore et le brome, agissant sur les éthers-oxydes, se substituent directement aux atomes d'hydrogène des deux radicaux, comme si ces derniers n'étaient pas unis à l'oxygène.

### Cas de quadrivalence de l'oxygène. Oxonium.

Nous avons rencontré déjà (p. 180) des molécules à oxygène quadrivalent dans les combinaisons d'addition que forment à basse température les alcools avec les hydracides. Une foule d'autres substances présentent la même particularité.

Un cas très net est celui du composé que l'on obtient en traitant à basse température l'oxyde de méthyle par le gaz chlorhydrique (FRIEDEL, 1875). Sa structure sera représentée par le schéma

$$\begin{array}{c} CH^3 \\ CH^3 \end{array}\!\!>\!O\!<\!\!\begin{array}{c} H \\ Cl \end{array}$$

Les composés organo-halogéno-magnésiens $RMgX$, qu'on prépare, comme on sait, en présence d'oxyde d'éthyle $(C^2H^5)^2O$, retiennent toujours, après évaporation du dissolvant, une molécule de ce dernier, qui ne s'élimine que vers la température de 150° dans le vide (BLAISE); la combinaison que donne l'iodure de méthylmagnésium, par exemple, sera représentée par la formule $\begin{array}{c} C^2H^5 \\ C^2H^5 \end{array}\!\!>\!O\!<\!\!\begin{array}{c} MgI \\ CH^3 \end{array}$ (GRIGNARD).

(*Voir* aussi p. 180, 464, 491, etc.)

Les substances à oxygène quadrivalent sont dites du type *oxonium*, dénomination proposée par BÆYER et VILLIGER.

### ÉTHERS-OXYDES DES POLYOLS.

Les polyols peuvent former différentes sortes d'éthers-oxydes.

1. Tout d'abord, l'hydrogène des divers oxhydryles alcooliques peut être remplacé par un résidu d'alcool monovalent quelconque; exemple :

$$CH^2OH - CHOH - CH^2O(C^2H^5),$$
$$CH^2OH - CHO(CH^3) - CH^2O(C^2H^5), \quad \text{etc.}$$

ou par un résidu d'alcool polyvalent, identique ou différent;

exemple :

$$CH^2OH - CHOH - CH^2 - O(CH^2 - CH^2)O - CH^2 - CHOH - CH^2OH, etc.$$

2. En traitant les dérivés magnésiens des éthers-oxydes halo-génés $R_1O(CH^2)^nMgX$ par les éthers-oxydes halogéno-méthylés $R_2.OCH^2X$, on obtient régulièrement les éthers-oxydes des polyols $R_2.OCH^2 - (CH^2)^n.OR_1$ (HAMONET); exemple :

$$CH^3 - O - CH^2Cl + IMg(CH^2)^3OCH^3 = MgICl + CH^3O.(CH^2)^4.OCH^3 \ (^1).$$

3. Une molécule d'eau peut s'éliminer entre deux fonctions alcool de la même molécule; les corps ainsi produits sont des *éthers-oxydes internes*.

Cette déshydratation intra-moléculaire s'effectue quelquefois directement. Ainsi, l'hexanediol-2.5

$$CH^3 - CHOH - CH^2 - CH^2 - CHOH - CH^3$$

perd facilement 1 molécule d'eau, en donnant l'éther-oxyde interne

$$CH^3 - CH - CH^2 - CH^2 - CH - CH^3.$$
$$\underset{O}{\underline{\qquad\qquad\qquad\qquad}}$$

Ce composé, comme tous les éthers-oxydes internes où l'oxygène relie 2 atomes de carbone séparés par deux autres atomes de carbone (position $\gamma$), est très stable. De même, le diol dont nous avons parlé sous le nom de *terpine* (p. 237) $C^{10}H^{18}(OH)^2$ fournit, par perte d'eau, un éther-oxyde interne $C^{10}H^{18}O$; celui-ci est identique à l'eucalyptol de l'essence d'eucalyptus et au cinéol du semen-contra.

---

($^1$) On peut arriver à ce même composé en partant de l'acétylène. On fait d'abord agir l'oxyde de méthyle monochloré sur l'acétylène dibromomagné-sien, et le diéther-oxyde ainsi formé est traité ensuite par l'hydrogène en pré-sence du noir de platine :

$(a) \qquad CH^3 - O - CH^2Cl + BrMgC \equiv CMgBr + ClCH^2 - O - CH^3$
$\qquad\qquad = 2MgBrCl + CH^3 - O - CH^2 - C \equiv C - CH^2 - O - CH^3,$

$(b) \qquad CH^3 - O - CH^2 - C \equiv C - CH^2 - O - CH^3 + 2H^2$
$\qquad\qquad = CH^3 - O - CH^2 - CH^2 - CH^2 - CH^2 - O - CH^3.$

La méthode, très régulière, est générale (LESPIEAU).

4. D'autres fois, l'élimination d'eau ne se fait que par voie indirecte. Ainsi, en traitant par la potasse l'éther monochlorhydrique du glycol, on obtient un composé connu sous le nom d'*oxyde d'éthylène*, par simple soustraction d'acide chlorhydrique (WURTZ, 1859) :

$$CH^2OH — CH^2Cl + KOH = KCl + H^2O + CH^2 \overset{\displaystyle\diagdown\;O\;\diagup}{} CH^2.$$

Monochlorhydrine
du glycol.

L'*oxyde d'éthylène* est ainsi l'*anhydride du glycol* ordinaire $CH^2OH — CH^2OH$. C'est un corps qui bout à 13°,5. Au point de vue des propriétés chimiques, il est le prototype des éthers-oxydes internes résultant de l'élimination d'eau entre deux fonctions alcooliques voisines (position $\alpha$). Parmi ses réactions spécifiques, mentionnons les suivantes, particulièrement simples :

L'oxyde d'éthylène est apte à réagir sur une foule de corps. C'est ainsi, notamment, qu'il peut fixer directement les éléments de l'eau (les acides minéraux facilitent l'hydratation), d'un alcool (tel $C^2H^5OH$), de l'ammoniaque, ou d'un acide (tel HCl), en donnant, respectivement, le glycol $CH^2OH — CH^2OH$ (¹), un mono-éther-oxyde du glycol (tel $CH^2OH — CH^2OC^2H^5$), un amino-alcool (tel $CH^2OH — CH^2NH^2$), ou un mono-éther-sel du glycol (telle la monochlorhydrine $CH^2OH — CH^2Cl$).

Il agit sur les solutions aqueuses de chlorure de magnésium $MgCl^2$, de chlorure ferrique $FeCl^3$ et autres sels métalliques analogues, en précipitant les hydrates $Mg(OH)^2$, $Fe(OH)^3$, etc., avec formation du même composé $CH^2OH — CH^2Cl$. Cette curieuse réaction a souvent fait comparer l'oxyde d'éthylène aux oxydes minéraux. En réalité, ces chlorures sont tous plus ou moins dissociables par l'eau en hydrates et acide chlorhydrique, et ce dernier se fixe au fur et à mesure sur l'oxyde d'éthylène ; ajoutons

---

(¹) Dans le passage des carbures éthyléniques aux dialcools dans lesquels les deux fonctions sont voisines, par addition des deux groupes OH (c'est-à-dire $O + H^2O$) sous l'action du permanganate de potassium étendu (*voir* p. 233), il se fait d'abord un composé analogue à l'oxyde d'éthylène, et cet éther-oxyde interne fixe ensuite $H^2O$ en donnant le dialcool ; exemple :

$$CH^3 — CH = CH^2 \rightarrow CH^3 — CH \overset{\displaystyle\diagdown\;O\;\diagup}{} CH^2 \rightarrow CH^3 — CHOH — CH^2OH.$$

Propylène.                Oxyde de propylène.                Glycol propylénique.

que, par suite de la disparition de l'acide chlorhydrique, facteur d'équilibre, la réaction se poursuit jusqu'à ce que la totalité du sel soit décomposée.

Isomérique avec l'acétaldéhyde $CH^3 — CHO$, l'oxyde d'éthylène fournit, comme ce dernier, l'alcool éthylique $CH^3 — CH^2OH$, par fixation de 2 atomes d'hydrogène sous l'action de l'amalgame de sodium en présence de l'eau.

On connaît une série d'oxydes d'éthylènes, qui se rattachent aux glycols α et jouissent de propriétés analogues à celles du premier terme. Sous diverses influences, et en particulier sous l'action du chlorure de zinc, ils s'isomérisent tantôt en aldéhydes, tantôt en cétones :

$$R — \underset{\displaystyle\diagdown O \diagup}{CH — CH^2} \begin{array}{l} \longrightarrow\ R — CH^2 — CHO \\ \longrightarrow\ R — CO — CH^3\,(^1). \end{array}$$

---

($^1$) C'est à cette isomérisation qu'il faut rapporter la réaction suivante :

Les mono-éthers-oxydes des diols primaires-tertiaires, chauffés avec de l'acide oxalique, fournissent des aldéhydes; il y a départ d'une molécule d'alcool, qui éthérifie l'acide oxalique, et formation transitoire d'un oxyde d'éthylène, qui s'isomérise aussitôt (Béhal et Sommelet); exemple :

$$\begin{array}{c} R \\ R' \end{array}\!\!\Big\rangle\underset{\underset{OH\quad\ OC^2H^5}{\lfloor\;\rule{2.5cm}{0pt}\;\rfloor}}{C\!\!-\!\!-\!\!CH^2} \quad\rightarrow\quad \begin{array}{c} R \\ R' \end{array}\!\!\Big\rangle\underset{\displaystyle\diagdown O\diagup}{C — CH^2} \quad\rightarrow\quad \begin{array}{c} R \\ R' \end{array}\!\!\Big\rangle CH — CHO.$$

Nous en rapprocherons également ce qui suit :

Sous l'influence des agents déshydratants ($ZnCl^2$, $P^2O^5$, etc.), et surtout sous l'action des acides minéraux étendus ($SO^4H^2$, etc.), les glycols α se transforment en aldéhydes quand une des fonctions est primaire, et en cétones quand la fonction alcool primaire manque et qu'il existe au moins une fonction alcool secondaire :

$$R — CHOH — CH^2OH = H^2O + R — CH^2 — CHO,$$

$$\begin{array}{c} R \\ R' \end{array}\!\!\Big\rangle COH — CHOH — R'' = H^2O + \begin{array}{c} R \\ R' \end{array}\!\!\Big\rangle CH — CO — R''.$$

Certains glycols α bitertiaires (*pinacones*) se transforment également, par déshydratation, en cétones; dans ce cas, un des restes carbonés émigre sur l'atome de carbone voisin; il y a *migration moléculaire*, avec modification de la structure du squelette carboné initial : c'est la « *transposition pinacolique* »:

$$\begin{array}{c} CH^3 \\ CH^3 \end{array}\!\!\Big\rangle C(OH) — C(OH)\!\Big\langle\!\!\begin{array}{c} CH^3 \\ CH^3 \end{array} = H^2O + \begin{array}{c} CH^3 \\ CH^3\!—\!C \\ CH^3 \end{array}\!\!\!—\, CO — CH^3.$$

Diméthyl-2.3-butanediol-2.3
(pinacone).

Diméthyl-2 2-butanone-3
(pinacoline).

## ÉTHERS-SULFURES.

**1.** On forme des éthers-sulfures en faisant réagir les iodures alcooliques sur les sulfures alcalins neutres; exemple :

$$SK^2 \quad + \quad 2\,IC^2H^5 \quad = \quad 2\,KI + C^2H^5 - S - C^2H^5.$$

Sulfure de potassium.  Iodure d'éthyle.  Sulfure d'éthyle.

On les prépare encore en dirigeant les vapeurs des thiols sur du sulfure de cadmium, chauffé vers 330°, lequel agit comme catalyseur (SABATIER et MAILHE); exemple :

$$2C^5H^{11}.SH \quad = \quad H^2S + C^5H^{11} - S - C^5H^{11}.$$

Amylthiol.  Sulfure d'amyle.

L'essence d'ail est en grande partie formée de sulfure d'allyle

$$CH^2 = CH - CH^2 - S - CH^2 - CH = CH^2.$$

**2.** Les éthers-sulfures peuvent fixer directement 2 atomes halogènes ou 1 molécule d'un iodure alcoolique, pour donner des dérivés du soufre tétravalent (*sulfonium*), comme $(CH^3)^2\,SBr^2$ et $(C^2H^5)^3SI$ (iodure de triéthylsulfine).

Par oxydation ménagée (au moyen d'acide azotique), ils forment des *sulfoxydes*, tel le corps $\dfrac{C^2H^5}{C^2H^5}\!\!\Big\rangle S = O$. Si l'on emploie comme oxydant le permanganate, on fixe un second atome d'oxygène sur le soufre, et l'on obtient des *sulfones*, telle la diéthylsulfone $\dfrac{C^2H^5}{C^2H^5}\!\!\Big\rangle S\!\Big\langle\dfrac{\!\!O}{\!\!O}$, analogues à celles que nous avons déjà rencontrées (*voir* p. 210).

## G. — ÉTHERS-SELS.

### I. — ÉTHERS D'ACIDES MINÉRAUX.

Il a déjà été indiqué que les éthers d'hydracides (halogénures alcooliques) sont identiques avec les carbures halogénés correspondants (*voir* p. 216). Rappelons que ces composés, chauffés avec de la potasse, fournissent de préférence soit l'alcool correspondant (par saponification), soit le carbure éthylénique (par soustraction d'hydracide), suivant que l'alcali est employé en solution aqueuse ou alcoolique.

Les éthers des autres acides minéraux peuvent aussi, en général, se préparer par l'action directe de l'acide sur l'alcool exemple :

$$CH^2OH — CHOH — CH^2OH + 3NO^3H$$
Glycérine.           Acide azotique.

$$= 3H^2O + CH^2O(NO^2) — CHO(NO^2) — CH^2O(NO^2).$$
Éther trinitrique de la glycérine<br>ou nitroglycérine.

Le sulfate diméthylique $SO^4(CH^3)^2$ se prépare aisément en faisant agir l'acide sulfurique chargé d'anhydride $SO^3$ ou la chlorhydrine $SO^3HCl$ sur l'alcool méthylique $CH^3OH$.

(*Voir* page 242 l'action de l'acide sulfurique sur les alcools en général.)

Une méthode très élégante consiste à faire la double décomposition entre un iodure alcoolique et un sel de plomb ou d'argent ; exemple :

$$O = N — O\,Ag + I\,C^2H^5 = AgI + O = N — OC^2H^5.$$
Nitrite       Iodure       Iodure       Nitrite d'éthyle ([1]).<br>d'argent.     d'éthyle.     d'argent.

La saponification, d'ailleurs, est toujours facile : par l'action des lessives alcalines ou des hydrates métalliques, on régénère aisément l'alcool.

Comme les éthers des acides organiques et suivant un mode en tout semblable (*voir* p. 229 et 231), les éthers des acides minéraux oxygénés sont susceptibles, en général, de réagir sur les composés organo-métalliques du zinc ou du magnésium. Quand on traite, par exemple, le nitrite d'amyle par l'iodure d'éthylmagnésium, deux groupes éthyle se fixent sur l'azote, avec élimination d'alcool amylique iodomagnésien ; si l'on décompose ensuite par l'eau le produit magnésien diéthylé ainsi formé, il y

---

([1]) Le nitroéthane $C^2H^5N\begin{smallmatrix}O\\O\end{smallmatrix}$ est isomérique avec le nitrite d'éthyle, et il se forme toujours en même temps que celui-ci dans la réaction. Le fait est général : dans l'action d'un iodure alcoolique sur le nitrite d'argent, le dérivé nitré et l'éther nitreux se produisent simultanément (VICTOR MEYER). Ils sont faciles à séparer par distillation, le dérivé nitré bouillant toujours beaucoup plus haut.

a mise en liberté de diéthylhydroxylamine (MOUREU) :

$$a.\quad N{\Big\langle}^{O}_{OC^5H^{11}} + C^2H^5MgI = N{-}C^2H^5{\Big\langle}^{OMgI}_{OC^5H^{11}},$$

Nitrite d'amyle.

$$b.\quad N{-}C^2H^5{\Big\langle}^{OMgI}_{OC^5H^{11}} + C^2H^5MgI = N{-}C^2H^5{\Big\langle}^{OMgI}_{C^2H^5} + C^5H^{11}.OMgI,$$

$$c.\quad N{-}C^2H^5{\Big\langle}^{OMgI}_{C^2H^5} + H^2O = N{-}C^2H^5{\Big\langle}^{OH}_{C^2H^5} + Mg{\Big\langle}^{OH}_{I}.$$

Diéthyl-<br>hydroxylamine (1).

Le même corps peut être obtenu au moyen du zinc-éthyle (BEWAD).

## II. — ÉTHERS D'ACIDES ORGANIQUES.

C'est en général à l'état d'éthers-sels que les alcools se rencontrent dans la nature. Beaucoup de ces éthers sont doués d'une odeur agréable et existent dans les essences végétales odoriférantes; les corps gras les plus communs sont des éthers-sels de la glycérine (*voir* p. 238), et la plupart des cires végétales sont des mélanges d'éthers résultant de l'union d'acides gras supérieurs (acide palmitique, stéarique, oléique, etc.) avec des alcools à poids moléculaires élevés (alcool cérotique $C^{26}H^{51}OH$, alcool mélissique $C^{30}H^{61}OH$, etc.

L'action pure et simple de l'acide sur l'alcool est d'ordinaire peu avantageuse pour effectuer l'éthérification, l'eau éliminée

---

(1) La diéthylhydroxylamine peut être produite également à partir du nitro-éthane $C^2H^5.N{\big\langle}^{O}_{O}$; on explique la réaction en admettant la formation d'un composé d'addition diorgano-halogéno-magnésien, destructible par l'eau avec mise en liberté de la base diéthylée (MOUREU) :

$$C^2H^5{-}N{\Big\langle}^{O}_{O} \rightarrow C^2H^5{-}N{\Big\langle}^{C^2H^5}_{\;OMgI}^{\;OMgI}_{C^2H^5} \rightarrow C^2H^5{-}N{\Big\langle}^{C^2H^5}_{\;OH}^{\;OH}_{C^2H^5} \rightarrow N{-}C^2H^5{\Big\langle}^{C^2H^5}_{OH}$$

Nitroéthane.

Diéthyl-<br>hydroxylamine.

accomplissant au fur et à mesure l'opération inverse ou saponification, et limitant ainsi la réaction (*voir* p. 215 et 218). Mais, si
l'on ajoute au mélange *acide + alcool* certains corps avides d'eau,
la limite est reculée, et l'éthérification pourra être pratiquement
intégrale; l'adjuvant employé est, en général, l'acide sulfurique
ou le gaz chlorhydrique ([1]), qui sont, en fait, de véritables
*catalyseurs d'éthérification* ([2]).

Un procédé très sûr, et tout à fait général, consiste à faire réagir
les carbures halogénés sur les sels d'argent des acides à éthérifier; c'est en chauffant le bromure d'éthylène avec de l'acétate
d'argent que WURTZ obtint, en 1856, l'éther diacétique du glycol,
dont la saponification lui fournit ensuite le glycol lui-même :

$$CH^2Br - CH^2Br \ + \ 2CH^3 - CO^2Ag$$

Bromure d'éthylène.    Acétate d'argent.

$$= \ 2AgBr \ + \ CH^2O(CO - CH^3) - CH^2O(CO - CH^3).$$

Bromure d'argent.    Éther diacétique du glycol.

Les éthers des acides organiques sont des liquides à odeur
généralement agréable, ou des solides le plus souvent inodores;
ils sont insolubles où peu solubles dans l'eau. Relativement à

---

([1]) Pour préparer le butyrate d'éthyle $CH^3 - CH^2 - CH^2 - CO^2C^2H^5$, par
exemple, on distille un mélange d'acide butyrique $CH^3 - CH^2 - CH^2 - CO^2H$,
d'alcool ordinaire $C^2H^5 - OH$ et d'acide sulfurique; le distillat est lavé à l'eau
faiblement alcaline, qui élimine l'acide butyrique et l'alcool qui ont pu ne pas
être éthérifiés, puis séché sur le chlorure de calcium.

([2]) On peut expliquer ce rôle, dans le cas de l'acide sulfurique, de la manière
suivante : l'acide sulfurique forme d'abord un éther-acide, sur lequel l'acide
organique réagit ensuite, en donnant l'éther-sel correspondant et régénérant
l'acide sulfurique; exemple :

$$(a) \qquad SO^2\!\!\begin{cases}OH\\OH\end{cases} + C^2H^5.OH \ = \ SO^2\!\!\begin{cases}OC^2H^5\\OH\end{cases} + H^2O,$$

Éthanol.    Sulfate acide d'éthyle.

$$(b) \qquad SO^2\!\!\begin{cases}OC^2H^5\\OH\end{cases} + CH^3 - CO^2H \ = \ SO^2\!\!\begin{cases}OH\\OH\end{cases} + CH^3 - CO^2C^2H^5.$$

Sulfate acide d'éthyle.    Acide acétique.    Acétate d'éthyle.

Divers oxydes catalyseurs déshydratants sont aussi, vers 300°-350°, des *catalyseurs d'éthérification*. En dirigeant sur une colonne d'oxyde titanique
à 300° les vapeurs d'un mélange à molécules égales d'alcool éthylique et d'acide
acétique, par exemple, on produit une proportion notable d'acétate d'éthyle
(SABATIER et MAILHE).

leur poids moléculaire, leur point d'ébullition est peu élevé : ainsi, le formiate de méthyle $H - CO^2CH^3$ bout à $32°,5$, le formiate d'éthyle $H - CO^2C^2H^5$ à $54°,5$, l'acétate de méthyle $CH^3 - CO^2CH^3$ à $57°$ et l'acétate d'éthyle (éther acétique ordinaire) $CH^3 - CO^2C^2H^5$ à $78°$ [1]. Ils sont, en général, faciles à saponifier par les lessives alcalines ou les hydrates métalliques [2]. Rappelons leur transformation directe, par réduction, en alcools primaires (*voir* p. 225), et leurs réactions sur les composés organo-métalliques du zinc et du magnésium (*voir* p. 229 et 231).

# FONCTION PHÉNOL.

Les phénols sont des composés qui résultent de la substitution de l'oxhydryle OH à l'hydrogène du noyau dans les carbures aromatiques ; exemple :

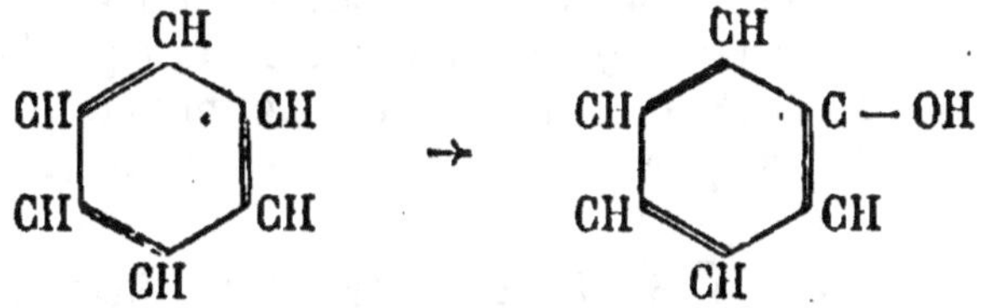

CH
CH CH
CH CH
CH
Benzène.
→
CH
CH C — OH
CH CH
CH
Phénol.

---

[1] Remarquons que le formiate d'éthyle et l'acétate de méthyle, ayant même formule globale $C^3H^6O^2$, sont isomères. On voit qu'ils sont produits par l'union de générateurs différents, un générateur de l'un des corps présentant, avec le générateur correspondant du second corps, la même différence qui distingue en sens inverse les deux autres générateurs ; leur isomérie est ainsi une sorte d'isomérie par compensation ; ils sont dits *métamères*. On connaît des cas nombreux et très variés de *métamérie*.

[2] Lorsqu'on traite un éther-sel par un alcool à radical différent de celui de l'éther-sel, il y a en général déplacement, au moins partiel, de l'alcool de l'éther-sel par le nouvel alcool. Si l'on chauffe, par exemple, l'acétate d'amyle $CH^3 - CO^2C^5H^{11}$ avec de l'alcool éthylique $C^2H^5.OH$, il se forme une certaine proportion d'acétate d'éthyle $CH^3 - CO^2C^2H^5$, avec mise en liberté d'une quantité équivalente d'alcool amylique $C^5H^{11}.OH$.

Cette observation s'applique aux corps gras, d'où on libère facilement la glycérine en les chauffant, par exemple, avec de l'alcool méthylique additionné de gaz chlorhydrique (qui sert de catalyseur), tandis que les acides gras passent à l'état de stéar·te, oléate, etc., de méthyle (HALLER).

Ce n'est qu'en 1860 que les phénols, jusqu'alors confondus avec les alcools, furent rangés dans une classe spéciale par BERTHELOT.

Libres ou sous forme de combinaisons diverses, on en rencontre un certain nombre chez les êtres vivants, et plus particulièrement dans les essences végétales, qui sont souvent la matière première de leur fabrication. La distillation sèche des matières organiques oxygénées, telles que le bois et la houille, donne également naissance à toute une série de composés phénoliques : plusieurs phénols se retirent industriellement du mélange complexe connu sous le nom de *créosote* et ayant cette origine.

Le plus simple des phénols est le phénol ordinaire $C^6H^5 - OH$, qui n'est autre que le benzène $C^6H^6$ dont un atome d'hydrogène a été remplacé par le groupe OH.

Nous savons quelle résistance offrent le chlorobenzène et le bromobenzène à l'action des alcalis (p. 206); aussi préfère-t-on, pour transformer le benzène en phénol, substituer tout d'abord le groupe $SO^3H$ à un atome d'hydrogène au moyen de l'acide sulfurique (*voir* p. 195 et 209), et attaquer ensuite par la potasse en fusion l'acide sulfoné ainsi produit; il y a élimination de sulfite alcalin et formation de phénol (DUSART, WURTZ, KÉKULÉ, 1867)

$$C^6H^5 - SO^3K + KOH = C^6H^5OH + SO^3K^2.$$

Benzènesulfonate<br>de potassium.
   Phénol.   
Sulfite<br>de potassium (¹).

La fonction phénol a donc pour groupement fonctionnel $\overset{\|}{C} - OH$, étant bien entendu que l'atome de carbone fait partie d'un noyau aromatique. Les doubles liaisons de ce dernier peuvent être facilement hydrogénées, comme dans le benzène et les hydrocarbures qui en dérivent, quand on fait passer à chaud un courant d'hydrogène et de vapeur du phénol considéré sur du nickel réduit; on obtient ainsi, par fixation de 6 atomes d'hydrogène, l'alcool secondaire cyclique saturé correspondant (SABATIER et

---

(¹) L'acide éthylsulfonique $C^2H^5.SO^3H$ (*voir* p. 234) fournirait dans les mêmes conditions l'alcool éthylique $C^2H^5.OH$.

Senderens); exemple :

$$C_6H_5{-}C{-}OH + 3H_2 = \text{Cyclohexanol}$$

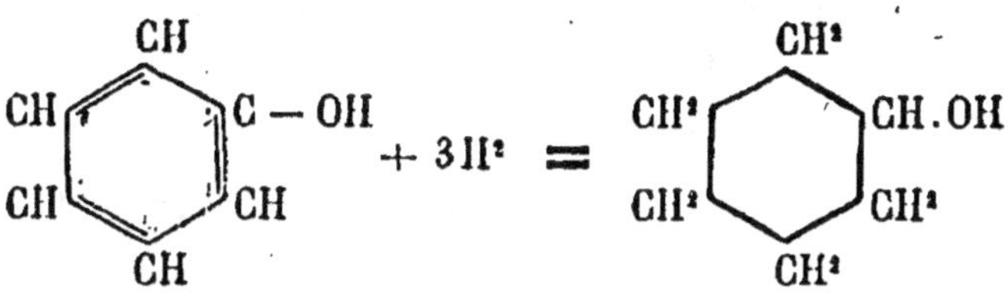

Phénol.          Cyclohexanol.

Le groupement $\overset{\parallel}{C}{-}OH$ est voisin de celui des alcools tertiaires $\backslash C{-}OH$ ; il en diffère par ce fait que le carbone, situé
dans le noyau aromatique, est lié par deux valences à un atome
de carbone, et par une valence à un autre atome de carbone, au
lieu d'échanger, comme dans le cas des alcools tertiaires (*voir*
p. 219), trois valences avec trois atomes de carbone différents ([1]).
Il y a, d'ailleurs, plusieurs points de ressemblance frappante
entre les phénols et les alcools tertiaires.

### Analogies entre les phénols et les alcools.

1. Comme les alcools, les phénols sont des composés neutres,
susceptibles de donner :

1° Des éthers-sels, par substitution de radicaux acides à l'hydrogène du groupe OH ou hydrogène *phénolique;* exemple :

$$C_6H_5{-}OH + HO{-}CO\,CH_3 = H_2O + C_6H_5{-}O{-}CO{-}CH_3.$$
Phénol.     Acide acétique.        Acétate de phényle.

Ces éthers-sels régénèrent facilement l'acide et le phénol par
saponification.

2° Des dérivés alcalins, tels que $C_6H_5ONa$, par substitution d'un
métal alcalin à l'hydrogène phénolique; et aussi, comme les
alcools et par le même mécanisme, des dérivés halogéno-magnésiens : tel le composé $C_6H_5.OMgBr$, dont les propriétés sont

---

([1]) Le groupement $-C(OH) = CH-$ n'est stable qu'en chaîne fermée; dans
une chaîne ouverte, où il peut prendre naissance par l'action des alcalis sur un
groupement halogéné comme $-CCl = CH-$, il n'est pas stable et tend à passer
à la forme cétonique $-CO-CH_2-$.

analogues à celles des dérivés halogéno-magnésiens des alcools (*voir* p. 217).

3° Des éthers-oxydes, par substitution de résidus alcooliques à l'hydrogène phénolique; exemple :

$$C^6H^5 - ONa + ICH^3 = NaI + C^6H^5 - O - CH^3.$$

Phénol sodé.  Iodure de méthyle.   Bonzène-oxy-méthane (anisol de CAHOURS).

Il est avantageux, pour préparer les éthers-oxydes méthyliques par cette méthode, d'employer le sulfate diméthylique, qui passe ainsi à l'état de sulfométhylate alcalin :

$$SO^2 \Big\langle {OCH^3 \atop OCH^3} + NaO - C^6H^5 = SO^2 \Big\langle {OCH^3 \atop ONa} + CH^3O - C^6H^5 \,(^1).$$

D'une manière générale, on peut préparer aisément les éthers-oxydes par catalyse, en dirigeant sur une colonne de thorine chauffée vers 400° un mélange des vapeurs d'un alcool et d'un phénol (SABATIER et MAILHE); exemple :

$$C^6H^5.OH + HOCH^3 = H^2O + C^6H^5 - O - CH^3.$$

Phénol ordinaire.   Alcool méthylique.   Anisol.

Ces corps sont stables vis-à-vis des alcalis, comme les éthers-oxydes des alcools. L'action des hydracides est également analogue; exemple :

$$C^6H^5 - O - CH^3 + IH = CH^3I + C^6H^5OH.$$

Anisol.   Acide iodhydrique.   Iodure de méthyle.   Phénol.

4° Des éthers-oxydes où les deux résidus unis à l'oxygène sont des résidus phénoliques, comme l'oxyde de phényle $C^6H^5 - O - C^6H^5$. Ils se préparent aisément en chauffant les dérivés halogénés dans le noyau avec les dérivés potassés des phénols, en présence d'une faible quantité de cuivre finement

---

(¹) Le sulfate de méthyle est d'ailleurs capable de méthyler également l'oxhydryle des alcools R.OH, des acides R — CO.OH, etc., ainsi que les groupes $NH^2$, NH, etc., qu'il transforme en groupes $NHCH^3$, $NCH^3$, etc. On prépare même très aisément l'iodure de méthyle $CH^3I$ en traitant les iodures alcalins par le sulfate de méthyle.

divisé, qui agit comme catalyseur (ULLMANN et SPONAGEL); exemple:

$$C^{10}H^7Br + KOC^6H^5 = KBr + C^{10}H^7 - O - C^6H^5.$$

β-bromo-        Phénol          Oxyde de β-naphtyle
naphtalène.      potassé.          et de phényle.

L'action catalytique de la thorine sur les vapeurs des phénols, vers 400°, constitue également une bonne méthode de préparation des mêmes éthers-oxydes (SABATIER et MAILHE); exemple :

$$2 C^6H^5.OH = H^2O + C^6H^5 - O - C^6H^5.$$

Phénol.                  Benzène-oxy-benzène
                        (oxyde de phényle).

2. Les conditions de l'éthérification directe des phénols par les acides sont comparables à celles des alcools tertiaires; la *limite* par exemple (*voir* p. 218, 219 et 221), est basse et voisine de 9.

Comme les alcools tertiaires, les phénols ne donnent à l'oxydation ni aldéhyde, ni acide à même nombre d'atomes de carbone, ni cétone.

3. On connaît des thiophénols comparables aux thiols (*voir* p. 233). Ils prennent naissance, notamment, dans l'action de l'acide sulfhydrique à chaud sur les phénols en présence de thorine (SABATIER et MAILHE). Le thiophénol ordinaire ou phénylmercaptan $C^6H^5.SH$ est un liquide à odeur repoussante, qui bout à 169°.

Par oxydation au moyen de l'acide azotique, les thiophénols R.SH fournissent les acides sulfoniques R.SO³H.

### Différences entre les phénols et les alcools.

Il y a des divergences notables à signaler :

1. Les phénols, contrairement aux alcools, ne peuvent pas, d'une manière simple, donner des carbures par perte d'eau.

2. Tandis que les dérivés sodés des alcools sont immédiatement décomposables par l'eau, avec régénération de l'alcool et mise en liberté de soude caustique, les dérivés sodés des phénols sont stables en présence de l'eau. Bien plus, il n'est point nécessaire, pour les obtenir, de traiter les phénols par le sodium : à l'instar de véritables acides, les phénols réagissent immédiatement sur la potasse ou la soude avec dégagement de chaleur, et ces dérivés alcalins des phénols sont solubles dans l'eau, en sorte que les phénols, qui sont peu solubles dans l'eau, se dis-

solvent aisément dans les solutions de potasse ou de soude (¹);
exemple :

$$C^6H^5OH + HONa = H^2O + C^6H^5ONa.$$

Phénol.    Soude.              Phénol sodé.

Les phénols déplacent même les alcools des alcools sodés;
exemple :

$$C^6H^5OH + NaOC^2H^5 = C^6H^5ONa + C^2H^5 - OH$$

Phénol.    Éthylate    Phénol sodé.    Éthanol.
de sodium.

Les dérivés métalliques des phénols sont ainsi plus ou moins
comparables à des sels : ce sont des sortes de *phénates*. C'est le
noyau aromatique, lequel est *électronégatif*, qui communique à
l'hydrogène phénolique la propriété d'être remplaçable par un
métal alcalin sous la seule action des alcalis, comme cela arrive
pour les acides minéraux ou pour les acides organiques proprement dits (à carboxyle $-CO^2H$).

Sous ce rapport, les phénols se comportent donc comme des
acides faibles. Mais là s'arrête l'analogie : les phénols sont
neutres au tournesol ou aux divers réactifs colorés des acides; et
les acides les plus faibles, même l'acide carbonique, déplacent
les phénols de leurs solutions alcalines; exemple :

$$C^6H^5ONa + CO^2 + H^2O = C^6H^5 - OH + CO^3NaH.$$

Phénol sodé.              Phénol.    Bicarbonate
de sodium.

Observons toutefois que, si l'on fixe sur le noyau aromatique
des résidus $NO^2$, lesquels sont fortement *électronégatifs*, la
molécule acquiert des propriétés de plus en plus acides. Ainsi
le trinitrophénol $C^6H^2(NO^2)^3OH$, composé jaune et très amer, qui
provient de l'action directe de l'acide nitrique sur le phénol,
rougit le tournesol, et n'est pas déplacé de ses combinaisons
salines par l'acide carbonique, qu'il chasse, tout au contraire, des
carbonates; à cause de ce caractère acide et aussi de sa saveur
très amère, on l'appelle d'ordinaire *acide picrique*.

3. On sait que les halogénures alcooliques peuvent se former
directement par l'action des hydracides sur les alcools, et que,

---

(¹) En général, ces solutions s'oxydent au contact de l'air en se colorant plus
ou moins.

en outre, ceux des alcools tertiaires sont très peu stables, l'eau
seule les saponifiant aisément. Au contraire, les éthers halogénés
des phénols (tel $C^6H^5Cl$, éther chlorhydrique du phénol $C^6H^5OH$)
ne prennent pas naissance par éthérification directe; et l'on sait
que, pour les préparer, comme ils sont identiques aux carbures
correspondants halogénés dans le noyau, on attaque directement
les carbures aromatiques par le brome ou le chlore dans les conditions expérimentales voulues (*voir* p. 205).

### Réactions colorées des phénols.

Presque tous les phénols fournissent, au contact du chlorure
ferrique en solution aqueuse étendue et neutre, une coloration,
qui est bleue, violette, verte, noire ou rouge, suivant les cas; le
phénol ordinaire $C^6H^5$ — OH, par exemple, donne une coloration
bleue violette.

Si, à de l'acide sulfurique additionné d'azotite de sodium, on
ajoute une trace d'un phénol, et qu'on chauffe doucement, on
observe une coloration intense, variable avec chaque genre de
phénol.

La fonction phénol peut exister 1, 2, 3, 4, ..., $n$ fois dans la
même molécule; le composé correspondant est un monophénol
(phénol monovalent ou monoatomique), un diphénol (phénol
divalent ou diatomique), un triphénol (phénol trivalent ou
triatomique), etc.

## A. — MONOPHÉNOLS (PHÉNOLS MONOVALENTS).

La synthèse du phénol ordinaire au moyen de l'acide benzène-
sulfonique et de la potasse (*voir* p. 254) n'est qu'un cas particulier
d'une méthode générale : tout dérivé sulfoné dans le noyau,
traité par la potasse ou la soude en fusion, fournit le phénol
correspondant (DUSART, WURTZ, KÉKULÉ, 1867); exemples :

$$C^6H^4 \left\langle \begin{array}{l} CH^3_{(1)} \\ SO^3Na_{(2)} \end{array} \right. + NaOH = SO^3Na^2 + C^6H^4 \left\langle \begin{array}{l} CH^3_{(1)}, \\ OH_{(2)} \end{array} \right.$$

Orthométhylbenzène-        Sulfite       Orthométhylphénol
sulfonate de sodium.      de sodium.     (orthocrésylol).

$$C^{10}H^7 - SO^3Na + NaOH = SO^3Na^2 + C^{10}H^7OH.$$

Naphtalène-sulfonate                   Naphtol.
de sodium.

Les monophénols sont le plus souvent des corps solides, à odeur désagréable et forte, peu solubles dans l'eau, solubles dans l'alcool et dans l'éther; ils sont, en général, entraînables par la vapeur d'eau; presque tous jouissent de propriétés caustiques vis-à-vis des tissus vivants et sont plus ou moins antiseptiques. Leur point d'ébullition est très supérieur à celui des carbures correspondants : le phénol ordinaire $C^6H^5 — OH$ bout à 181°; des trois méthylphénols ou crésylols isomériques $C^6H^4 \Big\langle {}^{CH^3}_{OH}$, le dérivé ortho bout à 191°, le dérivé méta à 203°, et le dérivé para à 202°; le thymol ou méthylisopropylphénol $C^6H^3 {\Large\langle} {}^{CH^3\,(1)}_{OH\,(3)}_{CH(CH^3)^2\,(4)}$ (de l'essence de thym) bout à 230°, etc. On utilise en parfumerie l'éther méthylique du β-naphtol (yara-yara ou néroline) ainsi que l'éther éthylique (bromelia).

Ils sont attaqués par le chlore, le brome, l'acide azotique, l'acide sulfurique, et cela beaucoup plus facilement que les carbures. Le brome, par exemple, réagit à froid sur le phénol ordinaire, en solution aqueuse, en donnant le tribromophénol $C^6H^2 \Big\langle {}^{OH\,(1)}_{Br^3\,(2.4.6)}$. L'acide azotique, même étendu, attaque le même phénol, à froid, en donnant un mélange d'ortho et de paranitrophénol $C^6H^4 \Big\langle {}^{OH}_{NO^2}$; par une nitration plus avancée, on obtient, successivement, le dinitrophénol $C^6H^3 \Big\langle {}^{OH\,(1)}_{(NO^2)^2\,(2)(4)}$ puis le trinitrophénol $C^6H^2 \Big\langle {}^{OH\,(1)}_{(NO^2)^3\,(2.4.6)}$ ou acide picrique (*voir* p. 258).(¹). Avec l'acide sulfurique, il y a production facile

---

(¹) L'acide picrique est un corps jaune, fusible à 122°,5 et peu soluble dans l'eau ainsi que son sel de potassium, qui prend naissance dans l'action de l'acide nitrique sur un grand nombre de matières organiques (cuir, peau, aloès, résines), etc. WOULFE le prépara, en 1771, en faisant agir l'acide azotique sur l'indigo, et WELTER, en 1799, en traitant la soie par le même réactif. A cause de sa saveur très amère, on le désigne souvent sous le nom de *jaune amer de Welter* (le mot *picrique*, de πικρος, signifie d'ailleurs *amer*). C'est LAURENT qui, en 1842, établit ses relations avec le phénol. — L'acide picrique fondu n'est autre que cet explosif puissant connu sous le nom de *mélinite* (TURPIN).

'd'acides sulfonés; le phénol ordinaire fournit un mélange des deux acides ortho et para $C^6H^4\diagup{}^{OH}_{SO^3H}$.

Les chaînes latérales, comme dans le cas des carbures (p. 196), sont détruites par les agents d'oxydation et converties en autant de carboxyles —$CO^2H$; il convient de dire toutefois que l'oxydation ne se fait régulièrement que si l'on prend la précaution de *bloquer* au préalable la fonction phénol en l'éthérifiant (éther-sel ou mieux éther-oxyde); exemples :

$$C^6H^4\diagup{}^{OCH^3{}_{(1)}}_{C^2H^5{}_{(4)}} + 3O^2 = C^6H^4\diagup{}^{OCH^3{}_{(1)}}_{CO^2H{}_{(4)}} + CO^2 + 2H^2O,$$

Éther méthylique              Acide anisique.
du paraéthylphénol (1.4).

$$C^6H^3{-}CH^3\diagup{}^{OC^2H^5}_{CH^3} + 3O^2 = C^6H^3{-}CO^2H\diagup{}^{OC^2H^5}_{CO^2H} + 2H^2O.$$

### ALCOOLS-PHÉNOLS.

On substitue le groupement fonctionnel alcool primaire $CH^2OH$ à un atome d'hydrogène du noyau en faisant réagir sur les phénols la solution aqueuse d'aldéhyde formique $CH^2O$ en présence d'un alcali (MANASSE et LEDERER); exemple :

$$C^6H^5{-}OH + CH^2O = C^6H^4\diagup{}^{OH}_{CH^2OH}$$

Phénol.        Formaldéhyde.        Alcool oxybenzylique.

Dans cette réaction, qui revient, en définitive, à fixer les éléments de l'aldéhyde formique sur les phénols, il se fait, en général, deux alcools primaires isomériques; ainsi, dans le cas du phénol ordinaire, on obtient à la fois l'alcool orthoxybenzylique ou saligénine $C^6H^4\diagup{}^{OH\,(1)}_{CH_2HO(2)}$ et l'alcool paraoxybenzylique $C^6H^4\diagup{}^{OH\,(1)}_{CH^2OH\,(4)}$.

Indépendamment de cette méthode de synthèse, on peut d'ailleurs créer, à la façon ordinaire, des fonctions alcooliques (primaires, secondaires ou tertiaires) dans les chaînes latérales des phénols comme dans celles des carbures.

Tous les phénols-alcools sont solides; ils sont, en général, peu solubles dans l'eau. Beaucoup d'entre eux, telle la saligénine (découverte par Piria en 1845), colorent en bleu le chlorure ferrique, grâce à la fonction phénol, à laquelle ils doivent également la propriété d'être solubles dans les lessives alcalines.

## B. — POLYPHÉNOLS (PHÉNOLS POLYVALENTS).

En principe, la réaction génératrice de la fonction phénol (*voir* p. 254), répétée plusieurs fois dans la même molécule, conduit aux polyphénols.

Les diverses fonctions phénol peuvent être portées par des noyaux aromatiques différents; elles sont alors indépendantes les unes des autres, et chacune d'elles se comporte comme si elle était seule dans la molécule. Si, au contraire, deux ou plusieurs fonctions phénol coexistent dans le même noyau, elles s'influencent réciproquement, de telle sorte que les polyphénols correspondants jouissent plus ou moins de certaines propriétés spéciales.

Il ne sera question, dans ce qui suit, que des polyphénols dont deux ou trois fonctions phénol coexistent dans le même noyau.

### I. — DIPHÉNOLS (PHÉNOLS DIVALENTS).

Les trois diphénols les plus simples sont les trois isomères suivants :

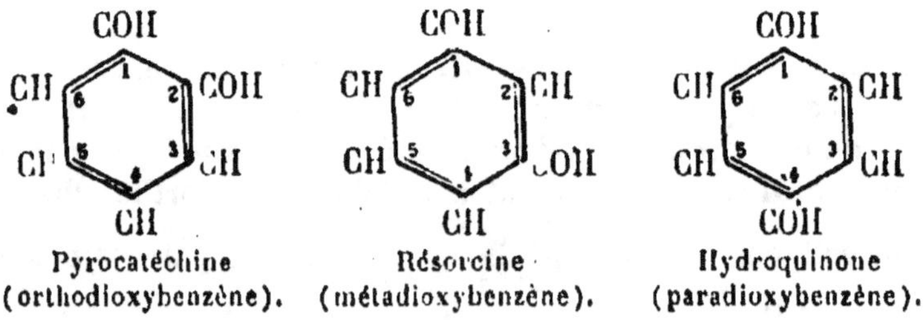

Pyrocatéchine (orthodioxybenzène).   Résorcine (métadioxybenzène).   Hydroquinone (paradioxybenzène).

Lorsqu'on traite par les alcalis en fusion les dérivés sulfoniques des monophénols ou les dérivés disulfoniques des carbures, on donne naissance à des diphénols. On obtient, par exemple, la résorcine en partant, soit de l'acide métaphénolsulfonique, soit de l'acide métabenzènedisulfonique :

$$C^6H^4\left\langle\begin{matrix}OH_{(1)}\\ SO^3K_{(3)}\end{matrix}\right. + KOH = SO^3K^2 + C^6H^4\left\langle\begin{matrix}OH_{(1)}\\ OH_{(3)}\end{matrix}\right.$$

Métaphénolsulfonate        Sulfite        Résorcine.
de potassium.        de potassium.

ou

$$C^6H^4\left\langle\begin{matrix}SO^3K_{(1)}\quad KOH\\ SO^3K_{(3)}\quad KOH\end{matrix}\right. = 2\,SO^3K^2 + C^6H^4\left\langle\begin{matrix}OH_{(1)}\\ OH_{(3)}\end{matrix}\right.$$

Métabenzènedisulfonate        Sulfite        Résorcine.
de potassium.        de potassium.

Les·monophénols halogénés et les carbures halogénés sulfoniques conduisent également aux diphénols par fusion avec les alcalis ; exemple :

$$C^6H^4\left\langle\begin{matrix}OH_{(1)}\\ Cl_{(2)}\end{matrix}\right. + KOH = KCl + C^6H^4\left\langle\begin{matrix}OH_{(1)}\\ OH_{(2)}\end{matrix}\right.$$

Orthochlorophénol.        Pyrocatéchine.

Il est à remarquer que, dans la création de deux fonctions phénol dans le même noyau, le dérivé qu'on obtient n'est pas toujours celui qui était prévu, les diphénols ortho (1.2) et para (1.4) tendant à donner, par isomérisation, les diphénols méta (1.3), toujours plus stables. Ainsi, le parachlorobenzènesulfonate $C^6H^4\left\langle\begin{matrix}Cl\,(1)\\ SO^3Na\,(4)\end{matrix}\right.$ fournit non pas l'hydroquinone ou paradiphénol correspondant, mais le diphénol méta ou résorcine ; l'isomérisation consiste ici dans la *transposition moléculaire* (*migration moléculaire*) d'un groupe OH de la position 4 vers la position 3.

*Propriétés.* — Les diphénols sont des corps solides, à point d'ébullition élevé (la résorcine, par exemple, bout à 276°), plus solubles dans l'eau que les monophénols.

La pyrocatéchine et tous les diphénols ortho (c'est-à-dire où les deux oxhydryles sont l'un par rapport à l'autre en position 1.2) donnent avec le chlorure ferrique une coloration verte, qui vire au violet rouge par l'ammoniaque ou les carbonates alcalins ; la résorcine et tous les diphénols méta fournissent avec le même réactif une coloration violette ; l'hydroquinone et les diphénols para ne donnent pas de coloration. Ces divers corps sont tous réducteurs : ils réduisent la liqueur cupropotassique et le nitrate d'argent ammoniacal; l'hydroquinone et les autres paradiphénols réduisent même le chlorure ferrique, se transformant ainsi en quinones par perte d'hydrogène (*voir* p. 308).

Par hydrogénation catalytique au moyen du nickel divisé, on forme des cyclohexadiols, résultant de la saturation des doubles liaisons du noyau. La pyrocatéchine, la résorcine et l'hydroquinone engendrent ainsi les trois cyclohexadiols isomériques $C^6H^{10}(OH)^2$ 1.2, 1.3, 1.4 (SABATIER et MAILHE). Ces corps, deux fois alcooliques, sont très solubles dans l'eau, ne donnent aucune coloration avec le chlorure ferrique et, contrairement aux diphénols d'où ils dérivent, ne sont plus réducteurs.

Les diphénols ont des tendances *acides* plus marquées que les monophénols, mais sont toutefois sans action sur les carbonates alcalins. Les diphénols ortho sont ceux qui dégagent le moins de chaleur en réagissant sur les alcalis.

On peut, à volonté, éthérifier une seule ou deux fonctions phénol. Ainsi, suivant qu'on fait réagir 1 molécule d'iodure de méthyle $CH^3I$ sur la pyrocatéchine monosodée $C^6H^4\begin{cases}ONa\,(1)\\OH\,(2)\end{cases}$, ou 2 molécules du même réactif sur la pyrocatéchine disodée $C^6H^4\begin{cases}ONa\,(1)\\ONa\,(2)\end{cases}$, on obtient, soit le gaïacol $C^6H^4\begin{cases}OCH^3\,(1)\\OH\,(2)\end{cases}$ ou éther monométhylique, soit le vératrol $C^6H^4\begin{cases}OCH^3\,(1)\\OCH^3\,(2)\end{cases}$ ou éther diméthylique de la pyrocatéchine. Par l'action de l'acide iodhydrique HI, on peut d'ailleurs *déméthyler* le gaïacol et le vératrol, et régénérer la pyrocatéchine et l'iodure de méthyle.

Comme dans les monophénols, et à la condition de *bloquer* les fonctions phénol, les chaînes latérales sont transformées par oxydation en autant de carboxyles.

Citons, parmi les diphénols à chaînes latérales, l'orcine $C^6H^3\begin{cases}CH^3\,(1)\\OH\,(3)\\OH\,(5)\end{cases}$, qui est en relation avec les deux matières colorantes connues sous le nom d'*orseille* et de *tournesol*, et l'allylpyrocatéchine, dont l'éther monométhylique ou eugénol $C^6H^3\begin{cases}CH^2-CH=CH^2\,(1)\\OCH^3\,(3)\\OH\,(4)\end{cases}$ constitue la majeure partie de l'essence

de girofle et est le point de départ de la fabrication industrielle
de la vanilline (*voir* p. 280).

## II. — TRIPHÉNOLS (PHÉNOLS TRIVALENTS).

Voici les formules des triphénols les plus simples :

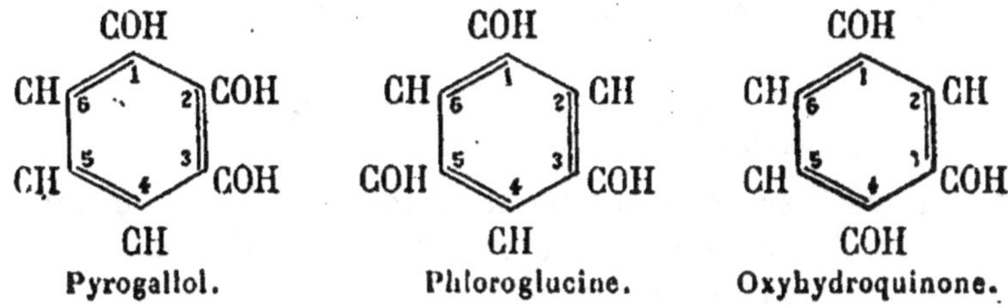

Pyrogallol.                  Phloroglucine.                  Oxyhydroquinone.

Ce sont des corps très solubles dans l'eau, colorant le chlorure
ferrique, encore plus réducteurs et à tendances plus acides que
les diphénols.

Les solutions alcalines de pyrogallol sont très avides d'oxygène,
qu'elles absorbent rapidement en donnant une coloration brun
noirâtre, et cette propriété est utilisée journellement pour le
dosage de l'oxygène dans les mélanges gazeux.

Si l'on hydrogène le pyrogallol au moyen du nickel réduit,
le cyclohexatriol obtenu $C^6H^9(OH)^3$ 1.2.3 (SABATIER et MAILHE) n'est
plus réducteur, et il ne donne aucune coloration avec les alcalis ;
de même, il ne se colore plus par le chlorure ferrique.

La phloroglucine se comporte dans un grand nombre de réactions comme une tricétone (forme tautomérique du triphénol),
les trois groupes — COH = CH — devenant — CO — CH² —.


# II. — FONCTION ALDÉHYDE.


Les aldéhydes ont pour groupement fonctionnel — $C\big\langle{}^H_O$.

L'aldéhyde éthylique (acétaldéhyde, éthanal) est le premier
qu'on ait obtenu. Déjà entrevu par SCHEELE en 1774, il fut isolé
par DOEBEREINER en 1821, et étudié en 1835 par LIEBIG, qui établit
ses relations avec l'alcool ordinaire.

On rencontre un certain nombre d'aldéhydes à l'état libre dans la nature, en particulier dans les essences végétales.

1. Les aldéhydes sont des alcools primaires déshydrogénés; les alcools primaires, en effet, sont susceptibles, sous l'influence d'agents catalytiques divers, de se dédoubler en hydrogène et aldéhyde correspondant. Une méthode simple et régulière (qui est fort avantageuse pour préparer bon nombre d'aldéhydes) consiste à faire passer des vapeurs d'un alcool sur du cuivre réduit convenablement chauffé (SABATIER et SENDERENS); exemple :

$$CH^3 - CH^2OH \ = \ CH^3 - CHO + H^2 \nearrow.$$
Éthanol.  Éthanal.

Les aldéhydes se forment, en outre, comme produits intermédiaires, dans le passage, par voie d'oxydation, des alcools primaires aux acides (DŒBEREINER) :

$$-C\overset{\displaystyle H}{\underset{\displaystyle OH}{\big\langle} H} \ \rightarrow \ C\overset{\displaystyle H}{\big\langle_{\displaystyle O}} \ \rightarrow \ C\overset{\displaystyle O}{\big\langle_{\displaystyle OH}} ;$$

et l'on peut les préparer aisément en faisant passer à chaud un mélange de vapeur des divers alcools et d'oxygène (ou d'air) sur de l'argent très divisé (MOUREU et MIGNONAC).

Réciproquement, ils représentent les termes intermédiaires dans le passage, par voie de réduction, des acides aux alcools. Tandis que la transformation des aldéhydes en alcools primaires se fait toujours par hydrogénation directe (WURTZ, 1862, p. 227), le passage des acides aux aldéhydes n'est, en général, possible que par des moyens détournés. Une méthode simple consiste à diriger sur une traînée d'oxyde manganeux, agent catalyseur que l'on maintient à 300°-350°, un mélange de l'acide à transformer en aldéhyde avec un excès d'acide formique; la formation de l'aldéhyde est accompagnée de la mise en liberté d'eau et d'anhydride carbonique (SABATIER et MAILHE, 1914); exemple :

$$CH^3 - CO^2H \ + \ H.CO^2H \ = \ CH^3 - CHO + H^2O + CO^2 \nearrow (^1).$$
Acide acétique.  Acide formique.  Acétaldéhyde.

Une réaction qui montre bien que les aldéhydes sont à cheval,

---

($^1$) c. La réaction s'explique par le mécanisme suivant : l'acide formique, comme le montre l'expérience, est, dans les conditions de l'opération, intégralement dédoublé en eau et oxyde de carbone; ce dernier réduit ensuite l'acide

pour ainsi dire, entre les alcools et les acides, est celle que la potasse alcoolique donne avec un grand nombre d'aldéhydes : deux molécules d'aldéhyde entrant en réaction, l'une d'elles est hydrogénée, la seconde est oxydée, et l'on obtient à la fois l'alcool et l'acide (CANNIZZARO); exemple :

$$2C^4H^9 - CHO + KOH = C^4H^9 . CO^2K + C^4H^9 - CH^2OH.$$

Aldéhyde        Valérate de K.       Alcool valérique
valérique.                             (alcool amylique).

Il y a sans doute d'abord, par fixation de la potasse sur 1 molécule d'aldéhyde, formation transitoire du composé d'addition instable $R - C\begin{smallmatrix}H\\OK\end{smallmatrix}OH$, et celui-ci donne aussitôt le sel $R - CO^2K$ en perdant $H^2$, qui hydrogène la seconde molécule d'aldéhyde en alcool.

2. On envisage les aldéhydes comme les anhydrides de sortes de dialcools, dont les 2 oxhydryles auraient remplacé 2 atomes d'hydrogène d'un groupe $CH^2$, et qui, n'étant pas stables [1],

perdraient $H^2O$ aussitôt formés : $-C\begin{smallmatrix}H\\OH\\OH\end{smallmatrix} \rightarrow -C\begin{smallmatrix}H\\O\end{smallmatrix}$.

Il importe d'ajouter que l'on connaît les éthers de ces dialcools spéciaux. Ainsi, étant donné le dichloroéthane-1.1, on peut, au moyen de l'éthylate de sodium, remplacer les 2 atomes halo-

---

en aldéhyde :

$$H . CO^2H = CO + H^2O,$$

$$CO + CH^3 - CO^2H = CO^2 + CH^3 - CHO.$$

b. Une vieille méthode, peu avantageuse et n'ayant plus aujourd'hui qu'un intérêt historique, consiste à calciner un mélange de formiate de calcium et du sel de calcium de l'acide; le formiate se transforme en carbonate en réduisant le sel de l'acide (LIMPRICHT, PIRIA, 1856; KOLBE); exemple :

$$(CH^3 - CO^2)^2Ca + (HCO^2)^2Ca = 2CO^3Ca + 2CH^3 - CHO.$$

Acétate de calcium.      Formiate      Carbonate      Acétaldéhyde.
                 de calcium.    de calcium.

[1] Cependant, certains de ces dialcools sont stables; l'hydrate de chloral

$$CCl^3 - CH\begin{smallmatrix}OH\\OH\end{smallmatrix}$$

en est un exemple.

gènes par deux résidus monovalents *éthoxyle* $-O-C^2H^5$ ; on obtient ainsi un liquide bouillant à 104°, qui est le type des *acétals* [1] :

$$CH^3-CH\Big\langle{Cl \atop Cl} + {Na\,OC^2H^5 \atop Na\,OC^2H^5} = 2\,NaCl + CH^3-CH\Big\langle{OC^2H^5 \atop OC^2H^5}.$$

Dichloro-éthane-1.1.     Éthylate           Acétal diéthylique<br>
                 de sodium.            ordinaire [2].<br>
               (2 molécules).

Cette observation, rapprochée de la formation des aldéhydes par l'action de l'eau sur les dérivés dihalogénés, tels que le dichloroéthane-1.1 $CH^3-CHCl^2$, et de la régénération de ces mêmes dérivés halogénés par l'action des composés halogénés du phosphore sur les aldéhydes (*voir* p. 185 et 181), prouve manifestement que ces dérivés dihalogénés sont des éthers-sels des dialcools à groupement fonctionnel $-CH\langle{OH \atop OH}$. Les acétals sont les diéthers-oxydes de ces mêmes glycols ; très stables, comme les diéthers-oxydes ordinaires, vis-à-vis des alcalis, ils doivent à leur structure spéciale une grande sensibilité à l'égard des acides minéraux : il suffit de les chauffer avec une solution aqueuse d'acide sulfurique à 1 pour 100 pour les *hydrolyser*, c'est-à-dire pour les dédoubler par hydratation, l'aldéhyde et 2 molécules d'alcool étant ainsi mis en liberté ; exemple :

$$CH^3-CH\Big\langle{OC^2H^5 \atop OC^2H^5} + {H \atop H}\Big\rangle O = CH^3-CHO + 2\,C^2H^6O.$$

Acétal ordinaire                 Acétaldéhyde      Alcool éthylique<br>
(1.1-diéthoxy-éthane).         (éthanal).         (éthanol).

---

[1] On connaît également les acétals sulfurés ou thioacétals (*mercaptals*), tel le composé $CH^3-CH\langle{SC^2H^5 \atop SC^2H^5}$, et aussi les éthers-sels de ces mêmes dialcools, tel le diacétate d'éthylidène $CH^3-CH\langle{OCOCH^3 \atop OCOCH^3}$.

[2] Une autre méthode très simple d'obtention des acétals consiste à faire réagir les composés organo-halogéno-magnésiens sur un éther dit *orthoformique* $CH(OR)^3$ (*voir* p. 315) (Bodroux, Tschitschibabin) ; exemple :

$$CH^3-CH^2-CH^2-CH^2\,MgBr + C^2H^5O-CH\Big\langle{OC^2H^5 \atop OC^2H^5}$$

$$= Mg\Big\langle{Br \atop OC^2H^5} + CH^3-CH^2-CH^2-CH^2-CH\Big\langle{OC^2H^5 \atop OC^2H^5}.$$

Réciproquement, les aldéhydes sont susceptibles de réagir sur 2 molécules d'un alcool pour donner des acétals, avec élimination d'eau (Dœbereiner, Wurtz et Frappoli); exemple :

$$CH^3-CHO + 2\,C^2H^5.OH = H^2O + CH^3-CH\begin{cases}OC^2H^5\\OC^2H^5\end{cases}.$$

Éthanal.   Éthanol (2 mol.).   Acétal diéthylique ordinaire.

La présence de petites quantités d'un acide favorise la réaction. Celle-ci est contrariée d'ailleurs par la réaction inverse, qui tend à s'effectuer simultanément; il s'établit un équilibre rappelant celui qu'on observe dans la formation des éthers-sels par l'action des acides sur les alcools.

Les aldéhydes, qui fournissent directement et si facilement les alcools primaires par fixation de 2 atomes d'hydrogène et les acides par fixation de 1 atome d'oxygène, sont, par cela même, des composés en quelque sorte incomplets; leur molécule est dans un état d'équilibre instable, qui se traduit, en fait, par une grande activité chimique. Dans les réactions suivantes, pour permettre la formation de nouveaux corps, nous verrons tantôt la double liaison entre le carbone et l'oxygène du groupement fonctionnel $-C\begin{smallmatrix}H\\\\O\end{smallmatrix}$ s'ouvrir (comme cela arrive dans la transformation de ce groupement en groupement fonctionnel alcool primaire $-CH^2OH$ par fixation de $H^2$), tantôt l'oxygène s'éliminer à l'état d'eau.

3. Deux ou plusieurs molécules d'aldéhyde peuvent, dans des conditions déterminées, s'unir par addition pure et simple. Prenons comme exemple l'acétaldéhyde $CH^3-CHO$. Ce corps, qui bout à 21°, se polymérise sous l'influence de traces de chlorure de zinc, ou même spontanément avec le temps, en donnant le

$$3\,CH^3-CHO \rightleftharpoons \begin{array}{c}CH^3-CH\underset{O}{\overset{\displaystyle O}{\diagdown\diagup}}CH-CH^3\\CH\\|\\CH^3\end{array}$$

Acétaldéhyde (3 mol.)   Paraldéhyde.

paraldéhyde, liquide bouillant à 124° (Fehling), qui répond à la formule d'un trimère $(C^2H^4O)^3$. Réciproquement, le paraldéhyde, chauffé doucement avec un peu d'acide sulfurique concentré, régénère l'aldéhyde primitif $C^2H^4O$; soumis à la méthode d'hydrogénation par l'acide iodhydrique (*voir* p. 161), il fournit, non pas un carbure forménique en $C^6$, mais l'éthane $C^2H^6$; ces faits prouvent que l'union des trois molécules s'est faite non par le carbone, mais par l'oxygène, ce que KÉKULÉ et ZINCKE représentent par la formule cyclique hexagonale ci-dessus (¹).

Dans d'autres conditions, le même aldéhyde se polymérise tout différemment, et donne un composé à la fois aldéhyde et alcool secondaire : l'aldol (WURTZ, 1872); tous les aldéhydes sont de même susceptibles d'*aldolisation :*

$$CH^3 — CHO + HCH^2 — CHO \;=\; CH^3 — CHOH — CH^2 — CHO.$$
**Acétaldéhyde (2 mol.).**            **Aldol (butanal-1-ol-3).**

Dans des conditions encore différentes, l'acétaldéhyde fournit l'aldéhyde crotonique $CH^3 — CH = CH — CHO$ (KÉKULÉ, PATERNO), aldéhyde à fonction éthylénique, résultant de la perte d'une molécule d'eau par l'aldol qui prend tout d'abord naissance dans la réaction (WURTZ, LIEBEN). Deux aldéhydes différents peuvent de même s'unir avec élimination d'eau, le plus souvent sous l'action de la soude étendue; exemple :

$$C^6H^5 — CHO + H^2CH — CHO \;=\; H^2O + C^6H^5 — CH = CH — CHO.$$
**Benzaldéhyde.**     **Acétaldéhyde.**            **Aldéhyde cinnamique.**

4. Les aldéhydes peuvent fixer les éléments de l'acide cyanhydrique pour donner des nitriles-alcools secondaires, réaction importante et fort précieuse pour la synthèse organique (A. GAUTIER et M. SIMPSON, 1867); exemple :

$$CH^3 — CHO + H — CN \;=\; CH^3 — CHOH — CN.$$
**Acétaldéhyde.**    **Acide**           **Nitrile lactique**
         **cyanhydrique.**       **(propanol-2-nitrile).**

5. Les aldéhydes peuvent fixer les éléments d'un carbure nitré saturé, pour donner des alcools nitrés; on provoque la réaction par une trace d'alcali libre ou carbonaté (LOUIS HENRY, 1895);

---

(¹) Le développement de cette formule dans l'espace fait prévoir l'existence de 2 isomères géométriques (*voir* p. 74); dans l'un, les 3 groupes $CH^3$ sont du même côté du plan de la chaîne fermée, tandis que, dans l'autre, 2 des groupements $CH^3$ se trouvent d'un côté de ce plan et le troisième de l'autre côté. On connaît effectivement un isomère du paraldéhyde, le métaldéhyde, lequel est un composé solide à la température ordinaire.

exemple :

$$CH^3 - CHO + CH^3NO^2 = CH^3 - CHOH - CH^2NO^2.$$

Acétaldéhyde.  Nitro-méthane.  Nitropropanol.

La réaction peut être répétée tant qu'il reste de l'hydrogène sur le carbone nitré. Ainsi, dans l'exemple choisi, on pourra obtenir encore les corps $(CH^3 - CHOH)^2 CHNO^2$ et $(CH^3 - CHOH)^3CNO^2$.

6. Les aldéhydes s'unissent aux bisulfites alcalins en donnant des produits d'addition cristallisés (Bertagnini, 1853); exemple :

$$CH^3 - CHO + NaHSO^3 = CH^3 - CH{<}^{OH}_{SO^3Na}.$$

Acétaldéhyde.  Bisulfite de sodium.

Ces combinaisons, sous l'action à chaud des solutions aqueuses d'acide sulfurique ou d'un alcali libre ou carbonaté, sont dissociées, avec régénération pure et simple de l'aldéhyde; on les utilise fréquemment pour purifier les aldéhydes, ou pour les séparer d'autres produits dans les mélanges. L'ensemble de leurs propriétés conduit à les envisager comme des éthers de l'acide sulfureux. La combinaison avec l'acétaldéhyde, par exemple, sera représentée par la formule $CH^3 - CH{<}^{OH}_{O-SO-ONa}.$

7. L'ammoniaque s'unit quelquefois par simple addition aux aldéhydes, en donnant des composés simples, tel l'*aldéhydate d'ammoniaque* $CH^3 - CH{<}^{OH}_{NH^2}.$ Mais, le plus souvent, les corps ainsi produits sont plus complexes, et plusieurs molécules d'aldéhyde concourent à leur formation.

8. L'hydroxylamine réagit sur les aldéhydes en donnant une *aldoxime*, avec élimination d'eau (V. Meyer, 1863); exemple :

$$CH^3 - CHO + H^2NOH = H^2O + CH^3 - CH = NOH.$$

Acétaldéhyde.  Hydroxylamine.  Acétaldoxime.

Les aldoximes régénèrent leurs composants sous l'action des acides étendus, qui fixent l'hydroxylamine à l'état de sel; exemple :

$$CH^3 - CH = NOH + H^2O + HCl = CH^3 - CHO + H^2NOH, HCl.$$

Acétaldoxime.  Acétaldéhyde.  Chlorhydrate d'hydroxylamine.

**9.** Les aldéhydes réagissent sur les composés possédant le groupement $>$N$-$NH$^2$, avec élimination d'eau (Fischer, Curtius).

L'hydrazine simple H$^2$N$-$NH$^2$ fournit des *hydrazones;* exemple :

$$C^6H^5-CHO + H^2N-NH^2 = H^2O + C^6H^5-CH=N-NH^2\ (^1).$$
Benzaldéhyde.        Hydrazine.            Benzaldéhyde-hydrazone.

Les hydrazines substituées renfermant le groupement $>$N$-$NH$^2$ fournissent des *hydrazones substituées;* ainsi la phénylhydrazine C$^6$H$^5-$NH$-$NH$^2$ donne, avec l'acétaldéhyde, l'acétaldéhyde-phénylhydrazone

$$CH^3-CH=N-NHC^6H^5.$$

La semi-carbazide H$^2$N$-$NHCONH$^2$ (*voir* p. 435) donne des *semi-carbazones;* exemple :

$$C^6H^5-CHO + H^2N-NH-CONH^2$$
' Benzaldéhyde.          Semi-carbazide.

$$= H^2O + C^6H^5- \quad =N-NH-CONH^2$$
Benzaldéhyde-semi-carbazone.

Ces divers corps régénèrent leurs composants sous l'action des acides étendus; exemple :

$$C^6H^5-CH=N-NHC^6H^5 + H^2O + HCl$$
Benzaldéhyde-phénylhydrazone.

$$= C^6H^5-CHO + NH^2-NHC^6H^5.HCl.$$
Benzaldéhyde.             Chlorhydrate
de phénylhydrazine.

Comme les hydrazones simples ou substituées, et surtout les semi-carbazones, sont presque toujours des corps solides peu solubles, on met souvent à profit cette propriété pour extraire des mélanges les aldéhydes, qu'on régénère ensuite, à l'état pur, des hydrazones ou semi-carbazones, par l'action des acides étendus.

Signalons une autre réaction, très curieuse, des hydrazones simples : quand on les chauffe à 160° avec de l'éthylate de sodium,

---

($^1$) Le second groupe NH$^2$ de l'hydrazine peut réagir à son tour sur une deuxième molécule d'aldéhyde; les corps ainsi formés sont des *azines;* telle la benzalazine C$^6$H$^5-$CH$=$N$-$N$=$CH$-$C$^6$H$^5$.

qui agit comme catalyseur, le groupe $- CH = N - NH^2$ perd son azote, qui se dégage, et devient $- CH^3$ (WOLFF); exemple :

$$C^6H^4 \begin{cases} CH = N - NH^2 \ (1) \\ OCH^3 \ (4) \end{cases} = C^6H^4 \begin{cases} CH^3 \ (1) \\ OCH^3 \ (4) \end{cases} + N^2 \nearrow$$

Paraméthoxybenzaldéhyde-hydrazone.     Paraméthoxytoluène

10. Les aldéhydes réagissent encore sur beaucoup d'autres substances (cétones, acides, amines, etc.); rappelons leur action sur les composés organo-métalliques du zinc ou du magnésium, qui conduit à la synthèse d'alcools secondaires (*voir* p. 228).

Sous l'influence de la lumière solaire, on a observé, avec les aldéhydes, des réactions fort curieuses, dont nous aurons l'occasion de citer quelques exemples (CIAMICIAN et SILBER, 1900; PATERNO) (*voir* p. 277).

11. Indiquons, pour terminer, quelques *réactions analytiques :*

1° Les aldéhydes sont des corps essentiellement réducteurs : ils précipitent l'argent à l'état métallique des solutions ammoniacales de nitrate d'argent, et réduisent facilement la liqueur cupropotassique (*voir* p. 359), passant ainsi à l'état d'acides par fixation d'oxygène;

2° Lorsqu'on ajoute une trace d'un aldéhyde à une solution aqueuse de fuchsine préalablement décolorée par l'acide sulfureux, on observe bientôt une coloration rouge violacé, due à la production de bases colorées complexes (SCHIFF).

Tels sont les caractères essentiels de la fonction aldéhyde. Ces généralités étant connues, nous allons parcourir rapidement les diverses classes d'aldéhydes, en commençant par les mono-aldéhydes.

## A. — MONOALDÉHYDES.

### I. — ALDÉHYDES ACYCLIQUES (SANS CHAINE FERMÉE).

Le plus simple est l'aldéhyde méthylique ou formaldéhyde (méthanal) $H - CHO$, qui fut découvert par HOFMANN en 1868. C'est un composé gazeux à la température ordinaire, très instable et se polymérisant spontanément avec une extrême rapidité [1].

---

[1] On désigne à tort sous le nom de *trioxyméthylène* le polymère com

Il peut être formé par l'union directe, sous l'influence des rayons ultraviolets, de l'oxyde de carbone avec l'hydrogène (DANIEL BERTHELOT et GAUDECHON, 1910) :

$$CO + H^2 = H.CHO.$$

Les autres termes sont généralement des liquides légers, bouillant beaucoup plus bas que les alcools correspondants : l'acétaldéhyde $CH^3 — CHO$ (éthanal), qu'on peut former par fixation d'eau directe (à 300°, DESGREZ) ou indirecte [*voir* p. 287 (note)] sur l'acétylène $HC \equiv CH$, bout à 21° et est très soluble dans l'eau; l'aldéhyde isovalérique $(CH^3)^2CH — CH^2 — CHO$ bout à 92° et est peu soluble dans l'eau.

L'acroléine $CH^2 = CH — CHO$ (*voir* p. 238), aldéhyde à fonction éthylénique, qu'on peut préparer aisément en chauffant la glycérine avec du bisulfate de potassium $SO^4KH$ (*voir* p. 238), est un liquide à odeur irritante, qui bout à 52°; elle donne le bibromure $CH^2Br — CHBr — CHO$ par fixation de 2 atomes de brome. On connaît d'autres aldéhydes non saturés : éthyléniques, diéthyléniques, et même acétyléniques (*voir* p. 277); le citral $C^{10}H^{16}O$ est un aldéhyde deux fois éthylénique, qui se trouve dans l'essence de citron et de lemon-grass.

Parmi les aldéhydes halogénés, mentionnons tout spécialement l'acétaldéhyde trichloré $CCl^3 — CHO$, connu sous le nom de *chloral*, qui fut découvert par LIEBIG en 1832, et qui prend naissance, à côté de divers autres corps, dans l'action du chlore sur l'alcool éthylique. C'est un liquide lourd, bouillant à 98°, qui forme, au contact de l'eau, l'hydrate cristallisé $CCl^3 — CH(OH)^2$, utilisé en médecine comme hypnotique. Il est facilement décomposé par les alcalis (*voir* p. 182).

(*Voir* p. 277 : *Aldéhydes acétyléniques.*)

## II. — ALDÉHYDES AROMATIQUES.

1. Nous désignons sous ce nom les aldéhydes qui renferment dans leur molécule un noyau aromatique (3 doubles liaisons dans

---

mercial $(CH^2O)^x$. C'est une poudre blanche, amorphe et insoluble, qui se comporte, en général, dans les réactions, comme le méthanal $H.CHO$.

Le *formol* commercial est une solution aqueuse concentrée (en général 40 pour 100) d'aldéhyde formique. L'addition d'acide sulfurique y détermine la formation du polymère $(CH^2O)^x$, qui se précipite.

l'anneau hexagonal). Le noyau peut être directement uni au groupement fonctionnel, comme dans l'aldéhyde benzoïque $C^6H^5 — CHO$ (aldéhydes *nucléaires*), ou en être séparé par un ou plusieurs atomes de carbone, comme dans l'aldéhyde phénylacétique $C^6H^5 — CH^2 — CHO$ et l'aldéhyde cinnamique ou phénylacroléine $C^6H^5 — CH = CH — CHO$ (aldéhydes *extranucléaires*).

Indépendamment des modes généraux de formation des aldéhydes (oxydation des alcools, etc.), nous trouvons ici quelques procédés spéciaux. Signalons les deux suivants, particulièrement remarquables par leur originalité :

*a.* On peut fixer l'oxyde de carbone CO sur le noyau aromatique (ce qui revient à substituer CHO à H dans ce noyau) en faisant agir ce gaz sur les carbures aromatiques en présence du gaz chlorhydrique HCl, du chlorure cuivreux $Cu^2Cl^2$ et du chlorure ou du bromure d'aluminium (GATTERMANN); exemple :

$$C^6H^5 — CH^3 + CO = C^6H^4 \begin{cases} CH^3 _{(1)} \\ CHO _{(4)} \end{cases}$$

Toluène.

Aldéhyde paratoluique [1].

*b.* L'action simultanée de l'iode et de l'oxyde jaune de mercure, en présence de l'eau, sur les composés aromatiques à chaîne latérale isoallylique $R — CH = CH — CH^3$, a pour résultat la fixation d'un atome d'oxygène sur la chaîne latérale, avec production d'un aldéhyde; et celui-ci, chose curieuse, n'est pas l'aldéhyde à chaîne droite $R — CH^2 — CH^2 — CHO$, mais l'aldéhyde à chaîne ramifiée $R — CH \begin{cases} CHO \\ CH^3 \end{cases}$ (BOUGAULT). Le mécanisme de cette réaction a été établi par BÉHAL et TIFFENEAU :

1° Il y a d'abord formation de l'iodhydrine $R — CHOH — CHI — CH^3$ :

$$2 R — CH = CH — CH^3 + 2 I^2 + HgO + H^2O$$
$$= 2 R — CHOH — CHI — CH^3 + HgI^2.$$

---

[1] Cette réaction est réciproque du dédoublement que peuvent subir, plus ou moins nettement, la plupart des aldéhydes, acycliques ou cycliques, sous l'action à chaud de certains agents catalytiques, et même sous la seule influence de la chaleur; exemple :

$$CH^3 — CHO = CH^4 + CO.$$

Éthanal.      Méthane.     Oxyde de carbone.

2° L'iodhydrine perd ensuite HI, et le résidu aromatique R émigre sur le carbone qui portait l'atome d'iode (*migration phénylique* de Tiffeneau); on a ainsi :

$$2\,R - CHOH - CHI - CH^3 + HgO$$

$$= HgI^2 + H^2O + 2\,CHO - \underset{R}{CH} - CH^3 \quad \left(soit\ R - CH\!\!<\!\!\begin{array}{l} CHO \\ CH^3 \end{array}\right).$$

2. *a*. En général, les aldéhydes aromatiques sont des liquides à odeur agréable, à peine solubles dans l'eau, et bouillant toujours plus bas que les alcools correspondants. L'aldéhyde benzoïque $C^6H^5 - CHO$, qui forme la majeure partie de l'essence d'amandes amères (Liebig et Woehler, 1832), bout à 179° [1]. L'aldéhyde cinnamique $C^6H^5 - CH = CH - CHO$, constituant principal de l'essence de cannelle (Dumas et Peligot), distille à 247°; sa synthèse fut réalisée par Chiozza, en condensant l'aldéhyde benzoïque $C^6H^5.CHO$ avec l'acétaldéhyde $CH^3 - CHO$ (*voir* p. 270).

*b*. Les aldéhydes où le groupement fonctionnel ($- CHO$) est directement uni au noyau (aldéhydes *nucléaires*), tout en étant très oxydables et réduisant le nitrate d'argent ammoniacal, sont, chose bizarre, sans action sur la liqueur cupropotassique.

*c*. La potasse alcoolique transforme facilement presque tous les aldéhydes aromatiques en alcools et acides correspondants, conformément à la réaction de Cannizzaro (*voir* p. 267); tel est le cas, notamment, de l'aldéhyde benzoïque et de l'aldéhyde cinnamique :

$$2\,C^6H^5 - CHO + KOH = C^6H^5 - CO^2K + C^6H^5 - CH^2OH.$$

Benzaldéhyde.      Benzoate de K.    Alcool benzylique.

*d*. La lumière solaire provoque des réactions intéressantes entre les aldéhydes aromatiques et les alcools : ceux-ci leur cèdent de l'hydrogène, qui attaque le carbonyle $C = O$, et il se

---

[1] Le cyclohexane $C^6H^{12}$, par l'action du chlore, donne le dérivé chloré $C^6H^{11}Cl$, dont le composé magnésien $C^6H^{11}MgCl$, condensé avec l'aldéhyde formique, fournit l'alcool hexahydrobenzylique $C^6H^{11}.CH^2OH$. Par oxydation, ce dernier conduit à l'aldéhyde hexahydrobenzoïque $C^6H^{11}.CHO$, liquide bouillant à 150°, très analogue par toutes ses propriétés aux aldéhydes saturés acycliques $C^nH^{2n+1} - CHO$. On connaît quelques autres aldéhydes hexahydroaromatiques; leurs caractères sont semblables à ceux du précédent.

forme un glycol aromatique à nombre d'atomes de carbone double de celui de l'aldéhyde traité; exemple :

$$2\,C^6H^5 - CHO \;+\; C^2H^6O$$

Benzaldéhyde.    Alcool éthylique.

$$= C^6H^5 - CHOH - CHOH - C^6H^5 \;+\; C^2H^4O$$

Hydrobenzoïne            Acétaldéhyde.
(diphénylglycol symétrique).

Dans d'autres cas, il y a simple addition de l'alcool et de l'aldéhyde à molécules égales, toujours avec formation de glycol; exemple :

$$C^6H^5 - CHO \;+\; C^6H^5 - CH^2OH \;=\; C^6H^4 - CHOH - CHOH - C^6H^5$$

Benzaldéhyde.      Alcool benzylique.              Hydrobenzoïne.

(CIAMICIAN et SILBER) (¹).

*e.* Le noyau aromatique garde ses propriétés spéciales : ainsi, il peut être nitré directement; avec l'aldéhyde benzoïque on obtient surtout l'aldéhyde métanitrobenzoïque $C^6H^4\!\!\begin{array}{l}\diagup CHO\,(1)\\ \diagdown NO^2\,(3)\end{array}$, avec un peu de l'isomère ortho.

Sous l'influence de la lumière solaire, l'aldéhyde orthonitrobenzoïque s'isomérise en acide orthonitrosobenzoïque, par oxydation intramoléculaire du groupement aldéhydique — CHO aux dépens du groupement — NO² (CIAMICIAN et SILBER); exemple :

$$C^6H^4\!\!\begin{array}{l}\diagup CHO\,(1)\\ \diagdown NO^2\,(2)\end{array} \;\rightarrow\; C^6H^4\!\!\begin{array}{l}\diagup CO^2H\,(1)\\ \diagdown NO\,(2)\end{array}.$$

## III. — ALDÉHYDES ACÉTYLÉNIQUES.

Les carbures acétyléniques sodés, traités par les éthers formiques, fournissent, par ouverture de la double liaison entre le carbone et l'oxygène, des composés d'addition particuliers, que

---

(¹) Comme exemple d'autres réactions *photochimiques* des aldéhydes aromatiques, signalons leur condensation avec les carbures éthyléniques. Ainsi l'aldéhyde benzoïque $C^6H^5 - CHO$ et l'amylène $C^5H^{10}$ fournissent un produit d'addition $C^{12}H^{16}O$ (PATERNO et CHIEFFI).

Les aldéhydes de la série grasse sont également susceptibles de réactions spéciales sous l'influence de la lumière; mais ces réactions sont encore assez peu connues.

l'action de l'eau détruit immédiatement, avec mise en liberté de l'aldéhyde acétylénique à un atome de carbone de plus que le carbure mis en œuvre (MOUREU et DELANGE); exemples :

$$a. \quad C^6H^5 - C \equiv CNa + O = C - OC^2H^5 \; \rightleftharpoons \; C^6H^5 - C \equiv C - \overset{\overset{\displaystyle H}{|}}{C} - OC^2H^5 ;$$
$$\underset{\text{sodé.}}{\text{Phénylacétylène}} \qquad \underset{\text{d'éthyle.}}{\text{Formiate}} \qquad \qquad \qquad \overset{\displaystyle |}{ONa}$$

$$b. \quad C^6H^5 - C \equiv C - \overset{\overset{\displaystyle H}{|}}{\underset{\underset{\displaystyle ONa}{|}}{C}} - OC^2H^5 + H^2O$$

$$\rightleftharpoons \; NaOH + C^2H^5OH + C^6H^5 - C \equiv C - CHO.$$
$$\underset{\text{phénylpropiolique.}}{\text{Aldéhyde}}$$

L'aldéhyde acétylénique le plus simple (aldéhyde propiolique ou propargylique) $HC \equiv C - CHO$ a été obtenu par CLAISEN en soustrayant, par voie indirecte, 2 atomes d'hydrogène à l'acroléine $CH^2 = CH - CHO$. Possédant le groupement $HC \equiv C -$, ce corps précipite par le chlorure cuivreux ammoniacal.

Ces aldéhydes acétyléniques, où les fonctions aldéhyde et acétylénique sont côte à côte, se scindent sous l'action des alcalis à côté de la triple liaison; il y a production d'acide formique et du carbure acétylénique à un atome de carbone de moins; exemple :

$$C^6H^5 - C \equiv C - CHO + NaOH \; \rightleftharpoons \; C^6H^5 - C \equiv CH + HCO^2Na.$$
$$\underset{\text{Ald. phénylpropiolique.}}{} \qquad \qquad \underset{\text{Phénylacétylène.}}{} \quad \underset{\text{de Na (}^1\text{).}}{\text{Formiate}}$$

## IV. — ALDÉHYDES-ALCOOLS.

Le terme le plus simple est l'aldéhyde glycolique $CH^2OH - CHO$, qui est un produit d'oxydation du glycol $CH^2OH - CH^2OH$, et qu'on prépare en traitant à froid le bromoéthanal $CH^2Br - CHO$ par l'eau de baryte. Tous peuvent être obtenus en oxydant un polyalcool dont l'une au moins des fonctions alcool est primaire. Certains prennent naissance par aldolisation (*voir* p. 270). Les aldéhydes-alcools donnent à la fois les réactions des aldéhydes et celles des alcools. Leurs propriétés varient d'ailleurs dans

---

($^1$) *Voir* la note de la page 304.

d'assez larges limites suivant le degré de proximité des deux fonctions aldéhyde et alcool. C'est un groupe très important, qui renferme la majeure partie des matières sucrées; on y reviendra avec détail (voir *Sucres*, p. 360).

### V. — ALDÉHYDES-PHÉNOLS.

Le chloroforme $CHCl^3$ réagit vivement sur le phénol $C^6H^5OH$ en présence des alcalis; après la réaction, un atome d'hydrogène du noyau se trouve remplacé par le groupement — CHO; on a donc, en définitive, fixé sur le noyau les éléments de l'oxyde de carbone (REIMER et TIEMANN). Les deux aldéhydes-phénols isomériques ortho et para prennent simultanément naissance dans cette réaction :

$$C^6H^5OH + CHCl^3 + 3KOH = 3KCl + 2H^2O + C^6H^4\begin{cases}OH\\CHO\end{cases}.$$

Phénol.   Chloro-forme.   Aldéhyde oxybenzoïque.

L'isomère ortho ou aldéhyde salicylique $C^6H^4\begin{cases}CHO\,(1)\\OH\,(2)\end{cases}$, qui existe en abondance dans l'essence de *reine des prés*, est un liquide à odeur aromatique, entraînable par la vapeur d'eau, qui bout à 195°,5; par sa fonction phénol, il colore en violet intense le chlorure ferrique. L'isomère para $C^6H^4\begin{cases}CHO\,(1)\\OH\,(4)\end{cases}$ est un corps solide fusible à 116°, non entraînable par la vapeur d'eau, colorant très faiblement le chlorure ferrique. L'un et l'autre, peu solubles dans l'eau, sont, grâce à leur fonction phénol, solubles dans les alcalis. Chose curieuse, leur fonction aldéhyde, par laquelle ils peuvent pourtant s'unir aux bisulfites alcalins, est très résistante aux agents d'oxydation; et l'on est obligé, pour les oxyder, de les traiter par les alcalis en fusion, qui les convertissent en acides-phénols, grâce sans doute à l'intervention de l'oxygène de l'air.

On a préparé, par l'action du chloroforme sur les monophénols et les diphénols en présence des alcalis, divers autres aldéhydes-phénols. Tous ces corps, de même que les aldéhydes-phénols dont le groupement — CHO n'est pas directement lié au noyau portant la fonction phénol, peuvent d'ailleurs être obtenus par

les méthodes régulières (oxydation des alcools-phénols correspondants, etc.), et sont convertis en alcools-phénols par hydrogénation. Citons, comme aldéhyde-phénol intéressant, la vanilline
(contenue dans la vanille), qui est l'éther monométhylique d'un
aldéhyde-diphénol.

## B. — DIALDÉHYDES.

1. Le terme le plus simple est l'éthane-dial $CHO — CHO$; c'est
un des produits normaux de l'oxydation régulière du glycol
$CH^2OH — CH^2OH$, d'où son nom de *glyoxal*.

Entre autres circonstances où se produit le glyoxal, la suivante
est tout particulièrement intéressante : le benzène, soumis à
l'action de l'ozone, fournit, par la fixation de $3O^3$ sur les trois
doubles liaisons (*voir* p. 168), le triozonide $C^6H^6.3O^3$, lequel est
aisément décomposable par l'eau, avec formation de 3 molécules
de glyoxal et 3 molécules d'eau oxygénée (HARRIES et WEISS) :

$$\text{Benzène-triozonide} + 3H^2O = 3H^2O^3 + \text{Glyoxal (3 mol.).}$$

Outre le benzène, d'autres hydrocarbures cycliques, traités par
l'ozone et l'eau, peuvent conduire de même à des dialdéhydes;
exemple :

$$\text{Cyclopentène.} \rightarrow \text{Cyclopentène-ozonide.} \rightarrow \text{Pentane-dial (dialdéhyde glutarique).}$$

2. Les dialdéhydes donnent deux fois les réactions des aldéhydes : formation de dioximes avec l'hydroxylamine, de diphénylhydrazones avec la phénylhydrazine, etc. La diphénylhydrazone

du glyoxal $C^6H^5NH - N = CH - CH = N - NHC^6H^5$, comme toutes celles où les deux fonctions phénylhydrazone sont situées côte à côte, et qu'on appelle *osazones*, se présente sous la forme de cristaux jaunes très peu solubles.

## III. — FONCTION CÉTONE.

Les cétones (ou, indistinctement, acétones) ont pour groupement fonctionnel $>C = O$. Si les deux résidus unis au carbonyle sont identiques, comme dans la propanone ou diméthylcétone $CH^3 - CO - CH^3$ (acétone ordinaire), la cétone est dite *symétrique*; si les deux résidus sont différents, comme dans la butanone ou méthyléthylcétone $CH^3 - CO - CH^2 - CH^3$, la cétone est dite *mixte*.

Beaucoup de cétones, comme divers aldéhydes, se rencontrent à l'état libre dans la nature, principalement dans les essences végétales.

Les travaux de CHANCEL, WILLIAMSON, FRIEDEL, STŒDELER, PÉDAL et FREUND, etc., ont montré qu'il existe d'étroites analogies entre les cétones et les aldéhydes.

1. De même que les aldéhydes sont des alcools primaires déshydrogénés, de même les cétones (*voir* p. 220 et 227) sont des alcools secondaires déshydrogénés $\left(>C<^H_{OH} \rightarrow >C = O\right)$, et on les appelle quelquefois *aldéhydes secondaires*. Comme les alcools primaires (*voir* p. 266), en effet, les alcools secondaires peuvent se dédoubler, sous l'action à chaud d'agents catalytiques divers, et principalement du cuivre réduit (SABATIER et SENDERENS), en hydrogène et cétone; de même, oxydés avec précaution, les alcools secondaires donnent des cétones (FRIEDEL, 1862), et l'on peut préparer aisément celles-ci en faisant passer à chaud un mélange des alcools correspondants et d'oxygène (ou d'air) sur de l'argent très divisé (MOUREU et MIGNONAC). — Réciproquement, les alcools secondaires sont les produits d'hydrogénation directe des cétones $\left(>C = O \rightarrow >C<^H_{OH}\right)$ (FRIEDEL) (¹).

_______________

(¹) En général, dans l'hydrogénation des cétones, il se forme, en même temps que les alcools secondaires, des glycols bitertiaires. Ceux-ci dérivent de 2 molécules de cétone : chacune d'elles a fixé un atome d'hydrogène à l'oxygène du carbonyle, et, de ce fait, la valence disponible au carbone s'est saturée par la

L'oxydation permet de différencier nettement les cétones des aldéhydes : au lieu de donner, comme ces derniers, un acide à même nombre d'atomes de carbone, la molécule des cétones est scindée par l'agent oxydant à côté du carbonyle CO, et il y a production de deux acides, dont la somme totale des atomes de carbone égale celle des atomes de carbone de la cétone, le groupement CO restant avec le résidu le moins carboné ([1]) ; exemple :

$$CH^3{-}CO{-}CH^2{-}CH^2{-}CH^3 + O^3 = CH^3{-}CO^2H + CO^2H{-}CH^2{-}CH^3.$$

Méthylpropylcétone             Acide        Acide propionique.<br>(pentanone-2).             acétique.

2. Parallèlement à ce qui a été dit pour les aldéhydes, on considère les cétones comme les anhydrides de dialcools particuliers, dont les oxhydryles auraient remplacé 2 atomes d'hydrogène d'un groupe $CH^2$, et qui, n'étant pas stables, perdraient $H^2O$ aussitôt formés $\left[ {>}C{<}^{OH}_{OH} \rightarrow {>}C{=}O \right]$.

---

même valence de la deuxième molécule ; exemple :

$$O{=}\overset{\overset{\textstyle CH^3}{|}}{\underset{\underset{\textstyle CH^3}{|}}{C}} \quad \overset{\overset{\textstyle CH^3}{|}}{\underset{\underset{\textstyle CH^3}{|}}{C}}{=}O + H^2 = HO{-}\overset{\overset{\textstyle CH^3}{|}}{\underset{\underset{\textstyle CH^3}{|}}{C}}{-}\overset{\overset{\textstyle CH^3}{|}}{\underset{\underset{\textstyle CH^3}{|}}{C}}{-}OH$$

Propanone (2 mol.).            Diméthyl-2.3-butane-diol-2.3<br>(pinacone).

Le diméthylbutane-diol-2.3 a la propriété de former avec l'eau un hydrate à $6H^2O$, qui cristallise en tables quadratiques ; de là son nom usuel de *pinacone* (πίναξ, table), qui est d'ailleurs employé comme terme générique pour désigner les glycols bitertiaires analogues.

Observons que, tandis que le glycol ordinaire $H^2C(OH){-}C(OH)H^2$ bout à 197°,5, la pinacone ordinaire, qui est pourtant son homologue supérieur tétraméthylé $(CH^3)^2COH{-}COH(CH^3)^2$, bout à 172°, c'est-à-dire beaucoup plus bas. Cela tient à ce que les deux fonctions alcooliques de la pinacone sont tertiaires, et à ce que sa molécule est fortement pelotonnée sur elle-même (*voir* page 224).

(*Voir* aussi, page 248, la *transposition pinacolique*.)

([1]) Du moins la réaction se passe, pour la plus grande partie, conformément à cette règle ; mais, en fait, quand on oxyde une cétone non symétrique, on obtient toujours les quatre acides possibles. Ainsi dans l'oxydation de la méthylpropylcétone, il se forme, à côté des acides acétique et propionique, une certaine proportion d'acides formique et butyrique :

$$CH^3{-}CO{-}CH^2{-}CH^2{-}CH^3 + O^3 = H{-}CO^2H + CO^2H{-}CH^2{-}CH^2{-}CH^3.$$

Méthylpropylcétone.           Acide formique.          Acide butyrique.

On connaît aussi les éthers-oxydes de ces diols spéciaux, qui sont ainsi les acétals des cétones. Ces diéthers-oxydes, tels que $CH^3 — C(OC^2H^5)^2 — CH^3$, analogue à l'acétal $CH^3 — CH(OC^2H^5)^2$, sont facilement hydrolysables par les acides étendus, tout comme les acétals des aldéhydes ; exemple :

$$CH^3 — C(OC^2H^5)^2 — CH^3 + H^2O = CH^3 — CO — CH^3 + 2\,C^2H^6OH.$$

Diéthoxy-2,2-propane (1).            Propanone.            Éthanol.

Il est évident, en outre, que les dérivés dihalogénés, tels que $CH^3 — CCl^2 — CH^3$, qui prennent naissance dans l'action des composés pentahalogénés du phosphore sur les cétones (*voir* p. 181), sont des diéthers halogénés des dialcools ayant pour groupement fonctionnel $>C<^{OH}_{OH}$ ; l'analogie est complète, sous ce rapport, entre les cétones et les aldéhydes (FRIEDEL).

3. *a*. Il existe des corps, tels que le composé $CH^3 — CO — Cl$, qu'on dérive régulièrement des acides par substitution de 1 atome de chlore à l'oxhydryle OH du carboxyle $—C<^O_{OH}$ ; ce sont les chlorures d'acides (*voir* p. 317). Les chlorures d'acides, traités par les composés organo-zinciques simples, donnent également des cétones, qui pourront être symétriques ou non suivant les cas (PÉBAL et FREUND) ; exemples :

$$\left.\begin{array}{l} CH^3 — COCl \\ CH^3 — COCl \end{array}\right\} + Zn<^{CH^3}_{CH^3} = ZnCl^2 + \begin{array}{l} CH^3 — CO — CH^3 \\ CH^3 — CO — CH^3 \end{array}.$$

2 molécules            Zinc-méthyle.            Chlorure            2 molécules
de chlorure d'acétyle.                                    de zinc.            de propanone.

$$\left.\begin{array}{l} CH^3 — COCl \\ CH^3 — COCl \end{array}\right\} + Zn<^{C^2H^5}_{C^2H^5} = ZnCl^2 + \begin{array}{l} CH^3 — CO — C^2H^5 \\ CH^3 — CO — C^2H^5 \end{array}.$$

2 molécul            Zinc-éthyle.            Chlorure            2 mol. de butanone
de chlorure d'acétyle.                            de zinc.            [méthyl-éthyl cétone (2)].

---

(1) Le résidu $OC^2H^5$ s'appelle *éthoxyle ;* de même le résidu $OCH^3$ s'appelle *méthoxyle*.

(2) Si l'on emploie un excès du composé zincique et qu'on prolonge le contact, le carbonyle $C = O$ de la cétone en fixera une molécule ; et le produit d'addition formé, traité par l'eau, se décomposera avec mise en liberté d'un alcool tertiaire (méthode BOUTLEROW, 1864) ; exemple :

$$CH^3 — C<^{O\,Zn\,CH^3}_{CH^3}\;—CH^3 + H^2O = CH^3 — C(OH)<^{CH^3}_{CH^3} + Zn\,O + CH^4.\uparrow$$

Triméthylcarbinol.            Méthane.

A ce procédé, fort intéressant au point de vue historique, on préfère le suivant, beaucoup plus avantageux dans la pratique.

*b.* Les iodures alcooliques (non les chlorures et bromures) réagissent à chaud sur le couple zinc-cuivre, en présence d'acétate d'éthyle (qui agit comme catalyseur), avec formation de composés organo-iodozinciques, tel $C^2H^5 — Zn — I$. Ces composés, traités à froid par les chlorures d'acides, engendrent régulièrement des cétones (BLAISE, 1911); exemple :

$$C^2H^5 — ZnI + ClCO — C^6H^5 \;=\; ZnICl + C^2H^5 — CO — C^6H^5.$$

Iodure         Chlorure         Éthyl-phényl-
de zinc-éthyle.    de benzoyle.        cétone (¹).

*c.* L'oxychlorure de carbone et les chlorures d'acides $R — COCl$ exercent une action remarquable sur les hydrocarbures aromatiques en présence du chlorure d'aluminium : il y a élimination d'hydracide (comme dans le cas des chlorures, bromures et iodures alcooliques et suivant le même mécanisme) (*voir* p. 193), et formation de cétones, par fixation du résidu — CO — R sur le noyau aromatique, réaction générale d'une très grande importance (FRIEDEL et CRAFTS); exemples :

$$CO\Big\langle{Cl \atop Cl} + {H — C^6H^5 \atop H — C^6H^5} \;=\; CO\Big\langle{C^6H^5 \atop C^6H^5} + 2\,HCl,$$

Oxychlorure   2 molécules      Diphénylcétone
de carbone.   de benzène.     (benzophénone).

$$CH^3 — COCl + H — C^6H^5 \;=\; CH^3 — CO — C^6H^5 + HCl,$$

Chlorure       Benzène.     Méthylphénylcétone
d'acétyle.             (acétophénone).

$$C^6H^5 — COCl + HC^6H^5 \;=\; C^6H^5 — CO — C^6H^5 + HCl.$$

Chlorure      Benzène.     Diphénylcétone
de benzoyle.          (benzophénone) (²).

---

(¹) La même réaction s'effectue, à la vérité, avec les dérivés organo-halogéno-magnésiens RMgX; mais ceux-ci, en général, attaquent au fur et à mesure la cétone formée, ce qui conduit, en fait, à un alcool tertiaire (*voir* p. 231).

Dans certains cas, les dérivés organo-iodozinciques eux-mêmes, pourtant beaucoup moins actifs, attaquent également la cétone d'abord produite.

(²) Dans la fixation de l'oxyde de carbone CO sur le noyau aromatique en présence du gaz chlorhydrique, de chlorure cuivreux, et de chlorure ou de bromure d'aluminium (p. 275), il est probable que le chlorure de formyle H — COCl (non encore isolé) prend d'abord naissance, et que ce composé réagit au fur et

Avec les homologues du benzène, la substitution du résidu acide — CO — R se fait de préférence en *para*, si la position est libre. Le toluène et le chlorure d'acétyle, par exemple, conduisent ainsi à la cétone $C^6H^4\diagdown\begin{array}{l}CH^3(1)\\CO - CH^3(4)\end{array}$.

4. Les composés organo-halogéno-magnésiens attaquent les nitriles, en donnant des produits d'addition qui, traités par les acides étendus, fournissent des cétones (BLAISE); exemples :

$$a \quad CH^3 — C \equiv N + MgIC^2H^5 = CH^3 — C\diagdown\begin{array}{l}NMgI\\C^2H^5\end{array};$$

Acétonitrile.

$$b. \quad CH^3 — C\diagdown\begin{array}{l}NMgI\\C^2H^5\end{array} + 2H^2O = CH^3 — CO — C^2H^5 + NH^3 + MgIOH.$$

Méthyléthylcétone.

5. Un excellent procédé, pour la préparation des cétones, consiste à décomposer catalytiquement les acides en les faisant passer sur la thorine ou la zircone chauffée vers 400° (SENDERENS, 1909), ou sur de l'oxyde manganeux chauffé à 450° (SABATIER et MAILHE, 1914). Avec un seul acide, on a les cétones symétriques, tandis qu'avec deux acides différents on a des cétones mixtes; exemples :

$$1° \quad 2\,CH^3 — COOH = CH^3 — CO — CH^3 + H^2O + CO^2\uparrow;$$

Acide acétique.     Propanone
(acétone ordinaire
ou diméthylcétone).

$$2° \quad CH^3 — COOH + C^2H^5 — COOH = CH^3 — CO — C^2H^5 + H^2O + CO^2\nearrow.$$

Acide     Acide     Butanone
acétique.     propionique.     (méthyléthylcétone) (¹).

---

à mesure comme un chlorure d'acide ordinaire. Seulement, ici, c'est le résidu de l'acide formique $—C\diagdown\begin{array}{l}H\\O\end{array}$ (groupement fonctionnel aldéhydique) qui se substitue à l'hydrogène éliminé du noyau sous forme de gaz chlorhydrique.

(¹) a. Le mécanisme de cette réaction catalytique doit être le suivant : l'oxyde minéral et l'acide mis en œuvre forment d'abord un sel (avec élimination de $H^2O$), lequel se décompose aussitôt en donnant la cétone (avec mise en liberté de $CO^2$) et régénérant l'oxyde, qui reproduit indéfiniment les mêmes effets.

Un autre procédé catalytique, beaucoup moins avantageux, consiste à faire passer les éthers éthyliques des acides sur de l'alumine chauffée vers 400° (SEN-

Dans le second cas, il y a, en même temps, formation des cétones symétriques ($CH^3 — CO — CH^3$ et $C^2H^5 — CO — C^2H^5$).

**6.** Nous avons vu (*voir* p. 175) que les carbures acétyléniques pouvaient fixer directement les éléments de l'eau en donnant des cétones. La même hydratation s'effectue plus commodément en employant comme agent intermédiaire l'acide sulfurique ; l'acide concentré dissout les carbures acétyléniques, et, si l'on verse dans l'eau la solution, on obtient des cétones. On peut réaliser également l'hydratation au moyen des sels mercuriques : ceux-ci forment, avec les carbures acétyléniques, des combinaisons qui, bouillies avec de l'eau, engendrent encore des cétones (KUTS-CHEROW) ; exemple :

$$C^6H^5 — C \equiv CH + H^2O = C^6H^5 — CO — CH^3.$$

Phénylacétylène.  Phénylméthylcétone<br>(acétophénone).

Il est curieux de remarquer que cette réaction, qui pourrait, semble-t-il, tout aussi bien donner les aldéhydes (par exemple $C^6H^5 — CH^2 — CHO$) que leurs isomères les cétones, fournit constamment les cétones (BÉHAL), l'oxygène de l'eau se fixant

---

DERENS) ; exemple :

$$2R — CO.OC^2H^5 = 2C^2H^4 + CO^2 + H^2O + R — CO — R.$$

Éther-sel éthylique.  Éthylène

*b.* Mentionnons enfin, à cause de son grand intérêt historique, la distillation sèche des sels de calcium ou de baryum des acides organiques, qui fournit également des cétones (CHANCEL, 1844) ; exemple :

$$\begin{matrix} CH^3 — CO — O \\ CH^3 — CO — O \end{matrix} \Big\rangle Ca = CO^3Ca + CH^3 — CO — CH^3.$$

Acétate de calcium.  Carbonate<br>de calcium.  Propanone<br>(acétone ordinaire).

Les cétones ainsi formées sont symétriques. Si l'on distille un mélange de sels de deux acides différents, on forme des cétones mixtes (WILLIAMSON) ; exemple :

$$\begin{matrix} CH^3 — CO — O \\ CH^3 — CO — O \end{matrix} \Big\rangle Ca + Ca \Big\langle \begin{matrix} O — CO — C^2H^5 \\ O — CO — C^2H^5 \end{matrix} = 2CO^3Ca + \begin{matrix} CH^3 — CO — C^2H^5 \\ CH^3 — CO — C^2H^5 \end{matrix}$$

Acétate de calcium.  Propionate de calcium.  Carbonate<br>de calcium.  2 mol. butanone<br>(méthyléthylcétone

On trouve, en réalité, dans le cas du mélange des sels de deux acides, trois cétones : les deux symétriques et la cétone mixte.

non pas sur le carbone terminal, mais sur le carbone voisin ([1]).

Isomériques avec les aldéhydes et dérivant, comme ces derniers, d'alcools par déshydrogénation, les cétones leur sont, sous beaucoup de rapports, comparables.

7. Ainsi, 2 molécules de cétone, sous l'action d'agents divers (HCl, SO⁴H², ZnCl², NaOH, etc.), peuvent s'unir, avec élimination d'eau, pour former des cétones à fonction éthylénique; exemple :

$$\begin{matrix} CH^3 \\ CH^3 \end{matrix}\!\!>\!\!CO + H^2\!-\!CH\!-\!CO\!-\!CH^3 = H^2O + \begin{matrix} CH^3 \\ CH^3 \end{matrix}\!\!>\!\!C\!=\!CH\!-\!CO\!-\!CH^3.$$

Propanone (2 molécules).        Méthyl-2-butène-2-one-4
                                              (oxyde de mésityle)

La combinaison peut de même se faire entre un aldéhyde et une cétone; c'est ainsi qu'en traitant un mélange de benzaldéhyde et d'acétone ordinaire par une solution étendue de soude caustique, on obtient successivement la benzylidène-acétone et la dibenzylidène-acétone (CLAISEN) :

$$C^6H^5\!-\!CHO + H^2CH\!-\!CO\!-\!CH^3$$

Benzaldéhyde.            Propanone.

$$= H^2O + C^6H^5\!-\!CH=CH\!-\!CO\!-\!CH^3,$$

Benzylidène-acétone.

$$C^6H^5\!-\!CHO + H^2CH\!-\!CO\!-\!CH=CH\!-\!C^6H^5$$

Benzaldéhyde.            Benzylidène-acétone.

$$= H^2O + C^6H^5\!-\!CH=CH\!-\!CO\!-\!CH=CH\!-\!C^6H^5,$$

Dibenzylidène-acétone.

8. Comme les aldéhydes, les cétones peuvent fixer les éléments de l'acide cyanhydrique; les produits ainsi formés sont des nitriles-alcools tertiaires, et l'on voit que leur chaîne est toujours nécessairement ramifiée; exemple :

$$CH^3\!-\!CO\!-\!CH^3 + HCN = CH^3\!-\!C(OH)\!-\!CH^3.$$

Propanone.          Acide                |
               cyanhydrique.             CN

                                Propanol-2-nitrile-2
                            (nitrile oxyisobutyrique).

---

([1]) Dans le cas de l'acétylène $HC \equiv CH$, l'hydratation fournit naturellement le seul composé possible : l'acétaldéhyde $CH^3\!-\!CHO$. Cette réaction est devenue industrielle : l'acétaldéhyde obtenue sert ensuite à produire l'acide acétique par oxydation.

9. Certaines cétones s'unissent, comme les aldéhydes, aux bisulfites alcalins, en donnant des composés d'addition cristallisés (STŒDLER). La propanone, les diverses cétones renfermant le groupement $- CO - CH^3$ [1] (si toutefois le groupe CO n'est pas fixé directement sur un noyau aromatique, comme dans l'acétophénone $C^6H^5 - CO - CH^3$), et quelques autres cétones, donnent cette réaction ; exemple :

$$CH^3 - CO - CH^2 - CH^3 + SO^3NaH \ = \ CH^3 - C(OH) - CH^2 - CH^3.$$

Butanone       Bisulfite<br>
(méthyléthylcétone).   de sodium.       $OSO^2Na$

Les alcalis ou les acides étendus régénèrent les cétones de ces combinaisons bisulfitiques.

10. L'ammoniaque réagit sur les cétones en donnant des composés, en général complexes, que nous nous bornons à mentionner.

L'hydroxylamine $NH^2 - OH$ et les composés renfermant le groupement $\rangle N - NH^2$ donnent, avec les cétones, identiquement les mêmes réactions qu'avec les aldéhydes exemples :

$$CH^3 - CO - CH^3 + NH^2 - OH \ = \ H^2O + CH^3 - C - CH^3,$$

Propanone.     Hydroxylamine.          $\overset{\|}{N}OH$

Acétoxime ordinaire.

$$C^6H^5 - CO - CH^3 + NH^2 - NH^2 \ = \ H^2O + C^6H^5 - C - CH^3,$$

Méthylphénylcétone.     Hydrazine.          $\overset{\|}{N} - NH^2$

Méthylphénylcétone-<br>hydrazone.

$$CH^3 - CO - CH^3 + NH^2 - NHC^6H^5 \ = \ H^2O + CH^3 - C - CH^3,$$

Propanone.     Phénylhydrazine.          $\overset{\|}{N} - NHC^6H^5$

Propanone-phényl-<br>hydrazone.

$$CH^3 - CO - C^6H^5 + NH^2 - NH - CONH^2$$

Méthylphénylcétone.     Semi-carbazide.

$$= \ H^2O + CH^3 - C - C^6H^5.$$

$\overset{\|}{N} - NH - CO - NH^2$

Méthylphénylcétone-semi-carbazone.

---

[1] On appelle ces cétones des *méthylcétones*.

Tous ces corps peuvent régénérer leurs composants par hydratation au moyen des acides étendus; exemple :

$$CH^3—C—CH^3 + H^2O + HCl = CH^3—CO—CH^3 + NH^2—OH.HCl.$$

$$NOH$$

Acétoxime ordinaire.     Propanone.     Chlorhydrate d'hydroxylamine.

Une réaction très curieuse, propre aux hydrazones simples, est la suivante : quand on les chauffe à 160° avec de l'éthylate de sodium, qui agit comme catalyseur, le groupe $>C=N—NH^2$ perd son azote, qui se dégage, et devient $>CH^2$ (Wolff); exemple :

$$C^6H^5—C—CH^3 = C^6H^5—CH^2—CH^3 + N^2.$$

$$N—NH^2$$

Méthylphénylcétone-hydrazone.     Éthylbenzène.

11. Comme les aldéhydes, les cétones réagissent sur une foule d'autres substances; rappelons leur action sur les composés organo-métalliques du zinc ou du magnésium, qui conduit à la synthèse d'alcools tertiaires (*voir* p. 231).

Comme avec les aldéhydes, on a observé avec les cétones, sous l'influence de la lumière solaire, diverses réactions fort curieuses, dont nous donnerons plus loin quelques exemples (CIAMICIAN et SILBER, PATERNO, *voir* p. 291, 292, 294).

Telles sont les principales réactions qui rapprochent les cétones des aldéhydes. Les faits suivants les en éloignent notablement.

12. Les cétones sont beaucoup plus stables que les aldéhydes : elles n'ont pas, en général, à la différence de ces dernières, tendance à se polymériser, et elles s'aldolisent plus difficilement (*voir* p. 270).

Les cétones n'ont pas les propriétés réductrices des aldéhydes : c'est ainsi qu'elles sont sans action sur la liqueur cupropotassique (*voir* p. 359); il faut employer, pour les oxyder, des agents beaucoup plus énergiques, tels que l'acide chromique ou les permanganates.

Enfin, à l'inverse des aldéhydes, les cétones ne recolorent pas la solution de fuchsine décolorée par l'acide sulfureux.

**13.** En définitive, il n'existe pas, à proprement parler, de réactions analytiques spéciales aux cétones. Toutefois nous devons mentionner la réaction suivante, qui permet de reconnaître, en général, une méthylcétone (cétone renfermant le groupement — CO — CH³).

Toute méthylcétone R — CO — CH³ donne un précipité jaunâtre d'iodoforme CHI³ (reconnaissable aussi à son odeur particulière), lorsqu'on la traite par l'iode en présence d'un alcali (formation d'hypoiodite alcalin), ou par l'iodure de potassium et un hypochlorite alcalin également en présence d'un alcali.

La réaction se passe en deux phases. Dans la première, 3 atomes d'iode se substituent aux 3 atomes d'hydrogène du groupe CH³; exemple :

$$CH^3 — CO — CH^3 + \quad 3 IONa \quad = \quad CH^3 — CO — CI^3 \ + 3 NaOH.$$
Propanone.     Hypoiodite de Na.     Triiode-1.1.1-propanone.

Dans la seconde phase, le produit triiodé obtenu se dédouble sous l'action de l'alcali, en présence duquel il n'est pas stable, en iodoforme et acide à 1 atome de carbone de moins que la cétone traitée; exemple :

$$CH^3 — CO — CI^3 + HONa \quad = \quad CHI^3 \ + CH^3 — COONa.$$
Triiodopropanone.     Iodoforme.     Acétate de sodium.

Le même traitement, appliqué à la butanone (méthyléthylcétone) CH³ — CH² — CO — CH³, donnerait également un précipité d'iodoforme, mais il y aurait ici formation d'acide propionique CH³ — CH² — CO²H; la méthylphénylcétone C⁶H⁵ — CO — CH³ fournirait de l'iodoforme et de l'acide benzoïque C⁶H⁵ — CO²H, etc.

Ajoutons que l'action des hypochlorites et des hypobromites sur les méthylcétones, en présence d'un excès d'alcali, donne de même du chloroforme CHCl³ et du bromoforme CHBr³, avec formation simultanée de l'acide à 1 atome de carbone de moins que la cétone mise en œuvre (¹).

Passons rapidement en revue les principales familles de cétones.

---

(¹) L'acétaldéhyde CH³ — C⟨O‖H fournit aussi du méthane trihalogéné CHX³; il y a en même temps production d'acide formique H — CO²H. L'alcool éthylique CH³ — CH²OH donne la même réaction; mais le premier effet de l'hypo-

# A. — MONOCÉTONES.

### I. — CÉTONES ACYCLIQUES (SANS CHAINE FERMÉE).

**1.** La plus simple est la propanone (acétone ordinaire ou diméthylcétone) $CH^3 — CO — CH^3$. Elle prend naissance en quantité notable, ainsi qu'une série de cétones homologues (en moindre proportion), dans la distillation sèche du bois à l'abri de l'air. Les sels de calcium des acides provenant de la fermentation des eaux de désuintage des laines, soumis à la distillation sèche, fournissent également la propanone et ses homologues (BUISINE).

La propanone est un liquide léger, très combustible, soluble dans l'eau, bouillant à 56°. L'action directe du chlore ou du brome fournit, par substitution, une série de cétones halogénées.

Parmi les réactions que l'on peut réaliser avec la propanone, mentionnons les suivantes, particulièrement remarquables :

*a.* Si l'on soumet sa solution aqueuse à l'action de la lumière solaire, elle se dédouble lentement, par hydratation, en méthane et acide acétique (CIAMICIAN et SILBER) :

$$CH^3 — CO — CH^3 + H^2O \;=\; CH^3 — CO^2H + CH^4 \;(^1).$$

*b.* L'alcool méthylique réagit sur la propanone, sous l'influence de la lumière solaire, en donnant plusieurs composés :

1° Un glycol diméthylé, par simple addition (grâce à l'ouverture de la double liaison entre le carbone et l'oxygène du carbonyle $\rangle C = O$) :

$$(CH^3)^2CO + H.CH^2OH \;=\; (CH^3)^2COH — CH^2OH ;$$

| Propanone. | Alcool méthylique. | Diméthylglycol. |
| --- | --- | --- |

---

iodite, de l'hypobromite ou de l'hypochlorite, a été de le transformer par oxydation en acétaldéhyde, ce qui nous ramène au cas précédent.

Enfin, pour être complet, nous dirons que les alcools secondaires renfermant le groupement $CH^3 — CHOH —$ donnent aussi, moins facilement toutefois, la réaction de l'iodoforme, du bromoforme ou du chloroforme, le premier effet du réactif étant de les convertir par oxydation en méthylcétones $CH^3 — CO — R$.

($^1$) La méthyléthylcétone $CH^3 — CO — CH^2 — CH^3$ est de même dédoublée en éthane $C^2H^6$ et acide acétique.

2° L'alcool isopropylique, 2 atomes d'hydrogène étant cédés à la propanone par l'alcool méthylique, qui est lui-même converti en aldéhyde $CH^2O$; celui-ci se condense, au fur et à mesure, avec l'alcool méthylique en excès, par simple addition, en donnant le glycol ordinaire. Voici l'équation globale de cette double réaction :

$$(CH^3)^2CO + 2CH^3OH = (CH^3)^2CHOH + CH^2OH - CH^2OH.$$

Propanone.    Alcool méthylique.    Alcool isopropylique.    Glycol ordinaire.

La même réaction photochimique, appliquée au mélange de propanone et d'alcool éthylique, conduit à des produits analogues : outre l'alcool isopropylique, se forment, un glycol triméthylé

$$(CH^3)^2COH - CHOH - CH^3$$

et un glycol diméthylé

$$CH^3 - CHOH - CHOH - CH^3.$$

Avec la propanone et l'alcool isopropylique, on obtient simplement, comme il était à prévoir, la pinacone :

$$(CH^3)^2CO + CHOH(CH^3)^2 = (CH^3)^2COH - COH(CH^3)^2$$

Propanone.    Alcool isopropylique.    Pinacone.

(Ciamician et Silber) [1].

2. La plupart des cétones acycliques sont des liquides légers, peu ou point solubles dans l'eau (sauf les premiers termes, qui sont solubles), à odeur éthérée souvent très forte, quelquefois agréablement aromatique.

Citons la pinacoline (*voir* la note de la p. 248) $(CH^3)^3C - CO - CH^3$, liquide à odeur poivrée, bouillant à 106°. L'amidure de sodium $NaNH^2$ y substitue 1 atome de métal à l'atome d'hydrogène du groupe $CH^3$ uni au carbonyle, avec dégagement de gaz ammoniac :

$$(CH^3)^3C - CO - CH^3 + NaNH^2 = NH^3 + (CH^3)^3C - CO - CH^2Na.$$

En traitant ensuite ce dérivé sodé par l'iodure de méthyle, on

---

[1] Des réactions semblables, et d'autres toutes différentes, ont été observées avec d'autres cétones.

donne naissance, avec élimination de NaI, à la cétone homologue
$(CH^3)^3C — CO — CH^2 — CH^3$.

Dans le groupe $CH^2$ de celle-ci, on peut, en répétant deux autres
fois le traitement par l'amidure de sodium et l'iodure de méthyle,
obtenir successivement les cétones $(CH^3)^3C — CO — CH(CH^3)^2$ et
$(CH^3)^3C — CO — C(CH^3)^3$. Cette dernière, liquide bouillant à 151°,
n'est autre que l'acétone ordinaire $CH^3 — CO — CH^3$ dont les six
atomes d'hydrogène sont remplacés par six groupes $CH^3$ : c'est,
en d'autres termes, l'hexaméthylacétone.

Dans la succession des réactions, on peut, à volonté, mettre en
œuvre tel ou tel iodure alcoolique. Toutes les cétones ayant des
atomes d'hydrogène sur les atomes de carbone voisins du carbonyle CO se prêtent d'ailleurs aux mêmes traitements. Il y a là un
procédé général d'alcoylation des cétones (HALLER et BAUER, 1909).

3. En faisant réagir le chlorure de β-chloropropionylé

$$CH^2Cl — CH^2 — COCl$$

sur l'iodure de zinc-éthyle $ZnIC^2H^5$, on obtient, suivant la réaction
générale déjà décrite (*voir* p. 284), la cétone β-chlorée

$$CH^2Cl — CH^2 — CO — C^2H^5 ;$$

celle-ci, sous l'action de la potasse alcoolique, fournit une cétone
éthylénique, l'éthylvinylcétone $CH^2 = CH — CO — C^2H^5$.

On a préparé par cette méthode toute une série de cétones
vinylées analogues (BLAISE et MAIRE).

4. Citons encore la méthylhepténone

$$CH^3 — \underset{\underset{\textstyle CH^3}{|}}{C} = CH — CH^2 — CH^2 — CO — CH^3,$$

cétone éthylénique qui bout à 173°, et qu'on rencontre dans certaines essences végétales, notamment dans celles de *lemon-grass*
et de *linaloë* (BARBIER et BOUVEAULT).

(*Voir* plus loin : *Cétones acétyléniques.*)


## II. — CÉTONES AROMATIQUES.

1. Le terme le plus simple est l'acétophénone ou méthylphénylcétone $C^6H^5 — CO — CH^3$, corps très facile à obtenir par la réaction de FRIEDEL et CRAFTS (*voir* p. 284). C'est un liquide à odeur

aromatique, qui bout à 202°; l'acétophénone ne se combine pas aux bisulfites alcalins ([1]). Par la méthode à l'amidure de sodium décrite ci-dessus (*voir* p. 292), on peut remplacer successivement les trois atomes du groupe $CH^3$ par un résidu alcoolique, et obtenir les mono-, di- et trialcoylacétophénones (HALLER et BAUER); la triméthylacétophénone $C^6H^5 — CO — C(CH^3)^3$ bout à 220°.

La benzylméthylcétone $C^6H^5 — CH^2 — CO — CH^3$, qu'on obtient en traitant le chlorure $C^6H^5 — CH^2 — COCl$ par le zinc-méthyle, bout à 215°; elle s'unit aux bisulfites alcalins.

2. La diphénylcétone ou benzophénone $C^6H^5 — CO — C^6H^5$ s'obtient aisément par plusieurs des méthodes générales décrites ci-dessus; elle bout à 307°. Signalons la curieuse réaction suivante, analogue à celle que nous avons observée avec la propanone (*voir* p. 292) : sous l'influence de la lumière solaire, l'alcool hydrogène la benzophénone, qu'il transforme en pinacone correspondante, tandis qu'il passe lui-même à l'état d'acétaldéhyde (CIAMICIAN et SILBER) :

$$2CO(C^6H^5)^2 + C^2H^6O = (C^6H^5)^2COH — COH(C^6H^5)^2 + C^2H^4O.$$
Benzophénone    Éthanol.          Benzopinacone.        Acétaldéhyde.

Mentionnons encore l'hydrogénation de la benzophénone sous l'influence de la lumière solaire par le toluène, l'éthylbenzène, le cymène, etc., qui a été observée par PATERNO : il y a formation de l'alcool bitertiaire correspondant aux dépens de deux atomes d'hydrogène pris à deux molécules d'hydrocarbure, dont les résidus se soudent; exemple :

$$2C^6H^5 — CO — C^6H^5 + 2C^6H^5 — CH^2 — CH^3$$

$$= \begin{matrix} C^6H^5 — COH — C^6H^5 \\ | \\ C^6H^5 — COH — C^6H^5 \end{matrix} + \begin{matrix} C^6H^5 — CH — CH^3 \\ | \\ C^6H^5 — CH — CH^3 \end{matrix}.$$

3. La benzylidène-acétone $C^6H^5 — CH = CH — CO — CH^3$ fond à 41° et bout à 262°. En présence de noir de platine, et en solution dans l'éther, elle peut fixer, à froid, jusqu'à 10 atomes d'hydrogène. On obtient ainsi, successivement, la phénylbu-

---

([1]) Le chlorure de cyclohexylmagnésium $C^6H^{11}MgCl$, condensé avec l'acétaldéhyde $CH^3 — CHO$, conduit à l'alcool secondaire $C^6H^{11} — CHOH — CH^3$, lequel, par oxydation, donne l'hexahydroacétophénone $C^6H^{11} — CO — CH^3$. Celle-ci, qui constitue un liquide bouillant à 68° sous $12^{mm}$, est analogue, par ses propriétés, aux cétones saturées acycliques $C^nH^{2n+1} — CO — C^nH^{2n+1}$.

tanone $C^6H^5 — CH^2 — CH^2 — CO — CH^3$ (fixation de $H^2$), le phényl-butanol (fixation de $2H^2$), $C^6H^5 — CH^2 — CH^2 — CHOH — CH^3$ et le cyclohexylbutanol $C^6H^{11} — CH^2 — CH^2 — CHOH — CH^3$, par hydrogénation d'abord de la liaison éthylénique, puis de la fonction cétone, et, finalement, du noyau benzénique (VAVON).

4. L'action simultanée de l'iode, de l'oxyde de mercure et de l'eau (*voir* p. 275), sur les carbures aromatiques à chaîne latérale pseudo-allylique $R — C \underset{CH^3}{\overset{CH^2}{<}}$, a pour résultat de fixer 1 atome d'oxygène sur la molécule; il y a ainsi, avec redressement de la chaîne, production d'une cétone $R — CH^2 — CO — CH^3$ (BÉHAL et TIFFENEAU). Voici le mécanisme de la réaction : il y a d'abord formation de l'iodhydrine $R — COH \underset{CH^3}{\overset{CH^2I}{<}}$, celle-ci perd ensuite HI, et, grâce à la migration phénylique de TIFFENEAU (*voir* p. 275), R vient sur le carbone qui portait l'iode, et la chaîne se trouve ainsi redressée.

(*Voir* p. 297 : *Cétones acétyléniques.*)

### III. — CÉTONES DONT LE GROUPEMENT FONCTIONNEL FAIT PARTIE INTÉGRANTE D'UNE CHAINE FERMÉE CÉTONES INTRANUCLÉAIRES).

Dans ce groupement rentrent les *cyclanones*, cétones saturées qu'on obtient normalement dans la distillation sèche des sels de calcium des acides bibasiques (DALE et SCHORLEMMER); exemple :

$$\left. \begin{array}{l} CH^2 — CH^2 — COO \\ | \\ CH^2 — CH^2 — COO \end{array} \right\rangle Ca \ = \ CO^3Ca \ + \ \left. \begin{array}{l} CH^2 — CH^2 \\ | \\ CH^2 — CH^2 \end{array} \right\rangle CO$$

Adipate de calcium.    Carbonate de calcium.    Cyclopentanone ou adipone.

ou, plus aisément, dans l'action catalytique de l'oxyde manganeux à 350° sur les mêmes acides (SABATIER et MAILHE, 1914); exemple :

$$\left. \begin{array}{l} CH(CH^3) — CH^2 — COOH \\ | \\ CH^2 ———— CH^2 — COOH \end{array} \right| \ = \ CO^2 \ + \ H^2O \ + \ \left. \begin{array}{l} CH(CH^3) — CH^2 \\ | \\ CH^2 ———— CH^2 \end{array} \right\rangle CO.$$

Acide β-méthyladipique.      β-méthylcyclopentanone.

Les cyclanones correspondent aux cyclanols (*voir* p. 226), alcools secondaires qu'elles donnent par hydrogénation, et d'où elles peuvent être dérivées par déshydrogénation. On en connaît dont la chaîne fermée a 8 atomes de carbone et plus. Elles ont généralement une odeur de menthe. La cyclopentanone $(CH^2)^4CO$ bout à 130°, la cyclohexanone $(CH^2)^5CO$ à 155°, la cycloheptanone ou subérone $(CH^2)^6CO$ à 181°; la menthone $C^{10}H^{18}O$, qui existe dans l'essence de menthe à côté du menthol $C^{10}H^{19}OH$, et qui est une méthylisopropylcyclohexanone, bout à 208°.

L'eau, agissant sous l'influence de la lumière solaire, est susceptible d'hydrolyser les cyclanones, par ouverture de la chaîne fermée, en donnant des acides gras, réaction qui rappelle l'hydrolyse de la propanone en acide acétique et méthane (*voir* p. 291). La cyclohexanone, par exemple, conduit ainsi à l'acide caproïque (Ciamician et Silber) :

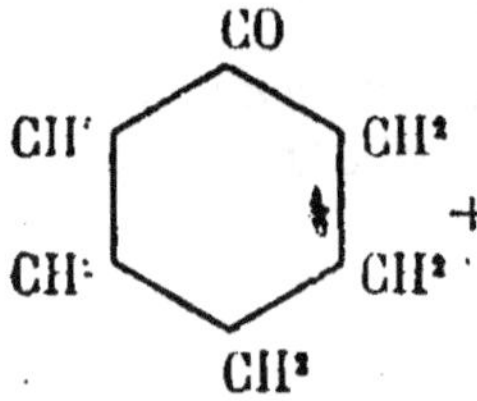

$$CO\langle (CH^2)_5\rangle + H^2O = CH^3{-}CH^2{-}CH^2{-}CH^2{-}CH^2{-}COOH.$$

Cyclohexanone.          Acide caproïque.

Des doubles liaisons peuvent exister dans la chaîne fermée qui contient le carbonyle : les corps ayant cette structure sont des *cyclénones*, dont quelques-unes, comme la méthylcyclohexénone $C^7H^{10}O$, prennent naissance dans la distillation sèche du bois.

Enfin, dans quelques cétones, deux chaînes fermées, dont l'une contient le groupement CO, sont intimement fondues par trois sommets communs. Parmi ces cétones se trouve le camphre

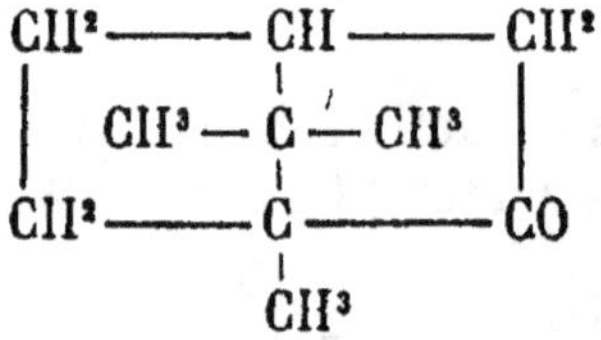

$$
\begin{array}{ccccc}
CH^2 & ---- & CH & ---- & CH^2 \\
| & & | & & | \\
 & CH^3{-}C{-}CH^3 & & & \\
| & & | & & | \\
CH^2 & ---- & C & ---- & CO \\
 & & | & & \\
 & & CH^3 & &
\end{array}
$$

Camphre (formule de Bredt).

des laurinées $C^{10}H^{16}O$, dont l'alcool secondaire correspondant est le bornéol $C^{10}H^{17}OH$, et qu'on peut reproduire en oxydant le camphène $C^{10}H^{16}$ (Berthelot, Riban, *voir* p. 212).

## IV. — CÉTONES ACÉTYLÉNIQUES.

1. Les chlorures d'acides $R — COCl$ agissent sur les carbures acétyléniques sodés $R' — C \equiv CNa$, en donnant des dérivés sodés complexes $R' — C \equiv C — C(ONa)Cl — R$, par ouverture de la double liaison du groupe $C = O$; ces substances, très instables, se décomposent immédiatement au contact de l'eau, avec mise en liberté de chlorure de sodium et formation d'une cétone acétylénique où les fonctions cétone et acétylénique sont côte à côte; c'est ainsi que l'œnanthylidène sodé $C^5H^{11} — C \equiv CNa$ et le chlorure d'acétyle $CH^3 — CO — Cl$, par exemple, fournissent l'acétylœnanthylidène $C^5H^{11} — C \equiv C — CO — CH^3$ (Nef; Moureu et Delange).

Les alcalis étendus attaquent à chaud ces cétones acétyléniques en les dédoublant par hydratation; l'acétylphénylacétylène se dédouble nettement en phénylacétylène et acide acétique (Moureu et Delange):

$$C^6H^5 — C \equiv C — CO — CH^3 + KOH \;=\; C^6H^5 — C \equiv CH + CO^2K — CH^3.$$

En général, la réaction est moins simple (*voir* la note de la page 304).

2. Lorsqu'on traite une cétone acétylénique de la forme $R — C \equiv C — CO — R'$ par la solution d'un alcool sodé ou d'un phénol sodé dans le même alcool ou le même phénol, il y a fixation d'une molécule alcoolique ou phénolique sur la triple liaison, avec formation de cétones éthyléniques β-oxyalcoylées ou β-oxyphénolées (Moureu et Brachin); exemple :

$$C^6H^5 — C \equiv C — CO — C^3H^7 + C^2H^5OH$$

Butyrylphénylacétylène,

$$=\; C^6H^5 — C(OC^2H^5) = CH — CO — C^3H^7 \;(^1).$$

## V. — CÉTONES-ALCOOLS.

1. Les cétones-alcools peuvent s'obtenir par l'action de l'eau et du carbonate de calcium sur les cétones halogénées, ou par

---

($^1$) Si l'on considère, dans cette molécule, le fragment $— C(OC^2H^5) = CH —$, on voit que le corps est une sorte d'éther-oxyde d'un alcool éthylénique $— C(OH) = CH —$ : d'un *énol*. Ces éthers-oxydes spéciaux sont des *éthers énoliques*. Ils sont rapidement hydrolysés par les acides étendus, avec formation de cétones résultant de l'isomérisation des énols instables qui prennent tout d'abord naissance :

$$— C(OC^2H^5) = CH — + H^2O \;=\; C^2H^5OH + — C(OH) = CH — \rightarrow — CO — CH^2 —.$$

oxydation ménagée des glycols possédant au moins une fonction alcool secondaire ; exemples :

$$CH^3 — CO — CH^2Cl \;\rightarrow\; CH^3 — CO — CH^2OH,$$
$$CH^3 — CHOH — CH^2 — CH^2OH \;\rightarrow\; CH^3 — CO — CH^2 — CH^2OH.$$

Plusieurs matières *sucrées* renferment le résidu $— CO — CH^2OH$ ; nous en parlerons plus tard tout spécialement (*voir* p. 362 et suivantes).

2. Le sodium attaque les éthers-sels, en présence d'éther anhydre ou de benzène sec, en donnant des produits que l'eau décompose avec formation de cétones-alcools de formule générale $R — CO — CHOH — R$, connues sous le nom d'*acyloïnes*. Voici le mécanisme : il se forme d'abord, avec élimination d'alcool sodé, le dérivé disodé d'un glycol non saturé ; l'action de l'eau détruit ensuite ce dérivé disodé, avec formation du glycol non saturé correspondant, qui s'isomérise immédiatement en cétone (Bouveault et Locquin) ; exemples :

*a.*
$$2\,CH^3—C{<}{^{OC^2H^5}_{O}} + 4\,Na \;=\; CH^3—\underset{ONa}{C}{=\!=}\underset{ONa}{C}—CH^3 + 2\,C^2H^5ONa;$$

*b.*
$$CH^3—\underset{OH}{C}{=\!=}\underset{OH}{C}—CH^3 \;\rightarrow\; CH^3 — CO — CHOH — CH^3.$$

Les acyloïnes doivent, à la présence côte à côte des deux fonctions alcool et cétone, certaines particularités. Par exemple, elles réduisent la liqueur cupropotassique. C'est ainsi également qu'elles fournissent avec la phénylhydrazine des osazones (*voir* p. 281) ; le mécanisme est analogue à celui qui sera décrit ultérieurement (*voir* p. 364) : la fonction alcool perd d'abord $H^2$ sous l'action du réactif.

## VI. — CÉTONES-ALDÉHYDES.

Le plus simple de ces corps est la propanalone $CH^3 — CO — CHO$, liquide très soluble dans l'eau, connu sous le nom de *méthyl-glyoxal* ou *aldéhyde pyruvique*. Il prend naissance, en même temps qu'une molécule de propanone et d'eau oxygénée, dans l'oxydation de l'*oxyde de mésityle* par l'ozone (Harries) :

$$(CH^3)^2C = CH — CO — CH^3 + O^3 + H^2O$$
$$= (CH^3)^2CO + CHO — CO — CH^3 + H^2O^2.$$

Mentionnons aussi la pentaual-1-one-4 ou *aldéhyde lévulique*,
$CH^3—CO—CH^2—CH^2—CHO$, liquide bouillant à 108°, très soluble
dans l'eau et les solvants organiques, qu'on peut, d'une manière
analogue, préparer en oxydant la méthylhepténone

$$(CH^3)^2C = CH — CH^2 — CH^2 — CO — CH^3$$

par l'ozone (HARRIES) (¹).

Signalons encore la propanedialone ou *aldéhyde mésoxalique*
$CHO—CO—CHO$, qui se forme, pareillement, quand on oxyde par
l'ozone la *phorone* $(CH^3)^2C=CH—CO—CH=C(CH^3)^2$, avec production simultanée de 2 molécules de propanone (HARRIES).

Nous passerons sur les *cétones-phénols*, qui ne présentent pas
pour nous d'intérêt particulier.

## B. — DICÉTONES (DIONES).

A chaque dicétone correspondent normalement un dialcool
bisecondaire et une cétone-alcool secondaire qui peuvent en
être dérivés par hydrogénation, et qui reproduisent la dicétone
par oxydation. En principe, les deux groupements fonctionnels CO

---

(¹) Le caoutchouc et la gutta-percha sont essentiellement constitués par un
carbure polymérisé $(C^5H^8)^x$, $x$ paraissant devoir être un nombre assez élevé
(*voir* p. 212). Soumis, en solution chloroformique, à l'action de l'ozone ils
fournissent l'un et l'autre un diozonide, qui répond à la formule moléculaire
$C^{10}H^{16}.2O^3$, l'ozone exerçant ainsi, avant de se fixer, une action dépolyméri-
sante ; ces deux diozonides sont vraisemblablement stéréo-isomériques. Traités
par l'eau bouillante, ils se détruisent en donnant *exclusivement* de l'aldéhyde
lévulique et de l'acide lévulique. Il en résulterait, d'après HARRIES, que le
caoutchouc et la gutta-percha seraient des polymères d'un *diméthylcyclooctadiène*, et qu'ils pourraient s'écrire $(C^{10}H^{16})y$, formule équivalente à $[(C^5H^8)^2]y$:

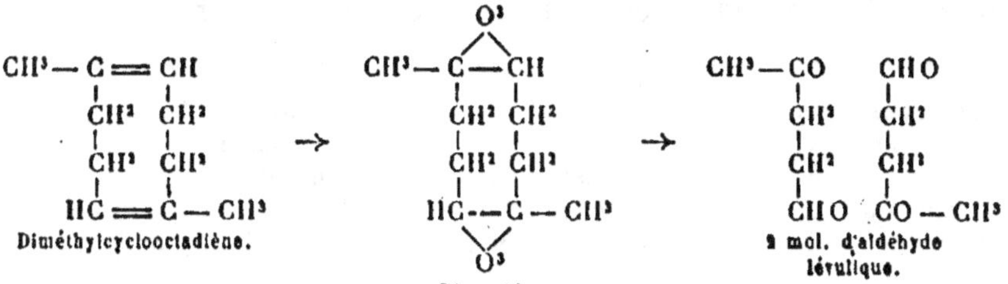

$$
\begin{array}{ccc}
CH^3—C = CH & CH^3—\overset{\overset{\textstyle O^3}{\diagup\diagdown}}{C}—CH & CH^3—CO \quad CHO \\
| \quad\quad | & | \quad\quad | & | \quad\quad | \\
CH^2 \quad CH^2 & CH^2 \quad CH^2 & CH^2 \quad CH^2 \\
| \quad\quad | & | \quad\quad | & | \quad\quad | \\
CH^2 \quad CH^2 & CH^2 \quad CH^2 & CH^2 \quad CH^2 \\
| \quad\quad | & | \quad\quad | & | \quad\quad | \\
HC = C — CH^3 & HC—\underset{\underset{\textstyle O^3}{\diagdown\diagup}}{C}—CH^3 & CHO \quad CO—CH^3
\end{array}
$$

Diméthylcyclooctadiène. $\qquad$ Diozonide. $\qquad$ 2 mol. d'aldéhyde lévulique.

peuvent occuper des positions quelconques l'un par rapport à l'autre dans la molécule.

Une méthode générale de synthèse des dicétones consiste à faire réagir les corps à deux fonctions chlorure d'acide (— COCl) sur les dérivés organoiodozinciques (BLAISE et KŒHLER); exemple :

$$CH^3ZnI + ClCO — (CH^2)^4 — COCl + ZnICH^3$$
$$= 2ZnICl + CH^3 — CO — (CH^2)^4 — CO — CH^3.$$
$$\text{Octane-dione-2.7.}$$

### I. — DICÉTONES-α.

On désigne ainsi les dicétones dont les deux fonctions sont côte à côte. La plus simple est la butane-dione, connue sous le nom de *biacétyle* $CH^3 — CO — CO — CH^3$; c'est une huile jaune, à odeur piquante, qui bout à 88°.

On peut les obtenir en partant des monocétones qui possèdent un groupement $CH^2$ à côté du groupe CO. L'action de l'acide azoteux sur ces monocétones crée une fonction cétoxime à côté de la fonction cétone; les cétones-oximes ou isonitrosocétones ainsi obtenues, chauffées avec les acides étendus, engendrent des dicétones-α, en mettant de l'hydroxylamine en liberté (PECHMANN); exemples :

$$a. \quad CH^3—CO—CH^2—CH^3+NO—OH = H^2O+CH^3—CO—\underset{\underset{\displaystyle NOH}{\|}}{C}—CH^3;$$

Butanone.        Acide azoteux.        Butanone-2-oxime-3.

$$b. \quad CH^3 — CO — \underset{\underset{\displaystyle NOH}{\|}}{C}—CH^3 + H^2O + HCl$$

$$= CH^3 — CO — CO — CH^3 + NH^2OH . HCl \; (^1).$$

Butane-dione.        Chlorhydrate d'hydroxylamine.

Les dicétones-α sont en général des huiles jaunes, volatiles, entraînables par la vapeur d'eau, à odeur piquante, se combinant

---

(1) Dans le cas de la propanone $CH^3 — CO — CH^3$, l'action de l'acide azoteux engendre l'acétone-oxime $CH^3 — CO — CH = NOH$, qui, chauffée avec les acides étendus, fournit la propanalone ou aldéhyde pyruvique $CH^3 — CO — CHO$. On obtient ainsi des aldéhydes-cétones-1.2 toutes les fois que, dans les méthyl-cétones $CH^3 — CO — R$, il n'existe pas de groupe $CH^2$ à côté du groupe CO.

au bisulfite de sodium. Elles donnent deux fois les réactions des
cétones : elles produisent, notamment, des monoximes et des
dioximes avec l'hydroxylamine, des phénylhydrazones et des
diphénylhydrazones (qui sont ici des osazones, puisque les deux
fonctions sont voisines) avec la phénylhydrazine.

## II. — DICÉTONES-β.

Ce sont les dicétones où les deux groupements fonctionnels
sont séparés par un atome de carbone. Le premier type de ces
corps, la pentane-dione-2.4 ou acétylacétone

$$CH^3 - CO - CH^2 - CO - CH^3,$$

fut découvert par ALPH. COMBES en 1885; c'est un liquide incolore
soluble dans l'eau, bouillant à 136°.

1. *a.* Si on laisse en contact, pendant quelque temps, une
cétone acétylénique $R - C \equiv C - CO - R'$ avec un excès d'acide
sulfurique concentré, et qu'on verse ensuite dans l'eau la liqueur
obtenue, il se produit une dicétone-β $R - CO - CH^2 - CO - R'$,
résultant de la fixation d'une molécule d'eau sur la triple liaison
(NEF; MOUREU et DELANGE); exemple :

$$CH^3 - (CH^2)^4 - C \equiv C - CO - CH^3 + H^2O$$
$$\text{Acétylœnanthylidène.}$$
$$= CH^3 - (CH^2)^4 - CO - CH^2 - CO - CH^3.$$
$$\text{Caproylacétone (}^1\text{).}$$

*b.* Les cétones éthyléniques β-oxyalcoylées ou β-oxyphénolées
(*voir* p. 297) s'hydrolysent par les acides étendus, avec formation
de β-dicétones et mise en liberté d'une molécule d'alcool ou de
phénol (MOUREU et BRACHIN); exemple :

$$C^6H^5 - C(OC^6H^5) = CH - CO - C^3H^7 + H^2O$$
$$= C^6H^5OH + C^6H^5 - C(OH) = CH - CO - C^3H^7$$
$$\rightarrow C^6H^5 - CO - CH^2 - CO - C^3H^7.$$

2. On prépare, en général, les dicétones-β en faisant réagir le

---

(¹) $CH^3 - (CH^2)^4 - CO -$ est le résidu monovalent de l'acide caproïque
$CH^3 - (CH^2)^4 - COOH$; $- CH^2 - CO - CH^3$ est le résidu monovalent de l'acétone ordinaire ou propanone $CH^3 - CO - CH^3$.

sodium ou l'éthylate de sodium sur le mélange d'une cétone et
d'un éther-sel; dans cette réaction, dont le mécanisme véritable
n'est pas complètement élucidé, l'agent auxiliaire a pour effet
d'éliminer une molécule d'alcool entre les deux corps en présence
(CLAISEN); exemple :

$$CH^3 — COOC^2H^5 \quad + \quad HCH^2 — CO — CH^3$$

Acétate d'éthyle.          Propanone (acétone ordinaire).

$$= \quad C^2H^5OH \quad + \quad CH^3 — CO — CH^2 — CO — CH^3.$$

Alcool éthylique.          Acétylacétone
                           (pentane-dione-2.4).

De même, le benzoate d'éthyle $C^6H^5 — COOC^2H^5$, avec l'acétophénone $CH^3 — CO — C^6H^5$, conduirait à la dicétone-β connue sous le nom de *benzoylacétophénone* $C^6H^5 — CO — CH^2 — CO — C^6H^5$ ([1]).

3. Dans les dicétones-β, la position du groupe $CH^2$ entre deux carbonyles CO, qui sont électronégatifs, rend acide l'un des hydrogènes de ce groupe, en ce sens qu'elle lui communique la propriété d'être remplaçable par des métaux, comme dans le nitro-éthane $CH^3 - -CH^2 — NO^2$ (*voir* p. 188); il se forme ainsi des sortes de sels, d'où les acides peuvent déplacer ensuite les dicétones-β en s emparant du métal. Ainsi, le sodium, agissant sur l'acétylacétone $CH^3—CO—CH^2—CO—CH^3$, en chasse un atome d'hydrogène, en donnant l'acétylacétonate $CH^3—CO—CH Na—CO—CH^3$; l'action des alcalis suffit même à produire le sel, et, comme les dérivés alcalins ainsi formés sont solubles, il en résulte que toutes les dicétones-β, même celles qui sont insolubles dans l'eau, se dissolvent dans les solutions de potasse ou de soude, à la façon de véritables acides. Les composés cupriques se forment, en général, par la seule addition d'acétate de cuivre en solution aqueuse à la dicétone-β; tel est le cas de l'acétylacétonate de

---

([1]) Si l'éther-sel employé est un éther formique, on obtient, non pas une dicétone-β, mais un aldéhyde β-cétonique; exemple :

$$H — CO|O C^2H^5 + H|CH^2 — CO — CH^3 \quad = \quad C^2H^5OH + OH C — CH^2 — CO — CH^3.$$

Formiate d'éthyle.          Propanone.          Alcool          Butanal-1-one-3.
                                               éthylique.

Les aldéhydes β-cétoniques ont des propriétés analogues à celles des dicétones-β. Une étude approfondie a conduit à leur attribuer plutôt la formul *énolique* $R — CO — CH = CH(OH)$, qui montre côte à côte une fonction alcool et une fonction éthylénique.

cuivre

$$CH^3 - CO - CH - CO - CH^3$$
$$|$$
$$Cu$$
$$|$$
$$CH^3 - CO - CH - CO - CH^3;$$

leur couleur varie du vert clair au bleu, ils sont insolubles dans l'eau, solubles dans l'alcool absolu, et, chose curieuse, solubles le plus souvent dans le benzène, l'éther et le chloroforme. Les composés ferriques sont rouges, et ils se forment instantanément; on déduit de cette circonstance une réaction caractéristique des dicétones-β : une goutte de solution de chlorure ferrique, ajoutée à une solution aqueuse (ou mieux alcoolique) d'une dicétone-β quelconque, produit immédiatement une belle coloration rouge; il importe que les liqueurs soient neutres, le composé ferrique, comme les diverses autres combinaisons métalliques, étant immédiatement décomposé par les acides libres.

En pratique, les dérivés sodés se préparent très commodément en faisant réagir sur les dicétones-β l'alcool sodé ordinaire $C^2H^5ONa$ (lequel substitue Na à l'hydrogène du groupe $CH^2$ dans les dicétones-β $R - CO - CH^2 - CO - R'$, en passant lui-même à l'état d'alcool $C^2H^5OH$). Ils se prêtent à diverses réactions d'une grande importance au point de vue de la synthèse organique. Ils réagissent, notamment, sur des iodures alcooliques, en donnant des dicétones-β substituées; exemple :

$$CH^3 - CO - CHNa - CO - CH^3 \quad + \quad IC^2H^5$$

Acétylacétonate de sodium.      Iodure d'éthyle.

$$= \quad NaI + CH^3 - CO - CH - CO - CH^3.$$
$$|$$
$$C^2H^5$$

Ces nouvelles dicétones-β, traitées à leur tour par l'alcoolate de sodium, donnent encore des dérivés sodés, tel le dérivé

$$CH^3 - CO - CNa - CO - CH^3,$$
$$|$$
$$C^2H^5$$

lesquels, en réagissant sur les iodures alcooliques, forment de nouvelles dicétones-β, comme

$$CH^3 - CO - \overset{\displaystyle C^2H^5}{\underset{\displaystyle C^2H^5}{C}} - CO - CH^3 \quad et \quad CH^3 - CO - \overset{\displaystyle CH^3}{\underset{\displaystyle CH^2 - CH = CH^2}{C}} - CO - CH^3.$$

4. Toutes les dicétones-β, substituées ou non substituées, se dédoublent sous l'influence des alcalis aqueux : la molécule se scinde à côté d'un carbonyle, et l'on obtient un acide et une cétone; exemples :

$$CH^3 - CO - CH^2 \diagup CO - CH^3 + KOH = CH^3 - CO - CH^3 + CO^2K - CH^3$$

Acétylacétone.        Propanone.        Acétate de K.

$$CH^3 - CO - \overset{\displaystyle CH^3}{\underset{\displaystyle CH^2 - CH = CH^2}{C}} \diagup CO - CH^2 - CH^3 + KOH$$

$$= CH^3 - CO - CH \Big\langle {}^{CH^3}_{CH^2 - CH = CH^2} + CO^2K - CH^2 - CH^3.$$

Propionate de K.

Ce dédoublement des dicétones-β présente un grand intérêt théorique et pratique : il est utilisé pour la préparation d'une foule d'acides et de cétones très variés, difficiles à obtenir par d'autres procédés (¹).

5. Signalons enfin deux réactions également caractéristiques des dicétones-β. Traitées par l'hydroxylamine ou les hydrazines, elles donnent des monoximes ou des monohydrazones très instables; celles-ci, en effet, perdent spontanément une molécule

---

(¹) Il est à peine besoin de faire observer que le dédoublement s'effectue toujours dans les deux sens possibles quand les deux résidus fixés aux deux groupes CO sont différents. Ainsi, dans le second exemple qui a été choisi, à côté de la cétone $CH^3 - CO - CH\big\langle {}^{CH^3}_{CH^2 - CH = CH^2}$ et de l'acide propionique $CO^2H - CH^2 - CH^3$, on obtient aussi la cétone $CH^3 - CH\big\langle {}^{CO - CH^2 - CH^3}_{CH^2 - CH = CH^3}$ et l'acide acétique $CH^3 - CO^2H$.

Le benzoylphénylacétylène $C^6H^5 - C \equiv C - CO - C^6H^5$, cétone acétylénique (*voir* p. 297), se dédouble, sous l'action à chaud des alcalis étendus, en acide benzoïque $C^6H^5 - CO^2H$ et acétophénone $CH^3 - CO - C^6H^5$. Le fait se conçoit en admettant qu'il y a d'abord, par fixation d'eau sur la triple liaison, formation transitoire de la dicétone-β $C^6H^5 - CO - CH^2 - CO - C^6H^5$ celle-ci se dédouble ensuite, à la manière générale, en donnant un acide (l'acide benzoïque) et une cétone (l'acétophénone).

Certaines cétones acétyléniques $R - C \equiv C - CO - R'$, où R et R' sont différents, subissent un dédoublement moins simple; elles donnent deux acides et deux cétones. On interprète le fait en admettant la formation momentanée de la dicétone-β non symétrique $R - CO - CH^2 - CO - R'$; celle-ci se dédouble ensuite, dans les deux sens possibles, en acide et cétone (MOUREU et DELANGE).

On pourrait faire des remarques semblables à propos de certains aldéhydes acétyléniques $R - C \equiv C - CHO$ (*voir* p. 278).

d'eau, et leur chaîne se ferme, avec formation d'un composé
hétérocyclique. L'hydroxylamine conduit ainsi à des isoxazols
(CLAISEN), et les hydrazines à des pyrazols (KNORR); exemples :

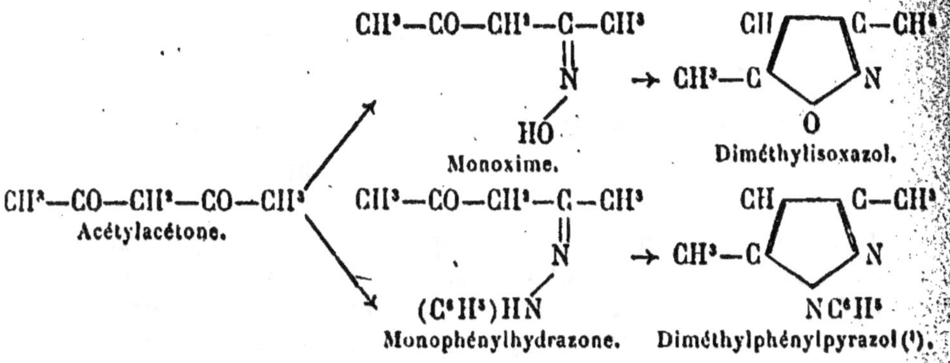

$$CH^3—CO—CH^2—C—CH^3$$
$$\|$$
$$N$$
$$HO$$

Monoxime.

Diméthylisoxazol.

$$CH^3—CO—CH^2—CO—CH^3$$

Acétylacétone.

$$CH^3—CO—CH^2—C—CH^3$$
$$\|$$
$$N$$
$$(C^6H^5)HN$$

Monophénylhydrazone.

Diméthylphénylpyrazol (¹).

Les dicétones-β peuvent réagir également, dans des conditions
déterminées, sur les aldéhydes, les cétones, les chlorures
d'acides, etc. On voit tout l'intérêt qui s'attache à leur étude.

### III. — DICÉTONES-γ.

Dans ces dicétones, les deux fonctions sont séparées par
2 atomes de carbone. L'acétonylacétone .

$$CH^3 — CO — CH^2 — CH^2 — CO — CH^3$$

---

(¹) Les cétones acétyléniques, sous l'action de l'hydroxylamine ou des
hydrazines, conduisent aux mêmes corps, par simple isomérisation des oximes
et des hydrazones qui se forment tout d'abord (MOUREU et BRACHIN); exemple :

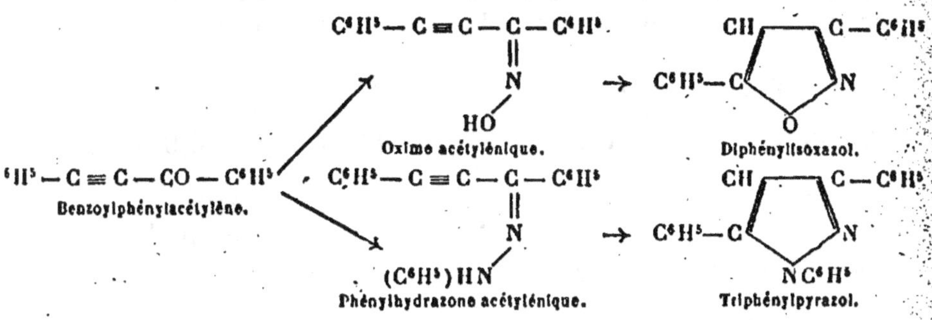

$$C^6H^5 — C \equiv C — C — C^6H^5$$
$$\|$$
$$N$$
$$HO$$

Oxime acétylénique.

Diphénylisoxazol.

$$C^6H^5 — C \equiv C — CO — C^6H^5$$

Benzoylphénylacétylène.

$$C^6H^5 — C \equiv C — C — C^6H^5$$
$$\|$$
$$N$$
$$(C^6H^5)HN$$

Phénylhydrazone acétylénique.

Triphénylpyrazol.

Les aldéhydes acétyléniques $R — C \equiv C — CHO$ donnent des réactions analogues.

M.                                                                                        20

en est le représentant le plus simple; c'est un liquide incolore et soluble dans l'eau, qui bout à 188°. Un exemple de dicétone-γ cyclique intranucléaire est le *dicamphre* (G. ODDO) :

$$CH_2 \text{---} CH \text{---} CH \text{---} CH \text{---} CH \text{---} CH_2$$

Les deux fonctions cétone se comportent à peu près comme si elles étaient seules (formation de monoximes et de dioximes, d'hydrazones et de dihydrazones, etc.). Le caractère acide des dicétones-β ne se rencontre plus dans les dicétones-γ, qui ne donnent point de dérivés métalliques.

Les dicétones-γ ont une tendance marquée à former des composés hétérocycliques pentagonaux sous l'action de divers réactifs. C'est ainsi que, quand on chauffe l'acétonylacétone avec de l'anhydride phosphorique $P_2O_5$, on obtient, par soustraction des éléments de l'eau, du diméthylfurfurane (KNORR) :

Acétonylacétone.

Diméthylfurfurane

Le même corps, chauffé avec une solution alcoolique d'ammoniaque, donne le diméthylpyrrol (PALL et SCHNEIDER) :

Acétonylacétone + ammoniaque.

Diméthylpyrrol.

On connaît aussi des dicétones-δ, ε, etc.

## DIPHÉNYLÈNE-DICÉTONE (ANTHRAQUINONE)
## ET SES DÉRIVÉS.

Diphénylène-dicétone ou anthraquinone.

Les oxydants attaquent très facilement les carbones médians
de l'anthracène; il suffit de traiter ce carbure par le bichromate
de potassium, en solution acidulée par l'acide acétique, pour
obtenir quantitativement la diphénylène-dicétone (LAURENT,
1834) :

$$C^6H^4 \Big\langle {}^{CH}_{CH} \Big\rangle C^6H^4 + 3O = C^6H^4 \Big\langle {}^{CO}_{CO} \Big\rangle C^6H^4 + H^2O.$$

Anthracène.　　　　　Diphénylène-dicétone
　　　　　　　　　　　(anthraquinone).

Le même corps prend naissance dans l'action du chlorure de
phtalyle-ortho sur le benzène en présence du chlorure d'aluminium (FRIEDEL et CRAFTS) :

$$C^6H^4 \Big\langle {}^{COCl}_{COCl} + {}^{H}_{H} \Big\rangle C^6H^4 = 2HCl + C^6H^4 \Big\langle {}^{CO}_{CO} \Big\rangle C^6H^4.$$

Chlorure　　　Benzène.　　　　Diphénylène-dicétone
de phtalyle.　　　　　　　　　　(anthraquinone).

La diphénylène-dicétone, qui se présente en belles aiguilles
jaune d'or, insolubles dans l'eau et peu solubles dans l'alcool
et l'éther, est désignée à tort sous le nom d'*anthraquinone* :
ses propriétés essentielles, en effet, l'éloignent notablement des
quinones, que nous étudions plus loin.

Ce corps doit à sa structure spéciale quelques réactions particulières. Ainsi, la potasse en fusion, à la température de 250°,
dédouble l'anthraquinone en 2 molécules d'acide benzoïque
(GRAEBE et LIEBERMANN) :

$$C^6H^4 \Big\langle {}^{CO}_{CO} \Big\rangle C^6H^4 + 2KOH = 2C^6H^5 - CO^2K.$$

Diphénylène-dicétone　　　　　　　Benzoate de K.
(anthraquinone).

Ce dédoublement si net, venant s'ajouter à la synthèse de l'anthraquinone au moyen du chlorure de phtalyle et du benzène, établit, d'une manière indiscutable, la constitution de l'anthraquinone, et confirme par là même celle que nous avons attribuée à l'anthracène (*voir* p. 204).

L'hydroxylamine $NH^2-OH$ agit sur l'anthraquinone, mais

très difficilement : pour obtenir la monoxime $C^6H^4 \diagdown\!\!\!\overset{\overset{\displaystyle NOH}{\|}}{\underset{\displaystyle CO}{C}}\!\!\!\diagup C^6H^4$, on est obligé d'opérer à la température de 180°.

Le chlore et le brome, l'acide sulfurique, l'acide nitrique, donnent avec l'anthraquinone des dérivés halogénés, sulfonés, nitrés.

### Anthraquinones phénoliques ou oxyanthraquinones.

Les dérivés halogénés et sulfonés de l'anthraquinone, traités, par la potasse ou la soude en fusion, fournissent des anthraquinones à fonction phénol ; exemple :

$$C^6H^4 \diagup\!\!\!\overset{CO}{\underset{CO}{}}\!\!\!\diagdown C^6H^2Br^2 + 2\,NaOH = 2\,NaBr + C^6H^4 \diagup\!\!\!\overset{CO}{\underset{CO}{}}\!\!\!\diagdown C^6H^2(OH)^2.$$
Dibromoanthraquinone.                                        Dioxyanthraquinone.

Les oxyanthraquinones sont généralement des matières colorantes intéressantes (alizarine, etc.) (*voir* p. 495).

L'*acide chrysophanique*, qui est une dioxyméthylanthraquinone, existe dans la rhubarbe, le séné, etc. ; l'*émodine* est une trioxyméthylanthraquinone contenue dans la rhubarbe et le *rhamnus frangula*; et la *chrysarobine*, produit de réduction de l'acide chrysophanique, se trouve dans la *poudre de goa*.

### QUINONES.

#### *a.* — Paraquinones ou quinones proprement dites.

1. Les agents d'oxydation, même les plus doux, comme les sels ferriques, enlèvent 2 atomes d'hydrogène au paradioxybenzène $C^6H^4\diagup\!\!\!\overset{OH\,(1)}{\underset{OH\,(4)}{}}$, corps réducteur que nous avons rencontré déjà sous le nom d'*hydroquinone* (p. 262), en donnant la quinone

$C^6H^4.O^2$ (Wöhler) [1]. Réciproquement, la quinone, traitée par les réducteurs les plus faibles, comme les solutions aqueuses d'anhydride sulfureux $SO^2$ ou de sulfate ferreux $SO^4Fe$, fixe aisément 2 atomes d'hydrogène, en reproduisant l'hydroquinone [2].

Or, si la quinone était une dicétone véritable, elle devrait fixer non pas 2, mais 4 atomes d'hydrogène, et donner non pas un diphénol, mais un glycol bisecondaire : la quinone n'est donc pas une véritable dicétone.

Graebe la représente par une formule de constitution où les 2 atomes d'oxygène échangent réciproquement une valence (schéma I). Cette structure est appuyée par le fait que, si l'on

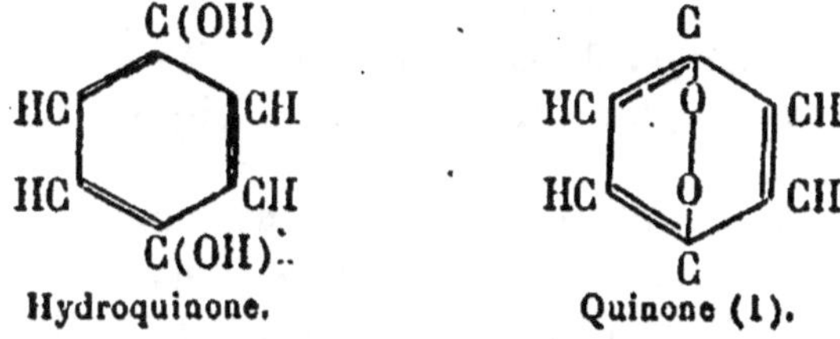



traite la quinone par le perchlorure de phosphore, on remplace chaque atome d'oxygène non par $Cl^2$, comme dans les cétones, mais par $Cl$, et l'on obtient le paradichlorobenzène $C^6H^4Cl^2$ : l'oxygène n'était donc attaché au carbone que par une valence. Une autre raison en faveur de cette constitution, qui fait de la quinone une substance analogue à l'eau oxygénée, $HO — OH$ réside dans ses propriétés oxydantes ; c'est ainsi, notamment, qu'elle libère l'iode de l'iodure de potassium.

Cependant la quinone fournit, avec l'hydroxylamine, une monoxime $C^6H^4 \diagdown \begin{matrix} O\,(1) \\ NOH\,(4) \end{matrix}$ [3] et une dioxime $C^6H^4 \diagdown \begin{matrix} NOH\,(1) \\ NOH\,(4) \end{matrix}$ ; et

---

[1] C'est sur ces propriétés réductrices de l'hydroquinone qu'est basé son emploi comme *révélateur* en Photographie.

[2] Il se forme également de l'hydroquinone quand on expose à la lumière solaire une solution de quinone dans l'alcool, lequel est converti en aldéhyde (Ciamician)

$$C^6H^4.O^2 + C^2H^6O = C^6H^4 \diagdown \begin{matrix} OH\,(1) \\ OH\,(4) \end{matrix} + C^2H^4O.$$

Quinone.    Alcool        Hydroquinone.    Acétaldéhyde.
            éthylique.

[3] Quand on traite le phénol $C^6H^5OH$ par l'acide azoteux $HO — N = O$, on obtient la monoxime de la quinone. Le premier effet de l'acide azoteux est évidemment de substituer, avec élimination d'eau, le résidu $N = O$ à l'hydro-

il est difficile, en dehors du schéma II, de comprendre cette réac-

$$
\begin{array}{c}
CO \\
CH \;\diagup\!\diagdown\; CH \\
CH \;\diagdown\!\diagup\; CH \\
CO
\end{array}
$$

Quinone (II).

tion importante, ainsi que quelques autres faits, notamment l'existence du composé $C^6Cl^8$, que BARRAL a obtenu en traitant par le perchlorure de phosphore la quinone tétrachlorée ou chloranile $C^6Cl^4.O^2$.

Ces faits permettent de considérer que les schémas (I) et (II) correspondent à deux formes tautomériques de la quinone (*voir* p. 343).

2. Quoi qu'il en soit, à chaque paradiphénol correspond une quinone, d'où le nom générique de *paraquinone*. Mentionnons la toluquinone $C^6H^3(CH^3).O^2$, qui dérive par oxydation de la toluhydroquinone $C^6H^3(CH^3)\!\begin{cases} OH\,(1) \\ OH\,(4) \end{cases}$.

On peut préparer aisément les quinones en oxydant non seulement les paradiphénols, mais aussi certains dérivés paradisubstitués, comme les monophénols ayant une fonction amine en position para, tel le corps $C^6H^4\!\begin{cases} OH\,(1) \\ NH^2\,(4) \end{cases}$ ou paraminophénol, ou même les simples monoamines; ainsi la quinone ordinaire ou benzoquinone $C^6H^4.O^2$ s'obtient facilement en traitant par l'acide chromique l'aniline $C^6H^5.NH^2$, dont l'azote s'élimine dans la réaction à l'état de sel ammoniacal.

---

gène fixé au carbone situé en para par rapport à la fonction phénolique; le paranitrosophénol $C^6H^4\!\begin{cases} OH\,(1) \\ NO\,(4) \end{cases}$ ainsi formé s'isomériserait ensuite en quinone-monoxime $C^6H^4\!\begin{cases} O \\ NOH \end{cases}$. Mais on a observé, d'autre part, que le corps fourni par oxydation le paranitrophénol $C^6H^4\!\begin{cases} OH\,(1) \\ NO^2\,(4) \end{cases}$, et ce fait ne s'explique aisément qu'avec la formule de constitution du dérivé nitrosé, à moins d'attribuer au nitrophénol la constitution $C^6H^4\!\begin{cases} O \\ N\!\diagup\!\begin{smallmatrix}O\\OH\end{smallmatrix} \end{cases}$ (*voir* p. 188). Il semble qu'on se trouve ici, comme dans le cas de la quinone, en présence d'un phénomène de *tautomérie* (*voir* p. 343).

Les quinones sont des corps solides, jaunes, à odeur forte, spéciale, irritante, insolubles dans l'eau, solubles dans l'éther; la vapeur d'eau les entraîne facilement. Elles peuvent être dosées en titrant par l'hyposulfite l'iode mis en liberté quand on les fait agir, en solution fortement acidulée par l'acide chlorhydrique, sur l'iodure de potassium (VALEUR).

### b. — Orthoquinones.

Les diphénols-ortho sont susceptibles de perdre plus ou moins facilement, par oxydation, 2 atomes d'hydrogène, en donnant des corps qui ont reçu le nom d'*orthoquinones*. Réciproquement, les orthoquinones, en fixant 2 atomes d'hydrogène, reproduisent les orthodiphénols correspondants. C'est ainsi que la pyrocatéchine, traitée, en solution dans l'éther anhydre, par l'oxyde d'argent sec, fournit l'orthobenzoquinone, et que, réciproquement, celle-ci régénère la pyrocatéchine sous l'action de l'acide sulfureux (WILLSTÆTTER et PFANNNESTIEHL) :

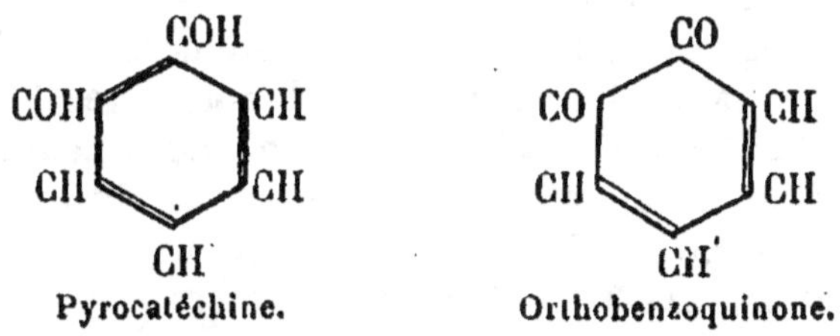


Les orthoquinones donnent, avec l'hydroxylamine, des monoximes et des dioximes; semblables sous ce rapport à de véritables dicétones, elles s'en éloignent, comme les paraquinones, par ce fait que l'hydrogénation les convertit en diphénols et non en glycols bisecondaires.

Contrairement aux paraquinones, les orthoquinones sont inodores et non entraînables par la vapeur d'eau.

### Oxyquinones et polyquinones.

Lorsqu'on fait passer un courant d'oxyde de carbone CO sur du potassium chauffé au rouge, on obtient le dérivé hexapotassique de l'hexaoxybenzène ou hexaphénol $C^6(OH)^6$ (NIETZKI). Ce dernier composé, oxydé dans des conditions particulières, perd graduellement de l'hydrogène, en donnant la tétraoxyquinone $C^4.O^2.(OH)^4$ (corps qui est 1 fois quinone et 4 fois phénol), l'acide rhodizonique $C^4(OH)^2.O^2.O^2$ (corps 2 fois quinone et 2 fois phénol), et la perquinone $C^4.O^2.O^2.O^2$ (corps 3 fois quinone), qui est un polymère de l'oxyde de carbone. Traité par l'hydrogène en présence de noir de palladium, il fournit, par fixation de $3H^2$, l'inosite naturelle ordinaire, dont la synthèse se trouve ainsi réalisée (WIELAND et S. WISHART, 1914).

## CÉTÈNES.

Nous rapprocherons des cétones une intéressante famille de composés, découverte par STAUDINGER en 1905, de formule générale $\dfrac{R}{R'}\!\!>\!\!C=C=O$. On voit qu'ils renferment, comme les cétones, le groupe carbonyle CO; mais l'atome de carbone de ce groupe y est relié à un autre atome de carbone par une liaison éthylénique, au lieu d'être rattaché, comme dans les cétones, à deux autres atomes de carbone. Cette structure justifie le nom de *cétènes* qui leur a été donné.

Le zinc, en agissant sur le bromure de bromacétyle $CH^2Br—COBr$ en solution éthérée, lui soustrait le brome, avec formation du composé $CH^2=CO$, qui est le plus simple des cétènes. Le même corps se produit en quantité notable quand on dirige des vapeurs d'acétone $CH^3—CO—CH^3$ sur de la porcelaine chauffée au rouge (SCHMIDLIN et BERGMANN). C'est un gaz incolore, d'une odeur forte, toxique. Grâce à son caractère hautement non saturé (atome de carbone échangeant une double liaison avec un atome d'oxygène et une autre double liaison avec un autre atome de carbone), il est doué d'une extraordinaire réactivité chimique. Outre sa grande tendance à la polymérisation, mentionnons les réactions d'addition suivantes : il donne, avec le brome, le bromure de bromacétyle $CH^2Br—COBr$, d'où il est issu; avec le gaz chlorhydrique, le chlorure d'acétyle $CH^3—COCl$; avec l'eau, l'acide acétique $CH^3—CO^2H$; avec l'alcool, l'acétate d'éthyle $CH^3—CO^2C^2H^5$, etc.

Toute une série de cétènes ont pu être préparés. Citons le diphénylcétène $(C^6H^5)^2C=CO$ (le premier en date), liquide que STAUDINGER obtint en traitant par le zinc le chlorure d'acide chloré $(C^6H^5)^2CCl—COCl$; le méthylcétène $CH^3—CH=CO$; liquide qui se forme dans l'action du zinc sur le bromure de bromopropionyle $CH^3 — CHBr — COBr$; le diméthylcétène, le diéthylcétène, le méthylphénylcétène, etc. Ils s'obtiennent tous par la même méthode, et tous possèdent une aptitude vraiment remarquable à réagir sur toutes sortes de substances. Bornons-nous à signaler ici, comme réaction particulièrement curieuse, celle qu'ils donnent avec les aldéhydes et les cétones : il y a départ de gaz carbonique et formation d'un carbure éthylénique; exemple :

$$\frac{C^4H^5}{C^4H^5}{>}C = CO + OC{<}\frac{R}{R'} = CO^2{\nearrow} + \frac{C^4H^5}{C^4H^5}{>}C = C{<}\frac{R}{R'}.$$

Il est intéressant de remarquer que les cétènes, sauf les termes les plus simples (cétène ordinaire, méthylcétène, éthylcétène, etc.), sont tous colorés. Le diméthylcétène est un liquide jaunâtre, le méthylphénylcétène un liquide orangé, le diphénylcétène un liquide aussi coloré qu'une solution concentrée de bichromate alcalin, etc.

Nous aurons l'occasion de reparler des cétènes (p. 423, 426).

## IV. — FONCTION ACIDE.

Du point de vue de la Chimie générale, tout composé hydrogéné capable de s'unir aux bases en donnant des *sels* avec élimination d'eau est, en principe, un *acide*. Si l'on adoptait cette simple définition sans aucune réserve en Chimie organique, beaucoup de composés, notamment le nitrométhane $CH^3NO^2$, les phénols, les dicétones-$\beta$ $R — CO — CH^2 — CO — R'$, et, plus généralement, toutes les substances possédant dans leur molécule un atome d'hydrogène placé au voisinage de groupements électronégatifs, devraient être rangés parmi les acides, puisqu'ils réagissent sur les bases en formant, avec élimination d'eau, des composés métalliques comparables à des sels.

1. Nous réserverons, à proprement parler, le nom d'*acide*, à tout composé qui dérive d'un aldéhyde par simple addition d'oxygène (DOEBEREINER; LIEBIG et WŒHLER), et qui renferme, par conséquent, un carboxyle $— C{<}^{/\!/O}_{\backslash OH}$ (¹)

---

(¹) Rappelons que le retour des acides aux aldéhydes est en général possible [(*voir* p. 267 (note)]. Rappelons également qu'on peut remonter directement des acides aux alcools primaires correspondants (*voir* p. 220).

Tout aussi étroite, quoique moins simple, est la relation qui lie les acides aux nitriles. Un acide quelconque R—COOH peut être obtenu en partant du nitrile correspondant R—C≡N, sur lequel on fait agir à l'ébullition les acides chlorhydrique ou sulfurique étendus ou les alcalis étendus (Dumas, Malagutti et Le Blanc, 1847). Ainsi, si l'on chauffe l'acétonitrile $CH^3$—CN avec une solution de potasse, du gaz ammoniac se dégage, et l'on obtient de l'acétate de potassium :

$$CH^3—CN + KOH + H^2O = CH^3—CO^2K + NH^3.$$
Acétonitrile.                                   Acétate de K.

Emploie-t-on, au contraire, l'acide chlorhydrique comme agent d'hydratation, il y a production d'acide acétique, qui devient libre, et formation de chlorure d'ammonium :

$$CH^3—CN + HCl + 2H^2O = CH^3—CO^2H + NH^4Cl.$$
Acétonitrile.                               Acide acétique.

Réciproquement, on peut remonter des acides aux nitriles; il suffit de traiter le sel ammoniacal de l'acide par un agent de déshydratation, comme l'anhydride phosphorique ou le chlorure de zinc (Dumas, 1847). L'acétate d'ammonium, par exemple, fournit dans ces conditions l'acétonitrile :

$$CH^3—CO.ONH^4 = 2H^2O + CH^3—CN.$$
Acétate d'ammonium.                        Acétonitrile.

Les acides, tels qu'ils se trouvent ainsi définis, ont une saveur *acide*, rougissent le tournesol et chassent l'anhydride carbonique des carbonates; ils donnent, en outre, les réactions essentielles qui suivent :

1° Ils réagissent sur les bases en formant des sels, avec élimination d'eau; un atome métallique remplace ainsi, dans le carboxyle $—C\langle_{OH}^{O}$, l'hydrogène, lequel doit sa grande mobilité à ce qu'il est uni à un atome d'oxygène (sous forme d'oxhydryle OH) directement uni au carbonyle $C=O$; exemple :

$$CH^3—COOH + OHK = H^2O + CH^3—COOK.$$
Acide acétique.                            Acétate de K.

Tous ces sels, il importe de le faire observer, sont décomposables par les acides « forts » de la Chimie minérale (HCl, $NO^3H$.

$SO^4H^2$); ceux-ci, en effet, sont plus « forts » que les acides organiques, et ils les déplacent par conséquent de leurs combinaisons salines. Le fait est en accord complet avec les données électrochimiques : les acides organiques sont en effet des électrolytes dont les solutions présentent une dissociation électrolytique très peu avancée (ions $R\bar{C}O^2$ et $\overset{+}{H}$), tandis que les acides minéraux « forts » sont, au contraire, fortement ionisés (ions $\bar{C}l$, $\bar{N}O^3$, $\bar{\bar{S}}O^4$ et $\overset{+}{H}$); ces derniers acides doivent donc déplacer les premiers.

2° Comme dans les alcools et les phénols et par le même mécanisme, on peut aussi remplacer l'hydrogène du carboxyle par un résidu halogéno-magnésien (*voir* p. 217, 255). Les corps ainsi obtenus, tel l'acétate $CH^3 - CO^2MgI$, sont immédiatement décomposables par l'eau, avec régénération de l'acide, qui passe à l'état de sel de magnésium.

3° Ils réagissent sur les alcools en donnant des éthers-sels, avec élimination d'eau, un résidu alcoolique prenant la place de l'hydrogène fonctionnel (*voir* p. 215); exemple :

$$CH^3 - COOH + OHC^2H^5 \quad = \quad H^2O + CH^3 - CO.OC^2H^5.$$

Acide acétique.     Alcool éthylique.        Acétate d'éthyle.

2. On envisage les acides comme des anhydrides de triols particuliers (*carbérines* ou *orthoacides* de GRIMAUX), dont les 3 oxhydryles auraient remplacé 3 atomes d'hydrogène d'un groupe $CH^3$, et qui, n'étant pas stables, perdraient immédiatement une molécule d'eau $\left( -C \overset{OH}{\underset{OH}{\overset{\displaystyle |}{-}OH}} \rightarrow -C \overset{/\!\!/O}{\underset{\backslash OH}{}} \right)$. Ce qui donne une grande force à cette conception, c'est l'existence effective des éthers-oxydes de ces triols spéciaux; ainsi, il suffit de traiter le chloroforme par l'éthylate de sodium pour remplacer les 3 atomes de chlore par 3 résidus éthoxyle $OC^2H^5$ :

$$H - C \overset{\displaystyle Cl}{\underset{\displaystyle Cl}{-Cl}} + \overset{\displaystyle Na}{\underset{\displaystyle Na}{Na}} \, \overset{\displaystyle OC^2H^5}{\underset{\displaystyle OC^2H^5}{OC^2H^5}} \quad = \quad 3\,NaCl + H - C \overset{\displaystyle OC^2H^5}{\underset{\displaystyle OC^2H^5}{-OC^2H^5}}$$

Chloroforme.    Éthylate de sodium (3 mol.).     Chlorure de sodium.    Éther orthoformique (éther de Kay) [1].

---

[1] On peut même saturer les 4 valences du carbone par 4 résidus analogues; ainsi, le tétrachlorure de carbone $CCl^4$, traité par l'éthylate de sodium, fournit le composé tétréthoxylique $C(OC^2H^5)^4$, dit éther *orthocarbonique* ou *orthocarbonate d'éthyle.*

Rappelons, de plus (*voir* p. 185), que les dérivés trihalogénés où les 3 atomes halogènes sont fixés au même carbone, tels les corps $HCCl^3$, $CH^3 — CCl^3$, $C^6H^5 — CCl^3$ fournissent les acides quand on les traite par les agents de saponification; ces dérivés trihalogénés apparaissent ainsi comme des triéthers halogénés des carbérines $R — C\diagdown_{\phantom{x}OH}^{OH}$, d'où dérivent les acides par élimination d'eau.

3. *a*. L'anhydride carbonique $CO^2$ a la propriété de se fixer sur les composés organo-halogéno-magnésiens, en donnant des dérivés halogéno-magnésiens de l'acide à un atome de carbone de plus que le radical du composé magnésien traité; l'action de l'eau sur le produit formé donnera ensuite naissance au sel de magnésium de cet acide (GRIGNARD); exemple :

$$CH^3 — CH^2\,MgBr + C\diagdown_{\diagdown O}^{\diagup O} = CH^3 — CH^2 — C\diagdown_{O\,MgBr}^{\diagup O}$$

Bromure<br>
d'éthylmagnésium.          Dérivé bromo-magnésien<br>
de l'acide propionique.

On voit que cette réaction conduit, étant donné un hydrocarbure halogéné $RX$, à l'acide possédant un atome de carbone de plus $R — CO^2H$, par addition indirecte de l'anhydride carbonique à l'hydrocarbure $RH$ [1].

*b*. Réciproquement, les acides sont, en général, susceptibles de perdre plus ou moins facilement, sous l'action de la chaleur ou dans certaines conditions d'expérience, variables avec les diverses sortes d'acides, les éléments de l'anhydride carbonique $CO^2$ le carboxyle $— C\diagdown_{\diagdown OH}^{\diagup O}$ est ainsi remplacé par un atome d'hydrogène, qui s'unit au reste monovalent de la molécule. Si, par exemple, on chauffe au rouge, dans une cornue, de l'acétate de sodium avec un mélange intime de soude caustique et de chaux (chaux sodée), il se dégage un gaz qui n'est autre que le formène (c'est la méthode courante de préparation du formène), et il

---

[1] Cette méthode rappelle la synthèse, déjà fort ancienne, de l'acide acétique, par fixation de l'anhydride carbonique $CO^2$ sur le formène potassé $CH^3K$ (formation d'acétate $CH^3 — CO^2K$), obtenu lui-même dans l'action du potassium sur le zinc-méthyle $Zn(CH^3)^2$ (WANKLYN).

resto dans la cornue du carbonate de sodium (Persoz, 1837) :

$$CH^3 - \boxed{CO^2Na + NaOH} = CO^3Na^2 + CH^4.$$

Acétate de Na.                Carbonate de Na.    Formène.

Nous aurons l'occasion de signaler, dans la suite, divers autres cas intéressants de décomposition d'acides avec perte d'anhydride carbonique.

### CHLORURES D'ACIDES.

**1.** Les composés chlorés du phosphore réagissent sur les acides ou leurs sels pour donner des *chlorures d'acides*, composés qui ne sont autres que les acides dont l'hydroxyle du groupement fonctionnel a été remplacé par un atome halogène (Cahours, 1846; Gerhardt); exemple :

$$PCl^5 + CH^3 - COOH = HCl + PCl^3O + CH^3 - COCl.$$

Perchlorure        Acide acétique.              Oxychlo-        Chlorure
de phosphore.                                   rure de Ph.     d'acétyle.

Le chlorure de thionyle peut généralement remplacer avec avantage les composés chlorés du phosphore (Béhal et Auger); exemple :

$$C^4H^9.COOH + SOCl^2 = C^4H^9.COCl + SO^2 + HCl.$$

Acide          Chlorure          Chlorure
valérique.     de thionyle.      de valéryle.

**2.** Les chlorures d'acides sont des liquides fumant à l'air, irritant fortement les muqueuses, plus denses que l'eau. Ils bouillent notablement plus bas que les acides correspondants ; tandis que l'acide acétique, par exemple, distille à 118°, le chlorure d'acétyle bout à 55°.

Ce sont des corps extrêmement actifs, qui donnent des réactions d'une grande netteté, en attaquant une multitude de substances possédant les fonctions les plus variées.

*a.* Signalons d'abord leur action sur tous les composés hydroxylés (R.OH, où aussi sur les dérivés sodés correspondants R.ONa), où ils remplacent l'atome d'hydrogène du groupe OH par un résidu d'acide :

Le simple contact de l'eau, même à froid, les décompose, plus ou moins rapidement, avec mise en liberté d'acide organique et d'acide chlorhydrique; exemple :

$$CH^3 - CO.Cl + HOH = HCl + CH^3 - COOH.$$

Chlorure d'acétyle.                              Acide acétique.

C'est pour cette raison que les chlorures d'acides fument à l'air : la vapeur d'eau atmosphérique les décompose, et l'acide chlorhydrique produit forme un hydrate qui se condense.

Les chlorures d'acides réagissent également sur les alcools et les phénols, en formant des éthers-sels; exemple :

$$CH^3 - CO.Cl + HOCH^2 - CH^3 = HCl + CH^3 - CO.O.CH^2 - CH^3.$$

Chlorure          Alcool                        Acétate d'éthyle.
d'acétyle.        éthylique.

*b.* En second lieu, rappelons (*voir* p. 283 et 284) leur action sur les composés organo-métalliques du zinc et du magnésium, ainsi que sur les hydrocarbures aromatiques en présence du chlorure d'aluminium (synthèses de cétones).

Nous rencontrerons d'autres groupes de substances, telles les amines (p. 423), sur lesquelles les chlorures d'acides réagissent aussi d'une façon très nette.

On connaît également des *bromures d'acides*, et même des *iodures d'acides*.

### Chlorures d'acides sulfoniques.

Les chlorures de phosphore transforment les acides sulfoniques $R - SO^3H$ en chlorures d'acides correspondants $R - SO^2Cl$, suivant une réaction parallèle à celle qu'ils donnent avec les acides carboxyliques $R - CO^2H$; exemple :

$$C^6H^5 - SO^3H + PCl^5 = PCl^3O + HCl + C^6H^5 - SO^2Cl.$$

Acide                                    Chlorure d'acide
phénylsulfonique.                        phénylsulfonique.

Les chlorures d'acides sulfoniques possèdent les mêmes caractères généraux que les chlorures d'acides carboxyliques $R-CO Cl$ (action sur l'eau, les alcools, etc.).

Ceux où le groupe $SO^3H$ est fixé sur le noyau aromatique sont convertis en thiophénols par l'hydrogène naissant (zinc + acide chlorhydrique); exemple :

$$C^6H^5.SO^2Cl + 3H^2 = HCl + 2H^2O + C^6H^5.SH.$$

Chlorure d'acide                         Thiophénol
phénylsulfonique.

## ANHYDRIDES D'ACIDES.

**1.** Comme sur tous les composés hydroxylés, les chlorures d'acides réagissent sur les acides (ou leurs sels); les nouveaux corps ainsi obtenus sont les anhydrides d'acides, qui furent découverts par Gerhardt en 1853; exemple :

$$CH^3 - CO|Cl + Na|OCO - CH^3 \;=\; NaCl + CH^3 - CO.O.CO - CH^3.$$

Chlorure        Acétate                        Anhydride acétique.
d'acétyle.       de sodium.

On voit que les anhydrides d'acides peuvent être considérés comme résultant de l'union de 2 molécules d'acide avec élimination d'une molécule d'eau ($CH^3 - COO|H + HO|CO - CH^3$).

Les anhydrides d'acides sont des corps le plus souvent liquides et à odeur piquante; ils bouillent toujours plus haut que les acides : ainsi l'anhydride acétique bout à 138°, tandis que l'acide distille à 118°.

Leurs propriétés chimiques essentielles sont analogues à celles des chlorures d'acides, à cela près qu'au lieu d'acide chlorhydrique, c'est l'acide organique qui est constamment mis en liberté dans les réactions. Ainsi, l'action de l'eau les dédouble en 2 molécules d'acide; exemple :

$$CH^3 - CO.O.CO - CH^3 + H^2O \;=\; 2\,CH^3COOH.$$

Anhydride acétique.                       Acide acétique (2 mol.).

Avec les alcools ou les phénols, ils donnent de même des éthers-sels; exemple :

$$CH^3 - CO.O.CO - CH^3 + C^2H^5OH \;=\; CH^3.CO.OC^2H^5 + CH^3.CO.OH.$$

Anhydride acétique.     Éthanol.       Acétate d'éthyle.    Acide acétique

Le carbonate de calcium, chauffé à 450°-500°, décompose, par catalyse, les anhydrides d'acides, avec production de cétones (Sabatier et Mailhe); exemple :

$$\begin{array}{l}CH^3 - CH^2 - CO \\ \qquad\qquad\qquad >O \\ CH^3 - CH^2 - CO \end{array} = \begin{array}{l}CH^3 - CH^2 \\ \qquad\qquad >CO + CO^2 \nearrow \\ CH^3 - CH^2 \end{array}$$

Anhydride propionique.                Diéthylcétone (¹).

---

(¹) On dirige les vapeurs d'anhydride sur le carbonate chauffé; l'anhy-

**2.** On connaît des anhydrides d'acides, dits *mixtes*, tel l'anhydride acétobenzoïque $CH^3 — CO — O — CO — C^6H^5$, où les deux résidus d'acide sont différents. Ils prennent naissance soit dans l'action d'un chlorure d'acide sur le sel alcalin d'un autre acide (GERHARDT), soit dans l'action réciproque, avec échange des résidus, d'un anhydride d'acide sur un acide différent (AUTENRIETH) ou d'un anhydride d'acide sur un autre anhydride d'acide (BÉHAL).

Les anhydrides mixtes sont peu stables : par la distillation, 2 molécules réagissent l'une sur l'autre, la permutation s'effectue, et l'on obtient 2 molécules d'anhydrides symétriques différents (GERHARDT, ROUSSET).

Les réactions chimiques sont les mêmes que celles des anhydrides symétriques. La partie *active* de la molécule est le résidu d'acide le plus petit. C'est ainsi que l'anhydride acétoformique $H — CO.O.CO — CH^3$, agissant sur l'alcool $C^2H^5.OH$, donne exclusivement du formiate d'éthyle $H — CO — OC^2H^5$, avec mise en liberté d'acide acétique (BÉHAL).

Ce qui précède résume les propriétés fondamentales de la fonction acide.

Nous parlerons maintenant des principales classes d'acides, en suivant l'ordre croissant de leur basicité.

Observons ici que c'est en 1837 que LIEBIG et DUMAS, à la suite du célèbre travail de GRAHAM sur les acides phosphoriques (1833), établirent l'existence, en Chimie organique, de corps qui présentaient deux ou plusieurs fois le caractère *acide* (acides dits *bi* ou *polybasiques*, c'est-à-dire étant deux ou plusieurs fois *acides*).

## A. — MONOACIDES (ACIDES MONOBASIQUES).

### I. — ACIDES ACYCLIQUES (SANS CHAINE FERMÉE).

**1.** Le groupe le plus important est celui des *acides saturés* ou *forméniques* $C^nH^{2n+1}.CO^2H$; on les appelle encore *acides gras*,

---

dride doit réagir d'abord sur le carbonate pour donner le sel correspondant :

$$\begin{matrix} R—CO \\ R—CO \end{matrix}\Big\rangle O + CO^3Ca = \begin{matrix} R—CO—O \\ R—CO—O \end{matrix}\Big\rangle Ca + CO^2;$$

le sel fourni se détruit ensuite en cétone et carbonate de calcium (*voir* p.286), lequel, ainsi régénéré, peut reproduire indéfiniment la réaction.

parce que les termes supérieurs de la série se rencontrent, unis
à la glycérine sous forme d'éthers-sels (stéarine, palmitine, etc.),
dans les corps gras naturels, qui sont presque tous des éthers-
sels de la glycérine (*voir* p. 238 et 251). En chauffant les corps
gras avec de la potasse ou de la soude, on obtient, avec mise
en liberté de glycérine, des sels alcalins d'acides gras élevés, qui
ne sont autres que les *savons*.

2. Le premier terme des acides gras est l'acide formique
$H.CO — OH$, liquide à odeur piquante, fumant légèrement à
l'air, très soluble dans l'eau (comme ses premiers homologues),
et bouillant à 100°. On prépare son sel de sodium en grand, dans
l'industrie, en chauffant l'oxyde de carbone CO à 200° sous pression
avec de la chaux sodée (mélange de chaux et de soude caustique);
c'est une application intéressante de la synthèse de BERTHELOT
(p. 62).

Certaines de ses propriétés sont toute spéciales. Ainsi c'est
un réducteur énergique, qui précipite l'argent à l'état libre de ses
sels, décolore les solutions de permanganate, etc.; il y a ici mise
en liberté d'anhydride carbonique $CO_2$, tandis que les 2 atomes
d'hydrogène sont éliminés à l'état d'eau. L'acide sulfurique concentré lui soustrait à chaud les éléments de l'eau, et du gaz oxyde
de carbone CO se dégage; cette décomposition de l'acide formique
est réciproque de sa synthèse par fixation d'eau sur l'oxyde
de carbone.

3. *a.* L'acide acétique $CH_3 — CO_2H$ bout à 118°; c'est l'acide du
vinaigre, où il provient de l'action de l'oxygène de l'air, sous
l'influence d'un organisme spécial, le *mycoderma aceti*, sur
l'alcool éthylique du vin soumis à la fermentation vinaigrée. Il
prend également naissance dans la distillation sèche du bois à
l'abri de l'air (acide pyroligneux), et on le trouve en abondance
dans les eaux de désuintage des laines, en même temps que de
moindres proportions d'acides homologues.

Mentionnons l'acide propionique $CH_3 — CH_2 — CO_2H$, les deux
acides butyriques isomériques $CH_3 — CH_2 — CH_2 — CO_2H$ et
$(CH_3)_2CH — CO_2H$, les quatre acides valériques $C_4H_9.CO_2H$, etc.
Les acides gras supérieurs sont solides à la température ordinaire et non distillables sans décomposition; les bougies du commerce sont formées d'acide stéarique $C_{18}H_{36}O_2$, mélangé d'acide
palmitique $C_{16}H_{32}O_2$ (CHEVREUL).

Le chlore et le brome réagissent sur les acides forméniques

comme sur les carbures saturés : les atomes halogènes se substituent à l'hydrogène du résidu de carbure uni au carboxyle, avec mise en liberté d'hydracide. C'est ainsi que l'action du chlore sur l'acide acétique fournit successivement, avec mise en liberté de $HCl$, $2 HCl$, $3 HCl$, les acides $CH^2Cl — CO^2H$ (Le Blanc), $CHCl^2 — CO^2H$ (Hugo-Muller), $CCl^3 — CO^2H$ (Dumas, 1839) (¹). D'une manière générale, dans les acides homologues, c'est l'hydrogène fixé au carbone voisin du carboxyle qui est déplacé de préférence par l'halogène.

*b.* Le chloracétate d'éthyle se condense avec les cétones, sous l'influence de l'éthylate de sodium, en donnant des corps à la fois oxydes d'éthylènes et éthers-sels, désignés sous le nom d'éthers *glycidiques*, parce qu'ils peuvent être rattachés au *glycide* $CH^2 — CH — CH^2OH$, lequel dérive de la glycérine par déshydratation :

$$\underset{R'}{\overset{R}{>}}CO + CH^2Cl — CO^2C^2H^5 + C^2H^5ONa$$
$$= \underset{R'}{\overset{R}{>}}\underset{\diagdown O \diagup}{C — CH} — CO^2C^2H^5 + C^2H^5OH + NaCl.$$

Voici quel doit être le mécanisme :

$$1° \quad \underset{R'}{\overset{R}{>}}C = O + C^2H^5ONa = \underset{R'}{\overset{R}{>}}C\underset{\diagdown ONa}{\diagup OC^2H^5} ,$$

$$2° \quad \underset{R'}{\overset{R}{>}}C\underset{\diagdown O\,Na}{\diagup OC^2H^5} \quad \begin{matrix} H \\ | \\ + CH — CO^2C^2H^5 \\ | \\ Cl \end{matrix}$$

$$= NaCl + C^2H^5.OH + \underset{R'}{\overset{R}{>}}\underset{\diagdown O \diagup}{C — CH} — CO^2C^2H^5.$$

---

(¹) Les alcalis décomposent à chaud l'acide trichloracétique; il y a mise en liberté de chloroforme et formation d'un carbonate (Dumas) :

$$CCl^3 — CO^2H + 2KOH = CO^3K^2 + H — CCl^3 + H^2O.$$

Cette réaction remarquable rappelle le dédoublement analogue, sous l'action des alcalis, du chloral $CCl^3.CHO$ (p. 182), à partir duquel l'acide trichloracétique peut d'ailleurs être obtenu par oxydation au moyen de l'acide azotique.

Par saponification, ces éthers glycidiques fournissent des acides instables, qui se décomposent à la température ordinaire, avec production d'anhydride carbonique et d'aldéhydes (*voir*, à ce sujet, p. 248) (DARZENS) :

$$\underset{O}{\overset{R}{\underset{R'}{\diagdown}}C - CH - CO^2H} \;=\; CO^2 + \underset{O}{\overset{R}{\underset{R'}{\diagdown}}C - CH^2} \;\rightarrow\; \overset{R}{\underset{R'}{\diagdown}}CH - CHO.$$

Si, au lieu de partir du chloracétate d'éthyle, on part du chloro-propionate $CH^3 - CHCl - CO^2C^2H^5$, on arrive finalement, par le même mécanisme, à des cétones $\overset{R}{\underset{R'}{\diagdown}}CH - CO - CH^3$.

4. Les acides éthyléniques (dont le premier terme, l'acide acrylique $CH^2 = CH - CO^2H$, correspond à l'acroléine $CH^2 = CH - CHO$ et à l'alcool allylique $CH^2 = CH - CH^2OH$, d'où il peut être obtenu par oxydation) fixent, par simple addition, 2 atomes halogènes.

Un acide élevé de cette série, l'acide oléique $C^{18}H^{34}O^2$, existe sous forme d'éther de la glycérine (oléine), dans la plupart des huiles ou graisses naturelles (CHEVREUL). Traité par l'acide azoteux, l'acide oléique, qui fond à 14°, se transforme en un isomère, l'acide élaïdique, qui fond à 51° (BOUDET, 1832) ; l'étude des deux acides a montré que leur isomérie est d'ordre stéréochimique (*voir* p. 73), et qu'ils possèdent respectivement la structure suivante :

$$\begin{array}{lcl}
C^8H^{17} - CH & & C^8H^{17} - CH \\
\quad\; \| & & \qquad\quad \| \\
CH - (CH^2)^7 - CO^2H & \rightarrow & CO^2H - (CH^2)^7 - CH \\
\text{Acide oléique.} & & \text{Acide élaïdique.}
\end{array}$$

D'ailleurs l'acide azoteux transforme également l'oléine en élaïdine, et ces deux matières grasses sont aussi deux isomères stéréochimiques.

( *Voir* plus loin : *Acides acétyléniques.*)

### II. — ACIDES AROMATIQUES.

1. *a*. Le groupement fonctionnel acide — $CO^2H$ peut être directement uni au noyau aromatique, comme dans l'acide benzoïque $C^6H^5 - CO^2H$ (acides *nucléaires*), ou en être séparé par un ou plusieurs atomes de carbone, comme dans l'acide phénylacétique

$C^6H^3 — CH^2 — CO^2H$ et l'acide cinnamique $C^6H^5 — CH = CH — CO^2H$ (acides *extranucléaires*). Tous peuvent être obtenus par les méthodes générales (oxydation des alcools ou des aldéhydes hydratation des nitriles, etc.). Quelques groupes ont, en outre, des modes de formation qui leur sont propres.

Tout d'abord, les acides dont le carboxyle est directement fixé sur le noyau prennent naissance, nous le savons déjà (*voir* p. 196), quand on oxyde les carbures aromatiques à chaînes latérales. Nous devons ajouter que la réaction s'applique à toute chaîne latérale, quelques fonctions qu'elle porte, et quels que soient les éléments qui entrent dans sa composition; c'est ainsi, par exemple, que l'oxime $C^6H^5 — CH^2 — \overset{\text{NOH}}{\overset{\|}{C}} — CH^2Cl$ fournira le même acide que le toluène $C^6H^5 — CH^3$, c'est-à-dire l'acide benzoïque $C^6H^5.CO^2H$, le chlore passant à l'état d'acide chlorhydrique (ou de chlorure métallique) et l'azote à l'état d'ammoniaque (ou de sel ammoniacal) (¹).

*b.* En second lieu, nous disposons d'une méthode générale de synthèse des acides aromatiques éthyléniques où la fonction éthylénique, comme dans l'acide cinnamique $C^6H^5 — CH = CH — CO^2H$, est contiguë au noyau: on chauffe l'aldéhyde benzoïque ou les aldéhydes analogues avec les anhydrides d'acides en présence des sels de sodium correspondants; cette réaction, dont le mécanisme véritable est encore mal connu, se résume dans la combinaison de l'aldéhyde et de l'acide, avec élimination d'une molécule d'eau; exemple :

$$C^6H^5 — CHO + H^2CH — CO^2H \; = \; H^2O + C^6H^5 — CH = CH — CO^2H.$$

Benzaldéhyde.  Acide acétique.      Acide cinnamique.

Nous devons cette belle réaction aux travaux de Bertagnini (1856) et de Perkin (1868-1875) : elle est connue sous le nom de *réaction de Perkin.*

---

(¹) Si des éléments halogénés existent dans le noyau, ils se retrouvent toujours dans l'acide obtenu à l'oxydation; les 3 toluènes bromés isomériques $C^6H^4\!\!\begin{smallmatrix}\diagup CH^3\\ \diagdown Br\end{smallmatrix}$, par exemple, conduisent ainsi aux 3 acides bromobenzoïques $C^6H^4\!\!\begin{smallmatrix}\diagup CO^2H\\ \diagdown Br\end{smallmatrix}$ ; au contraire, le quatrième toluène bromé, celui où le brome est placé dans la chaîne latérale, et qui n'est autre que le bromure de benzyle $C^6H^5 — CH^2Br$, fournit par oxydation l'acide benzoïque $C^6H^5 — CO^2H$.

**2.** Les acides aromatiques sont tous solides, peu solubles dans l'eau, solubles dans l'alcool et dans l'éther. Le plus simple, l'acide benzoïque $C^6H^5.CO^2H$ (extrait, par SCHEELE, du benjoin, en 1775), fond à 121° et distille à 250°; le chlorure de benzoyle $C^6H^5 — COCl$ bout à 198°, et l'anhydride benzoïque $C^6H^5 — CO — O — CO — C^6H^5$ fond à 42° et bout à 360° [1]. Les éthers méthyliques et éthyliques de divers acides aromatiques sont utilisés en parfumerie.

Les acides dont le carboxyle est directement uni au noyau (acides *nucléaires*) perdent facilement les éléments de l'anhydride carbonique quand on les chauffe avec de la chaux (MITSCHERLICH, PÉLIGOT, 1833); exemple :

$$C^6H^5 — CO^2H + CaO = C^6H^6 + CO^3Ca.$$

Acide benzoïque.  Benzène.  Carbonate de calcium.

Avec l'acide cinnamique et les acides analogues, il suffit de faire agir la chaleur seule; exemple :

$$C^6H^5 — CH = CH — CO^2H = CO^2 + C^6H^5 — CH = CH^2.$$

Acide cinnamique.  Styrolène ou phényléthylène.

**3.** Pour l'acide cinnamique, on pouvait prévoir l'existence de deux formes stéréoisomériques, correspondant aux acides fumarique et maléique (*voir* p. 73); ces deux formes sont connues :

$$
\begin{array}{ll}
H — C — C^6H^5 & H — C — C^6H^5 \\
\quad\ \|| & \quad\ \|| \\
CO^2H — C — H & H — C — CO^2H \\
\end{array}
$$

Acide cinnamique ordinaire (*trans*).    Acide allocinnamique (*cis*).

---

[1] L'acide benzoïque, soumis à l'hydrogénation par le sodium et l'alcool amylique (MARKOWNIKOW, 1896), ou par la méthode au noir de platine (WILLSTÆTTER et MAYER), fournit l'acide hexahydrobenzoïque $C^6H^{11}.CO^2H$. Ce dernier, qui fond à 31° et bout à 232°, possède les caractères généraux des acides saturés acycliques $C^nH^{2n+1}.CO^2H$; c'est ainsi, notamment, qu'il présente l'odeur de l'acide valérianique $C^4H^9.CO^2H$. Le chlorure d'acide $C^6H^{11}.COCl$ bout à 184°. Les éthers peuvent être formés par hydrogénation au nickel réduit des éthers benzoïques; $C^6H^5.CO^2CH^3$, par exemple, fournit ainsi $C^6H^{11}.CO^2CH^3$ (SABATIER et MURAT).

On a préparé toute une série d'acides hydroaromatiques homologues.

L'acide ordinaire est l'acide *trans*, correspondant à l'acide fumarique; il fond à 133°. L'acide *cis*, qui a reçu le nom d'acide *allocinnamique*, est trimorphe; les trois formes fondent respectivement à 68°, 38°-46° et 57°.

Signalons enfin un dimère de l'acide cinnamique $(C^9 H^8 O^2)^2$, l'acide *isocinnamique* ou *truxillique*, dont on a isolé plusieurs formes stéréochimiques.

Ces faits, qui montrent quels phénomènes compliqués on peut rencontrer dans l'étude des composés non saturés, ont été élucidés par les travaux de LIEBERMANN, ERLENMEYER, BIILMANN, etc.

( *Voir* ci-dessous : *Acides acétyléniques.* )

### III. — ACIDES ACÉTYLÉNIQUES.

**1.** Les dérivés sodés des carbures acétyléniques peuvent fixer directement les éléments de l'anhydride carbonique, en donnant des sels d'acides acétyléniques (GLASER, 1870); exemple :

$$C^6 H^5 - C \equiv CNa + C{<}^O_O = C^6 H^5 - C \equiv C - C{<}^O_{ONa} \cdot$$

Phénylacétylène sodé. — Phénylpropiolate de Na.

On peut, dans cette réaction, substituer aux dérivés sodés les dérivés halogénomagnésiens $R - C \equiv CMgX$.

Réciproquement, ces acides acétyléniques, où les deux fonctions acide et acétylénique sont côte à côte, perdent facilement les éléments de l'anhydride carbonique sous l'action de la chaleur, en régénérant les carbures acétyléniques; exemple :

$$CH^3 - (CH^2)^5 - C \equiv C - CO^2 H = CO^2 + CH^3 - (CH^2)^5 - C \equiv CH.$$

Acide hexylpropiolique. — Octine-1 (caprylidène).

**2.** Lorsqu'on traite un éther-sel acétylénique où les deux fonctions éther et acétylénique sont côte à côte par la solution d'un alcool sodé dans le même alcool R.OH, la triple liaison fixe successivement 1 et 2 molécules d'alcool, avec formation corrélative d'un corps à la fois éther-sel et *éther énolique*, puis d'un corps à la fois éther-sel et β-acétalique (MOUREU). Avec le phénylpropiolate de méthyle et la solution méthylique de méthylate de sodium, par exemple, on a :

$$C^6H^5 - C \equiv C - CO^2CH^3 \quad \nearrow \quad C^6H^5 - C(OCH^3) = CH - CO^2CH^3$$
$$\searrow \quad C^6H^5 - C(OCH^3)^2 - CH^2 - CO^2CH^3 \ (^1).$$

3. Les sels alcalins et les éthers-sels des acides acétyléniques de formule générale $R - C \equiv C - CO^2H$ peuvent fixer sur leur triple liaison 1 et 2 molécules d'un bisulfite alcalin, en donnant des dérivés monosulfonés à liaison éthylénique ou des dérivés disulfonés saturés (LASAUSSE); exemples :

$$C^6H^5 - C \equiv C - CO^2Na + SO^3NaH$$
$$= C^6H^5 - C(SO^3Na) = CH - CO^2Na;$$

$$C^5H^{11} - C \equiv C - CO^2C^2H^5 + 2\,SO^3NaH$$
$$= C^5H^{11} - C^2H^2(SO^3Na)^2 - CO^2C^2H^5 \quad (^2).$$

(*Voir* aussi, p. 416, la fixation des amines sur la triple liaison.)

4. Quelques éthers d'acides acétyléniques sont utilisés en parfumerie.

## IV. — ACIDES-ALCOOLS.

Dans les acides-alcools, dont le représentant le plus simple est l'acide glycolique $CH^2OH - CO^2H$ et le plus commun l'acide lactique $CH^3 - CHOH - CO^2H$, les fonctions acide et alcool, tout en étant distinctes, retentissent toujours plus ou moins l'une sur l'autre; cette influence réciproque dépend du nombre des fonctions alcool, et plus encore de leur position dans la molécule par rapport à la fonction acide.

---

($^1$) Les éthers β-acétaliques, chauffés vers 175°, perdent nettement 1 molécule d'alcool, en donnant les composés énoliques, qui marquent la première phase de leur formation par fixation de 2 molécules d'alcool sur la triple liaison de l'éther-sel acétylénique.

D'un autre côté, les acides résultant de la saponification de ces composés énoliques se décomposent quantitativement, par la chaleur, en anhydride carbonique et carbure éthylénique β-oxyalcoylé (corps également énolique); exemple :

$$C^5H^{11} - C(OC^2H^5) = CH - CO^2H = CO^2 + C^5H^{11} - C(OC^2H^5) = CH^2.$$

Enfin, le carbure éthylénique β-oxyalcoylé s'hydrolyse par les acides étendus, avec formation d'une cétone et régénération de l'alcool initial; exemple :

$$C^5H^{11} - C(OC^2H^5) = CH^2 + H^2O = C^2H^5OH + C^5H^{11} - CO - CH^3$$

(MOUREU).

($^2$) Les bisulfites alcalins sont d'ailleurs susceptibles de se fixer aussi sur les acides éthyléniques, lorsque la double liaison se trouve au voisinage de groupements électronégatifs (STRECKER, BOUGAULT).

## Acides monoalcools.

**1.** En dirigeant, à la température de — 50°, un courant d'oxyde de carbone à travers une solution de potassammonium $(NH^3K)^2$ dans de l'ammoniac liquéfié, on forme le potassium-carbonyle $C^2O^2K^2$. Ce composé, qu'on peut écrire $C(OK) \equiv C(OK)$, traité par l'eau avec des précautions toutes spéciales (car il détone et déflagre aisément), fournit, à côté d'une molécule de potasse libre, le sel de potassium de l'acide glycolique, conformément à l'équation suivante :

$$C(OK) \equiv C(OK) + 2H^2O \;=\; \begin{matrix} O \\ KO \end{matrix}\!\!>\!\!C - C\!\!<\begin{matrix} H \\ H \\ OH \end{matrix} + KOH.$$

Potassium-carbonyle.        Glycolate de K.

Le mécanisme est simple : il y a d'abord fixation d'une molécule d'eau sur le potassium-carbonyle, avec formation du composé dipotassique $COOK — CH^2OK$, puis, sous l'action de la seconde molécule d'eau, le dérivé potassique de la fonction alcool $(— CH^2OK)$ est décomposé avec mise en liberté de cette fonction et de potasse caustique.

Cette élégante synthèse de l'acide glycolique est due à JOANNIS (1914).

**2.** *a.* D'une manière générale, on obtient les acides-alcools soit en créant une fonction alcool sur la molécule d'un acide, soit en créant une fonction acide sur la molécule d'un corps à fonction alcool.

Lorsqu'on traite, par exemple, dans des conditions spéciales, le propanoïque (acide propionique) $CH^3 — CH^2 — CO^2H$ par le brome, on forme, avec mise en liberté de HBr, l'acide 2-bromo-propionique $CH^3 — CHBr — CO^2H$; ce dernier, soumis à l'action de la potasse aqueuse ou de l'hydrate d'argent, fournit l'acide ol-2-propionique ou acide lactique $CH^3 — CHOH — CO^2H$, par simple substitution de l'oxhydryle au brome (FRIEDEL et MACHUCA) [1].

Les glycols dont une au moins des fonctions alcooliques est primaire fournissent, par oxydation ménagée, des acides-alcools;

---

[1] Toutefois, dans l'acide $CH^2Cl — CH^2 — CO^2H$, où l'halogène est en position 3, l'halogène s'élimine à l'état d'hydracide sous l'action de la potasse, et l'on obtient l'acide éthylénique correspondant, qui est l'acide acrylique (MOUREU) :

$$CH^2Cl — CH^2 — CO^2H + 2KOH \;=\; CH^2 = CH — CO^2K + KCl + H^2O.$$

Acrylate de K.

on transforme ainsi le glycol propylénique $CH^3 — CHOH — CH^2OH$ en acide lactique $CH^3 — CHOH — CO^2H$ (WURTZ), et son isomère le glycol $CH^2OH — CH^2 — CH^2OH$ en un acide isomérique : l'acide *hydracrylique* $CH^2OH — CH^2 — CO^2H$.

Les nitriles à fonction alcool donnent, à l'hydratation, des acides-alcools; le nitrile lactique $CH^3 — CHOH — CN$ fournit ainsi l'acide lactique $CH^3 — CHOH — CO^2H$ (GAUTIER et SIMPSON), l'agent d'hydratation (acides ou alcalis étendus) ayant pour effet de remplacer purement et simplement le groupement fonctionnel nitrile CN par le carboxyle $CO^2H$ (*voir* p. 314). Rappelons, à ce sujet, que les nitriles-alcools 1.2. $R — CHOH — CN$ et $\dfrac{R}{R'}{>}COH — CN$ prennent naissance par fixation d'acide cyanhydrique sur les aldéhydes (*voir* p. 270) et sur les cétones (*voir* p. 287), en sorte que la formation des acides-alcools 1.2, en partant des aldéhydes et des cétones, revient, en définitive, à l'addition des éléments de l'acide formique $H — CO^2H$ aux aldéhydes et aux cétones; exemples :

$$CH^3 — CHO \quad\rightarrow\quad CH^3 — CH(OH) — CO^2H,$$
$$CH^3 — CO — CH^3 \quad\rightarrow\quad CH^3 — \underset{\underset{CO^2H.}{|}}{C}(OH) — CH^3.$$

*b.* La propanone $(CH^3)^2CO$ réagit sur le bromacétate d'éthyle $CH^2Br — CO^2C^2H^5$, en présence du zinc, en donnant le composé

$$(CH^3)^2C{<}^{OZnBr}_{CH^2 — CO^2C^2H^5};$$

si l'on traite ensuite celui-ci par l'eau, le résidu $— OZnBr$ est remplacé dans la molécule par $— OH$

$$(— OZnBr + H^2O = — OH + ZnBrOH),$$

et l'on obtient l'éther-sel alcool tertiaire

$$(CH^3)^2COH — CH^2 — CO^2C^2H^5,$$

qu'on peut ensuite transformer en acide par saponification.

La réaction est générale : par la mise en œuvre d'autres cétones et d'autres éthers-sels halogénés sur le carbone voisin de la fonction éther-sel, on obtiendrait de même d'autres éthers-sels alcools tertiaires (REFORMATZKY).

On peut, en outre, dans ces réactions, substituer le magnésium au zinc.

Le procédé s'applique également aux aldéhydes, qui conduisent ainsi à des éthers-sels alcools secondaires.

3. Les acides-alcools, corps tantôt liquides, tantôt solides, sont toujours plus solubles dans l'eau que les acides non alcooliques correspondants.

L'action de la chaleur sur ces acides est particulièrement intéressante :

1° Les acides-alcools secondaires 1.2 donnent d'abord naissance à des éthers-sels, provenant de l'union de 2 molécules d'acide, et résultant de l'éthérification de la fonction alcool de l'une par la fonction acide de l'autre ; exemple :

$$CH^3 - CHOH - COOH + HOCH \Big\langle {CH^3 \atop CO^2H}$$

2 molécules d'acide lactique.

$$= H^2O + CH^3 - CHOH - CO.O.CH \Big\langle {CH^3 \atop CO^2H}.$$

Acide dilactique.

Puis, dans l'éther-sel ainsi formé, la fonction acide et la fonction alcool restantes s'éthérifient réciproquement, et l'on obtient finalement un corps neutre, qui est un double éther-sel, un *lactide*, du nom du plus simple, dérivé de l'acide lactique ; exemple :

$$CH^3 - HOCH - CO \atop HOCO - CH - CH^3 {\Large\rangle} O \quad = \quad H^2O + \quad {CH^3 - CH - CO \atop CO - CH - CH^3} {\Large\langle}O{\Large\rangle}O$$

Acide dilactique.         Lactide.

2° Les acides-alcools 1.3 perdent très facilement une molécule d'eau en donnant des acides éthyléniques (WISLISCENUS) ; exemple :

$$CH^2OH - CH^2 - CO^2H \quad = \quad H^2O + CH^2 = CH - CO^2H.$$

Acide hydracrylique.          Acide acrylique.

3° Les acides-alcools 1.4 et 1.5 perdent, vers 100°, une molécule d'eau en formant des composés neutres, qui sont des *éthers-sels internes*, la fonction acide éthérifiant la fonction alcool dans la même molécule. Ces corps, qui présentent un grand intérêt, ont reçu le nom de *lactones* (*olides*, d'après la nomenclature de Genève). Nous y reviendrons ci-dessous.

4. Le perchlorure de phosphore, agissant sur les acides-alcools, transforme à la fois la fonction alcool en fonction éther chlorhydrique (dérivé chloré) et la fonction acide en fonction chlorure d'acide (Kolbe); exemple :

$$CH_3 — CHOH — CO_2H + 2PCl_5$$

Acide lactique.

$$= 2POCl_3 + 2HCl + CH_3 — CHCl — COCl.$$

Oxychlorure de phosphore.      Chlorure de 2-chloro-propanoyle.

Ces chlorures d'acides chlorés se décomposent au contact de l'eau avec formation d'acides chlorés; on sait, en effet, que la fonction chlorure d'acide est détruite très facilement par l'eau (*voir* p. 317), tandis que la fonction éther chlorhydrique est beaucoup plus résistante; exemple :

$$CH_3 — CHCl — COCl + H_2O = CH_3 — CHCl — CO_2H + HCl.$$

Chlorure de 2-chloropropanoyle.      Chloro-2-propanoïque.

5. De même qu'on peut obtenir les acides-alcools 1.2 en fixant les éléments de l'acide formique sur les aldéhydes ou les cétones [par l'intermédiaire de l'acide cyanhydrique (*voir* p. 329)], de même on peut redescendre des acides-alcools 1.2 aux aldéhydes ou cétones génératrices par soustraction des éléments de l'acide formique.

*a.* On peut, pour cela, chauffer ces acides-alcools avec de l'acide sulfurique concentré; l'acide formique ne s'élimine pas à l'état libre, mais est dédoublé en ses deux composants, eau et oxyde de carbone; exemple :

$$CH_3 — CHOH — CO_2H = CO + H_2O + CH_3 — CHO.$$

Acide lactique.      Acétaldéhyde.

*b.* Une seconde méthode consiste à traiter les acides-alcools par un oxydant doux, qui provoque l'élimination d'anhydride carbonique. On emploie avec avantage, dans cette réaction, l'oxyde jaune de mercure à chaud (Guerber); exemple :

$$CH_3 — CHOH — CO_2H + O = CH_3 — CHO + H_2O + CO_2.$$

Acide lactique.      Acétaldéhyde.

*c.* Les lactides (*voir* ci-dessus, p. 330), sous l'influence de la chaleur, se dédoublent en 2 molécules d'oxyde de carbone et 2 molécules d'un aldéhyde :

$$
\begin{array}{c}
R - CH - CO \\
O\diagdown\quad\diagup O \\
CO - CH - R
\end{array}
\quad = \quad 2CO + 2R - CHO.
$$

Comme les lactides résultent eux-mêmes de l'action de la chaleur sur les acides-alcools, on voit que cette action conduit, finalement, à des aldéhydes à un atome de carbone de moins que les acides-alcools générateurs ([1]).

6. Parmi les acides-alcools, l'un des plus importants est l'acide lactique $CH^3 - CHOH - CO^2H$, que Scheele découvrit dans le lait aigri en 1780. C'est un liquide sirupeux, qui se forme dans la fermentation du glucose, du saccharose, du sucre de lait et de diverses autres matières sucrées, sous l'influence de microorganismes spéciaux. Remarquons que la formule comprend un atome de carbone asymétrique, celui qui porte la fonction alcool. Conformément aux prévisions théoriques, on connaît un acide droit (acide sarcolactique ou acide des muscles), un acide gauche et un acide inactif par compensation ou racémique (c'est l'acide ordinaire de fermentation), facilement dédoublable en ses deux composants actifs (Lewkowitsch, 1883).

### Lactones (olides) [Saytzeff, Erlenmeyer, Fittig].

On appelle ainsi les éthers-sels internes résultant de l'éthérification d'une fonction alcoolique par une fonction acide dans la même molécule (*voir* p. 331). La *lactonisation* se fait très difficilement lorsque les deux fonctions sont contiguës (acides-alcools 1.2), et les lactones ayant pour type le corps $CH^3 - CO$ $\diagdown O \diagup$

---

([1]) Blaise a fondé sur cette réaction une méthode de préparation des aldéhydes, qui convient particulièrement bien pour les aldéhydes acycliques à poids moléculaire élevé, les acides dont on part étant une matière première abondante et peu coûteuse. Voici la marche : un acide de formule générale $R - CH^2 - CO^2H$ est traité par le brome ; le dérivé bromé obtenu $R - CHBr - CO^2H$, sous l'action des alcalis, fournit l'acide-alcool $R - CHOH - CO^2H$ ; et ce dernier, chauffé avec des précautions spéciales, donne finalement l'aldéhyde $R - CHO$.

sont fort rares; il en est de même des lactones de formule générale  R — CH — CH² — CO ou lactones 1.3.

$$\underset{\underline{\qquad O \qquad}}{\text{R — CH — CH}^2\text{ — CO}}$$

Seules les lactones 1.4, comme la butyrolactone

$$\underset{\underline{\qquad O \qquad}}{\text{CH}^2\text{ — CH}^2\text{ — CH}^2\text{ — CO,}}$$

et les lactones 1.5, comme l'hexanolide

$$\underset{\underline{\qquad O \qquad}}{\text{CH}^3\text{ — CH — CH}^2\text{ — CH}^2\text{ — CH}^2\text{ — CO,}}$$

se forment, au contraire, très facilement : il suffit de chauffer
vers 100° les acides-alcools correspondants ; exemple :

$$CH^3 — CHOH — CH^2 — CH^2 — COOH$$
Pentanol-4-oïque.

$$= H^2O + \underset{\underline{\qquad O \qquad}}{\text{CH}^3\text{ — CH — CH}^2\text{ — CH}^2\text{ — CO}}$$
Pentanolide-4.

La tendance à la lactonisation est très grande chez les acides-
alcools 1.4 et 1.5, et il n'est pas rare que la lactone se forme
spontanément sitôt que l'acide est mis en liberté d'un de ses sels.

Les lactones sont des liquides ou des solides à odeur faiblement aromatique, distillables sans décomposition (la butyrolac-
tone $\underset{\underline{\qquad O \qquad}}{\text{CH}^2\text{ — CH}^2\text{ — CH}^2\text{ — CO}}$ bout à 206°) et entraînables par la

vapeur d'eau, solubles dans l'eau, l'alcool et l'éther.

Les solutions aqueuses sont neutres au tournesol, et l'eau
seule, même bouillante, ne les hydrate que très lentement. Les
alcalis caustiques, au contraire, saponifient facilement l'éther-
interne; ils ouvrent, en d'autres termes, la liaison *lactonique*, en
formant les sels alcalins des oxyacides correspondants; exemple :

$$\underset{\underline{\qquad O \qquad}}{\text{CH}^3\text{ — CH — CH}^2\text{ — CH}^2\text{ — CO}} + KOH$$

$$= CH^3 — CHOH — CH^2 — CH^2 — CO^2K.$$

D'autres agents chimiques sont d'ailleurs susceptibles d'ouvrir la liaison lactonique, en donnant des composés à fonctions diverses. Nous aurons l'occasion d'en signaler quelques exemples dans la suite.

### Acides polyalcools.

On connaît des acides monobasiques à 2, 3, 4, 5, ..., $n$ fonctions alcooliques. On les obtient soit en créant des fonctions alcool sur un acide, soit en créant une fonction acide sur un composé plusieurs fois alcoolique. Par exemple, l'acide glycérique, acide-dialcool $CH^2OH — CHOH — CO^2H$, pourra se préparer soit en fixant sur l'acide acrylique $CH^2 = CH — CO^2H$ deux oxhydryles $(O + H^2O)$ au moyen du permanganate de potassium en solution aqueuse étendue [méthode générale de synthèse des glycols en partant des composés éthyléniques (*voir* p. 235)], soit en transformant en fonction acide l'une des deux fonctions alcool primaire de la glycérine $CH^2OH — CHOH — CH^2OH$.

La méthode d'obtention des acides-alcools par fixation d'acide cyanhydrique sur les aldéhydes ou les cétones et hydratation du nitrile-alcool obtenu convient très bien pour la préparation des acides-polyacools. Ainsi le glucose, aldéhyde 5 fois alcool

$$CH^2OH — CHOH — CHOH — CHOH — CHOH — CHO,$$

fixe facilement HCN, en donnant le nitrile

$$CH^2OH — CHOH — CHOH — CHOH — CHOH — CHOH — CN,$$

lequel fournit, à l'hydratation, un acide 6 fois alcool

$$CH^2OH — CHOH — CHOH — CHOH — CHOH — CHOH — CO^2H$$

(KILIANI).

Les acides qui possèdent une fonction alcool en position 4 fournissent très facilement des lactones. L'acide gluconique

$$CH^2OH — CHOH — CHOH — CHOH — CHOH — CO^2H,$$

par exemple, exposé à froid dans une atmosphère maintenue sèche par l'acide sulfurique, perd $H^2O$ en donnant la lactone

$$CH^2OH — CHOH — CH — CHOH — CHOH — CO.$$
$$\underline{\qquad\qquad} O \diagdown$$

Ces lactones, comme toutes les lactones, sont neutres et donnent, avec les alcalis caustiques, les sels des oxyacides corres, \nadants. Réduites par l'amalgame de sodium et l'eau en liqueur acide, elles fournissent des aldéhydes-polyalcools (FISCHER); exemple :

$$CH^2OH - CHOH - \underset{\displaystyle O}{CH} - CHOH - CHOH - \overset{\displaystyle}{CO} + H^2$$

Lactone gluconique.

$$= CH^2OH - CHOH - CHOH - CHOH - CHOH - CHO.$$

Glucose.

Enfin, quand la molécule renferme des atomes de carbone asymétrique, comme l'acide gluconique, on trouve, en général, non seulement des inverses optiques, mais encore d'autres isomères stéréochimiques, souvent transformables les uns dans les autres, et qui sont plus ou moins nombreux suivant le nombre des atomes de carbone asymétrique, et aussi suivant que la molécule possède ou ne possède pas 'de plan de symétrie. Nous reviendrons sur ce point quand nous étudierons les *Sucres* (p. 369).

### V. — ACIDES-PHÉNOLS.

Chez ces corps, les oxhydryles se trouvent dans des noyaux aromatiques. Divers acides-phénols, libres ou éthérifiés, existent dans la nature : l'essence de Wintergreen, par exemple, est en grande partie constituée par de l'orthoxybenzoate de méthyle $C^6H^4 \langle \substack{CO^2CH^3_{(1)} \\ OH_{(2)}}$ (CAHOURS). Pour les obtenir, on peut ou bien créer des fonctions phénol sur une molécule d'acide aromatique, ou bien créer une fonction acide sur une molécule d'un phénol, le tout par les procédés généraux que l'on connaît.

Par exemple, les dérivés sulfonés des acides aromatiques, traités par les alcalis caustiques en fusion, fourniront des acides-phénols; exemple :

$$C^6H^3 {\Big\langle}{\substack{CO^2Na \\ -SO^3Na \\ SO^3Na}} + 2\,NaOH = C^6H^3 {\Big\langle}{\substack{CO^2Na \\ -OH \\ OH}} + 2\,SO^3Na^2.$$

De même, les phénols à chaînes latérales, soumis à l'oxydation, donnent des acides-phénols, les chaînes latérales étant transformées en carboxyles; la réaction n'est régulière que si l'on *bloque* au préalable, en l'éthérifiant, la fonction phénol, facile ensuite à libérer par saponification; exemple :

$$C^6H^4{<}{CH^3 \atop OCOCH^3} + O^3 = C^6H^4{<}{CO^2H \atop OCOCH^3} + H^2O.$$

Une méthode de synthèse, spéciale aux acides-phénols dans lesquels les oxhydryles phénoliques et le carboxyle sont attachés au même noyau, consiste à fixer les éléments de l'anhydride carbonique sur les phénols sodés ou potassés. Le phénol ordinaire $C^6H^5.OH$ conduit ainsi à un acide oxybenzoïque $C^6H^4{<}{CO^2H \atop OH}$. La réaction s'effectue en deux phases : tout d'abord on fait réagir le gaz $CO^2$, à froid et sous pression, sur le phénate alcalin sec, ce qui produit le carbonate double de métal alcalin et de phényle, soit

$$C^6H^5O - CO - ONa;$$

puis, le composé alcalin, chauffé à 120°, toujours en présence du gaz $CO^2$ sous pression, s'isomérise en donnant le corps

$$C^6H^4{<}{CO^2Na \atop OH}.$$

Si l'on a employé le dérivé sodé, on obtient, à l'état de sel, l'acide oxybenzoïque-ortho ou acide salicylique (correspondant à l'aldéhyde salicylique et à la saligénine)

$$C^6H^4{<}{CO^2H_{(1)} \atop OH_{(2)}};$$

si l'on emploie, au contraire, le dérivé potassé, et qu'on élève la température jusqu'à 280°, c'est le dérivé para

$$C^6H^4{<}{CO^2H_{(1)} \atop OH_{(4)}}$$

qui prend naissance (KOLBE et LAUTEMANN) [1].

---

[1] Les phénols contenant des chaines latérales, ainsi que les polyphénols, donnent, avec le sodium et l'anhydride carbonique, l'acide-phénol, même en présence de solvants indifférents et à la pression ordinaire (G. ODDO et MAMELI).

Les acides-phénols sont des corps solides, incolores, dont la solubilité dans l'eau est d'autant plus grande que les fonctions phénol sont plus nombreuses. En tant que phénols, ils donnent, en général, des colorations avec le chlorure ferrique; l'acide salicylique (qui fut découvert par PIRIA en 1838) fournit ainsi une coloration violette.

Ceux dont le carboxyle occupe la position 3 (et même 2) d'une chaîne latérale, et qui possèdent une fonction phénol en position ortho par rapport à cette chaîne, donnent, à la distillation sèche, des éthers-sels internes ayant toutes les propriétés des lactones. C'est ainsi, notamment, que l'acide orthoxycinnamique fournit, par perte d'une molécule d'eau, une lactone identique à la *coumarine* du mélilot et de la fève Tonka (PERKIN) :

$$C^6H^4 \begin{cases} CH = CH - COOH \\ OH \end{cases} = H^2O + C^6H^4 \begin{cases} CH = CH \\ O \!-\! CO \end{cases}$$

Acide orthoxycinnamique (1).                Coumarine.

Signalons, comme matières se rattachant aux acides-phénols, les *tannins*. Le tannin de la noix de galle est en relation très étroite avec l'acide gallique $C^6H^2(CO^2H)_{(1)}(OH)^3_{(3,4,5)}$, acide triphénol qui prend naissance dans le dédoublement du tannin, par hydratation, sous l'influence des acides étendus *voir* p. 378), et d'où dérive, par perte d'anhydride carbonique, le triphénol déjà étudié sous le nom de *pyrogallol* $C^6H^3(OH)^3$ (p. 265).

## VI. — ACIDES-ALDÉHYDES.

Ces corps sont encore peu connus. Le plus simple est l'acide glyoxylique $CO^2H - CHO$, qui se forme dans l'oxydation du glycol ordinaire $CH^2OH - CH^2OH$. L'acide glucuronique $CO^2H - (CHOH)^4 - CHO$ est un acide-aldéhyde tetraalcoolique, qui se rencontre dans l'urine, sous forme de combinaisons spéciales, après l'ingestion de certains médicaments (camphre, chloral, etc.).

---

(1) Cet acide se prépare en appliquant la méthode générale de PERKIN (*voir* p. 324) à l'aldéhyde salicylique $C^6H^4 \begin{cases} CHO~(1) \\ OH~(2) \end{cases}$ : on chauffe cet aldéhyde avec de l'anhydride acétique et de l'acétate de sodium.

## VII. — ACIDES-CÉTONES (ACIDES CÉTONIQUES).

Nous ne parlerons que des acides monocétoniques, les acides possédant plusieurs fonctions cétoniques étant très peu connus. On distingue les acides cétoniques $\alpha$, $\beta$, $\gamma$, $\delta$, ..., suivant que la fonction cétone est contiguë à la fonction acide, ou qu'elle en est séparée par 1, 2, 3, ... atomes de carbone. Les acides cétoniques où la fonction cétone est au delà de la position $\delta$ sont à peine entrevus.

1. D'une façon générale, on obtient les acides cétoniques soit en oxydant les acides-alcools secondaires correspondants (le pentanol-4-oïque $CH^3 — CHOH — CH^2 — CH^2 — CO^2H$, par exemple, donne ainsi l'acide cétonique $CH^3 — CO — CH^2 — CH^2 — CO^2H$ ou acide lévulique), soit en hydratant les nitriles cétoniques ($CH^3 — CO — CN$, par exemple, donne ainsi l'acide pyruvique $CH^3 — CO — CO^2H$).

En faisant réagir les corps à la fois chlorures d'acides et éthers-sels sur les composés organo-iodozinciques, on forme des éthers cétoniques, qui peuvent ensuite fournir, par saponification, les acides cétoniques (Blaise et Kœhler); exemple :

$$CO^2C^2H^5 — (CH^2)^4 — CO|Cl + Zn I|CH^3$$
$$= Zn ICl + CO^2C^2H^5 — (CH^2)^4 — CO — CH^3 \ (^1)$$

2. On peut former des acides $\beta$-cétoniques en fixant une molécule d'eau sur la triple liaison des acides acétyléniques. L'hydratation se réalise toujours par voie détournée.

*a.* C'est en traitant l'acide phénylpropiolique $C^6H^5 — C \equiv C — CO^2H$ par la méthode à l'acide sulfurique concentré (*voir* p. 286) que Bæyer obtint l'acide benzoylacétique $C^6H^5 — CO — CH^2 — CO^2H$.

*b.* Les corps à la fois éthers-sels et éthers-énoliques, et les corps à la fois éthers-sels et éthers $\beta$-acétaliques, obtenus par fixation d'alcools sur la triple liaison des éthers-sels acétyléniques (*voir* p. 326), s'hydrolysent sous l'action des acides

---

(¹) A la différence des composés organo-halogéno-magnésiens, qui attaquent la fonction éther-sel (*voir* p. 231), les composés organo-halogéno-zinciques la laissent généralement intacte à froid. Aussi, dans l'espèce, la fonction chlorure d'acide seule est-elle entrée en jeu.

étendus en donnant des éthers β-cétoniques; exemples :

$$C^6H^5 - C(OC^2H^5) = CH - CO^2C^2H^5 + H^2O$$
$$= C^2H^5OH + C^6H^5 - C(OH) = CH - CO^2C^2H^5$$
$$\rightarrow C^6H^5 - CO - CH^2 - CO^2C^2H^5 ;$$

$$C^6H^5 - C(OC^2H^5)^2 - CH^2 - CO^2C^2H^5 + 2H^2O$$
$$= 2C^2H^5OH + C^6H^5 - C(OH)^2 - CH^2 - CO^2C^2H^5$$
$$\rightarrow C^6H^5 - CO - CH^2 - CO^2C^2H^5 + H^2O.$$

(*Voir* aussi la note de la page 327.)

3. Les acides β-cétoniques, ou plutôt leurs éthers, prennent encore spécialement naissance quand on traite les éthers-sels par l'éthylate de sodium et qu'on décompose ensuite par l'eau le produit formé. Cette réaction revient à l'élimination d'une molécule d'alcool entre deux molécules d'éther-sel (GEUTHER); exemple :

$$CH^3 - CO\overline{OC^2H^5 + H}CH^2 - COOC^2H^5$$

Acétate d'éthyle (2 mol.).

$$= C^2H^5OH + CH^3 - CO - CH^2 - CO^2C^2H^5.$$

Alcool éthylique.          Acétylacétate d'éthyle.

On peut admettre que le mécanisme en est le suivant :

$$(a) \quad CH^3 - C\underset{OC^2H^5}{\overset{O}{<}} + NaOC^2H^5 = CH^3 - C\underset{\searrow OC^2H^5}{\overset{\nearrow ONa}{-}}OC^2H^5;$$

$$(b) \quad \begin{cases} CH^3 - C\overset{\nearrow ONa}{-}\boxed{\begin{matrix}OC^2H^5 & H\\ OC^2H^5 + H\end{matrix}} CH - CO^2C^2H^5 \\ = 2C^2H^5OH + CH^3 - C(ONa) = CH - CO^2C^2H^5; \end{cases}$$

$$(c) \quad \begin{cases} CH^3 - C(ONa) = CH - CO^2C^2H^5 + H^2O \\ = NaOH + CH^3 - C(OH) = CH - CO^2C^2H^5 \\ \rightleftharpoons CH^3 - CO - CH^2 - CO^2C^2H^5 \quad (voir\ p.\ 343). \end{cases}$$

4. Sous l'action de l'hydrogène naissant, tous les acides cétoniques donnent des acides-alcools secondaires, par fixation de $H^2$ sur la fonction cétone.

L'action de la chaleur sur les acides cétoniques est intéres-

sante; elle est variable avec les positions relatives des deux
fonctions de la molécule.

1° Les acides $\alpha$ et $\beta$-cétoniques perdent les éléments de l'anhydride carbonique en donnant : les premiers, des aldéhydes, et
les seconds, des cétones; exemples :

$$C^6H^5 - CO - CO^2H \;=\; C^6H^5 - CHO + CO^2,$$

Acide benzoylformique.          Benzaldéhyde.

$$CH^3 - CO - CH^2 - CO^2H \;=\; CH^3 - CO - CH^3 + CO^2,$$

Acide acétylacétique (¹).          Propanone
(acétone ordinaire).

2° Les acides $\gamma$-cétoniques donnent naissance à des lactones
non saturées en perdant une molécule d'eau; exemple :

$$CH^3 - CO - CH^2 - CH^2 - CO^2H \;=\; CH^3 - C = CH - CH^2 - CO + H^2O.$$

Acide lévulique          $\underset{O}{\qquad}$
(pentanone-2-oïque-5).          Pentène-2-olide-2,5.

5. Les éthers $\beta$-cétoniques jouissent de propriétés remarquables, qui sont analogues à celles des dicétones-$\beta$. Tout
d'abord, ils réagissent sur les hydrazines renfermant le groupement $>N - NH^2$ en donnant, avec élimination d'eau et d'alcool,
des composés hétérocycliques azotés spéciaux, qui ont reçu le
nom de *pyralozones* (KNORR, 1883); exemple :

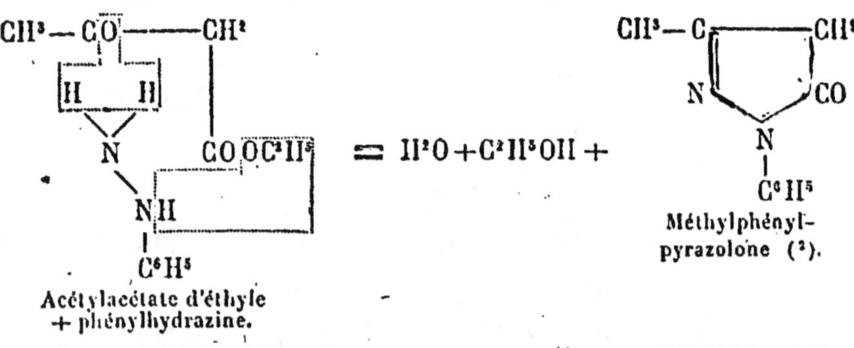

Acétylacétate d'éthyle
+ phénylhydrazine.

Méthylphényl-
pyrazolone (²).

---

(¹) Les acides $\beta$-cétoniques sont, en général, peu stables, et même leurs sels;
aussi emploie-t-on, dans les réactions, leurs éthers, qui sont, au contraire, distillables sans décomposition.

(²) En faisant réagir à chaud l'iodure de méthyle sur la méthylphénylpyra-
zolone, on introduit dans la molécule un second groupe méthyle, et l'on obtient
l'antithermique utilisé en Médecine sous le nom d'*antipyrine*.

De même, à l'égal des dicétones-β, les éthers β-cétoniques possèdent un caractère acide, qu'ils doivent à la position du groupe $CH^2$ entre deux groupements électronégatifs ($— CO — CH^2 — CO^2C^2H^5$). C'est ainsi que, insolubles ou peu solubles dans l'eau, ils se dissolvent aisément dans les solutions aqueuses d'alcalis caustiques, en formant des combinaisons salines

$$(CH^3 — CO — CH^2 — CO^2C^2H^5 \;\; \rightarrow \;\; CH^3 — CO — CHNa — CO^2C^2H^5)\;(^1);$$

les composés cupriques, tel le corps $Cu\left(CH\big\langle{}^{CO^2C^2H^5}_{CO\,—\,CH^3}\right)^2$, sont, comme les dérivés correspondants des dicétones-β, solubles en général dans le chloroforme et l'éther; les composés ferriques sont, de même, rouges-violacés, et il suffit, par exemple, d'ajouter une goutte de solution étendue de chlorure ferrique $FeCl^3$ à une solution alcoolique neutre d'acétylacétate d'éthyle $CH^3 — CO — CH^2 — CO^2C^2H^5$, pour voir apparaître aussitôt une coloration rouge-violacée plus ou moins intense.

Les dérivés sodés réagissent également, comme ceux des dicétones-β, sur les iodures alcooliques; on forme ainsi des éthers β-cétoniques substitués; exemple :

$$CH^3 — CO — CHNa — CO^2C^2H^5 \;+\; ICH^3$$
Acétylacétate d'éthyle sodé.        Iodure<br>de méthyle.

$$=\; NaI + CH^3 — CO — \underset{|}{CH} — CO^2C^2H^5.$$
$$CH^3$$
Méthylacétylacétate d'éthyle.

Ces nouveaux éthers peuvent, à leur tour, donner des dérivés sodés, qui, en réagissant sur un iodure alcoolique, fourniront des éthers β-cétoniques disubstitués, tels que le composé

$$CH^3 — CO — \underset{H^3C\;\;\;\;C^2H^5}{C} — CO^2C^2H^5$$

6. Tous les éthers β-cétoniques, qu'ils soient substitués ou non

---

(¹) D'ordinaire, pour préparer les dérivés sodés, on fait réagir l'éthylate de sodium $C^2H^5ONa$, qui substitue Na à H dans les éthers β-cétoniques, avec mise en liberté d'alcool $C^2H^5OH$.

sont dédoublables par hydratation à l'aide des alcalis ou des acides étendus; la molécule se coupe à côté du groupement $CO^2C^2H^5$, et il y a formation de cétone, avec élimination d'alcool et d'anhydride carbonique, ce dernier restant à l'état de carbonate quand on emploie les alcalis; exemples :

$$CH^3 - CO - CH^2 \diagup CO^2C^2H^5 + 2\,KOH$$
Acétylacétate d'éthyle.

$$= \quad CH^3 - CO - CH^3 \quad + \quad CO^3K^2 \quad + \quad C^2H^6OH,$$
Propanone.      Carbonate de K.      Éthanol.

$$CH^3 - CO - \underset{\underset{\textstyle H^3C \quad C^2H^5}{\diagup\diagdown}}{C} \diagup CO^2C^2H^5 \quad + \quad 2\,KOH$$
Méthyléthylacétylacétate d'éthyle.

$$= \quad CH^3 - CO - \underset{\underset{\textstyle CH^3}{|}}{CH} - C^2H^5 + CO^3K^2 + C^2H^5OH.$$
Méthyl-3-pentanone-2.

Beaucoup de cétones ne peuvent être préparées commodément que par ce procédé. Il se fait toujours, d'ailleurs, dans ces réactions, et principalement quand on emploie la potasse alcoolique concentrée, un autre dédoublement, en même temps que le précédent ; la molécule se coupe entre les deux atomes de carbone 2 et 3, et l'on obtient deux acides; exemple :

$$CH^3 - CO \diagup C(C^2H^5)^2 - CO^2C^2H^5 + 2\,KOH$$

$$= \quad CH^3 - CO^2K \quad + \quad C^2H^6O \quad + \quad (C^2H^5)^2CH - CO^2K \; (^1).$$
Acétate de K.            Diéthylacétate de K.

**7.** Les chlorures d'acides réagissent également sur les éthers β-cétoniques sodés (*voir* ci-après l'article *Tautomérie*), et les composés formés se prêtent à des dédoublements analogues aux précédents.

---

($^1$) Les acides acétyléniques $R - C \equiv C - CO^2H$ sont également décomposables par les alcalis, et leurs produits de dédoublement, d'une manière générale, sont les mêmes que ceux des acides β-cétoniques $R - CO - CH^2 - CO^2H$. Le mécanisme est simple : l'acide acétylénique est d'abord converti, par hydratation, en acide β-cétonique, et celui-ci se dédouble ensuite (MOUREU et DELANGE).

## TAUTOMÉRIE.

1. Les éthers β-cétoniques peuvent exister sous la forme cétonique et sous la forme énolique :

$$R - CO - CH^2 - CO^2C^2H^3 \qquad R - C(OH) = CH - CO^2C^2H^5.$$

*Forme cétonique.*             *Forme énolique.*

Dans leurs réactions diverses, ils se comportent comme s'ils avaient tantôt la formule cétonique, tantôt la formule énolique, tantôt à la fois la formule énolique et la formule cétonique. De très faibles influences suffisent, en général, à convertir l'une des formes en l'autre.

Nous avons affaire ici à une isomérie spéciale, un peu subtile, qui a reçu le nom de *tautomérie*. Les isomères de cette nature sont dits *tautomères* (*voir* p. 147); et le passage d'une forme tautomère à l'autre se désigne par le mot *tautomérisation*, ou encore par le mot *désmotropie*.

2. Considérons, pour fixer les idées, l'éther acétylacétique. En refroidissant à — 78° une solution de ce produit dans l'éther de pétrole, on sépare l'une des formes, qui cristallise en prismes; elle ne se colore pas par le chlorure ferrique, et sa réfraction moléculaire concorde avec l'existence du groupement — $CH^2$ — CO — : c'est la forme *cétonique*. La liqueur mère a retenu la forme *énolique;* celle-ci se colore en rouge-violacé par le chlorure ferrique, absorbe le brome à la façon d'un composé éthylénique ordinaire, et sa réfraction moléculaire est en accord avec la présence du groupement — $C(OH) = CH$ — dans sa molécule.

La forme cétonique passe à la forme énolique sous l'influence de divers réactifs, en particulier de l'éthylate de sodium; aussi l'éther acétylacétique récemment préparé est-il formé par le composé énolique pur. A son tour, la forme énolique se convertit peu à peu en la forme cétonique, en sorte que l'éther ancien renferme un mélange des deux formes; cette transformation est très rapide sous l'influence d'une trace de pipéridine (base organique dont il sera question dans la suite, p. 465).

En réalité, il paraît y avoir, pour chaque température, un état d'équilibre réversible [— CO — $CH^2$ — $\rightleftarrows$ — $C(OH) = CH$ —], défini par les proportions respectives des deux constituants dans le mélange. En étudiant la variation de l'indice de réfraction de l'éther acétylacétique ordinaire en fonction du temps, et en comparant les indices observés avec ceux des deux isomères purs, on a pu déterminer ces proportions : à la température ambiante, on trouve, lorsque l'équilibre est atteint, 92 pour 100 de la forme cétonique et 8 pour 100 de la forme énolique. D'autres déterminations, basées sur la mesure des coefficients d'aimantation, ont conduit aux mêmes résultats.

Une conséquence de cet état d'équilibre réversible est la suivante : tout réactif qui agit sur une forme, en faisant disparaître cette forme, amène progressivement la transformation intégrale de l'autre en celle-ci. Ainsi, si l'on traite le mélange ordinaire (éther acétylacétique, préparé depuis un certain temps) par l'hydrazine, celle-ci attaque la forme cétonique en donnant une pyrazolone (*voir* p. 340); l'équilibre rompu tendant à se rétablir, la forme énolique se convertit au fur et à mesure en forme cétonique, et, finalement, la totalité de l'éther acétylacétique sera transformée en pyrazolone; tout s'est donc passé comme si le produit initial avait été uniquement constitué par la forme cétonique. Réciproquement, l'éthylate de sodium, en agissant sur le mélange, donnera, avec la forme énolique, le dérivé sodé — $C(ONa) = CH$ —; l'équilibre rompu tendra à se rétablir, et la forme cétonique se convertira au fur et à mesure en forme énolique, jusqu'à ce que la transformation soit intégrale; tout s'est donc passé comme si le produit initial avait été constitué exclusivement par la forme énolique.

On a observé, chose curieuse, que l'éther acétylacétique sodé réagit sur les chlorures d'acides à la fois sous les deux formes énolique et cétonique. Il donne, en effet, un mélange de deux composés : dans l'un, le reste acide $R — CO$ est lié à l'oxygène (dérivé O-acylé) :

$$CH^3 — \underset{\overset{|}{O\,Na}}{C} = CH — CO^2C^2H^5 + R — COCl$$

$$= NaCl + CH^3 — \underset{\overset{|}{O — CO — R}}{C} = CH — CO^2C^2H^5;$$

*Dérivé O-acylé.*

et, dans l'autre, le reste $R — CO$, lié au carbone (dérivé C-acylé), en fait un éther $\beta\beta$-dicétonique :

$$CH^3 - CO - CHNa - CO^2C^2H^5 + R - COCl$$
$$= NaCl + CH^3 - CO - CH - CO^2C^2H^5.$$
$$\quad\quad\quad\quad\quad\quad\quad\quad | $$
$$\quad\quad\quad\quad\quad\quad\quad\quad CO - R.$$

*Dérivé C-acylé.*

Seuls les dérivés C-acylés possèdent des propriétés *acides;* ils sont solubles dans les alcalis libres et carbonatés, et l'on peut ainsi les séparer facilement de leurs isomères (BOUVEAULT et BONGERT).

3. En dehors des éthers $\beta$-cétoniques, beaucoup d'autres composés présentent aussi des phénomènes de tautomérie. Nous avons déjà rencontré, dans l'étude des dérivés nitrés acycliques (p. 188) et des quinones (p. 310), des faits en tout semblables. Les dicétones-$\beta$ peuvent exister également sous les deux formes

$$CH^3 - C(OH) = CH - CO - CH^3 \;\rightleftharpoons\; CH^3 - CO - CH^2 - CO - CH^3.$$

C'est à VAN LAAR qu'on doit l'introduction dans la Science de la notion de *tautomérie* (1885). Parmi les auteurs qui ont le plus contribué au développement de nos connaissances sur ce sujet délicat, nous citerons BÆYER, HANTSZCH, WISLICENUS, CLAISEN, KNORR.

### THIOACIDES (THIOLOÏQUES).

Si l'on traite l'acide acétique par le pentasulfure de phosphore, on remplace, dans le carboxyle, OH par SH :

$$5\,CH^3 - COOH + P^2S^5 = 5\,CH^3 - COSH + P^2O^5.$$

| Acide acétique. | Pentasulfure de phosphore. | Acide thiacétique. | Anhydride phosphorique. |
|---|---|---|---|

L'acide thiacétique est un liquide incolore, peu soluble dans l'eau, à odeur à la fois acétique et sulfurée, qui bout à 93° (l'acide acétique bout à 118°). Il donne des sels, des éthers, et un thioanhydride. Il est peu stable : chauffé avec les acides minéraux étendus, il régénère par hydratation l'acide acétique, avec mise en liberté d'acide sulfhydrique :

$$CH^3 - COSH + H^2O = CH^3 - COOH + H^2S.$$

| Acide thiacétique. | Acide acétique. |
|---|---|

On connaît divers acides sulfurés analogues.

## B. — DIACIDES (ACIDES BIBASIQUES).

1. Le gaz $CO^2$, qu'on appelle couramment, à tort, *acide carbonique*, est en réalité l'*anhydride* d'un hydrate, lequel est, par contre, le véritable *acide* carbonique :

$$CO\begin{cases}O H\\O H\end{cases} = \qquad CO^2 \qquad + H^2O.$$

Acide carbonique.    Anhydride carbonique.

Cet hydrate, stable seulement à très basse température et sous une forte pression, est considéré par les uns comme un acide bibasique, par les autres comme un acide-alcool. En réalité, il n'est pas plus acide bibasique qu'acide-alcool, puisque sa molécule ne possède qu'un seul atome de carbone; c'est un corps à part, unique dans son genre.

Il forme deux séries de sels : les sels acides $CO\begin{cases}OH\\OM\end{cases}$ (bicarbonates) et les sels neutres $CO\begin{cases}OM\\OM\end{cases}$ (carbonates neutres). L'oxychlorure de carbone $COCl^2$ ou phosgène (DAVY, 1812), en réagissant sur l'alcool $C^2H^5OH$, donne successivement, avec élimination de $HCl$ et de $2HCl$, le chloroformiate d'éthyle $CO\begin{cases}OC^2H^5\\Cl\end{cases}$ et le carbonate neutre d'éthyle $CO\begin{cases}OC^2H^5\\OC^2H^5\end{cases}$; les autres alcools fournissent, avec le même composé, des éthers analogues.

Le sulfure de carbone $CS^2$ est lui aussi un véritable anhydride, comparable à l'anhydride carbonique $CO^2$. On connaît une série de sels (sulfocarbonates) qui dérivent des carbonates par substitution, partielle ou totale, du soufre à l'oxygène; ils résultent de la fixation des alcalis ou des sulfures alcalins sur le sulfure de carbone. Le sulfochlorure $CSCl^2$ est également connu. En traitant le sulfure de carbone par la potasse alcoolique, on obtient le xanthogénate $CS\begin{cases}SC^2H^5\\OK\end{cases}$ (ZEISE; précipité jaune avec le sulfate de cuivre, d'où son nom); on a préparé divers composés semblables.

2. D'une façon générale, on peut obtenir les divers diacides en créant, séparément ou simultanément, chacune des deux

fonctions acides. Par exemple, le glycol $CH_2OH - CH_2OH$, l'aldéhyde glycolique $CHO - CH_2OH$, le glyoxal $CHO - CHO$, fournissent par oxydation l'acide de l'oseille ou acide oxalique $CO_2H - CO_2H$, chaque fonction alcool ou aldéhyde étant transformée en fonction acide. De même le nitrile-acide $CN - CH_2 - CO_2H$ (acide cyanacétique), dont le sel résulte de l'action du cyanure de potassium sur le monochloracétate de sodium $CH_2Cl - CO_2Na$, donnera par hydratation l'acide bibasique correspondant $CO_2H - CH_2 - CO_2H$ ou acide malonique; et le dinitrile $CN - CH_2 - CH_2 - CN$, qui résulte de l'action du cyanure de potassium sur le bromure d'éthylène $CH_2Br - CH_2Br$, conduira à l'acide succinique $CO_2H - CH_2 - CH_2 - CO_2H$. De même encore, les 3 diméthylbenzènes isomériques $C_6H_4 \Big\langle {CH_3 \atop CH_3}$ fourniront à l'oxydation les 3 acides phtaliques $C_6H_4 \Big\langle {CO_2H \atop CO_2H}$.

Les diacides sont des corps solides, se dissolvant facilement dans l'eau et l'alcool.

Chaque fonction acide réagit sur les bases comme si elle était seule : on obtient ainsi des sels acides, tels que $CO_2H - CO_2K$, et des sels neutres, comme $CO_2K - CO_2K$.

L'éthérification conduit en général d'emblée aux éthers-sels neutres : en chauffant, par exemple, l'acide oxalique avec l'alcool méthylique, on obtient directement l'oxalate neutre de méthyle $CO_2CH_3 - CO_2CH_3$, corps solide, fondant à 54°, et bouillant à 163°; les éthers-sels acides, tels que $CO_2CH_3 - CO_2H$, s'obtiennent en saponifiant partiellement les éthers-sels neutres.

Les acides bibasiques réagissent sur le perchlorure de phosphore en donnant des corps deux fois chlorures d'acide.

Les anhydrides d'acides que nous avons rencontrés jusqu'ici dérivaient de deux molécules d'acides. Avec les acides bibasiques, on conçoit en outre l'existence d'anhydrides d'acides *internes*, résultant de l'élimination d'une molécule d'eau entre les deux fonctions acides dans la même molécule. On les obtient en déshydratant par l'action de la chaleur, ou, plus généralement, par l'action du chlorure d'acétyle, les acides bibasiques; le chlorure d'acétyle agit ici par sa tendance à former, avec les éléments de l'eau, de l'acide acétique et de l'acide chlorhydrique (*voir* p. 317).

La position réciproque des deux carbonyles dans la molécule

exerce une grande influence sur leurs propriétés chimiques. C'est ainsi, notamment, que les anhydrides résultant de l'élimination d'une molécule d'eau entre les deux fonctions acides de la même molécule n'ont pu être obtenus qu'à partir des diacides 1.4. Nous allons examiner sommairement chaque cas principal.

### DIACIDES 1.2.

1. Il n'y a qu'un seul corps possible : c'est l'acide oxalique (acide de l'oseille) $CO_2H — CO_2H$, le plus simple des acides bibasiques. Sa synthèse fut réalisée par BERTHELOT (1867) en oxydant l'acétylène par le permanganate de potassium. Il prend naissance, par oxydation, dans une infinité d'autres réactions. L'industrie le prépare en grand en attaquant la cellulose par les alcalis à haute température (réaction complexe); on en produit également en chauffant à 400° le formiate de sodium ($2 H.CO_2Na = H_2 + (CO_2Na)_2$.

C'est à la simplicité même de sa molécule qu'il doit ses propriétés chimiques spéciales. Chauffé brusquement, il se dédouble en oxyde de carbone, anhydride carbonique et eau ($CO + CO_2 + H_2O$), décomposition qu'on peut effectuer plus régulièrement en faisant agir sur l'acide oxalique l'acide sulfurique ou divers autres agents de déshydratation. Il est rapidement oxydé par la solution aqueuse de permanganate, avec formation d'eau et de gaz carbonique ($CO_2H — CO_2H + O = 2CO_2 + H_2O$). Chauffé en présence de glycérine, dans certaines conditions, il se dédouble en anhydride carbonique $CO_2$ et acide formique $H — CO_2H$, grâce à la formation momentanée d'un éther formique de la glycérine, qui se saponifie ensuite à mesure qu'il prend naissance.

2. Le chlorure d'oxalyle $COCl — COCl$ fut découvert par FAUCONNIER, en 1892, en traitant à chaud l'oxalate d'éthyle par le perchlorure de phosphore. On le prépare plus aisément en faisant agir, à froid, ce réactif sur l'acide lui-même (STAUDINGER). C'est un liquide incolore, bouillant à 64°.

L'anhydride CO — CO est inconnu
          \O/

### DIACIDES 1.3.

1. Le plus simple des acides 1.3 est l'acide malonique $CO_2H — CH_2 — CO_2H$, qui fut découvert en 1858 par DESSAIGNES, dans l'oxydation de l'acide malique. Ce corps, solide à la tempé-

ratûre ordinaire et très soluble dans l'eau, se décompose sous l'action de la chaleur, déjà dès la température de 100°, en acide acétique et anhydride carbonique :

$$CO^2H - CH^2 - CO^2H = CO^2 + CH^3 - CO^2H.$$

Acide malonique.          -Acide acétique.

Le chlorure de malonyle $COCl - CH^2 - COCl$ bout à 58° sous une pression de $27^{cm}$ de mercure.

L'anhydride malonique normal $CO - CH^2 - CO$ n'est pas connu.
$$\underset{O}{\underline{\qquad}}$$

On peut cependant soustraire de l'eau à l'acide malonique. Si on le chauffe vers 300° avec de l'anhydride phosphorique, il perd $2H^2O$ en donnant le corps $CO = C = CO$, qui est un *sous-oxyde de carbone* (DIELS et WOLF, 1906). C'est un liquide qui bout à $+7°$ et brûle avec une flamme éclairante bordée de bleu, qui rappelle celle de l'oxyde de carbone. Il se comporte dans toutes ses réactions comme un dicétène (*voir* p. 312); ainsi il fixe instantanément 2 molécules d'eau en régénérant l'acide malonique, et il fixe aussi $2HCl$ en donnant le chlorure de malonyle $COCl - CH^2 - COCl$. Il se polymérise rapidement à la température ordinaire.

2. En dehors des deux fonctions acides, la molécule malonique possède un *caractère acide* comparable à celui des dicétones-$\beta$ et des éthers $\beta$-cétoniques; ici, en effet, nous retrouvons également un groupement $CH^2$ contigu à deux résidus électronégatifs; le caractère acide est facilement mis en évidence par l'étude des éthers-sels neutres. Le malonate d'éthyle

$$CO^2(C^2H^5) - CH^2 - CO^2(C^2H^5),$$

par exemple, donne, quand on le traite par l'éthylate de sodium $C^2H^5ONa$, le dérivé sodé $CO^2(C^2H^5) - CHNa - CO^2(C^2H^5)$; ce dernier est capable de réagir sur les iodures alcooliques (par exemple, $CH^3I$), et de fournir ainsi des éthers maloniques substitués, comme $CO^2(C^2H^5) - \underset{CH^3}{CH} - CO^2(C^2H^5)$. Les nouveaux éthers

peuvent encore, sous l'action de l'éthylate de sodium, donner des dérivés sodés, soit $CO^2(C^2H^5) - \underset{CH^3}{CNa} - CO^2(C^2H^5)$; et ceux-ci, traités à leur tour par un iodure alcoolique, fourniront des éthers maloniques disubstitués, tel le méthyléthylmalonate d'éthyle

$$CO^2(C^2H^5) - C - CO^2(C^2H^5).$$
$$H^3C \quad C^2H^5$$

Tous ces éthers donnent, à la saponification, les acides bibasiques correspondants; chacun de ces acides, soumis à l'action de la chaleur, se décomposera avec perte de $CO^2$, comme le fait l'acide malonique lui-même, et l'on obtiendra un acide monobasique qui sera un acide acétique substitué; exemple :

$$CO^2H - C - CO^2H \quad = \quad CO^2 + \dfrac{CH^3}{C^2H^5}{>}CH - CO^2H.$$
$$H^3C \quad C^2H^5$$

Acide<br>méthyléthylmalonique.   Acide<br>méthyléthylacétique.

3. Les aldéhydes, chauffés avec l'acide malonique, donnent d'abord naissance à des acides éthyléniques bibasiques, puis, par perte de gaz carbonique, à des acides éthyléniques monobasiques (FITTIG, MICHAEL); exemple :

$$C^6H^5 - CHO + H^2C{<}\dfrac{CO^2H}{CO^2H} \quad = \quad H^2O + C^6H^5 - CH = C{<}\dfrac{CO^2H}{CO^2H}$$
$$\rightarrow \quad C^6H^5 - CH = CH - CO^2H + CO^2.$$

Avec les éthers de l'acide malonique, on obtient régulièrement des éthers d'acides éthyléniques bibasiques; exemple :

$$C^6H^5 - CHO + H^2C{<}\dfrac{CO^2C^2H^5}{CO^2C^2H^5} \quad = \quad H^2O + C^6H^5 - CH = C{<}\dfrac{CO^2C^2H^5}{CO^2C^2H^5}$$

4. Ces réactions, qui sont d'une grande netteté, ont permis de préparer nombre d'acides difficiles ou même impossibles à atteindre par les autres méthodes.

Bien d'autres réactions seraient encore à signaler pour l'acide malonique et ses dérivés (action sur l'acide nitreux, les cétones, etc.); ces corps sont couramment utilisés dans les synthèses organiques.

## DIACIDES 1.4.

### *a.* — Acide succinique et acides analogues.

Le type des acides bibasiques 1.4 est l'acide succinique $CO_2H$—$CH_2$—$CH_2$—$CO_2H$, dont nous avons déjà indiqué (*voir* p. 347) la synthèse, réalisée par Simpson (1861), en partant du bromure d'éthylène. Ce composé, qui existe dans le succin ou ambre jaune, prend naissance dans certaines fermentations (en petite quantité, notamment, dans la fermentation alcoolique du glucose). L'action de la chaleur sur l'acide succinique détermine l'élimination d'une molécule d'eau entre les deux carboxyles, avec formation de l'anhydride d'acide *interne* :

$$
\begin{array}{l} CH_2 - COOH \\ CH_2 - COOH \end{array} = H_2O + \begin{array}{l} CH_2 - CO \\ CH_2 - CO \end{array}\!\!\!\!>\!\!O.
$$

Acide succinique.                                     Anhydride succinique

Réciproquement, l'anhydride succinique, chauffé avec de l'eau à l'ébullition, en fixe une molécule en régénérant l'acide succinique.

L'action du perchlorure de phosphore sur l'acide ou sur l'anhydride fournit le chlorure de succinyle ; celui-ci est un mélange de deux isomères :

$$
\begin{array}{l} CH_2 - COCl \\ CH_2 - COCl \end{array} \quad \text{et} \quad \begin{array}{l} CH_2 - C\!\!\!\stackrel{\textstyle Cl}{\underset{\textstyle}{-}}\!\!Cl \\ \;\;| \qquad\qquad >O \\ CH_2 - C = O \end{array}
$$

Chlorure                          Chlorure
symétrique.                    dissymétrique.

Par réduction, l'anhydride succinique fournit la butyrolactone :

$$
\begin{array}{l} CH_2 - CO \\ CH_2 - CO \end{array}\!\!\!\!>\!\!O + 2H_2 = H_2O + \begin{array}{l} CH_2 - CH_2 \\ CH_2 - CO \end{array}\!\!\!\!>\!\!O.
$$

On connaît divers acides succiniques substitués, résultant du remplacement d'un ou plusieurs atomes d'hydrogène des groupes $CH_2$ de l'acide succinique par des résidus monovalents ; ils donnent tous, par la simple action de la chaleur, des anhydrides analogues à l'anhydride succinique.

### *b.* — Acides fumarique et maléique, et acides analogues.

En traitant l'acide succinique par une molécule de brome, on obtient, avec élimination de HBr, l'acide bromosuccinique

$$CO^2H — CH^2 — CHBr — CO^2H;$$

si à ce dernier l'on soustrait HBr par les méthodes connues, on crée une liaison éthylénique, et l'on obtient un composé très peu soluble dans l'eau, l'acide fumarique $CO^2H — CH = CH — CO^2H$, ainsi appelé parce qu'on le rencontre dans la fumeterre. L'acide fumarique, chauffé en vase clos à 140° avec un peu d'eau, se transforme en un acide isomérique et de même formule plane, qui est très soluble dans l'eau, l'acide maléique ; réciproquement, l'acide maléique, chauffé vers 150° en présence d'un grand excès d'eau, régénère l'acide fumarique (JUNGFLEISCH).

L'un et l'autre des deux acides peuvent d'ailleurs prendre naissance dans l'action de la chaleur sur l'acide malique $CO^2H — CH^2 — CHOH — CO^2H$ : une molécule d'eau s'élimine en créant une liaison éthylénique (LASSAIGNE).

Le cas des acides fumarique et maléique est un des exemples classiques d'isomérie stéréochimique, en dehors des composés à pouvoir rotatoire (*voir* p. 73). Nous sommes maintenant en mesure d'établir la structure propre à chacun des deux acides.

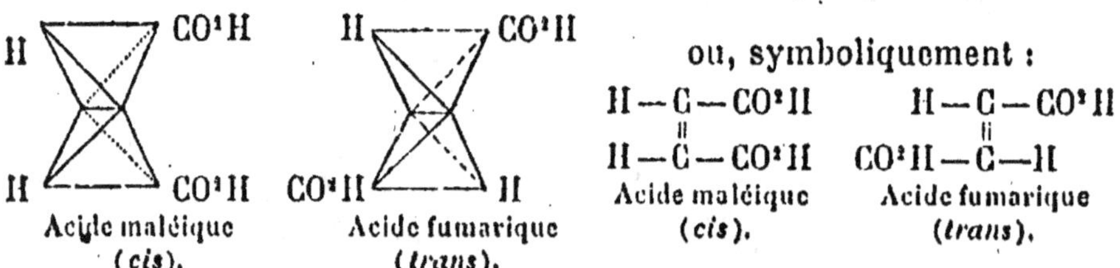



1° Dans le schéma *cis*, les carboxyles sont voisins, étant situés l'un et l'autre du même côté du plan qui contient l'arête commune et les milieux des deux arêtes qui sont perpendiculaires à ce plan dans chaque tétraèdre. Or, des deux acides, un seul, l'acide maléique, donne un anhydride par perte d'eau sous

$$\begin{array}{c} CH — CO \\ \| \qquad\qquad \diagdown \\ CH — CO \diagup \end{array} O.$$

Anhydride maléique.

l'action de la chaleur; les deux carboxyles dans l'acide maléique doivent donc être, l'un par rapport à l'autre, dans une position qui favorise l'élimination d'eau, c'est-à-dire aussi rapprochés que possible (schéma *cis*). Au contraire, l'acide fumarique ne fournit pas d'anhydride fumarique [1]; les deux carboxyles, dans cet acide, doivent donc être éloignés l'un de l'autre (schéma *trans*):

2° Les acides fumarique et maléique, en tant que composés éthyléniques, peuvent fixer, sous l'influence du permanganate de potassium en solution aqueuse étendue, les éléments de deux oxhydryles $(O + H^2O)$, en donnant deux acides bibasiques et dialcooliques isomériques, qui ont la même formule plane à 2 atomes de carbone asymétriques $CO^2H - CHOH - CHOH - CO^2H$; l'acide qui provient de l'acide maléique est inactif par nature (acide tartrique symétrique, indédoublable), et celui qu'engendre l'acide fumarique est inactif par compensation (acide tartrique racémique) (KÉKULÉ et ANSCHUTZ). Il est facile de montrer que ces faits confirment pleinement les formules stéréochimiques que nous venons d'attribuer aux acides fumarique et maléique.

Considérons d'abord le schéma de l'acide maléique; nous avons, en ouvrant la double liaison $xy$ pour la fixation des deux oxhydryles :

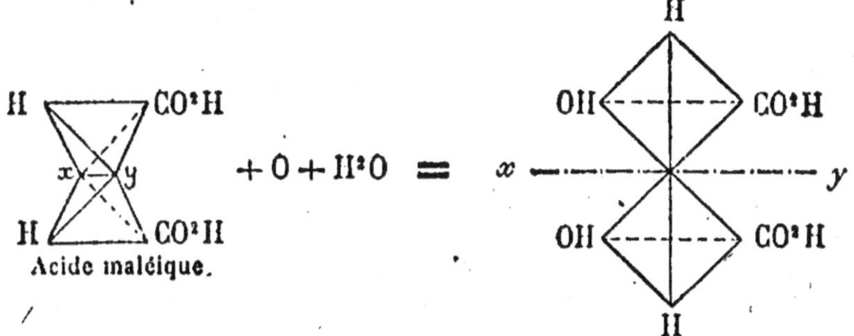



Comme on le verra facilement, que l'ouverture de la double liaison se fasse en $x$, avec rotation des deux tétraèdres autour

---

[1] A la vérité, l'acide fumarique, soumis à l'action de la chaleur, donne naissance à l'anhydride maléique, le premier effet de la chaleur ayant été de le transformer en acide maléique.

[2] On verrait facilement que ce schéma est équivalent au schéma correspondant au même acide, indiqué à la page 91.

du sommet $y$ comme centre, ou qu'elle ait lieu en $y$, avec rotation des deux tétraèdres autour du sommet $x$ comme centre, l'acide formé, identique dans les deux cas, possède un plan de symétrie $x'y'$ et doit être par conséquent inactif par nature, c'est-à-dire indédoublable.

Avec le schéma de l'acide fumarique, on a, en ouvrant la double liaison en $y$ :

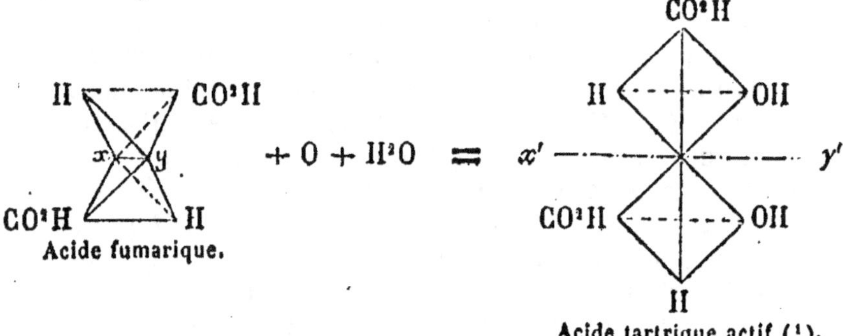


Acide tartrique actif (¹).

On voit que le schéma auquel on arrive ne présente pas de plan de symétrie : l'acide auquel il correspond doit donc posséder le pouvoir rotatoire. Il est évident que si l'ouverture de la double liaison se fait en $x$, l'acide formé sera l'inverse optique du précédent. Conformément à ce que nous avons vu antérieurement (p. 102), il y aura, en fait, formation d'autant de molécules d'acide droit que de molécules d'acide gauche, et le produit sera racémique.

### c. — Acides phtaliques.

1. En oxydant le naphtalène, Laurent obtint, en 1836, un acide bibasique qu'il appela *acide phtalique*. Le même acide se forme dans l'oxydation de tous les homologues du benzène à 2 chaînes latérales en position ortho, tel l'orthoxylène $C^6H^4\diagup_{CH^3_{(2)}}^{CH^3_{(1)}}$ ; sa constitution est donc $C^6H^4\diagup_{CO^2H_{(2)}}^{CO^2H_{(1)}}$, et l'on voit que, dans sa formation à partir du naphtalène, chacun des 2 noyaux benzéniques accolés se comporte, vis-à-vis de l'autre, comme le feraient 2 chaînes latérales ordinaires, chacune d'elles se transformant en

---

(¹) Ce schéma est équivalent à l'un des deux premiers schémas de la page 9.

carboxyle $CO_2H$ :

$$C^6H^4\!\!\left\langle\begin{array}{l}CH=CH\\CH=CH\end{array}\right. + 9\,O \;=\; C^6H^4\!\!\left\langle\begin{array}{l}CO_2H_{(1)}\\CO_2H_{(2)}\end{array}\right. + 2\,CO_2 + H_2O.$$

Naphtalène.                                   Acide orthophtalique.

Chauffé à son point de fusion (203°), l'acide phtalique perd, en tant qu'acide bibasique dont les deux carboxyles sont séparés par 2 atomes de carbone (*voir* p. 351), une molécule d'eau, en donnant un anhydride (LAURENT) :

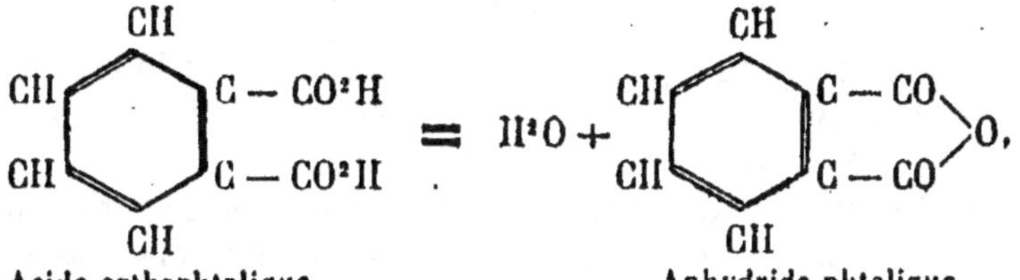

Acide orthophtalique.      =   $H_2O$ +      Anhydride phtalique.

L'action du perchlorure de phosphore sur l'acide ou sur l'anhydride fournit le chlorure de phtalyle, lequel est un mélange de deux isomères :

$C^6H^4\!\!\left\langle\begin{array}{l}COCl\\COCl\end{array}\right.$    et    $C^6H^4\!\!\left\langle\begin{array}{c}CCl_2\\CO\end{array}\right\rangle O$

Chlorure<br>symétrique.            Chlorure<br>dissymétrique.

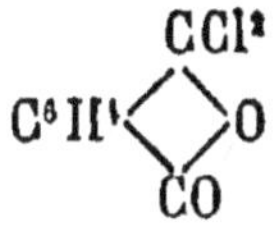

L'anhydride phtalique, chauffé avec les alcools $ROH$, donne un éther phtalique acide $C^6H^4\!\!\left\langle\begin{array}{l}COOR\\COOH\end{array}\right.$, d'où l'on peut régénérer l'alcool par saponification. Cette réaction est utilisée pour séparer les alcools dans les mélanges de carbures et d'alcools, comme ceux que l'on trouve dans les huiles essentielles : on chauffe le mélange avec l'anhydride, on lave au carbonate de sodium, qui dissout le phtalate acide, et l'on saponifie (HALLER).

L'anhydride phtalique sert à la fabrication de diverses matières colorantes (phtaléines).

2. On connaît les deux isomères méta et para. Ce dernier s'appelle couramment *acide téréphtalique*, parce qu'il se forme dans l'oxydation de l'essence de térébenthine ([1]).

---

([1]) Si l'on chauffe l'un quelconque des trois acides phtaliques en présence

## DIACIDES 1.5, 1.6, etc.

Voici les types les plus simples, qui prennent en général naissance dans l'oxydation des *graisses* :

| | | |
|---|---|---|
| *Acide glutarique* (*pentane dioïque*) | $CO_2H — (CH_2)_3 — CO_2H$ |
| » | *adipique* (*hexane-dioïque*) | $CO_2H — (CH_2)_4 — CO_2H$ |
| » | *pimélique* (*heptane-dioïque*) | $CO_2H — (CH_2)_5 — CO_2H$ |
| » | *subérique* (*octane-dioïque*) | $CO_2H — (CH_2)_6 — CO_2H$ |
| » | *azélaïque* (*nonane-dioïque*) | $CO_2H — (CH_2)_7 — CO_2H$ |
| » | *sébacique* (*décane-dioïque*) | $CO_2H — (CH_2)_8 — CO_2H$ |

Les acides adipique, pimélique et subérique, et leurs dérivés de substitution, sont susceptibles de fournir, dans certaines conditions, des composés cycliques :

*a.* La distillation de leurs sels de calcium, ou la catalyse des acides eux-mêmes par l'oxyde manganeux, donnent naissance à des cyclanones, renfermant un atome de carbone de moins que l'acide générateur (*voir* des exemples p. 295).

*b.* On arrive au même résultat en décomposant par la chaleur les anhydrides d'acides (BLANC); exemple :

$$
\begin{array}{c}
CH_2 — CH_2 \\
| \quad\quad | \\
CH_3 — CH \quad CH — C_3H_7 \;=\; CO_2 + \\
| \quad\quad | \\
CO \quad\quad CO \\
\backslash\;\;/ \\
O
\end{array}
\quad\quad
\begin{array}{c}
CH_2 \;\;\;\; CH_2 \\
\\
CH_3 — CH \quad\quad CH — C_3H_7 \\
\\
CO
\end{array}
$$

Anhydride de l'acide-α-méthyl-α'-isopropyladipique.  — α-méthyl-α'-isopropyl-cyclopentanone.

*c.* L'action de l'éthylate de sodium sur les diéthers conduit à des éthers β-cétoniques cycliques (*voir* p. 339) ; exemple :

$$
\begin{array}{c}
CH_2 — COOC_2H_5 \\
| \\
CH_2 \quad CH_2 — COOC_2H_5 \;=\; C_2H_5OH + \\
\backslash\;\;/ \\
CH_2
\end{array}
\quad
\begin{array}{c}
CH_2 \;\;\;\; CO \\
\\
CH — COOC_2H_5. \\
\\
CH_2
\end{array}
$$

Éthanol.

Adipate diéthylique.  — Cyclopentanone carboxylate d'éthyle.

de chaux, il perd successivement 1 et 2 molécules d'anhydride carbonique, en donnant d'abord l'acide benzoïque $C_6H_5 — CO_2H$, puis le benzène $C_6H_6$. Ce fait, en ce qui concerne l'acide orthophtalique, est une nouvelle preuve de l'existence d'au moins un noyau benzénique dans le naphtalène (*voir* p. 202).

## DIACIDES-ALCOOLS (ACIDES TARTRIQUES).

Parmi les nombreux acides bibasiques à fonction alcool, deux composés, très simples de constitution, présentent un intérêt tout particulier : ce sont l'acide malique et l'acide tartrique.

1. En chauffant l'acide bromosuccinique

$$CO^2H - CH^2 - CHBr - CO^2H$$

avec de l'hydrate d'argent AgOH, on remplace le brome par l'oxhydryle, et l'on obtient un acide bibasique qui est en même temps alcool secondaire, l'acide malique (KÉKULÉ)

$$CO^2H - CH^2 - CHOH - CO^2H.$$

Ce corps, qui fond à 100°, est très soluble dans l'eau et l'alcool; il peut perdre, sous l'influence de la chaleur, successivement 1 et 2 molécules d'eau, en donnant d'abord l'acide maléique et son isomère l'acide fumarique $CO^2H - CH = CH - CO^2H$ ( PELOUZE), puis l'anhydride maléique ( *voir* p. 352).

L'acide malique possède un atome de carbone asymétrique, celui qui porte la fonction alcool. On connaît, en fait, un acide droit, un acide gauche et un acide racémique, c'est-à-dire inactif par compensation, dédoublable (PASTEUR) ; l'acide gauche est très répandu dans le règne végétal (SCHEELE, 1785), on le rencontre surtout dans les fruits non encore mûrs (pommes, raisins, etc.); l'acide synthétique, obtenu en partant de l'acide succinique, est inactif par compensation.

2. Lorsqu'on fait réagir à chaud 2 molécules de brome sur l'acide succinique, 2HBr s'éliminent, et il se forme de l'acide dibromosuccinique $CO^2H - CHBr - CHBr - CO^2H$. En chauffant ce dernier avec de l'hydrate d'argent, PERKIN et DUPPA (1861) ont obtenu un acide bibasique deux fois alcool secondaire, l'acide tartrique

$$CO^2H - CHOH - CHOH - CO^2H.$$

Cette formule comprend 2 atomes de carbone asymétriques.

Conformément aux prévisions stéréochimiques, on connaît 4 acides tartriques ( *voir* p. 91): l'acide tartrique droit (acide ordinaire), l'acide tartrique gauche, l'acide tartrique racémique et l'acide tartrique inactif par nature (Pasteur, 1848-1860), qu'on désigne souvent sous le nom d'*acide mésotartrique*. Le sel de potassium acide $CO_2H — CHOH — CHOH — CO_2K$ de l'acide droit n'est autre chose que la *crème de tartre* de vins, d'où Scheele retira cet acide en 1769; l'acide gauche a été obtenu par Pasteur dans le dédoublement de l'acide racémique; l'acide racémique, que Kestner découvrit en 1822 parmi les produits accessoires de la fabrication de l'acide tartrique ordinaire, se forme, comme on l'a vu plus haut, quand on traite l'acide fumarique par le permanganate de potassium en solution aqueuse étendue; l'acide inactif par nature ou symétrique prend naissance, au contraire, quand on traite par le même réactif l'acide maléique. Quant à la synthèse en partant de l'acide succinique, elle ne donne jamais que de l'acide inactif par nature, mélangé de petites quantités d'acide racémique.

D'ailleurs, fait d'un haut intérêt, si l'on chauffe, dans des conditions déterminées, l'un quelconque des quatre acides, on obtient un mélange d'acide racémique et d'acide inactif par nature, avec un excès de l'un des acides actifs (Jungfleisch, 1873); ce qui revient à dire que l'un quelconque des quatre acides peut être converti en l'un quelconque des trois autres (*voir* encore, à ce sujet, p. 91). Il est clair que ces isomérisations, dans la théorie stéréochimique, impliquent l'idée que la chaleur a pour effet de modifier les positions relatives, dans l'espace, des atomes d'hydrogène, des oxhydryles et des carboxyles attachés aux carbones asymétriques (*voir* les schémas, p. 91).

Comparativement à ses deux composants, qui sont très solubles dans l'eau, l'acide racémique est peu soluble; de plus, il fond à 206°, et non à 169°, point de fusion des deux inverses optiques; ces différences tiennent à ce que l'acide tartrique racémique n'est pas un simple mélange, mais une combinaison à molécules égales des deux acides droit et gauche, combinaison instable, à la vérité, mais qui s'effectue avec un dégagement de chaleur appréciable. Quant à l'acide inactif par nature (acide mésotartrique), il fond à une température tout autre (143°), fait qui ne doit pas nous surprendre, puisque cet isomère a une configuration dans l'espace nettement différente. Par contre, ses propriétés chimiques sont sensiblement les mêmes que celles des trois autres : ils se décomposent tous quand on cherche à les distiller, en donnant divers acides, avec élimination d'eau et d'anhydride carbonique.

### Émétiques.

On désigne sous ce terme générique les composés formés par l'union d'un tartrate acide alcalin avec certains hydrates métalliques; JUNGFLEISCH a montré que l'hydrate, fonctionnant comme acide, éthérifie une des fonctions alcool. L'émétique ordinaire ou émétique d'antimoine

$$CO^2H - CHOH - CH(O - Sb = O) - CO^2K$$

se prépare en faisant bouillir une solution aqueuse de tartrate acide de potassium avec de l'hydrate d'antimoine $Sb(OH)^3$ (GLAUBER, 1648).

Si l'hydrate de cuivre $Cu(OH)^2$ reste dissous dans la liqueur cupropotassique (sulfate de cuivre, acide tartrique, potasse ou soude en excès), c'est qu'il éthérifie une des fonctions alcool de l'acide tartrique, et que l'émétique qui en résulte est soluble dans l'eau.

## C. — POLYACIDES (ACIDES POLYBASIQUES).

On connaît des acides tri-, tétra-, penta-, hexa-, ... basiques. Nous ne parlerons que de l'acide citrique, acide tribasique qui possède en même temps une fonction alcool tertiaire,

$$CO^2H - CH^2 - COH - CH^2 - CO^2H.$$
$$CO^2H$$

Ce corps, fusible à 153° et très soluble dans l'eau, existe en abondance dans le citron (SCHEELE, 1784); il prend en outre naissance, en quantité notable, dans la fermentation du sucre, sous l'influence de certaines moisissures (citromycètes).

Sa constitution chimique indiquée, d'abord par SALET en 1868, a été vérifiée par la synthèse, que réalisèrent pour la première fois GRIMAUX et ADAM en 1881. Ils partirent de la dichlorhydrine symétrique de la glycérine $CH^2Cl - CHOH - CH^2Cl$. Elle donne par oxydation la dichloracétone $CH^2Cl - CO - CH^2Cl$; cette dernière, traitée par l'acide cyanhydrique, fournit le nitrile-alcool tertiaire $CH^2Cl - C(OH)(CN) - CH^2Cl$, lequel, chauffé avec un alcali étendu, donne l'acide dichloré $CH^2Cl - C(OH)(CO^2H) - CH^2Cl$; celui-ci, traité par le cyanure de potassium, est converti en dini-

'trile $CH^2(CN) — C(OH)(CO^2H) — CH^2(CN)$, lequel enfin, chauffé avec de l'eau et de l'acide chlorhydrique, donne l'acide citrique $CH^2(CO^2H) — C(OH)(CO^2H) — CH^2(CO^2H)$.

Une autre synthèse, qui confirma également la formule de constitution proposée par SALET, fut réalisée ultérieurement par HALLER et HELD.

# V. — SUCRES.

L'étude chimique des matières douées d'une *saveur sucrée* ayant montré, sauf quelques rares exceptions, qu'elles possèdent toutes plusieurs fonctions alcooliques, nous comprendrons, sous la rubrique générale *Sucres*, des composés de saveur plus ou moins sucrée, plusieurs fois alcool, et diverses substances à poids moléculaire élevé qui en dérivent immédiatement.

### Classification.

1° Certains sucres ne possèdent que des fonctions alcooliques. Tels sont le glycol, la glycérine, l'érythrite, l'arabite, la mannite, la perséite, qui sont respectivement 2, 3, 4, 5, 6, 7 fois alcool.

2° D'autres, outre la fonction de polyalcool, commune à tous les sucres, sont en même temps aldéhydes ou cétones, et dérivent normalement des sucres précédents par oxydation. Citons le glucose ou sucre de raisin, qui est 5 fois alcool et 1 fois aldéhyde ; le fructose ou sucre de fruits (appelé communément *lévulose*), sucre isomérique du glucose, et qui est 5 fois alcool et 1 fois cétone. Ces sucres se reconnaissent immédiatement à leurs propriétés réductrices : ils réduisent tous la liqueur cupropotassique.

• 3° D'autres, enfin, résultent de l'union, avec élimination d'eau, de deux ou plusieurs molécules de sucres aldéhydiques ou cétoniques, qu'ils peuvent régénérer par *hydrolyse* (¹) sous l'influence des acides étendus, et quelquefois de certains ferments solubles (désignés sous les noms génériques synonymes de *diastases, ferments solubles* ou *enzymes*). Ainsi, le sucre de canne ou sac-

---

(¹) Le terme très général d'*hydrolyse* désigne toute réaction de décomposition par hydratation ; le dédoublement des éthers par l'eau, c'est-à-dire leur saponification, se trouve être ainsi un cas particulier d'hydrolyse.

charose est formé par l'union de 1 molécule de glucose et de 1 molécule de fructose, avec élimination de 1 molécule d'eau; si on le chauffe avec de l'acide sulfurique étendu, la combinaison est dédoublée, et l'on obtient à la fois du glucose et du fructose.

## Nomenclature.

On a été conduit, en raison du nombre considérable de sucres connus et des multiples cas d'isomérie, à créer une nomenclature spéciale pour ces substances.

1° La plupart des sucres de la première catégorie ont pour formule générale $C^n H^{n+2}(OH)^n$. On a l'habitude de former leur nom à l'aide d'un préfixe indiquant le nombre des fonctions alcooliques, et du suffixe caractéristique *ite*. L'érythrite $C^4 H^6 (OH)^4$ est une *tétrite;* l'arabite $C^5 H^7 (OH)^5$ est une *pentite;* la mannite $C^6 H^8 (OH)^6$ est une *hexite;* la perséite $C^7 H^9 (OH)^7$ est une *heptite*, etc. Les autres polyalcools sont considérés comme des dérivés de substitution des précédents; la rhamnite $(CH^3)C^5 H^6 (OH)^5$, par exemple, est une méthylpentite ([1]).

2° Pour nommer les sucres de la deuxième catégorie, on change la terminaison *ite* des précédents en *ose*. Ainsi l'arabinose $C^5 H^{10} O^5$ est un *pentose;* le glucose et le fructose $C^6 H^{12} O^6$ sont des *hexoses*. Si l'on veut distinguer les sucres aldéhydiques et les sucres cétoniques on fait précéder leur nom des préfixes *aldo* et *céto;* par exemple, le corps $C^4 H^5 (OH)^4 . CHO$ est un *aldo-pentose*, et le corps $C^4 H^5 (OH)^4 — CO — CH^2 OH$ un *céto-hexose*. La seconde famille des sucres se trouve ainsi divisée en deux sous-familles : les *aldoses* et les *cétoses*.

3° Quant aux sucres de la troisième famille, on les nomme en prenant les noms des sucres de la seconde qui les constituent, et en intercalant, entre le préfixe et le suffixe, le chiffre indiquant le nombre des molécules sucrées qu'ils régénèrent par hydrolyse. Ainsi le sucre de canne est un *hexobiose;* le raffinose, qui donne à l'hydrolyse 3 molécules d'hexose, est un *hexotriose*. On applique souvent aux sucres hydrolysables le terme générique de *polyoses*.

Dans le groupe des sucres, on rencontre de très nombreux

---

([1]) On sait que la quercite $CH^2 (CHOH)^5$ et l'inosite $(CHOH)^6$ sont deux sucres cycliques (voir p. 240).

isomères stéréochimiques ; le nombre d'isomères possibles croît rapidement avec celui des atomes de carbone de la molécule.

L'étude des sucrés offre un très grand intérêt général ; elle est le plus ferme soutien des théories stéréochimiques, qu'elle a permis d'asseoir sur une large base expérimentale, c'est principalement aux beaux travaux d'Émil Fischer et ses élèves, commencés en 1885 et poursuivis sans interruption jusqu'à ces dernières années, que nous devons la lumière très complète qui éclaire aujourd'hui cet important sujet.

## A. — SUCRES NON HYDROLYSABLES (OSES ET ITES)

### I. — FORMULES PLANES.

1. D'après notre définition, le plus simple des aldoses, devant renfermer au moins deux fonctions alcooliques, est un triose, l'aldéhyde glycérique $CH^2OH — CHOH — CHO$ ; de même, le plus simple des cétoses est la dioxyacétone $CH^2OH — CO — CH^2OH$ ; comme l'un et l'autre dérivent normalement de la glycérine $CH^2OH — CHOH — CH^2OH$ par oxydation, ces formules représentent sans aucun doute leur constitution chimique. De même les tétroses les plus simples $C^4H^8O^4$, dérivant de l'érythrite

$$CH^2OH — CHOH — CHOH — CH^2OH,$$

ne peuvent avoir pour structure que

$$CH^2OH — CHOH — CHOH — CHO \quad (\text{aldotétrose})$$
et
$$CH^2OH — CHOH — CO — CH^2OH \quad (\text{cétotétrose}).$$

2. Le glucose $C^6H^{12}O^6$ est un aldéhyde, et sa chaîne est droite ; oxydé, en effet, par le brome et l'eau $(Br^2 + H^2O = 2HBr + O)$, il fournit un acide à même nombre d'atomes de carbone, l'acide gluconique $C^6H^{12}O^7$, et ce dernier, chauffé avec de l'acide iodhydrique et du phosphore, fournit par réduction l'acide caproïque normal

$$CH^3 — CH^2 — CH^2 — CH^2 — CH^2 — CO^2H ;$$

il existe en outre, dans le glucose, 5 fonctions alcool, attendu que l'on a préparé son éther pentacétique : la formule du glucose est donc $CH^2OH — CHOH — CHOH — CHCH — CHOH — CHO$. On établit, par une méthode analogue, que les aldohexoses de même formule brute $C^6H^{12}O^6$ ont cette même constitution.

L'arabinose $C^5H^{10}O^5$ peut fixer les éléments de l'acide cyanhydrique ; le nitrile-alcool formé donne, par hydratation, un acide monobasique 5 fois alcool, isomérique avec l'acide gluconique $C^6H^{12}O^7$, et conduisant comme lui à l'acide caproïque normal par réduction : l'arabinose est donc un aldéhyde 4 fois alcool à chaîne droite, et il répond nécessairement à la formule $CH^2OH - CHOH - CHOH - CHOH - CHO$. — On prouverait sans difficulté que les autres aldopentoses isomériques $C^5H^{10}O^5$ ont la même constitution que l'arabinose.

Il ressort de tous ces résultats que l'isomérie, tant des aldopentoses que des aldohexoses, ne peut être que d'ordre stéréochimique.

3. A la différence des corps précédents, le fructose ne donne pas, par oxydation, d'acide ayant même nombre d'atomes de carbone : ce n'est donc pas un aldéhyde. Les faits suivants prouvent qu'il est 5 fois alcool et une fois cétone, et répond au schéma

$$CH^2OH - CHOH - CHOH - CHOH - CO - CH^2OH :$$

le fructose fournit un éther pentacétique ; il fixe l'acide cyanhydrique en donnant un nitrile-alcool $(C^5H^{12}O^5)COH.CN$, et ce dernier se convertit, par hydratation, en acide $(C^5H^{12}O^5)COH - CO^2H$, qui, par réduction, fournit l'acide hexane-méthyloïque-2

$$CH^3 - CH^2 - CH^2 - CH^2 - CH - CH^3.$$
$$\vert$$
$$CO^2H$$

Dans les quelques cétoses actuellement connus, la fonction cétonique occupe, comme dans le fructose, la position 2 de la chaîne $(- \overset{2}{CO} - \overset{1}{CH^2OH})$. Aussi est-ce seulement de cétoses ayant cette constitution qu'il sera parlé dans la suite.

## II. — RÉACTIONS GÉNÉRALES.

### a. — Hydrazones et osazones (FISCHER).

Par leur fonction aldéhyde ou cétone, les aldoses et les cétoses réagissent, à froid, sur une molécule de phénylhydrazine ; les hydrazones obtenues, telles que la glucose-phénylhydrazone

$$CH^2OH - (CHOH)^3 - CHOH - CH = N - NHC^6H^5,$$

sont généralement solubles dans l'eau.

Si l'on chauffe les aldoses ou les cétoses avec un excès de phénylhydrazine, l'hydrazone d'abord formée perd les deux atomes d'hydrogène [1] d'une fonction alcoolique voisine de la fonction hydrazone, de telle sorte que cette fonction alcoolique se transforme ainsi en fonction cétonique ou aldéhydique; exemple :

$$CH^2OH - (CHOH)^3 - CHOH - CH = N - NHC^6H^5$$
$$\rightarrow CH^2OH - (CHOH)^3 - CO - CH = N - NHC^6H^5;$$

et il y a ensuite formation d'une osazone (*voir* p. 281, 298 et 301), substance toujours jaune et peu soluble; exemple :

$$CH^2OH - (CHOH)^3 - CO - CH = N - NHC^6H^5 + NH^2 - NHC^6H^5$$
$$= CH^2OH - (CHOH)^3 - \underset{\underset{N - NHC^6H^5}{\|}}{C} - CH = N - NHC^6H^5 + H^2O.$$

Glucosazone.

Il est à remarquer que, dans cette réaction, le glucose $CH^2OH - (CHOH)^3 - CHOH - CHO$ fournit la même osazone que le fructose $CH^2OH - (CHOH)^3 - CO - CH^2OH$; cette osazone, dont la formation n'intéresse que les deux derniers atomes de carbone de la chaîne, s'appelle communément *glucosazone*.

### b. — Transformation d'un aldose en cétose correspondant (FISCHER).

Les osazones, chauffées avec de l'acide chlorhydrique concentré, se dédoublent par hydratation en 2 molécules de phénylhydrazine et un composé à la fois aldéhydique et cétonique, qui est un *aldocétose* ou *osone;* exemple :

$$CH^2OH - (CHOH)^3 - \underset{\underset{N - NHC^6H^5}{\|}}{C} - CH = N - NHC^6H^5 + 2H^2O + 2HCl$$

Glucosazone.

$$= CH^2OH - (CHOH)^3 - CO - CHO + 2 C^6H^5NH - NH^2 . HCl.$$

Glucoaldocétose (glucosone).        Chlorhydrate de phénylhydrazine.

Les aldocétoses peuvent donc être obtenus soit en partant des aldoses, soit en partant des cétoses, puisque cétoses et aldoses, toutes choses égales par ailleurs, engendrent la même osazone : cependant, hydrogénés avec précaution, les aldocétoses ne régénèrent jamais les aldoses, mais exclusivement et toujours les

---

[1] L'hydrogène éliminé $H^2$ ne se dégage pas; il dédouble la phénylhydrazine $C^6H^5NH - NH^2$ en aniline $C^6H^5 - NH^2$ et ammoniac $NH^3$.

cétoses, circonstance qui permet de passer réguliérement des aldoses aux cétoses; le glücoaldocétose, par exemple, conduit ainsi au fructose :

$$CH^2OH - (CHOH)^3 - CO - CHO + H^2$$
Glucoaldocétose.
$$= CH^2OH - (CHOH)^3 - CO - CH^2OH.$$
Fructose (lévulose).

### c. — Passage des acides aux aldoses et aux ites (FISCHER).

Les acides du groupe des sucres, ou plutôt leurs lactones, sont facilement réduits par l'hydrogène naissant (amalgame de sodium + eau). Si l'hydrogénation est faite en liqueur acide, on obtient un aldose, la réduction s'arrêtant à la fonction aldéhyde; exemple :

$$CH^2OH - CHOH - CH - CHOH - CHOH - CO + H^2$$
$$O$$
Lactone gluconique.
$$= CH^2OH - (CHOH)^4 - CHO.$$
Glucose.

Si on laisse la liqueur devenir alcaline, l'hydrogène se fixe sur l'aldose formé, et l'on obtient l'alcool correspondant, soit, dans l'exemple considéré, une hexite.

$$CH^2OH - (CHOH)^4 - CH^2OH.$$

### d. — Passage d'un sucre aux termes supérieurs
(KILIANI, FISCHER).

De cette facile réduction des lactones, combinée à la faculté que possédent les aldoses et les cétoses de fixer, en tant qu'aldéhydes ou cétones, l'acide cyanhydrique, on déduit le moyen de passer d'un sucre au terme immédiatement supérieur. Soit l'arabinose $CH^2OH - (CHOH)^3 - CHO$; en fixant HCN, on a le nitrile $CH^2OH - (CHOH)^3 - CHOH - CN$; celui-ci, par hydratation, fournit l'acide dit *arabinose-carbonique*

$$CH^2OH - (CHOH)^3 - CHOH - CO^2H,$$

dont la lactone conduit, par hydrogénation, à un aldohexose

$$CH^2OH - (CHOH)^4 - CHO.$$

Remarquons que la formule brute $C^5H^{10}O^5$ ne diffère de la for-mule $C^6H^{12}O^6$ que par $CH^2O$ en moins; on a donc, en définitive, ajouté les éléments de l'aldéhyde formique $H — CHO$ à l'arabinose. On passerait de même des hexoses aux heptoses ([1]), puis aux octoses, aux nonoses, etc.

### e. — Passage d'un aldose aux termes inférieurs<br>(Dégradation des sucres) (WOHL, OTTO, RUFF).

Il s'agit simplement de soustraire les éléments de l'aldéhyde formique $H — CHO$ à un aldose. Soit, par exemple, le glucose

$$CH^2OH — (CHOH)^3 — CHOH — CHO;$$

on fait l'acide $CH^2OH — (CHOH)^3 — CHOH — CO^2H$; le sel de calcium de cet acide, oxydé par l'eau oxygénée en présence du sulfate ferreux, perd les éléments de l'acide formique

$$(H — CO^2H + O \;=\; H^2O + CO^2),$$

et l'on obtient l'arabinose $CH^2OH — (CHOH)^3 — CHO$. La méthode est générale.

### f. — Isomérisations des aldoses (FISCHER).

L'isomérie des aldoses est toujours d'ordre stéréochimique.

1. Lorsque deux aldoses fournissent une seule et même osazone, comme la formation de l'osazone n'intéresse que les deux derniers atomes de carbone de la chaîne, le reste de la molécule doit être identique dans les deux isomères; c'est dire que les deux aldoses diffèrent par la position, dans l'espace et par rapport au reste de la molécule, de l'atome d'hydrogène et de l'oxhy-

---

([1]) Dans le passage d'un sucre au terme supérieur par addition de $H — CHO$, il peut se faire, et il se fait effectivement, presque toujours (*voir*, à ce sujet, p. 104), deux isomères stéréochimiques, comme il est facile de le comprendre.

En effet, en fixant $H — CHO$, le corps $CH^2OH — (CHOH)^2 — \overset{\displaystyle H}{\underset{\displaystyle OH}{C}} — CHO$ peut donner deux isomères

$$CH^2OH — (CHOH)^2 — \overset{\displaystyle H}{\underset{\displaystyle OH}{C}} — \overset{\displaystyle H}{\underset{\displaystyle OH}{C}} — CHO \quad \text{et} \quad CH^2OH — (CHOH)^2 — \overset{\displaystyle H}{\underset{\displaystyle OH}{C}} — \overset{\displaystyle OH}{\underset{\displaystyle H}{C}} — CHO.$$

En fait, l'arabinose $C^5H^{10}O^5$ fournit un mélange de glucose $C^6H^{12}O^6$ et de son isomère le mannose.

dryle du dernier groupe CHOH. Par exemple, le mannose et le glucose donnant la même osazone, on pourra les représenter comparativement par les deux schémas

$$CH^2OH - (CHOH)^3 - \overset{\displaystyle OH}{\underset{\displaystyle H}{\overset{|}{\underset{|}{C}}}} - CHO \quad et \quad CH^2OH - (CHOH)^3 - \overset{\displaystyle H}{\underset{\displaystyle OH}{\overset{|}{\underset{|}{C}}}} - CHO,$$

Glucose.        Mannose.

qui ne présument rien de la configuration, dans l'espace, des deux résidus $CH^2OH - (CHOH)^3 -$, nécessairement identiques de tous points.

Il est facile de passer de l'un à l'autre. Oxydons le glucose par l'eau de brome : nous avons l'acide gluconique; celui-ci, chauffé à 150° en présence de quinoléine, passe en partie à l'état d'acide mannonique. Réciproquement l'acide mannonique, chauffé avec de la quinoléine, se convertit partiellement en acide gluconique (¹) :

$$CH^2OH - (CHOH)^3 - \overset{\displaystyle OH}{\underset{\displaystyle H}{\overset{|}{\underset{|}{C}}}} - CO^2H \leftrightarrows CH^2OH - (CHOH)^3 - \overset{\displaystyle H}{\underset{\displaystyle OH}{\overset{|}{\underset{|}{C}}}} - CO^2H.$$

Acide gluconique.        Acide mannonique.

Or, l'acide mannonique, par hydrogénation de sa lactone, donne le mannose, et l'acide gluconique fournit de même le glucose. Nous pouvons donc, par le processus qui précède, transformer à volonté le glucose en mannose et le mannose en glucose.

Ces réactions sont générales : grâce à l'isomérisation des acides des sucres sous l'action de la chaleur en présence de quinoléine,

---

(¹) Dans cette isomérisation, comme dans celle des acides tartriques sous l'influence de la chaleur (JUNGFLEISCH, *voir* p. 358), il y a inversion de l'oxhydryle alcoolique le plus rapproché du carboxyle, par rotation de l'atome de carbone voisin qui porte la fonction alcoolique.

La quinoléine $C^9H^7N$ a simplement pour effet d'immobiliser la fonction acide à l'état de sel $C^6H^{12}O^7.C^9H^7N$, et d'empêcher ainsi l'acide de se transformer en lactone sous l'action de la chaleur; la quinoléine, en effet, comme nous le verrons ultérieurement, n'a pas d'hydrogène attaché à l'azote (*base tertiaire*), et, comme telle, elle fournit, avec les acides, des sels stables vis-à-vis de la chaleur.

on peut passer sans difficulté d'un aldose à un autre fournissant la même osazone.

2. Les lactones des acides bibasiques des sucres sont, comme celles des acides monobasiques, réduites par l'amalgame de sodium. Soit la dilactone de l'acide saccharique; réduisons-la, nous obtenons d'abord un acide-aldéhyde, l'acide glucuronique :

$$CO - CHOH - CH - CH - CHOH - CO \rightarrow CO^2H - (CHOH)^4 - CHO,$$

Acide glucuronique.

Dilactone saccharique.

puis un isomère de l'acide gluconique : l'acide gulonique $CO^2H - (CHOH)^4 - CH^2OH$, et, finalement, un isomère du glucose : le gulose $CHO - (CHOH)^4 - CH^2OH$. Comme l'acide saccharique $CO^2H - (CHOH)^4 - CO^2H$ peut être obtenu par oxydation du glucose $CH^2OH - (CHOH)^4 - CHO$, on voit que nous avons là un moyen de transformer le glucose en gulose.

Remarquons que, dans le glucose et le gulose, les quatre groupes CHOH du centre doivent avoir la même configuration dans l'espace, car les deux sucres donnent le même acide saccharique par oxydation; ils ne peuvent différer, dès lors, que par les extrémités de la chaîne. Dans le passage du glucose au gulose, la fonction aldéhyde a simplement permuté sa position terminale avec la fonction alcool primaire située à l'autre bout de la chaîne.

### III. — STÉRÉOCHIMIE DES SUCRES.

#### a. — Calcul des isomères (FISCHER).

Nous avons exposé antérieurement (p. 90) qu'à une formule contenant $n$ carbones asymétriques correspondaient, dans le cas le plus général, $2^n$ isomères optiques, et que ces isomères étaient moins nombreux lorsque la formule est susceptible de présenter un plan de symétrie. D'après ces données, on calcule aisément qu'il doit exister :

4 aldotétroses $CH^2OH - (CHOH)^2 - CHO$ et 4 acides monobasiques,

8 aldopentoses $CH^2OH - (CHOH)^3 - CHO$ et 8 acides monobasiques,

16 aldohexoses $CH^2OH - (CHOH)^4 - CHO$ et 16 acides monobasiques.

On pourrait calculer aussi que, dans les polyols dont la formule plane est symétrique, les nombres d'isomères sont moindres :

3 tétrites $CH^2OH — (CHOH)^2 — CH^2OH$,

4 pentites $CH^2OH — (CHOH)^3 — CH^2OH$,

10 hexites $CH^2OH — (CHOH)^4 — CH^2OH$.

Il est superflu de remarquer que les combinaisons racémiques résultant de l'union à molécules égales de deux inverses optiques ne sont pas comprises dans ces chiffres.

### b. — Formules stéréochimiques (Fischer).

L'expérience montre que l'acide saccharique est un diacide optiquement *actif* $CO^2H — (CHOH)^4 — CO^2H$, qui peut être obtenu indifféremment par l'oxydation de deux aldohexoses nettement distincts, le glucose et le gulose. Cela étant, en procédant par élimination, on trouve que l'acide saccharique ne peut répondre qu'à l'un des deux schémas suivants (on fait ici abstraction des formes enanthiomorphes, qui seraient inverses de celles que nous figurons) :

$$
\begin{array}{cccc}
\text{OH} & \text{OH} & \text{OH} & \text{H} \\
| & | & | & | \\
CO^2H — C — C — C — C — CO^2H, \\
| & | & | & | \\
\text{H} & \text{H} & \text{H} & \text{OH} \\
\end{array}
\qquad (\text{T})
$$

$$
\begin{array}{cccc}
\text{OH} & \text{OH} & \text{H} & \text{OH} \\
| & | & | & | \\
CO^2H — C — C — C — C — CO^2H. \\
| & | & | & | \\
\text{H} & \text{H} & \text{OH} & \text{H} \\
\end{array}
\qquad (\text{S})
$$

Acide saccharique.

Chauffons maintenant l'acide saccharique avec de la quinoléine (*voir* la note de la page 367); nous obtenons un acide isomérique *actif*, l'acide mannosaccharique. Or, l'acide répondant au schéma (T) ne peut donner, par rotation des atomes de carbone voisins des carboxyles, que deux acides à schémas possédant un plan de symétrie, et par conséquent *inactifs par nature*, qui sont :

$$
\begin{array}{cccc}
& & x & \\
\text{OH} & \text{OH} & \text{OH} & \text{OH} \\
| & | & | & | \\
CO^2H — C — C — C — C — CO^2H \\
| & | & | & | \\
\text{H} & \text{H} & \text{H} & \text{H} \\
& & y & \\
\end{array}
\qquad \text{et} \qquad
\begin{array}{cccc}
& & x & \\
\text{H} & \text{OH} & \text{OH} & \text{H} \\
| & | & | & | \\
CO^2H — C — C — C — C — CO^2H \\
| & | & | & | \\
\text{OH} & \text{H} & \text{H} & \text{OH} \\
& & y & \\
\end{array}
$$

M.

donc l'acide saccharique possède la constitution représentée par
le schéma (S).

Par suite, le glucose, ou le gulose, possédera la formule (G), ou
la formule (G'), puisque l'un et l'autre donnent de l'acide saccharique par oxydation :

$$\underset{\text{(G)}}{\overset{\phantom{x}}{CH^2OH}}-\overset{OH}{\underset{H}{C}}-\overset{OH}{\underset{H}{C}}-\overset{H}{\underset{OH}{C}}-\overset{OH}{\underset{H}{C}}-CHO, \qquad CHO-\overset{OH}{\underset{H}{C}}-\overset{OH}{\underset{H}{C}}-\overset{H}{\underset{OH}{C}}-\overset{OH}{\underset{H}{C}}-CH^2OH\ ;$$

$$\text{(G) Glucose.} \qquad\qquad \text{(G') Gulose.}$$

il s'agit de fixer le schéma du glucose et celui du gulose.

Pour résoudre la question, prenons l'arabinose et le **xylose**,
qui sont deux aldopentoses. L'expérience montre qu'ils peuvent
être dérivés respectivement du glucose et du gulose par soustraction de H—CHO, et que, réciproquement, ils donnent le
glucose et le gulose par addition de H—CHO; dès lors, chacun
d'eux répond forcément à l'un des deux schémas suivants :

$$CH^2OH-\overset{OH}{\underset{H}{C}}-\overset{OH}{\underset{H}{C}}-\overset{H}{\underset{OH}{C}}-CHO, \qquad CHO-\overset{OH}{\underset{H}{C}}-\overset{H}{\underset{OH}{C}}-\overset{OH}{\underset{H}{C}}-CH^2OH.$$

$$\text{(A) Arabinose.} \qquad\qquad \text{(X) Xylose.}$$

L'aldose du schéma (X) doit seul conduire, par oxydation, à un
acide bibasique possédant un plan de symétrie, et par conséquent
*inactif par nature*, représenté par le schéma

$$CO^2H-\overset{OH}{\underset{H}{C}}-\overset{H}{\underset{OH}{C}}-\overset{OH}{\underset{H}{C}}-CO^2H.$$

Acide trioxyglutarique symétrique
(inactif par nature, indédoublable).

Or le xylose fournit par oxydation un acide trioxyglutarique
*inactif par nature :* donc le xylose répond au schéma (X), et
l'arabinose au schéma (A).

L'arabinose conduisant au glucose, celui-ci possède la constitution (G), et le gulose la constitution (G').

Mais, outre le glucose, l'arabinose fournit aussi, par addition
de H — CHO, du mannose; donc, le schéma du mannose ne doit
différer de celui du glucose que par la disposition dans l'espace,
par rapport au reste de la molécule, du groupe OH et de l'atome
d'hydrogène unis au carbone voisin de la fonction aldéhyde,
conclusion qui est d'ailleurs en parfait accord avec ce fait expérimental que le glucose et le mannose fournissent la même
osazone (p. 367); le mannose ne peut être que

$$\overset{\displaystyle OH\ \ OH\ \ H\ \ H}{\underset{\displaystyle H\ \ \ H\ \ OH\ OH}{CH^2OH - C - C - C - C - CHO.}}$$

Mannose.

Quant au fructose (lévulose), comme il donne la même osazone
que le mannose et le glucose, sa constitution sera nécessairement

$$\overset{\displaystyle OH\ \ OH\ \ H}{\underset{\displaystyle H\ \ \ H\ \ OH}{CH^2OH - C - C - C - CO - CH^2OH.}}$$

Fructose (lévulose).

Il est évident que chaque composé *actif* aura son inverse
optique, et qu'il y aura, par exemple, un glucose droit et un glucose gauche, un fructose droit et un fructose gauche (¹), dont les
schémas seront enanthiomorphes avec les précédents.

On voit aisément, maintenant, par quelle suite de raisonnements et d'expériences on arriverait à établir la constitution
stéréochimique d'un sucre quelconque.

IV. — SYNTHÉSES.

*a*. — Acrose.

La clef de voûte de l'édifice synthétique des sucres est un
hexose particulier, que FISCHER et TAFEL avaient tout d'abord

---

(¹) Il vaut mieux employer le mot *fructose* que le mot *lévulose*, par lequel
on désigne communément le sucre de fruits lévogyre; le mot *lévulose*, en effet,
implique par son étymologie l'idée de rotation à gauche, et l'on vient précisément de dire qu'il existe un lévulose dextrogyre.

obtenu en partant de l'acroléine, et que, pour cette raison, il avaient nommé *acrose*.

L'acrose prend naissance dans plusieurs réactions différentes, et il a été séparé chaque fois à l'état d'osazone; le sucre mis en liberté de cette osazone est du fructose racémique. Mais ceci n'implique pas que l'acrose primitif soit nécessairement du fructose; nous savons, en effet, que le fructose, le glucose et le mannose donnent la même osazone, en sorte que l'acrose primitif pourrait tout aussi bien être le glucose ou le mannose que le fructose. Par convention, on ne considère que le sucre issu de l'osazone : l'acrose est ainsi le racémique du fructose

$$CH^2OH - \underset{\underset{H}{|}}{\overset{\overset{OH}{|}}{C}} - \underset{\underset{H}{|}}{\overset{\overset{OH}{|}}{C}} - \underset{\underset{OH}{|}}{\overset{\overset{H}{|}}{C}} - CO - CH^2OH.$$

Acrose.

La synthèse la plus simple de l'acrose est la suivante : on traite par certains hydrates métalliques (chaux, magnésie, litharge, etc.) l'aldéhyde formique, lequel se polymérise par *aldolisations* successives, en donnant l'acrose (BOUTLEROW, 1861; LEW, 1885) :

$$6\,CH^2O \quad = \quad C^6H^{12}O^6.$$

Aldéhyde formique.    Acrose.<br>(6 mol.).

Si, comme l'observation directe semble l'établir, l'aldéhyde formique est le premier terme de l'assimilation du carbone par les végétaux aux dépens de l'acide carbonique de l'atmosphère (fonction chlorophyllienne), il n'est pas douteux qu'il n'engendre au fur et à mesure, en se polymérisant, les aldoses et les cétoses, puis leurs produits de condensation (*voir* p. 374 et suiv.).

### *b.* — Processus synthétique (FISCHER).

1. Si l'on met l'acrose en présence de levûre de bière, dans un bouillon de culture convenable, l'un de ses composants (*voir* p. 81), le fructose gauche (lévulose naturel), est détruit en subissant la fermentation alcoolique (p. 374), et il reste le fructose droit, composé qui était auparavant inconnu.

2. L'acrose, soumis à l'hydrogénation, donne la mannite racémique (acrite), laquelle, par oxydation, fournit l'acide racémomannonique. A l'aide de la strychnine (*voir* p. 82), on dédouble

celui-ci en acides mannoniques droit et gauche; chacun de ces deux acides donne ensuite, par réduction, le mannose correspondant, puis la mannite correspondante :

$$CH^2OH—C—C—C—C—CO^2H \;\rightarrow\; CH^2OH—C—C—C—C—CHO$$

A. mannonique.       Mannose.

$$\rightarrow\; CH^2OH—C—C—C—C—CH^2OH.$$

Mannite.

Le mannose droit, traité par la phénylhydrazine, fournit une osazone, d'où l'on régénère ensuite du fructose gauche (lévulose naturel), dont la synthèse totale est ainsi réalisée. Le mannose gauche conduirait de même au fructose droit.

De chaque acide mannonique on peut passer, au moyen de la quinoléine (*voir* p. 367), à l'acide gluconique correspondant; chaque acide gluconique donne ensuite, par réduction (*voir* p. 365), le glucose correspondant et l'hexite correspondante (1890) :

$$CH^2OH—C—C—C—C—CO^2H \;\rightarrow\; CH^2OH—C—C—C—C—CHO$$

Ac. gluconique.       Glucose.

$$\rightarrow\; CH^2OH—C—C—C—C—CH^2OH.$$

Sorbite.

Nous pourrions, en continuant à appliquer les réactions générales que nous avons fait connaître (passage d'un aldose au terme intérieur ou supérieur, isomération des aldoses, etc.), faire la synthèse de tous les autres sucres prévus par la théorie.

Il est à remarquer que, dans la suite des transformations, il y a fréquemment inversion du sens rotatoire : on a vu plus haut, en effet, que le mannose droit ne conduisait point, en passant par son osazone, au fructose droit, mais bien au fructose gauche;

de même, l'expérience montre que l'arabinose obtenu par dégradation du glucose dextrogyre n'est pas dextrogyre, mais lévogyre.

## V. — OSES ET ITES DIVERS.

Tous les oses et toutes les ites sont solubles dans l'eau.

1. Certains oses se trouvent dans la nature à l'état de liberté : tels
sont le glucose ordinaire ou glucose droit (dextrose) $C^6H^{12}O^6$
(LOWITZ, 1792), qui existe dans la plupart des fruits sucrés, dans
le miel, le sang, le foie, etc., et le fructose lévogyre ou lévulose
$C^6H^{12}O^6$ (PROUST, 1834), qu'on rencontre dans presque tous les
fruits et dans le miel à côté du glucose. D'autres ont été préparés
en hydrolysant divers polyoses : citons le galactose droit $C^6H^{12}O^6$
(DUBRUNFAUT, 1856), qui provient de l'hydrolyse du sucre de lait,
et qui fournit par oxydation un acide bibasique insoluble dans
l'eau, l'acide mucique $CO^2H — (CHOH)^4 — CO^2H$; le mannose
droit $C^6H^{12}O^6$ (FISCHER), sucre remarquable par l'insolubi-
lité de son hydrazone, et qui se produit dans l'hydrolyse de
l'*ivoire végétal* et de divers autres produits végétaux (TOLLENS
et GANS, REISS); l'arabinose droit $C^5H^{10}O^5$, qui se forme dans
l'hydrolyse de la gomme arabique et de la gomme de cerisier
par l'acide sulfurique étendu; le xylose droit $C^5H^{10}O^5$, qui
prend naissance dans l'hydrolyse de la plupart des tissus végétaux lignifiés.

La mannite droite (PROUST, 1806) existe dans la manne de frêne,
et son isomère, la dulcite, sucre *inactif par nature*, dans la
*manne de Madagascar* (LAURENT, 1850). C'est BERTHELOT qui
démontra leur fonction d'alcool hexavalent (sextuple capacité
d'éthérification), rattachant ainsi les sucres à la glycérine dont
il avait établi la fonction d'alcool trivalent. Une heptite $C^7H^{16}O^7$,
la volémite, existe dans le *lactarius volemus* desséché (BOURQUE-
LOT), et une autre, la perséite, dans les graines d'avocatier
(MAQUENNE), etc.

2. Certains sucres, tels le glucose et le lévulose, sont dédoublés,
sous l'action de la levure de bière, en alcool éthylique et anhydride carbonique (fermentation alcoolique) :

$$C^6H^{12}O^6 \ = \ 2C^2H^6O + 2CO^2.$$
Glucose.        Alcool.

Il y a en même temps formation, en petite quantité, de glycérino, d'alcool isoamylique (CH³)²CH—CH²—CH²OH, d'acide succinique, et aussi de traces de divers autres substances (glycol, furfurol, alcool propylique CH³—CH²—CH²OH, alcool isobutylique (CH³)²CH—CH²OH, etc. (Pasteur, 1860).

C'est un ferment non organisé, la *zymase*, contenu dans les cellules de levûre, qui, agissant comme catalyseur (en dehors de la vie cellulaire), provoque la fermentation (Buchner, 1897).

## B. — SUCRES HYDROLYSABLES.

Le saccharose, connu en Chine et dans l'Inde depuis une antiquité reculée, est un hexobiose dextrogyre $C^{12}H^{22}O^{11}$, très répandu dans le règne végétal et particulièrement abondant dans la canne à sucre et la betterave; il fournit à l'hydrolyse, sous l'action des acides étendus ou de l'invertine (ferment soluble sécrété par la levûre de bière), une molécule de glucose droit (dextrose) et une molécule de fructose gauche (lévulose), mélange lévogyre connu sous le nom de *sucre interverti* :

$$C^{12}H^{22}O^{11} + H^2O \ = \ C^6H^{12}O^6 + C^6H^{12}O^6.$$

Saccharose.     Glucose    Fructose
droit.    gauche.

Un autre hexobiose dextrogyre, le lactose ou sucre de lait $C^{12}H^{22}O^{11}$ (Fabrizio Bartholetti, 1615), se dédouble dans les mêmes conditions en glucose droit et galactose droit.

Un autre, également dextrogyre, le maltose $C^{12}H^{22}O^{11}$ (Dubrunfaut, 1847), qui prend naissance dans l'hydrolyse de l'amidon $(C^6H^{10}O^5)^n$ par le *malt* de l'orge germé, est dédoublable en 2 molécules de glucose droit.

Le gentiobiose est un hexobiose qui résulte de l'hydrolyse partielle d'un hexotriose, le gentianose (Bourquelot et Herissey) ; il fournit à son tour, par hydrolyse, 2 molécules de glucose droit.

Le vicianose (*voir* p. 378) est un pentohexose $C^{11}H^{20}O^{10}$, dédoublable par hydrolyse en une molécule d'arabinose droit et une molécule de glucose droit (Bertrand et Weisweiller).

Il existe, dans la *manne d'Australie* (Johnston, Berthelot) et dans les semences de cotonnier, un hexotriose $C^{18}H^{32}O^{16}$ identique au raffinose qu'on trouve dans les résidus de la fabrication du sucre de betterave; par hydrolyse, cet hexotriose se dédouble en glucose droit, fructose gauche et galactose droit.

Le stachyose est un hexotétrose $C^{24}H^{42}O^{21}$ assez répandu dans
le règne végétal (crosne du Japon, haricot, lentille, manne du
frêne, etc.); il donne par hydrolyse une molécule de glucose
droit, une molécule de fructose gauche, et deux molécules de
galactose droit (TANRET).

La constitution des sucres hydrolysables est encore obscure.
Plusieurs d'entre eux semblent être des acétals (*voir* p. 268), où
la fonction acétalique serait assise sur 2 molécules; la formule

$$CH^2OH-CHOH-\underset{\smile O \smile}{CH-(CHOH)^2-CH}-O-\overset{\overset{\textstyle CH^2OH}{|}}{\underset{\smile O \smile}{C-(CHOH)^2-CH}}-CH^2OH$$

est une de celles qui cadrent avec les propriétés du saccharose.

Leur synthèse est à peine ébauchée. En 1895, Fischer obtint
un isomère du maltose, l'isomaltose, en traitant le glucose droit
par l'acide chlorhydrique concentré. Bourquelot et ses élèves ont
réalisé, en 1913, la synthèse biochimique du gentiobiose en faisant agir l'émulsine (produit fermentaire extrait des amandes) sur
le glucose droit en solution aqueuse concentrée, et, en 1916, celle
d'un galactobiose en faisant agir le même produit fermentaire
sur une solution aqueuse de galactose; ces deux hexobioses,
en solution aqueuse étendue, sont hydrolysés par les mêmes
ferments qui leur ont donné naissance.

### HYDRATES DE CARBONE $C^m(H^2O)^n$.

Sous ce nom générique, on a depuis longtemps l'habitude de
désigner (en dehors des sucres hydrolysables, qui sont, eux aussi,
d'après leur formule, des hydrates de carbone) nombre de polyoses
naturels, à poids moléculaire élevé et en général indéterminé, qui
renferment l'oxygène et l'hydrogène unis dans les proportions de
l'eau. On a remarqué que leur solubilité dans l'eau décroît à
mesure qu'augmente leur poids moléculaire.

Pour nommer ces corps, on fait suivre de la désinence *ane* le
nom (en abrégé) de l'ose formé dans l'hydrolyse; lés arabanes et
les xylanes, par exemple, sont des pentosanes $(C^5H^8O^4)^n$ qui
donnent, à l'hydrolyse : les premiers, de l'arabinose, et les
seconds, du xylose. Les plus répandus sont les hexosanes
$(C^6H^{10}O^5)^n$, parmi lesquels nous mentionnerons les glucosanes
[amidon, cellulosane de VILLIERS $(C^6H^{10}O^5)^3$, la plupart des cellu-

loses; dextrines ou glucosanes artificiels dextrogyres, solubles dans l'eau, qui proviennent de l'hydrolyse partielle de l'amidon; le glycogène, lequel existe dans l'organisme animal, et plus particulièrement dans le foie, comme l'a montré CLAUDE BERNARD], les lévulosanes (inuline, etc.), les mannanes et les galactanes, très abondants dans les graines à albumen corné. Les gommes végétales, les mucilages et les matières pectiques sont, le plus souvent, des mélanges d'arabanes et de galactanes.

On peut admettre que toutes ces substances résultent de l'union de $n$ molécules d'aldoses ou de cétoses, $n-1$ molécules d'eau étant éliminées. Pour constituer l'amidon $(C^6H^{10}O^5)^n$, par exemple, lequel fournit, à l'hydrolyse intégrale, exclusivement du glucose $C^6H^{12}O^6$, $n$ molécules de cet aldose se sont combinées par $n-1$ condensations successives effectuées avec élimination de $n-1$ molécules d'eau. La formule brute, celle qui résulte de l'analyse élémentaire, ne devrait donc pas être exactement $C^6H^{10}O^5$; mais on remarquera que si $n$ est très grand, ce qui est le cas, la composition représentée par l'expression

$$n\,C^6H^{12}O^6 - (n-1)H^2O$$

tend manifestement vers celle de la formule $C^6H^{10}O^5$ donnée par l'analyse.

La plupart des hydrates de carbone peuvent fournir, par nitration, des substances explosives. Les *poudres sans fumée* (VIEILLE, 1886) sont à base de nitrocelluloses.

### GLUCOSIDES.

1. On retire de l'écorce de saule une matière blanche, amère, peu soluble dans l'eau, connue sous le nom de *salicine* (LEROUX, 1830), et qui, sous l'influence des acides étendus ou de l'émulsine (ferment soluble des amandes), en présence de l'eau, se dédouble par hydrolyse en glucose et alcool salicylique ou saligénine (PIRIA).

Les amandes amères contiennent un principe particulier, l'amygdaline (BOUTRON et ROBIQUET, 1830), qui se dédouble, quand on le place dans les mêmes conditions que le précédent, en glucose droit (2 molécules), aldéhyde benzoïque et acide cyanhydrique (LIEBIG et WÖHLER, 1832). Deux corps très voisins de l'amygdaline, la sambunigrine et la prulaurasine, ont été

extraits : le premier, des feuilles de sureau, par BOURQUELOT et
DANJOU, et le second, des feuilles de laurier-cerise, par HÉRISSEY;
ces deux corps sont isomères et dédoublables en glucose droit
(une molécule), aldéhyde benzoïque et acide cyanhydrique.

La vicianine, retirée d'une vesce par BERTRAND, est dédoublable
en vicianose (*voir* p. 375), aldéhyde benzoïque et acide cyanhydrique.

Le tannin de la noix de galle se dédouble, sous l'action des
acides étendus, en glucose et acide gallique. En éthérifiant les
5 fonctions alcooliques du glucose par l'acide gallique, on
obtient une substance qui présente les plus grandes ressemblances avec le tannin (E. FISCHER et K. FREUDENBERG, 1912).

Les aloïnes sont des glucosides formés par l'association de
certains dérivés anthraquinoniques (émodines) avec l'arabinose
gauche (LÉGER).

Un grand nombre de végétaux renferment ainsi des substances
qui ont la propriété de fournir, à l'hydrolyse, des produits divers
(alcools, phénols, aldéhydes, etc.). et un sucre (généralement le
glucose ordinaire), ou plusieurs sucres : ces substances sont appelées *glucosides*. Leur constitution chimique est le plus souvent
encore mal connue, et un très petit nombre seulement ont été
reproduits par synthèse.

2. Par extension, on applique aussi le nom de *glucosides* à
divers produits artificiels résultant de la combinaison des oses
avec les alcools ou les phénols.

*a*. Une solution de glucose dans l'alcool méthylique, traitée par
le gaz chlorhydrique, donne la réaction suivante (FISCHER, 1893) :

$$C^6H^{12}O^6 \; + \; CH^3OH \; = \; C^6H^{11}(CH^3)O^6 \; + \; H^2O$$

Glucose.          Alcool          Méthylglucoside.
              méthylique.

Deux isomères, $\alpha$ et $\beta$, prennent naissance dans cette réaction.
Le $\beta$-méthylglucoside se produit en outre quand on traite le glucose en liqueur alcaline par le sulfate de méthyle.

Les deux isomères ne réduisent pas la liqueur cupropotassique
et ne se combinent pas à la phénylhydrazine. Par contre, ils régénèrent leurs composants sous l'influence des acides étendus à
l'ébullition ou par l'action des ferments; le méthylglucoside $\alpha$ est
dédoublé par l'invertine et le composé $\beta$ par l'émulsine.

Ces faits ont conduit à les envisager comme des acétals particuliers, résultant de la réaction de la fonction aldéhydique du glucose sur une des fonctions alcooliques de la même molécule et sur l'alcool méthylique. Les formules suivantes représentent leur constitution et traduisent leur isomérie, qui est d'ordre stéréochimique :

$$CH^2OH - CHOH - CH - CHOH - CHOH - C\genfrac{}{}{0pt}{}{OCH^3}{H}$$

α-méthylglucoside.

$$CH^2OH - CHOH - CH - CHOH - CHOH - C\genfrac{}{}{0pt}{}{H}{OCH^3}$$

β-méthylglucoside.

Deux séries de glucosides analogues ont pu être obtenues avec les homologues de l'alcool méthylique. Les glucosides α sont régulièrement dédoublés par l'invertine (non par l'émulsine) et les glucosides β par l'émulsine (non par l'invertine). D'où cette déduction (qu'on peut étendre à toutes les actions fermentaires spécifiques) que chaque ferment a une structure en rapport avec celle de la substance qu'il est capable de dédoubler : telle, selon l'heureuse comparaison de Fischer, une clef au regard de sa serrure.

*b.* Bourquelot et ses élèves ont réussi, depuis 1912, à préparer les mêmes glucosides par voie biochimique; ils se forment précisément sous l'influence même des ferments qui peuvent les dédoubler : les glucosides α sous l'influence de la levûre de bière basse desséchée à l'air, qui contient de l'invertine, et les glucosides β sous l'influence de l'émulsine.

En outre, le galactose a fourni deux autres séries, qui sont parallèles aux deux précédentes : les galactosides α et les galactosides β. Comme les glucosides proprement dits, les galactosides ainsi obtenus, mis en solution aqueuse, sont aussi dédoublés par les ferments qui en effectuent la synthèse.

Cette double propriété (synthétisante et hydrolysante) de chacun de ces ferments est très remarquable. Il y a là, en réalité, un phénomène d'équilibre analogue à celui de l'éthérification, et qui doit se retrouver chez les êtres vivants partout où l'on rencontre des glucosides.

# CHAPITRE IV.

## FONCTIONS AZOTÉES.

Les trois principales fonctions azotées sont les fonctions *amine*, *nitrile* et *amide*. Le carbone, l'hydrogène et l'azote entrent seuls dans la constitution des deux premières; la troisième renferme, en outre, de l'oxygène.

Nous rattacherons aux amines les *imines*, aux amides les *imides*, et aussi les *oximes*, qui sont isomères des amides.

## I. — FONCTION AMINE.

Deux grands noms dominent l'histoire des amines : WURTZ, qui découvrit cette classe de corps en 1848 (*voir* p. 445), et HOFMANN, qui, dès l'année suivante, institua une méthode régulière et très générale de préparation à partir de l'ammoniaque, et fit la distinction fondamentale des diverses sortes d'amines.

1. Les amines sont des ammoniaques composées, qui résultent de la substitution de résidus de carbures monovalents aux atomes d'hydrogène de l'ammoniaque. Suivant que, dans l'ammoniaque,

$$H - N \diagdown{}_{H}^{H}$$

on remplace ainsi 1, 2 ou 3 atomes d'hydrogène, on obtient une amine qui est *primaire*, *secondaire* ou *tertiaire*.

Si, de plus, dans les sels ammoniacaux (tel l'iodhydrate d'ammoniaque ou iodure d'ammonium $NH^4I$), composés où l'azote est pentavalent, on remplace les 4 atomes d'hydrogène par 4 résidus de carbures monovalents, on forme des *sels d'ammoniums quaternaires*.

Exemples :

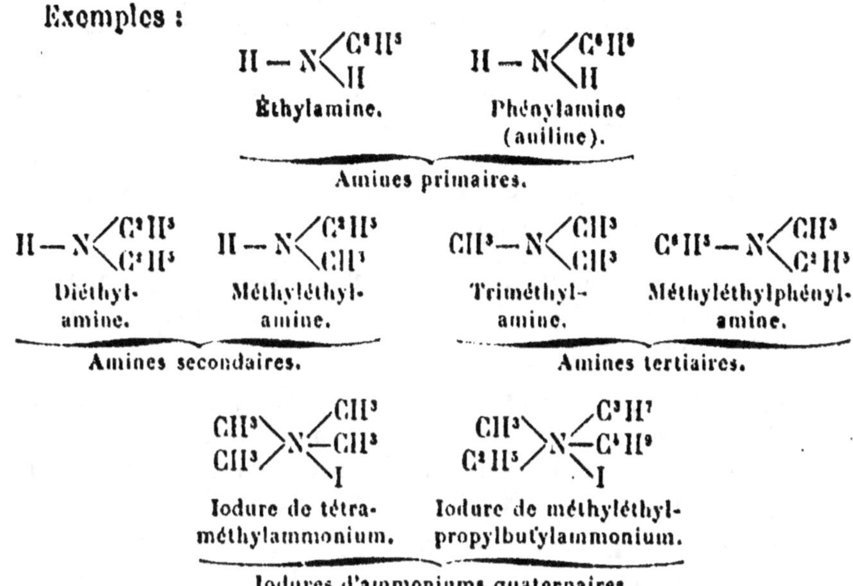

On voit, d'après cela, que les groupements fonctionnels respectifs seront :

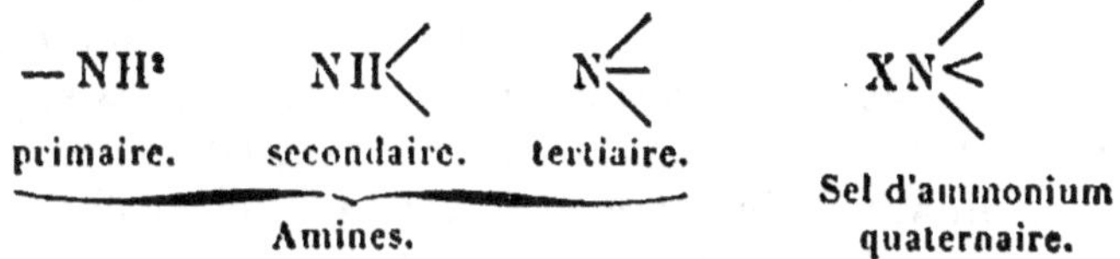

**2.** Les propriétés essentielles des amines sont analogues à celles de l'ammoniaque : comme celle-ci, ce sont des bases, que neutralise une molécule d'acide monobasique en donnant des sels; exemple :

$$NH^2(CH^3) + HCl = NH^2(CH^3).HCl \quad ou \quad [NH^3(CH^3)]Cl.$$

Méthylamine.      Chlorhydrate de méthylamine (ou chlorure de méthylammonium).

Les picrates sont jaunes et généralement très peu solubles.

Comme les sels ammoniacaux, les sels d'amines forment de même, avec certains sels métalliques, des sels doubles; par exemple, le chlorhydrate de méthylamine fournit, avec le chlorure de platine, le chloroplatinate $[NH^3(CH^3)Cl]^2PtCl^4$, qui se présente en cristaux jaunes très peu solubles; avec le chlorure d'or, le chloraurate $NH^3(CH^3)Cl.AuCl^3$, cristallisé en aiguilles jaunes d'or, etc.

Les sels d'ammoniums quaternaires forment aussi des sels doubles (*voir* p. 392).

3. A l'égal des sels ammoniacaux, les sels d'amines sont immédiatement décomposés par les alcalis caustiques, avec mise en liberté de l'amine; exemple :

$$NH(CH^3)^2.HCl + KOH = KCl + H^2O + NH(CH^3)^2.$$

Chlorhydrate<br>de diméthylamine. Diméthylamine.

Ce déplacement des amines (comme de l'ammoniaque) par les alcalis caustiques est en accord avec les données électrochimiques. Les amines, en effet, forment avec l'eau des hydrates comparables à l'hydrate d'ammonium $NH^4.OH$, et le degré de dissociation électrolytique de ces hydrates (ions $\overset{+}{NH^3R}$, $\overset{+}{NH^2R_1R_2}$, $\overset{+}{NHR_1R_2R_3}$ et $\overset{-}{OH}$) est beaucoup moins avancé que celui des alcalis caustiques (ions $\overset{+}{K}$, $\overset{+}{Na}$, ... et $\overset{-}{OH}$) : leur « force » doit donc aussi être moindre, et ceux-ci doivent les déplacer de leurs sels.

On a reconnu que les amines dont les résidus sont forméniques ($C^nH^{2n+1}$) constituent des bases plus fortes que l'ammoniaque, et que leur « force » croît avec le nombre de résidus substituants. Ces résultats sont encore en harmonie avec ceux que fournissent les déterminations du degré de dissociation électrolytique.

(*Voir* p. 392 le cas des sels d'ammoniums quaternaires.)

4. Comme on le verra par la suite (*voir* p. 383 et suivantes, p. 423 et suivantes), des différences fondamentales existent entre les amines primaires $RNH^2$ et les amines secondaires $R_1R_2NH$, et plus encore entre ces deux sortes d'amines et les amines tertiaires. Grâce à l'hydrogène fixé sur l'azote, les amines primaires et secondaires sont susceptibles de maintes réactions que ne donnent pas les amines tertiaires. Nous nous bornerons à indiquer ici un moyen simple de faire cette première distinction : en traitant l'amine considérée par une solution éthérée de bromure d'éthylmagnésium, on observe aussitôt un abondant dégagement de gaz éthane si l'amine est primaire ou secondaire (1 at. ou 2 at. d'hydrogène à l'azote), et l'on n'observe aucun dégagement gazeux si l'amine est tertiaire (pas d'hydrogène à l'azote) (Louis

Meusier; Moureu et Mignonac); exemples :

$$C^6H^5.NH^2 \;+\; MgBrC^2H^5 \;=\; C^2H^6 \nearrow \;+\; C^6H^5NHMgBr,$$

Phénylamine  —  Bromure  —  Éthane.
(aniline).  —  d'éthylmagnésium.

$$\genfrac{}{}{0pt}{}{C^6H^5}{CH^3}\!\!>\!NH \;+\; MgBrC^2H^5 \;=\; C^2H^6 \nearrow \;+\; \genfrac{}{}{0pt}{}{C^6H^5}{CH^3}\!\!>\!NMgBr.$$

Méthylphényl-  —  Bromure  —  Éthane.
amine.  —  d'éthylmagné ium.

## A. — MONOAMINES.

### I. — AMINES PRIMAIRES.

Les amines primaires peuvent être considérées comme résultant de la substitution du résidu monovalent $NH^2$ à un atome d'hydrogène dans les hydrocarbures ; exemples :

$$C^2H^6 \text{ (éthane) } \rightarrow C^2H^5.NH^2 \text{ (éthylamine ou amino-éthane)},$$
$$C^6H^6 \text{ (benzène) } \rightarrow C^6H^5.NH^2 \text{ (phénylamine ou amino-benzène)}.$$

Elles ne diffèrent donc des alcools et des phénols que par l'existence du reste $NH^2$ à la place de l'oxhydryle $OH$ ; exemples :

$$C^2H^5.OH \text{ (éthanol) } \rightarrow C^2H^5.NH^2 \text{ (éthylamine)},$$
$$C^6H^5.OH \text{ (phénol) } \rightarrow C^6H^5.NH^2 \text{ (phénylamine)}.$$

Il est à remarquer que, parmi les amines, celles qui dérivent ainsi des phénols diffèrent sensiblement des autres par leurs modes de formation et certaines de leurs propriétés. La plus simple est la phénylamine $C^6H^5.NH^2$, qui dérive du phénol ordinaire $C^6H^5.OH$, et qui est connue sous le nom d'*aniline ;* c'est une amine aromatique *nucléaire* (*voir* la note de la page 224).

Modes d'obtention. — 1° *En partant des alcools et des phénols.* — *a.* On fait réagir sur l'ammoniaque les éthers halohydriques, de préférence les éthers iodhydriques (Hofmann, 1849). Si, par exemple, on chauffe en tubes scellés l'iodure d'éthyle $C^2H^5I$ avec le gaz ammoniac en solution alcoolique, il se forme, par simple addition des deux molécules, l'iodhydrate d'éthylamine ou iodure d'éthylammonium $NH^3(C^2H^5)I$. La réaction va toujours plus loin ;

et le produit final de l'action de l'ammoniaque sur l'iodure d'éthyle est formé d'iodhydrate d'éthylamine $NH^2(C^2H^5)I$, d'iodhydrate de diéthylamine $NH^2(C^2H^5)^2I$, d'iodhydrate de triéthylamine $NH(C^2H^5)^3I$ et d'iodure de tétréthylammonium $N(C^2H^5)^4I$. La séparation de ces corps est longue et pénible ; la proportion de chacun d'eux existant dans le mélange, à la fin de la réaction, dépend des proportions mêmes des substances réagissantes, et aussi de certaines conditions expérimentales de la réaction.

*b.* L'ammoniaque est capable de réagir sur les alcools, sous l'influence de divers oxydes métalliques agissant comme catalyseurs déshydratants (thorine, oxyde bleu de tungstène), en donnant des amines (SABATIER et MAILHE). Si, par exemple, dans un tube chauffé vers 360° et contenant une traînée de quelques grammes de thorine, on dirige à la fois des vapeurs d'alcool amylique et de gaz ammoniac sec, on obtient l'amylamine

$$C^5H^{11}.OH + HNH^2 = H^2O + C^5H^{11}.NH^2.$$

Ici encore, la réaction va plus loin. L'amine primaire engendrée réagit, comme le ferait le gaz ammoniac, sur l'alcool amylique, avec formation d'une certaine dose de diamylamine $(C^5H^{11})^2NH$, et celle-ci produit de même, finalement, de petites quantités de triamylamine $(C^5H^{11})^3N$.

*c.* On obtient exclusivement des amines primaires en faisant réagir l'éther halohydrique non pas sur l'ammoniaque, mais sur l'hexaméthylène-tétramine $C^6H^{12}N^4$, base spéciale qui résulte de l'action de l'ammoniaque sur l'aldéhyde formique ; il se forme ainsi un sel d'ammonium complexe, que l'ébullition avec de l'alcool et de l'acide chlorhydrique dédouble en donnant du chlorure d'ammonium, l'acétal diéthylique de l'aldéhyde formique $H-CH(OC^2H^5)^2$ et le sel d'amine primaire (DELÉPINE) ; exemple :

$$C^6H^{12}N^4.C^5H^{11}I + 3HCl + 12C^2H^6O$$
$$= 3NH^4Cl + 6CH^2(OC^2H^5)^2 + NH^2(C^5H^{11}).HI.$$
Iodhydrate d'amylamine.

Du sel d'amine on met facilement l'amine en liberté par la potasse ou la soude.

*d.* Aucune de ces méthodes ne permet d'obtenir, en général, les amines aromatiques nucléaires ; c'est ainsi que le bromure de phénylo $C^6H^5Br$ ne donne pas trace d'aniline $C^6H^5NH^2$ par l'action de l'ammoniaque. Pour remplacer, dans les phénols, l'oxhydryle par le résidu $NH^2$, il est nécessaire de les chauffer avec de l'ammoniac à 300° en présence de chlorure de zinc, qui agit comme déshydratant; le naphtol donne ainsi la naphtylamine :

$$C^{10}H^7OH + HNH^2 \ = \ C^{10}H^7NH^2 \ + H^2O.$$

Naphtol.        Naphtylamine
(aminonaphtalène).

2° *En partant des aldéhydes ou des cétones.* — On obtient aisément des amines primaires par l'action simultanée, sur les aldéhydes ou les cétones, de l'ammoniaque et de l'hydrogène en présence de nickel réduit (MIGNONAC); exemple :

$$CH^3 - CO - CH^4 + NH^3 + H^2 \ = \ CH^3 - CH(NH^2) - CH^3 + H^2O$$

Acétone ordinaire.        Isopropylamine.

3° *Par réduction de composés azotés divers, où l'azote est directement uni au carbone.* — Les dérivés nitrés (ZININ), les oximes (GOLDSCHMIDT) et les nitriles (MENDIUS) se prêtent le mieux à cette réaction; exemples :

$$C^6H^5.NO^2 + 3H^2 \ = \ C^6H^5.NH^2 + 2H^2O;$$

Nitrobenzène.        Phénylamine
(aniline).

$$CH^3 - CH = N - OH + 2H^2 \ = \ CH^3 - CH^2.NH^2 + H^2O;$$

Acétaldoxime.        Éthylamine
(aminoéthane).

$$CH^3 - C - CH^3 + 2H^2 \ = \ CH^3 - CH(NH^2) - CH^3 + H^2O;$$
$$\overset{\|}{N}OH$$

Acétoxime ordinaire.        Isopropylamine
(amino-2-propane).

$$CH^3 - C \equiv N + 2H^2 \ = \ CH^3 - CH^2.NH^2 \ (^1),$$

Acétonitrile
(éthane-nitrile).        Éthylamine
(aminoéthane).

(*Voir*, p. 443, un autre mode d'obtention des amines primaires.)

---

($^1$) On peut employer, à cet effet, diverses sources d'hydrogène naissant (amalgame de sodium + acide acétique, Na + alcool absolu, Sn + HCl, nickel réduit + hydrogène, etc.).

L'hydrogénation par la méthode catalytique au nickel réduit est, en général, très avantageuse. Dans le cas des nitriles (SABATIER et SENDERENS) et des oximes (MAILHE), l'amine primaire est toujours accompagnée d'une forte proportion d'amine secondaire, et même de petites doses d'amine tertiaire, qui ont pris naissance, aux dépens de l'amine primaire et avec élimination d'ammoniaque, d'après les équations suivantes, par exemple :

$$2C^2H^5.NH^2 \ = \ (C^2H^5)^2NH + NH^3,$$
Éthylamine.     Diéthylamine.

$$C^2H^5.NH^2 + (C^2H^5)^2NH \ = \ (C^2H^5)^3N + NH^3.$$
Éthylamine.    Diéthylamine.    Triéthylamine.

*Propriétés.* — Les amines primaires sont liquides ou solides. à la température ordinaire, suivant la grandeur de leur poids moléculaire. Les termes les plus simples sont solubles dans l'eau; les autres le sont de moins en moins.

A part les amines aromatiques nucléaires, qui sont des bases relativement peu énergiques et ne ramènent pas au bleu le tournesol rougi par un acide, les amines primaires ont des propriétés basiques au moins aussi fortes que celles de l'ammoniaque (*voir* p. 382), qui font qu'elles s'unissent aux acides, même les plus faibles, se carbonatent à l'air et ramènent immé-diatement au bleu le tournesol préalablement rougi. L'alcalinité comparativement faible des amines aromatiques nucléaires tient à la présence, dans leur molécule, du noyau aromatique, qui est électronégatif, et contrarie les propriétés positives du reste d'am-moniaque $NH^2$; aussi voit-on l'énergie de ces bases diminuer encore si l'on introduit, dans le noyau, des groupements tels que $NO^2$, $SO^3H$, $OH$, qui le rendent encore plus électronégatif : c'est ainsi que les diverses dinitrophénylamines $C^6H^3(NO^2)^2NH^2$, notamment, ne s'unissent plus aux acides, et que la trinitrophé-nylamine est même capable de s'unir aux bases.

Le noyau benzénique des amines aromatiques nucléaires peut être hydrogéné par la méthode au nickel réduit, dans des condi-tions de température déterminées; les amines ainsi obtenues, telle la cyclohexylamine $C^6H^{11}.NH^2$, issue de l'aniline $C^6H^5.NH^2$, sont des bases énergiques, comparables aux amines acycliques (Sabatier et Senderens). De même, la benzylamine $C^6H^5 — CH^2.NH^2$, qui possède, à la vérité, un noyau aromatique, mais qui est une base extranucléaire, dérivant d'un alcool (et non d'un phénol) par substitution de $NH^2$ à $OH$ dans le groupe $CH^2.OH$, jouit de pro-priétés basiques encore plus énergiques.

L'acide azoteux réagit sur les amines primaires qui dérivent des alcools en régénérant les alcools, par substitution de $OH$ à $NH^2$, avec mise en liberté de gaz azote; exemple :

$$C^2H^5.NH^2 + O = N — OH \; = \; H^2O + N^2 + C^2H^5OH.$$

Éthylamine.                                                    Éthanol (1).

---

(1) La propylamine $CH^3 — CH^2. -- CH^2.NH^2$ donne ainsi l'alcool isopropylique $CH^3 — CHOH — CH^3$, et non l'alcool primaire $CH^3 — CH^2 — CH^2OH$. C'est bien cependant l'alcool primaire qui prend naissance tout d'abord; mais dans les conditions de l'expérience, il perd aussitôt $H^2O$, et le propylène transitoirement

Dans le cas des amines aromatiques nucléaires, la même réaction peut conduire aux phénols; mais il se forme alors des corps intermédiaires importants, que nous étudierons plus loin sous le nom de *diazoïques* (p. 401).

Mentionnons, parmi les amines primaires, la méthylamine $CH^3.NH^2$ (Wurtz, 1849), gaz à odeur ammoniacale, combustible, extrêmement soluble dans l'eau, qui se forme dans la distillation sèche d'un grand nombre de matières azotées; l'aniline ou phénylamine $C^6H^5.NH^2$ (Unverdorben, 1826), liquide huileux, peu soluble dans l'eau, bouillant à 184°, qui se trouve, ainsi que les toluidines et autres anilines, dans le goudron de houille et le goudron de bois; les trois toluidines isomériques ortho (Rosenstiehl, 1868), méta et para $C^6H^4{<}^{CH^3}_{NH^2}$, qui bouillent respectivement à 197°, 202° et 198°, etc. L'aniline et les toluidines sont des produits industriels très importants; ils servent à la fabrication d'un grand nombre de matières colorantes.

## II. — AMINES SECONDAIRES.

Nous en distinguerons trois sortes :

### a. — Amines à deux résidus alcooliques.

Exemples : diéthylamine $NH(C^2H^5)^2$,
méthyléthylamine $NH(CH^3)(C^2H^5)$.

**1.** Les sels d'amines secondaires symétriques (à radicaux identiques) prennent naissance dans la réaction d'Hofmann exposée plus haut (p. 383), à côté des sels des amines primaires et tertiaires et des sels d'ammoniums quaternaires, et aussi dans la réaction de Sabatier et Mailhe (avec oxyde catalyseur) à côté des amines primaires et tertiaires (*voir* p. 384); la réduction des nitriles et des oximes par la méthode catalytique au nickel réduit fournit toujours ces amines secondaires en grande abondance (*voir* p. 385, note).

---

formé s'hydrate en sens inverse

$$(CH^3{-}CH^2{-}CH^2OH \rightarrow CH^2{-}CH=CH^4 \rightarrow CH^3{-}CHOH{-}CH^3).$$

On observe très souvent des isomérisations semblables dans cette réaction.

**2.** Les amines secondaires où les deux résidus alcooliques sont différents se forment quand on fait réagir une amine primaire sur un iodure alcoolique à radical différent de celui de l'amine : la méthyléthylamine $NH(CH^3)(C^2H^5)$, par exemple, prend naissance dans l'action de l'iodure d'éthyle $C^2H^5I$ sur la méthylamine $NH^2CH^3$.

De même, si, dans la méthode de Sabatier et Mailhe, on met en œuvre une amine primaire et un alcool à radical différent, on donne naissance à une amine secondaire dont les deux radicaux sont différents; exemple :

$$C^4H^9.OH \ + \ HNH.C^5H^{11} \ \rightleftharpoons \ H^2O + C^4H \ .NH.C^5H^{11}.$$

Alcool butylique.      Amylamine.        Butylamylamine.

### *b.* — Amines à deux résidus phénoliques.

Exemples : diphénylamine $NH(C^6H^5)^2$,
tolylphénylamine $NH(C^6H^4--CH^3)(C^6H^5)$.

On peut les obtenir en faisant réagir un phénol sur une amine primaire aromatique nucléaire en présence de chlorure de zinc; exemple :

$$C^6H^5NH^2 + OH.C^6H^5 \ \rightleftharpoons \ C^6H^5.NH.C^6H^5 + H^2O.$$

Aniline.      Phénol.        Diphénylamine.

On prépare industriellement la diphénylamine par la simple action de la chaleur sur un mélange d'aniline et de chlorhydrate d'aniline :

$$C^6H^5.NH^2 + HCl.HNHC^6H^5 \ \rightleftharpoons \ NH^4Cl + C^6H^5.NH.C^6H^5.$$

Ce sont des corps cristallisés, fort peu solubles dans l'eau; leurs propriétés basiques sont très faibles, et l'eau dissocie leurs sels.

### *c.* — Amines mixtes (dont un résidu est alcoolique et l'autre phénolique).

Exemple : méthylphénylamine $HN\begin{cases} CH^3 \\ C^6H^3 \end{cases}$.

On forme ces amines en faisant réagir les chlorures, bromures ou iodures alcooliques sur les amines primaires aromatiques nucléaires. L'iodure de méthyle et l'aniline, par exemple, fournissent ainsi la méthylphénylamine $HN(CH^3)(C^6H^5)$; il se forme d'ailleurs, en même temps, l'amine tertiaire $N(CH^3)^2(C^6H^5)$ et le sel d'ammonium quaternaire $N(CH^3)^3(C^6H^5)I$.

Ces amines ont des propriétés intermédiaires entre les amines secondaires à deux résidus alcooliques et celles à deux résidus phénoliques.

Une réaction commune à toutes les amines secondaires est la suivante : l'acide azoteux les attaque en substituant le groupe nitrosyle $N=O$ à l'atome d'hydrogène resté libre à l'azote, et donne ainsi des *nitrosamines*, corps en général neutres et entraînables par la vapeur d'eau ; exemple :

$$C^2H^5 . N\begin{matrix} C^2H^5 \\ \overline{H + OH} - N=O \end{matrix} = C^2H^5 . N\begin{matrix} C^2H^5 \\ NO \end{matrix} + H^2O.$$

Diéthylamine.    Acide azoteux.       Nitrosodiéthylamine.

Ces dérivés nitrosés, chauffés avec de l'acide chlorhydrique concentré, régénèrent par hydratation l'amine secondaire à l'état de pureté (sous forme de chlorhydrate) ; exemple :

$$C^2H^5 . N\begin{matrix} C^2H^5 \\ \overline{NO + HOH} \end{matrix} = C^2H^5 . N\begin{matrix} C^2H^5 \\ H \end{matrix} + NO.OH.$$

Nitrosodiéthylamine.        Diéthylamine.    Acide azoteux.

### III. — AMINES TERTIAIRES.

#### *a.* — Amines à trois résidus alcooliques.

Exemples : triméthylamine $N(CH^3)^3$, méthyldiéthylamine $N(CH^3)(C^2H^5)^2$, méthyléthylpropylamine $N(CH^3)(C^2H^5)(C^3H^7)$.

Les amines à trois radicaux identiques se forment dans la réaction d'Hofmann, et dans celle de Sabatier et Mailhe (*voir* p. 383 et 384).

Pour obtenir les bases où les radicaux alcooliques sont différents, le moyen le plus simple est de faire réagir sur une amine secondaire à radicaux alcooliques un iodure alcoolique à radical différent ; la méthyléthylamine $HN(CH^3)(C^2H^5)$, par exemple, traitée par l'iodure de propyle $C^3H^7I$, fournira ainsi la méthyléthylpropylamine $N(CH^3)(C^2H^5)(C^3H^7)$. On pourrait de même, dans la méthode de Sabatier et Mailhe (*voir* p. 384), traiter une amine secondaire à radicaux alcooliques $R_1 R_2 NH$ par un alcool à radical différent $R_3 OH$, et obtenir ainsi une amine tertiaire à radicaux différents $R_1 R_2 R_3 N$.

Signalons la triméthylamine $N(CH^3)^3$ (HOFMANN), gaz à odeur ammoniacale, qui existe dans la saumure de harengs et dans les feuilles de vulvaire.

### b. — Amines à trois résidus phénoliques.

Ces corps ont été peu étudiés; on ne connaît guère que la triphénylamine $N(C^6H^5)^3$, composé non basique, qui ne s'unit plus aux acides.

On remarquera l'influence régulièrement croissante du nombre des résidus phénoliques sur les propriétés des amines : la phénylamine $(C^6H^5)NH^2$ est une base faible, la diphénylamine $(C^6H^5)^2NH$ est encore plus faible, la triphénylamine $(C^6H^5)^3N$ n'est même plus basique.

### c. — Amines mixtes.

1. Les amines à deux résidus alcooliques, telles $N(CH^3)^2C^6H^5$, prennent naissance, en même temps que les amines secondaires et les sels d'ammoniums quaternaires, dans l'action des chlorures, bromures et iodures alcooliques sur les amines aromatiques primaires nucléaires ($C^6H^5NH^2$, etc.). Celles à un seul résidu alcoolique; telle $N(C^2H^5)(C^6H^5)^2$, se forment quand on fait réagir les mêmes dérivés halogénés sur les amines secondaires à deux résidus phénoliques, comme $NH(C^6H^5)^2$.

L'énergie basique de ces amines est d'autant plus forte qu'elles contiennent plus de résidus alcooliques.

2. a. La diméthylaniline $C^6H^5N(CH^3)^2$ (HOFMANN), liquide bouillant à 192°, sert dans l'industrie à la préparation de diverses matières colorantes. Le chlorhydrate, chauffé à 350°, fournit, par migration des groupes méthyle vers les positions para et ortho, des homologues de l'aniline, qui sont isomères de la base initiale :

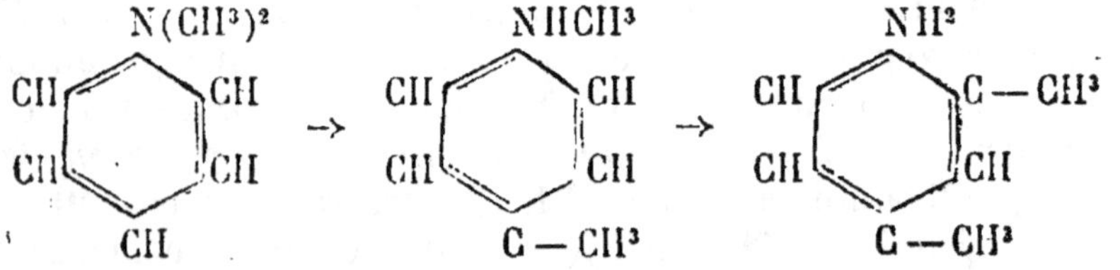

$$N(CH^3)^2\text{-benzène} \rightarrow NHCH^3\text{-}C\text{-}CH^3\text{-benzène} \rightarrow NH^2\text{-}C\text{-}CH^3\text{-benzène}$$

La réaction, découverte par Hofmann et Martius, s'applique également aux premiers homologues de la diméthylaniline, telle la diéthylaniline $C^6H^3.N(C^2H^5)^2$.

*b.* L'atome d'hydrogène situé en para par rapport au groupe $N(CH^3)^2$ de la diméthylaniline, dont la réaction précédente montre la mobilité particulière, peut être aisément remplacé par un résidu nitrosé NO sous l'action de l'acide azoteux (Bæyer, Caro) :

$$C^6H^5N(CH^3)^2 + HO.NO = H^2O + C^6H^4{\Big\langle}{{N(CH^3)^2_{(1)}}\atop{NO_{(4)}}}.$$

Diméthylaniline.    Acide azoteux.                    P. nitrosodiméthylaniline.

Sous l'action des alcalis caustiques à l'ébullition, la nitrosodiméthylaniline se dédouble en diméthylamine et nitrosophénol :

$$C^6H^4{\Big\langle}{{N(CH^3)^2_{(1)}}\atop{NO_{(4)}}} + H^2O = C^6H^4{\Big\langle}{{OH_{(1)}}\atop{NO_{(4)}}} + NH(CH^3)^2.$$

P. nitrosodiméthyl-                    P. nitrosophénol    Diméthylamine.
aniline.                    (*voir* p. 310, note).

Ces deux réactions s'appliquent également aux homologues de la diméthylaniline.

*c.* La mobilité du même atome d'hydrogène (en para) permet à la diméthylaniline et à ses homologues de réagir sur les aldéhydes, les chlorures d'acides, etc., pour donner une foule de substances nouvelles, dont un grand nombre sont utilisées dans la fabrication des matières colorantes.

Bornons-nous à signaler les deux réactions suivantes :

1° Condensation avec l'aldéhyde formique en présence d'acide chlorhydrique étendu :

$$2C^6H^5.N(CH^3)^2 + CH^2O = H^2O + CH^2{\Big\langle}{{C^6H^4.N(CH^3)^3}\atop{C^6H^4.N(CH^3)^2}};$$

Diméthylaniline    Aldéhyde                    Tétraméthyldiamino-
(2 mol.).    formique.                    diphénylméthane.

2° Condensation, à chaud, avec l'oxychlorure de carbone :

$$2C^6H^5.N(CH^3)^2 + COCl^2 = 2HCl + CO{\Big\langle}{{C^6H^4.N(CH^3)^2}\atop{C^6H^4.N(CH^3)^2}}.$$

Diméthylaniline    Oxychlorure                    Tétraméthyldiamino-
(2 mol.).    de carbone.                    benzophénone
                    (cétone de Michler).

## IV. — SELS ET HYDRATES D'AMMONIUMS QUATERNAIRES.

Les chlorures, bromures et iodures d'ammoniums quaternaires constituent toujours le produit ultime de l'action, poussée à fond, des chlorures, bromures et iodures alcooliques sur l'ammoniaque ou les amines; en sorte que, d'après le nombre des résidus alcooliques qui ont été fixés dans l'action d'un iodure alcoolique sur une amine, on peut reconnaître, à coup sûr, si une amine est primaire, secondaire ou tertiaire.

Ce sont des corps cristallisés, solubles dans l'eau et l'alcool. De même que les sels alcalins, qu'ils rappellent par maintes propriétés, et les sels des amines primaires, secondaires et tertiaires, ils forment des sels doubles avec certains sels métalliques : tels, par exemple, le chloroplatinate $[N(CH^3)^4Cl]^2PtCl^4$, et le chloraurate $N(CH^3)^4Cl.AuCl^3$.

Ils se décomposent quand on les soumet à la distillation sèche, et sont dédoublés ainsi en amine tertiaire et halogénure alcoolique; exemple :

$$(C^2H^5)^4NCl \quad = \quad C^2H^5Cl \quad + \quad N(C^2H^5)^3.$$

<table>
<tr><td>Chlorure de<br>tétréthylammonium.</td><td>Chlorure<br>d'éthyle.</td><td>Triéthylamine.</td></tr>
</table>

Si on les traite par l'hydrate d'argent AgOH, on remplace l'atome halogène par l'oxhydryle, et l'on obtient des hydrates d'ammoniums quaternaires; exemple :

$$(C^2H^5)^4NBr \quad + \quad AgOH \quad = \quad AgBr \quad + \quad (C^2H^5)^4N.OH.$$

<table>
<tr><td>Bromure de<br>tétréthylammonium.</td><td>Hydrate de<br>tétréthylammonium.</td></tr>
</table>

Ces hydrates sont des corps solides, présentant avec la potasse $K.OH$ et la soude $Na.OH$ d'étroites ressemblances : c'est ainsi qu'ils sont fortement caustiques et qu'ils se carbonatent à l'air, indice d'une grande puissance basique; aussi sont-ils, comme les alcalis caustiques, fortement ionisés en solution (ions $NR_1R_2R_3R_4$ et $\overset{-}{O}H$).

Ce sont des bases monoacides qui, au contact des hydracides, régénèrent les sels d'ammoniums quaternaires d'où ils proviennent; pareillement la potasse $K.OH$, traitée par l'acide chlorhydrique, donnerait le chlorure de potassium $K.Cl$.

Les mêmes hydrates, quand on les soumet à la distillation sèche, se dédoublent en une amine tertiaire, eau et un carbure éthylénique; exemple :

$$(C^6H^5)(C^2H^5)^3\,N.OH \;=\; N(C^2H^5)^2(C^6H^5) \;+\; CH^2=CH^2 + H^2O.$$

Hydrate de               Diéthylphénylamine.      Éthylène.<br>triéthylphénylammonium.

## V. — ALCOOLS-AMINES (AMINO-ALCOOLS).

**1.** En faisant réagir sur l'ammoniaque l'alcool éthylique chloré ou éther monochlorhydrique du glycol $CH^2Cl—CH^2OH$, on obtient, conformément à la réaction générale d'HOFMANN, l'amino-éthanol $NH^2(CH^2—CH^2OH)$, puis, successivement, l'amine secondaire $NH(CH^2—CH^2OH)^2$ et l'amine tertiaire $N(CH^2—CH^2OH)^3$. On préparerait de même, avec d'autres alcools halogénés, sur lesquels on ferait réagir l'ammoniaque ou les amines, d'autres alcools-amines.

Les oxydes d'éthylènes s'unissent à l'ammoniaque et aux amines pour donner des amino-alcools; exemple :

$$CH^3—CH—CH^2 + NH^3 \;=\; CH^3—CHOH—CH^2NH^2.$$

\O/                    Amino-1-propanol-2.<br>Oxyde de propylène.

**2.** Ces composés sont des bases qui donnent avec les acides des sels bien définis, et qui possèdent en même temps les propriétés essentielles des alcools. Le chlorhydrate de l'éther benzoïque du diméthylamino-diméthyléthylcarbinol

$$CH^3—C(OCOC^6H^5)(C^2H^5)—CH^2N(CH^3)^2.HCl$$

est un précieux anesthésique local, connu sous le nom de *stovaïne* (FOURNEAU, 1904).

La matière cérébrale, le jaune d'œuf, et certains autres organes d'animaux renferment (sous forme de combinaisons complexes avec la glycérine, l'acide phosphorique et divers acides gras supérieurs, combinaisons appelées *lécithines*, GOBLEY, 1846) un hydrate d'ammonium quaternaire à fonction alcoolique, la *choline*

$$(CH^3)^3(CH^2OH—CH^2)N.OH,$$

qu'on rencontre aussi dans beaucoup de champignons et un grand nombre de végétaux. Découverte par STRECKER dans la bile en 1862, sa synthèse fut réalisée par Wurtz en traitant la triméthylamine en solution aqueuse concentrée par l'oxyde d'éthylène :

$$N(CH^3)^3 + \underset{\underset{\text{O}}{\diagdown\diagup}}{CH^2 - CH^2} + H^2O = (CH^3)^3(CH^2 - CH^2OH)N.OH.$$

Triméthyl-<br>amine.    Oxyde d'éthylène. Choline.

C'est une base forte, déliquescente, qui se carbonate à l'air. Non toxique elle-même, elle est susceptible de perdre une molécule d'eau en donnant la *névrine* $(CH^3)^3(CH = CH^2)N.OH$, substance toxique, qui avait tout d'abord été extraite de la matière cérébrale, et qui se forme dans la fermentation putride de la choline. La *muscarine*, base également très vénéneuse, contenue dans l'*agaricus muscarius*, paraît être l'aldéhyde dérivant de la choline par oxydation de la fonction alcool

## VI. — PHÉNOLS-AMINES (AMINO-PHÉNOLS).

Ces composés prennent naissance dans l'hydrogénation des nitrophénols ; les trois dérivés nitrés ortho, para et méta du phénol ordinaire $C^6H^4\diagup^{OH}_{\diagdown NO^2}$, par exemple, réduits par l'étain et l'acide chlorhydrique, fournissent les trois aminophénols correspondants $C^6H^4\diagup^{OH}_{\diagdown NH^2}$.

Ce sont des solides en général peu stables. Le caractère acide de la fonction phénol affaiblit notablement le caractère basique de la fonction amine ; cependant, les aminophénols donnent encore le plus souvent des sels avec les acides.

## VII. — ALCOOLS-PHÉNOLS-AMINES (AMINO-ALCOOLS-PHÉNOLS).

En 1902, Takamine retira des capsules surrénales un principe cristallisé, l'adrénaline, qui est un vasoconstricteur d'une puissance extraordinaire. L'étude qui en a été faite, ainsi que sa synthèse, assignent à cette substance la formule

$$C^6H^3\diagup\begin{matrix}OH(1)\\OH(2)\\CHOH - CH^2NHCH^3(4)\end{matrix}$$

Elle possède donc deux fonctions phénol en position ortho (résidu de pyrocatéchine), une fonction alcool secondaire et une fonction amine secondaire.

C'est une fine poudre cristalline blanche, très peu soluble. Comme la pyrocatéchine, elle réduit énergiquement les sels d'argent et d'or, ainsi que la liqueur cupropotassique.

Elle est lévogyre (le carbone du groupe —CHOH— est asymétrique). Ainsi que nous l'avons déjà signalé (p. 80), l'activité physiologique de son isomère optique, l'adrénaline dextrogyre, qui a pu être obtenu, est incomparablement moindre.

### VIII. — ACIDES-AMINES (AMINO-ACIDES).

**1.** *a*. Si l'on fait réagir l'ammoniaque en excès sur l'acide monochloracétique $CH^2Cl — CO^2H$, on forme d'abord le sel ammoniacal $CH^2Cl — CO^2NH^4$; ce dernier échange ensuite l'atome halogène contre le résidu $NH^2$, et l'on obtient le sel ammoniacal du glycocolle ou acide amino-acétique $CH^2NH^2 — CO^2H$ (Perkin et Duppa) :

$$CH^2Cl — CO^2NH^4 + 2NH^3 = NH^4Cl + CH^2NH^2 — CO^2NH^4.$$

Les trois acides nitro-benzoïques isomériques $C^6H^4 \diagdown{\substack{CO^2H \\ NO^2}}$, réduits par l'hydrogène naissant, fournissent les trois acides aminés correspondants $C^6H^4 \diagdown{\substack{CO^2H \\ NH^2}}$.

Ces deux sortes de réactions, qui consistent l'une et l'autre à créer une fonction amine sur un corps à fonction acide, ont un caractère général.

*b*. Le cyanure d'ammonium réagit sur les aldéhydes et sur les cétones en donnant, avec élimination d'eau, des amino-nitriles-1.2 (Strecker, Liubavin); exemple :

$$CH^3 — \overset{H}{\underset{|}{C}} = O + NH^4.CN = CH^3 — CH(NH^2) — CN + H^2O.$$

Le mécanisme de la réaction est probablement le suivant : le cyanure d'ammonium se dédouble d'abord en ammoniac $NH^3$ et acide cyanhydrique $HCN$; $NH^3$ se fixe sur le carbonyle CO, qui devient $C \diagdown{\substack{OH \\ NH^2}}$, dans lequel HCN substitue CN à OH avec élimination de $H^2O$.

Des amino-nitriles on passe ensuite, par hydratation, aux amino-acides $R — CH(NH^2) — CO^2H$.

2. *a*. Les amino-acides sont des corps solides, en général solubles dans l'eau et de saveur sucrée. Leur réaction est neutre, la fonction amine et la fonction acide, qui sont aussi opposées que possible, se neutralisant réciproquement; ils s'unissent indifféremment aux acides forts et aux bases fortes pour donner des sels. Il est possible que les amino-acides soient des *sels internes;* le glycocolle devrait, dans cette hypothèse, s'écrire

$$H^3N — CH^2 — CO.$$
$$\underline{\qquad} O \underline{\qquad}$$

La distillation sèche, le mieux en présence de chaux ou de baryte, leur fait généralement perdre les éléments de l'anhydride carbonique, avec production d'amines à fonction simple; exemple :

$$CH^2NH^2 — CO^2H \;=\; CO^2 + NH^2CH^3.$$
$$\text{Glycocolle.} \qquad\qquad\qquad \text{Méthylamine.}$$

*b*. Les amino-acides-1.2 $R — CHNH^2 — CO^2H$, traités en solution alcaline par l'hypochlorite de sodium, engendrent des aldéhydes à un atome de carbone de moins $R — CHO$. Voici le mécanisme de la réaction : il y a d'abord formation d'un sel alcalin chloré à l'azote $R — CH\diagdown\genfrac{}{}{0pt}{}{NHCl}{CO^2Na}$, puis élimination de NaCl et de $CO^2$ (qui demeure fixé à l'état de carbonate); le composé iminé $R — CH = NH$ (*voir* p. 399) donne ensuite, par hydratation, l'aldéhyde $R — CHO$ et de l'ammoniaque $NH^3$.

La même réaction conduit à des cétones si, à la place de l'atome d'hydrogène du groupe CH dans le groupe $CHNH^2$, se trouve un second résidu de carbure. $R_1R_2CNH^2 — CO^2H$ donne finalement $R_1R_2CO$ (LANGHELD).

3. Le glycocolle $CH^2NH^2 — CO^2H$ (qu'on appelle encore *glycine*) fut découvert en 1820 par BRACONNOT dans l'action de l'acide sulfurique sur la gélatine; comme beaucoup d'amino-acides, il possède une saveur sucrée, et il donne avec le chlorure ferrique une coloration rouge; son éther éthylique $CH^2NH^2 — CO^2C^2H^5$ bout à 149°; la sarcosine (LIEBIG, 1847) est son dérivé méthylé $(CH^3)NH.CH^2 — CO^2H$. L'alanine, la leucine, l'acide aspartique, le tryptophane, la lysine, l'histidine, l'arginine, sont des acides monoaminés ou des acides

diaminés; la tyrosine est un acide-phénol aminé. Ces divers composés se rencontrent généralement, à côté de beaucoup d'autres, parmi les produits d'hydrolyse des matières albuminoïdes (p. 431).

Il existe dans un grand nombre de plantes, notamment dans la betterave, un hydrate d'ammonium quaternaire à fonction acide, la bétaïne $(CH^3)^3(CH^2-CO^2H)N.OH$, qui est l'acide dérivant de la choline par oxydation de la fonction alcool. Elle se présente en cristaux déliquescents, qui perdent une molécule d'eau à 100°, en donnant le sel interne $(CH^3)^3N-CH^2-CO$. Son chlorhydrate se

$$(CH^3)^3N-CH^2-CO$$
$$\underset{O}{\smile}$$

forme synthétiquement quand on fait réagir la triméthylamine sur l'acide monochloracétique (LIEBRIECH) :

$$N(CH^3)^3 \ + \ CH^2Cl-CO^2H \ = \ (CH^3)^3(CH^2-CO^2H)NCl.$$

Triméthylamine.      Acide mono-            Chlorhydrate de bétaïne.
                     chloracétique.

· On connaît toute une série de *bétaïnes* analogues.

L'acide orthoaminobenzoïque $C^6H^4 \begin{cases} CO^2H \ (1) \\ NH^2 \ (2) \end{cases}$ est connu sous le nom d'*acide anthranilique*. Son éther méthylique se trouve dans les essences de mandarine et de fleurs d'oranger.

### Acides sulfoniques aminés.

1. En faisant agir l'anhydride sulfurique sur l'alcool ou sur l'éthylène, on obtient un isomère de l'acide éthylsulfurique, l'acide dit *iséthionique* $CH^2OH-CH^2SO^3H$, lequel, outre son caractère d'acide sulfonique, possède une fonction alcool; traité par le perchlorure de phosphore, l'acide iséthionique fournit le chlorure d'acide chloré $CH^2Cl-CH^2SO^2Cl$, et celui-ci, sous l'action de l'eau, donne l'acide chloréthylsulfonique $CH^2Cl-CH^2SO^3H$. En chauffant ce dernier avec une solution aqueuse d'ammoniaque, on obtient l'acide aminoéthylsulfonique $CH^2NH^2-CH^2SO^3H$ (KOLBE, 1862), identique à la *taurine* que GMELIN découvrit dans la bile de bœuf en 1824, et qui se trouve aussi dans le poumon, le rein, le foie, la rate, etc.

La taurine cristallise en prismes solubles dans l'eau et insolubles dans l'alcool. Renfermant les groupements $NH^2$ et $SO^3H$, elle est à la fois base et acide; les deux fonctions se neutralisent réciproquement, et sa réaction est neutre. Sous l'action de l'acide nitreux, qui substitue OH à $NH^2$ (*voir* p. 386), elle régénère l'acide iséthionique.

2. L'acide sulfurique fumant, en agissant à chaud sur l'aniline, la sulfone en para, et l'on obtient l'acide dit *sulfanilique* $C^6H^4\diagdown_{SO^3H\ (4)}^{NH^2\ (1)}$ qui fut préparé pour la première fois par GERHARDT en 1845.

On connaît une série de composés analogues. Ce sont des matières premières importantes pour la fabrication des matières colorantes.

## D. — DIAMINES, POLYAMINES.

En traitant le bromure d'éthylène par l'ammoniaque, on forme l'éthylène-diamine, corps qui possède deux fois la fonction amine (CLOEZ, 1853) :

$$CH^2Br — CH^2Br + 4NH^3 = 2NH^4Br + CH^2NH^2 — CH^2NH^2.$$

Bromure d'éthylène.             Bromure     Éthylène-diamine.
                            d'ammonium.

Les trois dinitrobenzènes isomériques $C^6H^4(NO^2)^2$, réduits par l'étain et l'acide chlorhydrique, donnent les trois phénylène-diamines $C^6H^4(NH^2)^2$.

Ces réactions ont un caractère très général.

Les polyamines sont des bases capables de former, avec les acides, des sels neutres et des sels basiques, suivant le nombre de fonctions d'acides mises en œuvre.

L'éthylène-diamine $CH^2NH^2 — CH^2NH^2$ bout à 116°,5 ; elle est soluble dans l'eau et possède une odeur ammoniacale ; sa réaction est fortement alcaline. La tétraméthylène-diamine (ou putrescine) $CH^2NH^2 — CH^2 — CH^2 — CH^2NH^2$ et la pentaméthylène-diamine $CH^2NH^2 — CH^2 — CH^2 — CH^2 — CH^2NH^2$ (ou cadavérine), bases qu'il est facile d'obtenir par hydrogénation des dinitriles $CN — CH^2 — CH^2 — CN$ et $CN — CH^2 — CH^2 — CH^2 — CN$, prennent naissance, au cours de la putréfaction des cadavres et sous l'influence de certaines bactéries, aux dépens des matières albuminoïdes (BRIEGER). Rappelons, à ce propos, que les bases putréfactives, d'ailleurs très diverses dans leur nature, et dont la découverte remonte à l'année 1872 (A. GAUTIER, SELMI), sont connues sous le nom de *ptomaïnes*.

Beaucoup de diamines et de polyamines sont utilisées dans la fabrication des matières colorantes.

## IMINES.

On désigne sous ce nom les bases qui dérivent des aldéhydes ou des cétones par substitution du résidu bivalent $= NH$ à l'oxygène fonctionnel. Nous appellerons *aldimines* les imines des aldéhydes $R — CH = NH$, et *cétimines* les imines des cétones

$$R — \underset{\overset{\|}{NH}}{C} — R'$$

**1.** L'acétaldimine $CH^3 — CH = NH$ (éthylidène-imine), ou plutôt son polymère $(CH^3 — CH = NH)^3$, a été obtenu par Delépine en déshydratant le corps connu sous le nom d'aldéhydate d'ammoniaque $CH^3 — CHOH — NH^2$ (produit résultant de la fixation d'une molécule d'ammoniaque sur une molécule d'acétaldéhyde $CH^3 — CHO$).

En faisant réagir l'aldéhyde benzoïque sur l'aniline, on obtient une aldimine substituée à l'azote, la benzylidène-aniline; ex. :

$$C^6H^5 — CHO + H^2NC^6H^5 = H^2O + C^6H^5 — CH = NC^6H^5.$$

On connaît toute une série d'aldimines substituées analogues; elles sont connues sous le nom de *bases de Schiff*.

**2.** Une méthode générale de préparation des cétimines consiste à partir des produits de condensation des nitriles avec les composés organo-halogéno-magnésiens. Ces combinaisons $R — \underset{\overset{\|}{N\,MgX}}{C} — R'$

(*voir* p. 285) sont, en réalité, des dérivés halogénomagnésiens des cétimines $R — \underset{\overset{\|}{NH}}{C} — R'$; décomposées par l'eau à basse température, ou par le gaz chlorhydrique, elles fournissent régulièrement les cétimines (libres ou à l'état de chlorhydrate) (Moureu et Mignonac, 1913); exemples :

$$a. \quad C^6H^5 — \underset{\overset{\|}{N\,Mg\,Br}}{C} — C^2H^5 + H^2O = C^6H^5 — \underset{\overset{\|}{NH}}{C} — C^2H^5 + Mg\,BrOH;$$

$$b. \quad C^6H^5 — \underset{\overset{\|}{N\,Mg\,Br}}{C} — C^2H^5 + 2\,HCl = C^6H^5 — \underset{\overset{\|}{NH\,.\,HCl}}{C} — C^2H^5 + Mg\,BrCl.$$

Les *auramines* (*voir* p. 484) sont des matières colorantes particulières à fonction cétimine.

On connaît aussi des cétimines substituées à l'azote $R - C - R'$ placée sous $NR''$.

3. La propriété caractéristique des imines est de se dédoubler, plus ou moins facilement, par hydratation, en aldéhyde ou cétone, d'une part, et ammoniaque (ou une amine primaire, dans le cas des imines substituées à l'azote), d'autre part; exemple :

$$C^6H^5 - \underset{\overset{\|}{NH}}{C} - C^{10}H^7 \; + \; H^2O \; = \; C^6H^5 - CO - C^{10}H^7 \; + \; NH^3.$$

Phénylnaphtylcétimine.                Phénylnaphtylcétone.

## C. — COMPOSÉS AZOÏQUES.

Nous comprenons sous cette dénomination tous les corps qui possèdent 2 atomes d'azote échangeant entre eux au moins une valence.

Éliminons 2 atomes d'hydrogène entre 2 molécules d'ammoniaque : nous avons le diamidogène ou hydrazine $H^2N - NH^2$[1]. Remplaçons maintenant, dans l'hydrazine, 1, 2, 3 ou 4 atomes d'hydrogène par des résidus de carbures monovalents ($CH^3$, $C^2H^5$, $C^6H^5$, etc.); nous aurons des *hydrazines* mono-, bi-, tri-, ou tétra-substituées; exemples :

$$\begin{matrix} H \\ C^2H^5 \end{matrix} \!\!\Big> N - NH^2 \qquad\qquad \begin{matrix} H \\ CH^3 \end{matrix} \!\!\Big> N - N \!\!\Big< \begin{matrix} C^2H^5 \\ C^6H^3 \end{matrix}$$

Éthylhydrazine.                Méthyléthylphénylhydrazine.

A l'hydrazine enlevons symétriquement 2 atomes d'hydrogène; le corps $HN = NH$ qui en résulte n'est pas connu, mais il en existe de très nombreux dérivés. Si l'on remplace l'hydrogène de

---

[1] Cette élimination de 2 atomes d'hydrogène entre 2 molécules d'ammoniaque est pratiquement réalisable : on oxyde l'ammoniaque par un hypochlorite alcalin (RASCHIG, 1907) :

$$2NH^3 + O \; = \; H^2O + H^2N - NH^2.$$
Hydrazine.

Toutefois, c'est dans une réaction toute différente (*voir* p. 411) que l'hydrazine a été découverte (CURTIUS, 1887).

l un des deux groupes NH par un résidu de carbure, et celui de l'autre par OH, un atome halogène ou un reste d'acide, on forme ce que l'on appelle un *diazoïque* (2 atomes d'azote pour un seul résidu de carbure); exemples :

$$C^6H^5.N = N.Cl,$$
Chlorure de diazobenzène.

$$(CH^3)C^6H^4.N = N.OH.$$
Hydrate de diazotoluène.

Substituons aux 2 atomes d'hydrogène du corps $HN = NH$ 2 résidus de carbure, nous obtenons un *azoïque proprement dit* (2 atomes d'azote pour 2 résidus de carbure); exemples :

$$C^6H^5 — N = N — C^6H^5,$$
Benzène-azobenzène.

$$C^6H^5 — N = N — C^6H^4(CH^3).$$
Benzène-azotoluène.

On connaît, en outre, des composés où, 2 atomes d'azote étant liés par une double valence, 2 valences d'un atome de carbone saturent les 2 autres restées vacantes $\left(\begin{smallmatrix}N\\ \|\\ N\end{smallmatrix}\hspace{-2pt}>\hspace{-2pt}C\hspace{-2pt}<\right)$; les corps de cette nature actuellement connus appartiennent tous à la série *grasse*.

Les azoïques proprement dits et les hydrazines s'obtiennent régulièrement en partant des diazoïques; aussi commencerons-nous par ces derniers l'étude des composés azoïques.

### I. — DIAZOÏQUES R — N = N — X.

Les diazoïques furent découverts par GRIESS en 1858. La formule générale $R — N = N — X$, où R désigne un résidu de carbure monovalent et X un atome halogène, un groupe OH ou un résidu d'acide, a été proposée par KÉKULÉ.

Nous avons vu (p. 386) que l'action de l'acide nitreux convertit les amines primaires dérivant des alcools en alcools, avec dégagement d'azote, par substitution du groupe OH au résidu $NH^2$.

Les amines aromatiques primaires nucléaires, tout en étant capables de subir une transformation parallèle conduisant aux phénols, donnent naissance, dans les mêmes conditions, à des composés intermédiaires très bien définis (*voir* p. 142), qui sont précisément les diazoïques: d'où le nom de *diazotation* qu'on donne fréquemment à cette réaction.

Les diazoïques n'offrent pas seulement un grand intérêt théorique; ce sont, en outre, des corps industriels qui servent à fabriquer un grand nombre de matières colorantes.

*Formation.* — En principe, on fait réagir l'acide azoteux sur les amines aromatiques primaires nucléaires; exemple :

$$C^6H^5.NH^2 + O = N - OH \;=\; H^2O + C^6H^5 - N = N - OH.$$

Phénylamine.          Hydrate de diazobenzène.

Pratiquement, on traite l'amine, en solution dans un excès d'acide minéral fort ($HCl$, $SO^4H^2$), par un nitrite alcalin ; l'acide azoteux, mis en liberté par l'acide minéral en excès, diazote la base, et il se forme un sel de diazoïque; l'aniline, par exemple, en solution chlorhydrique, fournit, avec le nitrite de sodium, le chlorure de diazobenzène $C^6H^5 - N = NCl$. Les diazoïques n'étant pas stables, l'opération doit toujours être faite au voisinage de 0°.

*Propriétés.* — 1. Les composés diazoïques sont tous solides. Ce sont des corps très instables : incolores quand ils sont purs, ils s'altèrent à l'air, et se décomposent parfois spontanément avec explosion; tous peuvent détoner par le choc ou par un brusque échauffement; aussi ne les isole-t-on généralement pas à l'état solide, et les emploie-t-on en solution dans l'eau, état sous lequel ils sont beaucoup moins instables. Ils sont, le plus souvent, peu solubles dans l'alcool et insolubles dans l'éther.

2. Ce sont des corps non saturés; ils peuvent fixer directement 2 atomes de brome, par ouverture de la double liaison azotée :

$$(- N = N - \;\rightarrow\; - NBr - NBr -).$$

3. Les sels de diazoïques, traités par les lessives alcalines concentrées, donnent les dérivés alcalins des hydrates correspondants; exemple :

$$C^6H^5.N^2.Cl + 2KOH \;=\; KCl + H^2O + C^6H^5.N^2.OK.$$

Si l'on traite ces dérivés alcalins par les acides, on met en liberté les hydrates, qui sont eux-mêmes susceptibles de régénérer les sels de diazoïques au contact d'un excès d'acide ([1]).

---

([1]) De même que les chlorhydrates d'amines, les chlorures diazoïques $R - N^2Cl$ forment, avec certains sels métalliques, des sels doubles, tel le composé platinique $(C^6H^5.N^2Cl)^2PtCl^4$. Cette propriété basique et diverses autres considé-

4. Les composés diazoïques sont doués d'une grande activité chimique : ils réagissent avec une remarquable netteté sur une multitude de composés minéraux et organiques. Citons quelques exemples.

Par une réaction des plus curieuses, et d'ailleurs encore mal expliquée, les acides fluorhydrique, chlorhydrique, bromhydrique et iodhydrique, employés seuls, ou, mieux, en présence du sel cuivreux correspondant, ou même simplement en présence de poudre de cuivre, attaquent les sels de diazoïques, en provoquant, avec un dégagement d'azote, la formation d'un dérivé halogéné dans le noyau (¹) (GRIESS, SANDMEYER); exemple :

$$C^6H^5.N^2.I \quad + HI \; = \; N^2 + \quad C^6H^5I \; + HI.$$

Iodure de diazobenzéne.          Iodobenzéne.

Chauffés avec de l'eau, de préférence en présence d'un excès d'acide sulfurique, les sels de diazoïques donnent naissance au phénol correspondant, avec dégagement d'azote; exemple :

$$C^6H^5.N^2.O.SO^2.OH + H^2O \; = \; N^2 + \quad SO^4H^2 \quad + C^6H^5OH.$$

Sulfate de diazobenzéne.         Acide sulfurique.     Phénol.

Si on les chauffe avec de l'alcool, celui-ci est déshydrogéné et transformé en aldéhyde, de l'azote se dégage, et il y a formation du carbure aromatique correspondant; exemple :

$$C^6H^5.N^2.Cl \; + C^2H^6O \; = \; C^6H^6 \; + \quad C^2H^4O \quad + N^2 + HCl \; (^2).$$

Chlorure      Alcool      Benzène.    Acétaldéhyde.
de diazobenzéne.    éthylique.

---

rations ont conduit BLOMSTRAND à envisager les sels de diazoïques comme des sels d'ammoniums composés particuliers, dits sels de *diazoniums*, dans lesquels le groupement bivalent $\rangle N = N$, qui possède un atome d'azote pentavalent, remplacerait le groupement $— N = N —$ des formules de KÉKULÉ. Dans cette hypothèse, le chlorure de diazobenzéne deviendrait le *chlorure de phényl-diazonium*, et sa structure serait $C^6H^5 — N = N$. La nouvelle notation tend de jour en jour à remplacer l'ancienne, qui, en général, se prête moins bien à l'interprétation des faits.

(¹) Pour les dérivés iodés, c'est la seule méthode *régulière* de préparation que l'on connaisse.

(²) Il y a, en même temps, production de l'éther-oxyde mixte correspondant;

Si on les traite par le cyanure de potassium en présence de sulfate de cuivre (dont la présence est indispensable, et dont le rôle est mal connu), le nitrile correspondant se forme toujours, avec dégagement d'azote; exemple :

$$C^6H^5.N^2.Cl \;+\; KCN \;=\; KCl + N^2 \nearrow + C^6H^5.CN.$$

Chlorure de diazobenzène.       Benzonitrile.

Ces réactions permettent, en partant d'une amine primaire, d'obtenir, à volonté et très aisément, les dérivés halogénés, le phénol, le carbure ou le nitrile correspondants, par substitution régulière des halogènes, du groupe OH, d'un atome d'hydrogène, ou du groupe CN, au résidu $NH^2$. Elles sont utilisées journellement dans les laboratoires et dans l'industrie.

## II. — AZOÏQUES PROPREMENT DITS $R_1 - N = N - R_2$

Le plus simple est l'azométhane $CH^3N = NCH^3$. Il a été découvert par Thiele (.909) en oxydant la diméthyl-hydrazine $CH^3NH - NHCH^3$ par le bichromate de potassium. C'est un gaz incolore, non alcalin, décomposable par la chaleur en azote $N^2$ et éthane $C^2H^6$; il régénère la diméthylhydrazine par hydrogénation.

En principe, les deux résidus de carbure $R_1$ et $R_2$ peuvent être quelconques; toutefois, ce qui va suivre ne se rapporte qu'aux azoïques dans lesquels l'un et l'autre sont des résidus aryliques, tels que $C^6H^5$, $C^{10}H^7$, etc., et dont le représentant le plus simple est le benzène-azobenzène $C^6H^5.N = N.C^6H^5$.

*Formation.* — 1. On prépare les azoïques proprement dits en traitant les dérivés nitrés par un réducteur approprié

$$(2\,RNO^2 \;\rightarrow\; RN = NR).$$

Le terme ultime de la réduction d'un dérivé nitré $RNO^2$ est

---

exemple :

$$C^6H^5.N^2.O.SO^2.OH + C^2H^6O \;=\; C^6H^5.O.C^2H^5 + N^2 \nearrow + SO^4H^2.$$

Il peut même arriver que cette réaction soit la seule à s'effectuer. C'est ainsi qu'en faisant agir l'alcool méthylique sur le sulfate de diazobenzène *sec*, on obtient exclusivement de l'anisol $C^6H^5.O.CH^3$.

toujours l'amine primaire $R\,NH^2$; l'azoïque $RN = NR$ est un produit intermédiaire. D'une manière générale, la réduction conduit à des résultats différents suivant les proportions de réducteur mises en œuvre et suivant la nature de ce réducteur.

Quelles que soient les conditions, il y a, d'abord et toujours, formation d'une hydroxylamine substituée $R.NH.OH$ (qu'on suppose précédée de celle du dérivé nitrosé $R.NO$). Dans la réduction ultérieure de l'hydroxylamine, trois cas sont à distinguer :

*a*. Si l'opération est faite en milieu *neutre* ($Zn + CaCl^2 + H^2O$, par exemple), on en reste le plus souvent à l'hydroxylamine; on n'obtient l'amine que quand on emploie un réducteur très énergique;

*b*. En liqueur *acide* ($Sn + HCl$, etc.), on aboutit toujours à l'amine;

*c*. En liqueur *alcaline* (zinc + lessives alcalines, aqueuses ou alcooliques; amalgame de sodium + alcool, etc.), il y a production d'azoïque, par condensation de 2 molécules d'hydroxylamine :

$$R.NH.OH + HO.HN.R = 2H^2O + RN = NR.$$

Si l'on insiste, l'azoïque ainsi formé peut conduire à l'hydrazine $RHN - NHR$.

Ce sont surtout les travaux de Bamberger et ceux, plus récents, de Freundler, qui ont élucidé l'ensemble de ces réactions.

Dans certaines réductions on trouve, comme produit accessoire, l'*azoxyque* $R - N - N - R$. Il résulte de l'oxydation partielle de l'hydroxylamine, ou de la condensation de celle-ci avec le dérivé nitrosé, qu'on suppose se former intermédiairement avant l'hydroxylamine (Bamberger).

Les azoïques proprement dits ainsi obtenus (azocarbures) ont forcément une constitution symétrique. Ils offrent moins d'intérêt que d'autres qui sont moins simples, et, en particulier, que ceux qui possèdent en même temps une fonction phénol ou amine.

2. Les azoïques à fonction phénol (Kékulé, Roussin) se forment quand on traite les sels de diazoïques par les phénols en solution alcaline (¹); exemple :

$$C^6H^5.N^2Cl + C^6H^5.O.Na = NaCl + C^6H^5.N^2_{(1)}C^6H^4(OH)_{(4)}.$$

Chlorure<br>de diazobenzène.
Phénol sodé.
Benzène-azophénol.

---

(¹) Les azoïques à fonction phénol étant tous fortement colorés, cette réac

C'est du moins là l'expression finale de la réaction. En réalité, l'union des deux molécules se fait d'abord par l'oxygène, et le composé transitoire qui en résulte $C^6H^5.N^2.OC^6H^5$ subit aussitôt une transformation isomérique : le résidu $OC^6H^5$ se change en résidu $C^6H^4.OH$, qui s'unit à l'azote par le carbone situé en para par rapport à l'oxhydryle (¹).

3. Les azoïques à fonction amine (aminoazoïques) s'obtiennent, pareillement, en faisant réagir les sels de diazoïques sur une amine (GRIESS, 1864). Le chlorure de diazobenzène et l'aniline, par exemple, fournissent ainsi le composé azo-para-aminé

$$C^6H^5.N^2_{(1)}.C^6H^4(NH^2)_{(4)};$$

ici encore, il se forme tout d'abord un composé intermédiaire $C^6H^5.N^2.NHC^6H^5$, qui s'isomérise ensuite; mais la transformation se fait moins facilement que dans le cas des oxyazoïques, et elle nécessite l'emploi d'un excès de base.

*Propriétés.* — Les azoïques sont des corps solides, tous colorés (jaunes, rouges, bleus ou noirs), solubles dans l'alcool. A l'égal des diazoïques, ils ne sont pas saturés, et peuvent fixer 2 atomes de brome, par ouverture de la double liaison azotée.

Les azocarbures (tel $C^6H^5N = NC^6H^5$) sont des corps à réaction neutre, insolubles dans l'eau; le benzène-azobenzène $C^6H^5.N = N.C^6H^5$ (MITSCHERLICH, 1834) cristallise en grandes tables rouges, fusibles à 68°, et distille sans décomposition à 293°.

Les azoïques qui possèdent des groupements $SO^3H$, $OH$ (phénoliques), ou $CO^2H$, sont solubles dans les alcalis; de même les azoïques à fonction amine sont solubles dans les acides. Tous ces azoïques à fonction mixte sont des matières colorantes (*voir* p. 480).

L'acide sulfurique concentré dissout les azoïques en formant des liqueurs colorées.

* L'acide nitrique concentré les décompose, et cette réaction a

---

tion permet de reconnaître immédiatement la présence d'un diazoïque dans un mélange.

(¹) Si la position para n'est pas libre, la réaction s'arrête à la première phase : le paranitrophénol, par exemple, donne, quand on le fait réagir sur le chlorure de diazobenzène en présence d'un alcali, le composé

$$C^6H^5.N^2 O_{(1)}C^6H^4(NO^2)_{(4)}.$$

été utilisée pour rechercher leur constitution; exemple :

$$SO^3H.C^6H^4.N = N.C^6H^4.N(CH^3)^2 + 2\,NO^3H$$

$$= 2\,H^2O + C^6H^4.N = N + C^6H^3(NO^2)^2N(CH^3)^2.$$

$$| \qquad SO^3$$

Ils se détruisent également quand on les réduit par l'étain et l'acide chlorhydrique; la molécule se scinde à l'endroit de la double liaison azotée, en donnant deux amines; exemple :

$$C^6H^5.N \ne N.C^6H^4N(CH^3)^2 + 2\,H^2$$

$$= C^6H^5NH^2 + NH^2.C^6H^4.N(CH^3)^2.$$

$$\textbf{III. — HYDRAZINES } \; {R_1 \atop R_2}\!\!> N - N <\!\!{R_3 \atop R_4}.$$

Dans cette formule générale, $R_1$, $R_2$, $R_3$, $R_4$ peuvent être des atomes d'hydrogène, ou des résidus de carbures monovalents identiques ou différents.

Les hydrazines dérivent normalement des diazoïques et des azoïques proprement dits par fixation de 2 atomes d'hydrogène sur la double liaison azotée. Ce sont des corps basiques, offrant avec l'ammoniaque et les amines de grandes analogies.

Les plus importantes, celles dont nous parlerons plus spécialement, sont les hydrazines monosubstituées ou hydrazines primaires $RHN — NH^2$, et les hydrazines bisubstituées ou hydrazines secondaires; celles-ci peuvent exister sous deux formes isomériques, suivant que les deux résidus de carbure sont fixés au même atome d'azote (hydrazines secondaires dites *dissymétriques* $R_1R_2N—NH^2$) ou aux deux atomes d'azote (hydrazines secondaires dites *symétriques* $R_1H — NHR_2$).

*Formation*. — 1. L'action des iodures alcooliques sur l'hydrazine $NH^2 — NH^2$ peut donner naissance à des hydrazines plus ou moins substituées.

2. Si l'on traite les sels de diazoïques par un réducteur approprié, on donne naissance à des hydrazines primaires. Quand on réduit, par exemple, le chlorure de diazobenzène par l'étain et l'acide chlorhydrique, on obtient le chlorhydrate de phényl-hydrazine, d'où il est facile ensuite de mettre la base en liberté

par la potasse (FISCHER) :

$$C^6H^5.N = N.Cl + 2H^2 = C^6H^5.NH - NH^2.HCl.$$
Chlorure<br>de diazobenzène.        Chlorhydrate<br>de phénylhydrazine.

3. Les dérivés nitrosés des amines secondaires fournissent, par hydrogénation (poudre de zinc + acide acétique), des hydrazines où les deux résidus de carbure sont attachés au même atome d'azote ; exemple :

$$\frac{C^2H^5}{C^2H^5}{>}N - NO + 2H^2 = H^2O + \frac{C^2H^5}{C^2H^5}{>}N - NH^2.$$
Nitrosodiéthylamine.        Diéthylhydrazine.

*Propriétés.* — Les hydrazines sont des bases liquides ou solides. La méthylhydrazine $CH^3NH.NH^2$ constitue un liquide incolore, bouillant à 87°, à odeur de méthylamine, fumant à l'air, très soluble dans l'eau, l'alcool et l'éther : la diméthyl-hydrazine symétrique $CH^3NH - NHCH^3$ bout à 60°. La diéthyl-hydrazine dissymétrique $(C^2H^5)^2N - NH^2$ bout à 97°. La phé-nylhydrazine $C^6H^5NH - NH^2$ (FISCHER, 1875) cristallise en lames fondant à 23° et distille à 242° ; elle est peu soluble dans l'eau. La diphénylhydrazine symétrique, qui est identique à l'hydrazo-benzène $C^6H^5NH - NHC^6H^5$ (HOFMANN, 1863), forme des tables incolores, à odeur camphrée, fusibles à 131°, très peu solubles dans l'eau.

Comme les amines, les hydrazines réagissent sur les iodures alcooliques, en donnant finalement des iodures d'hydrazinium :

$$\text{tel le composé } \frac{C^6H^5}{C^2H^5}{>}\overset{\overset{\displaystyle C^2H^5}{|}}{\underset{\underset{\displaystyle I}{|}}{N}} - NH^2, \text{ qui provient de l'action de l'iodure}$$

d'éthyle sur la phénylhydrazine.

Les réducteurs puissants dédoublent les hydrazines en 2 molé-cules de base, par ouverture de la liaison azotée et fixation de 2 atomes d'hydrogène : la phénylhydrazine $C^6H^5NH - NH^2$ fournit ainsi 1 molécule d'aniline $C^6H^5NH^2$ et 1 molécule d'ammoniaque $NH^3$, tandis qu'on obtient, avec la diphénylhydrazine symétrique $C^6H^5NH - NHC^6H^5$, 2 molécules d'aniline $C^6H^5NH^2$.

Les hydrazines sont des corps très oxydables : elles réduisent la liqueur cupropotassique, ce qui les distingue immédiatement des amines. Les hydrazines primaires effectuent même cette réduction à froid : la phénylhydrazine, par exemple, donne, dans ces conditions, de l'aniline et du benzène, avec dégagement d'azote. Les hydrazines secondaires dissymétriques fournissent, quand on les oxyde par l'oxyde de mercure $HgO$, des composés possédant une chaîne de 4 atomes d'azote, qui sont connus sous le nom de *tétrazones*; exemple :

$$(C^2H^5)^2N - NH^2 + O^2 + H^2N - N(C^2H^5)^2$$

Diéthylhydrazine.　　　　　Diéthylhydrazine.

$$= 2H^2O + (C^2H^5)^2N - N = N - N(C^2H^5)^2.$$

Tétréthyltétrazone.

La diphénylhydrazine symétrique, sous l'influence de l'acide chlorhydrique ou sulfurique, fournit, par transposition moléculaire, le diparaminodiphényle ou benzidine (ZININ) :

$$C^6H^5NH - NHC^6H^5 \rightarrow {}_{(4)}NH^2C^6H^4_{(1)} - {}_{(1)}C^6H^4NH^2_{(4)}.$$

Cette curieuse réaction est commune aux diverses diarylhydrazines symétriques où la position para par rapport aux groupes NH est libre.

Nous rappelons, pour mémoire, l'action des hydrazines primaires sur les aldéhydes (*voir* p. 279), les cétones (*voir* p. 288 et 289), les éthers-β-cétoniques (*voir* p. 340), etc.


### IV. — DIAZOÏQUES DE LA SÉRIE GRASSE $\begin{smallmatrix}N\\ \| \\N\end{smallmatrix}\!\!>\!C\!\!<$.

Diazométhane $\begin{smallmatrix}N\\ \| \\N\end{smallmatrix}\!\!>\!CH^2$.

Ce curieux composé, le plus simple des diazoïques de la série grasse, a été découvert par PECHMANN en 1894, dans une réaction spéciale, que nous décrirons plus loin (*voir* la note de la page 429). BAMBERGER et RENAULT l'ont obtenu en faisant réagir l'hydroxylamine sur la dichlorométhylamine $CH^3NCl^2$, substance qui se forme quand on traite la méthylamine par le chlore en solution aqueuse :

$$CH^3.NCl^2 + H^2NOH = 2HCl + H^2O + CH^2N^2.$$

Dichloro-　　　Hydroxylamine.　　　　　　　　Diazométhane.
méthylamine.

C'est un gaz jaune, à odeur piquante et légèrement éthérée, suffocant, toxique. Au point de vue chimique, il est extrêmement actif; il réagit très nettement, et avec une étonnante simplicité, sur un grand nombre de corps. Il est commode, pour ces réactions, d'utiliser sa solution dans l'éther. En voici quelques-unes particulièrement remarquables :

L'iode l'attaque immédiatement en chassant l'azote et formant l'iodure de méthylène $CH_2I_2$.

Avec l'oxyde de carbone, il donne le cétène $CH_2 = CO$.

Les acides minéraux et organiques sont transformés en éthers méthyliques; exemples :

$$HCl + CH_2N_2 = CH_3Cl\nearrow + N_2\nearrow,$$

Acide     Diazométhane.     Chlorure     Azote.<br>chlorhydrique.     de méthyle.

$$C^6H_5 - CO_2H + CH_2N_2 = C^6H_5 - CO_2CH_3 + N_2\nearrow.$$

Acide benzoïque.     Diazométhane.     Benzoate de méthyle.     Azote.

Cette faculté de méthylation s'applique à beaucoup d'autres composés, notamment : aux phénols, qui sont transformés en éthers-oxydes mixtes, tel l'anisol $C^6H_5.OCH_3$, obtenu à partir du phénol $C^6H_5OH$; aux amines, qui donnent des amines méthylées à l'azote, telle la méthylaniline $C^6H_5.NH.CH_3$, obtenue par la méthylation de l'aniline $C^6H_5.NH_2$. L'eau elle-même est capable de se méthyler, donnant ainsi l'alcool méthylique $CH_3.OH$, toujours avec dégagement d'azote.

Réaction particulièrement intéressante, le diazométhane transforme les aldéhydes en cétones méthylées (SCHLOTTERBECK, 1906); exemple :

$$C^6H_{13}.C\!\!{\begin{smallmatrix}H\\ \diagdown O\end{smallmatrix}} + CH_2N_2 = N_2\nearrow + C^6H_{13} - CO - CH_3.$$

Heptanal     Diazométhane.     Méthyl-hexyl-cétone.<br>(œnanthol).

La double liaison azotée du diazométhane peut s'ouvrir sous l'action des réducteurs; il se forme ainsi de la méthylhydrazine $CH_3NH - NH_2$.

Ajoutons enfin que le diazométhane est lui-même un réducteur énergique, comme le montre son action sur le nitrate d'argent et la liqueur cupropotassique.

Éther diazoacétique $\overset{N}{\underset{N}{\|}}\!\!>\!\!CH - CO^2C^2H^5$.

Les homologues du diazométhane, tels que le diazoéthane $CH^3 - CHN^2$, sont encore peu connus. Il n'en est pas de même des diazoïques de la série grasse à fonction acide ou éther-sel, qui ont été découverts par CURTIUS (1883), et dont on a fait une étude approfondie. Nous étudierons brièvement, à titre d'exemple, l'éther diazoacétique $CHN^2 - CO^2C^2H^5$, un des composés les plus intéressants de la Chimie organique, qui a conduit CURTIUS à l'importante découverte de l'hydrazine $NH^2 - NH^2$ (1887) et de l'acide azothydrique $N^3H$ (1890).

L'éther diazoacétique prend naissance quand on fait réagir le nitrite de potassium sur le chlorhydrate d'éther aminoacétique (CURTIUS, 1883) :

$$HCl.NH^2CH^2 - CO^2C^2H^5 \quad + NO^2K$$
Chlorhydrate d'éther aminoacétique.

$$= KCl + 2H^2O + N^2CH - CO^2C^2H^5.$$
Éther diazoacétique.

C'est une huile jaunâtre, qui bout à 141°. Ses réactions rappellent celle du diazométhane.

Ainsi l'iode en déplace l'azote, avec formation du composé $CHI^2 - CO^2C^2H^5$; de même avec l'acide acétique $CH^3CO.OH$, il donne l'acétate $CH^3 - CO.O.CH^2 - CO^2C^2H^5$.

Réduit par le sulfate ferreux en solution alcaline, il donne, à l'état de sel alcalin, l'acide hydrazoacétique $\overset{NH}{\underset{NH}{|}}\!\!>\!\!CH.CO^2H$. Avec le zinc et l'acide acétique, réducteur plus énergique, il y a régénération d'éther aminoacétique $NH^2.CH^2 - CO^2C^2H^5$, avec mise en liberté d'ammoniaque.

Quand on traite l'éther diazoacétique par la lessive de soude concentrée, l'acide résultant de la saponification double sa molécule; l'acide bisdiazoacétique ainsi formé, chauffé avec les acides minéraux étendus, se dédouble, par hydratation, en acide oxalique et hydrazine (1) :

$$(CHN^2 - CO^2H)^2 \quad + 4H^2O = 2CO^2H - CO^2H + 2NH^2 - NH^2.$$

| Acide bisdiazoacétique. | Acide oxalique. | Hydrazine. |
|---|---|---|

---

(1) C'est dans cette réaction que CURTIUS découvrit l'hydrazine en 1887; l'hydrazine conduit, par l'action de l'acide azoteux, à l'acide azothydrique $\overset{N}{\underset{N}{\|}}\!\!>\!\!NH$,

Cette courte étude sur les composés azoïques montre que toute une chimie de l'azote est déjà faite. Nous avons vu des corps à 2, 3 et même 4 atomes d'azote enchaînés ($-N = N - N = N -$). On est allé plus loin : on connaît des chaînes de 8 atomes d'azote ($-N = N - N = N - N = N - N = N -$); et rien ne s'oppose, du moins en principe, à un allongement indéfini, comme dans le cas des chaînes carbonées.

## II. — FONCTION NITRILE.

**1.** Nous avons été amenés maintes fois déjà à parler de la fonction nitrile, dont le groupement fonctionnel est $- C \equiv N$. Ce qui caractérise les nitriles, c'est la relation étroite qui les lie aux acides (*voir* p. 314) : d'une part, les sels ammoniacaux des acides, par perte de 2 molécules d'eau, fournissent les nitriles (exemple : acétate d'ammonium $CH^3 - CO^2NH^4 \rightarrow$ acétonitrile $CH^3 - CN$); de l'autre, les nitriles donnent les acides par hydratation au moyen des acides chlorhydrique ou sulfurique ou des alcalis en solution aqueuse à l'ébullition (DUMAS, 1847) ($^1$), l'azote s'éliminant à l'état de chlorhydrate ou de sulfate d'ammonium ou d'ammoniaque libre et le carboxyle $- CO^2H$ remplaçant ainsi le groupement $- CN$.

Dans ces réactions, des composés intermédiaires prennent naissance, qui seront étudiés plus loin sous le nom d'*amides* $R - CO.NH^2$, et d'où l'on peut partir, si l'on veut, pour préparer les nitriles par déshydratation (*voir* p. 422).

Le plus simple des nitriles a pour formule $H - C \equiv N$; c'est le nitrile formique. Tous les autres nitriles en dérivent par substitution de résidus de carbures monovalents à l'hydrogène (éthane-nitrile ou acétonitrile $CH^3 - CN$, benzonitrile $C^6H^5 - CN$, etc.). Nous allons voir que cette structure des nitriles concorde avec tout ce que l'on sait sur ces corps, modes de formation ou réactions.

---

que WISLICENUS a réussi à préparer par une méthode purement minérale (action de l'amidure de sodium $NH^2Na$ sur le protoxyde d'azote $N^2O$).

($^1$) L'hydratation des nitriles, avec formation d'acides (libres ou à l'état de sels), et d'ammoniaque (libre ou à l'état de sel), est comparable à la saponification des éthers-sels, avec séparation d'acide et d'alcool; aussi a-t-on pris l'habitude d'appliquer le terme de *saponification* aussi bien à l'hydratation des nitriles qu'à celle des éthers.

2. On obtient des nitriles en faisant réagir les chlorures, bromures et iodures alcooliques sur le cyanure de potassium $K — CN$, le groupement $— CN$ se substituant purement et simplement à l'halogène (*voir* p. 184); l'iodure de méthyle $CH^3I$, par exemple, conduit ainsi à l'acétonitrile $CH^3 — CN$.

Nous pouvons rapprocher de cette réaction la production des nitriles aromatiques, tels que le benzonitrile $C^6H^5 — CN$, par l'action du cyanure de potassium en présence du sulfate de cuivre sur les sels de diazoïques, comme le chlorure de diazobenzène $C^6H^5 — N = N — Cl$ (*voir* p. 404).

Une méthode très régulière de formation des nitriles consiste à; soustraire aux aldoximes (*voir* p. 271) les éléments de l'eau au moyen des chlorures d'acides ou des anhydrides d'acides exemple :

$$CH^3 — CH = NOH + CH^3.COCl = CH^3 — CN + CH^3 — CO^2H + HCl.$$

Acétaldoxime.     Chlorure     Acétonitrile.     Acide
                  d'acétyle.                      acétique.

3. Le chlorure de cyanogène $Cl.CN$ et le cyanogène $CN.CN$ réagissent sur les composés organo-halogéno-magnésiens en donnant des nitriles (Grignard); exemples :

$$C^6H^5.\boxed{MgBr + Cl}CN = MgBrCl + C^6H^5.CN,$$

$$C^5H^{11}\boxed{MgBr + CN}.CN = MgBrCN + C^5H^{11}.CN.$$

4. A l'exception du nitrile formique (*voir* p. 414), les nitriles sont des substances chimiquement neutres.

Indépendamment des agents d'hydratation, qui opèrent, comme nous l'avons vu, la saponification des nitriles, la triple liaison entre le carbone et l'azote est susceptible de s'ouvrir sous diverses influences : avec l'hydrogène naissant, par exemple (*voir* p. 385), il y a formation d'une amine primaire (Mendius), composé où l'azote et le carbone n'échangent plus qu'une seule valence (exemple : nitrile formique $H — C \equiv N \rightarrow$ méthylamine $H^3C — NH^2$).

5. Rappelons que les composés organo-halogéno-magnésiens attaquent les nitriles, en donnant des produits d'addition qui, traités par les acides étendus, fournissent des cétones (Blaise, *voir* p. 285), et, par l'eau à basse température ou par le gaz chlorhydrique, des cétimines (Moureu et Mignonac, p. 399).

Un très petit nombre de nitriles seulement ont été rencontrés jusqu'ici dans la nature.

## A. — MONONITRILES.

Ce sont des corps en général liquides et d'odeur agréable; à part les termes les plus simples, ils sont peu solubles dans l'eau.

**1.** Le nitrile formique $H — CN$ se forme synthétiquement quand on fait jaillir des étincelles électriques dans un mélange d'acétylène $C^2H^2$ et d'azote $N^2$ (BERTHELOT); il prend aussi naissance dans le dédoublement, par hydrolyse, de certains glucosides. Il bout à 26° et est très soluble dans l'eau; son odeur rappelle les amandes amères; c'est un poison extrêmement violent. Le caractère électronégatif du groupe — CN lui communique la propriété d'être attaqué par le sodium, qui se substitue à l'hydrogène, et même de réagir sur les bases à la façon des acides, en donnant des *cyanures;* aussi le nitrile formique est-il appelé communément *acide cyanhydrique;* exemple :

$$H.CN + KOH = H^2O + K.CN.$$
Nitrile.  formique.          Cyanure de potassium (¹).

Il donne de même, avec les composés organo-halogéno-magnésiens $RMgX$, des cyanures halogéno-magnésiens, tels que le corps $BrMg — C \equiv N$, avec mise en liberté du carbure correspondant $RH$.

Ses propriétés acides sont d'ailleurs très faibles : il rougit à peine le tournesol, et ses sels alcalins, qui prennent naissance toutes les fois qu'on calcine une matière organique azotée au rouge avec un alcali fixe, sont décomposables par l'acide carbonique. Certains cyanures métalliques, notamment ceux de fer et de chrome, ont une structure particulière et des propriétés très spéciales; le bleu de Prusse est un cyanure de fer complexe, qui a valu au nitrile formique son nom commercial d'*acide prussique* (SCHEELE, 1782). — On sait que l'acide cyanhydrique a la propriété de se fixer sur les aldéhydes et les cétones en donnant des nitriles-alcools (p. 270 et 287).

**2.** L'acétonitrile $CH^3 — C \equiv N$ est un liquide soluble dans l'eau,

---

(¹) On peut également substituer Cl à H dans H.CN par l'action directe du chlore. Le corps Cl.CN ainsi obtenu, appelé *chlorure de cyanogène*, se prépare d'ordinaire en attaquant le cyanure de mercure $Hg(CN)^2$ par le chlore.

bouillant à 81°. Le nitrile acrylique (propène-nitrile) $CH^2 = CH — CN$ est un liquide soluble dans l'eau, à odeur légèrement cyanhydrique, qui bout à 78°. Le benzonitrile $C^6H^5 — CN$ est un liquide huileux à odeur d'amandes amères, bouillant à 191°.

Le phénylacétonitrile $C^6H^5 — CH^2 — CN$ est un liquide bouillant à 232°; il existe dans les essences de capucine et de cresson alénois; à cause du voisinage des deux groupements négatifs $C^6H^5$ et CN, l'hydrogène du groupe $CH^2$ est remplaçable par des métaux, comme l'est celui du même groupe $CH^2$, pour une raison analogue, dans le malonate d'éthyle $CO^2C^2H^5 — CH^2 — CO^2C^2H^5$ et l'acétylacétate d'éthyle $CH^3 — CO — CH^2 — CO^2C^2H^5$.

## NITRILES ACÉTYLÉNIQUES ET NITRILES β-CÉTONIQUES.

Il ne sera question ici que des nitriles acétyléniques où les deux fonctions nitrile et acétylénique sont côte à côte : $R — C \equiv C — CN$, les autres étant fort peu connus.

1. Le plus simple $HC \equiv C — CN$, ou cyanacétylène, est un liquide incolore, léger et mobile, très inflammable, qui fond à + 5° et bout à 42°,5. Sa vapeur irrite violemment les muqueuses. Grâce à sa fonction acétylénique *vraie*, il fournit un dérivé argentique $AgC \equiv C — CN$ et un dérivé cuivreux $Cu^2(C \equiv C — CN)^2$. (MOUREU et BONGRAND).

Le nitrile amylpropiolique (octine-2-nitrile) $C^5H^{11} — C \equiv C — CN$ est une huile incolore, à odeur forte et spéciale, qui bout à 195°. Le nitrile phénylpropiolique $C^6H^5 — C \equiv C — CN$ fond à 41° et bout à 229°; sa vapeur irrite violemment les yeux.

2. *a.* Traités par une solution de potasse dans l'alcool méthylique ou éthylique, solution qui agit sans doute par le méthylate $CH^3OK$ ou l'éthylate $C^2H^5OK$ qu'elle renferme, les nitriles acétyléniques fixent sur leur liaison acétylénique une molécule de l'alcool correspondant, en donnant un nitrile éther-énolique, tel le composé $C^5H^{11} — C(OCH^3) = CH — CN$. En employant une solution d'un phénol sodé dans le phénol correspondant, on obtiendrait un dérivé énolique analogue, tel le corps $C^6H^5 — C(OC^6H^5) = CH — CN$ (MOUREU et LAZENNEC).

Cette réaction rappelle la fixation d'alcools ou de phénols sur les cétones acétyléniques (*voir* p. 297) et sur les éthers-sels acétyléniques (*voir* p. 326). L'hydrolyse des nitriles éthers-énoliques conduirait de même à des résultats analogues (*voir* p. 297 et 327).

*b.* Les amines primaires, et surtout les amines secondaires, s'additionnent à la liaison acétylénique des nitriles acétyléniques, en donnant des nitriles éthyléniques β-aminosubstitués, qui, par hydrolyse au moyen des acides étendus, fournissent des nitriles β-cétoniques, avec régénération de l'amine mise en œuvre (MOUREU et LAZENNEC); exemples :

$$a.\quad C^6H^5 - C \equiv C - CN + NH(C^2H^5)^2 \ = \ C^6H^5 - \underset{\underset{N(C^2H^5)^2}{|}}{C} = CH - CN;$$
$$\text{Diéthylamine.}$$

$$b.\quad C^6H^5 - \underset{\underset{N(C^2H^5)^2}{|}}{C} = CH - CN + H^2O$$
$$= \ C^6H^5 - CO - CH^2 - CN + NH(C^2H^5)^2.$$

Les nitriles β-cétoniques, corps peu solubles dans l'eau, sont solubles dans les solutions aqueuses d'alcalis caustiques ou même simplement carbonatés. Leur caractère *acide*, comme celui des dicétones-β, des éthers maloniques et des éthers β-cétoniques, tient à l'existence du groupe $CH^2$ entre les deux résidus électronégatifs CO et CN. Leur solution alcoolique donne, avec le chlorure ferrique, une coloration rouge vineux ([1]).

## NITRILES-ACIDES.

**1.** En faisant réagir les sels alcalins des acides halogénés sur le cyanure de potassium, on obtient, à l'état de sels, les nitriles-acides. Le monochloracétate $CH^2Cl - CO^2Na$, par exemple, donne ainsi le sel du propane-nitrile-oïque ou acide cyanacétique $CN - CH^2 - CO^2H$, dont l'éther éthylique $CN - CH^2 - CO^2C^2H^5$ bout à 207°. Si l'on saponifie ces nitriles-acides, on obtient des corps possédant une fonction acide de plus; c'est en saponifiant l'acide cyanacétique qu'on prépare l'acide malonique $CO^2H - CH^2 - CO^2H$.

---

([1]) Les éthers-sels acétyléniques $R - C \equiv C - CO^2C^2H^5$ peuvent, comme les nitriles, fixer également une molécule d'amine, en donnant des éthers éthyléniques β-aminosubstitués (RUHEMANN et CUNNINGTON, MOUREU et LAZENNEC). Les corps ainsi formés fournissent de même, par hydrolyse, les éthers β-cétoniques, avec régénération de l'amine initiale (MOUREU et LAZENNEC); exemple :

$$C^6H^5 - C \equiv C - CO^2C^2H^5 \rightarrow C^6H^5 - \underset{\underset{N(C^2H^5)^2}{|}}{C} = CH - CO^2C^2H^5 \rightarrow C^6H^5 - CO - CH^2 - CO^2C^2H^5.$$

Les cétones acétyléniques $R - C \equiv C - CO - R'$ se comportent d'une manière analogue et conduisent de même aux dicétones-β (E. ANDRÉ).

Il y a là une méthode régulière d'hydratation de la liaison acétylénique, quand elle est voisine d'un groupe électronégatif ($- CO -$, $- CO^2C^2H^5$, $- CN$, etc.).

2. *a.* Le groupement CN est fortement électronégatif. Aussi les propriétés de l'acide cyanacétique $CN — CH^2 — CO^2H$, où un groupe $CH^2$ est contigu au résidu CN et à un carboxyle, et celles de ses éthers sont-elles analogues aux propriétés des composés maloniques. Comme l'acide malonique, l'acide cyanacétique se décompose facilement par la chaleur, avec perte d'anhydride carbonique; il donne ainsi naissance à l'acétonitrile $CN — CH^3$. De même, dans l'éther cyanacétique $CN — CH^2 — CO^2C^2H^5$, l'hydrogène du groupe $CH^2$ est remplaçable par du sodium, qui peut à son tour être remplacé par des résidus alcooliques.

De même aussi, les aldéhydes, chauffés avec l'acide cyanacétique, donnent d'abord, avec élimination d'eau, des nitriles-acides éthyléniques, puis, par départ de $CO^2$, des nitriles éthyléniques (Fiquet); exemple :

$$C^6H^5 — CHO + H^2C \Big\langle {CN \atop CO^2H} \;=\; H^2O + C^6H^5 — CH — C \Big\langle {CN \atop CO^2H}$$

Benzaldéhyde.  Acide cyanacétique.

$$\rightarrow\; C^6H^5 — CH = CH — CN + CO^2.$$

Nitrile cinnamique.

De même encore, on obtient régulièrement, avec les aldéhydes et les éthers cyanacétiques, des nitriles-éthers éthyléniques; exemple :

$$C^6H^5 — CHO + H^2C \Big\langle {CO^2C^2H^5 \atop CN} \;=\; H^2O + C^6H^5 — CH = C \Big\langle {CO^2C^2H^5 \atop CN}.$$

*b.* Le cyanacétate d'éthyle sodé $CN — CHNa — CO^2C^2H^5$ réagit aussi sur les chlorures d'acides. Avec le chlorure d'acétyle $CH^3 — COCl$, par exemple, il donne le nitrile-cétone-éther $CN — CH \Big\langle {CO^2C^2H^3 \atop CO — CH^3}$, composé remarquable qui possède tous les caractères d'un acide fort, rougit franchement le tournesol, décompose les carbonates et donne avec les bases des sels très stables, tel le corps $CN — CNa \Big\langle {CO^2C^2H^5 \atop CO — CH^3}$; c'est le voisinage immédiat des trois résidus électronégatifs CN, — CO — CH^3 et —$CO^2C^2H^5$ qui rend *acide* l'hydrogène du groupe CH, et cela à

M. 27

un tel point que le corps est comparable comme force aux acides chlorhydrique ou sulfurique. Plusieurs dérivés semblables ont été préparés.

Ces faits, découverts par Haller, ont une grande portée théorique; ils élargissent considérablement le cadre, resté longtemps fort étroit, des substances à *caractère acide*.

## B. — DINITRILES, POLYNITRILES.

Lorsqu'on chauffe le bromure d'éthylène $CH^2Br — CH^2Br$ avec le cyanure de potassium KCN, on obtient le butane-nitrile ou nitrile succinique $CN — CH^2 — CH^2 — CN$. On préparerait de même, en partant du bibromopropane-1.3 $CH^2Br — CH^2 — CH^2Br$, le pentane-nitrile $CN — CH^2 — CH^2 — CH^2 — CN$, etc.

Par saponification, chaque fonction nitrile se transforme en fonction acide. De même, par hydrogénation, chaque fonction nitrile fournit une fonction amine primaire; le nitrile succinique, par exemple, donne ainsi la tétraméthylène-diamine $NH^2CH^2 — CH^2 — CH^2 — CH^2NH^2$.

1. Le plus simple des dinitriles est le nitrile oxalique, le cyanogène ou *azoture de carbone* $N \equiv C — C \equiv N$; c'est un gaz incolore, d'une odeur spéciale fortement irritante, combustible avec flamme rouge, qui se dégage immédiatement quand on chauffe à une température convenable le cyanure de mercure $Hg(CN)^2$ ou le cyanure d'argent AgCN (Gay-Lussac, 1815). En tant que nitrile oxalique, le cyanogène peut fournir par hydratation l'acide oxalique $CO^2H — CO^2H$; de même l'oxalate d'ammonium $CO^2NH^4 — CO^2NH^4$, traité par l'anhydride phosphorique, perd 4 molécules d'eau en donnant le cyanogène. Le cyanogène est transformé par le sodium en cyanure NaCN, et, par l'hydrogène au rouge sombre, en acide cyanhydrique HCN (Berthelot). De même, comme les halogènes, avec lesquels on voit qu'il présente, malgré sa nature de corps composé, certaines analogies, le cyanogène est absorbé par les lessives alcalines : il y a production d'un cyanure et d'un cyanate, de même que, dans le cas du chlore, il y a formation d'un chlorure et d'un hypochlorite :

$$CN — CN + 2KOH \quad = \quad KCN \quad + \quad KOCN \quad + \quad H^2O.$$

Cyanogène.　　　　　　　Cyanure　　　Cyanate<br>de potassium.　de potassium.

2. Le dinitrile $N \equiv C — C \equiv C — C \equiv N$ est un *sous-azoture de carbone*; il fond à 21° et bout à 76°. Son odeur piquante rappelle le cyanogène; il brûle comme ce dernier avec une flamme rouge; il prend feu spontanément à l'air chauffé vers 130°. C'est un corps extrêmement actif, qui réagit immédiatement sur une foule de substances (alcools, phénols, ammoniaque, amines, etc.) (Moureu et Bongrand, 1909) (¹).

### ISONITRILES OU CARBYLAMINES.

1. Les formiates d'amines primaires

$$H — CO^2NH^3R \quad (\text{soit } H.CO^2H.NH^2R)$$

sont des isomères métamériques des sels ammoniacaux

$$R — CO^2NH^4.$$

Nous savons que ceux-ci, par soustraction de $2H^2O$, donnent les nitriles $R — C \equiv N$. Si, par la pensée, nous ôtons de même $2H^2O$ aux formiates d'amines primaires, nous avons les composés $C \equiv N — R$, isomères métamériques des nitriles; exemples :

$$CH^3 — CO^2NH^4 \xrightarrow{\ —\,2H^2O\ } CH^3 — C \equiv N,$$

Acétate d'ammonium.      Acétonitrile.

$$H — CO^2NH^3CH^3 \xrightarrow{\ —\,2H^2O\ } C \equiv N — CH^3.$$

Formiate de méthylamine.      Isomère de l'acétonitrile
(méthylcarbylamine).

Ces isomères des nitriles ou *isonitriles* sont connus. Leur découverte, très importante au point de vue théorique, est due à Armand Gautier (1866). On les désigne généralement sous le nom de *carbylamines*, dénomination qui, par la désinence *amine*, rappelle que le résidu de carbure est fixé à l'azote, et traduit ainsi leur constitution.

---

(¹) Un *perazoture de carbone*, de constitution toute différente $\overset{N}{\underset{N}{\parallel}} \! > N — CN$, prend naissance quand on traite l'azoture de sodium $\overset{N}{\underset{N}{\parallel}} \! > NNa$ par le bromure de cyanogène $BrCN$. C'est un explosif violent (Darzens, 1912).

Le formiate d'ammonium $H.CO^2NH^4$, étant à la fois formiate et sel ammoniacal, se rapproche et des formiates d'amines $H.CO^2NH^3R$ et des sels ammoniacaux $R-CO^2NH^4$. Le composé CHN (acide cyanhydrique, *voir* p. 414), qu'il fournit par perte de $2H^2O$, doit donc être aussi bien un nitrile $H-C\equiv N$ qu'une carbylamine $C\equiv N-H$. En fait, les cyanures métalliques CNM peuvent réagir sous les deux formes tautomériques $M-C\equiv N$ et $C\equiv N-M$, comme nous le montrerons plus loin.

2. Le mode de formation suivant prouve péremptoirement que, dans les carbylamines, le résidu de carbure est bien lié à l'azote : on obtient des carbylamines quand on fait réagir sur le chloroforme, en présence de potasse en solution alcoolique, une amine primaire (HOFMANN); exemple :

$$C^6H^3NH^2 \quad + \quad HCl^3C \quad + 3KOH = 3KCl + 3H^2O + C^6H^5 - N\equiv C.$$

Aniline.     Chloroforme.                    Phénylcarbylamine [1].

Cette constitution est démontrée tout aussi clairement par le mode de décomposition des carbylamines sous l'action des acides chlorhydrique ou sulfurique ou des alcalis étendus : tandis que les nitriles fournissent, dans ces conditions, d'une part, les acides à même nombre d'atomes de carbone, et, d'autre part, l'ammoniaque (libre ou à l'état de sel ammoniacal), les carbylamines se dédoublent en acide formique, d'un côté, et, de l'autre, en amines primaires ayant naturellement un atome de carbone de moins que les carbylamines elles-mêmes (GAUTIER); exemple :

$$CH^3 - N\equiv C \quad + \quad 2H^2O \quad = \quad CH^3.NH^2 \quad + \quad H.CO^2H.$$

Méthylcarbylamine.            Méthylamine.     Acide formique [2].

On peut rapprocher de cette réaction l'action qu'exercent l'eau

---

[1] L'hydrazine $NH^2-NH^2$, traitée de même par le chloroforme et la potasse, donne le diazométhane $CH^2N^2$. Dans cette réaction, il se fait sans doute d'abord le composé $NH^2-N\equiv C$, qui s'isomérise aussitôt en $CH^2{<}^{N}_{N}$ (STAUDINGER et KUPFER).

[2] Il est bien évident que, si l'hydratation est faite au moyen des alcalis (par exemple, la potasse), l'acide formique passe à l'état de formiate $HCO^2K$, et l'amine reste libre; si, au contraire, on emploie l'acide chlorhydrique, l'amine passe à l'état de chlorhydrate, et c'est l'acide formique qui devient libre.

de brome ou les hypobromites alcalins, qui, par oxydation et hydratation, donnent également une amine primaire, avec formation d'anhydride carbonique (GUILLEMARD); exemple :

$$C^2H^5 — N \equiv C + O + H^2O \;=\; C^2H^5NH^2 + CO^2.$$

La même structure est confirmée par l'hydrogénation : il y a, par addition de 4 atomes d'hydrogène, et conformément aux prévisions, formation d'une amine secondaire méthylée (NEF; SABATIER et MAILHE) ($R — N \equiv C \rightarrow R — NH — CH^3$).

Les carbylamines peuvent fixer 2 atomes halogènes ou 1 atome d'oxygène, en donnant des produits d'addition, tels les corps $C^6H^5N = C = Cl^2$ et $C^6H^5N = C = O$ (isocyanate de phényle) (*voir* p. 445). Aussi A. GAUTIER considère-t-il le carbone comme bivalent dans les carbylamines, qu'il écrit sous la forme $R.N = C$.

3. Les cyanures métalliques M CN peuvent réagir sous deux modifications tautomériques $M — C \equiv N$ et $M — N \equiv C$ (*voir* p. 343). Ainsi, quand on prépare les nitriles par l'action des iodures alcooliques sur le cyanure de potassium, il se forme toujours, simultanément, une certaine proportion de carbylamines; et c'est en faisant réagir les iodures alcooliques sur le cyanure d'argent qu'ARMAND GAUTIER découvrit en 1866 ces curieuses substances; exemple :

$$CH^3I \;+\; Ag — N \equiv C \;=\; AgI + CH^3 — N \equiv C.$$

Iodure<br>de méthyle.     Cyanure<br>d'argent.     Méthylcarbyl-<br>amine.

4. Les carbylamines sont des liquides à odeur plus ou moins désagréable et quelquefois repoussante, dont la vapeur cause bientôt une céphalalgie intense; elles sont plus volatiles que les nitriles correspondants (la méthylcarbylamine $CH^3 — N \equiv C$ bout à 59°, l'éthylcarbylamine $C^2H^5 — N \equiv C$ à 79°, la phénylcarbylamine $C^6H^5 — N \equiv C$ à 166°).

Elles s'isomérisent en nitriles quand on les chauffe à haute température (NEF).

Leur facile formation au moyen des amines primaires et du chloroforme, jointe à leur odeur désagréable, permet de reconnaître immédiatement des traces d'une amine primaire quelconque : si, par exemple, on chauffe une goutte d'aniline avec du chloroforme en présence de potasse alcoolique, il se dégage aussitôt une odeur repoussante et tout à fait caractéristique de phénylcarbylamine.

# III. — FONCTION AMIDE.

Le groupement fonctionnel amide est $-C\overset{\diagup O}{\diagdown NH^2}$. On peut considérer les amides comme dérivant de l'ammoniaque par substitution d'un reste d'acide à un atome d'hydrogène; exemple :

$$N\overset{\diagup H}{\underset{\diagdown H}{-H}} \qquad N\overset{\diagup H}{\underset{\diagdown CO-CH^3}{-H}}$$

Ammoniaque.                Acétamide ( éthanamide ) (¹).

**1.** Les amides, qui furent découverts par Dumas en 1830, sont intermédiaires entre les sels ammoniacaux et les nitriles : ils diffèrent des premiers par une molécule d'eau en moins, et des seconds par une molécule d'eau en plus. Il est effectivement possible, soit en déshydratant avec précaution les uns, soit en hydratant modérément les autres, d'obtenir les amides.

Les sels ammoniacaux, chauffés à une température convenable, perdent une molécule d'eau ; les nitriles, chauffés avec de l'eau vers 200°, fixent une molécule d'eau ; exemples :

$$CH^3 - CO.ONH^4 \; - \; H^2O \; = \; CH^3 - CO.NH^2$$
Acétate d'ammonium.                Acétamide.

$$CH^3 - CN \; + \; H^2O \; = \; CH^3 - CO.NH^2.$$
Acétonitrile                Acétamide
(éthane-nitrile).                (éthanamide).

Réciproquement, on peut, en partant des amides, ou bien régénérer l'acide et l'ammoniaque (par conséquent les éléments du sel ammoniacal) en fixant sur les amides une molécule d'eau au moyen des acides chlorhydrique ou sulfurique ou des alcalis étendus à l'ébullition, ou bien remonter aux nitriles par soustraction d'une molécule d'eau au moyen de l'anhydride phospho-

---

(¹) On conçoit qu'on puisse remplacer les 3 atomes d'hydrogène de l'ammoniaque successivement par 1, 2 et 3 résidus d'acides, et obtenir ainsi des amides primaires, secondaires et tertiaires; les deux dernières classes d'amides étant encore peu connues, nous ne parlerons que des amides primaires R — CONH².

rique; exemples :

$$CH^3 - CO.NH^2 + H^2O \;=\; CH^3 - CO^2H \;+\; NH^3,$$

Acétamide.      Acide acétique ([1]).

$$CH^3 - CO.NH^2 - H^2O \;=\; CH^3 - CN.$$

Acétamide.      Acétonitrile.

2. Les trois méthodes de synthèse suivantes, aussi simples qu'élégantes et pratiques, prouvent d'ailleurs clairement la constitution des amides : on fait réagir l'ammoniaque sur un chlorure d'acide, sur un anhydride d'acide ou sur un éther-sel; il y a élimination d'acide chlorhydrique (lequel s'unit à l'ammoniaque en excès) dans le premier cas, d'acide organique (lequel s'unit à l'ammoniaque en excès) dans le second, et de l'alcool éthérifié dans le troisième (LIEBIG, WÖHLER, GERHARDT); exemples :

$$C^6H^5 - COCl \;+\; HNH^2 \;=\; HCl + C^6H^5 - CO.NH^2,$$

Chlorure de benzoyle.      Benzamide.

$$\begin{matrix} CH^3 - CO \\ CH^3 - CO \end{matrix} \Big\rangle O \;+\; HNH^2 \;=\; CH^3 - CO^2H + CH^3 - CO.NH^2,$$

Anhydride acétique.      Acide acétique.      Acétamide<br>(éthanamide).

$$CH^3 - CH^2 - COOC^2H^5 \;+\; HNH^2 \;=\; C^2H^5.OH + CH^3 - CH^2 - CO.NH^2.$$

Propionate d'éthyle      Alcool      Propionamide<br>(propanoate d'éthyle).      éthylique.      (propanamide).

3. Signalons, comme particulièrement remarquable par sa simplicité et sa netteté, la formation d'amides par fixation directe du gaz ammoniac sur les cétènes (*voir* p. 312) (STAUDINGER); exemple :

$$(C^6H^5)^2C = CO + NH^3 \;=\; (C^6H^5)^2CH - CO.NH^2.$$

Diphénylcétène.      Diphénylacétamide.

4. Les amides sont des corps indifférents : la présence du groupe NH² dans leur molécule fait qu'ils peuvent s'unir aux acides minéraux forts, en donnant des sortes de sels, peu stables

---

([1]) Si l'hydratation est faite au moyen d'un acide, par exemple HCl, l'ammoniaque reste à l'état de sel NH⁴Cl, et l'acide organique est mis en liberté; au contraire, si l'on emploie la potasse ou la soude, c'est l'acide organique qui demeure à l'état de sel, et l'ammoniaque qui devient libre.

à la vérité, tel le composé $CH^3 — C^2NH^2 . NO^3H$; de même le voisinage du carbonyle CO fait qu'on peut remplacer par des métaux un atome d'hydrogène du même groupement $NH^2$ [exemple de dérivé métallique $(CH^3 — CONH)^2Hg$].

5. Comme chez les amines primaires (*voir* p. 386), on peut, par l'action de l'acide azoteux, remplacer, dans les amides $R — CONH^2$, le résidu $NH^2$ par l'oxhydryle, avec formation des acides correspondants $R — CO.OH$.

6. Le brome, en présence des alcalis, agit sur les amides d'une manière intéressante : il y a tout d'abord formation d'un amide bromé, que l'alcali en excès décompose ensuite, avec production de bromure et de carbonate alcalins, et mise en liberté de l'amine primaire à un atome de carbone de moins (HOFMANN) ([1]); exemples :

$$a.\ CH^3 — CO.NH^2 + Br^2 + NaOH \ =\ H^2O + NaBr + CH^3 — CO.NHBr;$$
Acétamide.                                     Acétamide bromé.

$$b.\ CH^3 — CO.NHBr + 3NaOH \ =\ NaBr + CO^3Na^2 + H^2O + CH^3.NH^2.$$
Acétamide bromé.                                   Méthylamine.

Le mécanisme de la formation d'amine primaire aux dépens de l'amide bromé a été élucidé surtout par MAUGUIN. L'amide bromé donne d'abord un amide bromosodé, tel $CH^3 — CO.NNaBr$; celui-ci perd ensuite $NaBr$, et le résidu $CH^3 — CO.N\!\!<$ se transpose en un éther isocyanique :

$$CH^3 — \underset{\underset{O}{\overset{\|}{}}}{C} — N\!\!<\!\!\overset{Na}{\underset{Br}{}} \quad \rightarrow \quad O = C = NCH^3$$

(*voir* p. 445); celui-ci enfin, par hydratation, fournit l'amine primaire, conformément à la réaction générale découverte par WURTZ :

$$CH^3N = CO + 2NaOH \ =\ CO^3Na^2 + CH^3NH^2.$$
Isocyanate                                 Méthylamine.
de méthyle.

---

([1]) Cette réaction constitue une bonne méthode de préparation des amines primaires. On arrive au même résultat en traitant simplement l'amide par un hypobromite alcalin, qui transforme, en définitive, l'amide en amine, avec élimination de $CO^2$ :

$$CH^3 — CONH^2 + O \ =\ CH^3.NH^2 + CO^3.$$

### Amides internes (Lactames).

Les acides-amines dont les deux groupements fonctionnels sont séparés par 2 ou 3 atomes de carbone ont la propriété de perdre, quand on les chauffe, une molécule d'eau, de telle sorte que, la fonction acide agissant sur la fonction amine dans la même molécule, il y ait production d'un amide interne (*lactame*). L'acide 1.4-aminobutyrique $NH^2CH^2 — CH^2 — CH^2 — CO^2H$ fournit ainsi le butyrolactame $CH^2 — CH^2 — CH^2 — CO$, qui bout à 245°.

$$CH^2 — CH^2 — CH^2 — CO$$
$$\underline{\qquad} NH \underline{\qquad}$$

Si on les chauffe avec des lessives alcalines, les lactames régénèrent par hydratation les sels alcalins des acides-amines correspondants, tel le sel $NH^2CH^2 — CH^2 — CH^2 — CO^2K$.

### Amides substitués.

1. Si sur les chlorures d'acides, les anhydrides d'acides ou les éthers-sels on fait réagir, au lieu d'ammoniaque, une amine primaire ou secondaire (¹), on obtient des amides substitués; exemples :

$$CH^3 — COCl + HNHCH^3 = HCl + CH^3 — CO.NHCH^3,$$
Chlorure d'acétyle. Méthylamine.     Méthylacétamide.

$$\begin{matrix} CH^3—CO \diagdown \\ CH^3—CO \diagup \end{matrix} O + HN \diagup^{C^2H^5}_{\diagdown C^2H^5} = CH^3 — CO^2H + CH^3—CO.N \diagup^{C^2H^5}_{\diagdown C^2H^5},$$
Anhydride   Diéthylamine.     Acide     Diéthylacétamide.
acétique.     acétique.

$$CH^3 — COOC^2H^5 + HNHC^2H^5 = C^2H^5.OH + CH^3 — CO.NHC^2H^5.$$
Acétate d'éthyle.   Éthylamine.     Alcool     Éthylacétamide.
    éthylique.

Il suffit souvent, pour obtenir l'amide substitué, de chauffer l'amine avec l'acide : le sel d'amine se produit d'abord, et perd ensuite une molécule d'eau sous l'action de la chaleur; exemple :

$$CH^3 — COOH + HNHC^6H^5 = H^2O + CH^3 — CO.NHC^6H^5.$$
Acide acétique.   Phénylamine.     Phénylacétamide
(aniline).     (acétanilide).

---

(¹) Les amines tertiaires, n'ayant pas d'hydrogène fixé à l'azote, ne réagissent pas. On peut, par cette absence de réaction, reconnaître sans difficulté une amine tertiaire : l'emploi du chlorure de benzoyle est particulièrement avantageux à cet effet.

Les cétènes réagissent également sur les amines primaires et secondaires comme sur le gaz ammoniac (*voir* p. 423); ils donnent ainsi des amides substitués (STAUDINGER); exemple :

$$CH^2 = CO + NH^2 . C^6 H^5 = CH^2 - CONHC^6 H^5 .$$
$$\text{Cétène.} \qquad \text{Aniline.} \qquad\qquad \text{Acétanilide.}$$

Les hydrazines, qui sont, en somme, des amines d'une espèce particulière, se prêtent d'ailleurs à toutes ces mêmes réactions : c'est ainsi, notamment, qu'on obtient la formylphénylhydrazine $H.CONH.NHC^6H^5$ en faisant réagir la phénylhydrazine $H^2N.NHC^6H^5$ sur l'acide formique $H.COOH$.

**2.** Par hydratation sous l'influence des alcalis caustiques ou des acides minéraux étendus, les amides substitués régénèrent l'acide et l'amine, tout comme les amides simples régénèrent l'acide et l'ammoniaque; exemple :

$$CH^3 - CO.NHC^2H^5 + KOH = CH^3 - CO^2K + NH^2C^2H^5,$$
$$\text{Éthylacétamide.} \qquad\qquad \text{Acétate de potassium.} \quad \text{Éthylamine.}$$

### Thioamides.

En faisant réagir le pentasulfure de phosphore $P^2S^5$ sur l'acétamide $CH^3 - CO.NH^2$, on substitue le soufre à l'oxygène, et il y a formation de thioacétamide $CH^3 - CS.NH^2$. Ce corps peut être dédoublé par hydratation en acide acétique $CH^3 - CO^2H$, hydrogène sulfuré $H^2S$ et ammoniaque $NH^3$. On connaît divers composés analogues.

### Sulfonamides.

Les chlorures d'acides sulfoniques $R.SO^2Cl$, traités par l'ammoniaque ou les amines primaires ou secondaires, fournissent les amides correspondants $R - SO^2NH^2$, $R_1.SO^2NHR_2$, $R_1SO^2NR_2R_3$. Par hydratation au moyen des acides ou des alcalis bouillants, les sulfonamides régénèrent les acides sulfonés $R.SO^3H$, d'une part, l'ammoniaque ou les amines, de l'autre.

Les sulfonamides sont utilisés pour caractériser et séparer des carbures aromatiques à points d'ébullition très rapprochés. A cet effet, on sulfone le mélange de carbures, on fait les chlorures d'acides, puis les amides; les amides sont séparés par cristallisation et chacun est transformé par hydratation en acide; l'acide, enfin, soumis à l'action de la vapeur d'eau sur-chauffée en présence d'acide chlorhydrique (*voir* p. 210), régénère le carbure correspondant.

## A. — MONOAMIDES.

Ce sont des corps solides, à point d'ébullition élevé, solubles dans l'alcool et l'éther; les premiers termes sont, en outre, solubles dans l'eau.

Le plus simple, le formiamide $H — CONH^2$, peut être produit synthétiquement par l'union, sous l'influence de rayons ultra-violets, de l'oxyde de carbone avec le gaz ammoniac (DANIEL BERTHELOT et GAUDECHON, 1910) :

$$CO \quad + \quad NH^3 \quad = \quad H.CONH^2.$$

Oxyde     Ammoniac.     Formiamide.<br>de carbone.

L'acétamide $CH^3 — CONH^2$ fond à 82° et bout à 222°; son dérivé phénylé ou acétanilide $CH^3 — CO.NHC^6H^5$ fond à 114° et bout à 304°. L'acrylamide $CH^2 = CH — CONH^2$ fond à 84°. Le benzamide $C^6H^5 — CO.NH^2$ fond à 130° et bout à 288° [1]; l'amide benzoïque du glycocolle $C^6H^5 — CONHCH^2 — CO^2H$ est connu sous le nom d'*acide hippurique* (ROUELLE, 1776).

---

[1] Quand on fait réagir successivement l'amidure de sodium et l'eau sur la benzophénone, $C^6H^5 — CO — C^6H^5$, il y a formation de benzamide, avec mise en liberté de benzène et de soude caustique, par suite de la décomposition du dérivé sodamidé qui s'est formé tout d'abord :

$$a. \qquad C^6H^5 — CO — C^6H^5 + NaNH^2 \;=\; C^6H^5 — C \overset{O\,Na}{\underset{N\,H^2}{\diagdown}} \;C^6H^5;$$

$$b. \qquad C^6H^5 — C \overset{O\,Na}{\underset{N\,H^2}{\diagdown}} C^6H^5 + H^2O \;=\; C^6H^6 + NaOH + C^6H^5 — CONH^2.$$

La triméthylacétophénone $C^6H^5 — CO — C(CH^3)^3$, traitée de la même manière, donne du benzène et le triméthylacétamide $(CH^3)^3C — CONH^2$. D'une manière générale, la méthode permet de préparer des amides à partir des cétones dont aucun des deux atomes de carbone unis au groupe CO ne porte d'hydrogène (HALLER et BAUER, 1909).

## AMIDES ACÉTYLÉNIQUES ET AMIDES β-CÉTONIQUES.

Le plus simple, ou propiolamide $HC \equiv C - CO\,NH^2$, fond à 6$_2$°. Grâce à sa fonction acétylénique vraie ($HC \equiv C -$), il donne un dérivé argentique et un dérivé cuivreux.

L'amylpropiolamide $C^5H^{11} - C \equiv C - CO\,NH^2$ fond à 91°. Chauffé en solution hydro-alcoolique avec la pipéridine $NH(C^5H^{10})$, base secondaire hétérocyclique (*voir* p. 465), il fixe une molécule d'eau, en donnant le caproylacétamide $C^5H^{11} - CO - CH^2 - CO\,NH^2$, qui est l'amide β-cétonique correspondant. Dans cette réaction, la pipéridine agit comme catalyseur hydratant : il y a formation transitoire du produit $C^5H^{11} - C(NC^5H^{10}) = CH.CO\,NH^2$, qui est hydrolysé au fur et à mesure, avec production de l'amide β-cétonique et régénération de la base (MOUREU et LAZENNEC).

On connaît d'autres amides acétyléniques de la forme $R - C \equiv C - CO\,NH^2$, qui engendrent de même, par hydratation, des amides β-cétoniques $R - CO - CH^2 - CO\,NH^2$. Ceux-ci, peu solubles dans l'eau, se dissolvent aisément dans les solutions aqueuses d'alcalis caustiques; leur solution alcoolique donne, avec le chlorure ferrique, une coloration violet-rouge intense.

## AMIDES-ACIDES.

Le plus simple de ces corps, l'acide oxamique $CO^2H - CO\,NH^2$, prend naissance dans l'action de la chaleur sur l'oxalate acide d'ammonium $CO^2H - CO^2NH^4$; il est peu stable et se décompose quand on le chauffe à sa température de fusion.

Nous placerons ici l'*acide carbamique* $CO\begin{smallmatrix} \diagup NH^2 \\ \diagdown OH \end{smallmatrix}$, bien que, ne possédant qu'un atome de carbone, il ne puisse être à la fois amide et acide; il correspond à l'*acide carbonique* $O = C\begin{smallmatrix} \diagup OH \\ \diagdown OH \end{smallmatrix}$. Inconnu à l'état libre, on en a préparé de nombreux dérivés.

Le sel ammoniacal $CO\begin{smallmatrix} \diagup NH^2 \\ \diagdown ONH^4 \end{smallmatrix}$ se forme toutes les fois que le gaz carbonique $CO^2$ et le gaz ammoniac $NH^3$ se rencontrent en l'absence de l'eau (GAY-LUSSAC); si les deux gaz réagissent en présence de l'eau, on obtient surtout du carbonate d'ammonium $CO\begin{smallmatrix} \diagup ONH^4 \\ \diagdown ONH^4 \end{smallmatrix}$ facile à séparer du carbamate par le chlorure de calcium, qui ne précipite que le carbonate. Le carbamate d'ammonium est peu stable : il se scinde aisément soit par la chaleur seule, soit sous l'action des acides et des bases, en anhydride carbonique $CO^2$ et 2 molécules d'ammoniaque $NH^3$.

Les éthers carbamiques, tel l'éther éthylique $CO\Big\langle{\small {NH^2 \atop OC^2H^5}}$, furent découverts par DUMAS et nommés par lui *uréthanes*. Ils prennent naissance dans l'action ménagée de l'ammoniaque sur les éthers carboniques neutres; exemple :

$$O = C\Big\langle{\small {OC^2H^5 \atop OC^2H^5}} + HNH^2 = C^2H^5.OH + O = C\Big\langle{\small {NH^2 \atop OC^2H^5}}$$

Carbonate d'éthyle.  Alcool éthylique.  Carbamate d'éthyle (uréthane ordinaire).

L'uréthane ordinaire $CO\Big\langle{\small {NH^2 \atop OC^2H^5}}$ est un corps solide, qui fond à 51° et bout à 184° [1].

## AMIDES-ACIDES-AMINES.

Un corps important présentant cette triple fonction est l'asparagine $CO^2H — CH(NH^2) — CH^2 — CONH^2$, qui se présente en gros cristaux très solubles dans l'eau. Sa fonction d'amide amino-succinique fut établie par KOLBE en 1862; sa formule porte un atome de carbone asymétrique : on connaît effectivement deux asparagines inverses optiques et une asparagine racémique. L'isomère gauche se rencontre dans une foule de plantes, notamment dans les asperges, où il fut découvert par VAUQUELIN et ROBIQUET en 1805, les amandes douces, la guimauve, la réglisse, les vesces, etc.; l'asparagine droite, beaucoup moins répandue dans la nature, fut découverte par PIUTTI, en 1886, dans les eaux mères

---

[1] Si l'on traite le chloroformiate d'éthyle $H^5C^2O — CO — Cl$ par la méthylamine $NH^2CH^3$, on forme, par substitution de $NHCH^3$ à $Cl$, le méthyluréthane $H^5C^2O — CO — NHCH^3$. Par l'action de l'acide azoteux $NO^2H$, on peut remplacer, dans ce dernier, l'atome d'hydrogène uni à l'azote par le résidu $NO$; et le nitrosométhyluréthane obtenu, traité ensuite par un alcali, se dédouble en anhydride carbonique, alcool et diazométhane (PECHMANN, 1894) :

$$H^5C^2O — CO — N\Big\langle{\small {NO \atop CH^3}} = C^2H^5.OH + CO{\small {N \atop \|\atop N}}\Big\rangle CH^2.$$

Nitrosométhyluréthane.  Diazométhane.

de la préparation de l'asparagine gauche au moyen du suc des pousses étiolées de vesce.

Ainsi que nous l'avons déjà signalé (p. 80), l'asparagine droite possède une saveur sucrée, alors que l'isomère gauche a une saveur fade et fraîche, plutôt désagréable.

## B. — DIAMIDES.

On forme les diamides soit en hydratant les dinitriles, soit en déshydratant les sels ammoniacaux des diacides, soit en traitant par l'ammoniaque les chlorures d'acides, les anhydrides d'acides et les éthers-sels neutres des diacides. Si, par exemple, on fait réagir l'ammoniaque sur l'oxalate de méthyle, on précipite, avec mise en liberté d'alcool méthylique, une poudre cristalline blanche, insoluble dans l'eau, qui n'est autre que le diamide oxalique ou oxamide :

$$
\begin{array}{l}
CO - OCH^3 \\
\phantom{CO-} | \\
CO - OCH^3
\end{array}
+
\begin{array}{l}
H\,NH^2 \\
H\,NH^2
\end{array}
=
2\,CH^3.OH +
\begin{array}{l}
CO - NH^2 \\
\phantom{CO-} | \\
CO - NH^2
\end{array}
.
$$

Oxalate de méthyle. — 2 molécules d'ammoniaque. — Alcool méthylique. — Oxamide (1).

Les diamides peuvent perdre de l'eau sous l'action de l'anhydride phosphorique et donner ainsi les dinitriles. Le dinitrile que fournit dans ces conditions l'oxamide n'est autre que le gaz cyanogène $N \equiv C - C \equiv N$ ou azoture de carbone. Le dinitrile $CN - C \equiv C - CN$, que nous avons décrit précédemment sous le nom de *sous-azoture de carbone*, est obtenu à partir de l'acétylène-dicarbonamide $CONH^2 - C \equiv C - CONH^2$.

---

* (1) Le diamide formique de l'hydrazine $HCONH - NHCHO$, traité successivement par le sodium et un iodure alcoolique, fournit un dérivé disodé puis dialcoylé à l'azote. Si l'on hydrolyse ce dérivé dialcoylé en le chauffant avec un alcali, de l'acide formique est régénéré, et il y a production d'une dialcoylhydrazine symétrique ; exemple :

$$HCONH - NHCHO \rightarrow HCONNa - NNaCHO$$
$$\rightarrow HCON(CH^3) - N(CH^3)CHO \rightarrow CH^3NH - NHCH^3.$$

Dyméthylhydrazine symétrique (hydrazométhane).

La méthode est générale; elle permet de préparer les diverses dialcoylhydrazines symétriques (HARRIES).

# POLYPEPTIDES.

**1.** Considérons 2 molécules amino-acides, par exemple 2 molécules de glycine $H^2N.CH^2 — COOH$. Si la fonction acide de l'une réagit sur la fonction amine de l'autre, nous obtenons, avec élimination d'eau, le corps $H^2N.CH^2 — CO.NH.CH^2 — COOH$, qui est à la fois amide, acide et amino; c'est le glycylglycocolle ou glycylglycine.

Par un procédé approprié, il sera possible de l'unir, avec nouvelle élimination d'eau, soit à une autre molécule de glycocolle, soit à lui-même. Dans le premier cas, on aura un diamide et, dans le second, un triamide :

Diamide : $H^2N.CH^2—CO.NH.CH^2—CO.NH.CH^2—COOH$.

Triamide : $H^2N.CH^2—CO.NH.CH^2—CO.NH.CH^2—CO.NH.CH^2—COOH$.

On peut théoriquement, avec $n$ molécules amino-acides, former ainsi un corps possédant $n—1$ fonctions amide et conservant libres aux extrémités de la chaîne une fonction acide et une fonction amino. La plupart des amino-acides possèdent cette propriété d'engendrer ainsi des polyamides; de plus, des amino-acides différents peuvent concourir à la formation de ces amides. Aussi ce genre de composés présente-t-il une variété infinie par le nombre, la forme et l'ordre de succession des molécules constituantes.

Ces corps offrent un grand intérêt au point de vue physiologique. On peut, en effet, les former à partir des amino-acides mêmes que donnent les matières albuminoïdes par hydrolyse. Bien plus, le mode de liaison des molécules génératrices semble être le même de part et d'autre; la molécule des polyamides artificiels, hydrolysée par des agents chimiques ou par des *ferments solubles organiques* (*diastases*), se scinde à la façon des albumines; et l'on a même pu isoler, au cours de la digestion de certains albuminoïdes, des amides précédant immédiatement l'apparition des amino-acides. La fonction amide est donc la fonction caractéristique des albumines.

**2.** E. FISCHER, à qui l'on doit l'étude de ces polyamides, les désigne par le terme générique de *peptides*, tiré du mot *peptone* (les peptones résultent de l'action de la pepsine, ferment digestif, sur les albuminoïdes). Le nombre de molécules constituantes est marqué par les préfixes *di, tri, ..., poly*.

Le plus simple des peptides est la glycylglycine précitée Fischer et Fourneau, 1901); c'est un mono-amide, un *dipeptide*., (En s'unissant à une molécule de glycine, elle donne un diamide qui est un *tripeptide;* si on l'unit à lui-même, elle fournit un triamide, qui est un *tétrapeptide*, etc.

Fischer a indiqué plusieurs méthodes d'obtention des peptides. Bornons-nous à mentionner la suivante :

Les chlorures d'acides gras halogénés réagissent, en liqueur alcaline, sur les amino-acides, ou sur les peptides, en produisant des amides halogénés; ceux-ci, en présence d'ammoniaque, échangent ensuite leur halogène contre le résidu $NH^2$; exemples :

$a.$ 
$$ClCH^2 - COCl \; + \; HNHCH^2 - CO^2H$$
Chlorure de chloracétyle.       Glycine.
$$= \; HCl + ClCH^2 - CO.NH.CH^2 - CO^2H;$$

$b.$ 
$$H^2NH \; + \; ClCH^2 - CO.NH.CH^2 - CO^2H$$
$$= \; HCl + H^2N.CH^2 - CO.NH.CH^2 - CO^2H.$$
Glycylglycine (dipeptide).

La glycylglycine, traitée à son tour par le chlorure de chloracétyle, puis par l'ammoniaque, conduira à la diglycylglycine $H^2N.CH^2 - CO.NHCH^2 - CO.NH.CH^2 - CO^2H$, etc.

Beaucoup de peptides sont solubles dans l'eau. Leur saveur n'est pas sucrée, comme celle des amino-acides, mais amère, et rappelle celle des peptones. Chauffés en solution aqueuse avec de l'oxyde de cuivre hydraté, ils forment des sels de cuivre bleus-violets qui sont en général solubles dans l'eau.

Nous placerons ici l'urée, composé diamidé spécial à un seul atome de carbone, qui dérive de l'acide carbonique et ne peut être par conséquent un diamide véritable.

## URÉE ET SES DÉRIVÉS.

1. L'urine renferme en quantité notable une matière solide azotée, fusible à 132° et très soluble dans l'eau, répondant à la formule $CON^2H^4$, qui constitue l'un des termes ultimes de la

dégradation progressive, par hydratation ou oxydation, des matières albuminoïdes dans l'organisme. Ce composé, qu'on a appelé *urée* à cause de son origine (ROUELLE, 1773), est identique au corps que l'on obtient en faisant réagir l'ammoniaque soit sur l'oxychlorure de carbone $COCl^2$, soit sur les éthers carboniques (NATANSON) : synthèses remarquablement simples, qui conduisent naturellement à attribuer à l'urée la formule de constitution $O = C\big\langle{}^{NH^2}_{NH^2}$ :

$$O = C\Big\langle{}^{Cl}_{Cl} \; + \; {}^{H\,NH^2}_{H\,NH^2} \; = \; 2\,HCl\,(^1) + O = C\Big\langle{}^{NH^2}_{NH^2}$$

Oxychlorure    2 molécules                      Urée.
de carbone.   d'ammoniaque.

$$O = C\Big\langle{}^{OC^2H^5}_{OC^2H^5} \; + \; {}^{H\,NH^2}_{H\,NH^2} \; = \; 2\,C^2H^5.OH + O = C\Big\langle{}^{NH^2}_{NH^2}$$

Carbonate     2 molécules     Alcool          Urée.
d'éthyle.     d'ammoniaque.   éthylique.

Tout aussi démonstratif, d'ailleurs, est le dédoublement du carbamate d'ammonium en eau et urée sous l'action de la chaleur (BASAROW) :

$$O = C\Big\langle{}^{NH^2}_{ONH^4} \; - \; H^2O \; = \; O = C\Big\langle{}^{NH^2}_{NH^2}$$

Carbamate                      Urée.
d'ammonium.

Rappelons que c'est en chauffant le cyanate d'ammonium $O = C = N — NH^4$ (obtenu par double décomposition entre le cyanate de potassium et le sulfate d'ammonium) que WÖHLER convertit ce sel, par simple isomérisation, en urée et ouvrit ainsi la voie de la Synthèse organique (1828) (*voir* p. 2).

2. L'urée est un corps peu stable et très sensible à la plupart des agents chimiques. Chauffée au-dessus de son point de fusion, elle se décompose avec mise en liberté d'ammoniaque et formation, entre autres corps, de *biuret* $NH^2CO—NH—CONH^2$, composé immédiatement reconnaissable à la coloration rouge violacée qu'il

---

($^1$) Il est superflu de dire que l'ammoniaque en excès fixe HCl à l'état de chlorure d'ammonium, comme dans tous les cas analogues.

produit quand on le traite par le sulfate de cuivre et la potasse.

Elle perd une molécule d'eau en donnant un composé solide, très soluble dans l'eau, découvert par BINEAU (1838) et connu sous le nom de *cyanamide*, lorsqu'on la traite par le chlorure de thionyle (MOUREU) :

$$O = C\begin{cases} NH^2 \\ NH^2 \end{cases} + SOCl^2 \;=\; CN^2H^2 \;+\; 2\,HCl + SO^2.$$

Urée.    Chlorure    Cyanamide.
de thionyle.

Réciproquement, le cyanamide peut régénérer l'urée par fixation d'une molécule d'eau sous l'action des acides étendus (¹) :

$$CN^2H^2 \;+\; H^2O \;=\; CO\begin{cases} NH^2 \\ NH^2 \end{cases}.$$

Cyanamide.    Urée.

Les alcalis ou les acides étendus, à l'ébullition, dédoublent l'urée, par hydratation, en anhydride carbonique et ammoniaque, réaction caractéristique :

$$CO\begin{cases} NH^2 + H \\ NH^2 + H \end{cases}O \;=\; CO^2 + 2\,NH^3.$$

Urée.

Certains organismes, et notamment le *micrococcus ureæ*, fixent sur l'urée 2 molécules d'eau, et la transforment ainsi en carbonate d'ammonium (MIQUEL) :

$$CO\begin{cases} NH^2 \\ NH^2 \end{cases} + \begin{matrix} H^2O \\ H^2O \end{matrix} \;=\; CO\begin{cases} ONH^4 \\ ONH^4 \end{cases}.$$

Urée.    2 mol. d'eau.    Carbonate
d'ammonium.

Le chlore, agissant à basse température sur l'urée en solution aqueuse, donne la chlorurée $CO\begin{cases} NHCl \\ NH^2 \end{cases}$. Ce corps, très actif, se comporte, dans ses réactions, comme chlorurant et comme oxy-

---

(¹) Certains dérivés du cyanamide font attribuer à ce corps la constitution $H^2N - C \equiv N$; d'autres, au contraire, ne se conçoivent qu'avec la formule $HN = C = NH$. C'est un cas très net de *tautomérie* (voir p. 3{3).

dant, à la manière du chlore libre et de l'acide hypochloreu.
(BÉHAL et DETŒUF).

Oxydée, vers o°, par un hypochlorite en solution alcaline, l'uré
se décompose en anhydride carbonique et hydrazine (CHESTAKOF).

$$H^2N - CO - NH^2 + O = CO^2 + H^2N - NH^2.$$

Urée.         Hydrazine.

Si, au contraire, on attaque l'urée par les hypochlorites ou
hypobromites alcalins en excès, sans précautions spéciales, la
molécule se résout en eau, anhydride carbonique, et azote
(LECONTE, YVON) :

$$CO{<}^{NH^2}_{NH^2} + 3\,NaOBr = 3\,NaBr + 2\,H^2O + CO^2 + N^2{\nearrow}.$$

L'acide azoteux décompose aussi très complètement l'urée,
avec mise en liberté d'azote et d'anhydride carbonique.

## I. — URÉINES.

On désigne sous ce nom les composés qui résultent du remplacement partiel ou total des atomes d'hydrogène de l'urée par
des résidus de carbures (WURTZ). On connaît des urées mono-,
bi-, tri- et tétrasubstituées.

Les principaux modes d'obtention des uréines sont analogues
à ceux de l'urée : il suffit, en général, au lieu d'ammoniaque,
de mettre en œuvre une amine primaire ou secondaire. Si, par
exemple, on fait réagir l'aniline sur l'oxychlorure de carbone, on
obtient un composé fusible à 235°, la diphénylurée symétrique
ou carbanilide :

$$CO{<}^{Cl}_{Cl} + {}^{HNHC^6H^5}_{HNHC^6H^5} = 2\,HCl + CO{<}^{NHC^6H^5}_{NHC^6H^5}.$$

Oxychlorure   2 mol. d'aniline.       Diphénylurée symé-<br>de carbone.                    trique (carbanilide).

La règle s'applique même à l'hydrazine et à ses dérivés : ainsi,
en traitant le cyanate de potassium CONK par le sulfate d'hydrazine $NH^2 - NH^2.SO^4H^2$, le cyanate d'hydrazine d'abord formé
$CO = N - NH^3(NH^2)$ se convertit, par isomérisation, en urée correspondante $CO{<}^{NH^2}_{NH - NH^2}$, composé fusible à 96°, que nous con-

naissons déjà sous le nom de *semicarbazide* (*voir* p. 270 et 288) [1].

Ces divers composés rappellent l'urée par leurs propriétés essentielles : ils sont dédoublés par les alcalis étendus, à l'ébullition, en anhydride carbonique et amines ; lorsqu'un des groupes $NH^2$ unis au carbonyle dans l'urée est intact, il s'élimine à l'état d'ammoniaque ; de même les résidus hydraziniques sont éliminés à l'état d'hydrazines correspondantes ; exemples :

$$CO \left\langle {NHC^6H^5 \atop NHC^6H^5} + {H \atop H} \right\rangle O \;=\; CO^2 + 2\,NH^2C^6H^5,$$

Carbanilide.　　　　　　　　　　　　　　　　　Aniline (2 mol.).

$$CO \left\langle {NH^2 \atop NHC^6H^5} + {H \atop H} \right\rangle O \;=\; CO^2 + NH^3 + NH^2C^6H^5,$$

Phénylurée.　　　　　　　　　　　　　　　　　Aniline.

$$CO \left\langle {NH^2 \atop NH - NHC^6H^5} + {H \atop H} \right\rangle O \;=\; CO^2 + NH^3 + NH^2 - NHC^6H^5.$$

Phénylsemicarbazide.　　　　　　　　　　　　　Phénylhydrazine [2]

## II. — URÉIDES

1. Si l'on traite l'urée par un chlorure d'acide [3], un anhydride d'acide ou un éther-sel, on substitue un résidu d'acide à un atome

---

[1] Ce nom de *semicarbazide* lui vient de ce qu'elle ne renferme dans sa molécule qu'un seul résidu d'hydrazine $- NH - NH^2$ ; la carbazide elle-même $CO \left\langle {NH - NH^2 \atop NH - NH^2} \right.$ est d'ailleurs connue.

[2] Les uréines symétriques, traitées par l'acide azoteux, fournissent des dérivés nitrosés, par substitution du résidu $NO$ à l'hydrogène fixé sur l'azote. Dans le dérivé nitrosé, on peut, par le zinc et l'acide acétique, réduire le résidu $NO$ en résidu $NH^2$, et former ainsi une semicarbazide bisubstituée. Celle-ci, chauffée avec de l'acide chlorhydrique concentré, se scinde en anhydride carbonique, amine, et hydrazine primaire (FISCHER) ; exemple :

$$CO \left\langle {NHC^2H^5 \atop NHC^2H^5} \right. \;\rightarrow\; CO \left\langle {N(NO)C^2H^5 \atop NHC^2H^5} \right. \;\rightarrow\; CO \left\langle {N(NH^2)C^2H^5 \atop NHC^2H^5} \right.$$

$$\rightarrow\; CO^2 + NH^2C^2H^5 + NH^2 - NHC^2H^5.$$

[3] Il est ici avantageux de substituer au chlorure d'acide le mélange de acide et d'oxychlorure de phosphore, qui engendre le chlorure d'acide ; GRIMAUX a pu, par cette méthode, réaliser la synthèse de divers uréides, notamment de oxalylurée, à une époque où le chlorure d'oxalyle $COCl - COCl$ n'était pas encore connu.

y lrogène de l'urée, et l'on obtient un *uréide*; exemple :

$$CO\begin{cases}NHH \\ NH^2\end{cases} + \underset{\text{Chlorure}}{C} \begin{matrix} CO - CH^3 \\ \text{d'acétyle.}\end{matrix} = CO\begin{cases}NH.CO - CH^3 \\ NH^2\end{cases} + HC$$

Urée.  Chlorure d'acétyle.  Acétylurée.

Les uréides apparaissent ainsi comme des sortes d'amides de l'urée, qui se comporterait, dans la circonstance, comme une amine [1].

On peut remplacer par un résidu d'acide un atome d'hydrogène du second groupe $NH^2$, et former ainsi un diuréide, tel le corps $CO\begin{cases}NH.COCH^3 \\ NH.COCH^3\end{cases}$.

Les diacides, tel l'acide oxalique $CO^2H - CO^2H$, peuvent donner naissance à des uréides à fonction acide et à des diuréides à chaîne fermée :

$$CO\begin{cases}NH.CO - CO^2H \\ NH^2\end{cases} \qquad CO\begin{cases}NH - CO \\ NH - CO\end{cases}$$

Acide oxalurique.  Oxalylurée (acide parabanique).

En outre, on conçoit que les acides-alcools puissent donner des corps à la fois uréines et uréides, également cycliques. Ainsi on obtient de la glycolylurée en chauffant la bromacétylurée (obtenue elle-même par l'action du chlorure de bromacétyle $CH^2Br - COCl$ sur l'urée) avec de l'ammoniaque, qui enlève à la molécule les éléments de l'acide bromhydrique (B.EYER) :

$$CO\begin{cases}NH——————CO \\ NHH \quad BrCH^2\end{cases} = HBr + CO\begin{cases}NH - CO \\ NH - CH^2\end{cases}$$

Bromacétylurée.  Glycolylurée (hydantoïne).

On connaît enfin des uréides-uréines à chaîne ouverte. Si l'on chauffe, par exemple, la méthylurée $CO\begin{cases}NH^2 \\ NHCH^3\end{cases}$ avec de l'anhydride acétique, on obtient la méthylacétylurée

$$CO\begin{cases}NH - CO - CH^3 \\ NHCH^3\end{cases} \text{[2]}.$$

---

[1] L'urée possède, en fait, quelques propriétés basiques, et elle est susceptible de s'unir aux acides forts : elle forme avec l'acide azotique un nitrate $CO(NH^2)^2.NO^3H$ très peu soluble dans l'eau.

[2] On obtient également de la méthylacétylurée quand on fait réagir l'acé-

**2.** Les uréides sont des corps bien cristallisés, facilement dédoublables en leurs composants par hydratation sous l'action des alcalis. Grâce à la présence d'au moins 2 carbonyles CO dans leur molécule, ils ont des tendances *acides* : l'atome d'hydrogène du groupe NH placé entre 2 carbonyles est en général remplaçable par des métaux, et les dérivés métalliques peuvent ensuite réagir sur les iodures alcooliques, qui substituent ainsi un résidu alcoolique au métal. L'oxalylurée a les propriétés d'un acide monobasique faible, et on l'appelle *acide parabanique* (LIEBIG et WÖHLER); d'autres uréides, telle l'alloxane (BRUGNATELLI, 1817) :

$$
\begin{array}{ccc}
NH & \!\!\!\!-\!\!\!- & CO \\
| & & | \\
CO & & CO \\
| & & | \\
NH & \!\!\!\!-\!\!\!- & CO
\end{array}
$$

Alloxane.

qui renferme 4 groupes CO et 2 groupes NH, ont une réaction fortement acide. Certains donnent des colorations avec divers sels métalliques; l'alloxane, par exemple, colore en bleu indigo les sels de protoxyde de fer.

---

tamide $CH^3-CONH^2$ sur son propre dérivé bromosodé $CH^3-CONNaBr$. Dans cette réaction, l'acétamide bromosodé perd d'abord NaBr, et l'éther iso cyanique qui en résulte (p. 424 et 445) fixe l'acétamide en donnant la méthyl-acétylurée (MAUGUIN)

$$CH^3 - CON.NaBr = NaBr + CO = NCH^3,$$

$$CO = NCH^3 + CH^3 - CONH^2 = CO\begin{array}{l}\diagup NHCH^3 \\ \diagdown NHCO-CH^3\end{array}$$

La réaction est générale.

Comme, dans l'action du brome sur les amides en présence des alcalis (p. 449), il se forme un amide bromosodé, on voit que, si l'on désire obtenir, non pas l'amine primaire, mais une urée substituée, il faudra, pour 1 molécule de brome $Br^2$, mettre en œuvre 2 molécules d'amide. Raisonnons sur l'acétamide : une première molécule donne $CH^3-CONHBr$, puis $CH^3-CONNaBr$, qui, réagissant sur une deuxième molécule $CH^3-CONH^2$, conduit, avec élimination de NaBr, à $CO\begin{array}{l}\diagup NHCH^3 \\ \diagdown NHCO-CH^3\end{array}$

## III. — GROUPE DE LA PURINE.

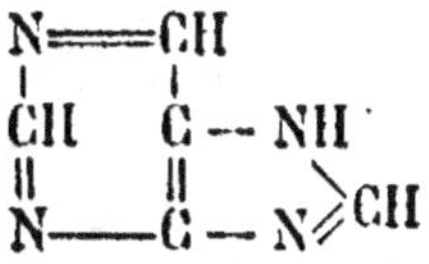

$$N = CH$$
$$CH \quad C - NH$$
$$N - C - N{>}CH$$

Purine.

**1.** Les recherches d'E. Fischer, commencées vers l'an 1895, ont établi qu'un grand nombre de dérivés de l'urée, qui résultent du fonctionnement normal de la cellule vivante, animale ou végétale, possèdent un même squelette fondamental, celui de la purine $C^5H^4N^4$, formé de deux cycles azotés, l'un hexagonal, l'autre pentagonal, accolés l'un à l'autre par 2 atomes de carbone communs.

La purine elle-même est d'ailleurs connue; elle cristallise en aiguilles blanches fusibles à 217°, solubles dans l'eau et l'alcool. Elle possède à la fois des propriétés basiques et acides : elle donne des sels stables avec les acides, et aussi des dérivés métalliques. Elle résiste assez bien aux agents d'oxydation et aux acides concentrés, ce qui est l'indice d'une certaine stabilité.

**2.** Le plus important des dérivés de la purine est une trioxypurine $C^5H^4N^4O^3$, fonctionnant comme acide bibasique, qui est connue depuis longtemps sous le nom d'*acide urique* (Scheele, 1776); c'est un composé très peu soluble dans l'eau, qui existe normalement dans l'urine et qui constitue beaucoup de calculs vésicaux. Les diverses synthèses qui en ont été faites, ses dédoublements et toutes ses propriétés concordent avec une formule de constitution résultant de l'union d'un noyau alloxanique avec un résidu d'urée. Si, par exemple, on traite l'acide urique par un mélange d'acide chlorhydrique et de chlorate de potassium, il se dédouble, par hydratation et oxydation simultanées, en alloxane et urée :

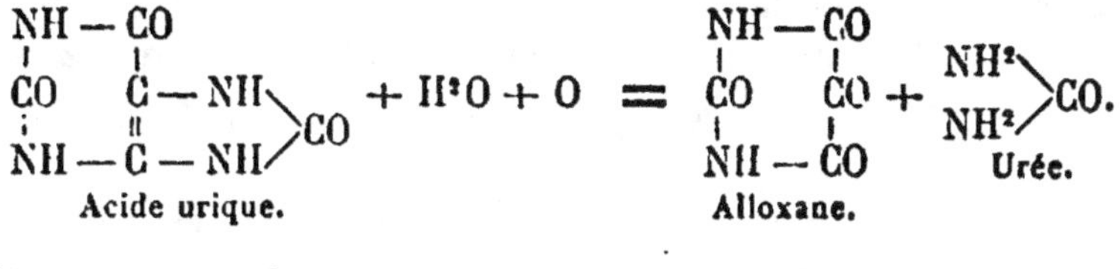

$$NH - CO \qquad\qquad\qquad\qquad NH - CO$$
$$CO \quad C - NH{>}CO + H^2O + O = CO \quad CO + {NH^2 \atop NH^2}{>}CO.$$
$$NH - C - NH \qquad\qquad\qquad\qquad NH - CO$$

Acide urique.          Alloxane.       Urée.

Citons encore la caféine, qui est une triméthyldioxypurine

$C^5H(CH^3)^3N^4O^2$ existant dans le café, le thé, la noix de kola, etc.; la théobromine, diméthyldioxypurine $C^5H^2(CH^3)^2N^4O^2$ contenue dans le cacao, et son isomère la théophylline, qu'on trouve dans le thé à côté de la caféine; la xanthine, dioxypurine $C^5H^4N^4O^2$ dont il existe des traces dans l'urine, et qu'on rencontre aussi dans certains calculs urinaires; la sarcine, qui est une monoxypurine $C^5H^4N^4O$ existant dans la viande; l'adénine, aminopurine $C^5H^3(NH^2)N^4$ assez répandue dans le règne animal, qu'on trouve aussi dans la levûre de bière et les feuilles de thé; la guanine, imino-oxypurine $C^5H^4N^4O(NH)$ qui existe dans le guano, etc.

Tous ces corps, et la purine elle-même, ont pu être préparés synthétiquement par E. Fischer.

## IV. — URÉE SULFURÉE (THIO-URÉE) ET SES DÉRIVÉS.

Dans l'urée et ses dérivés, on peut remplacer l'oxygène par le soufre; les substances ainsi formées leur sont de tous points comparables. La thio-urée proprement dite $S = C \begin{cases} NH^2 \\ NH^2 \end{cases}$ prend naissance dans l'action de la chaleur sur le sulfocyanate d'ammonium $CSN^2H^4$ (Reynolds, 1869); ce sel subit, dans la réaction, une isomérisation analogue à celle qui convertit le cyanate d'ammonium $CON^2H^4$ en urée $CO(NH^2)^2$.

Les produits de dédoublement des thio-urées par hydratation sont l'anhydride carbonique, l'acide sulfhydrique et l'ammoniaque ou les amines; exemple :

$$S = C \begin{cases} NHCH^3 \\ NH^2 \end{cases} + 2H^2O \ = \ CO^2 + H^2S + NH^3 + NH^2CH^3.$$

Méthylthiourée.																	Méthyl-amine.

## V. — GROUPE DE LA GUANIDINE.

**1.** Si l'on chauffe en solution alcoolique le cyanamide $CN^2H^2$ (*voir* p. 434) avec du chlorure d'ammonium $NH^4Cl$, on fixe les éléments de l'ammoniaque sur ce corps, et l'on obtient, à l'état de chlorhydrate, une base connue sous le nom de *guanidine* $HN = C \begin{cases} NH^2 \\ NH^2 \end{cases}$ (Erlenmeyer), et dont la formule découle de celle de l'urée $O = C \begin{cases} NH^2 \\ NH^2 \end{cases}$ par la substitution du groupe bivalent

NH à l'oxygène. Le même corps prend naissance quand on chauffe l'orthocarbonate d'éthyle avec de l'ammoniaque, qui élimine les résidus éthoxyle $OC^2H^5$ à l'état d'alcool ( HOFMANN ) :

$$C(OC^2H^5)^4 + 3NH^3 = HN = C\begin{cases} NH^2 \\ NH^2 \end{cases} + 4C^2H^6O.$$

Orthocarbonate d'éthyle. — Guanidine. — Alcool éthylique.

La guanidine, qui fut découverte par STRECKER, en 1861, en oxydant la guanine, est une base très énergique, se comportant comme une monoamine, qui se présente en cristaux déliquescents et très solubles dans l'eau. Lorsqu'on la chauffe avec de l'eau de baryte, le groupe NH s'élimine à l'état d'ammoniaque, et l'on obtient l'urée :

$$\begin{matrix} H^2N \\ H^2N \end{matrix}\Big> C = \boxed{NH + H^2O} = NH^3 + \begin{matrix} H^2N \\ H^2N \end{matrix}\Big> CO.$$

Guanidine. — Urée.

2. Si, au lieu des éléments de l'ammoniaque, on fixe sur le cyanamide, par une méthode analogue, ceux du glycocolle $NH^2CH^2 - CO^2H$, on obtient la *glycocyamine*

$$HN = C\begin{cases} NH^2 \\ NH - CH^2 - CO^2H \end{cases}$$

La glycocyamine s'unit aux bases et aux acides; un de ses dérivés méthylés $NH = C\begin{cases} NH^2 \\ N(CH^3) - CH^2 - CO^2H \end{cases}$ est identique à la *créatine* ( VOLHARD, 1869), que CHEVREUL découvrit dans la viande en 1834. Elle peut perdre une molécule d'eau en donnant la *glyco-cyamidine* $NH = C\begin{cases} NH - CO \\ NH - CH^2 \end{cases}$, composé cyclique dont un dérivé méthylé $NH = C\begin{cases} NH \text{——} CO \\ N(CH^3) - CH^2 \end{cases}$ n'est autre que la *créatinine*, que l'on trouve normalement dans les organes et les produits de sécrétion de divers animaux, et dont la découverte est due à LIEBIG (1847).

Comme dérivé de la guanidine, citons encore l'arginine ou acide 2-amino-5-guanidine valérianique normal

$$NH = C\begin{cases} NH - (CH^2)^3 - CH - CO^2H, \\ NH^2 \qquad\qquad\quad NH^2 \end{cases}$$

découvert par Scuulze et Steiger dans les semences de lupin, et qui est un des nombreux produits de la dégradation des matières albuminoïdes. L'eau de baryte bouillante le dédouble en acide 2.5-diaminovalérianique et urée; cette réaction est une de celles qui permettent de concevoir la formation d'urée dans l'organisme.

## IMIDES.

Lorsqu'on fait agir le gaz ammoniac sur les anhydrides des acides bibasiques, on donne naissance à des composés azotés spéciaux connus sous le nom d'*imides*, qui résultent de la substitution du groupe bivalent imidogène $\rangle$NH à l'atome d'oxygène reliant les deux carbonyles; exemple :

$$\begin{array}{l} CH^2 - C = O \\ \qquad\qquad\rangle O + H^2NH \\ CH^2 - C = O \end{array} = H^2O + \begin{array}{l} CH^2 - C = O \\ \qquad\qquad\rangle NH. \\ CH^2 - C = O \end{array}$$

Anhydride succinique.        Succinimide.

Le meilleur moyen de préparer les imides consiste à partir des acides bibasiques susceptibles de fournir des anhydrides (diacides 1.4 et 1.5), et à soumettre à l'action de la chaleur leurs sels ammoniacaux, leurs diamides ou leurs amides-acides; il y a élimination de 2 molécules d'eau et de 1 molécule d'ammoniaque dans le premier cas, de 1 molécule d'ammoniaque dans le second, de 1 molécule d'eau dans le troisième; exemple :

$$C^6H^4\begin{array}{l} CO.ONH^4 \,_{(1)} \\ CO.ONH^4 \,_{(2)} \end{array} = 2\,H^2O + NH^3 + C^6H^4\begin{array}{l} CO \\ CO \end{array}\rangle NH.$$

Orthophtalate d'ammonium.        Phtalimide.

Les imides sont des composés solides, facilement sublimables. Le voisinage des deux groupements négatifs CO communique à l'hydrogène du résidu NH la propriété d'être remplaçable par des métaux : c'est ainsi que les imides font la double décomposition avec les alcoolates alcalins; exemple :

$$C^6H^4\begin{array}{l} CO \\ CO \end{array}\rangle NH + NaOC^2H^5 = C^6H^4\begin{array}{l} CO \\ CO \end{array}\rangle NNa + C^2H^6O.$$

Phtalimide.     Éthylate de sodium.     Phtalimide sodé.     Éthanol.

A leur tour, ces dérivés alcalins font la double décomposition avec les sels des métaux lourds. Tous les composés métalliques ainsi formés réagissent sur les iodures alcooliques en donnant des imides substitués, tel le corps $C^6H^4\diagdown\!\!\!\!\!\diagup\substack{CO\\CO}\!\!\!\diagdown NC^2H^5$, avec mise en liberté d'iodure métallique.

Les imides phénylés ($NC^6H^5$) sont désignés sous le nom d'*aniles*. Ils prennent directement naissance quand on chauffe l'aniline avec les anhydrides d'acides bibasiques, qu'ils peuvent servir à caractériser; exemple :

$$\substack{CH^2-CO\\ \mid\quad\quad\\ CH^2-CO}\!\!\!\diagup O + H^2NC^6H^5 = H^2O + \substack{CH^2-CO\\ \mid\quad\quad\\ CH^2-CO}\!\!\!\diagdown NC^6H^5.$$

Anhydride<br>succinique.      Aniline.      Anile succinique.

Les imides simples régénèrent, par hydratation, l'acide bibasique et l'ammoniaque; exemple :

$$C^6H^4\diagdown\!\!\!\!\diagup\substack{CO\\CO}\!\!\!\diagdown NH + 2H^2O = C^6H^4\diagdown\!\!\!\!\diagup\substack{CO^2H\\CO^2H} + NH^3.$$

Phtalimide.       Acide phtalique.

Si l'imide est substitué, au lieu d'ammoniaque, c'est une amine primaire qui est mise en liberté; la réaction constitue une bonne méthode de préparation des amines primaires (GABRIEL); exemple :

$$C^6H^4\diagdown\!\!\!\!\diagup\substack{CO\\CO}\!\!\!\diagdown NC^2H^5 + 2H^2O = C^6H^4\diagdown\!\!\!\!\diagup\substack{CO^2H\\CO^2H} + NH^2C^2H^5.$$

Éthylphtalimide.      Acide phtalique.    Éthylamine.

Le composé $C^6H^4\diagdown\!\!\!\!\diagup\substack{CO\\SO^2}\!\!\!\diagdown NH$, imide mixte qui dérive de l'acide orthosulfoné $C^6H^4\diagdown\!\!\!\!\diagup\substack{CO.OH\ (1)\\SO^2.OH\ (2)}$, n'est autre que cette matière blanche, peu soluble et à saveur extraordinairement sucrée, qui est connue dans le commerce sous le nom de *saccharine* (REMSEN et FAHLBERG, 1879).

## IMIDE CARBONIQUE (CARBIMIDE $NH = C = O$).

**1.** L'imide carbonique ou *carbimide* $NH = C = O$, qui dérive de
l'anhydride carbonique $O = C = O$ par substitution du résidu bivalent $= NH$ à un atome d'oxygène, a un caractère nettement acide :
on l'appelle *acide isocyanique*, ou même, dans le langage courant,
*acide cyanique* ([1]). On le prépare en dépolymérisant par la chaleur
l'acide cyanurique $(CONH)^3$ (LIEBIG et WÖHLER), composé cristallisé qui est un des principaux produits de l'action de la chaleur,
avec perte d'ammoniaque, sur l'urée. C'est un liquide corrosif et
vésicant, dont la vapeur irrite fortement les yeux; il se convertit
rapidement, au-dessus de la température de $o°$, en un polymère
solide très élevé et non cristallisé, le cyamélide $(CONH)^x$; en
solution aqueuse, il fixe de l'eau en donnant du bicarbonate
d'ammonium $CO\begin{cases} ONH^4 \\ OH \end{cases}$. Très instable lui-même, il forme des
sels parfaitement stables : le cyanate de potassium $CONK$, qui
prend naissance (p. 418) dans l'action du cyanogène sur une
solution de potasse, se produit en outre toutes les fois qu'on
chauffe au rouge avec du cyanure de potassium $KCN$ un oxyde
facilement réductible, comme la litharge $PbO$ ou le bioxyde de
manganèse $MnO^2$ (WÖHLER); quant aux divers cyanates métalliques, ils se forment par double décomposition entre les sels
solubles des métaux correspondants et les cyanates alcalins.

---

([1]) Le composé isomérique $HO — C \equiv N$, auquel on avait réservé le nom
d'*acide cyanique*, ne semble pas avoir encore été obtenu.

En 1823, LIEBIG caractérisa nettement, par contre, comme isomère de l'acide
isocyanique, un composé qu'avait découvert HOWARD en 1800 dans l'action de
l'acide azotique sur le mercure en présence d'alcool, et qu'il avait appelé acide
*fulminique*, à cause des propriétés explosives de quelques-uns de ses sels.
NEF (1894) représente ce corps par la formule à carbone bivalent $C = N — OH$,
qui est celle de la *carbyloxime* (oxime de l'oxyde de carbone $CO$). En fait,
il fixe directement $HCl$, et le composé $Cl — CH = NOH$ ainsi formé fournit,
par hydratation, de l'acide formique $H.CO^2H$ et du chlorhydrate d'hydroxylamine $HCl.NH^2OH$.

Le cas de l'acide cyanique et de l'acide fulminique est le premier où l'on ait
constaté que deux corps, quoique très différents par leurs propriétés, pouvaient
avoir la même composition, c'est-à-dire être composés des mêmes éléments unis
dans les mêmes proportions. C'est donc, historiquement, le premier exemple
d'isomérie observé (1823), bien que la notion n'ait été généralisée et le mot
créé que quelques années après par BERZÉLIUS (1830).

La chaleur, bornons-nous à le rappeler, isomérise le cyanate d'ammonium $NH^4—N=C=O$ en urée $CO(NH^2)^2$ (WöHLER, 1828).

2. En oxydant les carbylamines $R—N\equiv C$ par l'oxyde de mercure, on obtient des éthers isocyaniques ou carbimides substitués $R—N=C=O$, tel l'isocyanate d'éthyle $C^2H^5N=C=O$ ou éthylcarbimide, liquide à odeur suffocante, qui bout à 60° (ARMAND GAUTIER).

Les éthers isocyaniques, qui furent découverts par WURTZ en 1848, prennent aussi naissance dans l'action des iodures alcooliques $RI$ sur le cyanate d'argent $Ag—N=C=O$, ainsi que dans la décomposition spontanée des amides bromosodés $R—CONNaBr$ (*voir* p. 424).

Ce sont des corps très actifs, réagissant immédiatement sur une foule de substances à fonctions très diverses.

Si on les chauffe avec un alcali, il y a formation d'une amine primaire et de carbonate alcalin (WURTZ, découverte des amines, 1848); exemple :

$$C^2H^5N=CO \quad + \quad 2KOH \quad = \quad CO^3K^2 + NH^2C^2H^5.$$

Isocyanate d'éthyle.                                           Éthylamine.

Ils fixent l'ammoniaque et les amines primaires et secondaires en donnant des uréines; exemples :

$$CH^3N=CO + NH^3 = CO\begin{cases}NHCH^3, \\ NH^2\end{cases}$$

Isocyanate de méthyle.                      Méthylurée.

$$C^2H^5N=CO + NH(C^2H^5)^2 = CO\begin{cases}NHC^2H^5 \\ N(C^2H^5)^2\end{cases}.$$

Isocyanate d'éthyle.     Diéthylamine.     Triéthylurée.

L'action de l'eau engendre des urées disubstituées symétriques. Il se forme d'abord, par hydratation, une amine et de l'anhydride carbonique, et l'amine se fixe ensuite sur l'éther isocyanique, conformément à la réaction précédente; exemples :

$$C^6H^5N=CO + H^2O = CO^2 + NH^2C^6H^5,$$

Isocyanate de phényle.                     Aniline.

$$C^6H^5N=CO + NH^2C^6H^5 = CO\begin{cases}NHC^6H^5 \\ NHC^6H^5\end{cases}.$$

Isocyanate de phényle.     Aniline.     Diphénylurée sym.

Ils fixent les alcools et les phénols en donnant des uréthanes substitués (réaction fréquemment utilisée pour reconnaître les oxhydryles — OH dans les molécules des alcools ou des phénols); exemple :

$$C^6H^5N = CO + C^2H^5OH = CO\begin{cases}NHC^6H^5\\OC^2H^5\end{cases}.$$

Isocyanate de phényle.　　　Éthanol.　　　Phényluréthane.

### IMIDE THIOCARBONIQUE (THIOCARBIMIDE) S = C = NH.

L'imide thiocarbonique $S = C = NH$ (*thiocarbimide* ou *sulfocarbimide*, ou encore *acide isosulfocyanique*), qui dérive du sulfure de carbone ou anhydride sulfocarbonique $S = C = S$, n'a pu être isolé à l'état libre, mais on en connaît de nombreux dérivés de substitution $S = C = NR$, lesquels, à cause de l'odeur de moutarde qu'ils présentent presque tous, sont connus sous le nom de *sénévols* (en allemand : *senf*, moutarde; *öl*, huile); les mots *sénévol éthylique, sulfocarbimide éthylique, thiocarbimide éthylique, isosulfocyanate d'éthyle, isothiocyanate d'éthyle,* désignent un seul et même corps, qui a pour formule $S = C = NC^2H^5$.

On peut obtenir les sénévols en remplaçant, dans les éthers isocyaniques correspondants $O = C = NR$, l'oxygène par le soufre, au moyen du pentasulfure de phosphore. Ils se forment aussi, dans une réaction spéciale, quand on fait réagir sur les amines primaires, en solution dans l'éther, d'abord le sulfure de carbone $CS^2$, puis le sublimé $HgCl^2$ en solution aqueuse à l'ébullition : il y a précipitation de sulfure noir de mercure $HgS$, dégagement d'hydrogène sulfuré $H^2S$, et formation d'un sénévol, dont l'odeur particulière, que l'on perçoit aussitôt, caractérise ainsi les amines primaires (HOFMANN).

Chimiquement, les sénévols ou éthers isosulfocyaniques sont analogues aux éthers isocyaniques. L'acide chlorhydrique bouillant les décompose par hydratation en amine primaire, hydrogène sulfuré et gaz carbonique

$$S = C = NC^2H^5 + 2H^2O = H^2S \uparrow + CO^2 \uparrow + NH^2C^2H^5.$$

Éthylsénévol.　　　　　　　　　　　　　Éthylamine.

L'isobutylsénévol $S = C = N.CH\begin{cases}CH^3\\CH^2 - CH^3\end{cases}$ est un liquide bouillant à 154°, qui existe dans l'essence de cochléaria; l'allylsénévol $S = C = N.CH^2 - CH = CH^2$, qui bout à 151°, est le principal constituant des essences de moutarde et de raifort, où il prend naissance par l'action d'un ferment soluble, la myrosine, sur un glucoside particulier, le myronate de potassium (Bussy, 1840).

### Acide sulfocyanique $HS — C \equiv N$.

L'isomère $HS — C \equiv N$ ou acide sulfocyanique, appelé encore acide *rhodanique*, à cause de la propriété qu'ont ses sels solubles de produire avec les sels ferriques une coloration rouge-sang caractéristique, est connu. Les sulfocyanates prennent naissance, par simple fixation de soufre sur les cyanures, quand on fond ceux-ci avec du soufre, ou qu'on les fait bouillir avec une solution *jaune* de sulfure d'ammonium; en traitant le sel de mercure $Hg(CNS)^2$ par l'hydrogène sulfuré sec, on met en liberté l'acide, liquide volatil et à odeur piquante, qui se polymérise presque aussitôt.

Les éthers sulfocyaniques ou rhodaniques $RS — C \equiv N$ se forment dans l'action des iodures alcooliques sur les sulfocyanates métalliques. Isomériques avec les sénévols $S = C = NR$, ils tendent à se transformer en ces derniers; c'est ainsi que le sulfocyanate d'allyle $CH^2 = CH — CH^2 — S — C \equiv N$, liquide bouillant à 161°, se transforme, lentement dès la température ordinaire et très rapidement à chaud, en sénévol allylique $S = C = N CH^2 — CH = CH^2$, lequel distille à 151°; ce qui explique comment l'action de l'iodure d'allyle sur le sulfocyanate de potassium réalise, en fin de compte, la synthèse de l'essence de moutarde (Berthelot et de Luca, 1855).

Chauffés avec une solution alcoolique de potasse caustique, les éthers sulfocyaniques $RS — C \equiv N$ fournissent le sulfocyanate $KS — C \equiv N$, contrairement aux éthers isosulfocyaniques $S = C = NR$, qui ne donnent pas cette réaction.

Si l'on rapproche les dérivés sulfocyaniques et isosulfocyaniques, on voit, *en résumé*, que les seuls sels que l'on connaisse sont ceux de l'acide sulfocyanique $HS — C \equiv N$. Quant aux éthers, la forme stable est celle des éthers de l'acide isosulfocyanique ou thiocarbimide $S = C = NH$.

# OXIMES.

Les oximes furent découvertes par Victor Meyer en 1863.

Nous avons déjà rencontré plusieurs fois ces composés, qui résultent de l'action des aldéhydes ou des cétones sur l'hydroxylamine, avec élimination d'eau (*voir* p. 271 et 288). Les aldoximes, telle l'acétaldoxime $CH^3—CH=NOH$, sont les oximes des aldéhydes; les cétoximes, telle l'oxime de l'acétone ordinaire $CH^3—\overset{\underset{\|}{N\,OH}}{C}—CH^3$,

sont les oximes des cétones. Les unes et les autres régénèrent leurs composants par hydradation sous l'action de l'eau en présence d'acide chlorhydrique ou sulfurique (p. 271 et 289).

Les oximes sont des liquides ou des solides, à odeur souvent vireuse, et distillant notablement plus haut que les aldéhydes ou les cétones correspondants. L'acétaldoxime est un liquide qui bout à 84°; l'acétoxime ordinaire se présente en cristaux fusibles à 60° et distille à 135°. Les alcalis caustiques transforment les oximes en dérivés alcalins, tel le dérivé $C^6H^5—CH=NONa$, lesquels sont solubles dans l'eau; aussi les oximes sont-elles solubles dans les solutions de potasse ou de soude, d'où l'on peut d'ailleurs les mettre facilement en liberté par l'addition d'un acide.

Nous rappellerons que les cétones possédant un groupe $CH^2$ à côté du carbonyle, traitées par l'acide azoteux, fournissent des cétones-oximes $\left(—CO—\overset{\underset{\|}{N\,OH}}{C}— \;; voir\ p.\ 300\right)$, et que la monoxime de la quinone et le nitrosophénol sont deux corps tautomères (*voir* p. 309).

### Distinctions des aldoximes et des cétoximes.

Comme les aldoximes, les cétoximes fournissent, par hydrogénation, des amines primaires (p. 385). Mais leur manière de se comporter vis-à-vis des chlorures d'acides ou des anhydrides d'acides est toute différente : alors que les aldoximes perdent dans ces conditions 1 molécule d'eau, en donnant les nitriles, les cétoximes fournissent, par substitution de résidus d'acides à l'hydrogène de l'oxhydryle, des sortes d'éthers, qui sont capables de régénérer l'oxime primitive par saponification; exemples :

$$CH^3 - CH^2 - CH = NOH + CH^3 - COCl$$

Propionaldoxime.          Chlorure d'acétyle.

$$= HCl + CH^3 - CO^2H + CH^3 - CH^2 - CN;$$

Acide acétique.          Propionitrile.

$$CH^3 - C - CH^3 + CH^3 - COCl = HCl + CH^3 - C - CH^3$$
$$\quad \|\qquad\qquad\qquad\qquad\qquad\qquad\qquad\qquad\| $$
$$NOH \qquad\qquad\text{Chlorure} \qquad\qquad\qquad\qquad N.O.COCH^3.$$
$$\qquad\qquad\qquad\text{d'acétyle.}$$

Acétoxime ordinaire.          Acétyl-acétoxime.

## Transformations isomériques.

**1.** Nous avons examiné (*voir* p. 97) le cas d'isomérie stéréochimique que présente la formule des oximes. Nous citerons comme exemple celui de la benzaldoxime $C^6H^5 - CH = NOH$, qui a été caractérisée nettement sous deux formes; celles-ci sont transformables à volonté l'une dans l'autre, sous l'action de réactifs spéciaux, qui contractent avec l'oxime des combinaisons passagères; nous figurons ici la projection schématique des deux formules dans l'espace :

$$C^6H^5 - C - H \qquad\qquad C^6H^5 - C - H$$
$$\qquad\quad \| \qquad\qquad\qquad\qquad\qquad\qquad \|$$
$$N - OH \qquad\qquad\qquad HO - N$$

Syn-benzaldoxime.          Anti-benzaldoxime.

**2.** Ce n'est pas tout. Les aldoximes sont les isomères des amides; $CH^3 - CH = NOH$, par exemple, est isomérique avec $CH^3 - CONH^2$.

On peut convertir les aldoximes en amides; il suffit parfois, pour cela, de les traiter à chaud par l'acide sulfurique concentré et de verser dans l'eau le produit de la réaction.

Si l'on traite par le perchlorure de phosphore les cétoximes, on les isomérise fréquemment en amides substitués, par ouverture de la chaîne carbonée (BECKMANN); exemple :

$$CH^3 - C - CH^2 - CH^2 - CH^3 = CH^3 - C - NH - CH^2 - CH^2 - CH^3$$
$$\qquad \| \qquad\qquad\qquad\qquad\qquad\qquad\qquad\qquad \|$$
$$N.OH \qquad\qquad\qquad\qquad\qquad\qquad O$$

Oxime de la méthylpropylcétone.          Propylacétamide.

———✱✱✱———

# CHAPITRE V.
## COMPOSÉS ORGANO-MINÉRAUX.

Dans les substances étudiées jusqu'ici, nous n'avons rencontré, en dehors du carbone, élément fondamental, que les corps simples suivants, qui lui étaient, en général, directement unis : hydrogène, oxygène et soufre, azote, halogènes [1]. Or, l'expérience montre que les autres corps simples peuvent aussi contracter liaison avec le carbone [2]; nous dirons que les nouveaux corps ainsi formés sont des *composés organo-minéraux*, et nous les diviserons en deux familles : les *composés organo-métalloïdiques* et les *composés organo-métalliques*.

De très rares composés organo-minéraux semblent avoir été rencontrés dans la nature; par contre, on en a préparé artificiellement un grand nombre.

## I. — COMPOSÉS ORGANO-MÉTALLOÏDIQUES.

### ARSINES, PHOSPHINES, STIBINES.

1. Si, comme on peut le faire dans l'ammoniaque $NH^3$, on remplace, dans l'hydrogène phosphoré $PH^3$, l'hydrogène arsénié $AsH^3$

---

[1] Nous ne parlons pas des différents métaux qui pouvaient s'y trouver à l'état de sels ou de composés analogues, c'est-à-dire fixés à l'oxygène, comme dans l'acétate $CH^3 — C\diagup\diagdown\substack{O \\ O\,Na}$, ou à l'azote, ou au soufre; nous ne parlons pas non plus de divers métalloïdes, comme le phosphore et le bore, dont les acides peuvent donner, en réagissant sur les alcools, des éthers, tel le phosphate d'éthyle $O = P(OC^2H^5)^3$, composés où ces éléments sont également unis à l'oxygène et non au carbone.

[2] Nous avons déjà rencontré, en fait, quelques substances où des éléments métalliques étaient directement attachés au carbone, un atome d'hydrogène fixé à ce dernier ayant été, par le fait du voisinage de groupements électronégatifs, rendu remplaçable par des métaux; les dérivés métalliques des carbures acétyléniques rentrent dans cette catégorie.

et l'hydrogène antimonié $SbH^3$, successivement 1, 2 et 3 atomes d'hydrogène par des radicaux alcooliques, on forme des sortes d'amines, qui ont reçu le nom de *phosphines*, *arsines* et *stibines*, et qui sont primaires, secondaires ou tertiaires, suivant que 1 seul, 2 ou 3 atomes d'hydrogène ont été remplacés.

Les principales méthodes qu'on a mises en œuvre pour obtenir ces substances sont, dans ce qu'elles ont d'essentiel, analogues à celles qui nous ont servi à préparer les composés correspondants de l'azote. Plusieurs composés quaternaires, comme l'iodure d'éthylphosphonium $P(C^2H^5)^4I$ et l'iodure de méthylarsonium $As(CH^3)^4I$, ainsi que leurs hydrates $P(C^2H^5)^4OH$ et $As(CH^3)^4OH$, ont également été obtenus. Cahours a même préparé une pentaméthylarsine $As(CH^3)^5$, en faisant réagir le zinc-méthyle $(CH^3)^2Zn$ sur l'iodure $As(CH^3)^4I$.

2. Chez les phosphines, on voit le caractère basique croître avec le nombre de radicaux substituants. Partant de l'hydrogène phosphoré $PH^3$, qui est à peine basique ($PH^4I$ existe, mais il est dissociable par l'eau), nous trouvons que les phosphines primaires $PH^2R$ ne donnent pas de sels, que les phosphines secondaires $PHRR'$ sont déjà solubles dans les acides, et que les phosphines tertiaires $PRR'R''$ sont des bases fortes, ainsi que les hydrates quaternaires $PRR'R''R'''(OH)$.

Les arsines et les stibines ne se combinent pas aux acides. Mais les hydrates quaternaires sont fortement basiques.

Les phosphines, les arsines et les stibines sont des corps éminemment oxydables.

Les composés tertiaires, qu'on prépare tout spécialement en faisant réagir, sur les dérivés sodés $PNa^3$, $AsNa^3$ et $SbNa^3$, les iodures alcooliques, peuvent, en outre, fixer très facilement 2 atomes halogènes; on forme ainsi, directement, le chlorure $As(CH^3)^3Cl^2$, lequel est susceptible de perdre par la chaleur $CH^3Cl$ en donnant le composé $As(CH^3)^2Cl$. Les stibines tertiaires ont un caractère métallique; ainsi la triéthylstibine $Sb(C^4H^5)^3$ est attaquée par l'acide chlorhydrique avec dégagement d'hydrogène :

$$Sb(C^2H^5)^3 + 2HCl = Sb(C^2H^5)^3Cl^2 + H^2.$$

3. Citons la méthylphosphine $PH^2CH^3$, qui est gazeuse à la température ordinaire, et l'éthylphosphine $PH^2(C^2H^5)$, liquide bouillant à 25° (Hofmann, 1871); la triéthylphosphine $P(C^2H^5)^3$, liquide

à odeur suffocante bouillant à 127° (Thénard, 1846); l'acide cacodylique $O = As{\Large\langle}\begin{smallmatrix}CH^3\\ CH^3\\ OH\end{smallmatrix}$, qu'on obtient en oxydant l'oxyde de cacodyle $O{\Large\langle}\begin{smallmatrix}As(CH^3)^2\\ As(CH^3)^2\end{smallmatrix}$ (Bunsen, 1842), composé à odeur repoussante d'oignon et d'ail résultant de la distillation sèche d'un mélange d'acétate de potassium $CH^3 - CO^2K$ et d'anhydride arsénieux $As^2O^3$ (Cadet, 1760); l'acide méthylarsinique $O = As{\Large\langle}\begin{smallmatrix}CH^3\\ OH\\ OH\end{smallmatrix}$, qui a été converti, par réduction au moyen de l'acide hypophosphoreux, en *méthylarsenic* $(AsCH^3)^4$ (Auger, 1904).

Bornons-nous à signaler les bismuthines, tel le corps $Bi(C^2H^5)^3$, et les composés du bore, tel le bore-méthyle $B(CH^3)^3$.

## COMPOSÉS ORGANO-SILICIÉS.

Le silicium est un métalloïde qui présente avec le carbone de très étroites analogies. Il est comme lui essentiellement quadrivalent. On connaît une série nombreuse et variée de composés organo-siliciés, et nous devons aux belles recherches de Friedel, Crafts et Ladenburg (1869) toute une chimie organique du silicium. Nous ne pouvons ici que citer quelques exemples.

Le silicium-éthyle $Si(C^2H^5)^4$, qui prend naissance dans l'action du zinc-éthyle $Zn(C^2H^5)^2$ sur le tétrachlorure $SiCl^4$, est un liquide léger et insoluble dans l'eau, qui bout à 153°. Il est très stable vis-à-vis des agents chimiques, comme le tétréthylméthane $C(C^2H^5)^4$, auquel il est comparable. Le chlore l'attaque, comme il attaquerait un carbure forménique, en se substituant à l'hydrogène, avec mise en liberté de gaz chlorhydrique; on peut isoler du produit de la réaction le dérivé $(C^2H^5)^3Si(C^2H^4Cl)$, véritable éther chlorhydrique de l'alcool $(C^2H^5)^3Si(C^2H^4OH)$, qu'on peut obtenir du reste par saponification du composé chloré.

On connaît l'acide $CH^3 - CH^2 - Si{\Large\langle}\begin{smallmatrix}O\\ OH\end{smallmatrix}$, qui est une sorte d'acide propionique silicié (acide silicopropionique). On a préparé de même une sorte de cétone $C^2H^5 - SiO - C^2H^5$ (diéthylsilicone), l'alcool tertiaire $(C^2H^5)^3Si(OH)$ (triéthylsilicol), l'éther-oxyde $(C^2H^5)^3Si(OC^2H^5)$, etc., etc...

# II. — COMPOSÉS ORGANO-MÉTALLIQUES.

Presque tous peuvent être préparés en faisant réagir soit les iodures alcooliques sur les métaux correspondants ou leurs alliages sodés (FRANKLAND); exemple :

$$HgNa^2 + 2C^2H^5I = 2NaI + Hg(C^2H^5)^2,$$

Amalgame    Iodure              Mercure-éthyle.
de sodium.    d'éthyle.

soit les chlorures métalliques sur les composés organo-zinciques; exemple :

$$2PbCl^2 + 2Zn(CH^3)^2 = 2ZnCl^2 + Pb(CH^3)^4 + Pb,$$

Chlorure    Zinc-méthyle.       Chlorure      Plomb-      Plomb.
de plomb.                  de zinc.    tétraméthyle.

soit les chlorures métalliques sur les composés organo-halogéno-magnésiens (PASCAL); exemple :

$$SnCl^4 + 4MgBrC^{10}H^7 = 4MgBrCl + Sn(C^{10}H^7)^4.$$

Étain-tétranaphtyle.

## COMPOSÉS ORGANO-MAGNÉSIENS.

Nous avons maintes fois parlé des composés organo-halogéno-magnésiens R.MgX, dont la mise au jour est due aux travaux de BARBIER (1899) et surtout de GRIGNARD (1901). Ils sont doués d'une grande activité chimique, qui les rend aptes à réagir sur une foule de substances minérales et organiques (eau, carbures, alcools, aldéhydes, cétones, acides, nitriles, etc. (*voir* p. 146, 163, 178, 186, 207, 217, 228, 229, 231, 232, 233, 242, 246, 250, 251, 255, 268, 273, 285, 289, 315, 316, 318, 382, 399, 413, 414, 453). Ces substances, aisées à préparer et à manipuler, sont précieuses pour la synthèse organique. On tend à les utiliser de plus en plus.

Quant aux composés organo-magnésiens simples, tel le magné-sium-éthyle $Mg(C^2H^5)^2$, ils sont à peine entrevus.

## COMPOSÉS ORGANO-ZINCIQUES.

1. Les composés organo-zinciques simples $Zn\big\langle {}^R_R$ furent décou-verts par FRANKLAND en 1849. On les prépare en faisant réagir les

iodures alcooliques sur le couple zinc-cuivre. Ils sont, en général, spontanément inflammables à l'air. Ils se prêtent à la plupart des réactions que donnent les composés organo-halogéno-magnésiens (*voir* p. 148, 163, 228, 231, 251, 273, 283, 284, 289, 318, 451). Cependant, en raison de la difficulté de leur préparation et des précautions spéciales qu'exige leur manipulation, on a abandonné presque complètement leur emploi, pour se servir à leur place des composés organo-halogéno-magnésiens.

Le zinc-méthyle $Zn(CH^3)^2$ est un liquide qui bout à 46°; le zinc-éthyle $Zn(C^2H^5)^2$ bout à 118°. L'un et l'autre prennent feu, immédiatement et spontanément, au simple contact de l'air.

2. BLAISE a réussi à préparer des composés organo-iodo-zinciques analogues aux composés organo-halogéno-magnésiens (*voir* p. 284). D'une manière générale, les composés organo-iodo-zinciques sont moins actifs que ces derniers, et ils respectent certaines fonctions, comme la fonction éther-sel et la fonction cétone, qu'attaquent, au contraire, les organo-halogéno-magnésiens. De là précisément leurs applications à la synthèse organique dans divers cas (*voir* p. 284 et 293).

## NICKEL-CARBONYLE, COBALT-CARBONYLE, ETC.

Si l'on dirige un courant d'oxyde de carbone sec sur du nickel réduit par l'hydrogène et légèrement chauffé, il distille un liquide bouillant à 43°, le nickel-carbonyle, qui répond à la formule $Ni(CO)^4$ (MOND, LANGER et QUINCKE, 1890). Ce corps se décompose avec explosion, dès la température de 60°, en nickel et oxyde de carbone; il résiste à l'action des acides et des alcalis étendus, mais l'acide azotique le détruit. C'est un violent poison.

Le cobalt-carbonyle $Co(CO)^4$ a pu être obtenu en chauffant le cobalt très divisé, vers 180°, dans de l'oxyde de carbone comprimé à 160 atmosphères. Ce sont des cristaux orangés, fondant à 51°, se décomposant à partir de 60°, insolubles dans l'eau, solubles dans l'alcool et dans l'éther (MOND, HIRTZ et COWAP, 1908).

On connaît aussi un cobalt-tricarbonyle $Co(CO)^3$, un fer penta-carbonyle $Fe(CO)^5$, un diferroheptacarbonyle $Fe^2(CO)^7$, un molybdène-hexacarbonyle.

Nous ne faisons que mentionner les composés organo-stanniques (CAHOURS, 1861; LOWITZ, LADENBURG), aluminiques (BUCKTON et ODLING), etc.

# CHAPITRE VI.

## COMPOSÉS HÉTÉROCYCLIQUES.

**1.** Dans les composés à chaîne fermée que nous avons étudiés jusqu'ici, les cycles étaient *homogènes*, en ce sens qu'ils résultaient de l'enchaînement d'atomes d'un seul et même élément, le carbone. Or, il existe un grand nombre de substances cycliques, tel le thiophène (*voir* p. 56), dont les chaînes fermées sont mixtes, c'est-à-dire formées par la soudure d'atomes de carbone avec des éléments bi- ou polyvalents, tels que l'oxygène, le soufre, l'azote, en nombre variable ; ce sont les *composés-hétérocycliques* (¹).

On connaît des cycles *hétérogènes* à 3, 4, 5, 6, 7, 8 (et plus) chaînons ; les atomes d'une même chaîne hétérocyclique autres que le carbone peuvent, du reste, être identiques ou différents. Toutes choses égales d'ailleurs, les cycles les plus stables sont, en général, les cycles à 5 ou 6 chaînons (cycles pentagonaux et hexagonaux), fait qui pouvait être prévu par des considérations stéréochimiques (*voir* p. 70).

**2.** A chaque variété de cycle hétérogène correspond un corps fondamental, type auquel se rattachent directement un nombre, plus ou moins considérable de composés dont il est le pivot comme le benzène est le pivot de la série aromatique.

---

(¹) Nous avons déjà eu l'occasion, il est vrai, d'étudier diverses substances à cycles *hétérogènes*, notamment l'oxyde d'éthylène, les lactones, les anhydrides d'acides bibasiques, bon nombre d'uréides, les imides, etc. Mais ces corps n sauraient, en bonne logique, être séparés des composés à chaîne ouverte d'où ils dérivent ; le plus souvent, en effet, on peut les obtenir très facilement en partant de ces derniers, et ils sont presque toujours susceptibles de les régénérer par hydratation ou par quelque autre réaction simple.

Ainsi, par exemple, dans le thiophène, composé hétérocyclique pentagonal, et dans la pyridine, composé hétérocyclique hexagonal, on peut, comme dans le benzène, remplacer tantôt direc-

Thiophène.

Pyridine.

tement, tantôt par voie détournée, les atomes d'hydrogène par des atomes halogènes ou des résidus monovalents, tels les résidus $NO^2$, $SO^3H$; $CH^3$, $C^2H^5$, $C^6H^5$; $OH$; $CHO$, $CO — CH^3$, $CO — C^2H^5$; $CO^2H$; $NH^2$, $CN$, $CO NH^2$, etc., et former ainsi des thiophènes et des pyridines halogénés, nitrés et sulfonés; des méthyl-, éthyl-, phénylthiophènes et des oxypyridines; des thiophènes et des pyridines à fonction aldéhyde, cétone, acide, amine, nitrile, amide, etc.

Outre ces dérivés de substitution, on peut, en ouvrant successivement les doubles liaisons au moyen de l'hydrogène naissant, obtenir des dihydrures, des tétrahydrures, des hexahydrures.

Si nous ajoutons qu'on peut souder ensemble deux ou plusieurs cycles identiques ou différents, et cela de façons très diverses, on conçoit quel nombre considérable de composés il est possible de former.

3. Beaucoup de corps hétérocycliques se rencontrent dans le règne végétal ou animal; en particulier, la plupart des bases naturelles désignées sous le nom générique d'*alcaloïdes* possèdent dans leur molécule un et quelquefois plusieurs cycles hétérogènes azotés.

Nous étudierons sommairement, à titre d'exemple, quelques types, choisis parmi ceux à cycles pentagonaux et à cycles hexagonaux qui offrent un intérêt prépondérant.

# I. — COMPOSÉS HÉTÉROCYCLIQUES PENTAGONAUX.

## GROUPE DU FURFURANE.

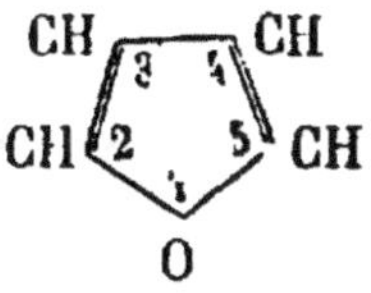

Furfurane.

Lorsqu'on soumet à la distillation sèche l'acide mucique $CO^2H—(CHOH)^4—CO^2H$, acide bibasique tétraalcoolique qui prend naissance dans l'oxydation de certains sucres (dulcite, galactose, etc.), il se forme, entre autres produits, par perte d'eau et d'anhydride carbonique, successivement l'acide furfurane-dicarbonique-2.5 ou acide déhydromucique et l'acide furfurane-carbonique-5 ou acide pyromucique

Acide mucique.

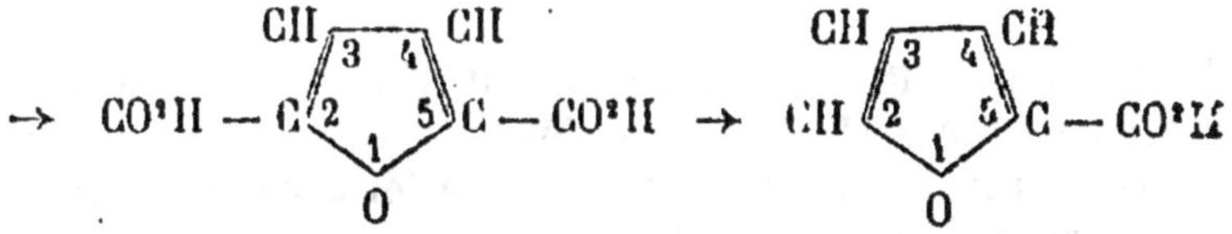

Acide déhydromucique.     Acide pyromucique.

C'est dans cette opération que SCHEELE découvrit l'acide pyromucique en 1780. Cet acide $C^4H^3O.CO^2H$ peut perdre à son tour les éléments de l'anhydride carbonique en donnant le furfurane $C^4H^3O$ (LIMPRICHT, 1870); le dédoublement est intégral si l'on chauffe l'acide pyromucique en vase clos à la température de 270° (FREUNDLER). Le furfurane est un liquide incolore, insoluble dans l'eau, bouillant à 32°, qui existe dans le goudron de bois; l'acide chlorhydrique le résinifie. Le diméthylfurfurane-2.5 peut être obtenu en partant de l'acétonylacétone (*voir* p. 306).

L'arabinose $CH^2OH—(CHOH)^3—CHO$ et les divers pentoses de formule $C^5H^{10}O^5$ perdent 3 molécules d'eau quand on les chauffe avec de l'acide chlorhydrique; il se forme ainsi, avec un rendement voisin de la théorie, l'aldéhyde pyromucique $C^4H^3O—CHO$, connu sous le nom de *furfurol* :

$$\text{Arabinose.} \qquad = 3H^2O + \text{Furfurol.}$$

Le furfurol fut découvert par Dœbereiner en 1831. C'est une huile incolore, bouillant à 162°, analogue par ses propriétés à l'aldéhyde benzoïque.

L'éther-oxyde interne de l'hexane-diol-2.5 (*voir* p. 246) est un dérivé du furfurane avec toutes liaisons simples, c'est-à-dire un dérivé du tétrahydrofurfurane $(CH^2)^4O$.

## GROUPE DU THIOPHÈNE.

$$\text{Thiophène.}$$

Le benzène extrait du goudron de houille, soigneusement débarrassé par une série de distillations fractionnées des homologues qui l'y accompagnent, n'est pas entièrement pur. Si on le traite, en effet, par l'isatine ([1]) en présence d'acide sulfurique, il se produit une coloration bleue, indice de la présence de petites quantités d'un composé sulfuré $C^4H^4S$, bouillant à 84° (le benzène bout à 80°), découvert en 1883 par Victor Meyer, qui l'appela *thiophène*. Son élégante synthèse par fixation directe du soufre sur l'acétylène (p. 56) prouve clairement sa constitution.

---

([1]) L'isatine est une substance rouge orangé, qui prend naissance dans l'oxydation de l'indigo par l'acide azotique; elle a pour formule de constitution

$$C^6H^4 \underset{NH_{(2)}}{\overset{CO_{(1)}}{<}} \hspace{-0.5em} > CO.$$

Il se forme également, et c'est là sa méthode pratique de préparation, dans l'action du pentasulfure de phosphore sur le succinate de sodium $CO^2Na - CH^2 - CH^2 - CO^2Na$ (VOLHARD et ERDMANN).

Les halogènes, l'acide azotique, l'acide sulfurique agissent sur le thiophène comme sur le benzène. Pareillement, ses homologues [$C^4H^3(CH^3)S$, $C^4H^3(C^2H^5)S$, etc.] peuvent être obtenus par la réaction de FRIEDEL et CRAFTS : on fait agir sur le thiophène les chlorures, bromures et iodures alcooliques en présence du chlorure d'aluminium. Il en est de même des cétones thiophéniques [$C^4H^3(CO - CH^3)S$, $C^4H^3(CO - C^2H^5)S$ etc.], au moyen des chlorures d'acides et du chlorure d'aluminium, etc. Comme dans la série aromatique, les agents d'oxydation respectent le noyau et brûlent les chaînes latérales, qui sont transformées en autant de carboxyles $- CO^2H$.

L'analogie est frappante entre les dérivés du thiophène et ceux du benzène, et le parallélisme se poursuit jusque dans les caractères physiques.

## GROUPE DU PYRROL.

$$\text{Pyrrol.}$$

Quand on distille le succinimide en présence de poudre de zinc, agent réducteur puissant à chaud, on obtient un composé azoté $C^4H^4.NH$, identique au pyrrol, que RUNGE découvrit en 1834 dans les huiles provenant de la distillation sèche des matières animales :

Succinimide.　　　　Pyrrol.

Cette synthèse, rapprochée de celle du diméthylpyrrol-2.5 en partant de l'acétonylacétone (p. 306), fixe la constitution du pyrrol.

Elle est confirmée par cet autre fait remarquable que le pyrrol, sous l'action de l'hydroxylamine, fournit la succinyldialdoxime

(CIAMICIAN et DENNSTEDT) :

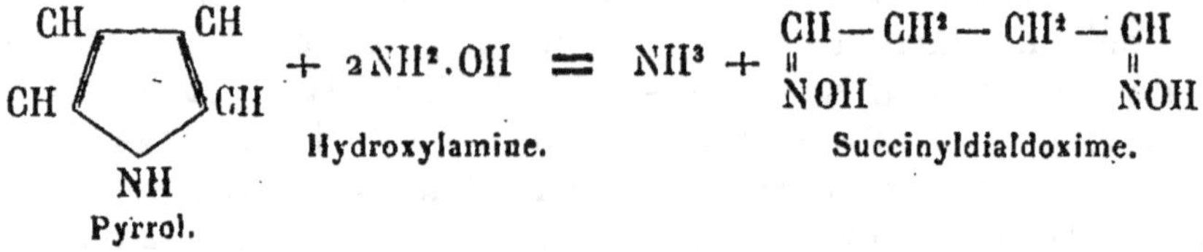

$$\text{Pyrrol} + 2\,NH^2.OH = NH^3 + \underset{\substack{\| \\ NOH}}{CH}-\underset{}{CH^2}-\underset{}{CH^2}-\underset{\substack{\| \\ NOH}}{CH}$$

Hydroxylamine.       Succinyldialdoxime.

Le pyrrol est un liquide incolore, peu soluble dans l'eau, qui bout à 131°. Son nom lui vient de ce que ses vapeurs colorent en rouge de feu ($\pi \upsilon \rho \rho o \varsigma$) un copeau de sapin humecté d'acide chlorhydrique.

Sa structure chimique le rapproche des amines secondaires ($- NH -$); en fait, il est soluble dans les acides étendus, mais la dissolution est lente et pénible; dans le pyrrol, le caractère basique du résidu d'ammoniaque ($- NH -$) est donc sensiblement nul. Le pyrrol et ses dérivés ont plutôt des tendances acides : le potassium métallique chasse directement l'hydrogène du groupe NH en donnant des pyrrols potassés ($\diagdown NK \diagup$); ceux-ci, traités par les iodures alcooliques ou les chlorures d'acides, fournissent des pyrrols substitués à l'azote, tel le méthylpyrrol $C^4H^4.NCH^3$, qui bout à 113°, et l'acétylpyrrol $C^4H^4.NCOCH^3$, qui bout à 178°. Tous ces dérivés donnent, comme le pyrrol, une coloration rouge avec un copeau de sapin imbibé d'acide chlorhydrique.

Les composés organo-halogéno-magnésiens donnent la substitution sur le carbone voisin de l'azote (carbone 2 ou 5); il est vraisemblable que la substitution s'effectue d'abord sur le groupe NH, et qu'il y a ensuite migration :

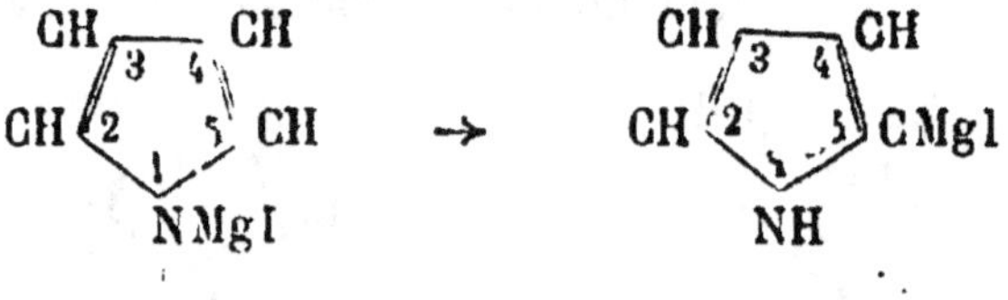

Ces dérivés halogéno-magnésiens pyrroliques, traités par l'anhydride carbonique, les chlorures d'acides, etc., conduisent à un acide pyrrolcarbonique $C^4H^3(CO^2H).NH$, une cétone pyrrolique $C^4H^3(CO - CH^3).NH$, etc. (B. ODDO).

Le caractère acide du pyrrol et de ses dérivés disparaît dans les produits d'hydrogénation, pour faire place au caractère basique : ainsi le dihydropyrrol et le tétrahydropyrrol, liquides bouillant respectivement à 81° et à 88°, sont des bases possédant tous les caractères des amines secondaires.

Les composés pyrroliques paraissent jouer un rôle important dans les processus vitaux. La pyrrolidine et d'autres bases pyrroliques plus ou moins simples ont été signalées dans nombre de plantes (AMÉ PICTET). Un éthyldiméthylpyrrol (hémopyrrol) a été obtenu par WILLSTÆTTER comme produit ultime de dédoublement de la chlorophylle (matière colorante verte des plantes) et aussi

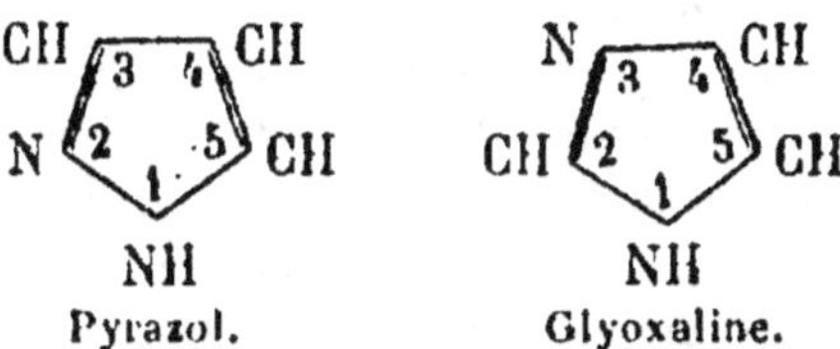


de l'hémoglobine (matière colorante rouge du sang des animaux) (*voir* p. 5o8). L'acide pyrrolidine-α-carboxylique a été rencontré par E. FISCHER parmi les produits d'hydrolyse des principales albumines.

Citons encore, comme dérivés pyrroliques, l'*indol*, l'*indigo* (*voir* p. 5oo, 5o6), etc.

## GROUPE DU PYRAZOL ET DE LA GLYOXALINE.



1. Dans le pyrazol $C^3H^4N^2$ et ses dérivés, 2 atomes d'azote, directement liés l'un à l'autre, occupent 2 sommets du cycle pentagonal. Pour préparer ces corps, on met toujours en œuvre l'hydrazine $H^2N — NH^2$ ou la phénylhydrazine $H^2N — N HC^6H^5$, ou, plus généralement, un composé basique possédant 2 atomes d'azote directement unis. Nous savons déjà (p. 3o5) qu'en traitant les dicétones-β ou les cétones acétyléniques par les hydrazines on obtient des pyrazols substitués; rappelons également que l'action des hydrazines sur les éthers-β-cétoniques conduit aux pyrazolones (p. 34o).

Le noyau des pyrazols est très stable : le permanganate de potassium oxyde les chaînes latérales en donnant des acides, tel l'acide pyrazol-dicarbonique-3.5, qu'on obtient en oxydant le

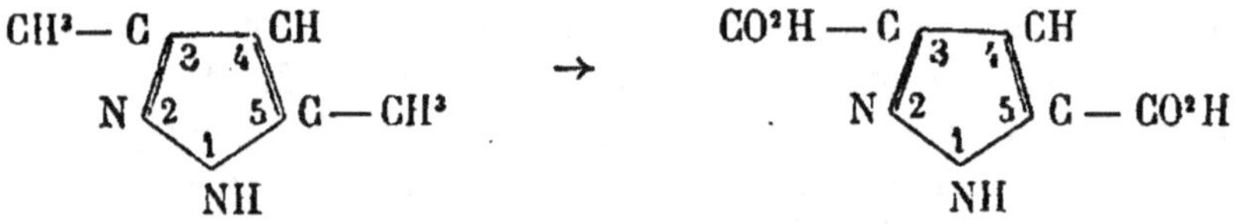

$$CH^3 - C\underset{2\ \ \ \ \ 1\ \ \ \ \ 5}{\overset{3\ \ \ \ \ 4}{\diagup\!\!\!\diagdown}}CH \qquad \rightarrow \qquad CO^2H - C\underset{2\ \ \ \ \ 1\ \ \ \ \ 5}{\overset{3\ \ \ \ \ 4}{\diagup\!\!\!\diagdown}}CH$$

Diméthylpyrazol-3-5.          Acide pyrazol-dicarbonique-3.5.

diméthylpyrazol-3.5 qui lui correspond. Ces acides peuvent, sous l'action de la chaleur, perdre de l'anhydride carbonique, pour donner finalement le pyrazol simple $C^3H^3N(NH)$ (BUCHNER). Ce dernier prend naissance directement, en outre, quand on combine le diazométhane $CH^2N^2$ à l'acétylène $C^2H^2$; il cristallise en aiguilles incolores, fusibles à 70°, et distille à 187°; il est faiblement basique, sa réaction est neutre, et ses sels sont peu stables. Comme dans le pyrrol, l'hydrogène du groupe NH est remplaçable par un métal, puis par des résidus alcooliques.

En faisant agir l'éthylène $CH^2 = CH^2$ sur le diazométhane $CH^2N^2$, on forme le dihydropyrazol ou *pyrazoline* $C^3H^6N^2$, par ouverture d'une des deux doubles liaisons (AZZARELLO). De nombreux dérivés de substitution de la pyrazoline sont connus.

On a préparé aussi des composés qui dérivent du tétrahydropyrazol ou *pyrazolidine* $C^3H^8N^2$.

2. La glyoxaline $C^3H^4N^2$, ainsi appelée parce qu'elle a été découverte dans l'action du glyoxal CHO — CHO sur l'ammoniaque (DEBUS, 1856), est un isomère du pyrazol; les deux sommets azotés y sont séparés par un sommet carboné. Elle cristallise en lames fusibles à 90° et bout à 263°; elle est très soluble dans l'eau, l'alcool et l'éther. A l'inverse du pyrazol, qui est une base faible, la glyoxaline présente une forte réaction alcaline. Deux fois basique, elle donne un dichlorhydrate $C^3H^4N^2$, 2 HCl. Elle est le noyau d'une multitude de composés, qui en dérivent par substitution d'atomes ou résidus divers à ses atomes d'hydrogène.

On connaît de nombreux composés se rattachant à la dihydroglyoxaline $C^3H^6N^2$ et à la tétrahydroglyoxaline $C^3H^8N^2$.

3. Des composés hétérocycliques pentagonaux ont été préparés, où 3 ou 4 sommets du cycle sont occupés par 3 et 4 atomes

d'azote. Citons, comme composés types, le pyrrodiazol-2.5 et le

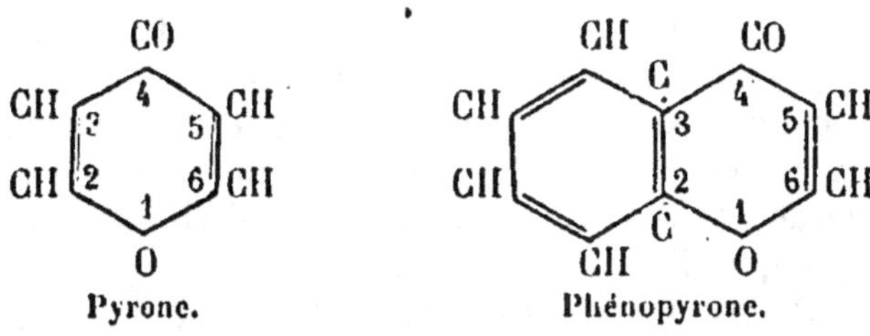

Pyrrodiazol-2.5.           Pyrrotriazol-2.3.4.

pyrrotriazol-2.3.4. Ces corps et leurs dérivés, malgré l'accumu-
lation progressive de l'azote dans leur molécule, sont en général
très stables; beaucoup résistent à l'acide nitrique bouillant et à
l'acide sulfurique; s'ils sont attaqués, c'est en général dans les
chaînes latérales, et rarement le noyau est entamé. Il est à
remarquer, en outre, que le caractère basique décroît à mesure
que la proportion d'azote augmente; c'est ainsi que le pyrro-
triazol $CHN^3.NH$ est un véritable acide, qui rougit le tournesol
et forme avec les bases, même les plus faibles, des sels parfaitement stables; et il est infiniment probable que le pyrrotétrazol
$N^4.NH$, encore inconnu, serait un acide encore plus fort et comparable à l'acide azothydrique $N^3H$.


# II. — COMPOSÉS HÉTÉROCYCLIQUES HEXAGONAUX.

## GROUPE DE LA PYRONE.

Pyrone.           Phénopyrone.

La pyrone, corps solide, fusible à 32° et distillant à 215°, est
le noyau de quelques acides naturels, tel l'acide chélidonique
ou acide 2.6-pyrone-dicarbonique $C^5H^2(CO^2H)^2O^2$, d'où l'on peut
mettre la pyrone en liberté en éliminant de l'anhydrique carbonique par l'action de la chaleur.

La fusion du noyau pyronique avec un noyau benzénique par
2 atomes de carbone communs forme la phénopyrone; la 6-phé-

nylphénopyrone ou *flavone* est le noyau d'un certain nombre de matières colorantes naturelles jaunes (*voir* p. 5o5).

La pyrone et un grand nombre de ses dérivés, quoique dépourvus d'azote, possèdent des caractères nettement basiques (Perkin, Collie et Tickle, Fosse); ils donnent des sels : par exemple, un chlorhydrate, auquel correspond un chloroplatinate. C'est l'oxygène *pyronique* $\left(\diagup O \diagdown\right)$ qui est ici l'élément basique. Ces faits curieux s'interprètent aisément par l'hypothèse de la tétravalence de l'oxygène $\left(Cl - O - H\right)$, comme dans le cas des combinaisons d'addition des éthers-oxydes (*voir* p. 245).

## GROUPE DE LA PYRIDINE.

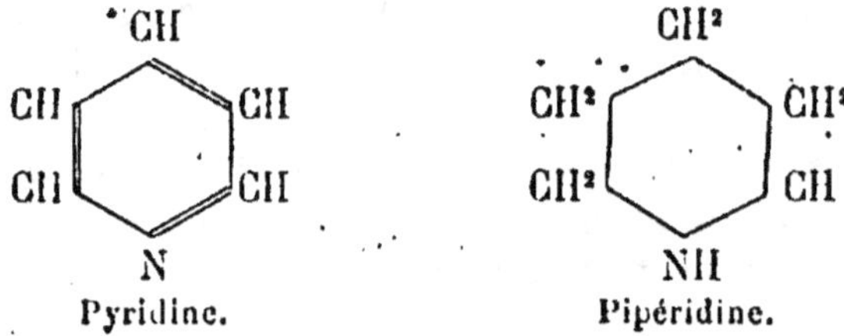



1. On trouve toujours, parmi les produits de la calcination des matières organiques azotées (distillation sèche de la houille, des os, etc.), une base répondant à la formule brute $C^5H^5N$, la pyridine ($\pi\upsilon\rho$, feu), accompagnée de divers homologues (Anderson, 1846). La pyridine est un liquide incolore, soluble dans l'eau, d'une odeur pénétrante désagréable, qui distille à 115°. Elle possède des propriétés basiques énergiques.

Les faits connus sur la pyridine cadrent généralement avec une formule proposée par Kœrner (1870), qui ne diffère de celle du benzène que par l'existence d'un atome d'azote, trivalent, à la place d'un groupe CH, également trivalent :

1° L'iodure de méthyle s'unit à la pyridine en donnant l'iodure quaternaire de méthylpyridinium $C^5H^5N.CH^3I$ : la pyridine est donc une base tertiaire, et, dans sa molécule, aucun atome d'hydrogène ne doit être fixé à l'azote; ce qui est conforme au schéma ci-dessus.

2° Sous l'action hydrogénante de l'étain et de l'acide chlorhydrique (Kœnigs, 1879), ou de celle du sodium et de l'alcool absolu

(Ladenburg), la pyridine fixe, conformément aux prévisions, par ouverture de 3 doubles liaisons, 6 atomes d'hydrogène, et l'hexahydropyridine obtenue $C^5H^{11}N$ (laquelle se trouve identique à la pipéridine du poivre, caractérisée par Cahours en 1845) est une base secondaire, qui doit s'écrire $C^5H^{10}(NH)$. Inversement, on peut, en oxydant la pipéridine, lui soustraire 6 atomes d'hydrogène, qui s'éliminent à l'état d'eau, et régénérer ainsi la pyridine ; on la transforme totalement en pyridine par l'action du nickel réduit vers 200° (Ciamician, 1907).

3° La pyridine et la pipéridine possèdent donc la même chaîne. Or, il est facile de prouver par synthèse directe que la pipéridine est à chaîne hexagonale. Lorsqu'on soumet, en effet, à l'action de la chaleur le chlorhydrate de pentaméthylène-diamine, ce sel se décompose en donnant un mélange de chlorure d'ammonium et de chlorhydrate de pipéridine (Ladenburg) :.

$$CH^2\begin{cases}CH^2-CH^2.NH^2.HCl\\CH^2-CH^2.NH^2.HCl\end{cases} = NH^4Cl + CH^2\begin{cases}CH^2-CH^2\\CH^2-CH^2\end{cases}NH.HCl.$$

Chlorhydrate de pentaméthy-lène-diamine.        Chlorhydrate de pipéridine.

4° La pyridine est très stable : elle résiste même à l'acide nitrique bouillant. Cette stabilité vient à l'appui de sa structure cyclique.

5° Les atomes d'hydrogène de la pyridine peuvent être remplacés par des atomes ou résidus monovalents (Br, OH. $CH^3$, $C^2H^5$, $C^6H^5$, $SO^3H$, $CO^2H$, etc.). La théorie prévoit l'existence d'isomères et l'expérience confirme toujours les prévisions : ainsi, par exemple, on connaît les 3 acides pyridino-monocarboniques $C^5H^4(CO^2H)N$ prévus, que représentent les formules suivantes :

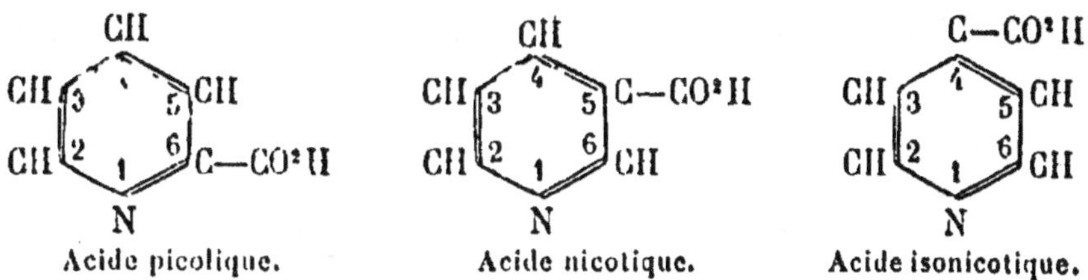

Acide picolique.      Acide nicotique.      Acide isonicotique.

Les positions 2 et 6, contiguës l'une et l'autre à l'azote, sont équivalentes ; les positions 3 et 5 sont de même équivalentes ; la position 4 est unique.

2. De nombreux homologues de la pyridine (picolines, lutidines, collidines, parvolines, etc.) ont été préparés. Plusieurs se forment, par une réaction complexe, quand on soumet à l'action de la chaleur les combinaisons ammoniacales des aldéhydes ou des cétones, seules ou en présence d'aldéhydes ou de cétones en excès.

3. Lorsqu'on chauffe à 3oo° les combinaisons que forme la pyridine avec les iodures alcooliques, le résidu alcoolique fixé à l'azote, dans l'iodure quaternaire d'abord formé, change de place avec l'atome d'hydrogène attaché au carbone voisin (position 2 ou 6) et aussi, dans certains cas et suivant les conditions expérimentales, avec l'atome d'hydrogène fixé au carbone en position 4 (LADENBURG, 1885); exemple :

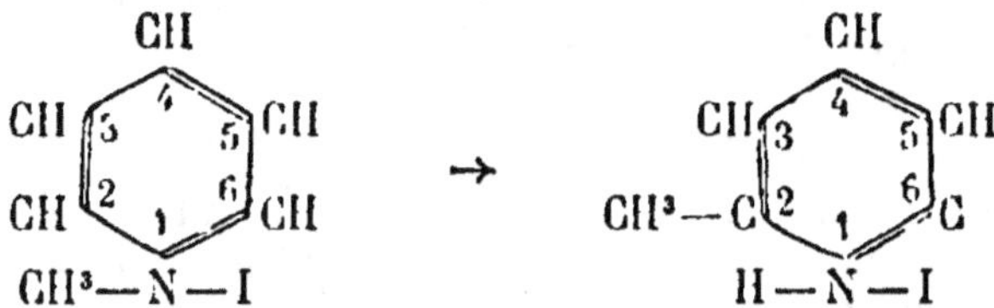


Iodure de méthylpyridinium.       Iodhydrate de méthyl-2-pyridine.

La méthyl-2-pyridine ou picoline-α est particulièrement intéressante. Traitée, en effet, par l'acétaldéhyde en présence de chlorure de zinc, elle fournit, avec élimination d'eau, l'isoallylpyridine correspondante :

$$C^5H^4(CH^3)N + CHO.CH^3 = H^2O + C^5H^4(CH=CH—CH^3)N;$$
Méthyl-2-pyridine.   Acétaldéhyde.                    Isoallyl-2-pyridine.

l'isoallylpyridine, en fixant 8 atomes d'hydrogène sous l'action du sodium et de l'alcool absolu, par ouverture de toutes les doubles liaisons, donne la propyl-2-pipéridine racémique, dont

$$CH^3—CH^2—CH^2—CH \begin{array}{c} CH^2 \\ CH^2 \quad 3 \ 4 \ 5 \quad CH^2 \\ 2 \ 1 \ 6 \quad CH^2 \\ NH \end{array}$$

Propyl-2-pipéridine (conicine).

le composant dextrogyre, facile à isoler par les méthodes de dédoublement connues, est identique à la conicine des feuilles 'de ciguë (LADENBURG, 1886).

Il n'est pas sans intérêt d'observer que cette synthèse est la première qui ait été faite d'un alcaloïde végétal optiquement actif.

4. Les acides pyridino-carboniques prennent naissance, d'une manière générale, dans l'oxydation des dérivés de la pyridine à chaînes latérales, lesquelles se convertissent ainsi en carboxyles —$CO_2H$. Leurs propriétés sont analogues à celles des acides aminés de la série du benzène : ils sont tous solides et assez solubles dans l'eau et l'alcool. Ils s'unissent soit avec les bases par leur fonction acide, soit avec les acides par leur fonction basique, pour donner des sels; mais leur caractère basique s'atténue de plus en plus à mesure que s'accumulent les fonctions acides dans la molécule, et il peut même, comme dans l'acide pyridino-pentacarbonique $C^5(CO^2H)^5N$, disparaître complètement. Soumis à l'action de la chaleur, seuls ou en présence de chaux, ils perdent progressivement de l'anhydride carbonique en donnant finalement, après la destruction des divers carboxyles, la pyridine ou ses homologues.

5. A la pyridine se rattachent, indépendamment de la pipéridine et de la conicine ci-dessus mentionnées, un grand nombre d'alcaloïdes naturels. Citons la nicotine, un des alcaloïdes du tabac, qui est une pyridylméthylpyrrolidine, et dont la synthèse fut réalisée par PICTET et CRÉPIEUX en 1904. Citons encore l'atro-

Nicotine.

Tropine.

pine, l'hyoscyamine, la belladonine, l'atropamine : ces bases des Solanées, dont la synthèse a été réalisée par WILLSTÄTTER, au cours de recherches commencées vers l'année 1896, sont des éthers-sels de la tropine; celle-ci est à la fois amine tertiaire et alcool secondaire, et sa formule de constitution résulte de la fusion d'une chaîne pyrrolidique et d'une chaîne pipéridique par 3 sommets communs (y compris celui de l'azote).

## GROUPE DE LA QUINOLÉINE.

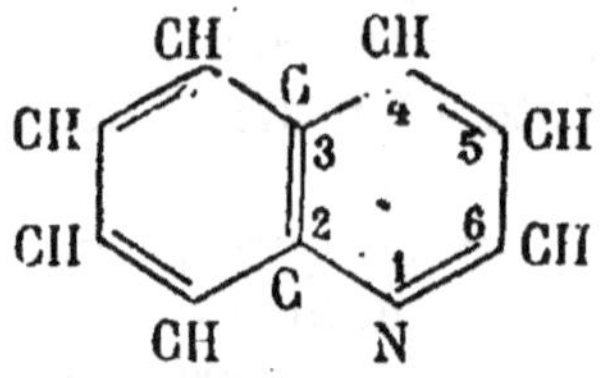

Quinoléine.

Quand on distille en présence de potasse certains alcaloïdes
des quinquinas, on recueille, entre autres produits de décomposition, une base huileuse bouillant à 240° et à odeur aromatique
spéciale, la quinoléine (GERHARDT, 1842). Cette base, qui se rencontre aussi dans le goudron de houille, répond à la formule
brute $C^9H^7N$.

1. Il est facile d'établir que la quinoléine est au naphtalène ce
que la pyridine est au benzène.

Tout d'abord la synthèse suivante, qui a pour point de départ
l'aniline, prouve que la quinoléine renferme un noyau benzénique : on chauffe un mélange d'aniline et de glycérine en présence d'acide sulfurique et de nitrobenzène (ce dernier agissant
comme oxydant; SKRAUP, 1879). Cette réaction peut être interprétée
de la manière suivante : l'acroléine $CH^2 = CH — CHO$, à laquelle
la glycérine $CH^2OH — CHOH — CH^2OH$ donne au début naissance
par déshydratation, fixe sur sa liaison éthylénique une molécule
d'aniline; l'acroléine-aniline ainsi formée perd ensuite, par
déshydratation et oxydation, une molécule d'eau et 2 atomes
d'hydrogène, avec fermeture de la chaîne :

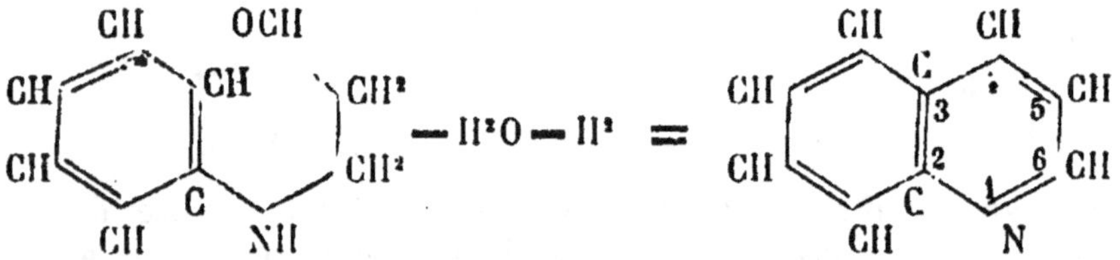

Acroléine-aniline.                     Quinoléine (¹).

---

(¹) La formation d'acroléine-aniline $C^6H^5NHCH^2 — CH^2 — CHO$, dans cette
réaction, n'a rien que de très vraisemblable. On connaît, en effet, une série de
composés analogues, résultant de la fixation d'amines sur la liaison éthylénique
de cétones vinylées $CH^2 = CH — CO — R$ (BLAISE et MAIRE).

Quant à l'existence du noyau pyridique dans la quinoléine, elle découle de ce fait que, par oxydation au moyen du permanganate de potassium, la quinoléine donne l'acide pyridino-dicarbonique $C^5H^3(CO^2H)^2_{(2.3)}N$, lequel, distillé en présence de chaux, fournit finalement la pyridine elle-même $C^5H^5N$.

Enfin, le caractère de base tertiaire que possède la quinoléine confirme la formule ci-dessus.

2. La synthèse de la quinoléine par condensation de l'aniline avec la glycérine présente un grand caractère de généralité : les 3 toluidines $CH^3 — C^6H^4.NH^2$, les 3 aminophénols $OH.C^6H^4.NH^2$ et leurs éthers-oxydes (comme $OCH^3.C^6H^4.NH^2$), les 3 chloro-anilines $Cl.C^6H^4.NH^2$, bref, toutes les amines primaires aromatiques nucléaires réagissent sur la glycérine en présence d'acide sulfurique et d'un dérivé nitré, en donnant des homologues de la quinoléine, des quinoléines à fonction phénol ou éther-oxyde, des quinoléines halogénées, etc.

3. Dans les diverses quinoléines, la fusion intime du noyau benzénique avec le noyau pyridique a considérablement affaibli le caractère basique de ce dernier ; en sorte que toutes les quinoléines sont des bases faibles. Cependant, la quinoléine et ses homologues peuvent former, avec les acides forts, des sels bien définis.

L'action du sodium et de l'alcool absolu, qui respecte entièrement le noyau benzénique, attaque, au contraire, le noyau pyridique, qui fixe 4 atomes d'hydrogène, par ouverture de deux doubles liaisons; il y a ainsi production de tétrahydroquinoléines $\left(\text{dont la plus simple a pour formule } C^6H^4 \begin{smallmatrix} CH^2 — CH^2 \\ NH — CH^2 \end{smallmatrix}\right),$ qui sont des bases secondaires analogues à la pipéridine. On peut d'ailleurs, en employant des agents de réduction plus énergiques, hydrogéner aussi le noyau benzénique de la quinoléine, et obtenir ainsi jusqu'à des décahydroquinoléines.

Le noyau quinoléique est très stable vis-à-vis de la plupart des agents d'oxydation. L'acide chromique brûle bien les chaînes latérales, avec formation d'acides quinoléine-carboniques, mais le double noyau lui-même demeure intact; et, si l'on veut le détruire, il est nécessaire de recourir au permanganate de potassium, qui brûle le noyau benzénique et donne naissance à l'acide pyridino-dicarbonique-2.3 ou à ses dérivés de substitution.

La plupart des alcaloïdes des quinquinas (quinine, cinchonine, etc.) et des strychnées (strychnine, brucine) sont des dérivés de la quinoléine.

D'autres alcaloïdes, notamment la papavérine, la narcotine, la

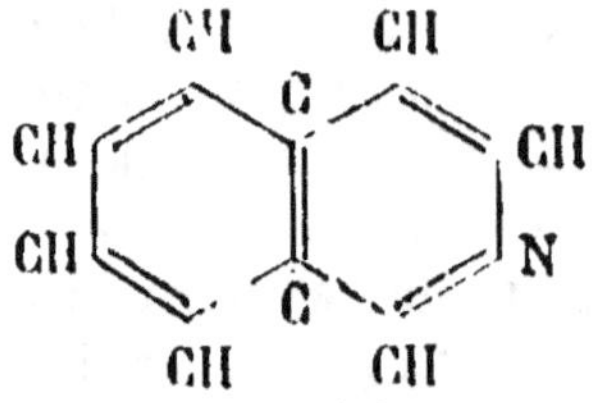

$$CH \quad CH$$
$$CH \quad C \quad CH$$
$$CH \quad C \quad N$$
$$CH \quad CH$$

Isoquinoléine.

narcéine, l'hydrastine, la berbérine, etc., se rattachent à l'isoquinoléine, isomère de la quinoléine où l'azote n'est pas, comme dans la quinoléine, fixé directement au noyau benzénique, mais en est séparé par un groupe CH. L'isoquinoléine, qu'on trouve dans le goudron de houille à côté de la quinoléine, est d'ailleurs analogue à cette dernière par ses propriétés générales.

## GROUPE DE LA PARADIAZINE.

Paradiazine
(pyrazine).

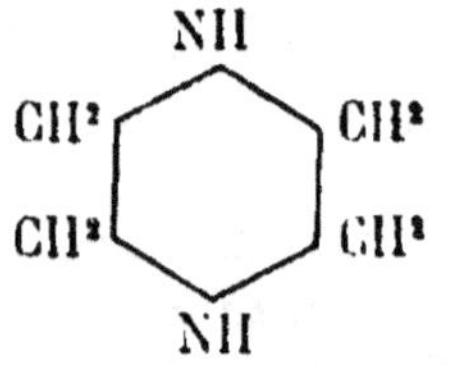

Hexahydroparadiazine
(pipérazine).

Si l'on fait réagir le bromure d'éthylène sur l'éthylène-diamine (*voir* p. 398), on donne naissance à une base énergique bisecondaire, très soluble dans l'eau, fusible à 104° et bouillant à 146°, la pipérazine, qui possède 2 groupes NH en position para l'un par rapport à l'autre :

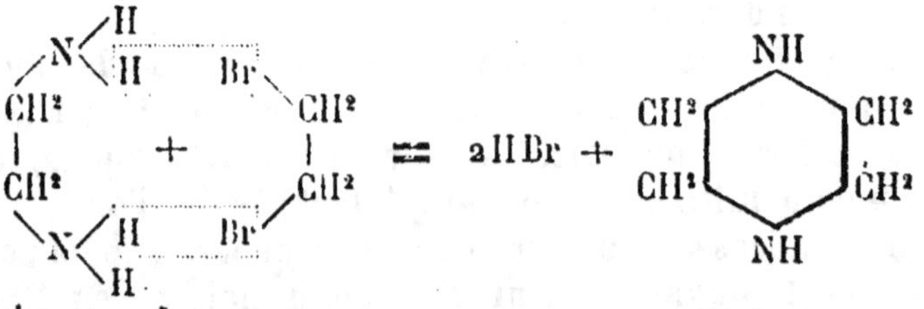

Éthylène-
diamine.

Bromure
d'éthylène.

Pipérazine.

La pipérazine fut découverte par CLOEZ en 1853, en même temps que l'éthylène-diamine, dans l'action de l'ammoniaque sur le bromure d'éthylène. Elle peut perdre par oxydation 6 atomes d'hydrogène, comme la pipéridine; elle fournit ainsi la para-diazine ou pyrazine. Réciproquement, la paradiazine, en fixant 6 atomes d'hydrogène sous l'inflence du sodium et de l'alcool absolu, engendre la pipérazine, qui est par conséquent identique à l'hexahydroparadiazine (WOLFF).

On a préparé toute une série de paradiazines et de pipérazines homologues.

## GROUPE DE LA QUINOXALINE.

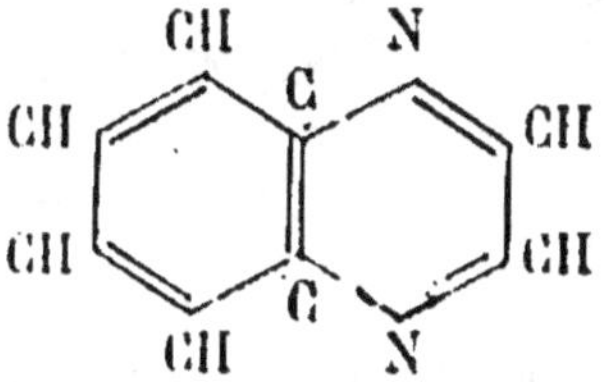

Quinoxaline ou phénoparadiazine.

1. Le glyoxal réagit sur l'orthophénylène-diamine en donnant, avec élimination de 2 molécules d'eau, la quinoxaline $C^8H^6N^2$, substance dont la formule de constitution dérive de celle de la quinoléine par la substitution d'un second atome d'azote à un résidu CH situé en para par rapport au premier ( HINSBERG ) :

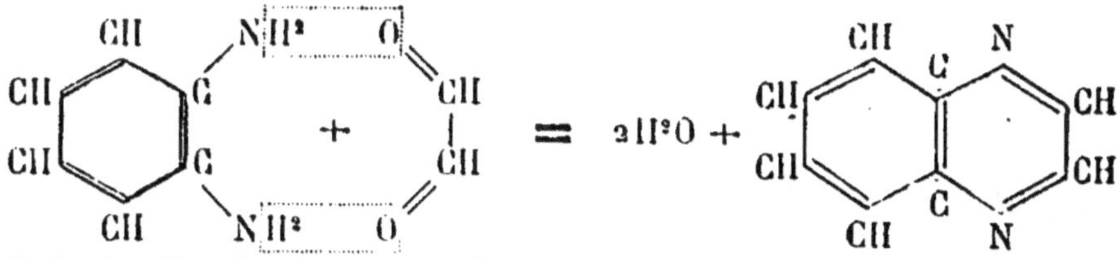

Orthophénylène-diamine.    Glyoxal.                    Quinoxaline.

La quinoxaline fond à 27° et distille à 229°; c'est une base faible.

Très stable vis-à-vis des agents d'oxydation, la quinoxaline est transformée par le sodium et l'alcool absolu en tétrahydro-quinoxaline $C^6H^4\begin{cases} NH - CH^2 \\ NH - CH^2 \end{cases}$, 4 atomes d'hydrogène se fixant sur le noyau azoté par ouverture de 2 doubles liaisons.

2. La formation de la quinoxaline au moyen du glyoxal et de l'orthophénylène-diamine n'est qu'un cas particulier d'une réaction très générale : toute diamine aromatique nucléaire biprimaire où les deux résidus NH² sont fixés à 2 atomes de carbone voisins peut être condensée avec le glyoxal, ou avec tout composé possédant soit une fonction aldéhyde et une fonction cétone voisines ($— CO — CHO$), soit deux fonctions cétone voisines ($— CO — CO —$); il y a toujours élimination de 2 molécules d'eau et production d'une quinoxaline.

La réaction s'effectue également avec les orthoquinones; les substances obtenues dans ce cas appartiennent au sous-groupe de la diphénoparadiazine ou phénazine. Ce sont des corps solides, le

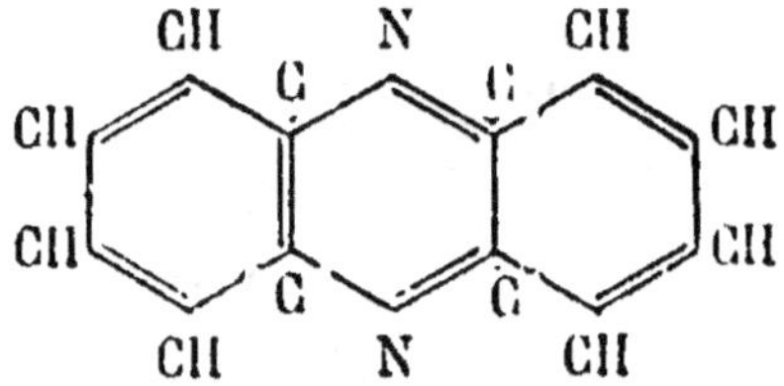

Diphénoparadiazine ou phénazine.

plus souvent jaunes, très faiblement basiques et précipitables par l'eau de leur solution dans les acides concentrés. Beaucoup de matières colorantes en dérivent.

# CHAPITRE VII.
## MATIÈRES COLORANTES.

Nous rappelons que les corps colorés sont ceux qui absorbent des radiations dans le spectre visible; la couleur tient essentiellement à la nature intime de la molécule (*voir* p. 109). Nous donnerons d'abord quelques indications générales sur la structure de ces matières, et nous en étudierons ensuite les principaux groupes.

## A. — GÉNÉRALITÉS.

### I. — CHROMOPHORES ET CORPS COLORÉS (CHROMOGÈNES).

**1.** L'introduction de certains groupements, généralement polyvalents et non-saturés, tels que $>C=C<$, $>C=O$, $>C=S$, $>C=NH$, $-CH=N-$, $-N=N-$, dans une molécule, accentue le déplacement des bandes d'absorption vers la région visible du spectre, et elle tend, en outre, à rendre sélective l'absorption chez les corps où elle était continue. Si l'on fixe ces groupements sur une molécule suffisamment condensée et riche en carbone, les bandes apparaîtront dans la partie visible du spectre, et l'on obtiendra un corps coloré; la teinte sera d'autant plus foncée que l'absorption sera plus forte dans la région des grandes longueurs d'onde et de la partie brillante (jaune et orangé).

Les susdits groupements spéciaux sont désignés sous le nom de *chromophores*, et ies molécules colorées sous le nom de *chromogènes* (WITT, 1876).

L'action d'un chromophore est d'autant plus marquée qu'il fait partie d'une molécule plus riche en carbone, et ce fait explique pourquoi les chromogènes appartiennent presque tous à la série aromatique.

Donnons quelques exemples : l'azobenzène, la quinone, l'anthraquinone sont des chromogènes :

$$C^6H^5 - N = N - C^6H^5$$

Azobenzène.

Quinone.          Anthraquinone.

Il en est de même des hydrocarbures suivants :

$$C^6H^4 {> \atop C^6H^4} C = C {< \atop C^6H^4} C^6H^4 \qquad C^6H^5 - CH = C {CH = CH \atop CH = CH}$$

Dibiphénylène-éthène.        Phénylfulvène.

S'il n'y a qu'un seul chromophore dans la molécule, il faut, pour être colorée, qu'elle soit suffisamment condensée. Ainsi, les corps suivants sont incolores :

$$C^6H^5 {> \atop C^6H^5} C = C {< \atop C^6H^5} C^6H^5, \qquad C^6H^5 - CO - C'I^3,$$

Tétraphényléthène.      Méthylphénylcétone<br>(acétophénone).

malgré la présence des chromophores $>C = C<$ et CO.

2. Si l'on hydrogène le groupement chromophore, qui perd ainsi son caractère non-saturé, la coloration disparaît; exemple :

$$C^6H^5 - N = N - C^6H^5 + H^2 \; = \; C^6H^5 - NH - NH - C^6H^5.$$

Azobenzène (coloré).      Hydrazobenzène (incolore).

En général, la transformation est réversible, et le produit de réduction (incolore) peut régénérer le corps coloré par oxydation; de tels produits de réduction sont appelés *leucodérivés* (λευχος, blanc) :

Hydrogénation.<br>Chromogène  ⟶⟵  Leucodérivé.<br>Oxydation.

Parfois, au contraire, la réduction détruit complètement le corps coloré, et le produit incolore qui en résulte est incapable de régénérer le composé primitif par oxydation. Tel est le cas des chromogènes où le chromophore est le groupement nitré monovalent $NO^2$.

## II. — AUXOCHROMES ET CORPS COLORANTS.

Nous venons d'indiquer quelles sont les conditions essentielles pour que la coloration apparaisse dans une molécule organique. Les corps colorés ne sont pourtant pas encore des matières colorantes. Un colorant proprement dit doit posséder certaines propriétés, qui lui permettent de se fixer sur la fibre en donnant une teinture résistant aux lavages.

Si l'on considère les différentes matières colorantes, on constate que toutes possèdent un caractère acide ou basique plus ou moins prononcé et qu'elles peuvent former des sels. En fixant sur un chromogène un groupement qui lui confère cette propriété, on doit s'attendre à obtenir, et l'on obtient effectivement, une substance possédant une affinité pour la fibre. Witt a donné à ces groupements salifiables le nom d'*auxochromes*. Les principaux sont : OH (phénolique), $SO^3H$, $CO^2H$, qui sont des auxochromes acides; $NH^2$, NHR, $NR^2$, qui sont basiques. Un auxochrome sera d'autant plus actif qu'il donnera à la molécule un caractère acide ou basique plus prononcé, et, de deux colorants analogues, le meilleur sera celui chez lequel les propriétés salifiables seront le plus marquées.

Il y a lieu d'observer que, parmi les auxochromes, CO OH et $SO^3H$ communiquent au chromogène la propriété tinctoriale sans modifier sensiblement sa nuance, ces radicaux n'intervenant que pour fixer le colorant sur la fibre, tandis qu'au contraire la présence des groupements OH, $NH^2$, NHR, $NR^2$, ont, en outre, une influence profonde sur la coloration.

La salification accroît toujours le caractère auxochrome, à la différence de l'éthérification et de l'acylation (substitution de résidus d'acides —CO—R à l'hydrogène dans $NH^2$ ou NHR), qui le diminuent ([1]).

---

([1]) Il n'y a aucune raison, *a priori*, pour que les fibres textiles ne soient pas douées également d'une certaine affinité pour des substances organiques dépourvues de toute coloration. Autrement dit, on peut concevoir la fixation de corps

### III. — NOTIONS DE TEINTURE.

La teinture est l'application par laquelle on fixe, d'une manière plus ou moins durable, le colorant sur la fibre.

**1.** La façon la plus simple de teindre consiste à tremper la fibre dans une solution étendue et chaude de la matière colorante additionnée d'acides ou de sels appropriés. Dans ces conditions, beaucoup de matières colorantes se précipitent sur la fibre en la colorant uniformément.

Suivant la nature du colorant et son affinité pour la fibre considérée, la teinture se montrera plus ou moins solide. La plupart des matières colorantes solubles teignent aisément les fibres animales (laine et soie) (¹); par contre, il n'en existe qu'un petit nombre qui soient capables de teindre avec la même facilité les fibres végétales (coton, lin, jute, etc.) (²).

**2.** Lorsque la fibre ne possède pas une affinité suffisante pour le colorant, on a recours à l'artifice du *mordançage*. On fixe d'abord sur la fibre une substance appelée *mordant*, qui ensuite formera avec la matière colorante du bain un produit insoluble et coloré, adhérant à la fibre, appelé *laque*. D'une manière générale, les teintures obtenues par mordançage sont très résistantes; le

---

absolument incolores sur la fibre, ce qui réaliserait une *teinture incolore*. On observe, en fait, que le coton et les fibres végétales possèdent une affinité marquée pour le tannin et le naphtol-β dissous dans la soude, et que la laine plongée dans une solution étendue et chaude d'acide dioxy-1.8 naphtalène-disulfonique-3.6, absorbe ce composé comme elle absorberait une matière colorante.

(¹) Les fibres animales (laine, soie) paraissent former, avec les colorants, des combinaisons analogues aux sels; elles agissent indifféremment comme bases ou comme acides. La rosaniline est incolore, et elle rougit sous l'action des acides; or, si l'on trempe, dans une solution incolore de rosaniline, des fⁱˢ de laine ou de soie, ils se teindront d'une manière tout aussi intense que si l'on avait employé une solution acide de rosaniline. D'autre part, si l'on utilise des colorants acides, tels que les acides sulfoniques dérivés de composés aminoazoïques, on constate qu'ils teignent la fibre, non avec leur couleur propre, mais avec celle de leurs sels alcalins; ce qui montre bien que la fibre se comporte, dans ce cas, comme une véritable base.

(²) Il est difficile ici d'expliquer la fixation du colorant par une théorie purement chimique. Pour ROSENSTIEHL, c'est une simple attraction mécanique, un phénomène d'adhérence. D'autres font entrer en jeu les forces capillaires, l'électrisation de contact, etc. WITT considère la teinture comme un phénomène de dissolution d'un solide, le colorant, dans un autre solide, la fibre.

procédé fut mis en œuvre dès le début de la civilisation pour
teindre les étoffes avec les colorants naturels : campêche, garance,
cochenille, etc.

On utilise couramment, comme mordants, l'alumine, les oxydes
de fer et de chrome, quelquefois de zirconium, de lanthane, de
cérium, de glucinium, de titane (SCHEURER et BAYLINSKI); on en
imprègne les tissus en les plongeant dans des solutions de sels
facilement dissociables (acétates, formiates, lactates). Une même
matière colorante peut donner avec les divers mordants des laques
de nuances très différentes : ainsi la laque de la garance est
rouge sur alumine, grenat sur chrome et violette sur fer.

On se sert également de mordants organiques; le plus utilisé est
le tannin. Souvent, pour rendre la teinture plus solide, on emploie
le tannate d'antimoine; à cet effet, on trempe successivement la
fibre dans un bain de tannin, puis d'émétique, et enfin, après
lavage, de la matière colorante.

3. Ainsi, il y a lieu de distinguer, parmi les matières colorantes
solubles, celles qui teignent les fibres textiles directement, sans
l'addition de mordants (colorants dits *directs*, ou *substantifs*), et
celles qui nécessitent l'emploi de mordants (colorants dits *adjec-
tifs*). On réserve plus spécialement le nom de *colorants directs* ou
*substantifs* aux matières colorantes qui teignent le coton et les
fibres végétales sans le secours d'un mordant.

Quant aux matières colorantes insolubles dans l'eau (indigo,
colorants sulfurés, noir d'aniline, etc.), leur emploi exige qu'on
les produise directement sur la fibre; on les nomme *colorants
pour cuve*. Dans le cas de l'indigo, par exemple, on prépare
d'abord une solution du leucodérivé (indigo réduit), appelée *cuve
d'indigo*, on y plonge la fibre, et celle-ci, après expression, est
exposée à l'air, qui, par oxydation, régénère sur place le colorant bleu insoluble.


## B. — PRINCIPAUX GROUPES DE COLORANTS.


Jusque vers le milieu du siècle dernier, l'art de la teinture
empruntait aux êtres vivants toutes les couleurs de nature organique. En étudiant ces matières, on a pu établir, dans un grand
nombre de cas, la constitution chimique, et d'importantes syn-

thèses ont été réalisées. Les chimistes ont réussi, en outre, à préparer des familles entières de colorants que les organismes, animaux ou végétaux, n'ont jamais produits.

Dans ce qui va suivre, une série de paragraphes seront d'abord consacrés aux matières colorantes que l'industrie fabrique par voie exclusivement synthétique, et nous ferons ensuite une revue rapide des principales couleurs organiques naturelles. Nous terminerons par une étude sommaire des matières fluorescentes.

### I. — COLORANTS NITRÉS.

Les colorants nitrés renferment le chromophore $-N\!\!\begin{smallmatrix}\diagup O\\ \diagdown O\end{smallmatrix}$.

**1.** Les dérivés mononitrés des carbures sont incolores ou peu colorés, mais l'intensité de la coloration croît avec le nombre de groupes $NO^2$. On sait que ces derniers tendent toujours à communiquer aux molécules un caractère plus ou moins acide. Pour augmenter ce caractère acide et, par là même, le pouvoir colorant, on introduit dans la molécule des auxochromes tels que $OH$ et $SO^3H$.

En fait, les colorants nitrés sont presque tous des dérivés nitrés de phénols ou de leurs acides sulfoniques. Les mononitrophénols donnent des sels colorés, mais ils ne teignent pas ; le pouvoir tinctorial n'apparaît que chez les di- ou trinitrophénols. Les positions relatives des groupes $OH$ et $NO^2$ importent beaucoup, et c'est lorsqu'ils se trouvent en position ortho ou para l'un par rapport à l'autre que les conditions sont le plus favorables.

**2.** Le nombre des colorants nitrés utilisés est assez restreint.

Mentionnons le trinitrophénol ou *acide picrique* (*voir* p. 258, 260), qui est le plus ancien des colorants artificiels. Il servait autrefois à teindre la laine et la soie en jaune. Comme ces teintures résistent mal au lavage et à la lumière, l'acide picrique n'est plus guère employé aujourd'hui que mélangé en petites quantités à d'autres couleurs, pour les nuancer. Le sulfure d'ammonium transforme en groupe $NH^2$ un des groupes $NO^2$ voisins du

groupe $OH$, et le dinitroaminophénol ainsi formé $C^6H^2\!\!\begin{smallmatrix}\diagup OH_{(1)}\\ -NH^2_{(3)}\\ \diagdown (NO^2)^2_{(4-6)}\end{smallmatrix}$ ,

connu sous le nom d'*acide picramique*, est utilisé dans la fabri-

cation de certains colorants azoïques. Lorsqu'on traite le picrate
de potassium par une solution de cyanure de potassium, il se
produit une coloration rouge intense, due à la formation d'*acide
isopurpurique*, dont le sel ammoniacal a été utilisé, sous le nom
de *grenat soluble*, pour teindre la laine et la soie.

Le dinitro-α-naphtol $C^{10}H^5 \Big<\begin{smallmatrix} OH_{(1)} \\ (NO^2)^2_{(2-4)} \end{smallmatrix}$ est connu sous le nom
de *jaune de Martius* ou de *jaune de Manchester;* le sel de potas-
sium de son dérivé sulfoné en position **7**, appelé *jaune de
naphtol S*, et qui teint la laine et la soie en jaune brillant, est
employé pour colorer les pâtes alimentaires (nouilles, macaroni).

3. D'après HANTZSCH, les nitrophénols forment avec les alcalis
deux séries de sels, les uns incolores et les autres colorés. L'auteur
explique ce fait en considérant les sels colorés comme des dérivés
d'*isonitrés* auxquels il a donné le nom d'*acinitrophénols*. On voit

OH           O           O

Nitrophénol.    Acinitrophénol.    Quinone.

que ces derniers peuvent être regardés comme des dérivés de
la quinone (*voir* p. 310), et il en est de même de toutes les matières colorantes du groupe.

4. Observons, en terminant, que l'introduction du groupe NO²
dans les colorants appartenant à d'autres classes en modifie
souvent les propriétés d'une manière favorable.


## II. — COLORANTS NITROSÉS.

En faisant agir l'acide azoteux naissant sur les phénols, on
obtient des nitrosophénols. Comme les mêmes corps se forment
aussi dans l'action de l'hydroxylamine sur les quinones, on les

considère généralement comme étant des dérivés quinoniques (*voir* p. 310) :

$$\text{Nitrosophénol.} \qquad \text{Quinone-oxime.} \qquad \text{Quinone.}$$

Ce sont des colorants qui teignent sur mordants métalliques. La dinitrosorésorcine constitue le *vert d'Alsace* (*vert solide, vert russe*). On utilise aussi les nitrosonaphtols (*gambines*).

En nitrosant les colorants appartenant à d'autres séries, on en modifie souvent avec avantage les propriétés.

### III. — COLORANTS AZOÏQUES.

Les matières colorantes de ce groupe sont caractérisées par la présence dans leur molécule du chromophore $- N = N -$.

Quand on traite un sel d'une amine primaire aromatique nucléaire par l'acide azoteux, on obtient, comme l'on sait, un *diazoïque*, tel $C^6 H^5 - N = N - Cl$, qui dérive de l'aniline $C^6 H^5 - NH^2$ (*voir* p. 402).

Les diazoïques sont incolores. En réagissant sur les amines ou les phénols dérivés du benzène ou du naphtalène (ou leurs produits de substitution nitrés, halogénés, sulfonés, etc.) (*voir* p. 405 et 406), ils donnent naissance, par ce que l'on a appelé *copulation*, à des matières colorantes très intenses et de nuances infiniment variées (GRIESS, 1864; KÉKULÉ; ROUSSIN, 1875). On peut d'ailleurs mettre en œuvre des diamines, tant dans la diazotation (MARTIUS, 1865) que dans la copulation (CARO et WITT, 1875). En outre, les colorants azoïques contenant un groupe aminé $NH^2$ peuvent être diazotés à leur tour, et fournir ainsi des colorants nouveaux, renfermant 2 fois le chromophore $- N = N -$, qui sont les *disazoïques* (NIETZKI, 1879). On a préparé de même des *trisazoïques*, des *polysazoïques*, qui contiennent 3 fois, 4 fois, ... le chromophore $- N = N -$.

Les colorants azoïques les plus simples sont *jaunes;* on arrive à des colorants plus foncés en accumulant les groupes auxochromes dans la molécule. L'augmentation du nombre de chromophores (trisazoïques) porte la couleur vers le *bleu* et même le *noir.* La présence d'un noyau naphtalénique l'accentue vers le *rouge*, et la coexistence de plusieurs de ces noyaux permet d'arriver aux *violets* et aux *bleus.*

La synthèse des azoïques est d'une fécondité inépuisable, chaque amine nouvelle, chaque nouveau phénol pouvant donner naissance à des dérivés extrêmement nombreux. On a déjà préparé plusieurs milliers de colorants azoïques bien distincts, mais il peut théoriquement en exister des millions.

### a. — Monoazoïques.

**1.** Le plus simple est l'azobenzène $C^6H^5 - N = N - C^6H^5$ (*voir* p. 404), corps rouge, mais dénué de toute propriété tinctoriale. C'est un chromogène au premier chef, et il suffit d'y introduire des groupes salifiables (auxochromes) pour obtenir des matières colorantes réelles. Tels sont les azoïques à fonction amine ou phénol, qu'on prépare en faisant agir les diazoïques sur les composés aminés ou phénoliques (ou leurs dérivés).

Les monoazoïques présentent une réaction acide ou basique, suivant la nature des auxochromes qu'ils renferment. Ceux qui dérivent des phénols ou de leurs acides sulfoniques sont solubles dans les alcalis. La solution alcaline présente souvent une couleur différente de celle du corps primitif; cette propriété a trouvé son application en alcalimétrie.

**2.** En copulant avec la résorcine le diazoïque de l'acide sulfanilique $SO^3H_{(4)} - C^6H^4_{(1)} - NH^2$, on obtient le composé

$$SO^3H_{(4)} - C^6H^4_{(1)} - N = N - {}_{(1)}C^6H^3(OH)^2_{(2-4)},$$

dont le sel de sodium constitue la *tropéoline* O, ou *jaune de résorcine.* Elle teint la laine en jaune-rougeâtre.

Le produit de la copulation du même diazoïque avec la diméthylaniline constitue l'*hélianthine* $SO^3H.C^6H^4.N = N.C^6H^4.N(CH^3)^2$; ses sels alcalins s'appellent *orangé Poirrier* III, *tropéoline* D, *méthylorange;* ils teignent la laine en jaune et servent de réactifs indicateurs en alcalimétrie.

La *chrysoïdine* du commerce est le chlorhydrate de la base

$C^6H^5.N = N.C^6H^3(NH^2)^2$, qu'on obtient en copulant le chlorure de diazobenzène avec la métaphénylène-diamine. Elle teint en orangé la laine et la soie, ainsi que le coton mordancé au tannin.

Le *brun Bismarck* est constitué en grande partie par le chlorhydrate de la base $NH^2.C^6H^4.N = N.C^6H^3(NH^2)^2$ qu'on obtient en traitant la métaphénylène-diamine par l'acide azoteux. Ce colorant basique (3 fonctions amine) teint en brun la laine, le cuir et le coton tanné.

3. Certains azoïques insolubles, dérivés du β-naphtol, ont acquis une grande importance; tels sont le paranitrobenzène-azo-β-naphtol ou *rouge de paranitraniline*, et le naphtalène-azo-β-naphtol ou *bordeaux d'α-naphtylamine*. Pour teindre avec ces colorants, on imprègne (foulardage) d'abord le tissu d'une solution de naphtolate de sodium, puis, après dessiccation, on le plonge dans une solution de diazoparanitraniline ou de diazonaphtalène, et la couleur se développe instantanément.

En remplaçant le β-naphtol par ses dérivés sulfonés, on obtient des colorants solubles, dont la teinte varie d'ailleurs avec la position des groupes $SO^3H$ dans la molécule; on obtient ainsi des *ponceaux*, des *écarlates*, etc.

### b. — Disazoïques.

Ces colorants possèdent 2 groupements chromophores $—N = N—$ dans leur molécule.

1. Le *bleu noir naphtol*, colorant important du groupe, se prépare en copulant d'abord la diazoparanitraniline avec un acide amino-naphtol-disulfonique particulier (dit acide H), puis le produit ainsi obtenu avec une molécule de diazobenzène. Sa constitution est la suivante :

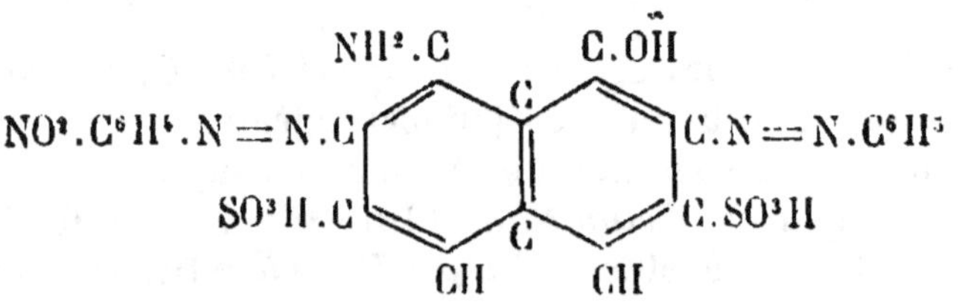

$$NO^2.C^6H^4.N = N.C \underset{SO^3H.C}{\overset{NH^2.C}{\diagup \! \! \diagdown}} \quad \overset{C.OH}{\underset{C.SO^3H}{}} C.N = N.C^6H^5$$

Bleu noir naphtol.

2. Jusqu'en 1883, on ne connaissait pas de colorant azoïque

capable de teindre les fibres végétales sans l'emploi d'un mordant. A cette date, BŒTTIGER observa que la diparadiphényl-diamine ou *benzidine* $NH^2_{(4)}.C^6H^4_{(1)} - C^6H^4_{(1)}.NH^2_{(4)}$, diazotée sur ses deux fonctions amine (tétrazotée) et copulée avec l'acide amino-naphtalène-sulfonique $C^{10}H^6 \diagup \begin{smallmatrix} NH^2_{(1)} \\ SO^3H_{(3)} \end{smallmatrix}$ (acide naphthionique), fournit un rouge teignant directement le coton (colorant *direct* ou *substantif*), le *rouge Congo*, dont voici la constitution :

$$C^6H^4 - N = N - C^{10}H^5 \diagup \begin{smallmatrix} NH^2 \\ SO^3Na \end{smallmatrix}$$
$$|$$
$$C^6H^4 - N = N - C^{10}H^5 \diagup \begin{smallmatrix} NH^2 \\ SO^3Na \end{smallmatrix}$$

Rouge Congo.

Cette propriété est commune à tous les colorants azoïques dériv... de la benzidine ou de quelques-uns de ses produits de substitution, notamment la *tolidine* (obtenue à partir de l'ortho-toluidine). En outre de ces paradiamines particulières, d'autres paradiamines peuvent également conduire à des diazoïques pour coton; telles sont la paraphénylène-diamine $C^6H^4 \diagup \begin{smallmatrix} NH^2_{(1)} \\ NH^2_{(4)} \end{smallmatrix}$ et le diaminostilbène $NH^2.C^6H^4 - CH = CH - C^6H^4.NH^2$.

Les causes qui déterminent la *substantivité* sont encore mal connues.

### c. — Trisazoïques.

Ils renferment 3 fois le groupe $- N = N -$. Ce sont, en général, des colorants très intenses, dont les nuances tirent vers le bleu, le vert foncé ou le noir.

Citons le *bronze diamine G*. On copule la tétrazobenzidine avec une molécule d'acide salicylique et une molécule d'acide aminonaphtol-disulfonique (acide H), on diazote et l'on copule à la métaphénylène-diamine. Voici sa constitution :

$$C^6H^4 - N = N - C^6H^3 \diagup \begin{smallmatrix} OH \\ CO^2H \end{smallmatrix}$$
$$|$$
$$C^6H^4 - N = N - C^{10}H^3 \diagup \begin{smallmatrix} OH \\ SO^3H \\ SO^3H \end{smallmatrix}$$
$$N = N - C^6H^3 \diagup \begin{smallmatrix} NH^2 \\ NH^2 \end{smallmatrix}$$

Bronze diamine G.

### IV. — COLORANTS DIPHÉNYLMÉTHANIQUES

Le diphénylméthane $C^6H^5 — CH^2 — C^6H^5$ donne, par oxydation, d'abord le benzhydrol $C^6H^5 — CHOH — C^6H^5$, puis la benzophénone $C^6H^5 — CO — C^6H^5$. Ces corps sont incolores. Les seuls composés intéressants sont les dérivés aminés ou alcoylaminés en position para.

La tétraméthyldiaminobenzophénone $CO\begin{cases} C^6H^4 — N(CH^3)^2 \\ C^6H^4 — N(CH^3)^2 \end{cases}$ découverte par Michler en 1876 (*voir* p. 391), cristallise en feuillets grisâtres, fusibles à 179°. Sa solution dans les acides est jaune; elle teint la laine, la soie et le coton mordancé au tannin en jaune pâle.

L'alcool secondaire correspondant (— CHOH —) ou *hydrol* de Michler se dissout dans les acides en donnant une magnifique coloration bleue violacé instable; il teint la laine et la soie en bleu fugace.

En fondant la cétone de Michler avec du chlorure d'ammonium et du chlorure de zinc, Kern et Caro obtinrent, en 1883, la cétimine correspondante $HN = C\begin{cases} C^6H^4.N(CH^3)^2 \\ C^6H^4.N(CH^3)^2 \end{cases}$; c'est l'*auramine*, matière colorante la plus importante du groupe. La base libre est incolore; mais ses sels sont colorés. Le produit commercial est constitué par le chlorhydrate. Il teint la laine et la soie, mais on l'emploie surtout, en impression, pour teindre en jaune le coton mordancé au tannin; on l'utilise aussi pour colorer le papier. On prépare toute une série d'auramines à partir des homologues de la cétone de Michler.

### V. — COLORANTS TRIPHÉNYLMÉTHANIQUES.

Le triphénylméthane et ses homologues (diphényltolylméthane, phénylditolylméthane, etc.) sont des hydrocarbures incolores d'où dérivent un grand nombre de matières colorantes. Ils fournissent, par oxydation directe, les carbinols correspondants, tel le triphénylcarbinol $COH(C^6H^5)^3$, issu du triphénylméthane $CH(C^6H^5)^3$. De même que les carbures, les carbinols sont également incolores; pour arriver aux matières colorantes, il est indispensable d'introduire dans leur molécule, en position para par rapport au carbone méthanique, des groupements auxochromes $NH^2$ (ou NHR, ou $NR^2$) ou OH. On aura ainsi soit des colorants aminés (ou alcoylaminés), comme le *vert malachite* et la *fuchsine*, soit des colorants phénoliques, qui constituent les *aurines*. Observons toutefois que la seule introduction des auxochromes ne suffit pas pour faire apparaître la couleur; celle-ci ne se manifeste que dans les sels des dérivés aminés et dans les dérivés alcalins des composés hydroxylés; ce qui conduit à penser que la salification a fait subir à la molécule une certaine transformation.

*a.* — **Dérivés aminés.**

Le paraminotriphénylcarbinol $COH\!\!<\!\!\begin{smallmatrix}C^6H^4.NH^2\\ C^6H^5\\ C^6H^5\end{smallmatrix}$ , corps incolore, fournit avec les acides des corps rouges. Rosenstiehl les considère comme des éthers du carbinol, tel le composé $CCl\!\!<\!\!\begin{smallmatrix}C^6H^4.NH^2\\ C^6H^5\\ C^6H^5\end{smallmatrix}$ , obtenu par l'action de l'acide chlorhydrique. A la suite des travaux de Bæyer et Villiger (1904), E. et O. Fischer, et Nietzki, on admet généralement qu'ils dérivent de la fuchsonimine, composé de structure quinonique, qui constitue le véritable chromogène de la série :

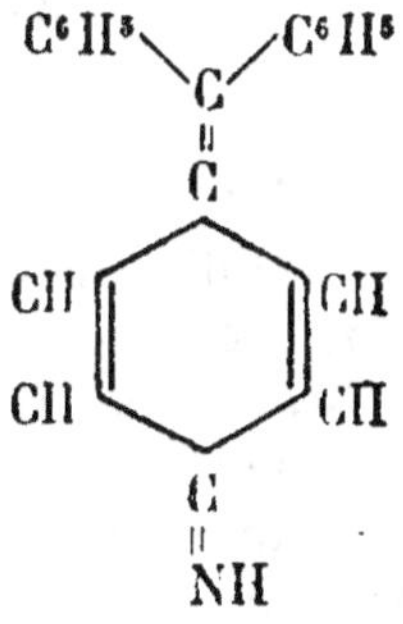

Fuchsonimine.

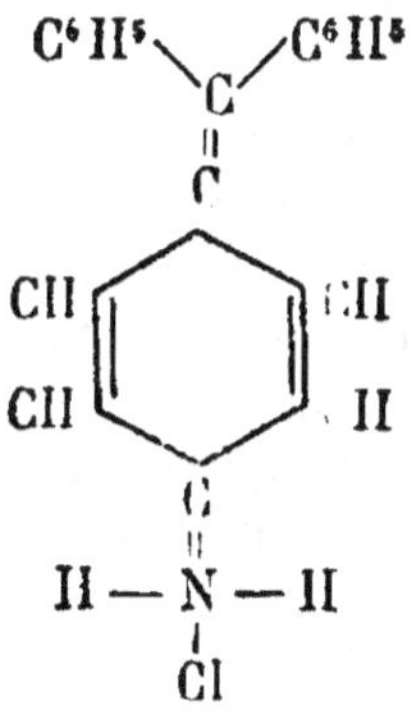

Chlorure de fuchsonimonium<br>(sel coloré).

*Vert malachite.* — Le chlorure de fuchsonimonium est un colorant très faible; mais si l'on introduit un groupement $NH^2$ en para par rapport au carbone méthanique, on a le *violet de* Dœbner (1878) (chlorure d'aminofuchsonimonium). Ce colorant n'est pas utilisé, mais son dérivé tétraméthylé constitue le *vert malachite*, matière colorante qui a présenté un très grand intérêt.

Le vert malachite fut découvert par O. Fischer en 1877.

En principe, on condense d'abord, sous l'influence de l'acide chlorhydrique à chaud, l'aldéhyde benzoïque avec la diméthylaniline :

$$C^6H^5 - CHO + 2C^6H^5.N(CH^3)^2 = H^2O + C^6H^5 - CH\langle{}^{C^6H^4.N(CH^3)^2}_{C^6H^4.N(CH^3)^2}$$

<table>
<tr><td>Aldéhyde<br>benzoïque.</td><td>Diméthylaniline<br>(2 mol.).</td><td>Tétraméthyldiaminotriphényl-<br>méthane.</td></tr>
</table>

Le composé ainsi obtenu est une leucobase; on l'oxyde par le bioxyde de plomb :

$$C^6H^5 - CH\langle{}^{C^6H^4.N(CH^3)^2}_{C^6H^4.N(CH^3)^2} + PbO^2 + 3HCl$$

$$= 2H^2O + PbCl^2 + C^6H^5 - C\langle{}^{C^6H^4.N(CH^3)^2}_{C^6H^4 = N - CH^3}$$

Vert malachite.

Le vert malachite est un colorant basique teignant directement en vert la laine, la soie et le jute, ainsi que le coton mordancé au tannin.

On peut préparer de nombreux homologues du vert malachite en mettant en œuvre, dans la préparation, d'autres bases tertiaires homologues ou des homologues de l'aldéhyde benzoïque. Les nuances obtenues sont analogues. Toutefois certains produits de substitution possèdent une nuance bleuâtre (Noelting et Gerlinger, 1906).

*Fuchsine.* — En 1859, Verguin, de Lyon, obtint, en oxydant l'aniline commerciale (mélange d'aniline et de toluidines) avec du chlorure d'étain, un colorant rouge violacé, qui reçut le nom de *fuchsine.* L'année suivante, Girard et de Laire, en France, Meldock et Nicholson, en Angleterre, réalisèrent l'oxydation avec l'acide arsénique. Enfin Coupier employa comme oxydant le nitrobenzène, procédé qui est encore généralement mis en œuvre aujourd'hui.

Les fuchsines dérivent des paratriaminotriphénylcarbinols (rosanilines) dont le plus simple a pour formule $COH(C^6H^4.NH^2)^3$ (pararosaniline) (Hofmann, 1862; E. et O. Fischer, 1878).

**1.** L'oxydation d'un mélange de 2 molécules d'aniline avec 1 'molécule de paratoluidine conduit à la *parafuchsine* (le groupe $CH^3$ de la paratoluidine devient le carbone méthanique central) :

$$2\,C^6H^5.NH^2 + CH^3.C^6H^4.NH^2 + 3O + HCl = 3H^2O + C\!\!\begin{cases} C^6H^4.NH^2 \\ C^6H^4.NH^2 \\ C^6H^4 = NH.HCl \end{cases}$$

Parafuchsine.

Si, dans cette opération, on remplace l'une des 2 molécules d'aniline par une molécule d'orthotoluidine, on obtient l'homologue de la parafuchsine, qui est la *fuchsine* proprement dite,

$$C\!\!\begin{cases} C^6H^3\!\!\begin{cases} CH^3 \\ NH^2 \end{cases} \\ C^6H^4 - NH^2 \\ C^6H^4 = NH.HCl \end{cases}$$

**2.** Un autre procédé d'obtention des fuchsines est basé sur l'emploi de l'aldéhyde formique $CH^2O$. Une solution aqueuse de cet aldéhyde (formol), agissant sur l'aniline ou les toluidines, donne, avec élimination d'eau, un dérivé méthylénique, tel $C^6H^5.N = CH^2$; celui-ci, chauffé avec un excès de base, s'isomérise d'abord, puis fixe une nouvelle molécule de base, en donnant du paradiaminodiphénylméthane (ou un homologue); enfin l'oxydation d'un mélange de ce dernier avec une amine fournit une fuchsine (HOMOLKA, 1882; WALTER, 1887); exemple :

$$C^6H^5.N = CH^2 \rightarrow C^6H^4\!\!\begin{cases} NH \\ | \\ CH^2 \end{cases} \rightarrow CH^2\!\!\begin{cases} C^6H^4.NH^2 \\ C^6H^4.NH^2 \end{cases}$$

$$\underset{\longrightarrow}{+ C^6H^5.NH^2 + O^2} \quad C\!\!\begin{cases} C^6H^4.NH^2 \\ C^6H^4.NH^2 \\ C^6H^4 = NH \end{cases} + 2H^2O.$$

On prépare ainsi, très aisément, des fuchsines homologues. Elles ont été étudiées surtout par ROSENSTIEHL et GERBER et par NOELTING; leurs nuances sont à peu près identiques.

**3.** Si la substitution des groupes alcoyle est faite non plus aux atomes d'hydrogène des noyaux, mais aux atomes d'hydrogène des groupes $NH^2$, la nuance se trouve notablement modifiée, et elle devient d'autant plus violette que la substitution est répétée plus souvent (KOPP, 1861; HOFMANN, 1864; LAUTH, 1866); la parafuchsine hexaméthylée constitue le *violet cristallisé*.

Outre l'emploi direct des halogénures alcooliques, on peut encore obtenir ces colorants en faisant agir l'oxychlorure $COCl^2$ sur un mélange de diméthylaniline (ou d'une homologue) avec la cétone de MICHLER (ou une homologue) :

$$CO\begin{cases}C^6H^4NR^2\\C^6H^4NR^2\end{cases} + C^6H^5NR^2 + COCl^2 = CO^2 + HCl + C\begin{cases}C^6H^4NR^2\\C^6H^4=NR^2Cl\end{cases}$$

En faisant agir, en solution alcoolique neutre, le chlorure de méthyle sur le violet cristallisé, on obtient le chlorométhylate $[— N(CH^3)^3Cl]$, qui est un colorant vert : le *vert méthyle* (HOFMANN; LAUTH et BAUBIGNY).

4. En remplaçant les atomes d'hydrogène des groupes $NH^2$ par des résidus aromatiques ($C^6H^5$, $C^6H^4$—$CH^3$, etc.), on forme des *bleus*, tel le *bleu d'aniline*, qui est une triphénylfuchsine (GIRARD et DE LAIRE, 1861 ; HOFMANN).

5. La réduction transforme les colorants en corps incolores (leucobases), et ceux-ci régénèrent les colorants par oxydation. Une oxydation énergique est susceptible de les détruire, en les convertissant, notamment, en quinones.

L'action des alcalis les décolore lentement, en régénérant les bases carbinoliques.

### *b*. — Dérivés hydroxylés (phénoliques).

Quand on chauffe vers 200° le chlorure de paraméthoxytriphénylméthane, il y a départ de chlorure de méthyle et formation de diphénylquinométhane, composé qui a reçu le nom de *fuchsone* (BISTRZYCKI et HERBST, 1903) :

Chlorure de paraméthoxytriphénylméthane.

Diphénylquinométhane (fuchsone).

La fuchsone est le chromogène des colorants hydroxylés, comme la fuchsonimine est celui des colorants aminés. Les colorants hydroxylés en dérivent par l'introduction de fonctions phénoliques en position para; le plus simple est la *benzaurine* de

DŒBNER (1879) ou oxyfuchsone $C \begin{cases} C^6H^5 \\ C^6H^4OH \\ C^6H^4=O \end{cases}$ , qui se dissout dans les alcalis avec coloration rouge intense. Les composés les plus importants sont les dérivés trihydroxylés.

*Aurine*. — En chauffant avec de l'eau le diazoïque de la pararosaniline, on remplace les 3 groupes $NH^2$ par 3 oxhydryles, et le trioxytriphénylcarbinol formé perd aussitôt $H^2O$ en donnant un colorant rouge appelé *aurine* :

$$COH(C^6H^4.N=N.OH)^3 = 3N^2 + COH(C^6H^4OH)^3 \rightarrow C \begin{cases} C^6H^4OH \\ C^6H^4OH \\ C^6H^4=O \end{cases} + H^2O$$

Aurine.

L'aurine correspond donc à la parafuchsine. De même, à la fuchsine proprement dite correspond l'homologue de l'aurine,

$$C \begin{cases} C^6H^3 \begin{cases} CH^3 \\ OH \end{cases} \\ C^6H^4OH \\ C^6H^4=O \end{cases}$$ , qui a reçu le nom d'*acide rosolique*.

L'acide rosolique fut découvert par RUNGE (1834), en oxydant le phénol *brut* (mélangé de crésols, dont le groupe $CH^3$ apporte le carbone méthanique central), et l'aurine fut obtenue plus tard (1859) par KOLBE et SCHMIDT en chauffant le phénol avec un mélange d'acide sulfurique et d'acide oxalique (lequel apporte, avec perte de $CO^2$, le carbone méthanique central). Leurs relations avec les fuchsines ont été établies par CARO et WANKLYN (1866).

Ces composés forment des cristaux rouges plus ou moins jaunâtres; ils se dissolvent dans les alcalis en rouge intense, on les utilise sous forme de laques dans la fabrication des papiers.

*Phénolphtaléine*. — Quand on traite à chaud l'anhydride phtalique par le phénol en présence d'acide sulfurique, il y a élimination d'une molécule d'eau entre l'oxygène d'un des groupes CO, d'une part, et 2 atomes d'hydrogène pris à 2 molécules de phénol différentes et en position para par rapport aux oxhydryles, d'autre part; et l'on obtient une matière blanche, peu soluble dans l'eau et soluble dans l'alcool, communément appelée *phé-nolphtaléine* (BEYER, 1871) :

$$C^6H^4\begin{matrix}CO\\CO\end{matrix}O + 2C^6H^5OH = H^2O + C^6H^4\begin{matrix}C\begin{matrix}(1)C^6H^4OH_{(4)}\\(1)C^6H^4OH_{(4)}\end{matrix}\\CO\end{matrix}O$$

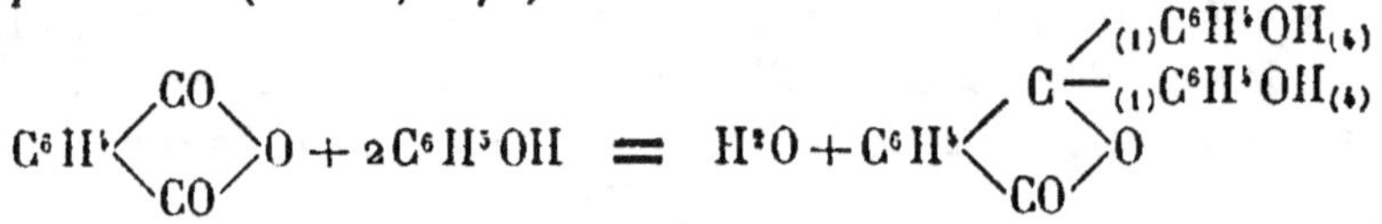

Anhydride phtalique.　　　Phénol　　　　　　　Phénolphtaléine.
　　　　　　　　　　　　　(2 mol.).

On voit que la phénolphtaléine est une véritable lactone.

Par réduction, elle fournit la *phtaline*, dérivé hydroxylé du triphénylméthane $C^6H^4\begin{matrix}C\begin{matrix}C^6H^4OH\\C^6H^4OH\\H\end{matrix}\\CO\,OH\end{matrix}$ .

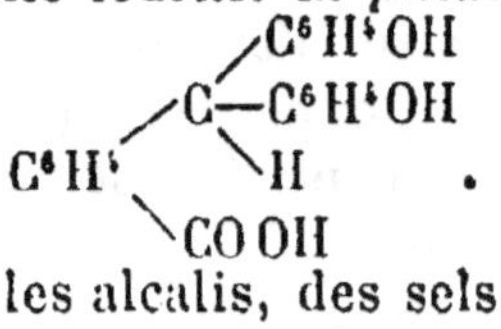

Elle forme, avec les alcalis, des sels à 2 atomes de métal, dont les solutions présentent une coloration rouge violet intense; la coloration disparaît sous l'action d'un excès, même très faible, d'un acide, et une trace d'alcali en excès la fait reparaître, d'où l'usage de la phénolphtaléine en alcalimétrie. Pour expliquer la coloration, on admet que les sels ont une structure quinonique : l'alcali rompt d'abord la liaison lactonique, et le sel de carbinol obtenu perd aussitôt une molécule d'eau :

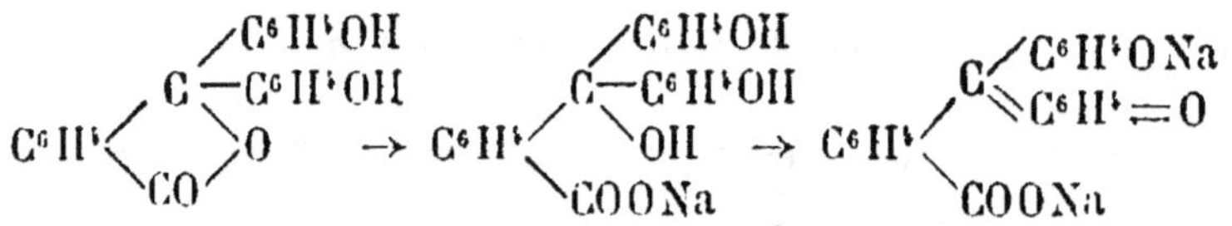

$$C^6H^4\begin{matrix}C\begin{matrix}C^6H^4OH\\C^6H^4OH\end{matrix}\\CO\end{matrix}O \rightarrow C^6H^4\begin{matrix}C\begin{matrix}C^6H^4OH\\C^6H^4OH\\OH\end{matrix}\\COONa\end{matrix} \rightarrow C^6H^4\begin{matrix}C\begin{matrix}C^6H^4ONa\\C^6H^4=O\end{matrix}\\COONa\end{matrix}$$

Phénolphtaléine.　　　　　　　　　Phénolphtaléine (sel sodique).

On connaît une série de substances analogues.

### VI. — COLORANTS XANTHÉNIQUES.

*Pyronine.* — L'orthodioxydiphénylméthane perd facilement une molécule d'eau; l'anhydride obtenu a reçu le nom de *xanthène* :

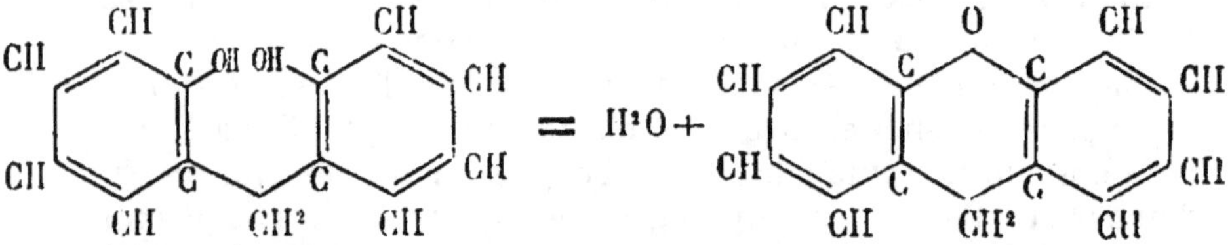

Orthodioxy-diphénylméthane.　　　　　= H²O +　　　Xanthène.

D'une manière générale, les dérivés orthodihydroxylés du di- et du triphénylméthane peuvent de même fournir, par perte d'eau, des dérivés du xanthène. En introduisant des groupes auxochromes en position para par rapport au carbone métha- nique central, on forme des leucodérivés, qui, par oxydation, donnent des matières colorantes. Ainsi le tétraméthyldiamino- orthodioxydiphénylméthane conduira à la *pyronine*, à laquelle on attribue généralement une constitution orthoquinoïdique (l'oxygène devenant tétravalent) :

Pyronine.

La pyronine, qui fut découverte par BENDER en 1889, se prépare en condensant l'aldéhyde formique avec 2 molécules de dimé- thylmétaminophénol $C^6H^4\underset{\diagdown N(CH^3)^2_{(3)}}{\overset{\diagup OH_{(1)}}{}}$, déshydratant et oxydant. Elle donne avec l'eau une liqueur rouge douée d'une fluorescence jaune ; elle teint la soie et le coton tanné en rose. On connaît une série de pyronines homologues.

*Phtaléines.* — Les colorants xanthéniques les plus importants se rattachent au *fluorane*, lactone dérivée d'un triphénylxanthène, qui doit son nom à la fluorescence (verte) de sa solution dans l'acide sulfurique.

Le fluorane est incolore ; on forme des matières colorantes en introduisant dans la molécule des groupements auxochromes en position para par rapport au carbone central. Si les auxochromes

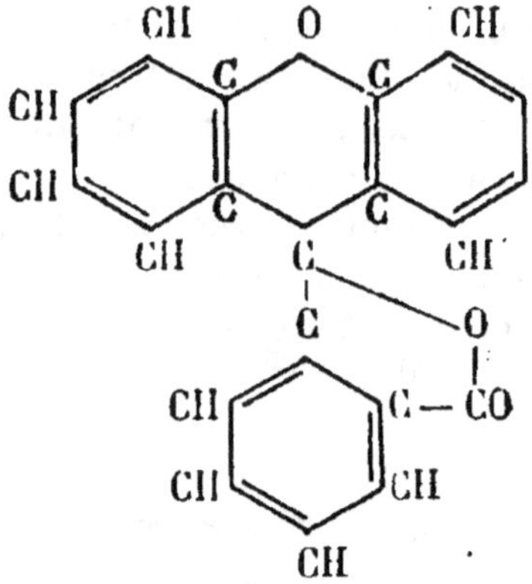

$$\text{Fluorane.}$$

Fluorane.

sont des oxhydryles, la matière colorante est une phtaléine ([1]).

On obtient la phtaléine de la résorcine en chauffant ce métadiphénol avec de l'anhydride phtalique en présence de chlorure de zinc. C'est une poudre orangée, qui donne avec les alcalis des sels à 2 atomes de métal, dont les solutions présentent une magnifique fluorescence verte, propriété qui lui a valu le nom de *fluorescéine* (BÆYER, 1871). On admet pour les sels une constitution quinoïdique :

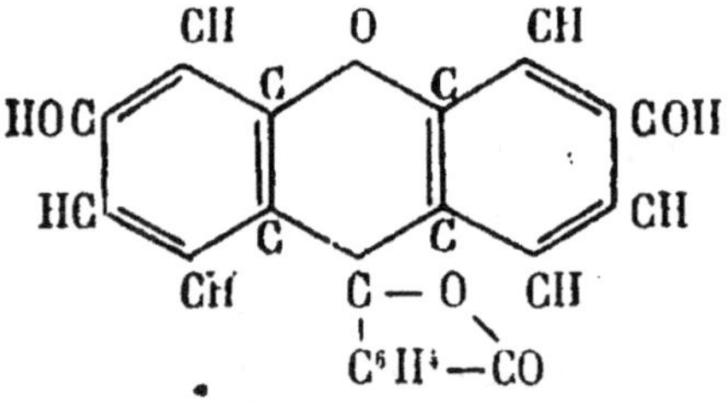

Phtaléine de la résorcine (fluorescéine). 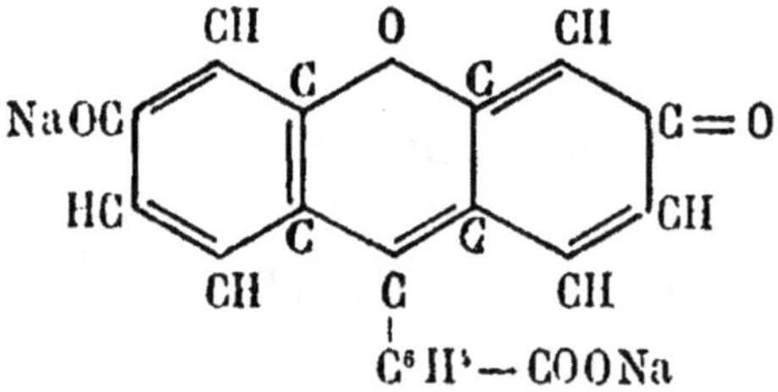          Sel de sodium de la fluorescéine.

Le sel sodique porte le nom d'*uranine;* on l'emploie dans l'impression de la laine, qu'il teint en jaune.

Par réduction, qui ouvre la liaison lactonique, la fluorescéine fournit la *fluorescine,* qui est incolore.

---

([1]) La phtaléine du phénol, que nous avons déjà rencontrée (p. 489), n'est pas un dérivé xanthénique, mais triphénylméthanique.

En traitant par le brome une solution alcoolique de fluorescéine, on forme un dérivé tétrabromé, colorant rouge connu sous le nom d'*éosine* (CARO, 1874).

Les dérivés iodés constituent les *érythrosines* (NŒLTING, 1875).

La *galléine* est une dioxyfluorescéine qui se prépare en condensant l'anhydride phtalique avec l'acide gallique ou avec le pyrogallol. Sa solution dans les alcalis est rouge. Elle teint sur mordants métalliques.

*Rhodamines.* — On désigne sous ce nom les colorants dérivés du fluorane où les auxochromes sont des groupes $NR^2$. Leur formule générale est la suivante :

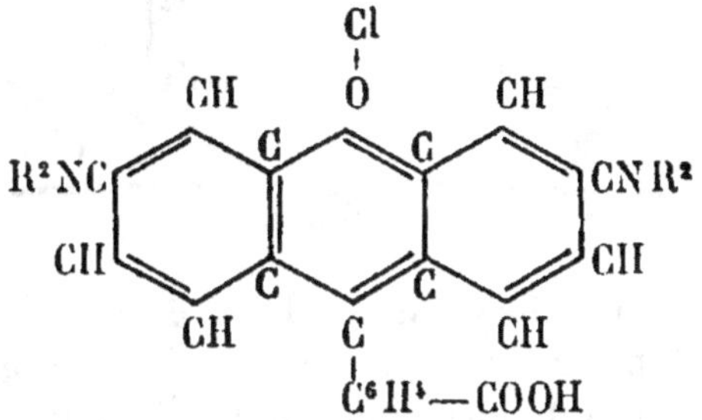

$$R^2NC \begin{array}{c} CH \\ CH \end{array} \begin{array}{c} C \\ C \end{array} \begin{array}{c} Cl \\ | \\ O \\ CH \quad CH \\ \\ CH \quad CH \end{array} \begin{array}{c} C \\ C \\ | \\ C^6H^4-COOH \end{array} \begin{array}{c} CH \\ CH \end{array} CNR^2$$

On les obtient en condensant l'anhydride phtalique avec les métadialcoylaminophénols (CERESOLE, 1887).

On peut les préparer aussi en transformant d'abord la fluorescéine en dérivé dichloré (dichlorofluorane) au moyen du perchlorure de phosphore, et faisant ensuite agir les dialcoylamines sur ce dérivé dichloré.

Ce sont des colorants basiques rouges d'une nuance très pure et d'une fluorescence splendide. Elles teignent la laine et la soie, ainsi que le coton mordancé au tannin.


## VII. — COLORANTS ACRIDINIQUES.


En chauffant l'orthodiaminodiphénylméthane, on obtient, avec élimination d'ammoniaque, l'hydroacridine, et celle-ci fournit ensuite, par oxydation, l'acridine.

On voit que l'hydroacridine ne diffère du xanthène que par l'existence du groupe NH à la place de l'atome d'oxygène. Nous avons représenté la constitution de l'acridine par deux formules un peu différentes ; la seconde, qui en fait un composé ortho-

quinoïdique, est plus conforme aux idées actuelles sur la structure
des colorants :

Orthodiaminodiphénylméthane.    Hydroacridine.

Acridine.

L'acridine est un corps jaune, dont les solutions sont fluorescentes. On obtient des colorants jaunes ou orangés intéressants
en introduisant des auxochromes en position para par rapport au
carbone central (BENDER, 1889).

On les produit par des procédés qui rappellent la préparation
des colorants xanthéniques. Par exemple, en condensant le
formol avec la métatoluylène-diamine et oxydant le leucodérivé
au perchlorure de fer, on obtient le *jaune d'acridine*, qui teint
le coton tanné en jaune :

Jaune d'acridine.

Si l'on remplace dans cette opération l'aldéhyde formique par
l'aldéhyde benzoïque, on obtient la *benzoflavine*, qui teint en
jaune la laine, la soie et le coton tanné.

*L'orangé d'acridine* provient de la condensation du formol
avec la diméthylmétaphénylène-diamine.

## VIII. — DÉRIVÉS ANTHRACÉNIQUES.

L'anthracène est un carbure incolore qui, par oxydation chromique, fournit l'anthraquinone, composé dicétonique coloré en jaune d'or (*voir* p. 307) :

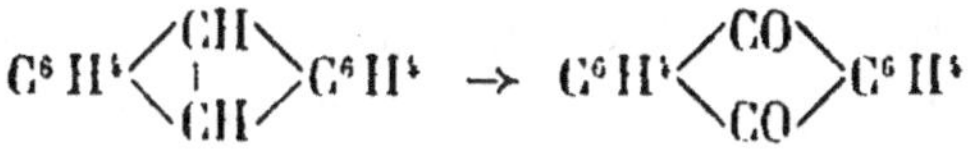

$$C^6H^4 \underset{CH}{\overset{CH}{\diagup\!\!\diagdown}} C^6H^4 \quad \rightarrow \quad C^6H^4 \underset{CO}{\overset{CO}{\diagup\!\!\diagdown}} C^6H^4$$

Anthracène.         Anthraquinone.

L'anthraquinone est une molécule chromogène des plus importantes. Pour obtenir des matières colorantes, il suffit d'y introduire des groupements auxochromes ($OH$, $NH^2$, $NR^2$, etc.) dans des positions convenables.

### a. — Oxyanthraquinones.

Les dérivés hydroxylés de l'anthraquinone se dissolvent dans les alcalis en donnant des solutions fortement colorées en bleu ou en violet. Leur emploi en teinture repose sur la formation de laques colorées insolubles avec les oxydes métalliques. Cette propriété est particulièrement marquée chez les corps où, les deux fonctions phénoliques étant en ortho l'une par rapport à l'autre, l'une d'elles est voisine d'un chromophore CO (règle de KOSTANECKI et LIEBERMANN). Cette condition est remplie dans *l'alizarine* ou 1.2-dioxyanthraquinone :

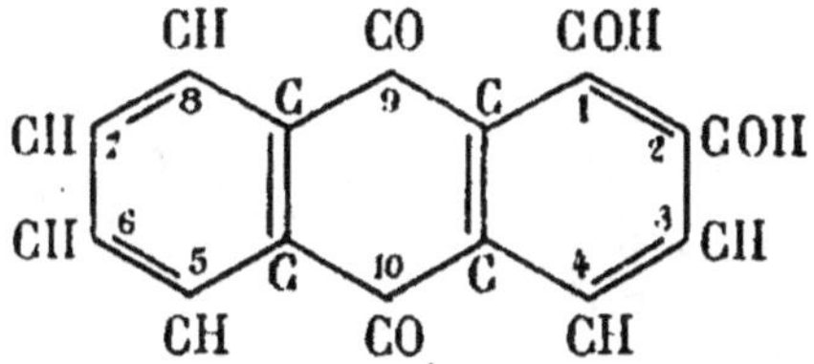

Alizarine.

L'alizarine, matière colorante qu'on retirait autrefois de la garance (ROBIQUET et COLIN, 1826), est aujourd'hui exclusivement fabriquée par synthèse à partir de l'anthracène (GRAEBE et LIEBERMANN, 1868); on sulfone le carbure, et l'on soumet l'acide sulfonique à la fusion alcaline.

Presque insoluble dans l'eau froide, l'alizarine cristallise dans l'alcool faible en feuillets jaunes, fusibles à 290°. Ses laques peuvent être de nuances très variées : rouge bleuâtre avec l'alumine, brun rougeâtre avec l'oxyde de chrome, violet noir avec l'oxyde de fer.

Par sulfonation ou nitration, on obtient de nouveaux colorants.

La théorie permet de prévoir en tout 10 dioxyanthraquinones ; toutes sont connues.

On connaît plusieurs trioxyanthraquinones, parmi lesquelles la *purpurine*, qui accompagne l'alizarine dans la garance, et l'on a même préparé des hexaoxyanthraquinones, qui teignent également sur mordant métallique.

### b. — Aminoanthraquinones et oxyaminoanthraquinones

Si l'on chauffe des polyoxyanthraquinones, sous pression, avec de l'ammoniaque ou des amines, on obtient, par substitution de résidus aminés ($NH^2$, $NHR$) à des oxhydryles, de nouvelles matières colorantes, qui ont une grande valeur. En général, ces colorants possèdent la fonction aminée en position $\alpha$ (à côté du chromophore CO). Les plus importants sont ceux qui possèdent un ou deux groupements $NHR$ où R représente un résidu aromatique sulfoné (colorants acides pour laine). Les nuances, très vives sont comparables à celles des colorants triphénylméthaniques, qu'elles surpassent toutefois, et de beaucoup, en solidité à la lumière, propriété caractéristique des dérivés de l'anthracène.

Le *vert d'alizarine-cyanine* et l'*alizarine-irisol* répondent aux formules suivantes :

$$C^6H^4 \underset{CO}{\overset{CO}{\diagdown\!\diagup}} C^6H^2 \underset{NH.C^6H^3 \overset{CH^3}{\underset{SO^3H}{\diagup\!\diagdown}}}{\overset{NH.C^6H^3 \overset{CH^3}{\underset{SO^3H}{\diagup\!\diagdown}}}{\diagup\!\diagdown}}$$

Vert d'alizarine-cyanine.

$$C^6H^4 \underset{CO}{\overset{CO}{\diagdown\!\diagup}} C^6H^2 \underset{NH.C^6H^3 \overset{CH^3}{\underset{SO^3H}{\diagup\!\diagdown}}}{\overset{OH}{\diagup\!\diagdown}}$$

Alizarine-irisol.

### c. — Dérivés anthraquinoniques divers.

En chauffant la $\beta$-aminoalizarine ($OH_{(1)}$, $OH_{(2)}$, $NH^2_{(3)}$) avec de la glycérine, de l'acide sulfurique et du nitrobenzène, on obtient, conformément à la méthode générale de synthèse des quinoléines de SKRAUP (p. 468), une dioxyanthraquinone-quinoléine, qui constitue le *bleu d'alizarine*. Découvert par Prudhomme en 1877, la constitution de ce colorant fut établie quelques années après par Graebe.

Si l'on part de l'$\alpha$-aminoalizarine, on obtient le *vert d'alizarine*.

*Colorants pour cuve.* — Si l'on chauffe la $\beta$-aminoanthraquinone avec de la potasse caustique vers 250°, 2 molécules se condensent avec élimination de $2H^2$, et l'on obtient une dihydroanthraquinone-azine, qui a reçu le nom d'*indanthrène* (Bonn, 1901 ; Scholl, 1903). À la cuve, par la mise en œuvre de réduc-

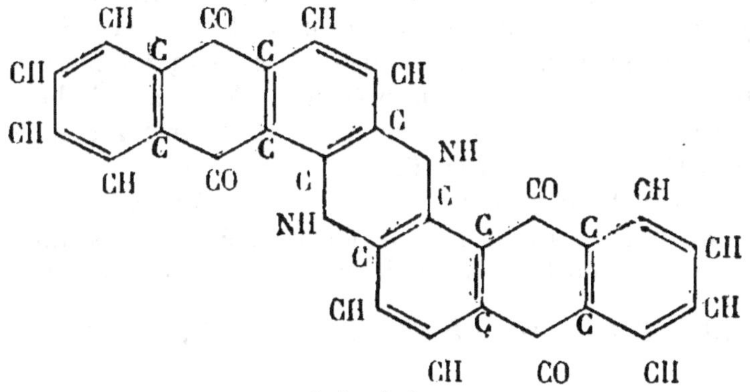

Indanthrène.

teurs alcalins (qui hydrogènent les groupes CO en groupes CHOH, oxydables ensuite en groupes CO), il teint en bleu très solide à la lumière et au lavage. Les indanthrènes bromés ou chlorés sont même résistants au chlore (*bleu algol*, etc.).

On connaît divers autres colorants anthraquinoniques pour cuve (*flavanthrène, cyananthrène, jaune algol, rouge algol*, etc.).


## IX. — COLORANTS DÉRIVÉS DE LA QUINONE-IMINE.


Willstatter a isolé, en 1904, la paraquinone-imine $O=C^6 H^4=NH$ et la paraquinone-diimine $NH=C^6 H^4=NH$.

On peut considérer certains colorants comme se rattachant aux imines de la paraquinone, et d'autres aux imines de l'orthoquinone. Les premiers sont les *indamines* et les *indophénols*, et les seconds sont les *oxazines*, les *thiazines* et les *azines*.

*Indamines.* — On forme une indamine en oxydant un mélange

équimoléculaire d'une paradiamine possédant un groupe $NH^2$ intact et d'une monoamine ayant libre la position para par rapport à l'azote (NIETZKI, 1877). Ainsi, par exemple, on obtient le *vert* de BINDSCHEDLER $(CH^3)^2N = C^6H^4 = N.C^6H^4.N(CH^3)^2$ en

$$Cl$$

mettant en œuvre la diméthylparaphénylène-diamine et la diméthylaniline.

Ce sont des corps fortement colorés, donnant des sels bleus ou verts, très sensibles à l'action des acides, qui les hydrolysent en donnant des quinones. Inutilisés pour cette raison en teinture, ils servent surtout de matières premières pour la fabrication d'autres colorants (oxazines, azines, colorants sulfurés).

*Indophénols.* — Découverts par KŒCHLIN et WITT en 1881, les indophénols se forment quand on oxyde une paradiamine possé-dant un groupe $NH^2$ intact en présence d'un phénol dont la position para est libre. L'indophénol le plus simple répond à la formule $NH^2.C^6H^4.N = C^6H^4 = O$.

Les acides les hydrolysent en donnant des quinones.

Par réduction, ils fournissent des leucodérivés solubles dans les alcalis et régénérant le corps initial par oxydation ; exemple :

$$NH^2.C^6H^4.N = C^6H^4 = O \; \rightleftarrows \; NH^2.C^6H^4.NH.C^6H^4.OH.$$

L'emploi en teinture repose sur cette propriété.

Le seul colorant important du groupe est *l'indophénol en poudre* $N(CH^3)^2.C^6H^4.N = C^{10}H^6 = O$, qu'on obtient en oxydant un mélange d'α-naphtol et de diméthylparaphénylène-diamine.

*Thiazines.* — Ce sont des colorants renfermant un noyau hété-rocyclique hexagonal azotosulfuré, où le soufre et l'azote sont en position para l'un par rapport à l'autre.

En fondant la diphénylamine avec du soufre, on obtient, avec élimination de $H^2S$, la thiodiphénylamine $C^6H^4\!\!<^{NH}_{\phantom{N}S}\!\!>C^6H^4$ ; il suffit d'y introduire des auxochromes ($NH^2$, $NR^2$, $OH$) en position para par rapport à l'azote, pour former des leucodérivés, qui four-nissent ensuite les matières colorantes par oxydation.

LAUTH (1876) découvrit la *thionine* (*violet de Lauth*) en oxydant la paraphénylène-diamine par du perchlorure de fer en présence d'hydrogène sulfuré ; peu après, CARO prépara le *bleu de méthylène* en appliquant la réaction de LAUTH à la diméthylparaphénylène-

diamine. On attribue à ces colorants une constitution orthoqui·
noïdique, où le soufre fonctionne comme tétravalent :

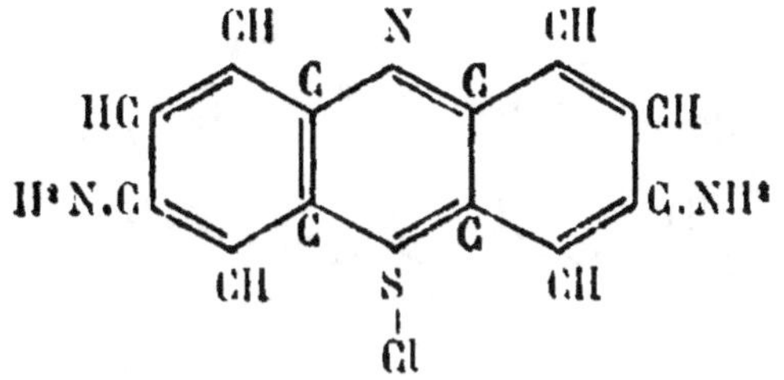

$$CH \quad N \quad CH$$
$$HC \quad C \quad C \quad CH$$
$$H^2N.C \quad C \quad C.XH^4$$
$$CH \quad S \quad CH$$
$$Cl$$

Thionine (violet de Lauth).

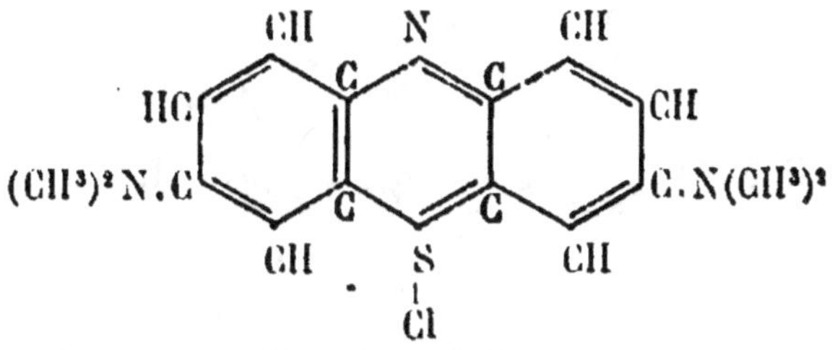

$$CH \quad N \quad CH$$
$$HC \quad C \quad C \quad CH$$
$$(CH^3)^2N.C \quad C \quad C.N(CH^3)^2$$
$$CH \quad S \quad CH$$
$$Cl$$

Bleu de méthylène.

On emploie beaucoup le bleu de méthylène pour la teinture du coton mordancé au tannin.

*Oxazines.* — Les oxazines sont analogues aux thiazines, dont elles ne diffèrent que par la présence d'oxygène à la place du soufre. On les obtient, d'une manière générale, à partir des dérivés orthohydroxylés des indamines ou des indophénols. Le *bleu naphtol* ou *bleu de* Meldola (1879), le *bleu de Nil*, la *gallocyanine*, sont des colorants oxaziniques.

*Azines.* — Les colorants aziniques dérivent de la diphénazine. Les mono- et diamiuodiphénazines sont les *eurhodines*, et les mono- et dioxydiphénazines sont les *eurhodols*. Les eurhodines (diaminées) arylées sur l'azote central (mésoarylées) constituent les *safranines*, et les dérivés mésoarylés des eurhodols se nomment *safranols,* les dérivés arylés sur les fonctions aminées des safranines sont les *mauvéines*, et, enfin, les *indulines* paraissent être les dérivés phénylaminés des mauvéines.

On trouve dans ce groupe les couleurs les plus variées : des *rouges*, des *bleus*, des *verts*, des *violets*, des *gris*, etc. Le *rouge de Magdala* est une safranine naphtalénique.

Les mauvéines ont été les premiers colorants synthétiques utilisés en teinture. C'est Perkin qui les obtint, en 1856, par oxydation de l'aniline plus ou moins mélangée de toluidines. La constitution n'en fut établie que beaucoup plus tard.

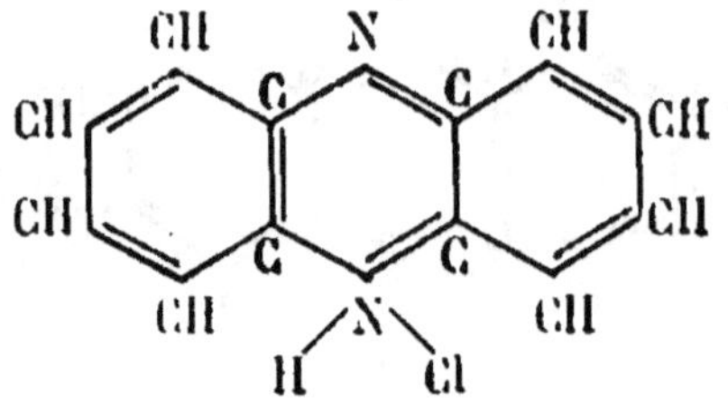

Chlorhydrate de diphénazine.

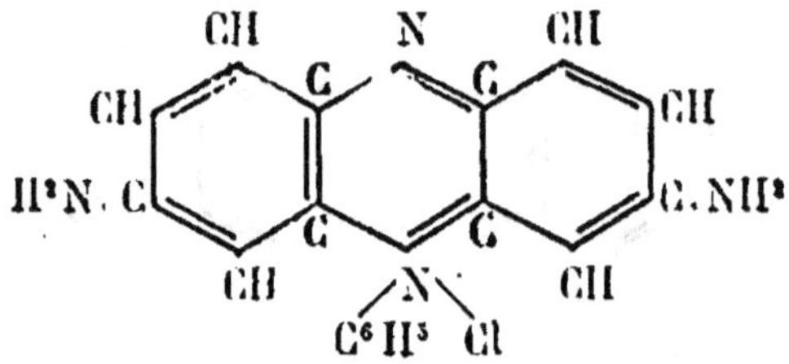

Safranine.

Nos connaissances sur les colorants aziniques sont dues, en outre de Perkin, à Hofmann, Witt, Nietzki, Barbier et Sisley, etc.

## X. — GROUPE DE L'INDIGO.

**1.** *a.* En soumettant l'*indigo* naturel à la distillation sèche en présence de poudre de zinc, Bæyer et Knop trouvèrent, en 1865, parmi les produits formés, un corps répondant à la formule $C^8H^7N$, fusible à 52° et distillant à 245°, qu'ils appelèrent *indol*. Ce composé est immédiatement reconnaissable à son odeur de matières fécales, et il existe d'ailleurs dans les excréments des carnivores, en même temps qu'un homologue, le 3-méthylindol ou *scatol* (fermentation des albuminoïdes sous l'influence des ferments du pancréas).

D'autre part, quand on oxyde l'indol par l'ozone, il se forme de petites quantités d'indigo : l'indigo est donc un dérivé de l'indol. La constitution de l'indol découle de la synthèse suivante, la plus simple parmi celles qui en ont été faites : la potasse

alcoolique soustrait à l'orthoaminochlorostyrolène les éléments
de l'acide chlorhydrique en donnant l'indol (Lipp) :

Orthoaminochlorostyrolène,                 Indol (phénopyrrol).

L'indol est identique au phénopyrrol. Quant à l'indigo, il a été
l'objet d'un très grand nombre de recherches; elles ont abouti
à la connaissance parfaite de sa constitution, représentée par la
formule $C^6H^4\!\!<^{(1)CO}_{(2)NH}\!\!>C\!=\!C<^{CO(1)}_{NH(2)}\!\!>C^6H^4$, à sa synthèse par des
méthodes variées (Bæyer et Emmerling, 1869, etc.), et à sa fabrica-
tion artificielle dans l'industrie, en concurrence avec le produit
naturel (1897). Un procédé actuellement utilisé, dont le principe
est dû à Heumann (1890), est le suivant : on fond le phénylglycocolle (obtenu avec l'aniline et l'acide chloracétique) avec un
alcali, ou, mieux, avec de l'amidure de sodium, et l'on oxyde
ensuite par un courant d'air la solution aqueuse du produit de la
réaction :

Phénylglycocolle          Indoxyle          Indigo.
(2 mol.).                 (2 mol.).

$b$. La formule par laquelle on représente la constitution de
l'indigo explique toutes ses réactions et, notamment : 1° la formation, par oxydation, de 2 molécules d'isatine $C^6H^4\!\!<^{CO}_{NH}\!\!>CO$,
amide interne (lactame) de l'acide orthoaminophénylglyoxy-
lique $C^6H^4\!\!<^{CO-COOH}_{NH^2}$ ; 2° la formation, par réduction, de leuco-
indigo $C^6H^4\!\!<^{C(OH)}_{NH}\!\!>C\!-\!C<^{C(OH)}_{NH}\!\!>C^6H^4$, soluble dans les

alcalis grâce à la présence d'oxhydryles dans le noyau pyrrolique, ces oxydryles ayant un caractère phénolique.

C'est sur cette dernière propriété que repose l'emploi de l'indigo en teinture. Comme réducteur, on emploie le sulfate ferreux et la chaux, le zinc et un alcali, le glucose et la soude, et surtout l'hydrosulfite de sodium.

2. On trouve presque toujours dans les plantes à indigo (*indigofera tinctoria*, etc.), à côté de l'indigo, l'isomère

$$C^6H^4\left\langle{CO \atop NH}\right\rangle C = C\left\langle{CO \atop C^6H^4}\right\rangle NH.$$

C'est un colorant rouge qui a reçu le nom d'*indirubine*, celui d'*indigotine* étant réservé à l'indigo proprement dit. Les synthèses qu'en ont faites Bæyer, d'une part, et, d'autre part, Wahl et Bagard (1909) confirment la formule ci-dessus.

3. Si, dans la formule de l'indigo, on remplace les deux groupes NH par deux atomes de soufre, on a le *thioindigo*, qui fut découvert par Friedlænder en 1905. Ce composé prend naissance entre autres réactions, dans la condensation du dichlorure, d'acétylène avec l'acide thiosaliclyque :

$$2\,C^6H^4\left\langle{COOH \atop SH}\right\rangle + 2\,ClCH = CHCl = 2\,HCl + 2\,H^2O + C^6H^4\left\langle{CO \atop S}\right\rangle C = C\left\langle{CO \atop S}\right\rangle C^6H^4$$

| Acide thiosalicylique (2 mol.). | Dichlorure d'acétylène (2 mol.). | Thioindigo |
|---|---|---|

Il teint le coton, à la cuve, en rouge violacé très solide.

4. Les *colorants Ciba* sont les dérivés polyhalogénés du groupe de l'indigo. Les *bleus Ciba* sont constitués par les tri- et tétrabromoindigotines, et les *héliotropes Ciba* par les dérivés correspondants de l'indirubine; le *bordeaux Ciba* dérive du thioindigo. D'après les récents travaux de Friedlænder, la célèbre *pourpre* des Romains était constituée par un dérivé dibromé de l'indigotine.


## XI. — COLORANTS THIAZOLIQUES.


Ces corps renferment un noyau hétérocyclique pentagonal azotosulfuré. En fondant la benzanilide avec du soufre, on obtient le phénylbenzothiazol (Hofmann) :

$$C^6H^5.NH - CO - C^6H^5 + S = H^2O + C^6H^4\underset{S}{\overset{N}{\diamond}}C - C^6H^5.$$

Benzanilide.                    Phénylbenzothiazol.

Le phénylbenzothiazol est une molécule chromogène; en y introduisant des groupements basiques en para par rapport au carbone du noyau thiazolique, on obtient des colorants jaunes.

La *primuline* se prépare en fondant la paratoluidine avec du soufre (Green, 1887); le sel de sodium de son acide sulfonique

$$CH^3.C^6H^3\underset{S}{\overset{N}{\diamond}}C - C^6H^3\underset{S}{\overset{N}{\diamond}}C - C^6H^4.NH^2$$

Primuline.

teint le coton sans mordant en jaune verdâtre.

Cette nuance ne présente pas grand intérêt; mais, si l'on diazote sur la fibre la fonction amine, et qu'on copule ensuite le diazoïque avec des amines ou des phénols, on obtient des colorants très divers, que Green a appelés colorants *ingrain*, pour indiquer qu'ils se forment dans l'intérieur des cellules de la fibre.

## XII. — COLORANTS AU SOUFRE.

Ces colorants, applicables surtout sur la fibre végétale, s'obtiennent par l'action des polysulfures alcalins sur les produits organiques les plus divers, mais plus particulièrement sur les nitrophénols et sur les dérivés hydroxylés, aminés et aminohydroxylés des amines aromatiques secondaires, telles que la diphénylamine, la phénylnaphtylamine et autres. On teint généralement en bain de sulfure de sodium. Leur constitution n'est pas encore déterminée. Il est probable que les leucodérivés contiennent des groupes mercaptaniques, qui s'oxyderaient en bisulfures lors du passage des leucodérivés à l'état de matières colorantes.

Les premiers colorants au soufre, les cachous de Laval, furent obtenus par Croissant et Bretonnière, en 1873, par l'action des polysulfures alcalins sur des matières cellulosiques, telles que la sciure de bois. L'essor des couleurs au soufre, cependant, ne date que de l'année 1893, date de la découverte du *noir* Vidal.

## XIII. — NOIR D'ANILINE.

Signalé par Runge dès l'an 1834, c'est un colorant insoluble, qui se forme quand on traite l'aniline par les oxydants acides. On le produit toujours directement sur la fibre. Un procédé, actuellement mis en œuvre sur une vaste échelle, est basé sur l'emploi simultané, comme agents d'oxydation, des chlorates et des sels de cuivre.

Le noir d'aniline est utilisé en teinture et en impression, en particulier pour le coton.

Ce colorant est probablement un dérivé très condensé de la quinone diimine. Sa formule paraît être au moins $C^{48}H^{36}N^8$ (Caro, Nietzki, Willstätter et Moore, etc.).

## XIV. — PRODUITS TINCTORIAUX ET PIGMENTS NATURELS.

### a. — Produits tinctoriaux

*Bois de campêche* (*Hematoxylon campechianum*). — Il renferme de l'*hématoxyline* $C^{16}H^{14}O^6$, substance non azotée, dont la molécule, assez complexe, possède une chaîne hétérocyclique hexagonale oxygénée, plusieurs noyaux aromatiques et des fonctions phénoliques (Kostanecki, Perkin). L'hématoxyline est incolore; par oxydation, elle fournit l'*hématéine* $C^{16}H^{12}O^6$, dont la solution dans les alcalis est rouge foncé.

Le bois de campêche donne en teinture des violets sur alumine et des noirs sur fer.

*Bois rouges* (*bois de Fernambouc, du Brésil*, etc., *Cæsalpinia brasiliensis*, etc.). — Ils fournissent une matière colorante rouge, la *brésiléine* $C^{16}H^{12}O^5$, dont la constitution, analogue à celle de l'hématoxyline, a été établie par les travaux de Kostanecki et de Perkin. Ils donnent, en teinture, des roses, des rouges, etc., peu solides.

*Gaude* (*Reseda luteola*), Quercitron (*Quercus tinctoria*), etc.— Le principe colorant de la gaude, isolé par Chevreul, est la *lutéoline;* celui du quercitron est la *quercétine*.

Un grand nombre de matières colorantes végétales jaunes

dérivent d'un noyau commun, la *flavone* ou 6-phényl-phéno-
pyrone :

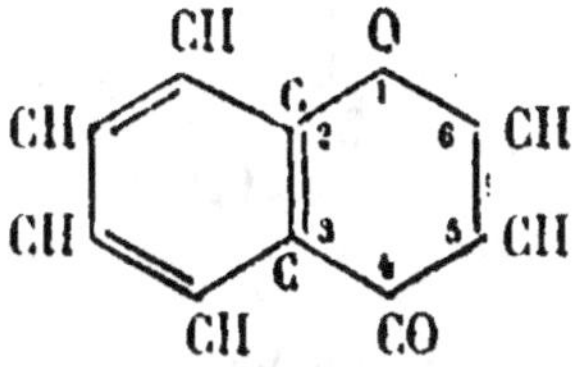

CH   O
CH   C 2 1 6 CH
CH   3 4 5 CH
CH   CO

Phénopyrone.

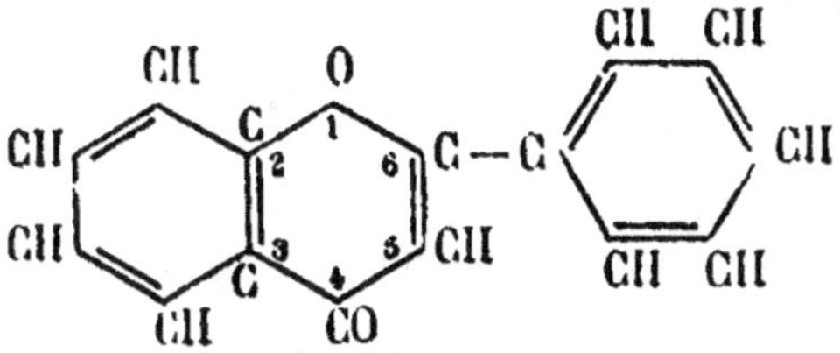

6-phényl-phénopyrone (flavone).

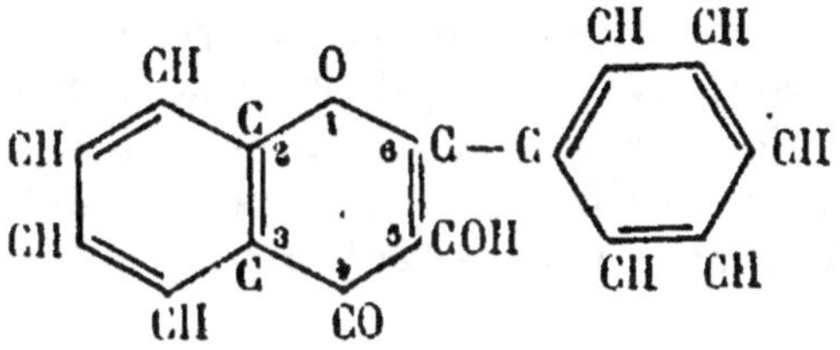

Flavonol.

La lutéoline $C^{15}H^{10}O^6$ est une tétraoxyflavone, et la quercétine $C^{15}H^{10}O^7 + H^2O$ un tétraoxyflavonol :

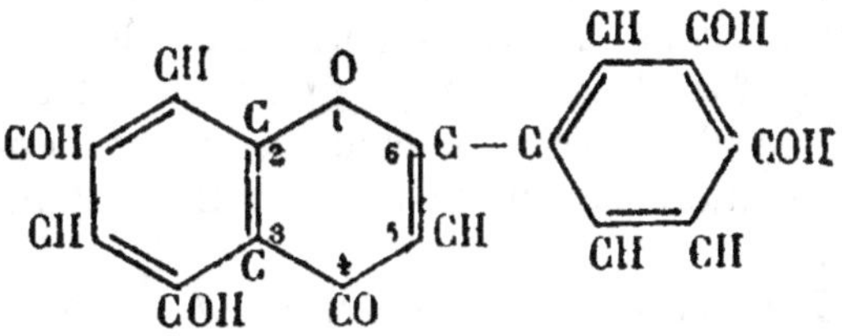

Lutéoline.

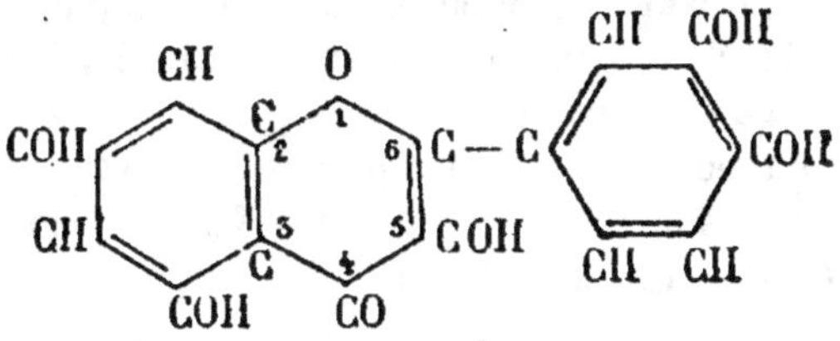

Quercétine.

D'autres matières colorantes jaunes, telle la gentiséine, se rattachent à la diphénopyrone ou *xanthone* :

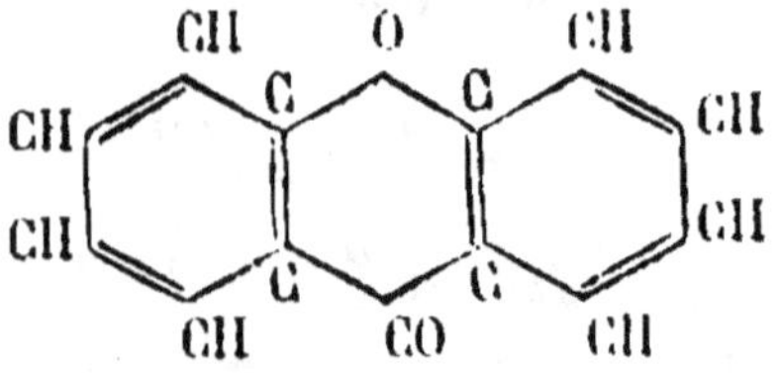

Diphénopyrone (xanthone). 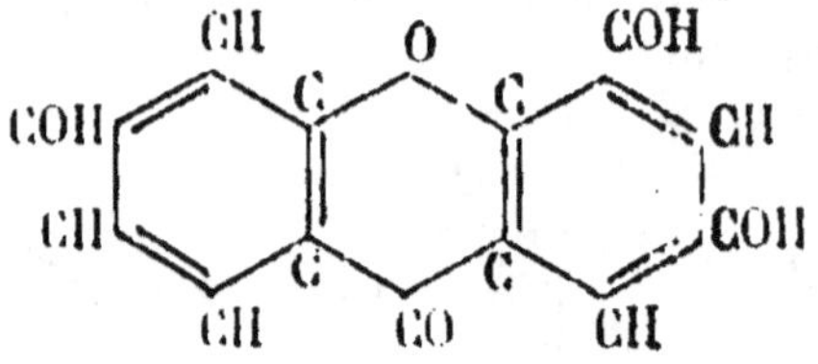   Gentiséine.

Dans une série de recherches remarquables, commencées vers l'année 1890, KOSTANECKI a pu établir la constitution et réaliser la synthèse de la plupart de ces matières colorantes.

*Indigo*. — De nombreuses plantes (*Indigofera*, *Isatis*, etc.) renferment un glucoside, l'*indican*, qui, par dédoublement et oxydation, donne l'*indigo*, accompagné d'une certaine proportion de son isomère l'*indirubine*. Ces deux matières colorantes sont identiques aux produits synthétiques (*voir* p. 5oo, 5o2) et s'emploient de même.

*Garance* (*Rubia tinctorum*). — La garance renferme deux glucosides, dont l'un, l'*acide rubérythrique*, donne, par dédoublement, l'*alizarine*, et l'autre la *purpurine*. Seuls les produits synthétiques correspondants sont aujourd'hui employés.

*Orseille*. — Certains lichens, dits *à orseille*, renferment divers acides (lécanorique, orcellique, érythrique) qui, par dédoublement, donnent l'*orcine* $CH^3_{(1)}$, $C^6H^3(OH)^2_{(3,5)}$, substance incolore, dont la synthèse fut réalisée en 1872 par VOGT et HENNINGER. La solution ammoniacale d'orcine s'oxyde à l'air en donnant l'*orcéine* $C^{14}H^7NO^6$, matière colorante rouge, qui teint la soie et la laine en violet.

*Cochenille* (*Coccus cacti*). — Elle doit ses propriétés tinctoriales à l'*acide carminique* $C^{22}H^{22}O^{13}$, acide bibasique, dont la constitution (étudiée par LIEBERMANN, DIMROTH, etc.) n'est pas encore définitivement établie. Sous l'action des acides dilués, il se dédouble en glucose et *rouge de carmin*.

*Pourpre*. — La pourpre des Anciens était extraite de divers mollusques du genre *murex*. Nous avons vu plus haut que cette couleur est une dibromoindigotine.

Mentionnons encore, comme produits tinctoriaux, le *santal rouge*, le *cachou*, le *rocou*, le *curcuma*, etc.

PIGMENTS NATURELS. 507

### *b.* — Pigments naturels.

*Chlorophylle.* — La chlorophylle est la matière colorante des feuilles, où elle existe sous forme de granulations amorphes. C'est un produit azoté complexe, qui renferme un élément minéral, le magnésium (Armand Gautier). Sa formule est $MgC^{55}H^{72}N^4O^4$, qu'on peut expliciter ainsi :

$$MgC^{31}H^{23}N^4 \diagup\!\!\!\!\begin{array}{l} CO^4H \\ CO^2CH^3 \\ CO^3C^{20}H^{39} \end{array}$$

En effet, en solution dans l'alcool, la chlorophylle fournit, sous l'action d'un ferment soluble appelé *chlorophyllase*, deux substances : 1° le *phytol* $C^{20}H^{40}O$, alcool primaire à chaîne ouverte, qui présente, en outre, une liaison éthylénique; 2° l'*éthylchlorophyllide*, qu'on appelle généralement *chlorophylle cristallisée*, et qui dérive de la chlorophylle par substitution de l'alcool éthylique au phytol.

Les alcalis dégradent la molécule en respectant le magnésium; au contraire, le métal s'élimine sous l'action des acides.

Une oxydation profonde conduit à un mélange de trois dérivés pyrroliques, parmi lesquels un diméthyléthylpyrrol (*hémopyrrol*).

A la suite des travaux de Kester et surtout de Willstätter et ses élèves (1905-1914), on admet que la molécule de chlorophylle contient quatre noyaux pyrroliques unis par l'azote au magnésium : deux par échange de valences principales et les deux autres par échange de valences secondaires (*voir* p. 36 et 37) :

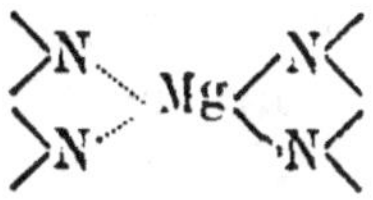

$$\begin{array}{c} {>}N \\ {>}N \end{array} \!\!\diagdown\!\!\! Mg \!\!\diagup\!\!\! \begin{array}{c} N{<} \\ N{<} \end{array}$$

Il est du plus haut intérêt de remarquer que le magnésium, dont la mise en œuvre dans la synthèse organique est si féconde (Grignard), se retrouve, ici, comme élément fondamental du pigment même qui est, comme on sait, l'agent actif de la formation des composés organiques chez les végétaux.

La chlorophylle présente d'étroites analogies avec l'hémoglobine. Nous y reviendrons ci-dessous.

*Carottine.* — Ce pigment fut découvert dans la carotte et

isolé à l'état cristallisé par Zeise; Arnaud a établi sa présence générale dans les feuilles des végétaux. C'est un carbure d'hydrogène non saturé, qui a pour formule $C^{40}H^{56}$; il cristallise en tables quadratiques d'un beau rouge.

*Xanthophylle.* — C'est un corps cristallisé jaune, de formule $C^{40}H^{56}O^2$, qui accompagne la carottine chez les végétaux.

*Matières colorantes des fleurs et des fruits.* — D'après Willstätter, ces substances, qu'il désigne sous le nom d'*anthocyanes*, sont des glucosides dans lesquels une ou deux molécules de sucre, identiques ou différentes (glucose, galactose, rhamnose, etc.), se trouvent combinées à une molécule d'une *anthocyanidine*. Quant aux anthocyanidines, elles possèdent un noyau commun qui dérive de celui du flavonol (*voir* p. 503), et elles diffèrent les unes des autres par le nombre et la nature des substituants (fonctions phénoliques, libres ou éthérifiées, etc.).

Il faut ajouter que la couleur de l'anthocyane est liée à la réaction du suc cellulaire : tel anthocyane, rouge en solution acide, pourra virer au violet en milieu neutre, puis au bleu si la réaction devient alcaline. C'est ainsi, par exemple, que la rose rouge et le bluet doivent leur coloration au même anthocyane.

*Hémoglobine.* — C'est le pigment des globules rouges du sang. Il n'a pas encore pu être isolé à l'état de pureté; on ne connaît que l'*oxyhémoglobine* (hémoglobine oxygénée), qui s'obtient facilement cristallisée.

La composition de l'oxyhémoglobine varie avec son origine. C'est une substance extrêmement complexe qui, sous l'action de la chaleur, des acides ou des bases, se dédouble en une matière albuminoïde, la *globine*, et un pigment coloré, l'*hématine*.

L'hématine présente des analogies assez étroites avec la chlorophylle. C'est un composé azoté, renfermant un élément minéral, le fer, et auquel on attribue la formule $C^{34}H^{33}O^4N^4Fe$. Les alcalis le dégradent en respectant le fer, lequel est, au contraire, facilement éliminé par les acides. C'est un acide bibasique faible. Oxydé énergiquement, il dune un mélange de dérivés pyrroliques identiques à ceux qui proviennent de l'oxydation de la chlorophylle.

Les travaux de Kuster et de Willstätter et ses élèves (1905-1914) conduisent à attribuer à l'hématine une formule de constitution analogue à celle de la chlorophylle, le fer étant rattaché à deux noyaux pyrroliques par des valences principales et à deux autres par des valences secondaires

$$\ce{>N \diagdown\diagup N< \atop >N \diagup\diagdown N<} Fe$$

Rappelons qu'au point de vue de leur rôle physiologique, la chlorophylle et l'hémoglobine sont liées : la première à la décomposition et la seconde à la formation du gaz carbonique $CO_2$. La chlorophylle le décompose en libérant de l'oxygène, le carbone étant retenu par la plante pour la synthèse des matières organiques (*fonction chlorophyllienne*); l'hémoglobine, au contraire, apporte aux tissus l'oxygène nécessaire à la combustion des substances ternaires (graisses, hydrates de carbone, etc.), et le terme de son action est la formation du gaz carbonique et de l'eau (*respiration*).

*Bilirubine, Biliverdine.* — Ce sont les pigments colorés de la bile. Ils ont un caractère nettement acide. Ce sont des produits de dégradation de l'hémoglobine.

*Indoxyle urinaire.* — C'est un dérivé incolore de l'indigo qui existe dans l'urine, et qui régénère cette matière colorante par oxydation.

## XV. — MATIÉRES FLUORESCENTES.

Le phénomène de la fluorescence a été défini antérieurement (*voir* p. 110).

### a. — Fluorophores.

L'étude générale des composés fluorescents a permis de rattacher cette propriété à la présence de certains groupements appelés *fluorophores;* ce sont, généralement, des chaînes hétérocycliques hexagonales, comme nous en avons déjà rencontré dans certaines matières colorantes. Les principaux sont les suivants :

Dérivés de la pyrone, de la xanthone, de la fluorescéine.

Groupe de l'anthracène (purpurine, etc.).

Groupe de l'acridine (acridine, etc.).

et

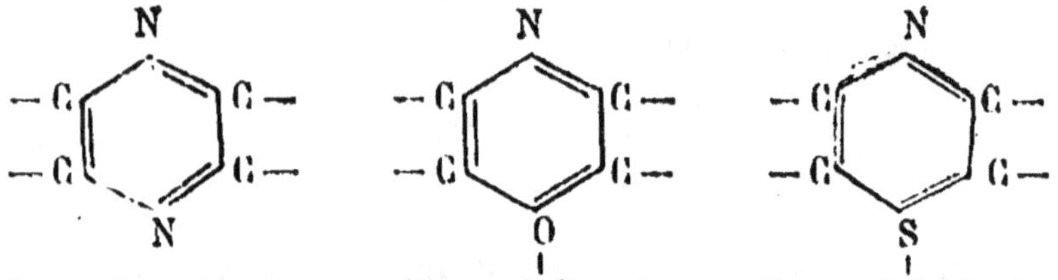

Groupe des safranines
(phénosafranines, etc.).

Groupe de l'oxazine
(résorufine, etc.).

Groupe de la thiazine
(bleu de méthylène, etc.).

La présence d'un fluorophore dans une molécule ne suffit pas à produire la fluorescence : ni la pyrone, ni la diméthylpyrone ne sont fluorescentes. Pour que le corps soit fluorescent, le fluorophore doit être en relation avec deux ou plusieurs noyaux benzéniques : la diphénylpyrone est fluorescente en solution dans l'acide sulfurique concentré.

Il semble que le rôle du fluorophore consiste à déplacer vers la région visible le spectre de fluorescence ultraviolet des composés aryliques, comme les chromophores déplacent vers les grandes longueurs d'onde les bandes d'absorption ultraviolettes.

### b. — Influence des substitutions.

Tandis que la juxtaposition de noyaux benzéniques autour du fluorophore provoque la fluorescence, la substitution de radicaux gras ne produit aucun effet dans ce sens.

Si, d'autre part, nous introduisons, dans la molécule d'un composé fluorescent, des radicaux inorganiques, nous constatons que la fluorescence diminue. L'affaiblissement dépend de la position des radicaux, et il est d'autant plus marqué qu'ils sont plus nombreux et, en général, que leur masse est plus grande. Le groupe $NO^2$ (46) a une influence particulièrement forte; puis viennent I (127), Br (80), Cl (35,5) et enfin OH (17), dont l'action est faible.

## c. — Principales matières fluorescentes.

| Composé. | Couleur. | Solvant. | Fluorescence. |
| --- | --- | --- | --- |
| Pyronine............ | rouge | alcool | jaune |
| Fluorane........... | incolore | acide sulfurique | vert |
| Fluorescéine......... | jaune | eau alcaline | vert |
| Éosine............. | rouge | eau alcaline | vert |
| Diphénylpyrone....... | incolore | acide sulfurique | violette |
| Purpurine.......... | rouge | solution d'alun | rouge-jaunâtre |
| Acridine........... | jaune | eau | bleue |
| Phénosafranine........ | rouge | eau | jaune |
| Rouge de Magdala..... | rouge | alcool | jaune |
| Bleu de méthylène..... | bleu | eau | brune |
| Résofurine tétrabromée (bleu fluorescent)... | bleu | alcool | rouge-brune |
| Chlorophylle.......... | verte | eau, alcool | rouge |
| Esculine............ | incolore | eau | bleue |
| Esculétine........... | jaune | eau | bleue |
| Sulfate de quinine..... | incolore | acide sulfurique dilué | bleue |

FIN.

# TABLE DES MATIÈRES.

## CHAPITRE I.

### Préliminaires. Théories générales.

# CHAPITRE II.
## Carbures d'hydrogène.



# CHAPITRE III.
## Fonctions oxygénées.

# CHAPITRE IV.
## Fonctions azotées.

## CHAPITRE V.
### Composés organo-minéraux.



## CHAPITRE VI.
### Composós hétérocycliques.



## CHAPITRE VII.
### Matières colorantes.

# TABLE ALPHABÉTIQUE.